高等院校力学系列教材

理论力学辅导与习题集

高云峰 李俊峰 编著

清华大学出版社 Springer
北京

内 容 简 介

本套教材是在近几年研究教学改革的基础上，结合清华大学理论力学教研组的教学经验写成的，包括主教材——《理论力学》、学生学习辅导书——《理论力学辅导与习题集》、教师教学参考书——《理论力学(教师参考书)》和一张供课堂使用的教学多媒体光盘以及一张学生学习用光盘。

本书为配合主教材使用的学生学习辅导书。全书按章归纳总结了基本概念、基本理论及其应用技巧，并提供了大量习题。每章都包括内容摘要、基本要求、典型例题、常见错误、疑难解答、趣味问题和习题。本书可以帮助学生掌握理论力学课程内容，并且开阔视野，提高对力学的兴趣，培养处理力学问题的能力。

本书可作为高等院校机械、土建、水利、航空航天和力学等专业的理论力学或工程力学课程的辅助教材。

图书在版编目(CIP)数据

理论力学辅导与习题集/高云峰，李俊峰编著. —北京：清华大学出版社，2003.6(2023.8 重印)
(高等院校力学系列教材)
ISBN 978-7-302-06295-0

Ⅰ. 理… Ⅱ. ①高… ②李… Ⅲ. 理论力学－高等学校－自学参考资料 Ⅳ. O31

中国版本图书馆 CIP 数据核字(2003)第 007723 号

责任编辑：陈朝晖 杨 倩
责任印制：宋 林

出版发行：清华大学出版社
网 址：http://www.tup.com.cn，http://www.wqbook.com
地 址：北京清华大学学研大厦 A 座 邮 编：100084
社 总 机：010-83470000 邮 购：010-62786544
投稿与读者服务：010-62776969，c-service@tup.tsinghua.edu.cn
质 量 反 馈：010-62772015，zhiliang@tup.tsinghua.edu.cn
印 装 者：三河市龙大印装有限公司
经 销：全国新华书店
开 本：175mm×245mm 印 张：22 字 数：436 千字
版 次：2003 年 6 月第 1 版 印 次：2023 年 8 月第 6 次印刷
定 价：62.00 元

产品编号：006295-03

前　言

本套教材是作者在近几年研究教学改革的基础上，结合清华大学理论力学教研组的教学经验写成的。编写这套《理论力学》教材主要目的是为了适应当前国内教学改革的需要，用较少的时间讲授理论力学的基本内容，希望能够既节省授课学时，又不降低课程的基本要求。在编写中作者遵循如下4个原则：1. 以牛顿力学和分析力学为两条并行贯穿的主线，使整套教材内容完整、结构紧凑、叙述严谨、逻辑性强；2. 以微积分、线性代数以及物理课的力学部分为基础，重点介绍最有理论力学课程特点的基础内容；3. 重点讲授动力学内容和分析力学方法，因为它们在理论和应用方面都更有价值，内容也更丰富；4. 从多种不同的角度讲解基本概念、基本公式和基本方法，既有严格的理论证明，又有形象直观的物理解释。

本套教材包括主教材——《理论力学》、学生学习辅导书——《理论力学辅导与习题集》、教师教学参考书——《理论力学(教师参考书)》和一张供课堂使用的教学多媒体光盘以及一张学生学习用光盘。

理论力学是一门基础课，它的特点之一是必须完成一定数量的习题才能掌握课程内容。本书的编写目的就是为学生提供必要的解题指导和大量的练习题。全书按章归纳总结了基本概念、基本理论及其应用技巧，并提供了大量习题。每章都包括以下7个部分："内容摘要"简要总结本章的主要内容，包含解题时所需的基本公式和方法；"基本要求"指出重点掌握和熟练应用的内容，供读者参考；"典型例题"给出各章节中的典型例题，介绍解题的基本思路、方法和技巧，然后针对相关问题进一步深入讨论，帮助读者深入理解基本概念和解题方法；"疑难解答"列出学生可能会遇到的问题并给出简要的回答；"常见错误"列出学生作业中可能犯的错误；"趣味问题"列举生活中与理论力学有关的趣味问题，利用理论力学知识简要介绍问题的简化和处理方法;“习题”提供各种类型的习题,覆盖基本要求,包括少量需要利用计算机求解的习题。考虑到本书与主教材《理论力学》同时使用,因此,习题选择上尽量避免重复。另外,为了帮助读者利用计算机求解习题,每篇都有一个附录,介绍计算机求解运动学、静力学和动力学问题的基本方法、常用算法和程序。

作者希望本书在帮助学生复习和自学的同时,还能开阔视野,培养对力学的兴趣,并锻炼处理力学问题的能力。

在本书中,角度认为是有方向的,虽然图中一般都没有标明方向,但都默认是以某一根不转动的基准线为起点,另外本书在某些地方会引用教科书中的例子,则该教科书默认是本书的主教材,即参考文献[1]。

高云峰负责各章的“典型例题”、“疑难解答”、“常见错误”、“趣味问题”、“习题”以及“附录”的编写工作;李俊峰负责编写各章的“内容摘要”和“基本要求”以及全书的统稿工作;博士生崔海英参加了本书的文字编辑工作。由于时间仓促和作者水平所限,书中难免有各种错误和不足,恳请读者指正。

编 者

2001年12月于清华园

目　录

第1篇

运 动 学

第1章 点的运动学

一、内容摘要

本章研究点的一般运动及其几何性质，主要是通过运动方程、速度和加速度描述点的运动。具体内容包括列写点的运动方程、求点的速度和加速度等。

1. 点的运动方程

点的运动方程可以描述点在空间中的位置随时间的变化规律，利用运动方程可以给出点的运动轨迹、速度和加速度等。点的运动方程有以下常用形式：

(1) 向量形式

$$\boldsymbol{r}=\boldsymbol{r}(t)$$

其中 $\boldsymbol{r}$ 是点的向径。向量形式的运动方程非常简洁，与坐标系无关，用于理论推导比较方便。

(2) 直角坐标形式

$$x=x(t),\quad y=y(t),\quad z=z(t)$$

其中 x,y,z 是点在直角坐标系 $Oxyz$ 中的坐标分量。

(3) 弧坐标形式(或称自然坐标形式)

$$s=s(t)$$

其中 s 表示动点在运动轨迹上从原点开始走过的弧长。

(4) 极坐标形式

$$\rho=\rho(t),\quad \theta=\theta(t)$$

其中 ρ 表示向径 $\boldsymbol{r}$ 的长度，θ 表示向径 $\boldsymbol{r}$ 与某一坐标轴的夹角。

（5）柱坐标形式

$$\rho=\rho(t),\quad \theta=\theta(t),\quad z=z(t)$$

柱坐标可以认为是在极坐标的基础上增加 z 坐标得到的。

（6）球坐标

$$r=r(t),\quad \varphi=\varphi(t),\quad \theta=\theta(t)$$

其中 r 为球的半径，φ 为经度，θ 为纬度。

在写点的运动方程时需要注意以下几点：a）在任意一般位置写点的运动方程；b）根据运动特点选取坐标系；c）明确坐标的原点和方向。

2. 点的速度与加速度

点的速度、加速度是由运动方程求导得到的，需要注意坐标轴的单位向量是否随时间变化。

（1）向量形式

速度 $$\boldsymbol{v}=\frac{\mathrm{d}\boldsymbol{r}}{\mathrm{d}t}=\dot{\boldsymbol{r}}$$

加速度 $$\boldsymbol{a}=\frac{\mathrm{d}\boldsymbol{v}}{\mathrm{d}t}=\ddot{\boldsymbol{r}}$$

（2）直角坐标形式

速度 $$v_x=\dot{x},\quad v_y=\dot{y},\quad v_z=\dot{z}$$

加速度 $$a_x=\dot{v}_x=\ddot{x},\quad a_y=\dot{v}_y=\ddot{y},\quad a_z=\dot{v}_z=\ddot{z}$$

（3）自然坐标形式

速度 $$\boldsymbol{v}=\dot{s}\boldsymbol{\tau}$$

加速度 $$\boldsymbol{a}=\ddot{s}\,\boldsymbol{\tau}+\frac{\dot{s}^2}{\rho}\boldsymbol{n}$$

其中 $a_\tau=\ddot{s}$ 是切向加速度，$a_n=\dfrac{\dot{s}^2}{\rho}$是法向加速度。

（4）极坐标形式

速度 $$\boldsymbol{v}=\dot{\rho}\,\boldsymbol{e}_\rho+\rho\,\dot{\theta}\,\boldsymbol{e}_\theta$$

其中 $\boldsymbol{e}_\rho$ 为径向单位向量，$\boldsymbol{e}_\theta$ 为垂直于 $\boldsymbol{e}_\rho$ 且沿 θ 增加方向的单位向量。

加速度 $$\boldsymbol{a}=(\ddot{\rho}-\rho\,\dot{\theta}^2)\boldsymbol{e}_\rho+(\rho\ddot{\theta}+2\dot{\rho}\,\dot{\theta})\boldsymbol{e}_\theta$$

其中 $a_\rho=\ddot{\rho}-\rho\,\dot{\theta}^2$ 是径向加速度，$a_\theta=\rho\ddot{\theta}+2\dot{\rho}\,\dot{\theta}$ 是横向加速度。

（5）柱坐标形式

速度 $$\boldsymbol{v}=\dot{\rho}\,\boldsymbol{e}_\rho+\rho\,\dot{\theta}\,\boldsymbol{e}_\theta+\dot{z}\boldsymbol{k}$$

加速度 $$\boldsymbol{a}=(\ddot{\rho}-\rho\,\dot{\theta}^2)\boldsymbol{e}_\rho+(\rho\ddot{\theta}+2\dot{\rho}\,\dot{\theta})\boldsymbol{e}_\theta+\ddot{z}\boldsymbol{k}$$

（6）球坐标形式

速度 $$\boldsymbol{v}=\dot{r}\boldsymbol{e}_r+r\,\dot{\theta}\,\boldsymbol{e}_\theta+r\dot{\varphi}\sin\theta\boldsymbol{e}_\varphi$$

加速度 $\boldsymbol{a}=(\ddot{r}-r\dot{\theta}^2-r\dot{\varphi}^2\sin^2\theta)\boldsymbol{e}_r+(r\ddot{\theta}+2\dot{r}\dot{\theta}-r\dot{\varphi}^2\cos\theta\sin\theta)\boldsymbol{e}_\theta$

$+(r\ddot{\varphi}\sin\theta+2\dot{r}\dot{\varphi}\sin\theta+2r\dot{\theta}\dot{\varphi}\cos\theta)\boldsymbol{e}_\varphi$

二、基本要求

1. 掌握点的运动方程、速度、加速度等基本概念及向量求导(包括随时间变化的向量求导)的物理意义。

2. 熟练写出直角坐标、自然坐标、极坐标形式的运动方程、速度和加速度公式。

3. 了解横向加速度与切向加速度的区别、径向加速度与向心加速度的区别。

4. 借助教科书能利用柱坐标、球坐标分析点的运动。

三、典型例题

例 1-1 一半径为 R 的圆轮沿水平轨道运动,如图 1-1a 所示。M 是圆轮上一固定点,$CM=r$,P 是圆轮与水平轨道的接触点。已知轮心 C 的运动规律为 $x=vt$,CM 与 CP 夹角的运动规律为 $\theta=\omega t$。其中 v、ω 为已知常数。试列写 M 点的运动方程并求其运动轨迹、速度和加速度。

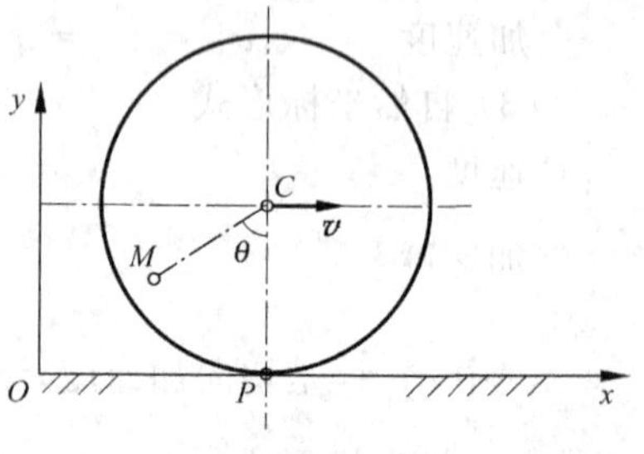

图 1-1a

解:取如图 1-1a 所示的坐标系。

(1) 列写运动方程

M 点的运动方程为

$$\left.\begin{aligned} x &= vt - r\sin\omega t \\ y &= R - r\cos\omega t \end{aligned}\right\} \qquad (1)$$

若取参数为:$R=100\text{cm}$,$\omega=0.04\text{rad/s}$,$v=R\omega$,$r=kR$,则M点的轨迹如图1-1b。

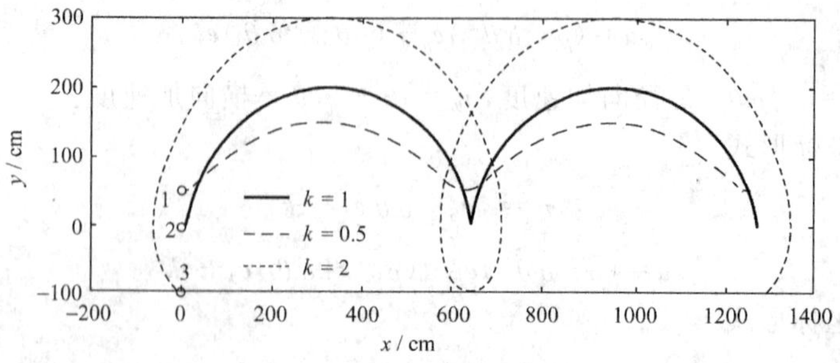

图 1-1b

其中曲线 1 是圆轮内部点的轨迹，曲线 2 是圆轮边缘点的轨迹，曲线 3 是圆轮外部点的轨迹(假设它位于圆轮的延拓部分)。由于 $v=R\omega$，即圆轮作纯滚动，圆轮边缘点的轨迹(即曲线 2)为摆线。

如果圆轮不作纯滚动，不妨设 $v=0.5R\omega$，则 M 点的轨迹如图 1-1c。圆轮边缘点的轨迹不再是摆线，而圆轮内部点的运动轨迹为摆线。

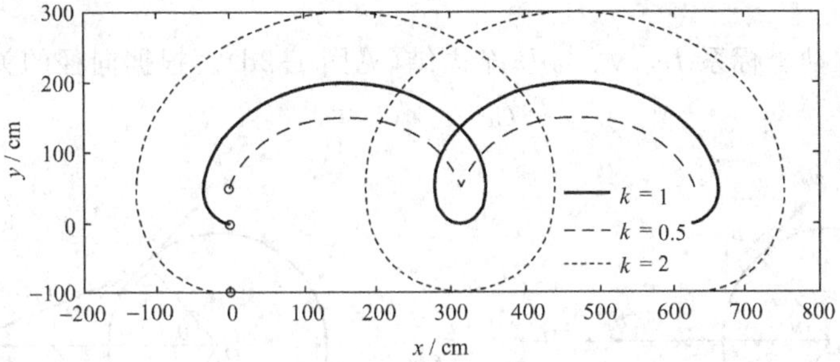

图 1-1c

(2) 求 M 点的速度及加速度

$$\left.\begin{aligned} v_x &= \dot{x} = v - r\omega\cos\omega t \\ v_y &= \dot{y} = r\omega\sin\omega t \end{aligned}\right\} \tag{2}$$

$$\left.\begin{aligned} a_x &= \ddot{x} = r\omega^2\sin\omega t \\ a_y &= \ddot{y} = r\omega^2\cos\omega t \end{aligned}\right\} \tag{3}$$

令 $\theta=\omega t=0$，可以求出圆轮与地面接触点 P 的速度：

$$\left.\begin{aligned} v_x &= v - R\omega \\ v_y &= 0 \end{aligned}\right\} \tag{4}$$

讨论：在圆盘打滑与不打滑两种情况下，圆上各点的速度分布有何特点？加速度分布有何特点？

若要在圆轮上找到一个速度为零的点 C^*，从方程(2)可求出 $\theta=0, r=\dfrac{v}{\omega}$，这意味着 C^* 一定在过圆心的垂线上。请思考速度为零的点是否一定在圆盘内部？如果圆轮作纯滚动，PM 方向与 M 点的速度方向有什么关系？CM 方向与 M 点的加速度方向有什么关系？

例 1-2 两辆汽车均匀速前进，如图 1-2a 所示。A 车沿直线行驶，$OA=x_0-v_At$，B 车沿圆周行驶，$\theta=\omega t$，圆周半径为 R。求：(1)A 车上的乘客看到 B 车的运动方程及轨迹；(2)B 车上的乘客看到 A 车的运动方程及轨迹。

解：(1)建立动坐标系 Ax_Ay_A 与 A 车固结，如图 1-2b 所示。根据向径的关系，有

$$\boldsymbol{r}_{AB} = \boldsymbol{r}_B - \boldsymbol{r}_A$$

其中 $\boldsymbol{r}_{AB}$ 就是 A 车上的乘客所看到的 B 车的向径，把 $\boldsymbol{r}_{AB}$ 向动坐标系 Ax_Ay_A 投影有：

$$\left.\begin{aligned} x &= R\cos\omega\ t - (x_0 - v_A t) \\ y &= R\sin\omega\ t \end{aligned}\right\} \tag{1}$$

利用计算机作图，若设 $R = 1000\ \text{m}, x_0 = 2000\ \text{m}, \omega = 0.1\ \text{rad/s}, v_A = 10\ \text{m/s}, t \leqslant 200\ \text{s}$，可得到方程(1)的轨迹如图1-2c所示。其中的小圆圈表示初始时的相对位置。

(2) 建立动坐标系 Bx_By_B 与 B 车固结(见图1-2d)。根据向径的关系，有：

$$\boldsymbol{r}_{BA} = \boldsymbol{r}_A - \boldsymbol{r}_B$$

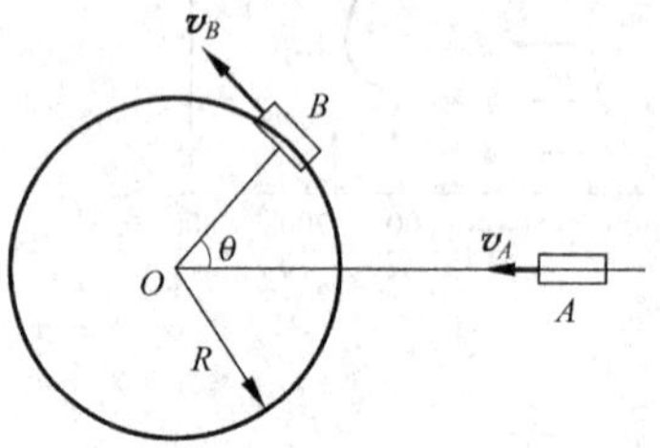

图 1-2a

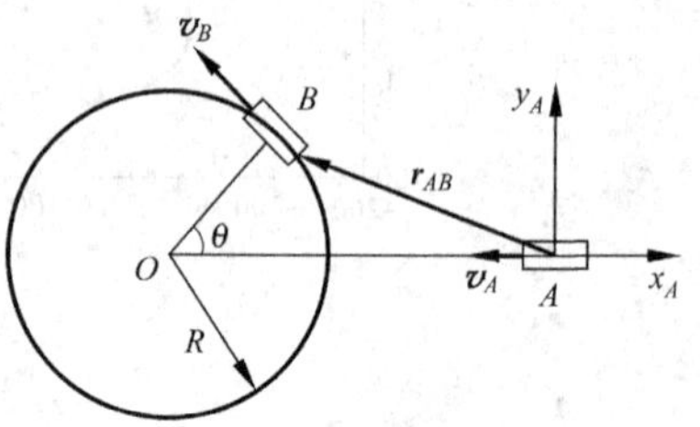

图 1-2b

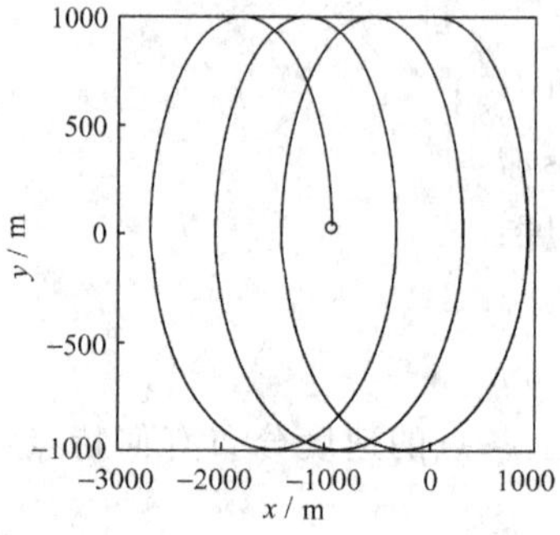

图 1-2c

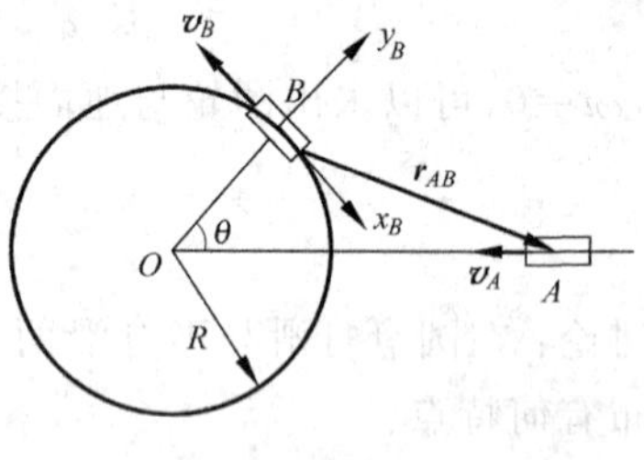

图 1-2d

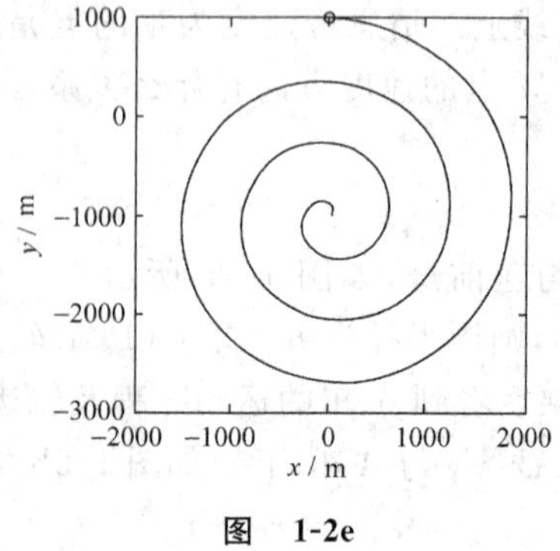

图 1-2e

其中 $\boldsymbol{r}_{BA}$ 就是 B 车上的乘客所看到的 A 车的向径，把 $\boldsymbol{r}_{BA}$ 向动坐标系 Bx_By_B 投影有：

$$\left.\begin{aligned} x &= (x_0 - v_A t)\sin\omega t \\ y &= (x_0 - v_A t)\cos\omega t - R \end{aligned}\right\} \tag{2}$$

在前面所给的参数下，可得方程(2)的轨迹为图 1-2e。

可以发现：A 车和 B 车上的乘客所看到的对方的相对运动方程和相对运动轨迹完全不同。

讨论：我们知道 $\boldsymbol{r}_{AB} = -\boldsymbol{r}_{BA}$，但为什么双方所看到的相对运动轨迹不同？在什么情况下相对轨迹相同但反向？因为相对运动轨迹是在动坐标中得到的，本题中与 A 车固连的是平动系，而与 B 车固连的是转动系。我们知道，同一个向量在不同的坐标中有不同的坐标分量，因此两者所看到的相对运动轨迹不同是自然的结果。由此知道，当两个坐标系相对平动时，两者所看到的相对运动轨迹相同但反向。

例 1-3 图 1-3a 所示齿轮机构中，大齿轮 O 半径为 R，小齿轮 O_1 半径为 r，小齿轮上 E 点到 O_1 的偏心距为 e，求小齿轮上 E 点的运动轨迹，并讨论该轨迹的特点。

解：建立坐标如图 1-3a 所示，其中设 OO_1 与 x 轴夹角为 θ，O_1E 与水平线夹角为 φ。由运动学知识有

$$\begin{cases} x_E = (R-r)\cos\theta + e\cos\varphi \\ y_E = (R-r)\sin\theta - e\sin\varphi \\ R\theta = r(\varphi+\theta) \end{cases}$$

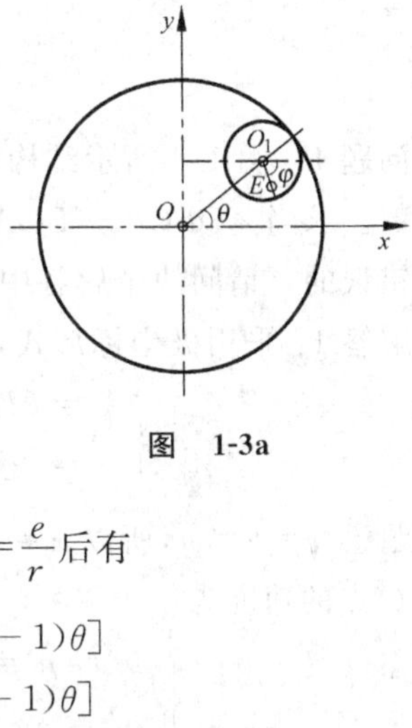

图 1-3a

简化后有

$$\begin{cases} x_E = (R-r)\cos\theta + e\cos\left(\dfrac{R-r}{r}\theta\right) \\ y_E = (R-r)\sin\theta - e\sin\left(\dfrac{R-r}{r}\theta\right) \end{cases}$$

引入无量纲化参数 $x^* = \dfrac{x_E}{r}$，$y^* = \dfrac{y_E}{r}$，$\xi = \dfrac{R}{r}$，$\eta = \dfrac{e}{r}$ 后有

$$\begin{cases} x^* = (\xi-1)\cos\theta + \eta\cos[(\xi-1)\theta] \\ y^* = (\xi-1)\sin\theta - \eta\sin[(\xi-1)\theta] \end{cases}$$

讨论：(1)若 ξ 为无理数，则轨迹曲线不封闭。图 1-3b 为 $\xi=\sqrt{3}$、小齿轮转 20 圈时 E 点的运动轨迹图形。(2)若 ξ 为有理数，则轨迹曲线封闭。进一步设 $\xi=\dfrac{m}{n}$，m、n 为不可约自然数，则曲线的周期为 $2n\pi$，并且曲线有 m 个尖点或花瓣。图 1-3c 为 $\xi=7/5$、$\eta=0.6$、转 5 圈时 E 点的运动轨迹图形。(3)$\eta=1$ 时曲线有尖点；$\eta<1$ 时尖点变为圆凸；$\eta>1$ 时曲线的尖点变为花瓣；$\eta=0$ 时曲线为圆。(4)$\xi=2$，$\eta=1$ 时曲线退

化为直线；$\xi=1$，曲线退化为一个点。

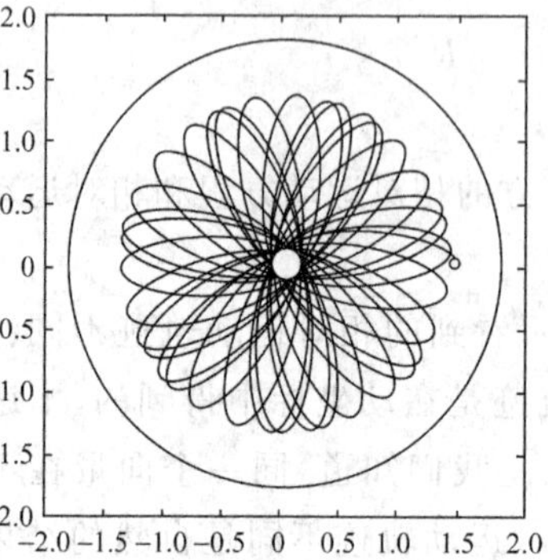

图　1-3b

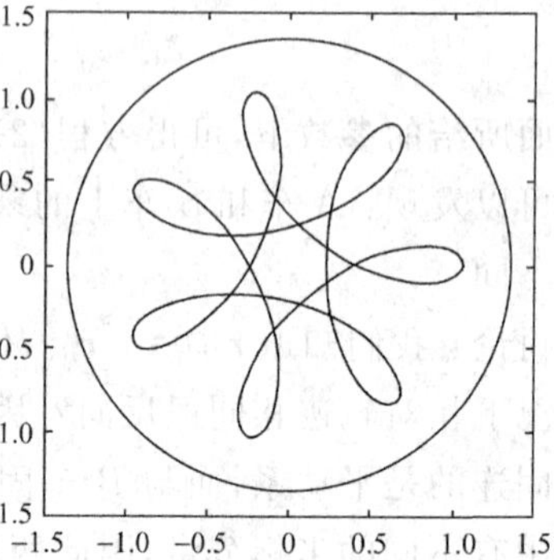

图　1-3c

总之，通过改变参数，这个简单机构上的一点 E 的运动轨迹竟是变化多端的各种曲线，你是否感到很惊讶？

四、常见错误

问题 1　图 1-4 所示结构中，杆 OA 长为 l，BC 长为 $2l$。$\angle BOA=\theta=\omega t$，其中 ω 为常数。求当$\angle OBC=\angle BOA$ 时 C 点的速度。下面有两种解答，虽然答案相同，但都是错误的。请问两个解答中各有什么问题？

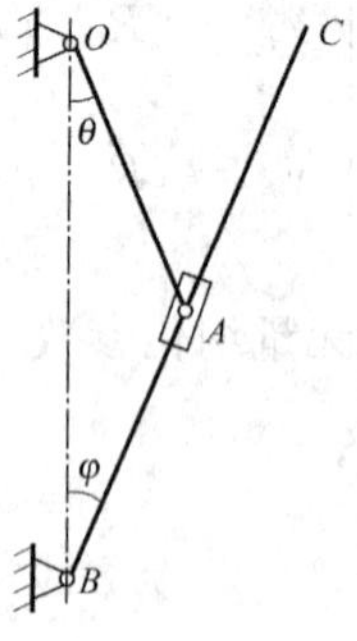

图　1-4

解答 1：采用极坐标形式，C 点的坐标为

$$\begin{cases}\rho=2l\\ \varphi=\angle BOA\end{cases}$$

根据题意，$\varphi=\theta=\omega t$，所以 $\dot{\varphi}=\dot{\theta}=\omega$

所以 C 点的速度为

$$\begin{cases}v_\rho=\dot{\rho}=0\\ v_\varphi=\rho\dot{\varphi}=2l\omega\end{cases}$$

解答 2：根据题意，当$\angle OBC=\angle BOA$ 时，OB 长度为 $2l\cos\theta$，则在一般位置，由三角形关系，有

$$\frac{\sin\varphi}{l}=\frac{\sin(\pi-\theta-\varphi)}{2l\cos\theta}$$

$$2\cos\theta\sin\varphi=\sin(\theta+\varphi)$$

$$-2\sin\theta\sin\varphi\cdot\dot{\theta}+2\cos\theta\cos\varphi\cdot\dot{\varphi}=\cos(\theta+\varphi)\cdot(\dot{\theta}+\dot{\varphi})$$

当 $\theta=\varphi$ 时,有

$$-2\sin^2\theta\cdot\dot{\theta}+2\cos^2\theta\cdot\dot{\varphi}=\cos(2\theta)\cdot(\dot{\theta}+\dot{\varphi})$$

从而 $\dot{\varphi}=\dot{\theta}=\omega$,故 C 点速度与解答 1 相同。

提示:(1)$\varphi=\theta$ 是否总是成立?(2)在一般位置时,OB 长度的表达式是什么?

问题 2 设杆 OA 长为 l,绕 O 轴转动,OB 为铅垂线,如图 1-5 所示。已知 $\angle AOB=\omega t$,其中 ω 为常数,求 A 点的速度。由于坐标系的方向选择不同,结果答案不相同。请问解答中是否有问题?

解答:采用极坐标形式,角 θ 的正方向是从 OB 到 OA,φ 的正方向是从 OA 到 OB。根据几何关系,始终应有 $\theta=\varphi=\omega t$。则很容易求出

$$v_\theta=l\dot{\theta}=l\omega,\quad v_\varphi=l\dot{\varphi}=l\omega$$

这两种解答中 A 点速度大小相等,但方向不同。

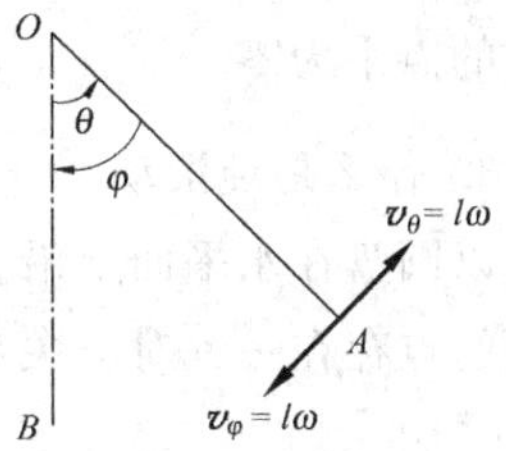

图 1-5

提示:(1)坐标正方向应该如何选取?(2)虽然 $\theta=\varphi$,但是 $\dot{\theta}$ 是否等于 $\dot{\varphi}$?

五、疑难解答

1. 向量描述与坐标系有无关系?

对运动的描述可以采用向量描述法。向量描述与坐标系无关,而且简洁、方便,得到的是向量方程,多用于理论分析,是一种客观的描述。但在具体计算中,往往要将向量在坐标系中表示出来,得到标量方程。由于坐标系的选取具有主观性,因此可能得到不同的标量方程,例如速度和加速度公式在直角坐标和极坐标中的表达式就不同。

2. 求导与投影的次序是否可交换?

设 $\boldsymbol{P}$ 为任意向量,$\boldsymbol{e}$ 为单位向量。这个问题写成公式形式就是

$$\left(\frac{\mathrm{d}\boldsymbol{P}}{\mathrm{d}t}\right)\cdot\boldsymbol{e}\overset{?}{=}\frac{\mathrm{d}(\boldsymbol{P}\cdot\boldsymbol{e})}{\mathrm{d}t}$$

如在极坐标中有

$$\boldsymbol{\rho}=\rho\boldsymbol{e}_\rho,\qquad \boldsymbol{v}=\dot{\rho}\boldsymbol{e}_\rho+\rho\dot{\varphi}\boldsymbol{e}_\varphi$$

$$\boldsymbol{v}\cdot\boldsymbol{e}_\rho=\dot{\rho},\quad \boldsymbol{v}\cdot\boldsymbol{e}_\varphi=\rho\dot{\varphi}$$

$$\left(\frac{\mathrm{d}(\boldsymbol{\rho}\cdot\boldsymbol{e}_\rho)}{\mathrm{d}t}\right)=\frac{\mathrm{d}\rho}{\mathrm{d}t}=\dot{\rho},\quad \left(\frac{\mathrm{d}(\boldsymbol{\rho}\cdot\boldsymbol{e}_\varphi)}{\mathrm{d}t}\right)=\frac{\mathrm{d}0}{\mathrm{d}t}=0$$

因此有

$$\left(\frac{\mathrm{d}\boldsymbol{\rho}}{\mathrm{d}t}\right)\cdot\boldsymbol{e}_\rho=\frac{\mathrm{d}(\boldsymbol{\rho}\cdot\boldsymbol{e}_\rho)}{\mathrm{d}t},\quad\left(\frac{\mathrm{d}\boldsymbol{\rho}}{\mathrm{d}t}\right)\cdot\boldsymbol{e}_\varphi\neq\frac{\mathrm{d}(\boldsymbol{\rho}\cdot\boldsymbol{e}_\varphi)}{\mathrm{d}t}$$

这似乎没有规律。实际上，

$$\frac{\mathrm{d}(\boldsymbol{P}\cdot\boldsymbol{e})}{\mathrm{d}t}=\frac{\mathrm{d}\boldsymbol{P}}{\mathrm{d}t}\cdot\boldsymbol{e}+\boldsymbol{P}\cdot\frac{\mathrm{d}\boldsymbol{e}}{\mathrm{d}t}$$

因此，一般在平动坐标系中，求导与投影的次序可以交换；在转动坐标系中，求导与投影的次序不可以交换。在极坐标中$\left(\frac{\mathrm{d}\boldsymbol{\rho}}{\mathrm{d}t}\right)\cdot\boldsymbol{e}_\rho=\frac{\mathrm{d}(\boldsymbol{\rho}\cdot\boldsymbol{e}_\rho)}{\mathrm{d}t}$是因为碰巧$\frac{\mathrm{d}\boldsymbol{e}_\rho}{\mathrm{d}t}$与$\boldsymbol{\rho}$垂直，它们的点乘为零。

3. 什么是纯滚动？

以圆盘在水平面上沿直线运动为例，纯滚动就是圆盘的边缘上的点与水平面上直线的点存在一一对应关系，或者说在运动过程中接触点的速度为零。

六、趣 味 问 题

1. 利用有关的理论力学知识，试设计一个简单的机构，使之可画三叶玫瑰线$\rho=a\cos3\theta$。

解：本题是例1-3的反问题，本质是将运动分解。

对于$\rho=a\cos3\theta$，在图1-6所示的直角坐标中写成：

$$\begin{cases}x=a\cos3\theta\cos\theta\\ y=a\cos3\theta\sin\theta\end{cases}$$

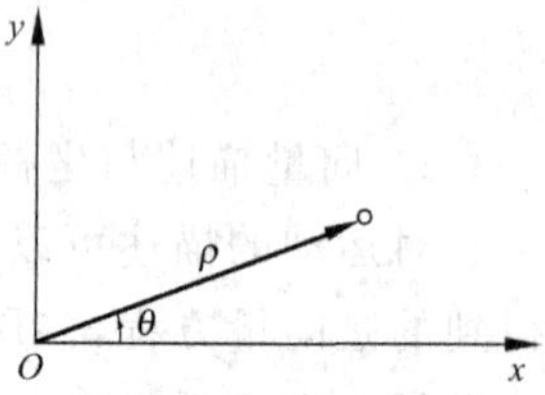

图 1-6

利用三角公式可得

$$\left.\begin{aligned}x&=\frac{a}{2}[\cos4\theta+\cos2\theta]\\ y&=\frac{a}{2}[\sin4\theta-\sin2\theta]\end{aligned}\right\}\qquad(1)$$

再由运动学知识，认为x由x_e与x_r组成，根据例1-3有

$$\left.\begin{aligned}x_E&=x_e+x_r=(R-r)\cos\varphi+e\cos\left(\frac{R-r}{r}\varphi\right)\\ y_E&=y_e+y_r=(R-r)\sin\varphi-e\sin\left(\frac{R-r}{r}\varphi\right)\end{aligned}\right\}\qquad(2)$$

变换$\varphi\to4\theta$后有

$$\left.\begin{aligned} x_E &= (R-r)\cos 4\theta + e\cos\left(4\,\frac{R-r}{r}\theta\right) \\ y_E &= (R-r)\sin 4\theta - e\sin\left(4\,\frac{R-r}{r}\theta\right) \end{aligned}\right\} \tag{3}$$

对照方程(1)、(3)的系数有

$$R = \frac{3}{2}a, \quad r = a, \quad e = \frac{1}{2}a \tag{4}$$

所以,做一个图 1-3a 的机构,取(4)式的参数,即可画出 $\rho = a\cos 3\theta$ 的三叶玫瑰线。

2. 假想在平原上有一只野兔和一只猎狗,在某一时刻同时发现对方。野兔立即向洞穴跑去,猎狗也立即向野兔追去。在追击过程中,双方均尽全力奔跑,假设双方速度大小不变,方向可变。问:

(1) 若野兔始终沿直线向洞穴跑去,求猎狗的运动方程和运动轨迹。

(2) 若野兔始终沿直线向洞穴跑去,试确定猎狗的初始位置范围,使得猎狗在这一范围内出发,总可以在野兔进洞前追上它。

(3) 若猎狗已处于前述范围内,则野兔始终沿直线跑向洞穴肯定会被追上,那么野兔是否可以沿曲线安全跑进洞穴(设速度大小不变)? 画出这种情况下双方的运动轨迹。

(4) 若猎狗经过训练,追击时不是直接追向野兔,而是追向野兔奔跑的前方。试给出一种计算提前量的方法,并画出双方的运动轨迹。

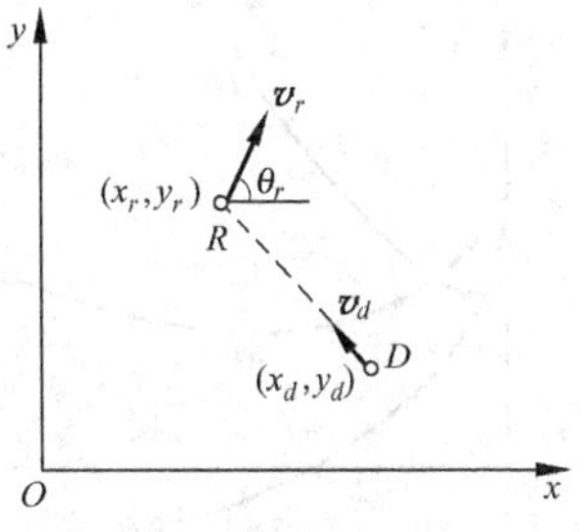

图 1-7a

解:(1)为方便可如图 1-7a 建立坐标。在任意时刻 t,野兔 R 的位置为$(x_r,\ y_r)$,奔跑的方向与 x 轴夹角为θ_r。猎狗 D 的位置为$(x_d,\ y_d)$,奔跑的方向由 D 指向 R。且设 v_r,v_d 大小均为常量,$\frac{v_d}{v_r}>1$。出于一般性的考虑,认为 θ_r 可以变化,则 t 时刻野兔的位置为

$$\left.\begin{aligned} x_r &= x_{r0} + \int_0^t v_r\cos\theta_r\,\mathrm{d}t \\ y_r &= y_{r0} + \int_0^t v_r\sin\theta_r\,\mathrm{d}t \end{aligned}\right\} \tag{1}$$

而猎狗在追击过程中满足

$$\sqrt{\dot{x}_d^2 + \dot{y}_d^2} = v_d, \quad \frac{\dot{y}_d}{\dot{x}_d} = \frac{y_r - y_d}{x_r - x_d} \tag{2}$$

由(2)式可得到猎狗的运动微分方程

$$\left.\begin{aligned}\dot{x}_d &= \frac{v_d(x_r - x_d)}{\sqrt{(x_r - x_d)^2 + (y_r - y_d)^2}} \\ \dot{y}_d &= \frac{v_d(y_r - y_d)}{\sqrt{(x_r - x_d)^2 + (y_r - y_d)^2}}\end{aligned}\right\} \tag{3}$$

可以解(3)式的微分方程组求出 x_d 和 y_d,从而得到猎狗的运动轨迹。一般情况下无法求出该运动轨迹的解析表达式,但若取 $\theta_r \equiv 90°$, $x_{r0}=0$, $y_{r0}=0$ 时,则可由(1)式、(3)式消去时间 t 得到猎狗运动的轨迹方程

$$y_d = b - \frac{1}{2}\left(\frac{x_d}{a}\right)^{\lambda}\frac{x_d}{1+\lambda} + \frac{1}{2}\left(\frac{x_d}{a}\right)^{-\lambda}\frac{x_d}{1-\lambda}$$

其中 a, b 为与初始条件有关的参数,$\lambda=\frac{v_r}{v_d}$,特别是当 $\lambda=\frac{1}{2}$时,有

$$y_d = y_{d0} - \frac{\sqrt{x_{d0}^2 + y_{d0}^2} - y_{d0}}{\sqrt{x_{d0}}}(\sqrt{x_d} - \sqrt{x_{d0}}) + \frac{\sqrt{x_{d0}}}{\sqrt{x_{d0}^2 + y_{d0}^2} - y_{d0}}(\sqrt{x_d^3} - \sqrt{x_{d0}^3})/3$$

图 1-7b 就是当 $\lambda=\frac{1}{2}$,野兔初始位置在原点,$\theta_r=90°$,猎狗的初始位置分别在 D_1, D_2, D_3 时所得到的猎狗运动轨迹,轨迹与 y 轴的交点即猎狗追上了兔子的位置。

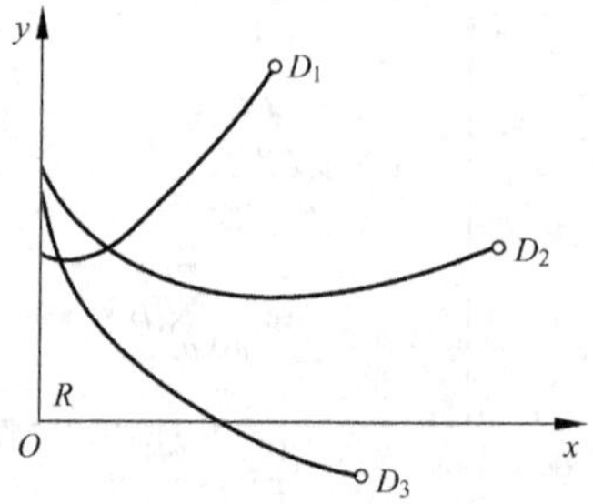

图 1-7b

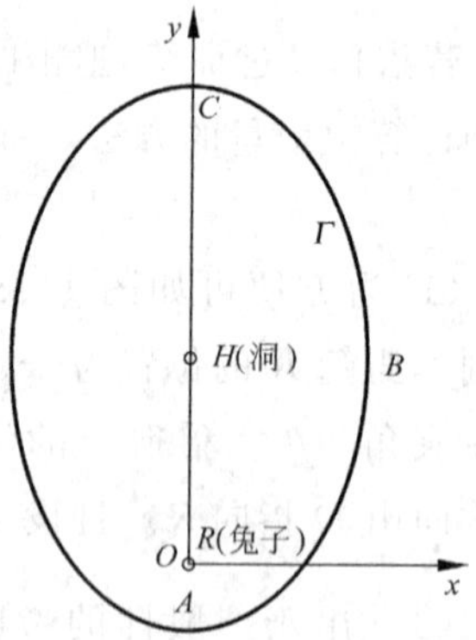

图 1-7c

(2) 若野兔始终沿直线向洞穴跑去,可以想象,存在着一个位置范围 Γ。若猎狗的初始位置在 Γ 内,猎狗可以在野兔进洞前追上它;若猎狗的初始位置在 Γ 外,则兔子可以安全跑进洞中,猎狗就再也追不着兔子了。为了求出 Γ 的边界,可以采用如下方法:

以 O 为原点,给出一组 ρ、θ,则猎狗的初始位置为 $x_{d0}=\rho\cos\theta$, $y_{d0}=\rho\sin\theta$,由前一问中微分解法可在计算机屏幕上模拟两者的运动。若兔子安全进了洞,则减小 ρ 重新计算;若猎狗追上了兔子但兔子距洞口还很远,则增大 ρ 重新计算;直至猎狗可追

上兔子，且兔子也几乎到达了洞口，此时的ρ、θ就确定了边界Γ上的一个点。对θ进行循环就可找出整个边界Γ。

图1-7c就是一个典型的边界图，它具有一些性质（前提是H在y轴上，R在原点）：

1）Γ关于y轴（或RH连线）对称，并可能关于BH连线对称，也可能是一个椭圆。

2）$l_{AH}=l_{HC}$，且$\frac{l_{AH}}{l_{RH}}=\frac{v_d}{v_r}$。

3）从Γ边界上任一点开始追击，轨迹不同，但所花时间均相同。

说明：若洞不在y轴上，兔子的初始位置不在原点，则Γ的图像只是平移、旋转而已。可以证明Γ是椭圆，希望感兴趣的读者自己证明。

（3）当猎狗处于Γ边界内，兔子采用直线跑向洞穴时肯定会被追上，但兔子采用曲线跑（θ_r可以改变，速度大小不变）时有可能安全跑进洞。这一结论此处虽无理论证明，但数值计算表明，当猎狗在Γ边界内但较靠近Γ边界时，兔子采用折线跑可以安全进洞。

图1-7d是一种典型的情况（参数是洞与兔子的距离500 m，$v_r/v_d=0.8$）。a表示兔子沿直线跑的轨迹，b表示兔子沿折线跑的轨迹，c表示与a对应的猎狗的轨迹，d表示与b对应的猎狗轨迹。兔子沿a、猎狗沿c运动时，猎狗追上兔子，且追上时兔子距洞口为11.2 m。兔子沿b、猎狗沿d运动时，兔子进洞，猎狗距洞口为11.2 m。这一结论表明：对兔子而言，不管猎狗在何处，兔子采用折线跑是明智的。这与跑直线、争取尽快进洞的常识有些出入。

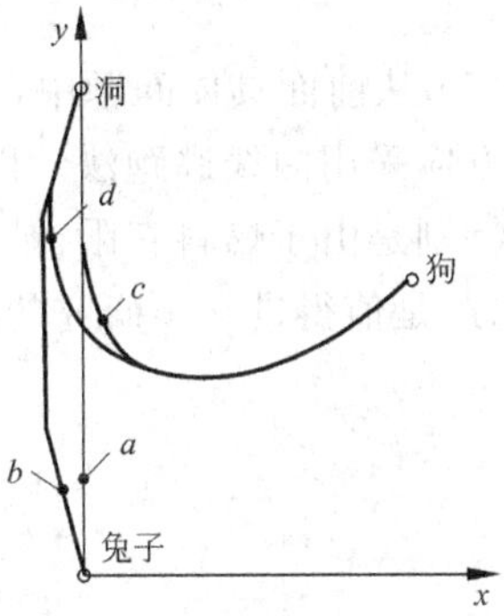

图 1-7d

（4）由前面分析猎狗的运动轨迹可以看出，当猎狗直接追击野兔时，即使野兔走直线，猎狗走的也是一条弯曲的线段，这样猎狗的速度优势就被走弯路而抵消了许多。

从一个极端的角度考虑，若猎狗事先知道了洞口所在，沿直线直奔洞口，则猎狗到达洞口后，若兔子还未进洞，此时的问题就转化为兔子可任意跑，但无处可躲了，一定会被追上。

实际上，猎狗不可能知道洞口所在，但兔子总会向洞口的大致方向跑去（若兔子不进洞口，迟早会被追上）。所以猎狗可以认为兔子是在向洞口奔去，则猎狗采用图1-7e的考虑前置量方式追击，其中R，D是t时刻的位置。M点在v_r方向的延线上，满足$\frac{l_{RM}}{v_r}=\frac{l_{DM}}{v_d}$，则猎狗奔跑的方向为$DM$连线。

这种追击法在运动学上的含义是：当 $\theta_r \equiv$ const 时，可以保证猎狗的运动轨迹为一条直线。当 $\theta_r \neq$ const 时，可以使猎狗的运动轨迹不太弯曲。

图 1-7f 是典型的情况，其中兔子的奔跑方式与前一解答中完全一样。但由于猎狗采用了前置量追击法，轨迹与图 1-7d 相比大为"平坦"，所以在兔子距洞口还很远时就追上了它。

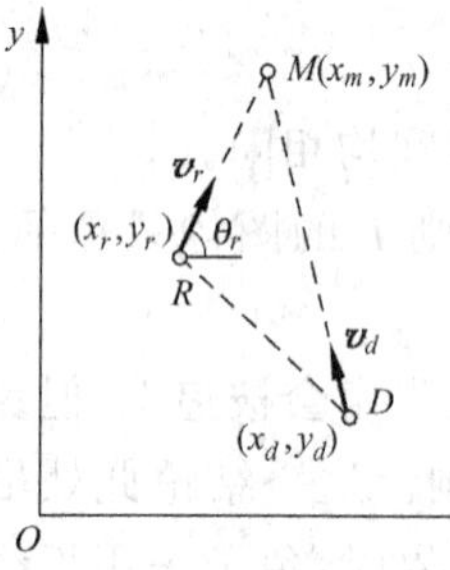

图　1-7e

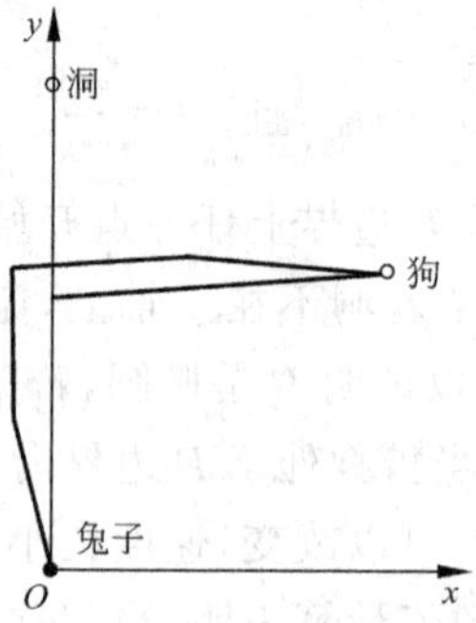

图　1-7f

(5) 从前面具体问题中，可以得到一般性的结论：追击方应采用前置量追击法，被追方应采用曲线逃跑法。以上追击问题的结论可以推广到空战、海上缉私等问题中。特别是由于燃料有限，被追方有躲藏之处时，追击方如何在尽可能短的时间内追上对方，是值得进一步研究的问题。

七、习　　题

1-1　一点的运动由下列方程表达：$x=at, y=bt-0.5gt^2$。求该点的切向加速度和法向加速度（a、b、g 均为常数）。

1-2　曲柄 OA 以角度 $\theta=\omega t$ 转动，ω 为常数，已知长度 $OA=AB=L=80$ cm，设初瞬时滑块在最右端，求连杆中点 M 的运动方程及轨迹。

1-3　一个点同时作两个简谐运动，设这两个振动分别沿相互垂直的两轴以 $x=a\sin(kt+\alpha)$ 和 $y=b\sin(kt+\beta)$ 进行，求该点的轨迹并指出是什么曲线（a、b、k、α、β 均为常数）。

1-4　图示刨床的曲柄滑道机构由曲柄 OA、摇杆 O_1B 及滑块 A、B 组成。当曲柄 OA 绕 O 轴转动时，摇杆可绕 O_1 轴摆动，摇杆借滑块 B 与扶架相连。已知 $O_1B=l$，$OA=r$，$O_1O=a$，且 $r<a$。当曲柄以角度 $\theta=\omega t$ 转动，ω 为常数，求扶架的运动方程。

1-5　动点从静止开始作平面曲线运动，设每一瞬时的切线加速度等于 $2t$ cm/s^2，法线加速度等于 $t^4/3$ cm/s^2。求该点的轨迹曲线。

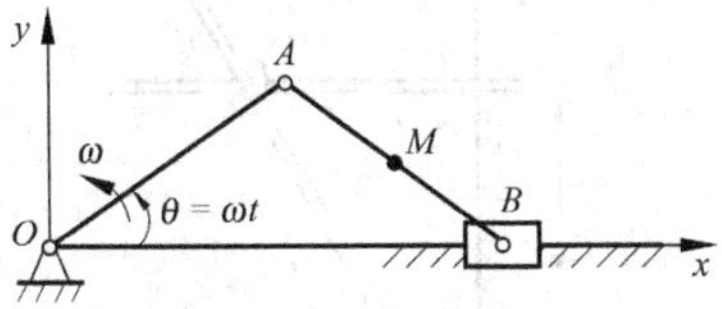

习题 1-2

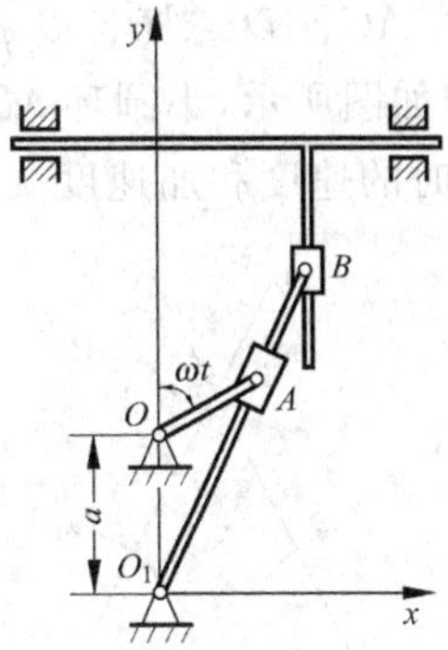

习题 1-4

1-6 图示机构中，半径为 r 的圆轮沿水平直线运动，轮心速度 v_0 为常数，OA 杆与水平线夹角为 φ 且与圆轮接触。当 $\varphi=60°$瞬时，求 $\dot{\varphi}$ 和 $\ddot{\varphi}$。

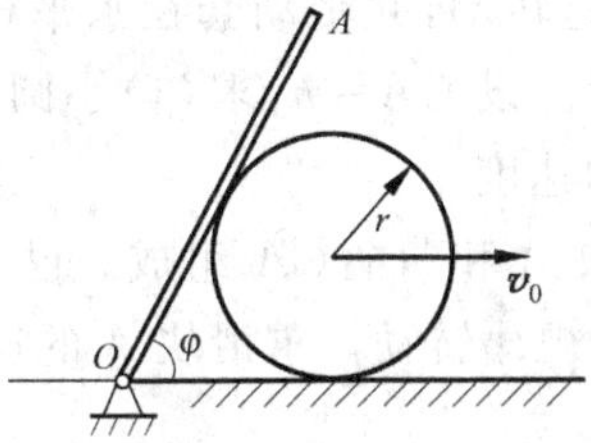

习题 1-6

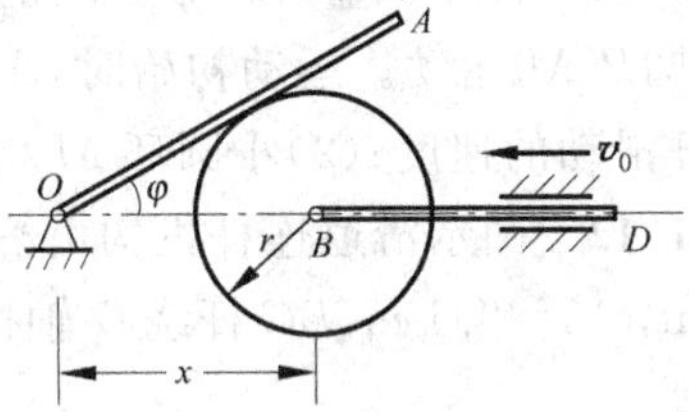

习题 1-7

1-7 图示机构中，圆轮半径为 r，BD 杆以等速度 v_0 运动，OA 杆与水平线夹角为 φ 且与圆轮接触，求 $\dot{\varphi}$ 和 $\ddot{\varphi}$（表示为 x 的函数）。

1-8 在半径为 R 的圆圈上套有一个小环 M，杆 OA 穿过小环，并绕圆圈上的点 O 以 $\varphi=\omega t$ 的规律转动，ω 为常数，求小环 M 的速度和加速度。

1-9 一飞机在离地面高度为 h 处作水平直线飞行，若已测得追踪飞机的探照灯光线在铅垂面内转动规律为 $\varphi=\omega t$，ω 为常数，求飞机飞行的加速度。

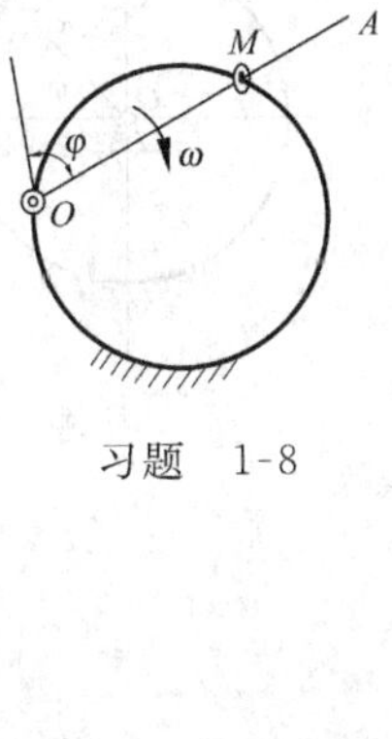

习题 1-8

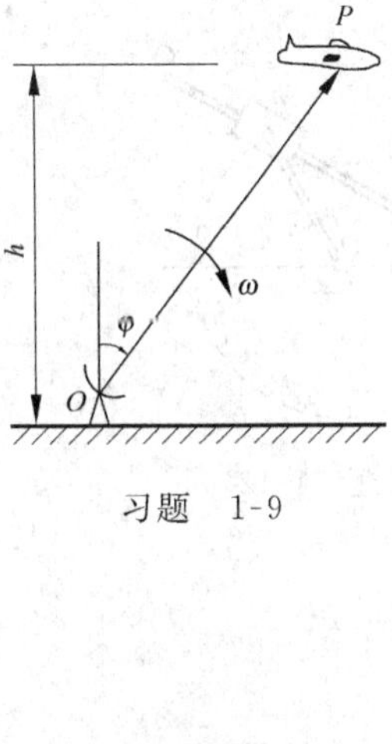

习题 1-9

1-10 AC、BD 二杆各以 $\varphi=\omega t$ 的规律分别绕距离为 a 的 A、B 两轴作匀速定轴转动，转向如图所示，小圆环 M 套在 AC 及 BD 杆上，在某瞬时 $\alpha=\beta=60°$，求小圆环 M 在该瞬时的速度和加速度。

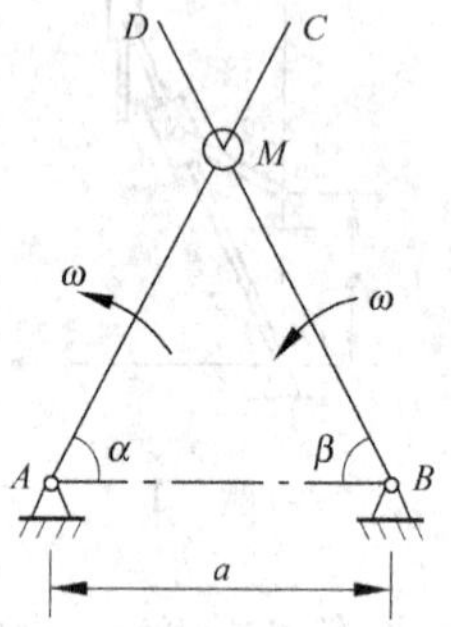

习题 1-10

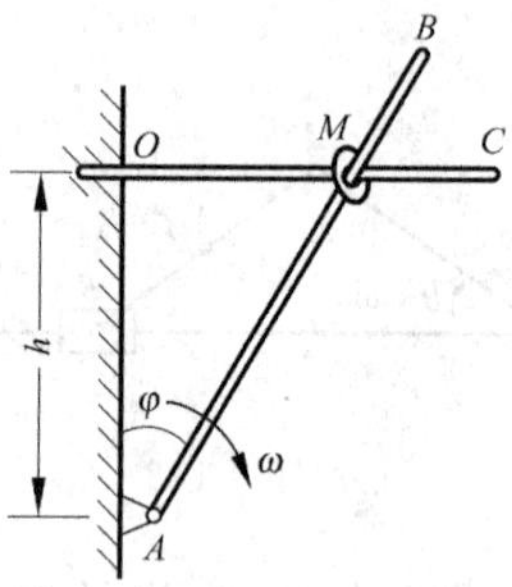

习题 1-11

1-11 图示 AB 杆以 $\varphi=\omega t$ 的规律绕 A 点匀速转动，并带动套在水平杆 OC 上的小圆环 M 运动。运动初始时，AB 杆在铅垂位置。设 $OA=h$，求(1)小圆环 M 沿 OC 杆滑动的速度；(2)小圆环 M 相对 AB 杆运动的速度。

1-12 图示滑道连杆机构由滑道连杆 BC、滑块 A 和曲柄 OA 组成。已知 $BO=0.1\ \text{m}$，$OA=0.1\ \text{m}$，BC 杆绕 B 轴按 $\varphi=10t(\text{rad})$ 的规律转动。求滑块 A 的速度和加速度。

1-13 偏心轮以 $\varphi=\omega t$ 的规律绕 O 轴匀速旋转，转轴 O 至轮心的距离 $OC=a$，轮的半径为 r，如图所示。求杆 AB 的运动规律和速度(表示成时间 t 的函数)。

1-14 半径为 $r=100\ \text{mm}$ 的小齿轮由系杆 OA 带动，在半径为 $R=200\ \text{mm}$ 的固定大齿轮上滚动。设系杆的转角 $\varphi=4t(\text{rad})$，试求点 M 的运动方程和速度。(M 为当 $\varphi=0$ 时小齿轮上与大齿轮的点 M_0 相接触的点)

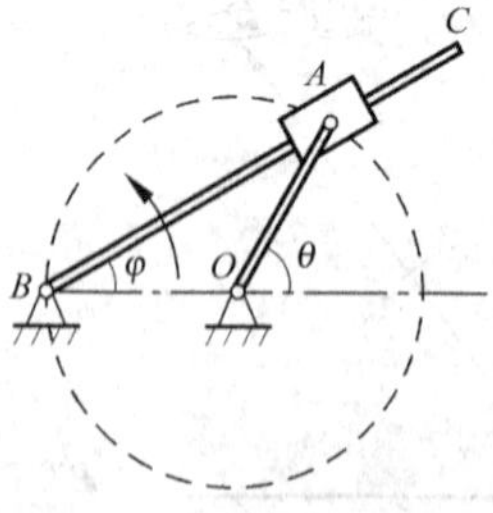

习题 1-12

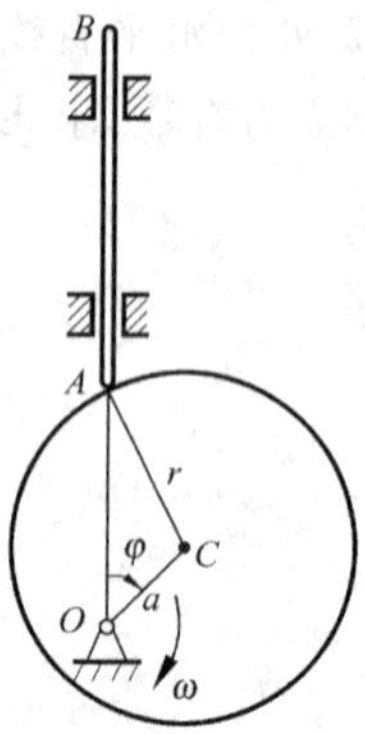

习题 1-13

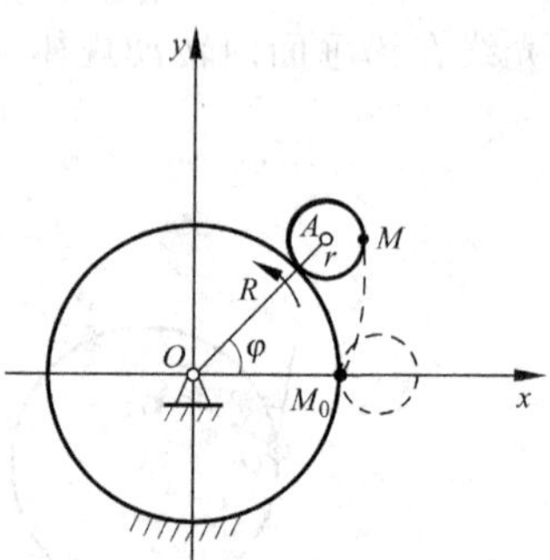

习题 1-14

1-15 点沿半径为 R 的圆周作等加速运动，初速度为零。如点的全加速度 a 与轨迹切线的夹角为 α，并以 β 表示点所走过的弧 s 所对应的圆心角。试证明：$\tan\alpha=2\beta$。

1-16 用极坐标表示的点的径向和横向速度分别为 v_r 与 v_θ，加速度分别为 a_r 与 a_θ，证明点的切向与法向加速度及轨迹在该点的曲率半径可表示为

$$a_t=\frac{v_r a_r+v_\theta a_\theta}{\pm\sqrt{v_r^2+v_\theta^2}},\quad a_n=\frac{|v_r a_\theta-v_\theta a_r|}{\pm\sqrt{v_r^2+v_\theta^2}},\quad \rho=\frac{(v_r^2+v_\theta^2)^{3/2}}{|v_r a_\theta-v_\theta a_r|}$$

1-17 点 M 沿螺旋线自外向内运动，该点所走过的弧长与时间一次方成正比，问点的速度是越来越快还是越来越慢？加速度呢？

1-18 已知在极坐标法中，点的运动方程是 $r=e(1-\cos\omega t)$，$\theta=\omega t$，其中 e、ω 均为常数，求当 $t=\dfrac{\pi}{2\omega}$ 瞬时点的速度与加速度。

1-19 已知 P 点在某瞬时的极坐标位置如图所示，其速度 $v=2$ m/s，加速度分量为 $a_x=5$ m/s^2，$a_\theta=-5$ m/s^2。求该瞬时 P 点的 a_r，a_y，a_t，a_n 和该点轨迹的曲率半径 ρ。

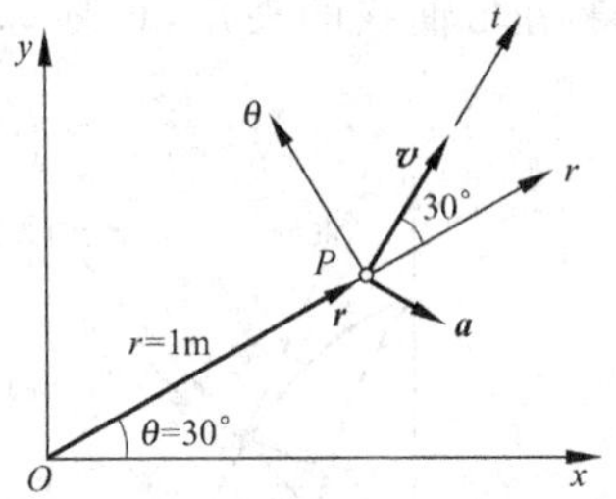

习题 1-19

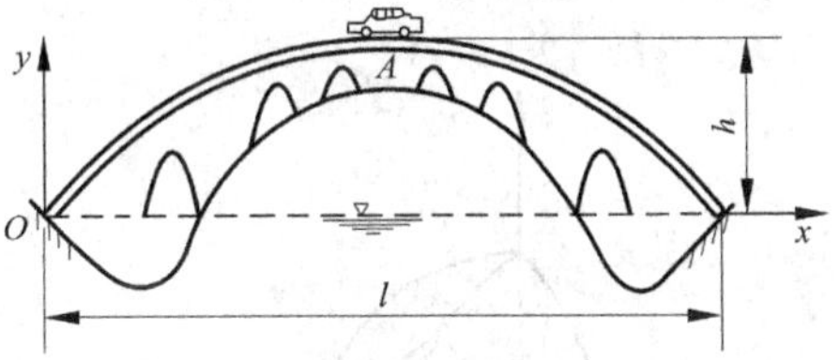

习题 1-20

1-20 汽车以匀速 v_0 经过一桥，设桥面形状为抛物线 $y=4hx(l-x)/l^2$，其中 h 为桥的高度，l 为桥的跨度。求汽车在桥面最高点 A 时的加速度。

1-21 一颗卫星绕地球作椭圆运动，其近地点的速度为 32200 km/h，高度为 $h=400$km。求该点轨迹的曲率半径 ρ。地球表面的加速度近似为 $g=9.8$ m/s^2，地球半径为 $R=6370$ km。

1-22 动点 M 在空心直管 OA 内以匀速 u 向外运动，同时直管又按 $\theta=\omega t$ 的规律绕 O 轴在平面内转动。试求 M 点相对地面的运动方程、轨迹方程、速度及加速度。

1-23 动点 M 沿半径为 R 的圆周以匀速 v 作逆时针方向的运动。如以圆的水平直径左端点 O 为极点，试求向径 $\boldsymbol{r}$ 的表达式以及动点 M 的加速度沿径向和横向的分量。

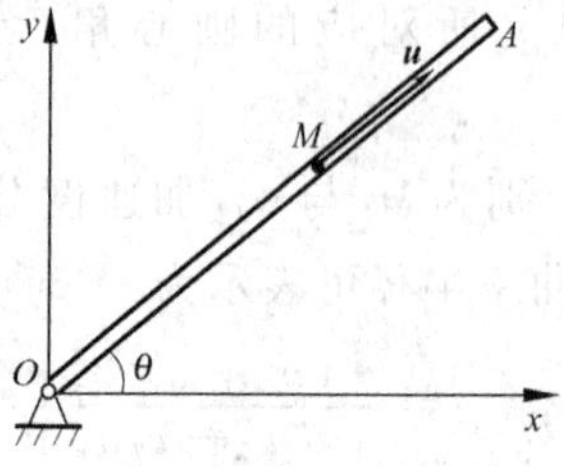

习题 1-22

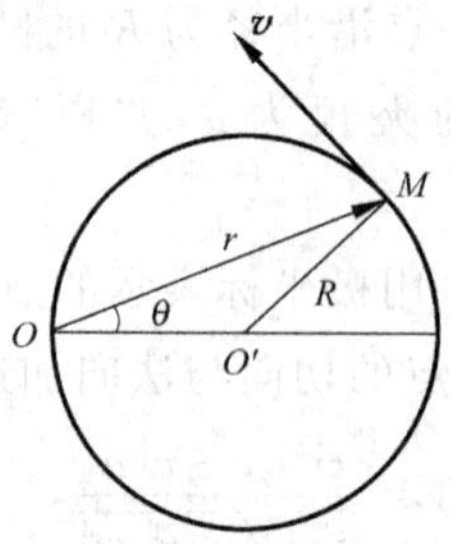

习题 1-23

1-24 一点的直角坐标形式的运动方程为 $x=R\cos^2(kt/2)$，$y=(R/2)\sin kt$，$z=R\sin(kt/2)$，求出该点的轨迹和球坐标形式的运动方程。

1-25 已知点用球坐标表示的运动方程为 $r=e^t$，$\varphi=2t$，$\theta=t$，其中长度以 cm 计，时间以 s 计，角度以 rad 计，求 $t=0.5\pi s$ 时点的速度和加速度。

1-26 一点沿球面与柱面的交线按下列方程运动：$r=R$，$\varphi=kt/2$，$\theta=kt/2$（r，φ，θ 是球坐标），求该点的速度大小及其在球坐标轴上的投影。

1-27 图示船 M 在地球表面运动，其速度的大小 v 等于常量，并与径线的交角恒等于 α。如以 θ 表示船的重心与地心连线和地球南北轴线的夹角，设地球半径为 R，求船的加速度与 θ 角的关系。

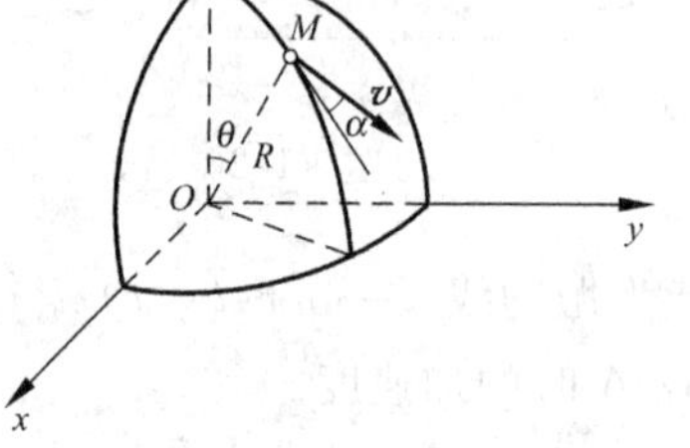

习题 1-27

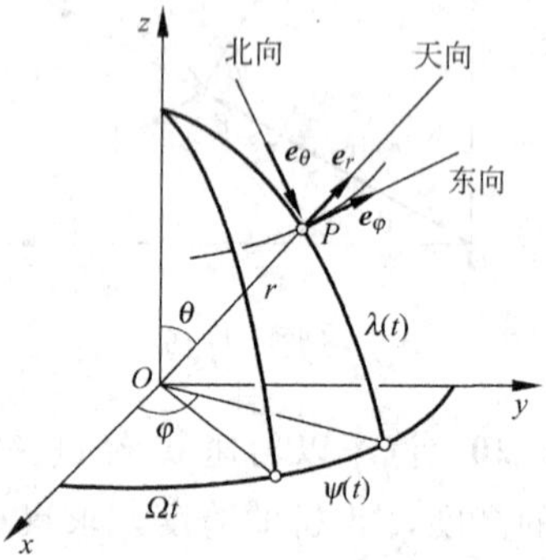

习题 1-28

1-28 飞机 P 在任意时刻的经度为 $\psi(t)$，纬度为 $\lambda(t)$，高度为 $h(t)$，其在地心坐标系中的球坐标运动方程为 $r=R+h(t)$，$\theta=(\pi/2)-\lambda(t)$，$\varphi=\Omega t+\psi(t)$，其中 R 是地球半径，Ω 是地球自转的角速度。求飞机的速度在东、北、天方向上的分量（以 h、ψ 和 λ 表示）。

1-29 飞机以等速 V 沿水平航线飞行，高度为 H，由地面发射一枚导弹，导弹与飞机始终保持在同一铅垂平面内运动，导弹始终瞄准飞机，其速率为 $kV(k>1)$，初始

发射角为 θ。证明：导弹打中飞机时，命中点与发射点之间的水平距离 $s=\frac{kH}{k^2-1}\cdot\frac{1+k\cos\theta}{\sin\theta}$。

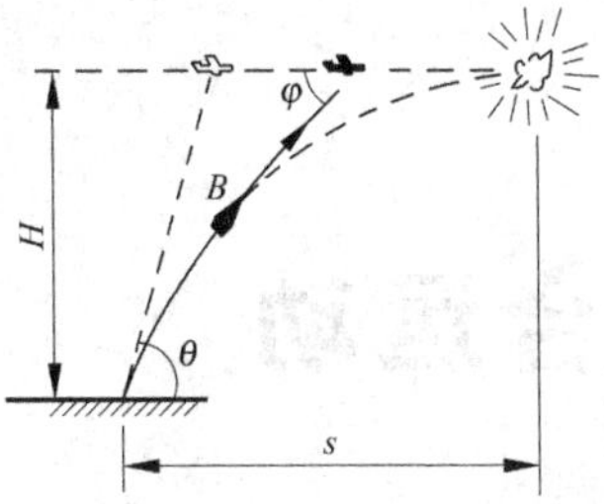

习题 1-29

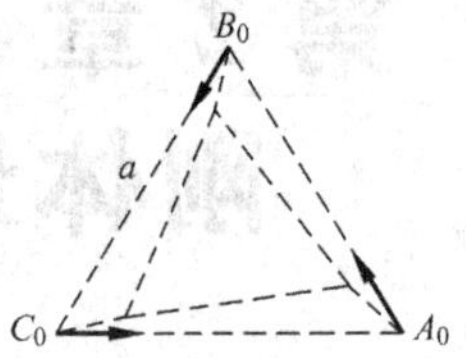

习题 1-30

1-30 3 名舞蹈演员在舞台上(当作平面上 3 个点)组成一个正三角形。音乐一开始，每一演员即朝向右侧的另一位演员以常速靠近。如果音乐时间足够长，问 3 位演员有无可能相遇？如相遇，每位演员走过的轨迹是什么曲线？

1-31 试设计一个简单机构，使之能画心脏线：$r=a(1+\cos\theta)$。

1-32 试设计一个简单机构，使之能画四叶玫瑰线：$r=a\sin 2\theta$。

1-33 有条件的追击问题。在猎狗追野兔的问题中，如果假设存在洞穴，野兔以速度 V 向洞穴跑去，猎狗以速度 $U(U>V)$ 向野兔追去。初始时野兔距洞穴为 d。则存在一个范围，在该范围内，猎狗一定可以追上野兔。证明该范围的边界是一个椭圆。(参数自行假设)

1-34 假设两架飞机 A、B 在空中飞行。A 飞机上的乘客看到 B 飞机的向径是 $\boldsymbol{r}_{AB}$；B 飞机上的乘客看到 A 飞机的向径是 $\boldsymbol{r}_{BA}$。由于 $\boldsymbol{r}_{AB}=-\boldsymbol{r}_{BA}$，那么他们所看到的对方的运动是否一定相同，只是方向相反？而两者的运动轨迹一定相同？请举出支持及反对的例子各一个。

1-35 假设潜艇在换气时被对方飞机发现，水平距离为 L。潜艇立即下潜并全速向某一方向逃离，而飞机也全速追踪过去。设潜艇最大速度为 V，方向角 θ 为常数，但不为对方飞机所知。设飞机最大速度为 $U(U>V)$，有能力发现正下方半径为 r 范围内的潜艇。请为飞机设计一条搜索线路，使飞机可以尽快发现潜艇。

1-36 在卫星编队飞行中，假设卫星 A 的轨道是以地心为圆心的圆，卫星 B 的轨道是以地心为焦点的椭圆，且两颗卫星的轨道在同一平面内，求两颗卫星的相对运动方程及运动轨迹。已知：卫星绕地球运动的轨道用极坐标写成 $r=\frac{a(1-e^2)}{1+e\cos\theta}$，其中 a 是轨道半长轴，e 是椭圆的偏心率。角速度的变化符合开普勒第三定律，即 $r^2\dot{\theta}=\text{const}$。(初始条件自设)

第 2 章 刚体运动与复合运动

一、内容摘要

（一）刚体运动

刚体的运动形式从简单到复杂可以排列为：平动、定轴转动、平面运动、定点运动和一般运动。

1. 刚体的运动方程

(1) 平动

刚体作平动时，其上任意直线始终与它原来的位置保持平行，刚体上各点的轨迹都相同，只要求得刚体上一个点的运动，也就得知整个刚体的运动。设 O 为刚体上的任意一点，它相对参考系原点的向径为 $\boldsymbol{R}_O$，则刚体平动的运动方程可以写成

$$\boldsymbol{R}_O = \boldsymbol{R}_O(t)$$

或者写成分量形式

$$\begin{cases} x_O = x_O(t) \\ y_O = y_O(t) \\ z_O = z_O(t) \end{cases}$$

(2) 定轴转动

刚体作定轴转动时，其上（或者其延拓部分上）的一条直线保持不动，可以用刚体绕其转轴的转角 θ 描述。刚体定轴转动的运动方程写成

$$\theta=\theta(t)$$

(3) 平面运动

刚体作平面运动时，其上各点与一个固定平面保持距离不变，可以用平面图形在自身平面内的运动来代表。平面运动可以看作是刚体随着基点的平动与绕着基点的定轴转动的合成。设 O 为基点，OXY 是平动坐标系，Oxy 是与平面图形固连的平面坐标系，则刚体平面运动的运动方程为

$$\begin{cases} x_O = x_O(t) \\ y_O = y_O(t) \\ \theta = \theta(t) \end{cases}$$

其中 x_O, y_O 是基点在参考坐标系中的坐标，θ 是 OX 轴与 Ox 轴的夹角。

(4) 定点运动

刚体作定点运动时，其上(或者其延拓部分上)的一点保持不动，任一瞬时刚体的方位可用欧拉角 ψ,θ,φ 描述(详见第 12 章)，也可以用固定坐标系和固连坐标系之间的变换矩阵(也称方向余弦矩阵)$\mathbf{A}$ 描述。刚体定点运动的运动方程为

$$\begin{cases} \psi = \psi(t) \\ \theta = \theta(t) \\ \varphi = \varphi(t) \end{cases} \quad \text{或者 } \mathbf{A} = \mathbf{A}(t)$$

(5)一般运动

刚体的一般运动可以看作是刚体随着基点的平动与绕着基点的定点运动的合成。刚体一般运动的运动方程为

$$\boldsymbol{R}_O = \boldsymbol{R}_O(t), \quad \begin{cases} \psi = \psi(t) \\ \theta = \theta(t) \\ \varphi = \varphi(t) \end{cases} \quad (\text{或者 } \mathbf{A} = \mathbf{A}(t))$$

2. 刚体的角速度和角加速度

(1) 平动

平动刚体的角速度和角加速度恒等于零。

(2) 定轴转动

定轴转动刚体的角速度和角加速度的大小分别为

$$\omega = \dot{\theta}, \quad \varepsilon = \ddot{\theta}$$

它们的方向总是沿着转动轴。通常以角 θ 增大的方向为正向。

(3) 平面运动

作平面运动刚体的角速度和角加速度分别为

$$\boldsymbol{\omega} = \dot{\theta}\boldsymbol{k}, \quad \boldsymbol{\varepsilon} = \ddot{\theta}\boldsymbol{k}$$

它们的方向总是垂直平面图形所在的平面。习惯上以逆时针方向为正向。

（4）定点运动

作定点运动刚体的角速度和角加速度的大小、方向都是变化的。刚体的角速度和角加速度在固连坐标系中的分量形式可以用欧拉角描述（见第12章）。

（5）一般运动

作一般运动刚体的角速度和角加速度的大小、方向都是变化的。刚体的角速度和角加速度在固连坐标系中的分量形式可以用欧拉角描述（见第12章）。

3. 刚体上各点的速度和加速度

（1）平动

平动刚体上各点的速度和加速度的大小、方向都相同。

（2）定轴转动

定轴转动刚体上任意点 P 的速度和加速度为

$$\boldsymbol{v}_P = \boldsymbol{\omega} \times \boldsymbol{r}_{OP}$$

$$\boldsymbol{a}_P = \boldsymbol{\varepsilon} \times \boldsymbol{r}_{OP} - \omega^2 \boldsymbol{r}_{OP}$$

其中 $\boldsymbol{r}_{OP}$ 为从 P 点在转动轴上的垂足点 O 指向 P 点的向量。P 点的速度、切向与法向加速度的大小分别为

$$v = \omega r, \quad a_\tau = \varepsilon r, \quad a_n = \omega^2 r$$

其中 r 表示 P 点到转轴的距离。

（3）平面运动

刚体上任意点 P 的速度和加速度可分别由下面的公式求出：

$$\boldsymbol{v}_P = \boldsymbol{v}_O + \boldsymbol{\omega} \times \boldsymbol{r}_{OP}$$

$$\boldsymbol{a}_P = \boldsymbol{a}_O + \boldsymbol{\varepsilon} \times \boldsymbol{r}_{OP} - \omega^2 \boldsymbol{r}_{OP}$$

其中 $\boldsymbol{v}_O$ 和 $\boldsymbol{a}_O$ 分别为基点 O 的速度和加速度，$\boldsymbol{\omega}$ 和 $\boldsymbol{\varepsilon}$ 分别是刚体的角速度和角加速度，$\boldsymbol{r}_{OP}$ 是从基点 O 到 P 点的向量。利用这两个公式分析平面运动的刚体上各点的速度和加速度的方法称为基点法。

分析平面运动刚体上各点的速度时还经常使用瞬心法和速度投影定理。瞬心法是设法找到刚体或其延拓部分上瞬时速度为零的点 C，以它为基点写出 P 点的速度

$$\boldsymbol{v}_P = \boldsymbol{\omega} \times \boldsymbol{r}_{CP}$$

与定轴转动时一样，因此在求刚体上各点的速度时，就可以将刚体看作是绕瞬心 C 的瞬时定轴转动。需要强调的是，不同时刻的瞬心位置也不同，瞬心在平面图形上留下的轨迹称为动瞬心轨迹，在定参考系中留下的轨迹称为定瞬心轨迹。平面图形运动时，动瞬心轨迹在定瞬心轨迹上作无滑动的滚动。

速度投影定理叙述为：刚体上两点的速度在两点连线上的投影相等。该定理反映了刚体上两点间距离不变的实质。

（4）定点运动

刚体上任意点 P 的速度和加速度可分别由下面公式求出：

$$\boldsymbol{v}_P=\boldsymbol{\omega}\times\boldsymbol{r}_{OP}$$

$$\boldsymbol{a}_P=\boldsymbol{\varepsilon}\times\boldsymbol{r}_{OP}+\boldsymbol{\omega}\times(\boldsymbol{\omega}\times\boldsymbol{r}_{OP})$$

其中 O 为刚体或其延拓部分上的固定点，$\boldsymbol{\omega}$ 和 $\boldsymbol{\varepsilon}$ 分别是刚体的角速度和角加速度，$\boldsymbol{r}_{OP}$ 是从固定点 O 到 P 点的向量。

(5) 一般运动

刚体上任意点 P 的速度和加速度可分别由下面公式求出：

$$\boldsymbol{v}_P=\boldsymbol{v}_O+\boldsymbol{\omega}\times\boldsymbol{r}_{OP}$$

$$\boldsymbol{a}_P=\boldsymbol{a}_O+\boldsymbol{\varepsilon}\times\boldsymbol{r}_{OP}+\boldsymbol{\omega}\times(\boldsymbol{\omega}\times\boldsymbol{r}_{OP})$$

其中 $\boldsymbol{v}_O$ 和 $\boldsymbol{a}_O$ 分别为基点 O 的速度和加速度，$\boldsymbol{\omega}$ 和 $\boldsymbol{\varepsilon}$ 分别是刚体的角速度和角加速度，$\boldsymbol{r}_{OP}$ 是从基点 O 到 P 点的向量。

（二）复合运动

处理复杂运动时，常在两个相对运动的坐标系中来描述同一个物体的运动，这时约定一个作为定坐标系，简称定系，另一个为动坐标系，简称动系。物体相对动系的运动称为相对运动，相对定系的运动称为绝对运动或者复合运动，而动系相对定系的运动称为牵连运动。可以将牵连运动看作是动系代表的刚体相对定系的运动。理论力学中主要研究点的复合运动和刚体复合运动。

1. 点的复合运动

被研究的物体是一个点时，称之为动点。动点相对动系的运动称为点的相对运动，相对定系的运动称为点的绝对运动。假想动点凝结在动系上随着动系一起运动，这个运动称为点的牵连运动。分析点的复合运动问题时，需要用到下面的速度合成公式和加速度合成公式：

$$\boldsymbol{v}=\boldsymbol{v}_e+\boldsymbol{v}_r$$

$$\boldsymbol{a}=\boldsymbol{a}_e+\boldsymbol{a}_r+\boldsymbol{a}_c$$

其中 $\boldsymbol{v}_e$ 和 $\boldsymbol{a}_e$ 分别是点的牵连速度和牵连加速度，$\boldsymbol{v}_r$ 和 $\boldsymbol{a}_r$ 分别是点的相对速度和相对加速度，而 $\boldsymbol{a}_c=2\boldsymbol{\omega}\times\boldsymbol{v}_r$（$\boldsymbol{\omega}$ 为动系相对定系的角速度）是点的科氏加速度。

复合运动问题的关键是动点和动系的选择，应遵循的一般原则是：动点与动系选在不同刚体上，动点的相对运动易于确定。

2. 刚体的复合运动

如果将动系相对定系的牵连运动看作是动系代表的刚体的运动，则刚体的绝对运动就是两个刚体运动的合成。又由于刚体的绝对运动由基点的运动和绕基点的定点运动合成，而基点的运动可以根据点的复合运动求得，因此确定刚体的绝对运动还需要根据下面的角速度和角加速度合成公式，求出刚体的绝对角速度和绝对角加速度。

$$\boldsymbol{\omega}=\boldsymbol{\omega}_e+\boldsymbol{\omega}_r$$

$$\boldsymbol{\varepsilon}=\boldsymbol{\varepsilon}_e+\boldsymbol{\varepsilon}_r+\boldsymbol{\omega}_e\times\boldsymbol{\omega}_r$$

其中$\boldsymbol{\omega}_r$和$\boldsymbol{\varepsilon}_r$分别是刚体的相对角速度和相对角加速度；$\boldsymbol{\omega}_e$和$\boldsymbol{\varepsilon}_e$分别是刚体的牵连角速度和牵连角加速度，也就是动系相对定系的角速度和角加速度。

当刚体相对动系作定轴转动，动系又相对定系作定轴转动时，且两个转轴平行时，上面公式可以退化为标量形式：

$$\omega = \omega_e + \omega_r$$

$$\varepsilon = \varepsilon_e + \varepsilon_r$$

对于两个相互啮合的齿轮，它们的相对转动角速度大小与轮半径成反比：

$$\frac{\omega_{ri}}{\omega_{rj}} = \frac{r_j}{r_i}$$

但要注意的是这种关系在定系中一般不成立。由此公式还可以求导得

$$\frac{\varepsilon_{ri}}{\varepsilon_{rj}} = \frac{r_j}{r_i}$$

二、基本要求

1. 掌握刚体运动的角速度、角加速度概念。

2. 应用基点法、瞬心法进行平面运动的速度分析，应用基点法进行平面运动的加速度分析。

3. 恰当选取动点、动系，分析点的相对运动、牵连运动和绝对运动，会解牵连运动为平动和定轴转动的点的复合运动问题。

4. 恰当选取动系，确定相对角速度和牵连角速度，理解绕平行轴转动合成和绕相交轴转动合成，并能用于行星轮系中的角速度分析，以及简单情况下刚体定点运动中的速度分析。

三、典型例题

例 2-1　刚体平面运动

如图 2-1a 所示的齿轮机构中，小齿轮 O 的半径为 r，大齿轮 O_0 的半径为 R。设 O_0A 为垂线，$\theta=\theta(t)$，求小齿轮 O 运动过程中的坐标转换矩阵及其角速度。

解：建立如图 2-1b 所示的坐标系。设 O_0XY 为固定坐标系，Oxy 为与小轮固连的动系，OXY 为平动坐标系，且设初始时 Oxy 与 O_0XY 各轴分别平行。A'与 A 在初始时重合，B 为接触点。设 Ox 轴与 OX 轴的夹角为 β，显然有如下关系式：

$$\widehat{AB}=\widehat{A'B}$$

$$R\theta=r(\theta+\beta)$$

$$\beta=(R-r)\theta/r$$

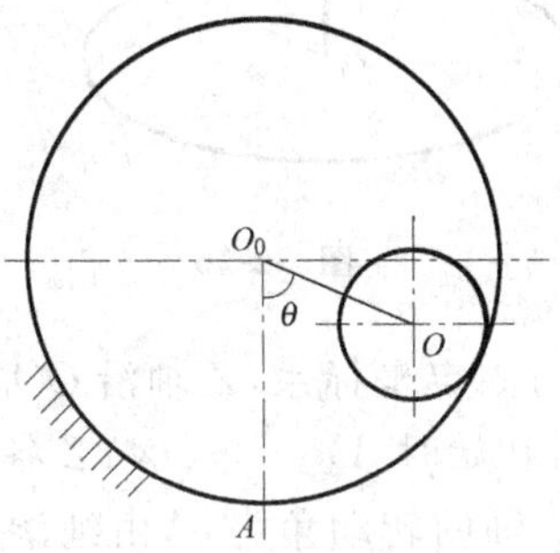

图 2-1a

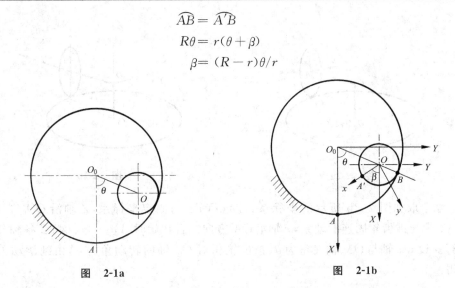

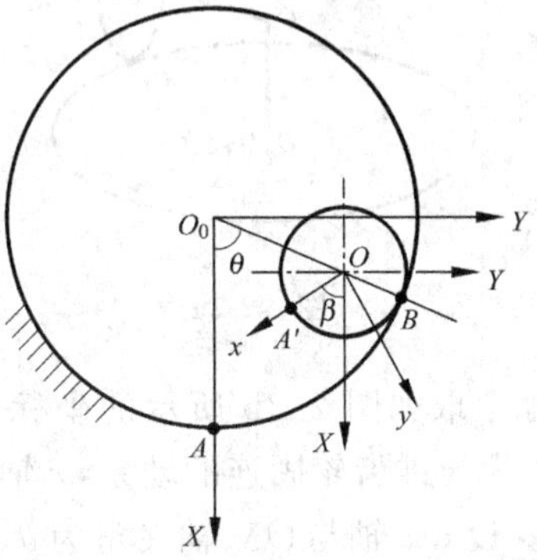

图 2-1b

坐标转换矩阵及其导数分别为

$$\boldsymbol{A}=\begin{bmatrix}\cos\beta & \sin\beta & 0\\ -\sin\beta & \cos\beta & 0\\ 0 & 0 & 1\end{bmatrix},\quad \dot{\boldsymbol{A}}=\begin{bmatrix}-\sin\beta\cdot\dot{\beta} & \cos\beta\cdot\dot{\beta} & 0\\ -\cos\beta\cdot\dot{\beta} & -\sin\beta\cdot\dot{\beta} & 0\\ 0 & 0 & 0\end{bmatrix}$$

于是有

$$\dot{\boldsymbol{A}}\boldsymbol{A}^{\mathrm{T}}=\begin{bmatrix}-\sin\beta\cdot\dot{\beta} & \cos\beta\cdot\dot{\beta} & 0\\ -\cos\beta\cdot\dot{\beta} & -\sin\beta\cdot\dot{\beta} & 0\\ 0 & 0 & 0\end{bmatrix}\begin{bmatrix}\cos\beta & -\sin\beta & 0\\ \sin\beta & \cos\beta & 0\\ 0 & 0 & 1\end{bmatrix}=\begin{bmatrix}0 & \dot{\beta} & 0\\ -\dot{\beta} & 0 & 0\\ 0 & 0 & 0\end{bmatrix}$$

因此小齿轮的角速度在定系中的列阵为

$$\underline{\boldsymbol{\omega}}=(0\quad 0\quad -\dot{\beta})^{\mathrm{T}}$$

小齿轮的角速度向量为

$$\boldsymbol{\omega}=-\dot{\beta}\boldsymbol{k}=-\frac{(R-r)\dot{\theta}}{r}\boldsymbol{k}$$

讨论：(1)角速度向量中的负号表示什么意思？(2)如果小齿轮与大齿轮外接，应如何分析？(3)很明显圆心 O 作圆周运动，且 O_0O 连线的角速度为 $\dot{\theta}\boldsymbol{k}$，但为什么不等于齿轮的角速度，两者有何关系？

例 2-2 刚体定点运动

设两锥齿轮啮合滚动，如图 2-2a 所示。已知 OA 杆绕 OO_0 杆按已知规律 $\theta=\theta(t)$ 转动，求小锥齿轮运动过程中的坐标转换矩阵及角速度。

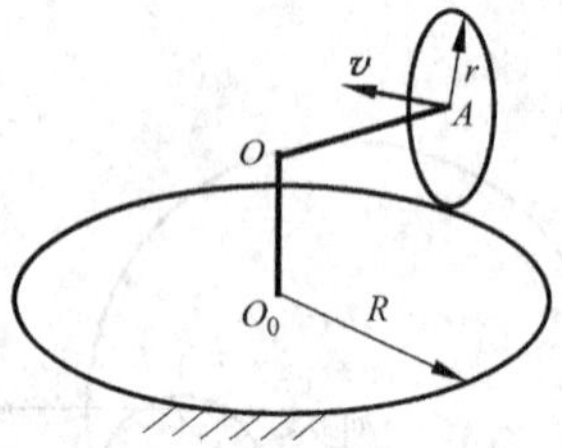

图 2-2a

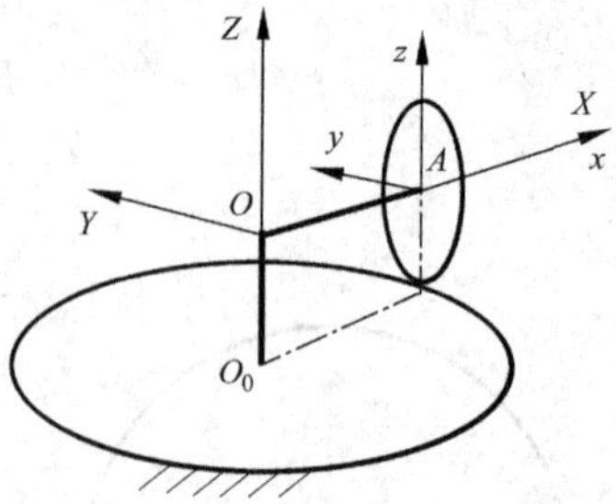

图 2-2b

解：取如图 2-2b 所示的坐标系。设 $OXYZ$ 为固定坐标系，Z 轴沿 OO_0 方向，$Axyz$ 为与锥齿轮固连的动系，x 轴沿 OA 方向。且初始时 $Axyz$ 与 $OXYZ$ 各轴分别平行。设 Ox 轴与 OX 轴夹角为 θ，锥齿轮相对 Ox 轴的转动角为 φ，由纯滚动关系可得

$$R\theta = r\varphi$$

$$\varphi = \frac{R\theta}{r}$$

坐标转换矩阵为

$$\boldsymbol{A} = \boldsymbol{A}_1\boldsymbol{A}_2,\quad \boldsymbol{A}_1 = \begin{bmatrix} \cos\theta & -\sin\theta & 0 \\ \sin\theta & \cos\theta & 0 \\ 0 & 0 & 1 \end{bmatrix},\quad \boldsymbol{A}_2 = \begin{bmatrix} 1 & 0 & 0 \\ 0 & \cos\varphi & \sin\varphi \\ 0 & -\sin\varphi & \cos\varphi \end{bmatrix}$$

其中 $\boldsymbol{A}_1$ 表示齿轮绕 Z 轴转动时的坐标转换矩阵，而 $\boldsymbol{A}_2$ 表示齿轮绕 x 轴转动时的坐标转换矩阵。因此有：

$$\boldsymbol{A} = \begin{bmatrix} \cos\theta & -\sin\theta\cdot\cos\varphi & -\sin\theta\cdot c\sin\varphi \\ \sin\theta & \cos\theta\cdot\cos\varphi & \cos\theta\cdot\sin\varphi \\ 0 & -\sin\varphi & \cos\varphi \end{bmatrix}$$

坐标转换矩阵求导后很复杂。为了使问题简化，不妨设 $R=r$，则 $\varphi\equiv\theta$，此时有

$$\boldsymbol{A} = \begin{bmatrix} \cos\theta & -\frac{1}{2}\sin2\theta & -\sin^2\theta \\ \sin\theta & \cos^2\theta & \frac{1}{2}\sin2\theta \\ 0 & -\sin\theta & \cos\theta \end{bmatrix},\quad \dot{\boldsymbol{A}} = \dot{\theta}\begin{bmatrix} -\sin\theta & -\cos2\theta & -\sin2\theta \\ \cos\theta & -\sin2\theta & \cos2\theta \\ 0 & -\cos\theta & -\sin\theta \end{bmatrix}$$

从而求出

$$\dot{\boldsymbol{A}}\boldsymbol{A}^{\mathrm{T}} = \begin{bmatrix} 0 & -\dot{\theta} & -\dot{\theta}\sin\theta \\ \dot{\theta} & 0 & \dot{\theta}\cos\theta \\ \dot{\theta}\sin\theta & -\dot{\theta}\cos\theta & 0 \end{bmatrix}$$

角速度向量在定系中为

$$\boldsymbol{\omega} = -\dot{\theta}\cos\theta\boldsymbol{i} - \dot{\theta}\sin\theta\boldsymbol{j} + \dot{\theta}\boldsymbol{k}$$

讨论:(1)如何把角速度向量分解到与齿轮固连的动坐标系中?(2)如何在图中画出角速度向量的方向?(3)学刚体复合运动时,可以验证这个答案。

例 2-3 杆系速度分析

已知曲柄滑块机构中 OA 的长为 R,以匀角速度 ω 转动,求图 2-3a 所示位置时 B 滑块的速度$\boldsymbol{v}_B$及 AB 杆的角速度 ω_{AB}。

解法 1:基点法

AB 杆作平面运动,选 A 点为基点(因 A 点速度已知),分析 B 点的运动并画出各速度的方向,如图 2-3b 所示。

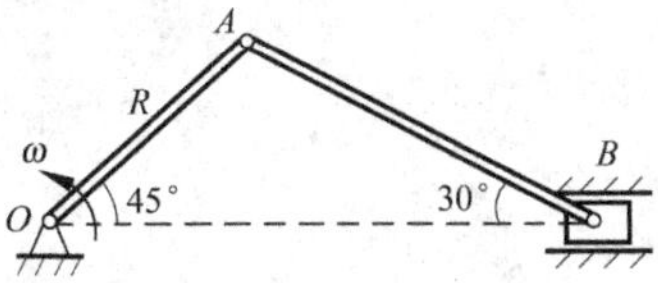

图 2-3a

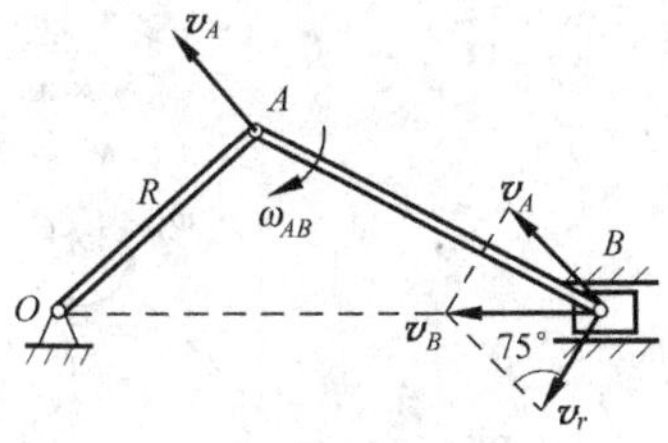

图 2-3b

在速度三角形中,由正弦定理,边长与对应角度的正弦成正比,即

$$\frac{v_B}{\sin 75^\circ} = \frac{v_A}{\sin 60^\circ} = \frac{v_r}{\sin 45^\circ}$$

于是可求得

$$v_B = \frac{\sin 75^\circ}{\sin 60^\circ} v_A = 1.12 R\omega$$

$$v_r = \frac{\sin 45^\circ}{\sin 60^\circ} v_A = \sqrt{\frac{2}{3}} R\omega = AB \cdot \omega_{AB}$$

$$AB = \frac{\sin 45^\circ}{\sin 30^\circ} R = \sqrt{2} R$$

$$\omega_{AB} = \frac{\sqrt{3}}{3} \omega$$

解法 2:瞬心法

由于在杆 AB 上 A 点速度与 B 点速度的方向都已知,因此可以找出速度瞬心 C,如图 2-3c 所示。然后仍利用三角形关系得

$$\frac{v_B}{v_A} = \frac{BC}{AC} = \frac{\sin 75^\circ}{\sin 60^\circ}$$

$$v_B = \frac{\sin 75^\circ}{\sin 60^\circ} v_A = 1.12 R\omega$$

$$AC = \frac{\sin 60^\circ}{\sin 45^\circ} AB = \sqrt{3} R$$

$$\omega_{AB} = \frac{v_A}{AC} = \frac{\sqrt{3}}{3}\omega$$

解法 3：速度投影定理

由于在杆 AB 上 A 点速度与 B 点速度的方向都已知，因此可以利用速度投影定理(见图 2-3d)得

$$v_A \cos 15^\circ = v_B \cos 30^\circ$$

$$v_B = \frac{\cos 15^\circ}{\cos 30^\circ} v_A = \frac{\sin 75^\circ}{\sin 60^\circ} v_A = 1.12 R\omega$$

$$v_A \sin 15^\circ + v_B \sin 30^\circ = AB \cdot \omega_{AB}$$

$$\omega_{AB} = \frac{v_A \sin 15^\circ + v_B \sin 30^\circ}{AB} = \frac{\sqrt{3}}{3}\omega$$

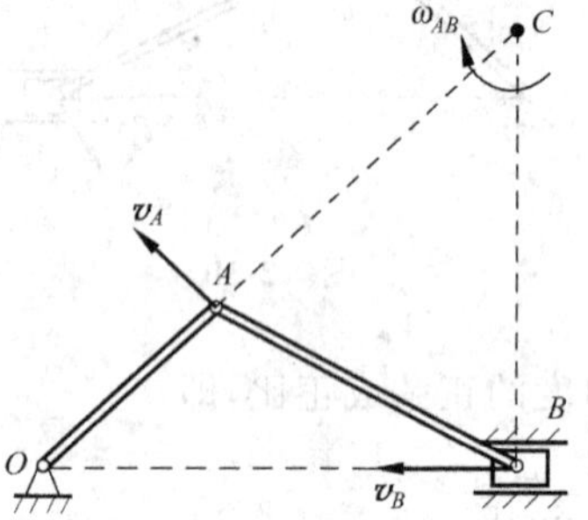

图 2-3c

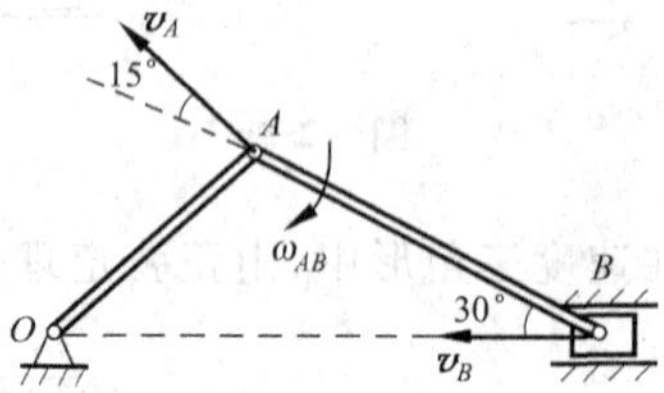

图 2-3d

讨论：(1)比较三种方法的特点。(2)如果要利用求导的方法求解，应如何分析？(3)AB 杆上各点的运动轨迹如何？(4)在运动过程中，对 OA 杆与 AB 杆的长度有何要求？如果两杆长度相等会有什么结果？

例 2-4 杆系加速度分析

滑块 B 在半径为 R 的固定圆槽中运动，通过连杆 AB 带动 OA 杆运动，如图2-4a 所示。$OA=AM=MB=2R$。如果在图示瞬时滑块 B 的速度为 v_B，AB 杆与铅垂线夹角 $\varphi_0=45^\circ$，AB 杆中点 M 的切向加速度为零。试求此瞬时 AB 杆的角速度和角加速度。

解：(1)角速度分析

AB 杆作平面运动，OA 杆作定轴转动。A 点的速度方向与 v_B 平行，因此 AB 杆作瞬时平动，即 $v_A=v_B$。

所以

$$\omega_{AB}=0$$

$$\omega_{OA}=\frac{v_B}{2R}$$

(2)角加速度分析

画出 A、B、M 点的加速度方向,如图 2-4b 所示。显然

$$a_{Bn}=\frac{v_B^2}{R},\quad a_{An}=\frac{v_B^2}{2R}$$

M 为 AB 中点,利用关系式

$$\boldsymbol{a}_M=\frac{1}{2}(\boldsymbol{a}_A+\boldsymbol{a}_B)$$

$$a_{Mn}=\frac{1}{2}(a_{An}+a_{Bn})=\frac{3v_B^2}{4R}$$

以 M 为基点,分析 B 点的加速度,其各分量如图 2-4c 所示。

$$\boldsymbol{a}_B=\boldsymbol{a}_M+\boldsymbol{a}_{rn}+\boldsymbol{a}_{rt}$$

其中 $a_{rn}=0$,$a_{rt}=2R\varepsilon_{AB}$。向量方程向水平方向投影有

$$\frac{3v_B^2}{4R}+2R\varepsilon_{AB}\cdot\frac{\sqrt{2}}{2}=\frac{v_B^2}{R}$$

$$\varepsilon_{AB}=\frac{\sqrt{2}v_B^2}{8R^2}$$

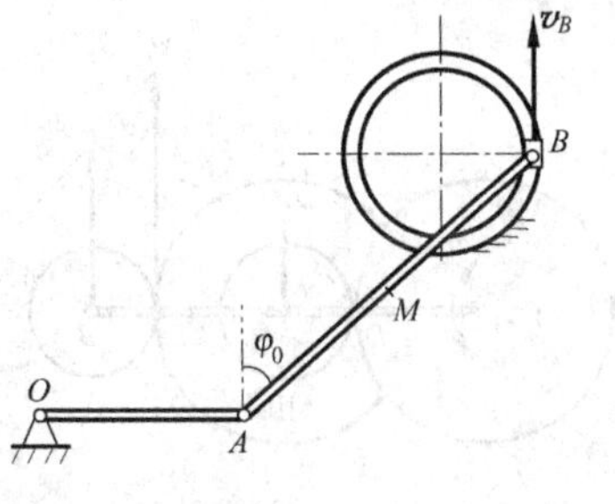

图 2-4a

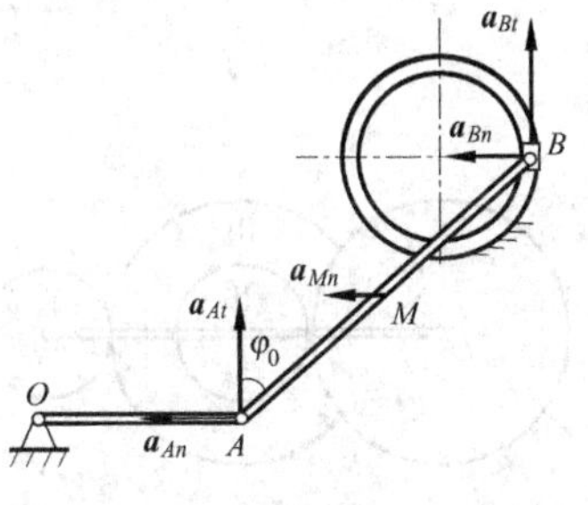

图 2-4b

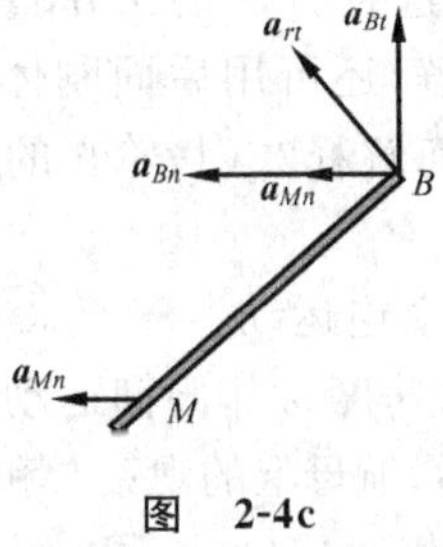

图 2-4c

讨论：(1) M 点的切向加速度方向如何定，依据是什么？(2)平动、瞬时平动的刚体角加速度是否为零？(3)平动、瞬时平动的刚体是否可以有向心加速度？(4)$\boldsymbol{a}_M=\frac{1}{2}(\boldsymbol{a}_A+\boldsymbol{a}_B)$是否有条件？如何证明？

例 2-5　轮系问题

已知如图 2-5a 所示的行星轮系中各轮半径为 r_1,r_2,r_3,r_4，Ⅱ轮与Ⅲ轮固连为一体，曲柄 OAB 的角速度为 ω_0，试利用瞬心法求出Ⅳ轮的角速度及该轮的瞬心位置。

解：曲柄 OAB 作定轴转动，其上 A、B 点速度为

$$v_A=(r_1+r_2)\omega_0$$
$$v_B=(r_1+r_2+r_3+r_4)\omega_0$$

对轮Ⅱ和轮Ⅲ，D 点为瞬心，则轮Ⅲ上的 E 点速度为

$$v_E=\frac{v_A}{r_2}(r_2+r_3)=\frac{(r_1+r_2)(r_2+r_3)}{r_2}\omega_0$$

对轮Ⅳ，其上 B、E 两点的速度已知，可以求出角速度

$$\omega_{\text{Ⅳ}}=\frac{v_E-v_B}{r_4}=\frac{r_1r_3-r_2r_4}{r_2r_4}\omega_0\quad(顺时针)$$

轮Ⅳ的瞬心位置 C 如图 2-5b 所示，瞬心到 B 点的距离为

$$|BC|=\frac{v_B}{\omega_{\text{Ⅳ}}}=\frac{r_1+r_2+r_3+r_4}{r_1r_3-r_2r_4}r_2r_4$$

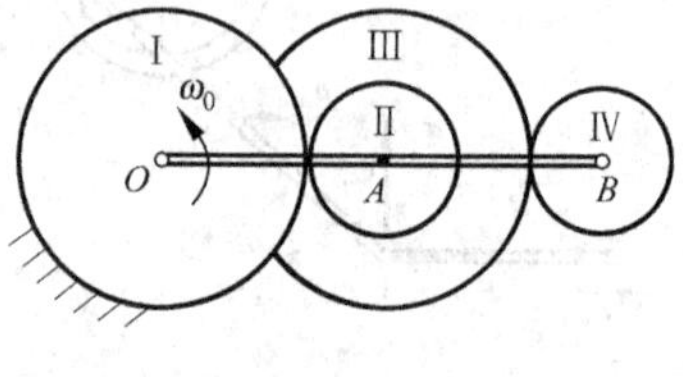

图　2-5a

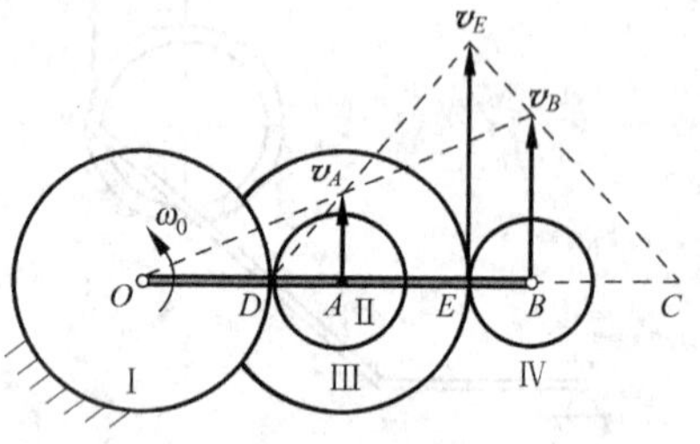

图　2-5b

讨论：(1)如果再增加轮子，这种方法的工作量会大为增加，瞬心法并不是好的选择。(2)本题除了用瞬心法求解，还可用后面刚体复合运动求解。(3)如果设 $r_1=r_2=r_3=r_4$，会出现什么情况，如何解释？(4)轮Ⅳ的动、定瞬心轨迹如何求？

例 2-6　无接触点问题中的牵连运动

假设由于波浪作用，航母以角速度 ω 作俯仰运动，有一架飞机正在起飞，如图 2-6a 所示。试分析在飞机飞离甲板前后，航母上的观察者和岸上的观察者所看到飞机的运动。

解：飞机相对甲板的速度是相对速度$\boldsymbol{v}_r$，同时由于航母的起伏，飞机有牵连速度$\boldsymbol{v}_e$。$\boldsymbol{v}_r$与$\boldsymbol{v}_e$合成绝对速度$\boldsymbol{v}_a$。

岸上观察者所观察到的是飞机相对地面(定系)的速度$\boldsymbol{v}_a$,这是飞机的绝对速度,他观察不到$\boldsymbol{v}_r$与$\boldsymbol{v}_e$。而航母上观察者所观察到的是飞机相对甲板(动系)的速度$\boldsymbol{v}_r$,他观察不到$\boldsymbol{v}_a$与$\boldsymbol{v}_e$。

飞机离开甲板前的速度合成如图 2-6b 所示,飞机离开甲板后速度合成如图2-6c所示。

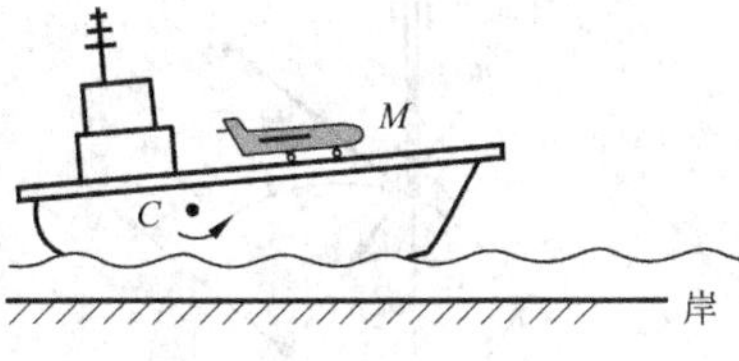

图 2-6a

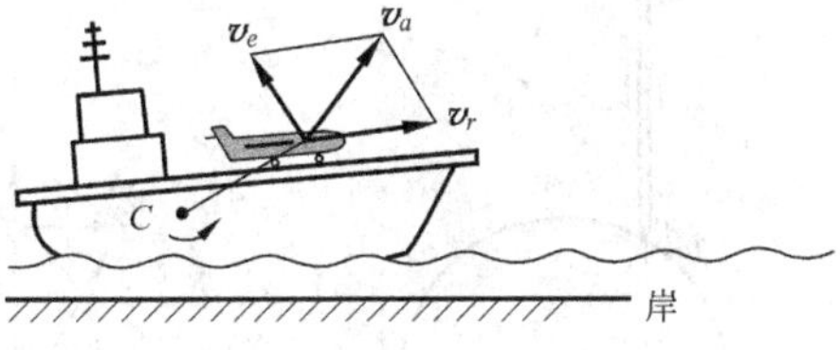

图 2-6b

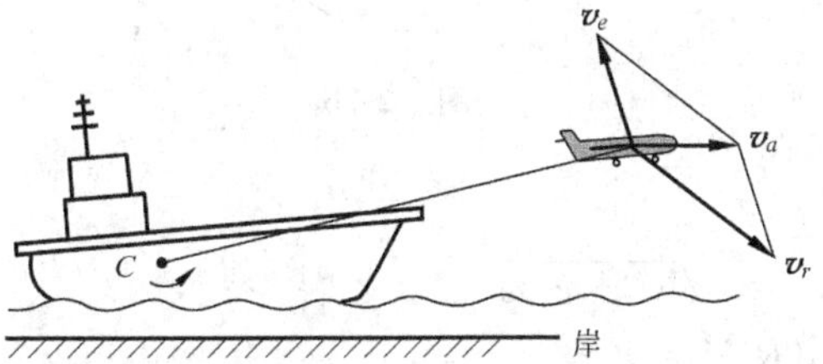

图 2-6c

讨论:(1)牵连运动是整个空间随动系一起运动,因此无论飞机是否在航母上,都有牵连运动。(2)如果航母在行进中,对牵连速度应该如何分析?

例 2-7 有持续接触点的牵连运动

凸轮顶杆机构如图 2-7a 所示,偏心轮半径为 R,偏心距 $OC=e$,以匀角速度 ω 转动,求$\angle OCA=90°$的瞬时 AB 杆的速度、加速度。

解:(1)速度分析

研究 AB 杆上 A 点的运动,选 A 为动点,动系 Oxy 与偏心轮固连。绝对运动是直线运动,绝对速度方向沿竖直方向;牵连运动是定轴转动,牵连速度方向为水平向左。动点始终在圆轮的边缘上,因此相对运动是圆周运动,相对速度方向是过 A 点圆轮的切线方向,如图 2-7b 所示。

运用速度合成公式,由速度平行四边形可得

$$v_e = OA \cdot \omega = \sqrt{R^2 + e^2} \cdot \omega$$

$$v_a = v_e \tan\theta = \frac{e}{r} \sqrt{R^2 + e^2} \cdot \omega$$

$$v_r = \frac{v_e}{\cos\theta} = \frac{R^2 + e^2}{R}\omega$$

(2)加速度分析

A 点的绝对加速度方向沿竖直方向，牵连加速度只有向心加速度，方向由 A 点指向 O 点，相对加速度有相对向心和相对切向加速度。科氏加速度方向垂直于相对速度，斜向上，见图 2-7c。下面分析加速度的大小。

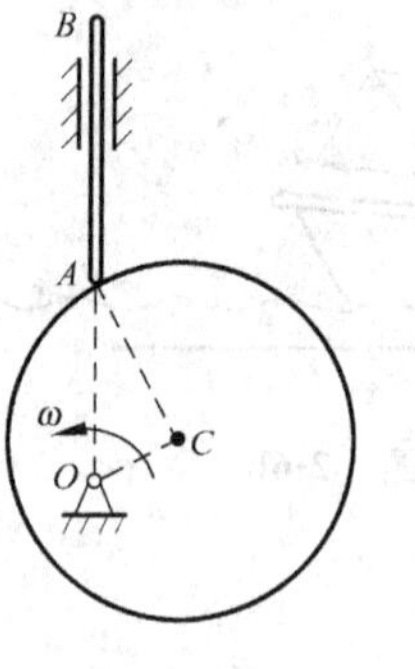

图 2-7a

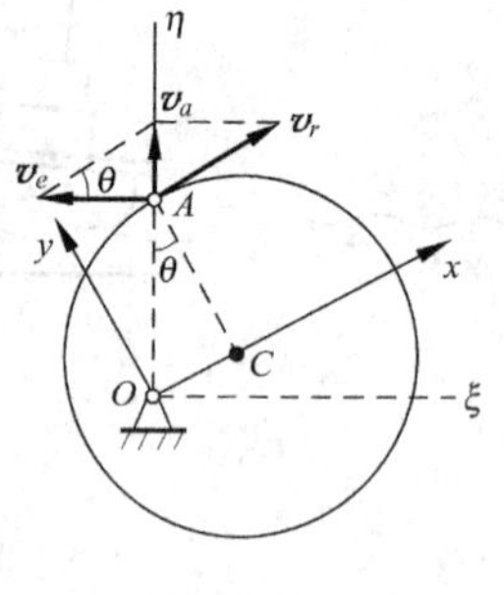

图 2-7b

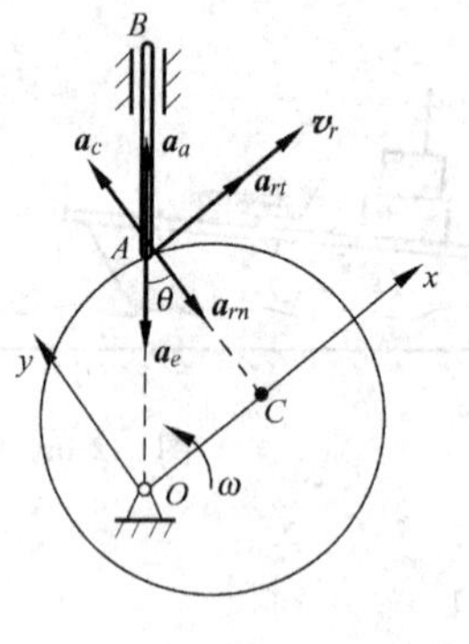

图 2-7c

$\boldsymbol{a}_a$：大小未知

$\boldsymbol{a}_e$：$a_e = OA \cdot \omega^2 = \sqrt{R^2 + e^2}\,\omega^2$

$\boldsymbol{a}_r$：$a_{rn} = \dfrac{v_r^2}{R} = \dfrac{(R^2 + e^2)^2}{R^3}\omega^2$，$a_{rt}$ 未知

$\boldsymbol{a}_c$：$a_c = 2\dfrac{R^2 + e^2}{R}\omega^2$

将加速度合成公式 $\boldsymbol{a}_a = \boldsymbol{a}_e + \boldsymbol{a}_r + \boldsymbol{a}_c$ 向 y 轴投影，并利用

$$\cos\theta = \frac{R}{\sqrt{R^2 + e^2}}$$

有

$$a_a \cos\theta = -a_e \cos\theta - a_{rn} + a_c \quad \Rightarrow \quad a_a = -\frac{e^4}{R^4}\sqrt{R^2 + e^2}\,\omega^2$$

向 x 投影得

$$a_{rt} = \left(1 - \frac{e^4}{R^4}\right) e\,\omega^2$$

讨论：可否以杆 AB 为动系，以圆上的 A 为动点？

例 2-8 无持续接触点的牵连运动

已知半圆盘半径为 R，AB 杆以匀角速度 ω 顺时针运动，AB 杆与圆盘始终接触，如图2-8a所示。求半圆盘的速度和加速度。

解：选圆心 O 为动点，动系与 AB 杆固连，则相对、牵连和绝对速度方向见图 2-8b所示。根据速度合成公式，由几何关系可得

$$v_e = \frac{R}{\sin\theta} \cdot \omega$$

$$v_a = \frac{v_e}{\tan\theta} = \frac{R\omega\cos\theta}{\sin^2\theta}$$

$$v_r = \frac{v_e}{\sin\theta} = \frac{R\omega}{\sin^2\theta}$$

相对、牵连、科氏和绝对加速度方向如图 2-8c 所示，其中 $a_e = \frac{R}{\sin\theta} \cdot \omega^2$，$a_c = 2\omega \frac{R\omega}{\sin^2\theta}$。将加速度合成公式向 PO 方向投影得

$$\frac{2R\omega^2}{\sin^2\theta} - \frac{R\omega^2}{\sin\theta} \cdot \sin\theta = a_a \cdot \sin\theta$$

解出

$$a_a = \frac{R\omega^2(2-\sin^2\theta)}{\sin^3\theta}$$

讨论：(1)能否想象有一个小环将杆和圆盘在接触点处套在一起，通过分析小环的运动求解本题？(2)若取动系与半圆盘固连，动点为杆上的某一点，相对运动轨迹是什么？

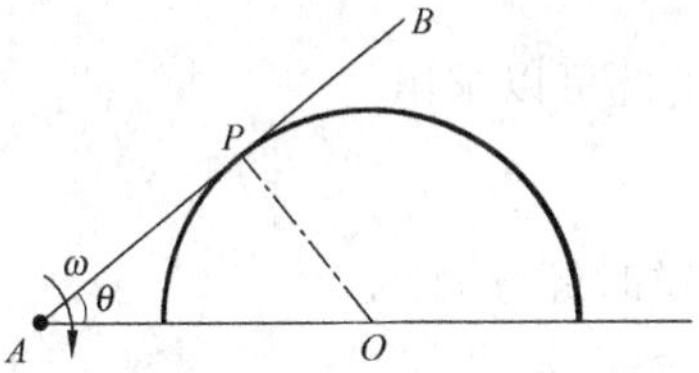

图 2-8a

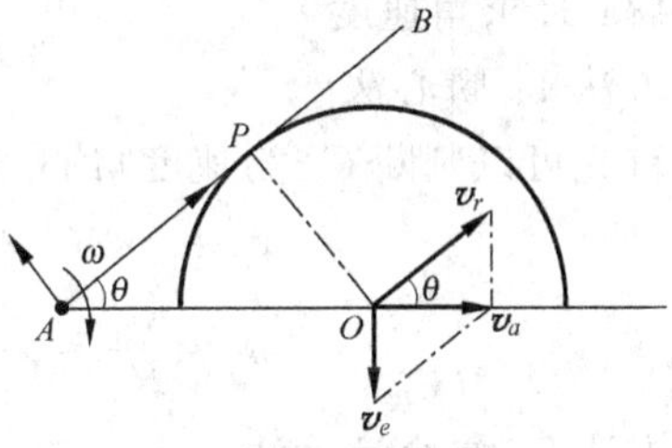

图 2-8b

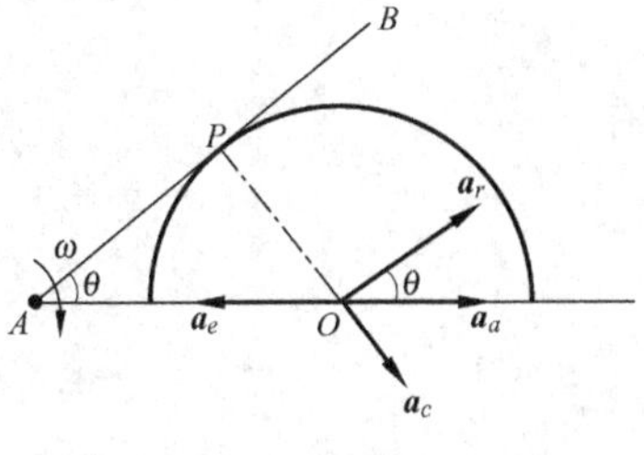

图 2-8c

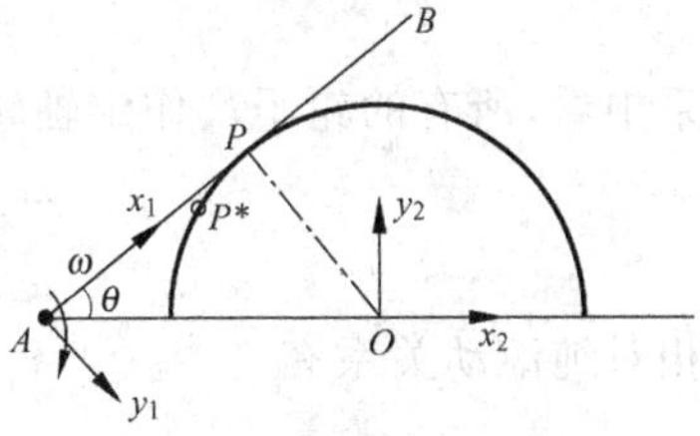

图 2-8d

如果动系与杆 AB 固连，取 $\theta=\theta^*$ 时圆盘上的接触点 P^* 为动点(如图 2-8d)，列出 P^* 在动系中的运动方程：

$$\begin{cases} x = \frac{R}{\tan\theta} - R\sin(\theta^* - \theta) \\ y = R(1-\cos(\theta^* - \theta)) \end{cases}$$

利用计算机画出相对运动轨迹(如图 2-8e 所示),可以发现轨迹形状很复杂。

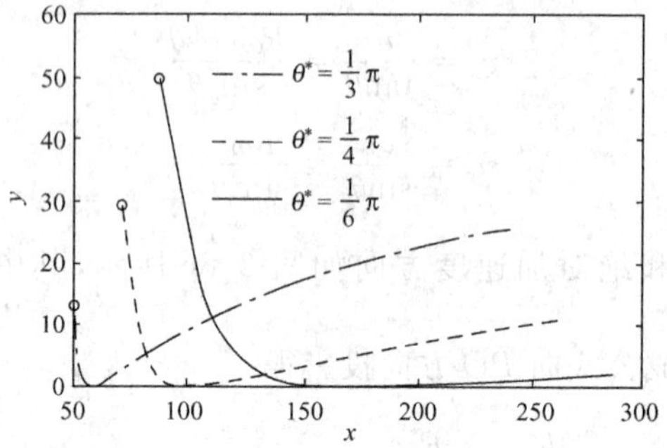

图 2-8e

例 2-9 平行轴问题(多种方法)

在图 2-9a 所示的行星轮系机构中,已知各轮半径为 $R_1=2r, R_2=r, R_3=2r$,曲柄 OA 以角速度 ω 匀速转动,Ⅱ轮与Ⅲ轮固连为一体。求Ⅲ轮的角速度及其边缘上 M 点的速度。

解:1. 求角速度

方法 1:瞬心法

首先可以判断 C^* 为速度瞬心,见图 2-9b。由此可以求出

$$v_A = 3r\omega$$

$$\omega_3 = \frac{v_A}{R_2} = \frac{3r\omega}{r} = 3\omega \quad (\text{逆时针方向})$$

方法 2:复合运动法

设动系与 OA 杆固连,则所有角速度,如图 2-9c 所示(所有转动按实际方向画)

$$\omega_e = \omega$$

在动系中看,所有的轮子都作定轴转动。对Ⅰ轮有

$$\omega_{1a} = \omega_e - \omega_{1r} = 0$$

$$\omega_{1r} = \omega_e = \omega$$

利用相对纯滚动关系有

$$\frac{\omega_{2r}}{\omega_{1r}} = \frac{R_1}{R_2}$$

$$\omega_{2r} = 2\omega_{1r} = 2\omega$$

对第Ⅱ轮有

$$\omega_{2a} = \omega_e + \omega_{2r} = 3\omega$$

注:若所有转动都假设为逆时针方向,见图 2-9d,则

$$\omega_e = \omega$$

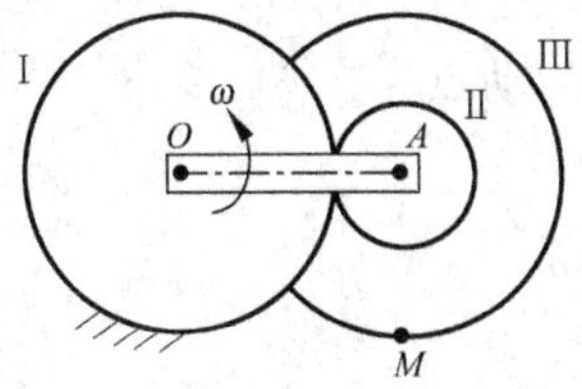

图 2-9a

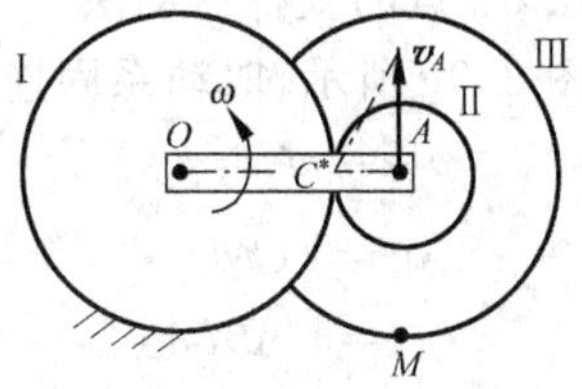

图 2-9b

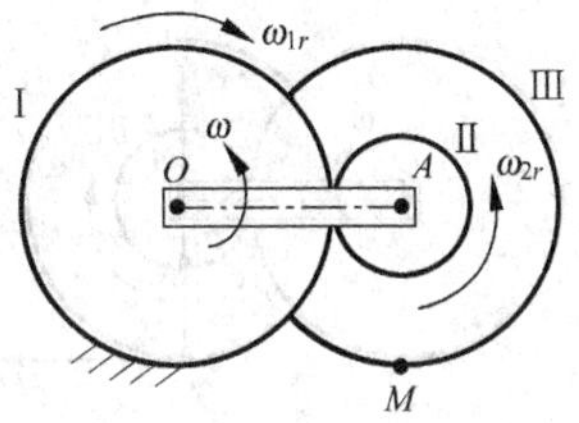

图 2-9c

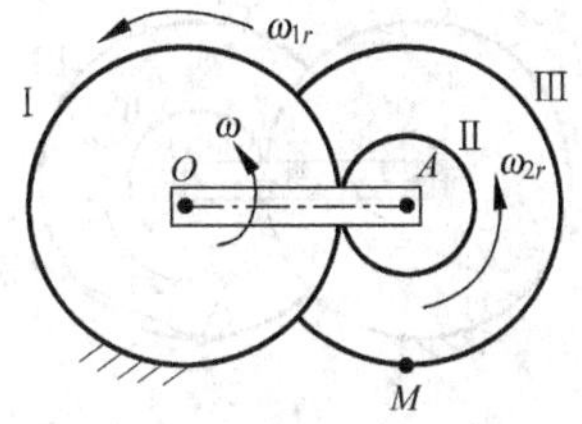

图 2-9d

对 I 轮有

$$\omega_{1a} = \omega_e + \omega_{1r} = 0$$

$$\omega_{1r} = -\omega_e = -\omega$$

利用相对纯滚动关系有

$$\frac{\omega_{2r}}{\omega_{1r}} = -\frac{R_1}{R_2}$$

$$\omega_{2r} = -2\omega_{1r} = 2\omega$$

对第 II 轮有

$$\omega_{2a} = \omega_e + \omega_{2r} = 3\omega$$

可见，转动均按逆时针方向画时，对内接齿轮有 $\frac{\omega_{ir}}{\omega_{jr}} = +\frac{R_j}{R_i}$，对外接齿轮有 $\frac{\omega_{ir}}{\omega_{jr}} = -\frac{R_j}{R_i}$。

2. 求速度：

方法 1：瞬心法

C^* 为瞬心，由图 2-9e 可得

$$v_M = |C^*M| \cdot \omega_{3a} = \sqrt{5}r \cdot 3\omega = 3\sqrt{5}r\omega$$

为了方便与后面的结果比较，将 M 点的速度写成

$$\boldsymbol{v}_M = 6r\omega\boldsymbol{i} + 3r\omega\boldsymbol{j}$$

方法 2：基点法

以 A 为基点，分析 M 点的运动(如图 2-9f)。

$$\boldsymbol{v}_M = \boldsymbol{v}_A + \boldsymbol{v}_r$$

$$v_A = 3r\omega \quad v_r = 2r \cdot \omega_{3a} = 6r\omega$$

$$\boldsymbol{v}_M = 6r\omega\boldsymbol{i} + 3r\omega\boldsymbol{j}$$

方法 3：点的复合运动法

如图 2-9g 所示，取动系固连于 OA 杆上，以 M 为动点。

$$\boldsymbol{v}_M=\boldsymbol{v}_e+\boldsymbol{v}_r$$

$$v_e=|OM|\cdot\omega_e=\sqrt{15}r\cdot\omega=\sqrt{15}r\omega$$

$$v_r=|AM|\cdot\omega_{3r}=2r\cdot 2\omega=4r\omega$$

$$\boldsymbol{v}_M=\left(v_r+v_e\cdot\frac{2r}{\sqrt{15}r}\right)\boldsymbol{i}+\left(v_e\cdot\frac{3r}{\sqrt{15}r}\right)\boldsymbol{j}=6r\omega\boldsymbol{i}+3r\omega\boldsymbol{j}$$

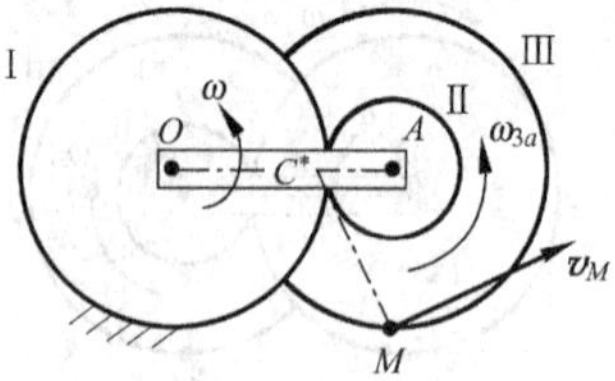

图　2-9e

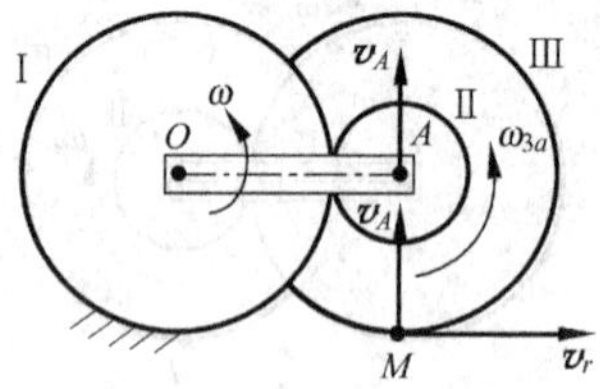

图　2-9f

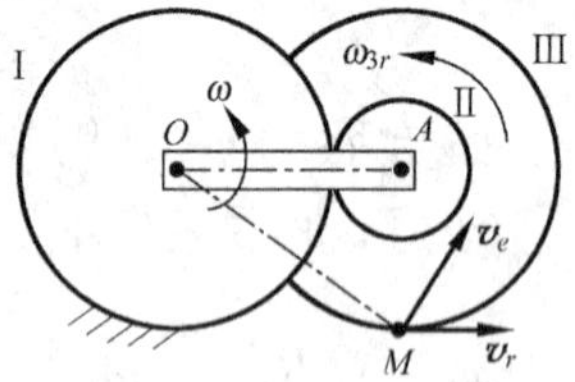

图　2-9g

讨论：(1)在求速度、角速度时，本题用瞬心法比较简单。如果再增加轮子，瞬心法是否还这么简单？复合运动法又怎样？(2)用复合运动法求角速度时，可按实际转动方向画，也可按逆时针方向画，试比较不同之处。(3)用基点法求速度时，相对速度与哪个角速度有关？为什么？(4)用点的复合运动求速度时，相对速度与哪个角速度有关？为什么？

例 2-10　相交轴问题

在图 2-10a 所示锥齿轮传动机构中，各齿轮半径分别为 r_1, r_2, r_3, r_4，主动轮Ⅰ以角速度 ω_{I}、角加速度 ε_{I} 转动，从动轮Ⅱ以角速度 ω_{II}、角加速度 $\varepsilon_{\mathrm{II}}$ 转动，求轮 1 和轮 3 的绝对角速度和角加速度。

解：(1) 角速度分析

如图 2-10b 建立动坐标系，其中 x 轴沿主动轴，y 轴沿轮 2、3 的转动轴。则在动系中看，各轮均作定轴转动。动系绕 x 轴转动，所以牵连角速度 $\boldsymbol{\omega}_e=\omega_{\mathrm{I}}\boldsymbol{i}$。设各轮的相对转动角速度大小分别为 $\omega_{1r}, \omega_{2r}, \omega_{3r}, \omega_{4r}$，方向根据接触点处的相对速度确定，并且 $\omega_{2r}=\omega_{3r}$。

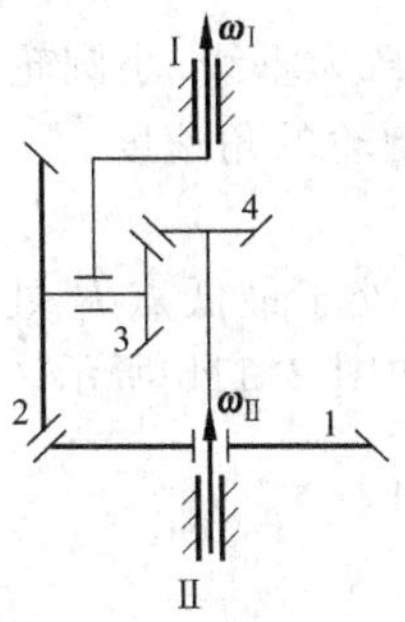

图 2-10a

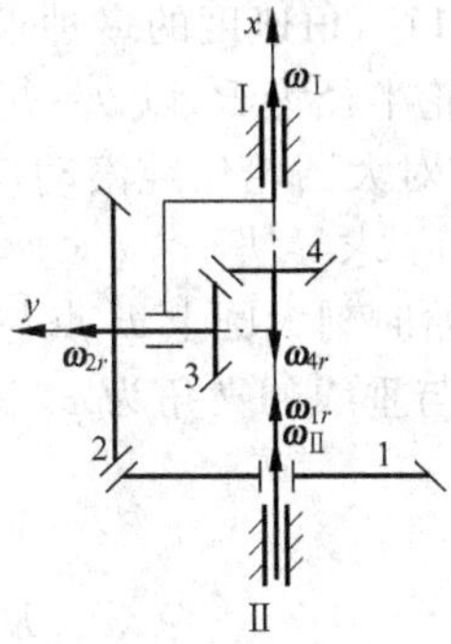

图 2-10b

对从动轮有

$$\omega_{\mathrm{II}}=\omega_e-\omega_{4r}$$
$$\omega_{4r}=\omega_{\mathrm{I}}-\omega_{\mathrm{II}}$$

对轮 3 有

$$\frac{\omega_{3r}}{\omega_{4r}}=\frac{r_4}{r_3}$$

$$\omega_{3r}=\frac{r_4}{r_3}\omega_{4r}=\frac{r_4}{r_3}(\omega_{\mathrm{I}}-\omega_{\mathrm{II}})$$

$$\boldsymbol{\omega}_3=\boldsymbol{\omega}_e+\boldsymbol{\omega}_{3r}=\omega_{\mathrm{I}}\boldsymbol{i}+\frac{r_4}{r_3}(\omega_{\mathrm{I}}-\omega_{\mathrm{II}})\boldsymbol{j}$$

对轮 1 有

$$\frac{\omega_{1r}}{\omega_{2r}}=\frac{\omega_{1r}}{\omega_{3r}}=\frac{r_2}{r_1}$$

$$\omega_{1r}=\frac{r_2}{r_1}\omega_{3r}=\frac{r_2r_4}{r_1r_3}(\omega_{\mathrm{I}}-\omega_{\mathrm{II}})$$

$$\boldsymbol{\omega}_1=\boldsymbol{\omega}_e+\boldsymbol{\omega}_{1r}=\left(\frac{r_1r_3+r_2r_4}{r_1r_3}\omega_{\mathrm{I}}-\frac{r_2r_4}{r_1r_3}\omega_{\mathrm{II}}\right)\boldsymbol{i}$$

(2) 角加速度分析

显然有$\boldsymbol{\varepsilon}_e=\varepsilon_{\mathrm{I}}\boldsymbol{i}$，$\boldsymbol{\omega}_e=\omega_{\mathrm{I}}\boldsymbol{i}$，$\boldsymbol{\omega}_r$在前面已经求出，根据公式

$$\boldsymbol{\varepsilon}_a=\boldsymbol{\varepsilon}_e+\boldsymbol{\varepsilon}_r+\boldsymbol{\omega}_e\times\boldsymbol{\omega}_r$$

只需根据传动比公式再求出$\boldsymbol{\varepsilon}_r$即可。

对于轮 1 有

$$\boldsymbol{\varepsilon}_1=\boldsymbol{\varepsilon}_e+\boldsymbol{\varepsilon}_{1r}=\left(\frac{r_1r_3+r_2r_4}{r_1r_3}\varepsilon_{\mathrm{I}}-\frac{r_2r_4}{r_1r_3}\varepsilon_{\mathrm{II}}\right)\boldsymbol{i}$$

对于轮 3 有

$$\boldsymbol{\varepsilon}_3=\boldsymbol{\varepsilon}_e+\boldsymbol{\varepsilon}_{3r}+\boldsymbol{\omega}_e\times\boldsymbol{\omega}_{3r}=\varepsilon_{\mathrm{I}}\boldsymbol{i}+\frac{r_4}{r_3}(\varepsilon_{\mathrm{I}}-\varepsilon_{\mathrm{II}})\boldsymbol{j}+\frac{r_4}{r_3}(\omega_{\mathrm{I}}-\omega_{\mathrm{II}})\omega_{\mathrm{I}}\boldsymbol{k}$$

讨论：在空间轮系中，相对转动方向是否可以都设为逆时针转动？

例 2-11 角速度的多种求解方法

大圆轮半径为 R,以 $\theta=\theta(t)$ 在地面上作纯滚动,OP 为垂线;小圆轮半径为 r,以 $\varphi=\varphi(t)$ 相对大圆轮作纯滚动,如图 2-11a 所示。求小圆轮的角速度。

解法 1:求导法

设初始时刻大圆上 B 点与小圆上 D 点重合,且 B 处于最低点 P 处。设在任意时刻,AC 与垂线的夹角为 φ, AD 与垂线的夹角为 β,如图 2-11b 所示。根据纯滚动条件有

$$\widehat{BC}=\widehat{DC}$$

$$R(\theta+\varphi)=r(\varphi+\beta)$$

$$\beta=\frac{R}{r}(\theta+\varphi)-\varphi$$

对上式求导得

$$\omega=\dot{\beta}=\frac{R}{r}(\dot{\theta}+\dot{\varphi})-\dot{\varphi}=\frac{(R-r)\dot{\varphi}+R\dot{\theta}}{r}$$

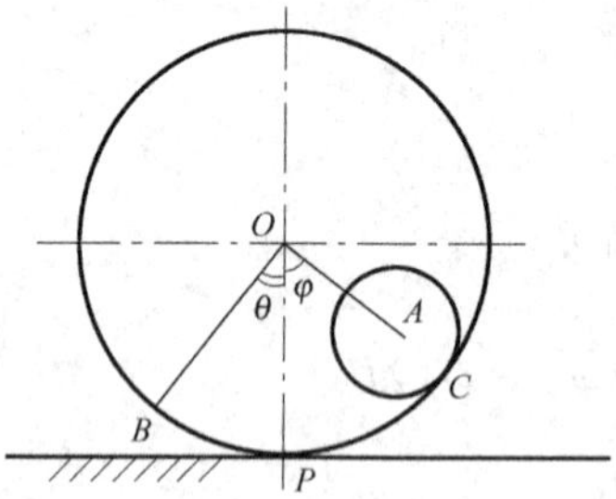

图 2-11a

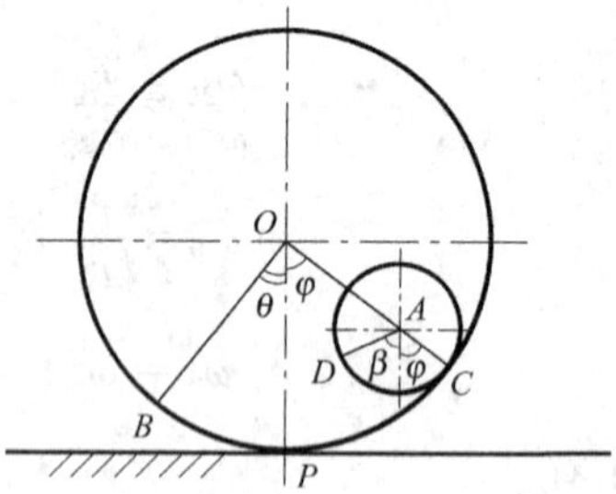

图 2-11b

解法 2:复合运动法

设动系与 OA 连线固连。在动系中看,两轮都作定轴转动。按实际转动方向画出角速度方向,如图 2-11c 所示。容易看出:

牵连角速度为

$$\omega_e=\dot{\varphi}$$

大轮的绝对角速度为

$$\omega_{1a}=\dot{\theta}$$

对大轮有

$$\omega_{1a}=\omega_{1r}-\omega_e$$

$$\omega_{1r}=\dot{\theta}+\dot{\varphi}$$

利用传动比关系有

$$\frac{\omega_{2r}}{\omega_{1r}}=\frac{R}{r}$$

$$\omega_{2r}=\frac{R}{r}\omega_{1r}=\frac{R}{r}(\dot{\theta}+\dot{\varphi})$$

对小轮有

$$\omega_{2a}=\omega_{2r}-\omega_e=\frac{R}{r}(\dot{\theta}+\dot{\varphi})-\dot{\varphi}=\frac{(R-r)\dot{\varphi}+R\dot{\theta}}{r}$$

解法 3：基点法(见图 2-11d)

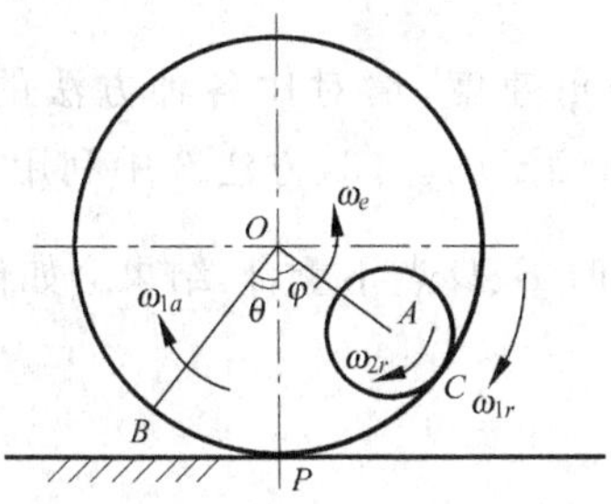

图 2-11c

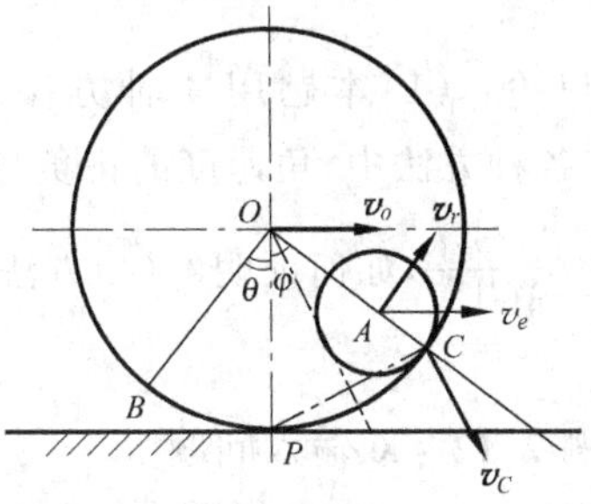

图 2-11d

首先可以求出 O 点速度：

$$v_O=R\dot{\theta}$$

以 O 为基点，将 OA 连线看成刚性杆，则 A 点的速度为

$$\boldsymbol{v}_A=\boldsymbol{v}_e+\boldsymbol{v}_r$$

其中 $v_e=R\dot{\theta}$，$v_r=(R-r)\dot{\varphi}$。

P 点为大轮的瞬心，可求出 C 点速度为

$$v_C=|PC|\cdot\dot{\theta}=2R\sin\left(\frac{1}{2}\varphi\right)\dot{\theta}$$

对小轮而言，已知 A、C 两点的速度，可以利用基点法求出角速度

$$\omega=\frac{v_{A\perp}-v_{C\perp}}{|AC|},\ \omega=\frac{(v_r+v_e\cdot\cos\varphi)-(-v_C\cdot\sin(\varphi/2))}{r}$$

$$\omega=\frac{(R-r)\dot{\varphi}+R\dot{\theta}\cos\varphi+2R\dot{\theta}\cdot\sin^2(\varphi/2)}{r}$$

利用 $\cos\varphi+2\sin^2(\varphi/2)=1$，得

$$\omega=\frac{(R-r)\dot{\varphi}+R\dot{\theta}}{r}$$

解法 4：复合运动法

在大圆轮上建立平动系 Oxy，见图 2-11e。根据角速度合成公式，相对平动坐标系的角速度等于绝对角速度。

在动系中看，OA 连线作定轴转动，角速度为 $\dot{\varphi}$。大圆轮也作定轴转动，角速度为 $\dot{\theta}$。因此

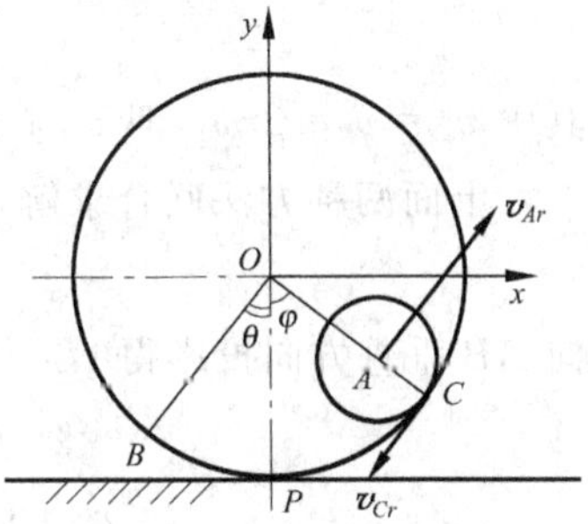

图 2-11e

$$v_{Ar}=(R-r)\dot{\varphi}$$

$$v_{Cr}=R\dot{\theta}$$

由于这两个速度都垂直于 AC 连线，因此在动系中得角速度为

$$\omega=\frac{v_{Ar}-(-v_{Cr})}{r}=\frac{(R-r)\dot{\varphi}+R\dot{\theta}}{r}$$

讨论：(1)本题用 4 种方法求解了刚体的角速度，请对比各种方法的特点。(2)在各种方法中，角速度的正负号或方向是如何确定的？(3)方法 3 中利用了公式 $\omega=\frac{v_{A\perp}-v_{C\perp}}{|AC|}$，如何证明？(4)方法 1 中如果初始时 B、D 点不重合，结果会如何？

例 2-12 双输入问题

在图 2-12a 所示机构中，已知 $O_1A=O_2B=r$，ω_0 为常数。求图示位置时，AD 杆的角速度与角加速度。

解：(1) 角速度分析(见图 2-12b)

以 A 为基点，分析 AB 杆上 B 点的运动，根据

$$\boldsymbol{v}_B=\boldsymbol{v}_A+\boldsymbol{v}_{r1}$$

其中 $v_A=r\omega_0$，但 v_{r1} 未知，$\boldsymbol{v}_B$ 的大小和方向未知，共有 3 个未知数，无法求解。

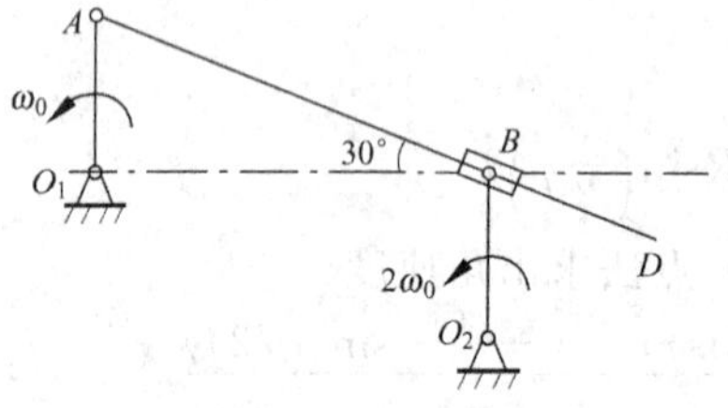

图 2-12a

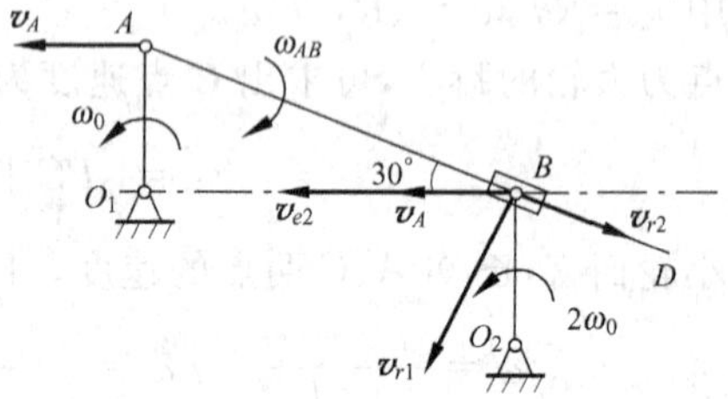

图 2-12b

建立动系与套筒 B 固连，以 AB 杆上 B 为动点，根据

$$\boldsymbol{v}_B=\boldsymbol{v}_{e2}+\boldsymbol{v}_{r2}$$

其中 $v_{e2}=v_B=2r\omega_0$，但 v_{r2} 未知，$\boldsymbol{v}_B$ 的大小和方向未知，共有 3 个未知数，无法求解。

上面两种方法联合求解，有

$$\boldsymbol{v}_A+\boldsymbol{v}_{r1}=\boldsymbol{v}_{e2}+\boldsymbol{v}_{r2}$$

向 AB 垂直方向投影得

$$v_A\cdot\sin30^\circ+v_{r1}=v_{e2}\cdot\sin30^\circ$$

$$r\omega_0\cdot\sin30^\circ+2r\omega_{AB}=2r\omega_0\cdot\sin30^\circ$$

$$\omega_{AB}=\omega_0/4$$

向 AB 方向投影得

$$v_A \cdot \cos30° = v_{e2} \cdot \cos30° - v_{r2}$$

$$v_{r2} = \frac{\sqrt{3}}{2} r\omega_0 \text{（用于后面分析加速度）}$$

(2) 角加速度分析(如图 2-12c)

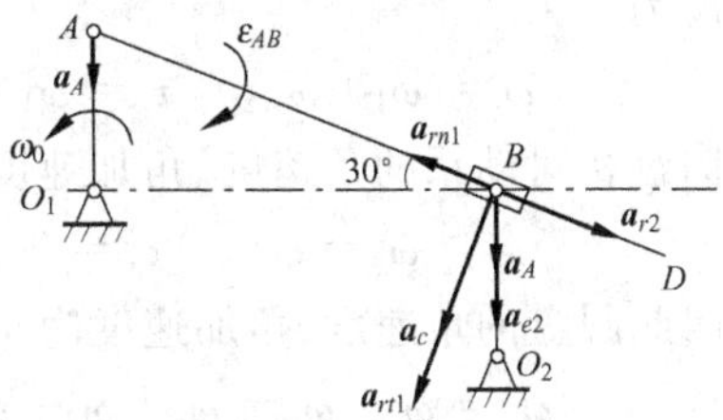

图 2-12c

以 A 为基点，分析 AB 杆上 B 点的运动，根据

$$\boldsymbol{a}_B = \boldsymbol{a}_A + \boldsymbol{a}_{rn1} + \boldsymbol{a}_{rt1}$$

其中 $a_A = r\omega_0^2, a_{rn1} = \frac{r\omega_0^2}{8}$，但 a_{rt1} 未知，$\boldsymbol{a}_B$ 的大小和方向未知，共有 3 个未知数，无法求解。

建立动系与套筒 B 固连，以 AB 杆上 B 为动点，根据

$$\boldsymbol{a}_B = \boldsymbol{a}_{e2} + \boldsymbol{a}_{r2} + \boldsymbol{a}_c$$

其中 $a_{e2} = 4r\omega_0^2, a_c = 2 \cdot \frac{\omega_0}{4} \cdot \frac{\sqrt{3}}{2} r\omega_0 = \frac{\sqrt{3}}{4} r\omega_0^2$，但 a_{rt1} 未知，$\boldsymbol{a}_B$ 的大小和方向未知，无法求解。

两种方法联合求解有

$$\boldsymbol{a}_A + \boldsymbol{a}_{rn1} + \boldsymbol{a}_{rt1} = \boldsymbol{a}_{e2} + \boldsymbol{a}_{r2} + \boldsymbol{a}_c$$

向 AB 垂直方向投影有

$$a_A \cdot \cos30° + a_{rt1} = a_{e2} \cdot \cos30° + a_c$$

$$r\omega_0^2 \cdot \cos30° + 2r\varepsilon_{AB} = 4r\omega_0^2 \cdot \cos30° + \frac{\sqrt{3}}{4} r\omega_0^2$$

得

$$\varepsilon_{AB} = \frac{7\sqrt{3}}{8}\omega_0^2$$

讨论：(1)这个问题中机构有两个独立的速度(角速度)输入，能否总结如何求解这类问题？(2)将向量方程投影时，如何选择投影方向？各分量的正负号如何确定？(3)本题中动系与套筒固连，该动系做什么运动？牵连运动应如何确定？

例 2-13　刚体一般运动问题

设图 2-13 所示圆盘以 ω_3 绕 z_3 轴转动，支架 AB 以 ω_2 绕 x_2 轴转动，支架 OC 以 ω_1 绕固定轴 y_1 转动。$\omega_1, \omega_2, \omega_3$ 均为常数，求图示位置时圆盘的角速度 $\boldsymbol{\omega}$ 和角加速度 $\boldsymbol{\varepsilon}$，并求圆盘最高点 D 的速度 $\boldsymbol{v}_D$ 和加速度 $\boldsymbol{a}_D$。

解：这个题目较为复杂，分为几个步骤：(1)利用刚体复合运动求圆盘的角速度和角加速度。(2)利用点的复合运动求 A 点的速度和角速度。(3)利用定点运动关系求 D 点的速度和加速度。

(1) 分析角速度、角加速度

设动系与 AB 固连，即动系参与绕 y_1，x_2 轴的转动，则动系的角速度、角加速

度为

$$\boldsymbol{\omega}_e=\boldsymbol{\omega}_1+\boldsymbol{\omega}_2,\quad \boldsymbol{\varepsilon}_e=\boldsymbol{\omega}_1\times\boldsymbol{\omega}_2$$

圆盘相对动系的角速度、角加速度为

$$\boldsymbol{\omega}_r=\boldsymbol{\omega}_3,\quad \boldsymbol{\varepsilon}_r=0$$

因此圆盘的角速度、角加速度为

$$\begin{aligned}\boldsymbol{\omega}&=\boldsymbol{\omega}_e+\boldsymbol{\omega}_r=\boldsymbol{\omega}_1+\boldsymbol{\omega}_2+\boldsymbol{\omega}_3\\ \boldsymbol{\varepsilon}&=\boldsymbol{\varepsilon}_e+\boldsymbol{\varepsilon}_r+\boldsymbol{\omega}_e\times\boldsymbol{\omega}_r\\ &=\boldsymbol{\omega}_1\times\boldsymbol{\omega}_2+(\boldsymbol{\omega}_1+\boldsymbol{\omega}_2)\times\boldsymbol{\omega}_3\end{aligned}$$

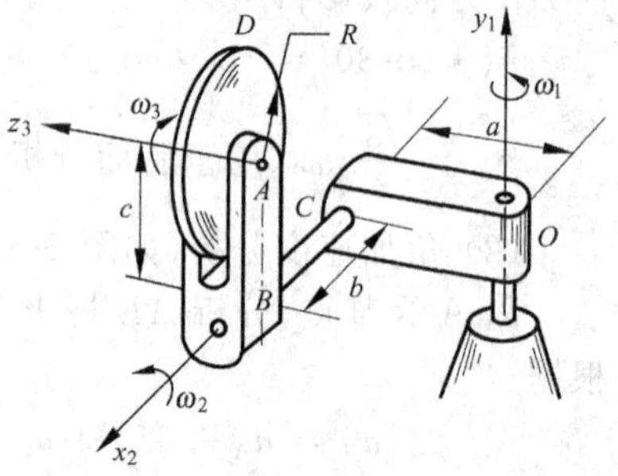

图 2-13

(2) 分析 A 点速度、加速度

设新的动系固连于 OC 上，选 A 为动点，

则动系的角速度为 $\boldsymbol{\omega}_e=\boldsymbol{\omega}_1$，$AB$ 相对动系转动的角速度为 $\boldsymbol{\omega}_r=\boldsymbol{\omega}_2$。$A$ 点的牵连速度和牵连加速度为

$$\boldsymbol{v}_e=\boldsymbol{\omega}_e\times\boldsymbol{r}_{OA}=\boldsymbol{\omega}_1\times\boldsymbol{r}_{OA},\quad \boldsymbol{v}_r=\boldsymbol{\omega}_r\times\boldsymbol{r}_{BA}=\boldsymbol{\omega}_2\times\boldsymbol{r}_{BA}$$

$$\boldsymbol{v}_A=\boldsymbol{v}_e+\boldsymbol{v}_r=\boldsymbol{\omega}_1\times\boldsymbol{r}_{OA}+\boldsymbol{\omega}_2\times\boldsymbol{r}_{BA}$$

$$\boldsymbol{a}_e=\boldsymbol{\omega}_e\times(\boldsymbol{\omega}_e\times\boldsymbol{r}_{OA})=\boldsymbol{\omega}_1\times(\boldsymbol{\omega}_1\times\boldsymbol{r}_{OA}),$$

$$\boldsymbol{a}_r=\boldsymbol{\omega}_r\times(\boldsymbol{\omega}_r\times\boldsymbol{r}_{BA})=\boldsymbol{\omega}_2\times(\boldsymbol{\omega}_2\times\boldsymbol{r}_{BA})$$

$$\boldsymbol{a}_c=2\,\boldsymbol{\omega}_e\times\boldsymbol{v}_r=2\,\boldsymbol{\omega}_1\times(\boldsymbol{\omega}_2\times\boldsymbol{r}_{BA})$$

$$\boldsymbol{a}_A=\boldsymbol{a}_e+\boldsymbol{a}_r+\boldsymbol{a}_c=\boldsymbol{\omega}_1\times(\boldsymbol{\omega}_1\times\boldsymbol{r}_{OA})+\boldsymbol{\omega}_2\times(\boldsymbol{\omega}_2\times\boldsymbol{r}_{BA})+2\,\boldsymbol{\omega}_1\times(\boldsymbol{\omega}_2\times\boldsymbol{r}_{BA})$$

(3) 分析 D 点的速度、加速度

$$\boldsymbol{v}_D=\boldsymbol{v}_A+\boldsymbol{\omega}\times\boldsymbol{r}_{AD}$$

$$\boldsymbol{a}_D=\boldsymbol{a}_A+\boldsymbol{\varepsilon}\times\boldsymbol{r}_{AD}+\boldsymbol{\omega}\times(\boldsymbol{\omega}\times\boldsymbol{r}_{AD})$$

(4) 以上都是向量表达式，只要代入具体数据，就可求出结果。下面以矩阵形式求解。利用向量叉乘 $\boldsymbol{a}=\boldsymbol{b}\times\boldsymbol{c}$ 的矩阵写法为

$$\begin{pmatrix}a_x\\a_y\\a_z\end{pmatrix}=\begin{bmatrix}0&-b_z&b_y\\b_z&0&-b_x\\-b_y&b_x&0\end{bmatrix}\begin{pmatrix}c_x\\c_y\\c_z\end{pmatrix}$$

以上表达式可以具体写成下面形式。

$\boldsymbol{\omega}=\boldsymbol{\omega}_1+\boldsymbol{\omega}_2+\boldsymbol{\omega}_3$：

$$\underline{\boldsymbol{\omega}}=(\omega_2\quad\omega_1\quad\omega_3)^{\mathrm{T}}$$

$\boldsymbol{\varepsilon}=\boldsymbol{\omega}_1\times\boldsymbol{\omega}_2+(\boldsymbol{\omega}_1+\boldsymbol{\omega}_2)\times\boldsymbol{\omega}_3$：

$$\underline{\boldsymbol{\varepsilon}}=\begin{bmatrix}0&0&\omega_1\\0&0&0\\-\omega_1&0&0\end{bmatrix}\begin{pmatrix}\omega_2\\0\\0\end{pmatrix}+\begin{bmatrix}0&0&\omega_1\\0&0&-\omega_2\\-\omega_1&\omega_2&0\end{bmatrix}\begin{pmatrix}0\\0\\\omega_3\end{pmatrix}$$

$$=\begin{pmatrix}0\\0\\-\omega_1\omega_2\end{pmatrix}+\begin{pmatrix}\omega_1\omega_3\\-\omega_2\omega_3\\0\end{pmatrix}=\begin{pmatrix}\omega_1\omega_3\\-\omega_2\omega_3\\-\omega_1\omega_2\end{pmatrix}$$

$\boldsymbol{v}_A=\boldsymbol{v}_e+\boldsymbol{v}_r=\boldsymbol{\omega}_1\times\boldsymbol{r}_{OA}+\boldsymbol{\omega}_2\times\boldsymbol{r}_{BA}$：

$$\boldsymbol{v}_A=\begin{bmatrix}0&0&\omega_1\\0&0&0\\-\omega_1&0&0\end{bmatrix}\begin{pmatrix}b\\c\\a\end{pmatrix}+\begin{bmatrix}0&0&0\\0&0&-\omega_2\\0&\omega_2&0\end{bmatrix}\begin{pmatrix}0\\c\\0\end{pmatrix}$$

$$=\begin{pmatrix}a\omega_1\\0\\-b\omega_1\end{pmatrix}+\begin{pmatrix}0\\0\\c\omega_2\end{pmatrix}=\begin{pmatrix}a\omega_1\\0\\-b\omega_1+c\omega_2\end{pmatrix}$$

$\boldsymbol{a}_A=\boldsymbol{a}_e+\boldsymbol{a}_r+\boldsymbol{a}_c=\boldsymbol{\omega}_1\times(\boldsymbol{\omega}_1\times\boldsymbol{r}_{OA})+\boldsymbol{\omega}_2\times(\boldsymbol{\omega}_2\times\boldsymbol{r}_{BA})+2\boldsymbol{\omega}_1\times(\boldsymbol{\omega}_2\times\boldsymbol{r}_{BA})$：

$$\boldsymbol{a}_A=\begin{bmatrix}0&0&\omega_1\\0&0&0\\-\omega_1&0&0\end{bmatrix}\begin{pmatrix}a\omega_1\\0\\-b\omega_1\end{pmatrix}+\begin{bmatrix}0&0&2\omega_1\\0&0&-\omega_2\\-2\omega_1&\omega_2&0\end{bmatrix}\begin{pmatrix}0\\0\\c\omega_2\end{pmatrix}$$

$$=\begin{pmatrix}-b\omega_1^2\\0\\-a\omega_1^2\end{pmatrix}+\begin{pmatrix}2c\omega_1\omega_2\\-c\omega_2^2\\0\end{pmatrix}=\begin{pmatrix}2c\omega_1\omega_2-b\omega_1^2\\-c\omega_2^2\\-a\omega_1^2\end{pmatrix}$$

$\boldsymbol{v}_D=\boldsymbol{v}_A+\boldsymbol{\omega}\times\boldsymbol{r}_{AD}$：

$$\boldsymbol{v}_D=\begin{pmatrix}a\omega_1\\0\\-b\omega_1+c\omega_2\end{pmatrix}+\begin{bmatrix}0&-\omega_3&\omega_1\\\omega_3&0&-\omega_2\\-\omega_1&\omega_2&0\end{bmatrix}\begin{pmatrix}0\\R\\0\end{pmatrix}$$

$$=\begin{bmatrix}a\omega_1-R\omega_3\\0\\-b\omega_1+(R+c)\omega_2\end{bmatrix}$$

$\boldsymbol{a}_D=\boldsymbol{a}_A+\boldsymbol{\varepsilon}\times\boldsymbol{r}_{AD}+\boldsymbol{\omega}\times(\boldsymbol{\omega}\times\boldsymbol{r}_{AD})$：

$$\boldsymbol{a}_D=\begin{pmatrix}2c\omega_1\omega_2-b\omega_1^2\\-c\omega_2^2\\-a\omega_1^2\end{pmatrix}+\begin{bmatrix}0&\omega_1\omega_2&-\omega_2\omega_3\\-\omega_1\omega_2&0&-\omega_1\omega_3\\\omega_2\omega_3&\omega_1\omega_3&0\end{bmatrix}\begin{pmatrix}0\\R\\0\end{pmatrix}$$

$$+\begin{bmatrix}0&-\omega_3&\omega_1\\\omega_3&0&-\omega_2\\-\omega_1&\omega_2&0\end{bmatrix}\begin{pmatrix}-R\omega_3\\0\\R\omega_2\end{pmatrix}$$

$$=\begin{pmatrix}2c\omega_1\omega_2-b\omega_1^2\\-c\omega_2^2\\-a\omega_1^2\end{pmatrix}+\begin{pmatrix}R\omega_1\omega_2\\0\\R\omega_1\omega_3\end{pmatrix}+\begin{pmatrix}R\omega_1\omega_2\\-R\omega_3^2-R\omega_2^2\\R\omega_1\omega_3\end{pmatrix}$$

$$=\begin{pmatrix}2(R+c)\omega_1\omega_2-b\omega_1^2\\-(R+c)\omega_2^2-R\omega_3^2\\-a\omega_1^2+2R\omega_1\omega_3\end{pmatrix}$$

讨论：求解过程中用了不同的动系，在用公式时应注意对应关系。

四、常见错误

问题 1 搁置在固定圆柱面(半径为 r)上的 AB 杆,其 A 端沿水平线以 $v_A=v$ 作匀速直线运动,如图 2-14a 所示。用下述方法计算 AB 杆在图示瞬时的角速度和角加速度是错误的。试问:错在何处?如何改正才能得到正确的结果?

解:设想在圆柱面与 AB 杆相切处 C 有一个套筒绕 C 点作定轴转动,如图2-14b 所示。AB 杆可在套筒内滑动,然后取套筒为动系,分析 A 点的运动。注意,AB 杆与套筒有相同的角速度和角加速度。

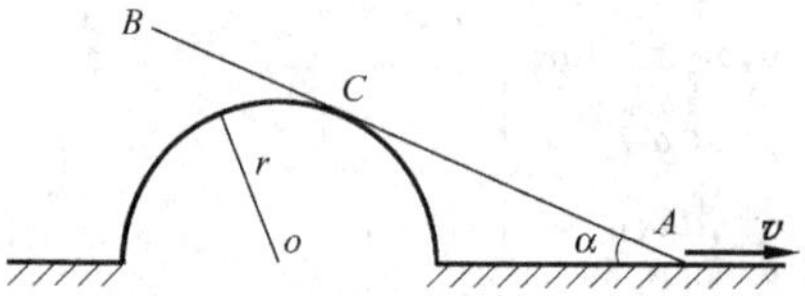

图 2-14a

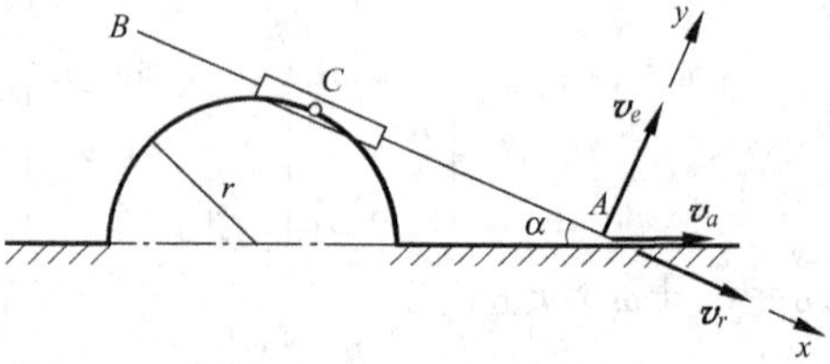

图 2-14b

(1) 分析速度,如图 2-14b,

$$\boldsymbol{v}_a=\boldsymbol{v}_e+\boldsymbol{v}_r$$

其中

$$v_a=v_A=v,\quad v_e=AC\omega_{AB}\quad (AC=r\cot\alpha)$$

向 x 轴投影:

$$v_a\cos\alpha=v_r$$

$$v_r=v\cos\alpha$$

向 y 轴投影:

$$v_a\sin\alpha=v_e$$

$$\omega_{AB}=\frac{v_e}{AC}=\frac{v\sin^2\alpha}{r\cos\alpha}$$

(2) 分析加速度,如图 2-14c,其中

$$a_a=A_A=0,\quad a_e^n=\frac{\sin^3\alpha}{r\cos\alpha}v^2,$$

$$a_e^t=r\varepsilon_{AB}\cot\alpha,\quad a_c=2\omega_{AB}v_r=\frac{2v^2\sin^2\alpha}{r}$$

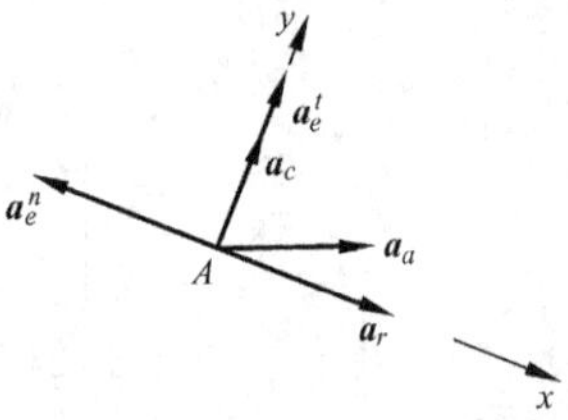

图 2-14c

将方程 $\boldsymbol{a}_a=\boldsymbol{a}_e^n+\boldsymbol{a}_e^t+\boldsymbol{a}_r+\boldsymbol{a}_c$ 向 y 轴投影得

$$a_a\sin\alpha=a_e^t+a_c$$

其中

$$a_e^t=-a_c=-\frac{2v^2\sin^2\alpha}{r},\quad \varepsilon_{AB}=-\frac{2v^2\sin^3\alpha}{r^2\cos\alpha}$$

提示：若要取想象的刚体为动系，应遵循什么原则？

问题 2 图 2-15a 所示机构中，$OA=BC=r$，$BD=l$，图示瞬时，连杆 BD 的角速度、角加速度分别为 $\omega_{BD}=\omega$，$\varepsilon_{BD}=0$。用复合运动法求解图示瞬时滑块 D 的速度和加速度有什么错误之处？

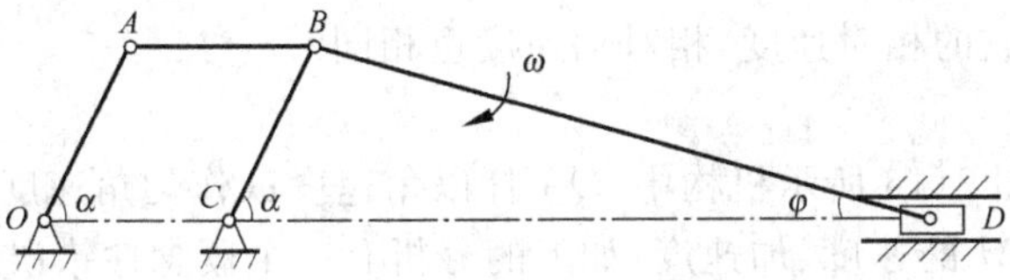

图 2-15a

解：取 BC 杆为动系，分析 D 点的运动，并注意到 D 点相对 BC 杆的运动与该点相对基点 B 的运动一样，都是以 B 为圆心，l 为半径的圆周运动。

(1) 分析速度，见图 2-15b，

$$\boldsymbol{v}_a=\boldsymbol{v}_e+\boldsymbol{v}_r$$

其中 $v_r=l\omega_{BD}=l\omega$，　$v_a=v_D$

向 y 轴投影：
$$0=v_e-v_r\cos\varphi$$
$$v_e=l\omega\cos\varphi$$

向 x 轴投影：
$$v_a=v_r\sin\varphi$$
$$v_D=v_a=l\omega\sin\varphi$$

(2) 分析加速度，见图 2-15c，

$$\boldsymbol{a}_a=\boldsymbol{a}_e^n+\boldsymbol{a}_e^t+\boldsymbol{a}_r+\boldsymbol{a}_c$$

其中

$$a_e^n=\frac{v_e^2}{CD}=\frac{l^2\omega^2\cos^2\varphi}{r\cos\alpha+l\cos\varphi},\quad a_r^n=\frac{v_r^2}{l}=l\omega^2$$

$$a_c=2\omega_{BC}v_r=2\frac{v_e}{CD}v_r=\frac{2l^2\omega^2\cos\varphi}{r\cos\alpha+l\cos\varphi}$$

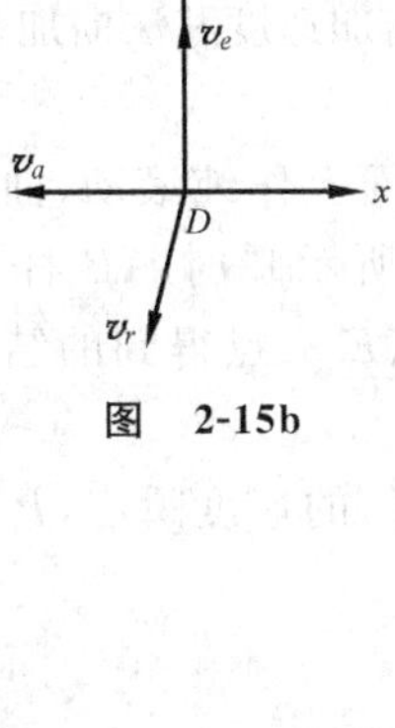

图 2-15b

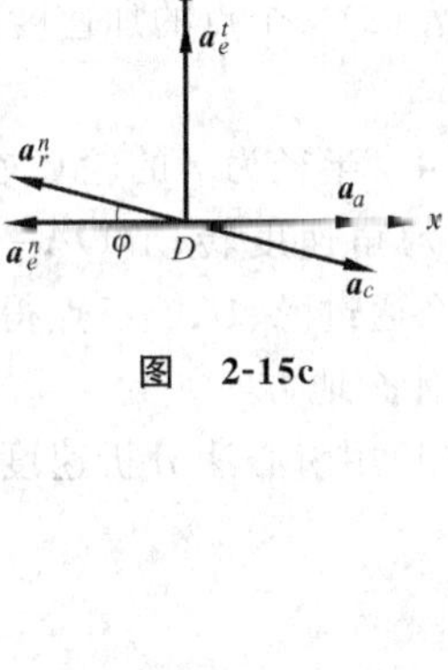

图 2-15c

向 x 轴投影：

$$a_a = -a_e^n - a_r^n\cos\varphi + a_c\cos\varphi$$

$$a_D = a_a = -\frac{l(1-\cos\varphi)+r\cos\alpha}{r\cos\alpha + l\cos\varphi} l\omega^2\cos\varphi$$

提示：(1)什么情况下必须用复合运动法求解？什么情况下既可用复合运动法又可用基点法求解？(2)当既可用复合运动法又可用基点法解时，动点相对运动的轨迹相同是否意味着它的相对速度、相对加速度也相同？

问题 3　如图 2-16 所示机构中，OA 杆以角速度 $\boldsymbol{\omega}$ 作匀角速度转动，欲求图示瞬时 AB 杆上中点 M 的速度、加速度，如下的分析有一个概念性错误，错在何处？

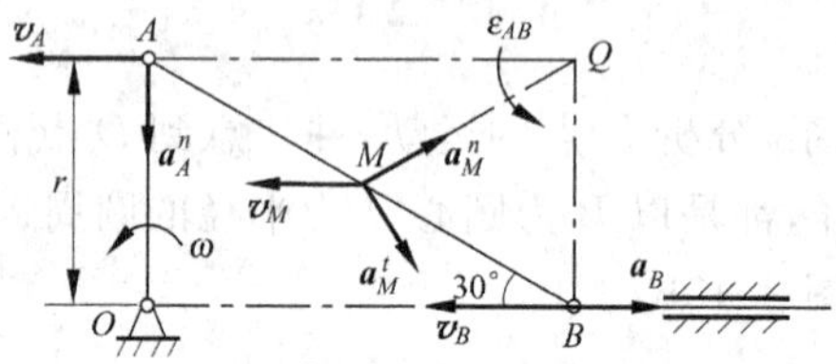

图　2-16

解：用瞬心法解

(1) 分析速度，由于 $\boldsymbol{v}_A$，$\boldsymbol{v}_B$ 的方向平行，AB 杆的速度瞬心在无穷远处，故 AB 杆作瞬时平动，有 $v_A = v_B = v_M = r\omega$，方向如图 2-16 所示，$\omega_{AB} = 0$

(2) 分析加速度，图中 $a_A = a_A^n = r\omega^2$，Q 为 AB 杆的加速度瞬心，则 AB 杆的角加速度 ε_{AB}、M 点的法向加速度 $\boldsymbol{a}_M^n$ 和切向加速度 $\boldsymbol{a}_M^t$ 分别为

$$\varepsilon_{AB} = \frac{a_A^n}{AQ} = \frac{\sqrt{3}}{3}\omega^2$$

$$a_M^n = QM \cdot \omega_{AB}^2 = 0$$

$$a_M^t = QM \cdot \varepsilon_{AB} = \frac{\sqrt{3}}{3} r\,\omega^2$$

它们的方向均如图 2-16 所示。

提示：(1)加速度瞬心的含义是什么？AB 杆上的 M 点相对 AB 杆的加速度瞬心作何运动？(2)一个点的加速度在何种情况下可用其切向加速度和法向加速度表示？

问题 4　半径为 r 的轮 C 在半径为 R 的固定圆柱面上作纯滚动，曲柄 OA 以角速度 ω 作匀角速度转动，$OA = AB = r$，欲求图 2-17a 所示瞬时 AB 杆的角加速度 ε_{AB}，为什么通过 A、B、C 三点得到的结果，与通过 A、B、E 三点得到的结果不同？错误发生在什么地方？

解：(1)用瞬心法分析速度，见图 2-17a，E 点为轮 C 的速度瞬心，P 点为 AB 杆

的速度瞬心，$v_A=r\omega$，则

$$\omega_{AB}=\frac{v_A}{PA}=\omega$$

$$v_B=PB\cdot\omega_{AB}=\sqrt{2}r\omega$$

$$\omega_C=\frac{v_B}{\sqrt{2}r}=\omega$$

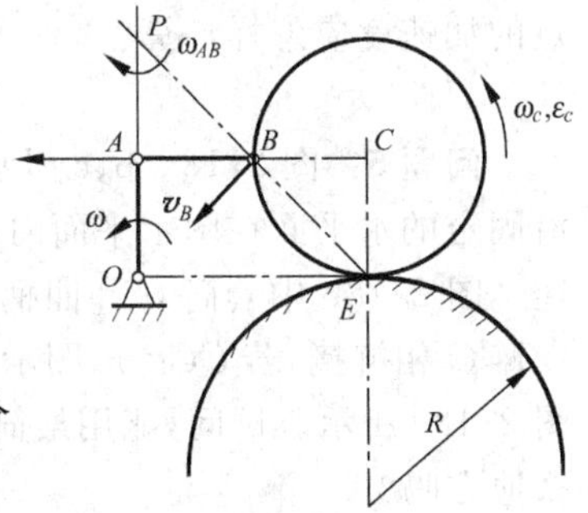

图 2-17a

$\boldsymbol{\omega}_{AB}$、$\boldsymbol{v}_B$和$\boldsymbol{\omega}_C$(轮 C 的角速度)的方向均如图 2-17a 所示。

(2) 以 A 为基点分析 B 点的加速度和以 C 为基点分析 B 点的加速度，分别见图 2-17b 和图 2-17c，

$$\boldsymbol{a}_B=\boldsymbol{a}_A^n+\boldsymbol{a}_{BA}^n+\boldsymbol{a}_{BA}^t=\boldsymbol{a}_C^n+\boldsymbol{a}_C^t+\boldsymbol{a}_{BC}^n+\boldsymbol{a}_{BC}^t$$

其中 $a_A^n=r\omega^2$

$a_{BA}^n=AB\cdot\omega_{AB}^2=r\omega^2$

$a_{BA}^t=r\varepsilon_{AB}$

$a_C^n=(R+r)\omega_C^2=(R+r)\omega^2$

$a_C^t=(R+r)\varepsilon_C$(ε_C 为轮 C 的角加速度)

$a_{BC}^n=r\omega_C^2=r\omega^2$

$a_{BC}^t=r\varepsilon_C$

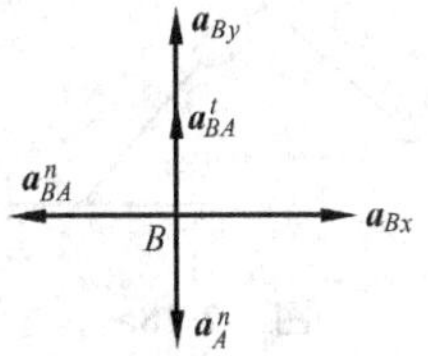

图 2-17b

向 x 轴投影：$a_{Bx}=-a_{BA}^n=a_C^t+a_{BC}^n$

$$a_C^t=-a_{BA}^n-a_{BC}^n=-2r\omega^2$$

$$\varepsilon_C=\frac{a_C^t}{(R+r)}=-\frac{2r}{R+r}\omega^2$$

向 y 轴投影：$a_{By}=-a_A^n+a_{BA}^t=-a_C^n+a_{BC}^t$

$$a_{BA}^t=\frac{-(R^2+Rr+2r^2)}{R+r}\omega^2$$

$$\varepsilon_{AB}=\frac{a_{BA}^t}{AB}=\frac{-(R^2+Rr+2r^2)}{r(R+r)}\omega^2$$

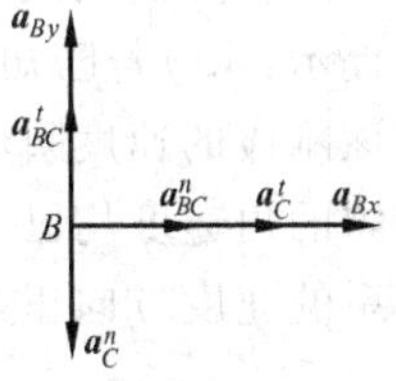

图 2-17c

(3) 以 A 为基点分析 B 点的加速度和以 E 为基点分析 B 点的加速度，分别见图 2-17b 和图 2-17d，

$$\boldsymbol{a}_B=\boldsymbol{a}_A^n+\boldsymbol{a}_{BA}^n+\boldsymbol{a}_{BA}^t=\boldsymbol{a}_E+\boldsymbol{a}_{BE}^n+\boldsymbol{a}_{BE}^t$$

其中 $a_E=r\omega_C^2=r\omega^2$，$a_{BE}^n=\sqrt{2}r\omega_C^2=\sqrt{2}r\omega^2$，$a_{BE}^t=\sqrt{2}r\varepsilon_C$。

向 x 轴投影：$a_{Bx}=-a_{BA}^n=a_{BE}^n\cos45°+a_{BE}^t\cos45°$

$$a_{BE}^t=-\sqrt{2}r\omega_{AB}^2-\sqrt{2}r\omega_C^2=-2\sqrt{2}r\omega^2$$

向 y 轴投影：$a_{By}=-a_A^n+a_{BA}^t=a_E-a_{BE}^n\cos45°+a_{BE}^t\cos45°$

$$a_{BA}^t=-r\omega^2$$

$$\varepsilon_{AB}=\frac{a_{BA}^t}{AB}=-\omega^2$$

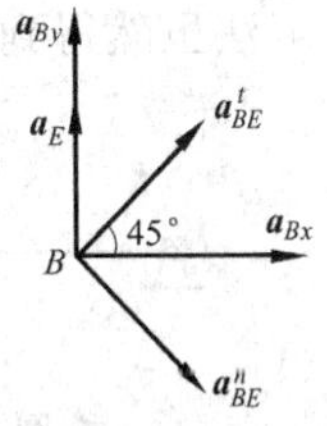

图 2-17d

提示：(1)轮 C 在固定水平面上作纯滚动与在固定圆柱面上作纯滚动有何区别？

(2)本例中轮心 C 的加速度与轮 C 的角速度、角加速度的关系是怎样的?(3)轮上 E 点的加速度应怎样计算?

问题 5 图 2-18a、b、c 所示各机构中的 AB 杆均可在套筒 C 中滑移,且其 A 端沿固定的水平面在图示平面内作直线运动。图 2-18a 中套筒 C 和曲柄 OC 成直角固连。图 2-18b 中套筒 C 和曲柄 OC 成 α 角固连。图 2-18c 中套筒 C 和曲柄 OC 通过铰链 C 相链接,若 $OC=r$,图示瞬时曲柄的角速度为 ω,AB 杆的角速度为 2ω,方向如图 2-18c 所示。试问,能用最简单的方法确定 AB 杆在图示瞬时的速度瞬心位于什么地方吗?

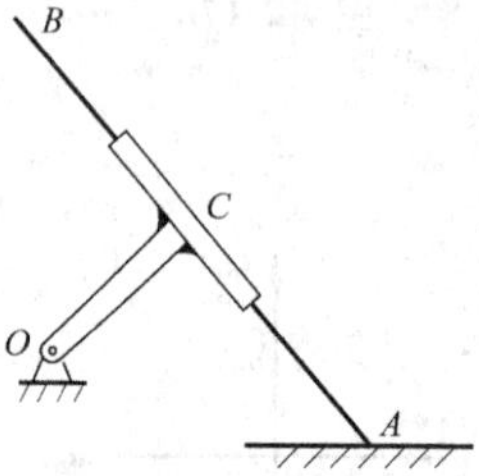

图 2-18a

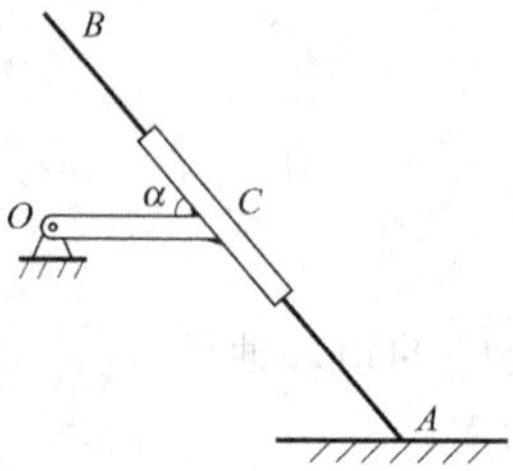

图 2-18b

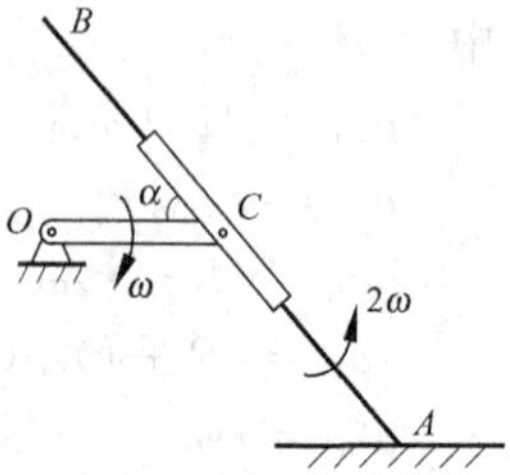

图 2-18c

解:AB 杆相对套筒 C 滑动时,AB 杆上的 C 点速度方向与套筒平行。因此 A、C 两点的速度方向确定 AB 杆的速度瞬心。

提示:(1)若已知平面运动刚体上某点速度的方向,还必须知道什么条件,才可确定该刚体的速度瞬心位置?(2)若平面运动刚体某点的速度(包括大小和方向)及该刚体的角速度均已知,能否确定该刚体速度瞬心的位置?(3)什么情况下,动点相对动系的速度方向正好就是该点绝对速度的方向?

问题 6 图 2-19a 所示相铰接的 OC 杆和 AB 杆在图示平面内运动,OC 杆以角速度 ω 作匀角速转动,AB 杆相对 OC 杆以角速度 $\omega'=3\omega$ 作匀角速转动,$OC=4l$,$AC=BC=l$。欲确定 AB 杆在图示瞬时的速度瞬心 P 和加速度瞬心 Q 的位置,如下两种解法虽然得到相同的结果,但都是错误的。能指出其错误原因及错误所在吗?

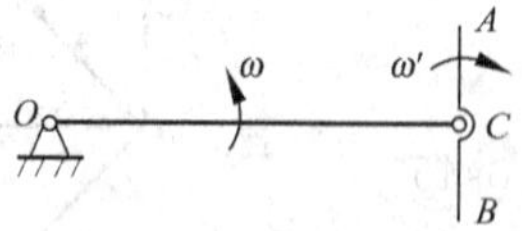

图 2-19a

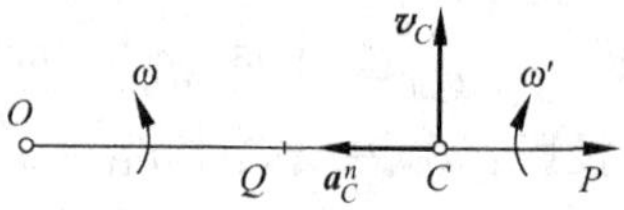

图 2-19b

解法 1:用基点法(或瞬心法)解

(1) 分析速度,见图 2-19b,其中 $v_C=4l\omega$,AB 杆的速度瞬心 P 在过 C 点且垂直

于$\boldsymbol{v}_C$的直线上，离 C 点的距离为

$$PC=\frac{v_C}{\omega'}=\frac{4}{3}l$$

(2) 分析加速度，见图 2-19b，其中 $a_C=a_C^n=4l\omega^2$，因 AB 杆的角加速度等于零，其加速度瞬心 Q 必在 $\boldsymbol{a}_C^n$ 所在的直线上，离 C 点的距离为

$$QC=\frac{a_C}{(\omega')^2}=\frac{4}{9}l$$

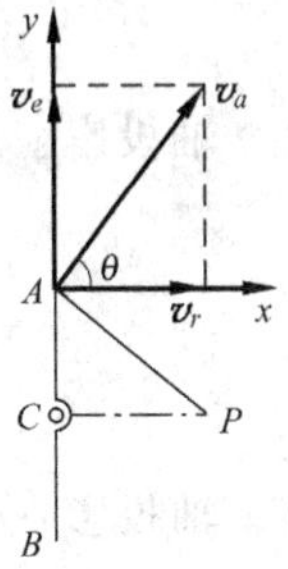

图 2-19c

解法 2：用复合运动法解(取 OC 杆为动系，分析 A 点的运动)

(1) 分析速度，见图 2-19c。

$$\boldsymbol{v}_a=\boldsymbol{v}_e+\boldsymbol{v}_r$$

其中 $v_e=4l\omega, v_r=3l\omega$

向 x 轴投影： $v_a\cos\theta=v_r$

向 y 轴投影： $v_a\sin\theta=v_e$

经联立以上两方程，得

$$\tan\theta=\frac{4}{3}$$

$$v_a=5l\omega$$

AB 杆的速度瞬心 P 至 C 点的距离为

$$PC=AC\cdot\tan\theta=\frac{4}{3}l$$

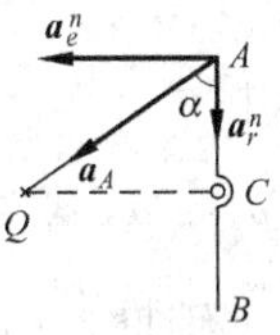

图 2-19d

(2) 分析加速度，见图 2-19d。

$$\boldsymbol{a}_a=\boldsymbol{a}_e+\boldsymbol{a}_r$$

其中 $a_e^n=4l\omega^2, a_r^n=9l\omega^2$

向 x 轴投影： $a_a\sin\alpha=a_e^n=4l\omega^2$

向 y 轴投影： $a_a\cos\alpha=a_r^n=9l\omega^2$

联立以上两方程后，得

$$\tan\alpha=\frac{4}{9}$$

所以，AB 杆的加速度瞬心 Q 为 A、C 两点加速度 $\boldsymbol{a}_A$，$\boldsymbol{a}_C$ 之交点，即

$$QC=AC\cdot\tan\alpha=\frac{4}{9}l$$

提示：(1)本例是否既可用复合运动法也可用基点法解？(2)复合运动法与基点法的公式有哪些基本的区别？

问题 7 已知正切机构运动至图 2-20a 所示位置($\theta=30°$，$OA=AC$)时，导杆 AB 的速度、加速度分别为$\boldsymbol{v}$ 和 $\boldsymbol{a}$(方向均向下)，对以下两种计算 C 点瞬时加速度的解法都有错误在其中，能否指出错在何处？

解法1：取 OC 杆为动系，分析 AB 杆上 A 点的运动。

(1) 分析速度，见图2-20b。

$$\boldsymbol{v}_a = \boldsymbol{v}_e + \boldsymbol{v}_r$$

其中

$$v_a = v, v_e = OA\omega_{OC} = \frac{b\omega_{OC}}{\cos\theta}$$

向 y 轴投影：$v_a\cos\theta = v_e$

$$v_e = v\cos\theta = \frac{\sqrt{3}}{2}v$$

$$\omega_{OC} = \frac{v\cos^2\theta}{b} = \frac{3v}{4b}$$

向 x 轴投影：$v_a\sin\theta = v_r$

$$v_r = v\sin\theta = \frac{1}{2}v$$

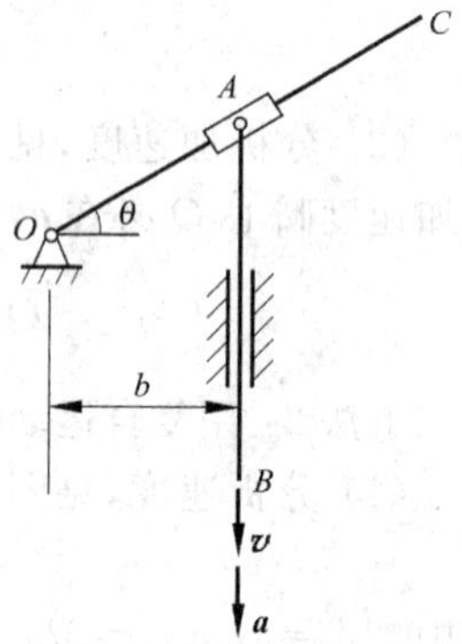

图 2-20a

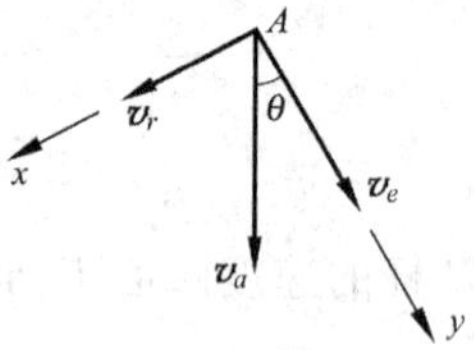

图 2-20b

(2) 分析加速度，见图2-20c。

$$\boldsymbol{a}_a = \boldsymbol{a}_e^n + \boldsymbol{a}_e^t + \boldsymbol{a}_r + \boldsymbol{a}_c$$

其中

$$a_a = a,\ a_e^n = \frac{v^2\cos^3\theta}{b},\ a_c = 2\omega_{OC}v_r = \frac{2v^2\cos^2\theta\sin\theta}{b}$$

向 y 轴投影：$a_a\cos\theta = a_e^t + a_c$

$$a_e^t = a\cos\theta - \frac{2v^2\cos^2\theta\sin\theta}{b} = \frac{\sqrt{3}}{2}a - \frac{3v^2}{4b}$$

所以，C 点的加速度为

$$a_C^t = 2a_e^t = \sqrt{3a} - \frac{3v^2}{2b}$$

$$a_C^n = \frac{(2v_e)^2}{OC} = \frac{3\sqrt{3}v^2}{4b}$$

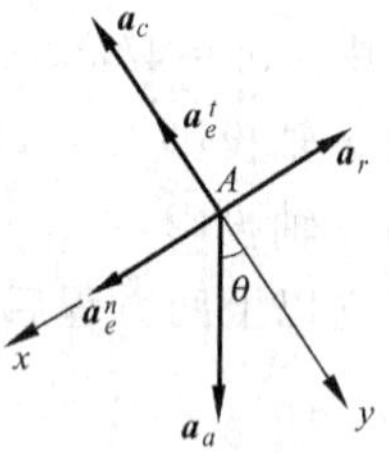

图 2-20c

解法2：取 OC 杆为动系，分析 AB 杆上 A 点的速度，并由解法1所得 C 点的速度：

$$v_c = 2v_e = 2v\cos\theta$$

求导后得 C 点的切向加速度（注意到 $\dot{\theta} = -\omega_{OC}$），即

$$a_C^t = \frac{\mathrm{d}v_C}{\mathrm{d}t} = 2a\cos\theta - 2v\dot{\theta}\sin\theta = 2a\cos\theta + \frac{2v^2\cos^2\theta\sin\theta}{b} = \sqrt{3}a + \frac{3v^2}{4b}$$

$$a_C^n = OC \cdot \omega_{OC}^2 = \frac{3\sqrt{3}v^2}{4b}$$

提示：(1)对速度合成公式和加速度合成公式作投影计算时要注意什么问题？与对平衡方程式的计算有何区别？(2)可否用对某点速度求导的方法计算该点的加速度？求导时应注意什么？

问题 8 图 2-21a 所示机构运动至图示位置时，若已知 $v_B=v, a_B=a, \theta=60°$，下面计算得到的图示瞬时 AC 杆的角加速度错在什么地方？

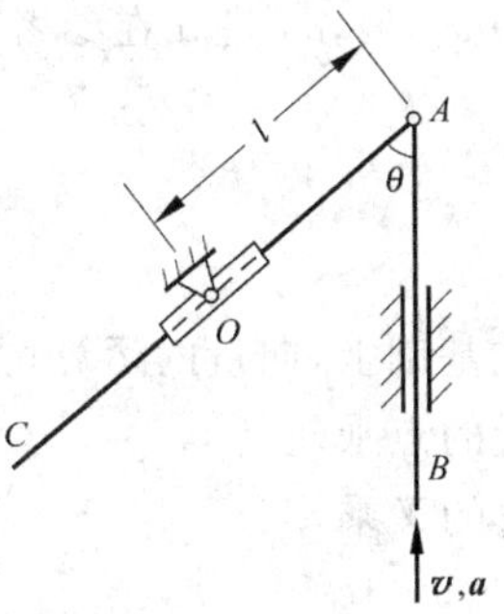

图 2-21a

解：以 AB 杆为动系，分析 AC 杆上 O 点的运动

(1) 分析速度，见图 2-21b。

$$\boldsymbol{v}_a=\boldsymbol{v}_e+\boldsymbol{v}_r$$

其中 $v_e=v_B=v$

向 x 轴投影：$v_a=v_e\cos\theta=\dfrac{1}{2}v$

向 y 轴投影：$v_e\sin\theta=v_r$

$$v_r=v\sin\theta=\frac{\sqrt{3}}{2}v$$

$$\omega_{AC}=\frac{v_r}{l}=\frac{\sqrt{3}v}{2l}$$

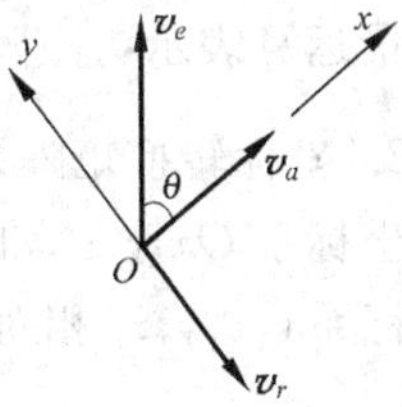

图 2-21b

(2) 分析加速度，见图 2-21c。

$$\boldsymbol{a}_a=\boldsymbol{a}_e+\boldsymbol{a}_r^n+\boldsymbol{a}_r^t$$

其中

$$a_e=a_B=a,\ a_r^n=\frac{v_r^2}{l}=\frac{3v^2}{4l}$$

向 y 轴投影：$0=a_r^t-a_e\sin\theta$

$$a_r^t=a_e\sin\theta=\frac{\sqrt{3}}{2}a$$

$$\varepsilon_{AC}=\frac{a_r^t}{l}=\frac{\sqrt{3}a}{2l}$$

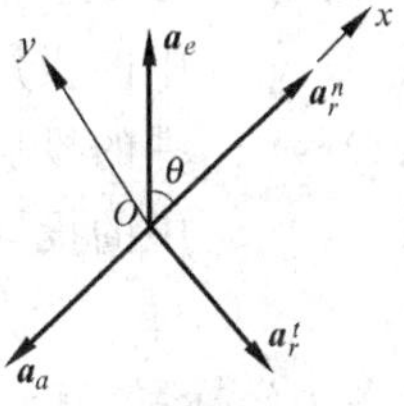

图 2-21c

提示：(1)AC 杆上的 O 点，其绝对运动的轨迹是什么？(2)可否用刚体角速度对时间的导数计算该刚体的角加速度？求导时需注意什么问题？

五、疑难解答

1. 向量运算如何用矩阵形式表示？

假设 $\boldsymbol{e}$ 为参考坐标系，$\boldsymbol{e}_1, \boldsymbol{e}_2, \boldsymbol{e}_3$ 是 $\boldsymbol{e}$ 中的相互正交的单位向量(基向量)，设 $\boldsymbol{a}$ 为向量，则在参考坐标系中可表示为，

$$\boldsymbol{a}=(\boldsymbol{e}_1\quad \boldsymbol{e}_2\quad \boldsymbol{e}_3)\begin{pmatrix}a_1\\a_2\\a_3\end{pmatrix}$$

其中 a_1,a_2,a_3 是 $\boldsymbol{a}$ 在参考坐标系 $\boldsymbol{e}$ 中的投影分量，可用列阵表示为

$$\underline{\boldsymbol{a}}=\begin{pmatrix}a_1\\a_2\\a_3\end{pmatrix}\quad 或 \quad \underline{\boldsymbol{a}}=(a_1\quad a_2\quad a_3)^{\mathrm{T}}$$

在此基础上，向量的运算可以表示为：

向量的点乘 $\quad \boldsymbol{a}\cdot\boldsymbol{b}=c \qquad \underline{\boldsymbol{a}}^{\mathrm{T}}\,\underline{\boldsymbol{b}}=c$

向量的叉乘 $\quad \boldsymbol{a}\times\boldsymbol{b}=\boldsymbol{c} \qquad \underline{\boldsymbol{a}}\times\underline{\boldsymbol{b}}=\underline{\boldsymbol{c}}$

（注：有的书上写成：$\tilde{\boldsymbol{a}}\underline{\boldsymbol{b}}=\underline{\boldsymbol{c}}$，其中 $\tilde{\boldsymbol{a}}=\begin{bmatrix}0&-a_3&a_2\\a_3&0&-a_1\\-a_2&a_1&0\end{bmatrix}$，$\tilde{\boldsymbol{a}}$ 称为 $\boldsymbol{a}$ 的叉乘矩阵。）

把向量运算表示为矩阵、列阵的形式，便于利用计算机编程计算。

2. 坐标转换矩阵是如何定义的？

坐标系 $Ox_iy_iz_i$ 和 $Ox_jy_jz_j$ 如图 2-22 所示，设 $\boldsymbol{A}_{ij}$ 为坐标系 $Ox_jy_jz_j$ 相对 $Ox_iy_iz_i$ 的坐标转换矩阵，记为

$$\boldsymbol{A}_{ij}=\begin{bmatrix}a_{11}&a_{12}&a_{13}\\a_{21}&a_{22}&a_{23}\\a_{31}&a_{32}&a_{33}\end{bmatrix}$$

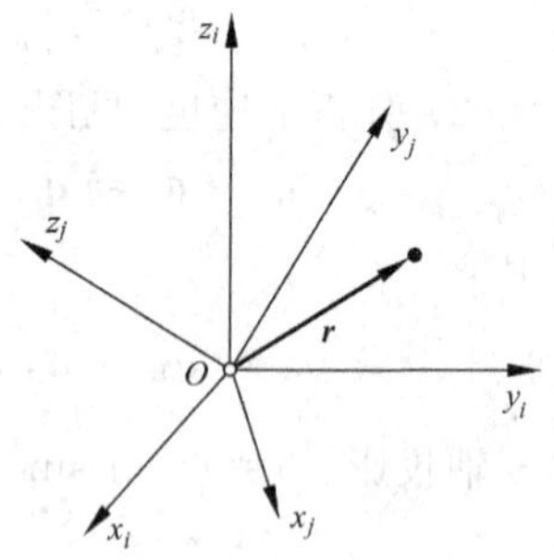

图 2-22

矩阵 $\boldsymbol{A}_{ij}$ 中的元素这样确定：第一列元素是 x_j 轴在坐标系 $Ox_iy_iz_i$ 中的投影分量，第二列元素是 y_j 轴在坐标系 $Ox_iy_iz_i$ 中的投影分量，第三列元素是 z_j 轴在坐标系 $Ox_iy_iz_i$ 中的投影分量。显然有关系式

$$\boldsymbol{A}_{ji}=\boldsymbol{A}_{ij}^{\mathrm{T}}$$

对于多个坐标系，有

$$\boldsymbol{A}_{ik}=\boldsymbol{A}_{ij}\boldsymbol{A}_{jk}$$

当不会有误解时，可以把坐标转换矩阵的下标略去。

3. 同一向量在不同坐标系中的列阵有何关系？

设向量 $\boldsymbol{r}$ 在坐标系 $Ox_iy_iz_i$ 中的列阵为 $\underline{\boldsymbol{r}}_i$，在坐标系 $Ox_jy_jz_j$ 中的列阵为 $\underline{\boldsymbol{r}}_j$，则有

$$\underline{\boldsymbol{r}}_i=\boldsymbol{A}_{ij}\,\underline{\boldsymbol{r}}_j \quad 或 \quad \underline{\boldsymbol{r}}_j=\boldsymbol{A}_{ji}\,\underline{\boldsymbol{r}}_i$$

利用这种关系，可以把一个(在某个坐标系中看)较为复杂的运动，转化为(在另一个坐标系中看)相对简单的运动。

4. 为什么说角速度是描述刚体整体运动的量？

为了描述刚体的运动(特别是转动)，要建立与刚体固连的坐标系，刚体的运动可用这个固连坐标系来表示。根据角速度的定义，角速度与坐标转换矩阵有关。由于坐标系与刚体上具体的某个点无关，因此角速度与刚体的点无关，是刚体整体运动的描述。

5. 刚体转动的先后次序能否交换?

刚体定点运动的有限转角有作用线(转动轴)、大小及指向。两个有限转角的合成结果与转动顺序有关,因此不符合向量相加法则,且刚体的有限转角不是向量。例如:一本书,先绕长边转动 90°,再绕短边转动的最后位置(图 2-23a)与先绕短边转动,再绕长边转动的最后位置(图 2-23b)不同。

因此有限转角不是向量(而是二阶仿射正交张量)。但当两个无限小转角的转动合成时,由于合成转动与转动次序无关,因而无限小转角是向量。原因是,两个无限小转角交换次序时,相差的量为高阶小量。

另一方面,从数学角度看,转动与坐标转换矩阵对应,由于矩阵的乘法不具有交换性,因此刚体转动的次序不能交换。

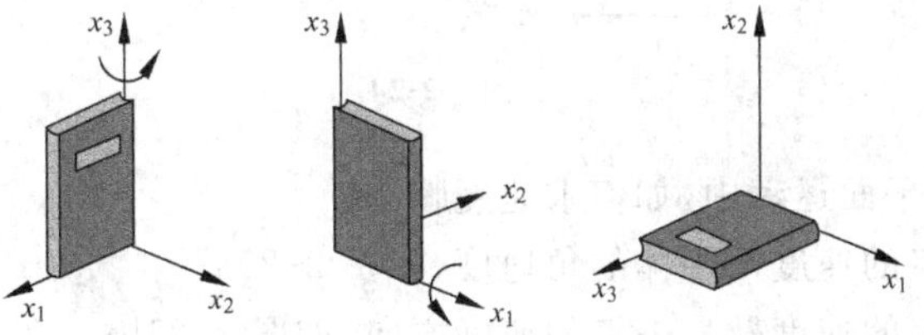

图 2-23a

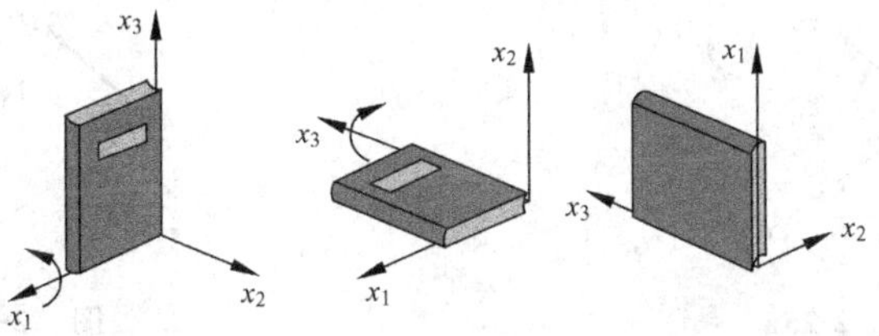

图 2-23b

6. 刚体定点运动中角速度与角加速度方向是否一致?

刚体定点运动中,$\boldsymbol{\varepsilon}=\dot{\boldsymbol{\omega}}$,角速度与角加速度的方向不一定一致。从求导的角度看,导数可认为是沿轨迹的切线方法,而刚体定点运动时角速度$\boldsymbol{\omega}$的大小、方向均在变化,其切线方向一般不同于角速度的方向。只有当角速度的方向不变时,角速度与角加速度方向才会一致,定轴转动就是一个特例。

7. 为什么说在基点法中,基点的不同选取不影响刚体的角速度?

设 OXY 是刚体的固连坐标系,O_1、O_2 是刚体上的两个点。$O_1X_1Y_1$、$O_2X_2Y_2$ 是两个平动坐标系(两个平动坐标系本身可以不平行,设 X_2 与 X_1 轴的夹角为 β)。设 X 轴与 X_1 轴的夹角为 θ,方向以 X_1 轴转向 X 轴为正(从定线转动到动线)。如图

2-24所示，则刚体角速度为：

$$\boldsymbol{\omega}_1 = \dot{\theta}\,\boldsymbol{k}$$

同时，X 轴与 X_2 轴的夹角为 $\theta-\beta$，注意到 β 为常数，有 $\boldsymbol{\omega}_2 = \dot{\theta}\boldsymbol{k}$

所以刚体的角速度与基点的选取无关，也与选择平动坐标系的具体方向无关。

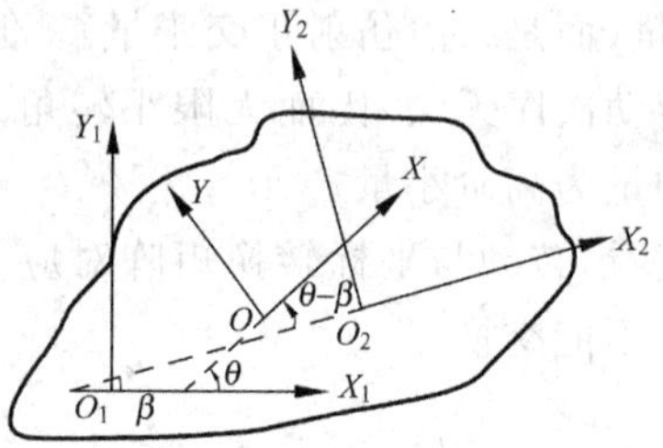

图 2-24

8．在刚体的平面运动中，如何求速度瞬心？

(1) 已知一点的速度及刚体的角速度，如图 2-25a；

(2) 已知一点的速度及另一点的速度方向，如图 2-25b；

(3) 两点速度方向平行，如图 2-25c；

(4) 瞬时平动，如图 2-25d。

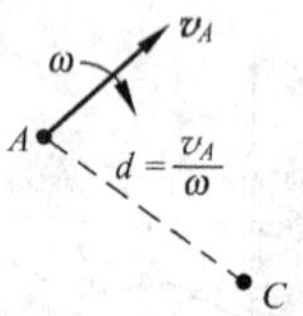

图 2-25a

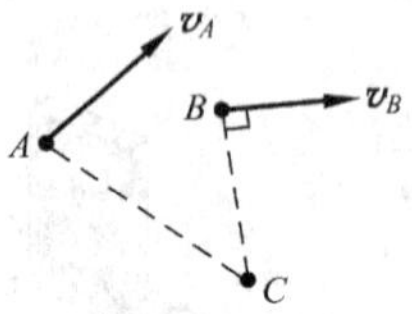

图 2-25b

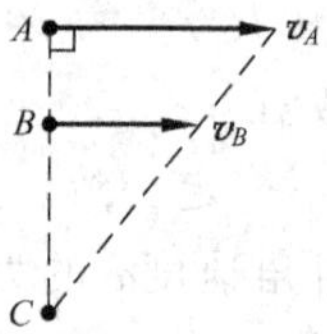

图 2-25c

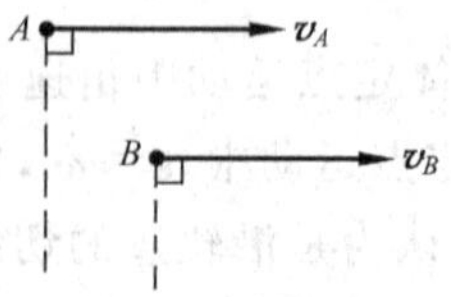

图 2-25d

9．在刚体平面运动中，如何求加速度瞬心？

(1) 已知一点的加速度及刚体的角速度、角加速度，如图 2-26a；

(2) 瞬时角速度为零的情况，如图 2-26b；

(3) 瞬时角加速度为零的情况，如图 2-26c；

(4) 已知两点的加速度。设 $\boldsymbol{a}_A$ 的两端点为 A,A'，$\boldsymbol{a}_B$ 的两端点为 B,B'，且 AA' 与 BB'的延长线交于 D 点。过 A、B 及两加速度的交点 D 作圆，过两加速度的端点 A'、B'及 D 作圆，两圆另一交点 C^* 即为瞬时加速度中心，如图 2-26d。(将在下一问中证明)

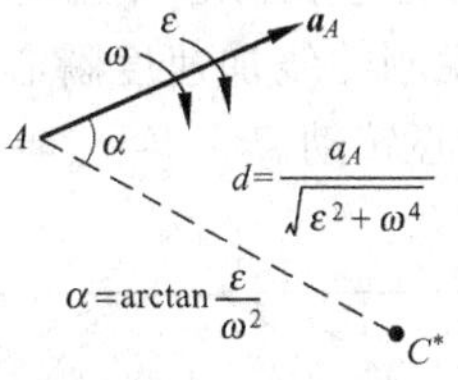

图 2-26a

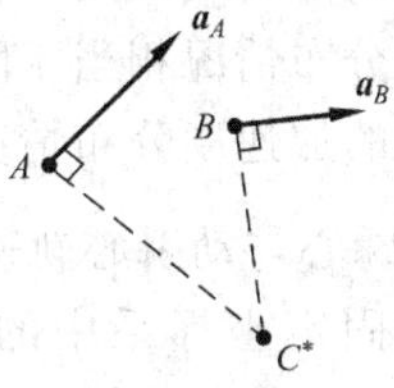

图 2-26b

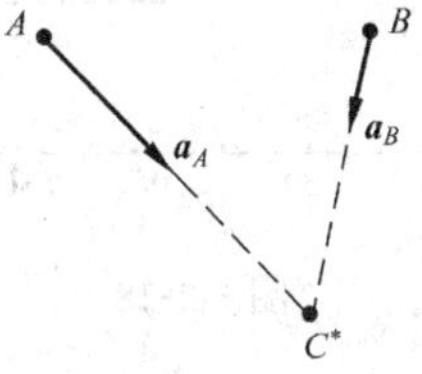

图 2-26c

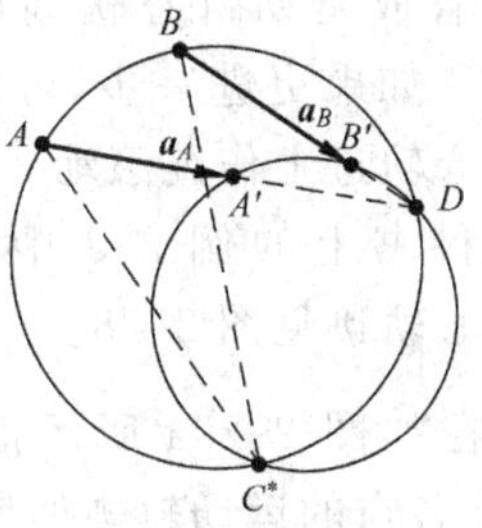

图 2-26d

10. 如何证明上一问中的第(4)种情况？

证明：设刚体的角速度为$\boldsymbol{\omega}$，角加速度为$\boldsymbol{\varepsilon}$，如图 2-27 所示。如果 C^* 是瞬时加速度中心，对刚体上任意的 A 点，则应满足两个条件：

(1) $\alpha=\arctan\dfrac{\varepsilon}{\omega^2}=\text{const}$ (2) $\dfrac{a_A}{AC^*}=\sqrt{\varepsilon^2+\omega^4}=\text{const}$

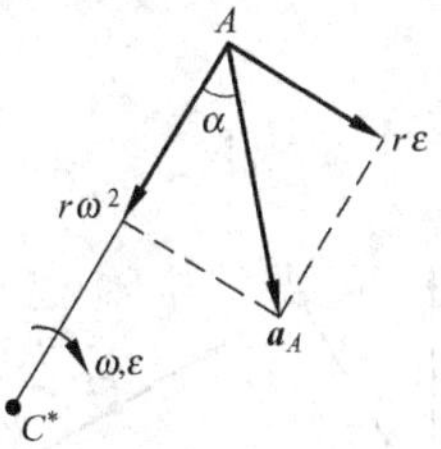

图 2-27

因此只要证明了图 2-26d 中$\triangle AA'C^*$ 与$\triangle BB'C^*$ 相似，就可证明 C^* 为瞬时加速度中心。

如图 2-26d，因为 A,B,D,C^* 共圆，所以$\angle A'AC^*=\angle B'BC^*$，即满足条件(1)。

因为 A',B',D,C^* 共圆，所以$\angle DA'C^*=\angle DB'C^*$，$\angle AA'C^*=\angle BB'C^*$。

因为$\triangle AA'C^*$ 与$\triangle BB'C^*$ 中有两个角相等，所以$\triangle AA'C^*$ 与$\triangle BB'C^*$ 相似。

因此$\dfrac{AA'}{AC^*}=\dfrac{BB'}{BC^*}$，即满足条件(2)，根据条件(1)、(2)，$C^*$ 为瞬时加速度中心。

11. 速度瞬心、加速度瞬心与定轴转动有什么联系和区别？

定轴转动中刚体上各点的运动轨迹是圆周，因此速度、向心加速度的方向是明显的。而在平面运动中，刚体上点的运动轨迹是很复杂的，且速度与加速度应分开讨论。在某一瞬时，速度分析中认为刚体是绕速度瞬心转动的，但是加速度分析中认为刚体是绕加速度瞬心转动的。

有人可能会奇怪：同一瞬时刚体怎么会绕两个不同的点转动呢？

刚体绕某点转动只是一种形式上的说法。说刚体绕速度瞬心转动时，意思是指刚体的速度分布情况相当于刚体绕速度瞬心转动，而说刚体绕加速度瞬心转动时，意思是指刚体的加速度分布情况相当于刚体绕加速度瞬心转动。

12. 定瞬心与动瞬心轨迹有什么关系？

瞬心在固定坐标系中的轨迹叫定瞬心轨迹；在动坐标系中的轨迹叫动瞬心轨迹。有了定瞬心轨迹与动瞬心轨迹后，可以把刚体的运动看成是动瞬心轨迹在定瞬心轨迹上的运动。如果更进一步，可以说动瞬心轨迹在定瞬心轨迹上作纯滚动。

如教科书上的例 2-8 中，设杆长取为 100，则瞬心轨迹见图 2-28。

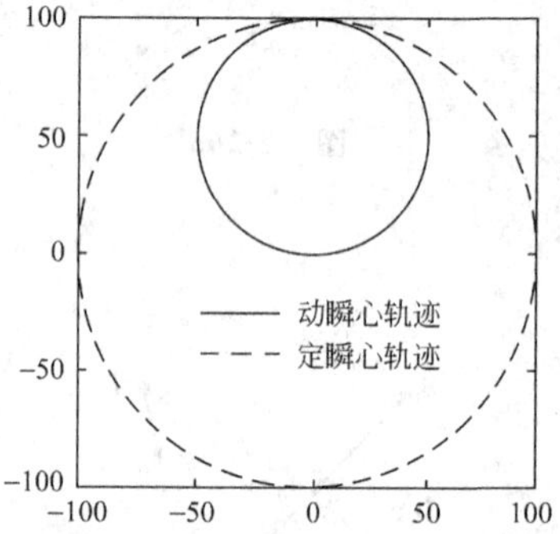

图 2-28

13. 在如图 2-29a 所示曲柄滑块机构中，连杆上各点的运动轨迹如何？

曲柄滑块机构是一个简单的机构，OA 杆作定轴转动，AB 杆作平面运动。易知 A 点轨迹是圆，B 点轨迹是一段直线，那其上 P_1、P_2、P_3 的轨迹如何？设这些点都是等距离的。

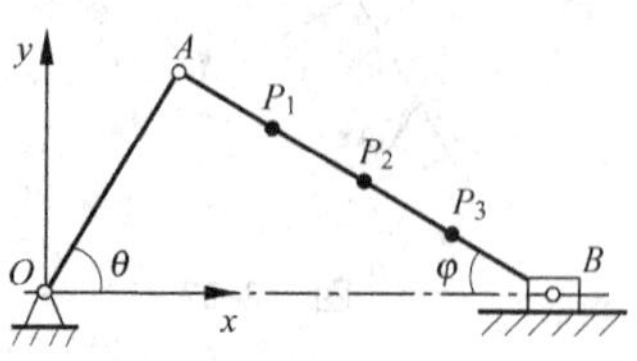

图 2-29a

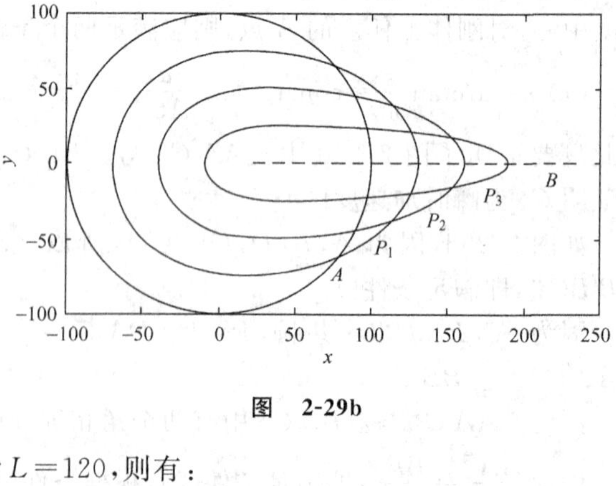

图 2-29b

设 OA 长为 $R=100$，AB 长为 $L=120$，则有：

$$\varphi = \arcsin\left(\frac{R\sin\theta}{L}\right)$$

（这个表达已隐含了应满足 $L>R$ 的几何条件，否则会如何?）。

$$\begin{cases} x = R\cos\theta + \eta L\cos\varphi \\ y = R\sin\theta - \eta L\sin\varphi \end{cases}$$

其中 $\eta=0,\frac{1}{4},\frac{1}{2},\frac{3}{4},1$，表示了不同的点在杆上的相对位置（长度比）。

可以利用计算机画出各点的轨迹如图 2-29b。可以看出，P_1、P_2、P_3 点的轨迹不是椭圆，其中 P_1 点的轨迹很像鸡蛋形。

14. 是否存在加速度投影定理?

速度投影定理的物理意义是刚体上两点间的距离不变。而加速度与力有关，如果存在加速度投影定理，其物理意义将是刚体上两点所受的力相同。因此一般情况下，加速度投影定理不能满足，一个简单反例是：在定轴转动的刚体上，定轴上的点加速度为零，而其他的点都有向心加速度。

15. 基点法、瞬心法、速度投影定理和直接求导法各有什么特点?

直接求导法是解析法，该方法要求列出机构在一般位置时的运动关系，然后通过求导，得到速度、加速度的一般表达式，对于特定的位置，还需要把特定的几何关系代入。该方法可求得整个运动过程中运动量之间的关系，利用计算机还可以得到各点的运动轨迹、瞬心轨迹等。但求导中复杂的计算往往容易掩盖各分量的物理意义，不利于物理概念的掌握。

基点法、瞬心法、速度投影定理属于几何法。几何法的核心是通过把运动进行分解，利用机构运动的特点，求出速度、加速度。该方法避免求导，物理意义清楚，但一般只在特殊位置进行分析。

基点法是几何法的基础，凡是可以用几何法求解的问题都可以用基点法解决。瞬心法主要用于速度分析，并且速度瞬心应易于找到。速度投影定理也只能用于速度分析，并且速度的方向应易于找到。对加速度分析，主要利用基点法求解，偶尔可用加速度瞬心法。

利用基点法时有几个要点：(1)相对运动是相对平动坐标系的运动；(2)相对运动一定是圆周运动；(3)相对运动的角速度是相对平动坐标系的绝对角速度。

16. 如何确定采用刚体平面运动还是点的复合运动来解题?

实际问题可以有多种解法，可以用平面运动法，也可以用复合运动法。那么一个问题到底采用什么方法，关键在于已知量与未知量的关系。各种分析都是为了建立已知量与未知量之间的关系。如果已知量与未知量都在同一刚体上，则用平面运动法；如果已知量与未知量不在同一刚体上，则用复合运动法。

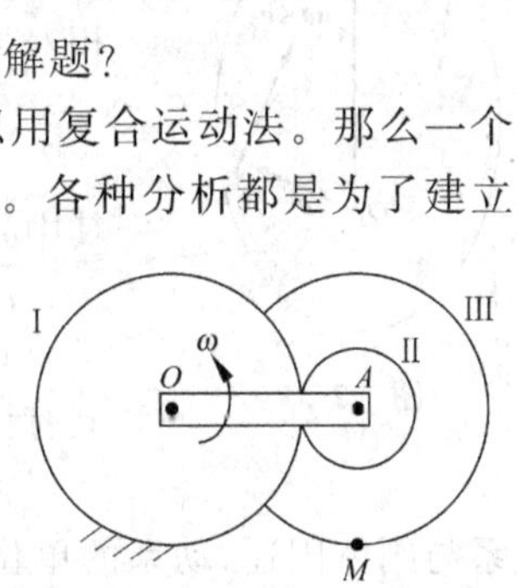

图 2-30

如图 2-30 所示轮系中，如果希望建立 A 点运动与 M 点运动的关系，由于 A、M 同在一个刚体上，就应采用平面运动法。如果希望建立 OA 杆运动与 M 点运动的关系，由于 M 点不在 OA 杆上，就应采用复合运动法。详细分析过程参见例 2-9。

17. 刚体平面运动和点的复合运动在运动分析中有何差别?

两种方法的公式(特别是速度公式)很相似，但要注意两者有本质的区别。为了便于比较，不妨认为平面运动中基点的速度是牵连速度，所研究的点是动点。在平面运动中，牵连速度只与基点有关，与动点的位置无关，相对运动一定是圆周运动，相对运动的角速度是绝对角速度。而在复合运动中，牵连速度与坐标系的运动有关，还与动点的位置有关，相对运动可能是各种运动，如果相对运动是圆周运动，其角速度应是相对角速度。

在加速度分析中，复合运动法一般会有科氏加速度，而平面运动一定不会有科氏加速度。

18. 选择动点、动系的一般原则是什么?

在复合运动中，动点、动系的选择是解题的关键。如果选择得好，运动分析可能将十分简单，不易出错。若选择不好，运动分析(特别是加速度分析)比较困难，甚至求不出答案。选择动点、动系的一般原则有：

(1) 动点、动系应在不同的刚体上。

(2) 动点的运动，特别是相对运动应易于分析。相对运动最好是直线运动或圆周运动。

(3) 通常选“特殊点”为动点，如圆心、接触点、边界点等。

19. 如何理解绝对导数与相对导数的关系?

某个量的绝对导数可理解为该量在固定坐标系中的变化，相对导数可理解为该量在动坐标系中的变化。由于动坐标系本身运动，所以绝对导数与相对导数之间存在一定的关系。

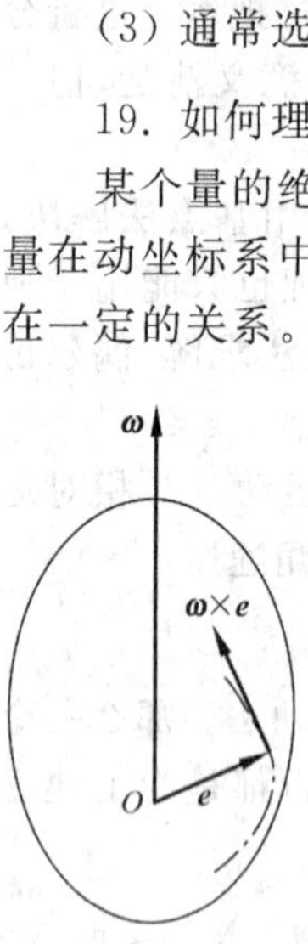

图　2-31

设 $\boldsymbol{P}$ 为向量(可以是向径、速度等物理量)，$\frac{\mathrm{d}\boldsymbol{P}}{\mathrm{d}t}$ 为 $\boldsymbol{P}$ 的绝对导数，其意义是在固定坐标中所观察到的 $\boldsymbol{P}$ 的变化。$\frac{\tilde{\mathrm{d}}\boldsymbol{P}}{\mathrm{d}t}$ 为 $\boldsymbol{P}$ 的相对导数，其意义是在动坐标中所观察到的 $\boldsymbol{P}$ 的变化，则有：

$$\frac{\mathrm{d}\boldsymbol{P}}{\mathrm{d}t}=\frac{\tilde{\mathrm{d}}\boldsymbol{P}}{\mathrm{d}t}+\boldsymbol{\omega}\times\boldsymbol{P}$$

其中 $\boldsymbol{\omega}$ 为动系的绝对角速度。

$\frac{\mathrm{d}\boldsymbol{P}}{\mathrm{d}t}\neq\frac{\tilde{\mathrm{d}}\boldsymbol{P}}{\mathrm{d}t}$ 很好接受，但为什么两者之差为 $\boldsymbol{\omega}\times\boldsymbol{P}$ 呢? 教科书上有该公式的简要说明，下面从另一个角度来说明。

首先说明如何求单位向量 $\boldsymbol{e}$ 的导数。设刚体角速度为 $\boldsymbol{\omega}$，动系与刚体固连，动系的单位向量的末端可以看成是刚体上的一个点，该点的速度为 $\boldsymbol{\omega}\times\boldsymbol{e}$，即单位向量 $\boldsymbol{e}$ 的导数为 $\boldsymbol{\omega}\times\boldsymbol{e}$。接下来，有

$$\boldsymbol{P}=(\boldsymbol{e}_1\quad \boldsymbol{e}_2\quad \boldsymbol{e}_3)\begin{pmatrix}P_1\\P_2\\P_3\end{pmatrix}$$

$$\dot{\boldsymbol{P}}=(\dot{\boldsymbol{e}}_1\quad \dot{\boldsymbol{e}}_2\quad \dot{\boldsymbol{e}}_3)\begin{pmatrix}P_1\\P_2\\P_3\end{pmatrix}+(\boldsymbol{e}_1\quad \boldsymbol{e}_2\quad \boldsymbol{e}_3)\begin{pmatrix}\dot{P}_1\\\dot{P}_2\\\dot{P}_3\end{pmatrix}$$

其中$(\dot{P}_1\quad \dot{P}_2\quad \dot{P}_3)^{\mathrm{T}}$是相对导数，另一部分为

$$(\dot{\boldsymbol{e}}_1\quad \dot{\boldsymbol{e}}_2\quad \dot{\boldsymbol{e}}_3)\begin{pmatrix}P_1\\P_2\\P_3\end{pmatrix}=(\boldsymbol{\omega}\times\boldsymbol{e}_1\quad \boldsymbol{\omega}\times\boldsymbol{e}_2\quad \boldsymbol{\omega}\times\boldsymbol{e}_3)\begin{pmatrix}P_1\\P_2\\P_3\end{pmatrix}$$

$$=\boldsymbol{\omega}\times(\boldsymbol{e}_1\quad \boldsymbol{e}_2\quad \boldsymbol{e}_3)\begin{pmatrix}P_1\\P_2\\P_3\end{pmatrix}=\boldsymbol{\omega}\times\boldsymbol{P}$$

所以绝对导数与相对导数的差正是$\boldsymbol{\omega}\times\boldsymbol{P}$。

20．如何理解科氏加速度？

对科氏加速度的理解是一个难点。在速度分析中已得到

$$\boldsymbol{v}_e=\dot{\boldsymbol{R}}_O+\boldsymbol{\omega}\times\boldsymbol{r},\quad \boldsymbol{v}_r=\widetilde{\dot{\boldsymbol{r}}}$$

在加速度分析中已得到

$$\boldsymbol{a}_e=\ddot{\boldsymbol{R}}_O+\boldsymbol{\varepsilon}\times\boldsymbol{r}+\boldsymbol{\omega}\times(\boldsymbol{\omega}\times\boldsymbol{r}),\quad \boldsymbol{a}_r=\widetilde{\ddot{\boldsymbol{r}}}$$

利用$\dfrac{\mathrm{d}\boldsymbol{P}}{\mathrm{d}t}=\dfrac{\tilde{\mathrm{d}}\boldsymbol{P}}{\mathrm{d}t}+\boldsymbol{\omega}\times\boldsymbol{P}$，有

$$\frac{\mathrm{d}\boldsymbol{v}_e}{\mathrm{d}t}=\ddot{\boldsymbol{R}}_O+\boldsymbol{\varepsilon}\times\boldsymbol{r}+\boldsymbol{\omega}\times(\widetilde{\dot{\boldsymbol{r}}}+\boldsymbol{\omega}\times\boldsymbol{r})=\boldsymbol{a}_e+\boldsymbol{\omega}\times\widetilde{\dot{\boldsymbol{r}}}$$

$$\frac{\mathrm{d}\boldsymbol{v}_r}{\mathrm{d}t}=\frac{\mathrm{d}}{\mathrm{d}t}(\widetilde{\dot{\boldsymbol{r}}})=\frac{\tilde{\mathrm{d}}}{\mathrm{d}t}(\widetilde{\dot{\boldsymbol{r}}})+\boldsymbol{\omega}\times\widetilde{\dot{\boldsymbol{r}}}=\widetilde{\ddot{\boldsymbol{r}}}+\boldsymbol{\omega}\times\widetilde{\dot{\boldsymbol{r}}}=\boldsymbol{a}_r+\boldsymbol{\omega}\times\widetilde{\dot{\boldsymbol{r}}}$$

因此$\dfrac{\mathrm{d}\boldsymbol{v}_e}{\mathrm{d}t}\neq\boldsymbol{a}_e$，多出来的部分$\boldsymbol{\omega}\times\widetilde{\dot{\boldsymbol{r}}}$表示了相对运动对牵连运动变化的影响。$\dfrac{\mathrm{d}\boldsymbol{v}_r}{\mathrm{d}t}\neq\boldsymbol{a}_r$，多出来的部分$\boldsymbol{\omega}\times\widetilde{\dot{\boldsymbol{r}}}$表示了牵连运动对相对运动变化的影响。两种影响合在一起就是科氏加速度。因此科氏加速度$\boldsymbol{a}_c=2\boldsymbol{\omega}\times\widetilde{\dot{\boldsymbol{r}}}$表示牵连运动与相对运动之间的相互影响。

21．动点、动系的选择有哪几种常见类型？

一般有4种情况：(1)无接触，可以将动系与某刚体固连，动点选在另一刚体上。(2)有持续的接触点，可选该持续接触点为动点，将动系与某刚体固连。(3)有接触但

无持续的接触点，一般不能选某瞬时接触点为动点，因为该点的相对运动轨迹会很复杂，曲率半径未知，求不出相对向心加速度。(4)双输入问题有两个独立的主动运动，一般要两次选择动点、动系，进行两次运动分析，大部分情况下要联合运用复合运动及平面运动的公式。

22. 如何求解向量方程？

原则上向量方程可以向任意方向投影得到标量方程。通常可以选择投影方向垂直于某一未知量，使标量方程中少一个未知数。在很多情况下，选择适当的方向投影可以使方程组的每个方程只包含一个未知数，从而能够逐个求解。另外，投影时应将等式两边分别投影。设有向量方程 $\boldsymbol{a}_{e1}+\boldsymbol{a}_{r1}=\boldsymbol{a}_{e2}+\boldsymbol{a}_{r2}+\boldsymbol{a}_{c2}$，各向量的方向如图 2-32 所示，其中两个相对加速度 $\boldsymbol{a}_{r1}$，$\boldsymbol{a}_{r2}$ 未知，如何利用投影求解呢？

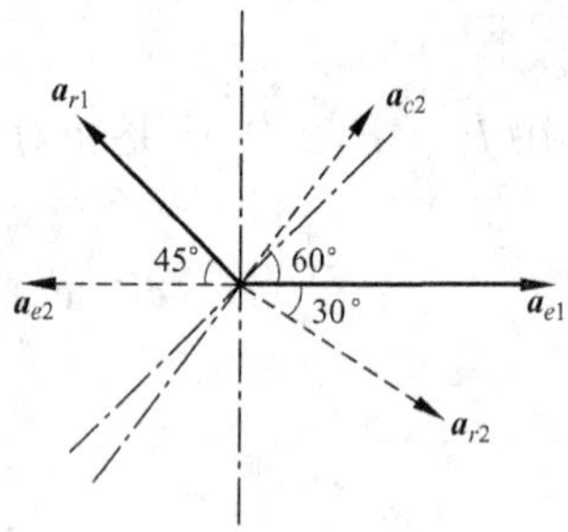

图 2-32

可以将加速度直接向水平、竖直方向投影，写成

$$\begin{cases} a_{e1}-a_{r1}\cdot\cos45^\circ=-a_{e2}+a_{r2}\cdot\cos30^\circ+a_{c2}\cdot\cos60^\circ \\ a_{r1}\cdot\sin45^\circ=-a_{r2}\cdot\sin30^\circ+a_{c2}\cdot\sin60^\circ \end{cases}$$

这样得到的两个标量方程中每个都包含两个未知数，必须联立求解。如果将向量方程先向 a_{c2} 方向投影得

$$a_{c2}-a_{e2}\cdot\cos60^\circ=a_{r1}\cdot\cos75^\circ+a_{e1}\cdot\cos60^\circ$$

由此可以解出 a_{r1}。再向 a_{r1} 垂直方向投影得

$$a_{e1}\cdot\cos45^\circ=-a_{e2}\cdot\cos45^\circ+a_{r2}\cdot\cos75^\circ-a_{c2}\cdot\cos15^\circ$$

由此可以解出 a_{r2}。

23. 相互啮合的齿轮角速度与半径成反比有什么前题？

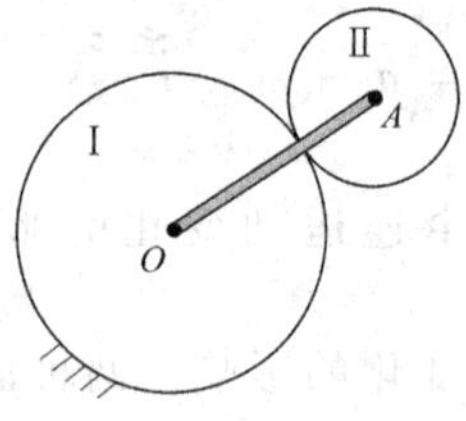

图 2-33

在定轴转动的轮系中，相互啮合的齿轮角速度与半径成反比关系 $\dfrac{\omega_i}{\omega_j}=\dfrac{R_j}{R_i}$，实质是接触点处的速度相等。如果不是定轴转动，则该结论不成立。如图 2-33 所示，Ⅰ轮固定，角速度为零，Ⅱ轮角速度不为零，显然不存在上述关系。但是，如果把动系固结于杆 OA 上，在动系中看两轮相对动系都是定轴转动，因此有 $\dfrac{\omega_{r\text{Ⅰ}}}{\omega_{r\text{Ⅱ}}}=\dfrac{R_{\text{Ⅱ}}}{R_{\text{Ⅰ}}}$。

24. 在绕平行轴的转动合成问题中，角速度的正负号如何确定？

在绕平行轴的转动合成问题中，角速度有两种方式表示：(1)全按实际转动方向画出，(2)全以逆时针为正。注意这两种方法一定不要混在一起使用，否则极易出错。

以逆时针为正处理时，求出的角速度有正有负，要注意内接外接时的区别。对内接问题有$\frac{\omega_{ri}}{\omega_{rj}}=\frac{R_j}{R_i}$，对外接问题有$\frac{\omega_{ri}}{\omega_{rj}}=-\frac{R_j}{R_i}$。按实际转动方向处理时，角速度应该都是正值，内外接时无区别，都是$\frac{\omega_{ri}}{\omega_{rj}}=\frac{R_j}{R_i}$。

六、趣味问题

1. 两枚5分的硬币A、B放在桌上（同时设A、B为圆心），用手按住A不动，让B绕A作纯滚动。初始状态如图2-34a，问当B点绕硬币A逆时针转动90°时，硬币B上的"5分"标记应在什么位置？方向如何？

由于纯滚动，A、B边缘上的点有一一对应关系（见图2-34b），因此答案如图2-34c所示。问题是：硬币B的中心绕硬币A明显只转动了90°，为什么硬币B上的"5分"标记却转动了180°？

要回答这个问题，用纯滚动的一一对应关系就不好解释了，但可以利用绕平行轴转动合成来解释。设动系与AB连线固连（见图2-34d），类似于角速度分析，转动角也满足传动比关系。可以得到：

$$\theta_{r1}=\theta_e,\ \theta_{r1}=\theta_{r2},\ \theta_{r2}=\theta_e,\ \theta_2=2\theta_e$$

这就意味着硬币B转动的角度是2倍的AB连线转动的角度。

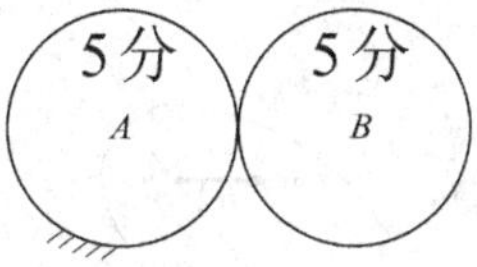

图 2-34a

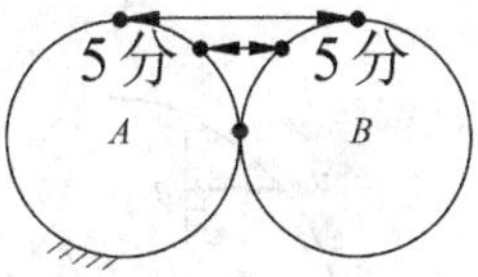

图 2-34b

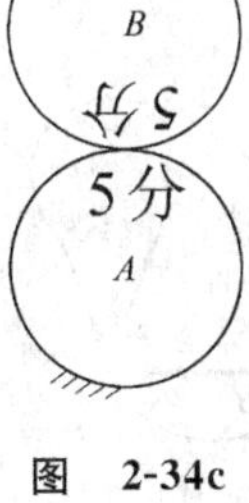

图 2-34c

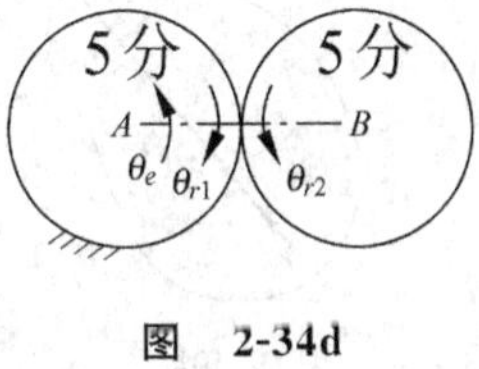

图 2-34d

2. 在地球上，人们只能看到月球的一面，始终看不到月球的另一面。如果在月球上看地球，情况又如何？

设某一时刻，地心 E、月心 M、月球表面一点 S 共线。由于人们始终只能看到月球的一面，因此其后任意时刻三点都共线(如图 2-35 所示)。

假设不考虑地球的公转，月球相对地球作圆周运动。根据三点共线的几何关系有

$$\theta_r = \theta_e$$

即月球绕地球的公转角速度等于月球自转角速度。(一个月约为 28 天，所以月球约 28 天自转一圈)。

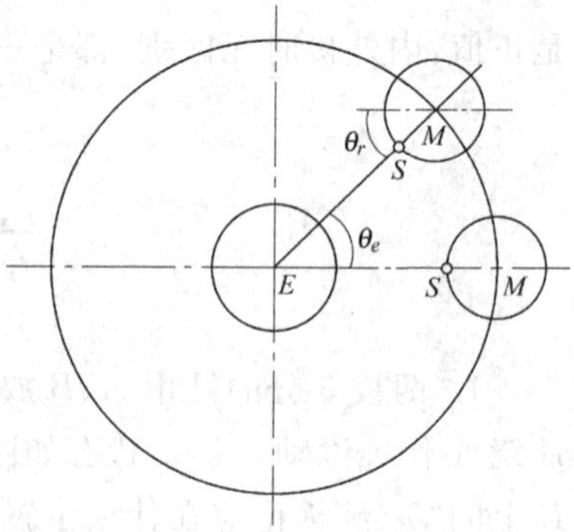

图 2-35

在月球上看，地球绕月球作圆周运动，周期也是 28 天。假设在月球上也始终只能看到地球的一面，根据前面的分析，也应有类似结论：地球绕月球的公转角速度等于地球的自转角速度。但实际上地球自转角速度是一天转动一周，明显大于公转角速度，所以在月球上可以看到地球表面上的所有点。

七、习　　题

2-1 试判断图示刚体上各点的速度方向是否可能？为什么？

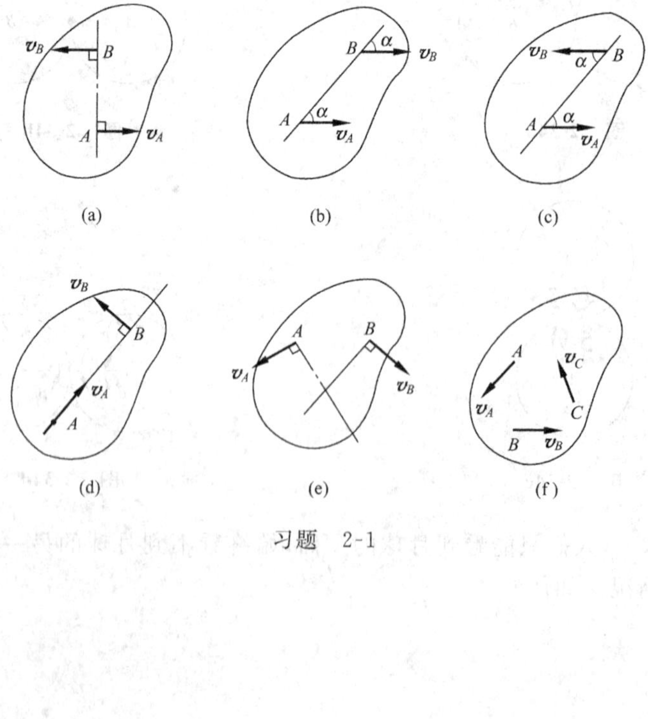

习题 2-1

2-2 AB 杆在图面内作平面运动，试求各图中 AB 杆的定瞬心轨迹及动瞬心轨迹。

图 a 中，杆长 l，A、B 两端分别沿铅直及水平墙壁运动。

图 b 中，杆长 l，杆总保持与 D 点接触，A 端在水平面上向右运动。

图 c 中，半径为 R 的圆柱固定不动。AB 杆长 l，杆总保持与圆柱接触，A 端在水平面上向右运动。

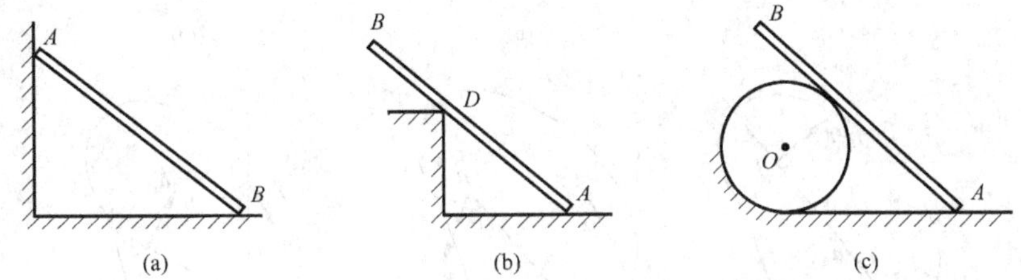

习题 2-2

2-3 一放大机构中，$ABCD$ 为一平行四边形，B 为 OC 的中点，D 为 CE 的中点，设图示位置 A 点的速度如图所示，求 E 点的速度。

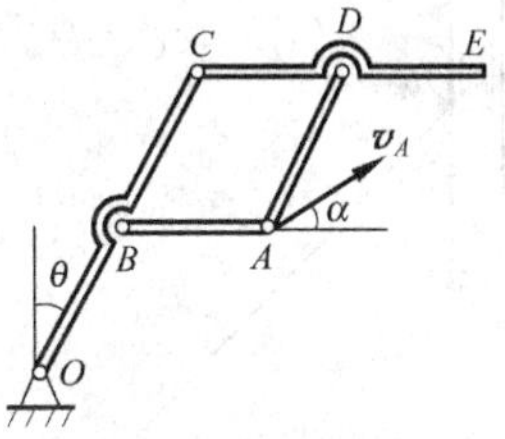

习题 2-3

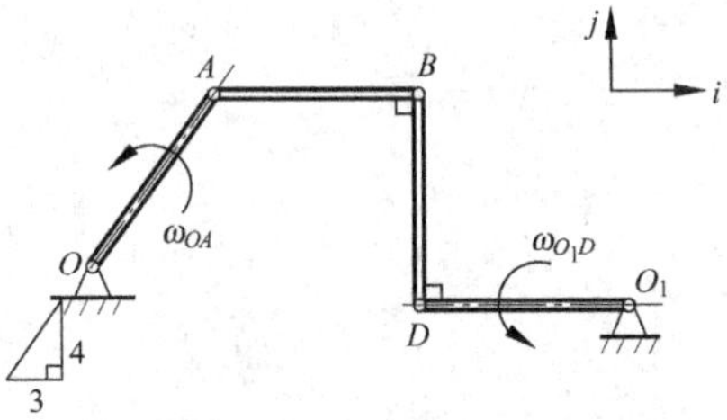

习题 2-4

2-4 已知连杆机构在图示位置时，$\omega_{OA}=5\text{rad/s}$，$\omega_{O_1D}=3\text{rad/s}$，转向如图，各杆长度均为 $l=0.4\text{m}$，试求此瞬时杆 AB 及杆 BD 的角速度。

2-5 试判断图示刚体上各点的加速度方向是否可能？为什么？

2-6 边长为 $a=2\text{cm}$ 的正方形 $ABCD$ 在其自身平面内作平面运动。已知正方形顶点 A、B 的加速度大小分别是 $a_A=2\text{cm/s}^2$，$a_B=4\sqrt{2}\text{cm/s}^2$，方向如图所示。求此时正方形的瞬时角速度和角加速度，以及 C 点的加速度。

2-7 曲柄 OA 长 20cm，以匀角速度 $\omega_O=10\text{rad/s}$ 转动，并带动长为 100cm 的连杆 AB 运动，滑块 B 可沿铅垂固定槽运动，如图所示。当曲柄与连杆相互垂直并与水平轴线各成角 $\alpha=45°$ 和 $\beta=45°$ 时，求连杆的角速度、角加速度以及滑块 B 的加速度。

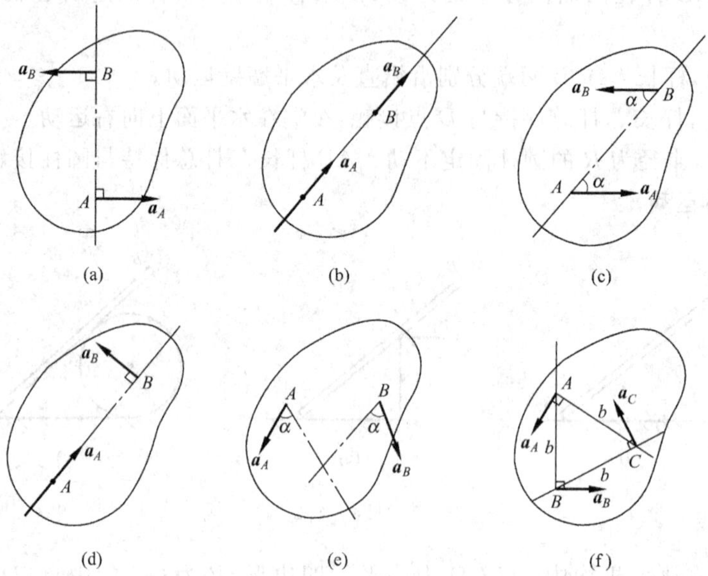

习题　2-5

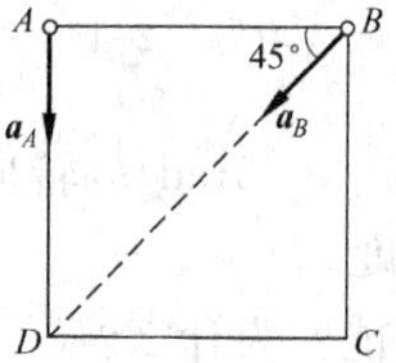

习题　2-6

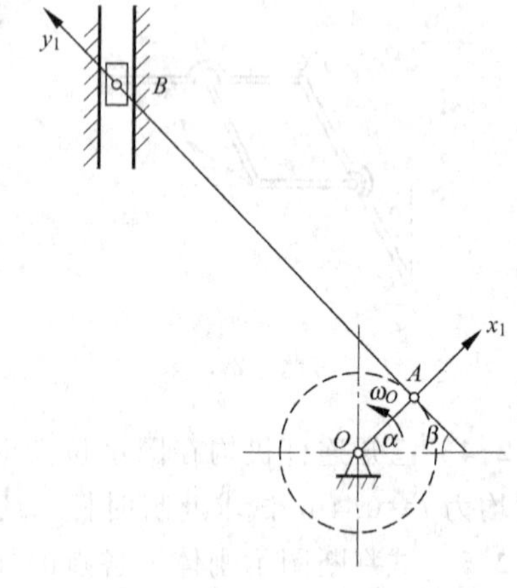

习题　2-7

2-8　曲柄 AB 以匀角速度 $\omega=10\text{rad/s}$ 绕 A 轴旋转，并通过连杆 BC 带动杆 CD 转动，如图所示。当曲柄 AB 位于水平位置时，试求杆 BC 的角速度 $\boldsymbol{\omega}_{BC}$ 和角加速度 $\boldsymbol{\varepsilon}_{BC}$，并求杆 BC 中点 G 的加速度 $\boldsymbol{a}_G$。已知：$AB=1\text{m}$，$AD=3\text{m}$，$BC=CD=2\text{m}$，$BG=1\text{m}$。

2-9　半径为 r 的两轮用长为 l 的杆 O_2A 相连如图所示。前轮 O_1 匀速滚动，轮心的速度为 $\boldsymbol{v}$。求在图示位置后轮 O_2 滚动的角加速度。

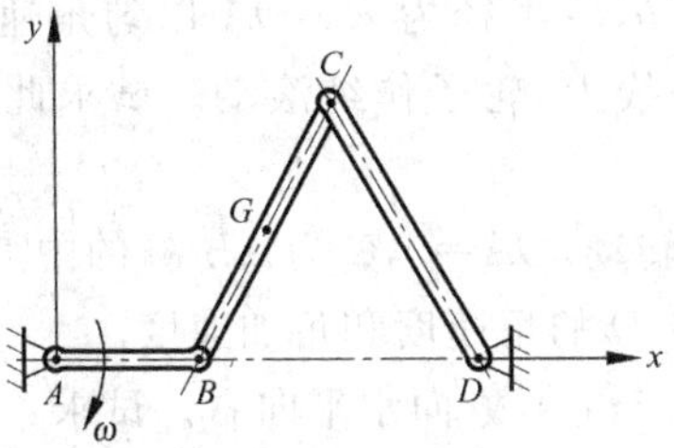

习题 2-8

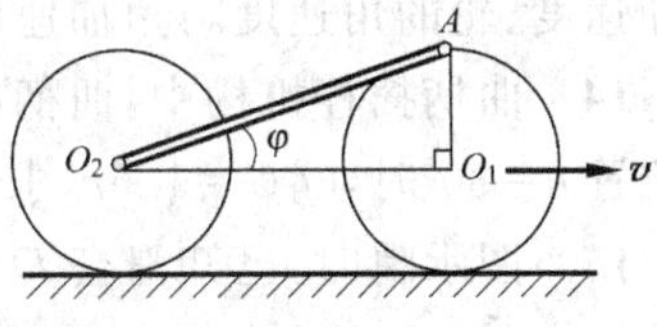

习题 2-9

2-10 曲柄 O_1A 以匀角速度 ω 转动，通过滑块 A 在滑槽内滑动来带动直角杆转动，$O_1A=O_2C=r$，CE 为连杆。当 $\alpha=\beta=30^\circ$ 时，杆 CE 垂直于 O_2C，求此瞬时连杆 CE 的角速度和滑块 E 的速度。

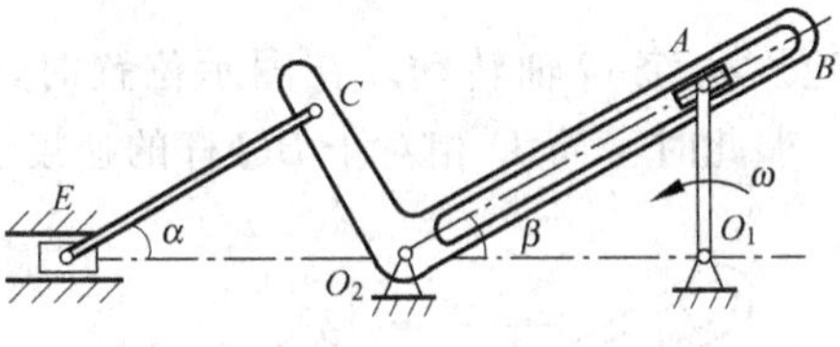

习题 2-10

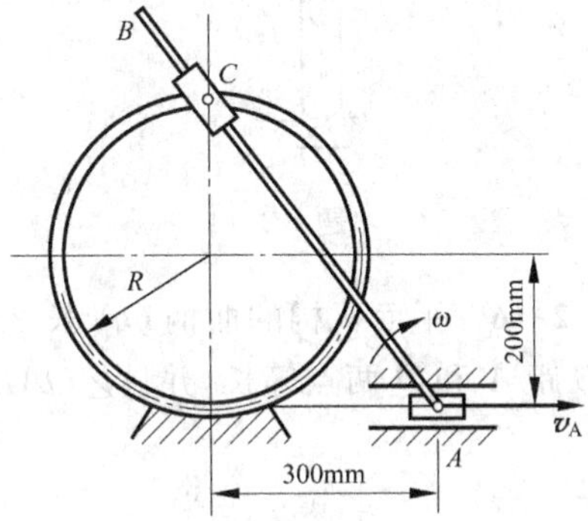

习题 2-11

2-11 套筒 C 可沿杆 AB 滑动，且限制在半径 $R=200\text{mm}$ 的固定圆槽内运动。在图示瞬时，杆 AB 的 A 端沿水平直线运动的速度 $v_A=800\text{mm/s}$，杆 AB 转动的角速度 $\omega=2\text{rad/s}$，试求套筒 C 在固定槽内运动的速度。

2-12 反向平行四边形机构中，$AB=CD=400\text{mm}$，$BC=AD=200\text{mm}$，曲柄 AB 以匀角速度 $\omega=3\text{rad/s}$ 绕 A 点转动。求 CD 垂直于 AD 时 BC 杆的角速度及角加速度。

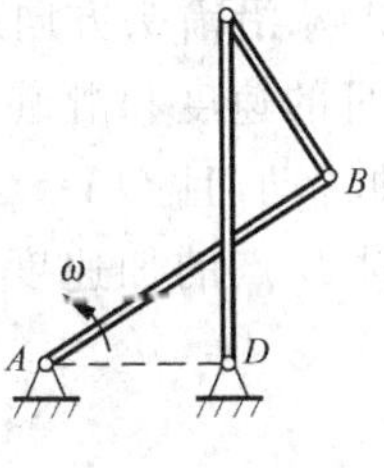

习题 2-12

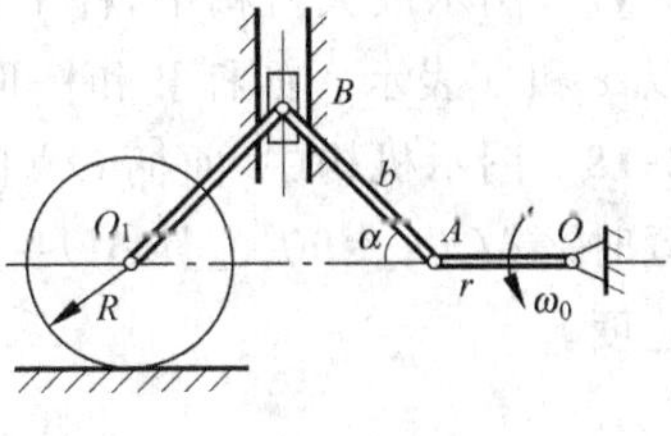

习题 2-13

2-13 曲柄 OA 长为 r，杆 AB、BO_1 长皆为 b，轮半径为 R。OA 以匀角速度 ω_0 转动，当 OA 杆水平时 $\alpha=45°$。OO_1 在同一水平线上，轮子作纯滚动。试求此时 O_1 点的加速度、轮的角速度与角加速度。

2-14 曲柄摇杆机构中，曲柄以匀角速度 $\boldsymbol{\omega}$ 转动，$OA=r$，C 为 AB 杆的中点。在图示位置 $\theta=30°$ 时，$O_1C=1.5r$，求此瞬时摇杆 O_1D 的角速度和角加速度。

2-15 图示瞬时，已知滑套 D 的速度 $v_D=1.5\text{m/s}$，方向水平向右。试求：(1)曲柄 AB 与连杆 BD 的角速度，(2)连杆 BD 中点 C 的速度，图中长度单位为 mm。

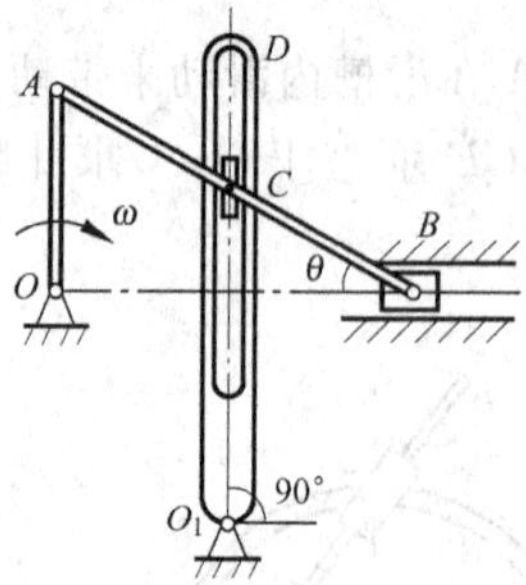

习题 2-14

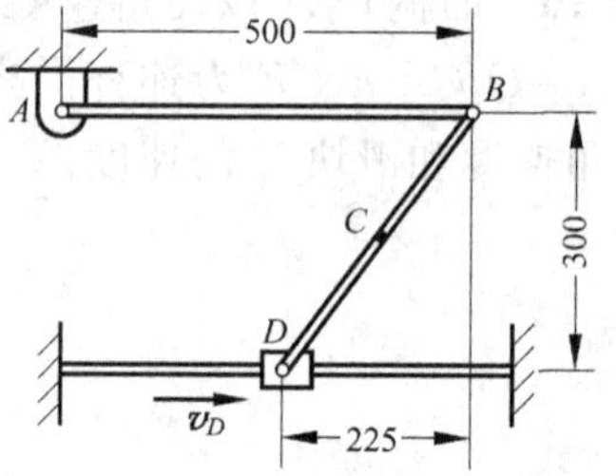

习题 2-15

2-16 平面机构的曲柄 OA 长 $2a$，以角速度 $\boldsymbol{\omega}_0$ 绕 O 轴转动。在图示位置时，套筒 B 距 A 和 O 两点等长，并且 $\angle OAD=90°$。求此时套筒 D 相对于 BC 杆的速度。

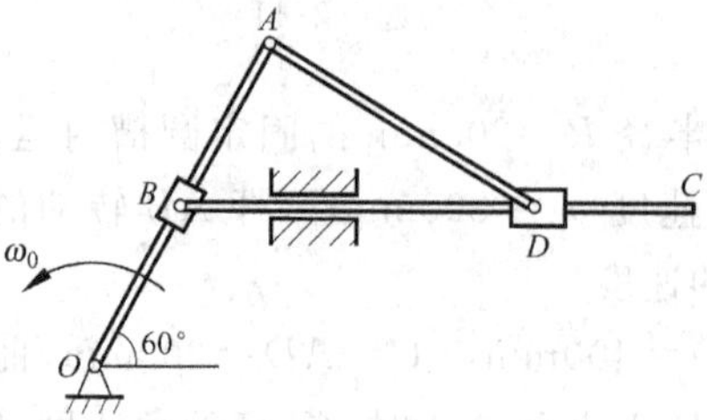

习题 2-16

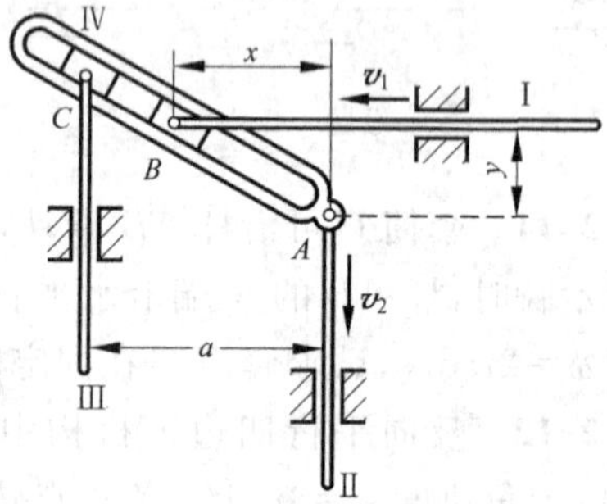

习题 2-17

2-17 图示放大机构中，杆Ⅰ和Ⅱ分别以速度 v_1 和 v_2 沿箭头方向运动，其位移分别以 x 和 y 表示。如杆Ⅱ和杆Ⅲ间的距离为 a，求杆Ⅲ的速度和滑道Ⅳ的角速度。

2-18 图示机构中，曲柄 OA 以等角速度 $\boldsymbol{\omega}_0$ 绕 O 轴转动，且 $OA=O_1B=r$，在图示位置时 $\angle AOO_1=90°$，$\angle BAO=\angle BO_1O=45°$，求此时 B 点的加速度和 O_1B 杆的角加速度。

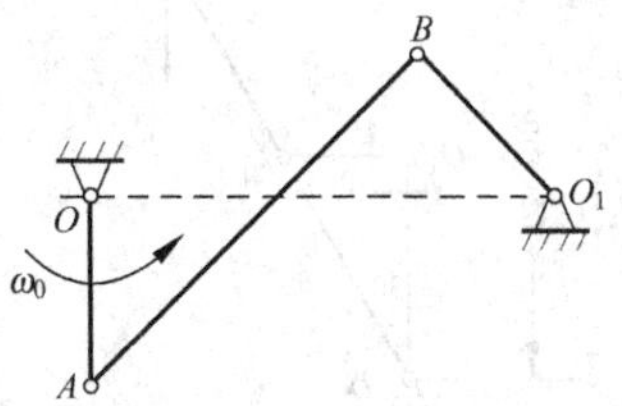

习题 2-18

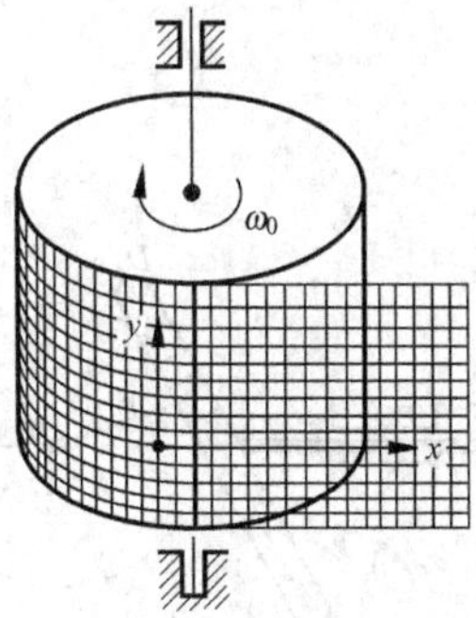

习题 2-19

2-19 如图所示，记录装置的鼓轮以匀角速度$\boldsymbol{\omega}_0$转动，鼓轮的半径是 r，自动记录笔连接在沿铅直方向按规律 $y=a\sin\omega_1 t$ 运动的构件上。求笔在纸带上所画出曲线的方程。

2-20 图示滑块 A 的速度$\boldsymbol{v}_A$已知，求滑块 B 的绝对速度和 A、B 之间的相对速度。

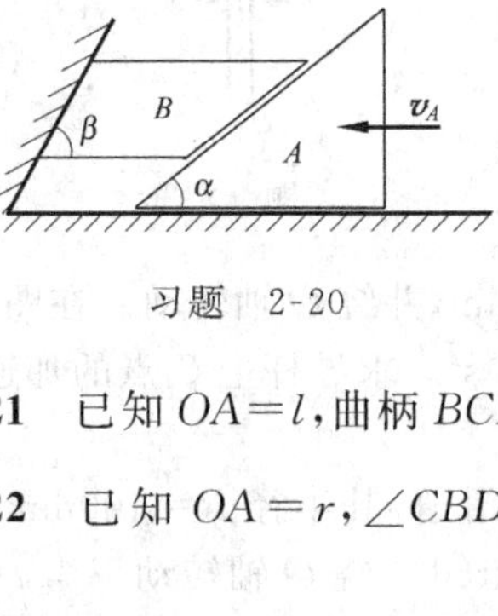

习题 2-20

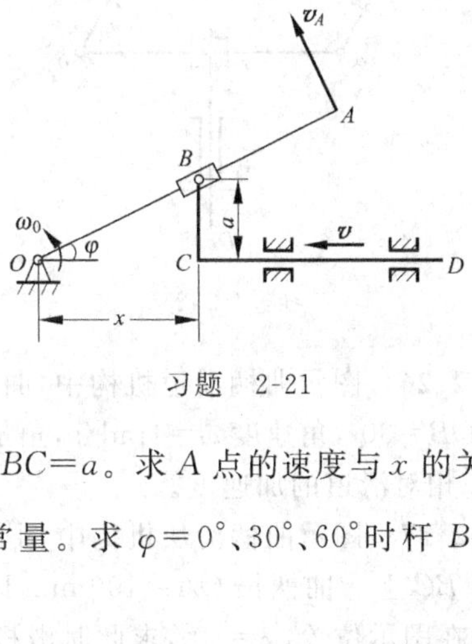

习题 2-21

2-21 已知 $OA=l$，曲柄 BCD 的速度为$\boldsymbol{v}$，$BC=a$。求 A 点的速度与 x 的关系。

2-22 已知 $OA=r$，$\angle CBD=\dfrac{2}{3}\pi$，$\boldsymbol{\omega}$ 为常量。求 $\varphi=0°$、$30°$、$60°$时杆 BC 的速度。

2-23 已知 $O_1A=r=200\text{mm}$，$\omega_1=2\text{rad/s}$。求图示瞬时，滑枕 CD 的速度和加速度。

2-24 一人在平台上骑自行车，平台以匀角速度 $\omega=\dfrac{1}{2}\text{rad/s}$ 绕铅直轴转动，人到平台转轴的距离保持不变，为 $r=4\text{m}$，人的相对速度是 $v_r=4\text{m/s}$，其方向与平台上对应点的牵连速度相反。求人的绝对加速度。并问当人以怎样的相对速度运动时，其绝对加速度才能为零？

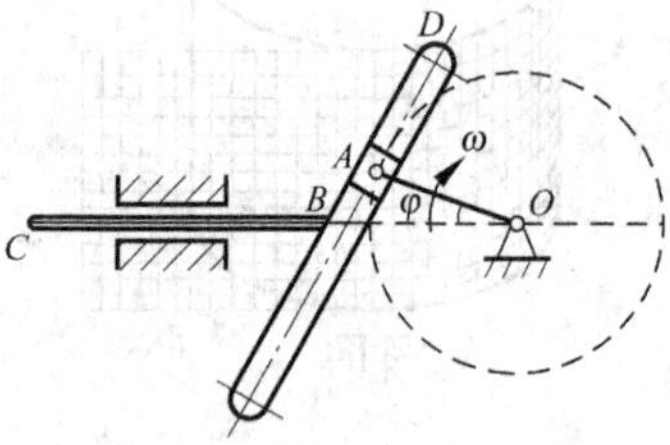

习题 2-22

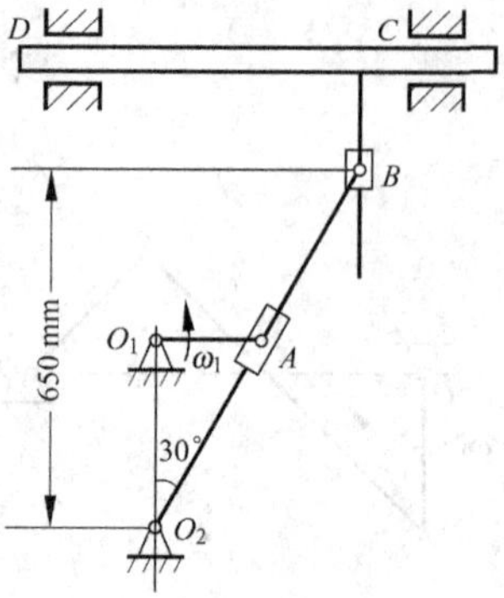

习题 2-23

2-25 已知 $O_1A=O_2B=0.1\text{m}$，$O_1O_2=AB$；杆 O_1A 以等角速度转动，$\omega=2\text{rad/s}$。求 $\varphi=60°$ 时 CD 杆的速度和加速度。

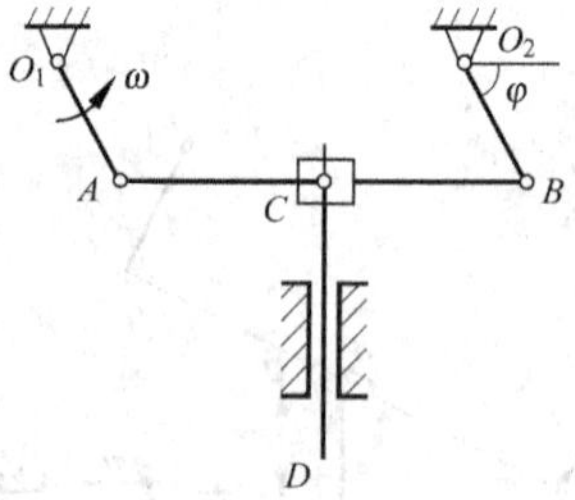

习题 2-25

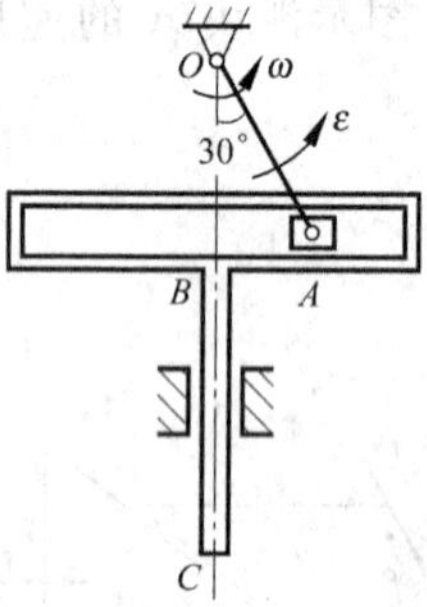

习题 2-26

2-26 图示曲柄滑道机构中，曲柄 OA 长 100mm，并绕 O 轴转动。在图示瞬时，$\angle AOB=30°$，角速度 $\omega=1\text{rad/s}$，角加速度 $\varepsilon=1\text{rad/s}^2$。求导杆上 C 点的加速度和滑块 A 相对滑道的加速度。

2-27 图示曲柄滑块机构中，滑杆上有圆弧形滑道，其半径 $R=100\text{mm}$，圆心在滑杆 BC 上。曲柄长 $OA=100\text{mm}$，以角速度 $\omega=4t\text{rad/s}$ 绕 O 轴转动。当 $t=1\text{s}$ 时，机构在图示位置，$\varphi=30°$，求此时滑杆 BC 的速度和加速度。

2-28 在图示机构中，已知 AB 杆向左匀速移动的速度为 $\boldsymbol{v}$，求在图示位置时套筒 D 的角速度和角加速度。

2-29 计算下列机构在图示位置时 CD 杆上 D 点的速度和加速度。设图示瞬时水平杆 AB 的角速度为 $\boldsymbol{\omega}$，角加速度为零，$AB=r$，$CD=3r$。

2-30 图示大圆环的半径 $R=200\text{mm}$，在其自身平面内以匀角速度 $\omega=1\text{rad/s}$ 绕轴 O 顺时针方向转动。小圆环 A 套在固定立柱 BD 及大圆环上。当 $\angle AOO_1=60°$ 时，半径 OO_1 与立柱 BD 平行，求此瞬时小圆环 A 的绝对速度和绝对加速度。

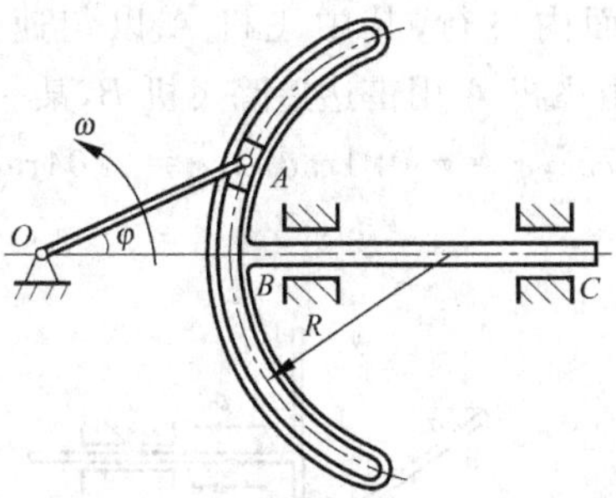

习题 2-27

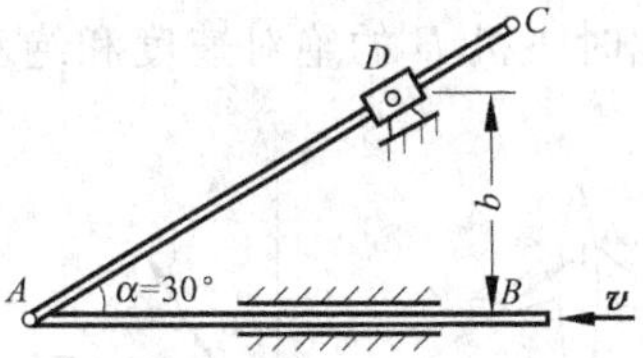

习题 2-28

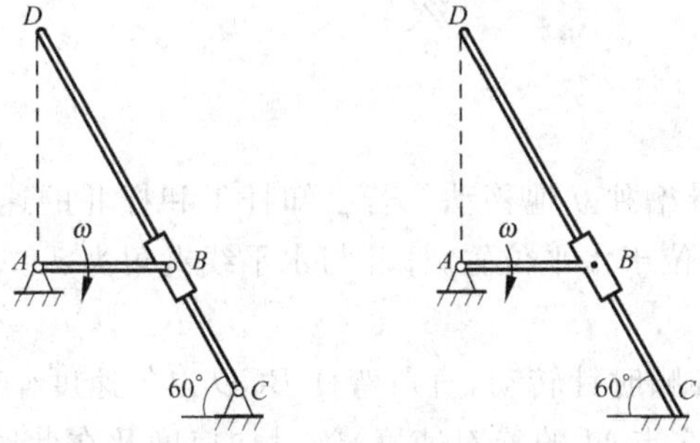

(a) 套筒与 AB 杆铰接　　(b) 套筒与 AB 杆固连

习题 2-29

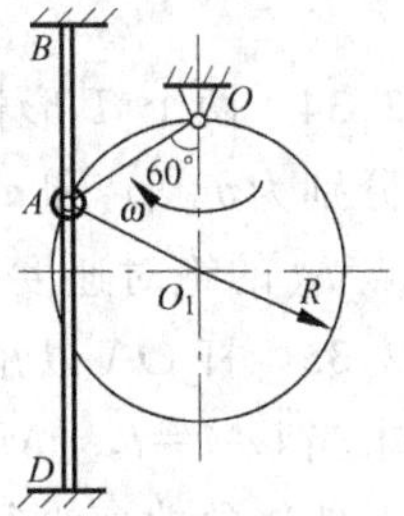

习题 2-30

2-31 弯成直角的曲柄 OAB 以匀角速度$\boldsymbol{\omega}$ 绕 O 点作逆时针转动。在曲柄的 AB 段装有滑筒 C，滑筒又与铅直杆 DC 铰接于 C，O 点与 DC 位于同一铅垂线上。设曲柄的 OA 段长为 r，求当 $\varphi=30°$时 DC 杆的速度和加速度。

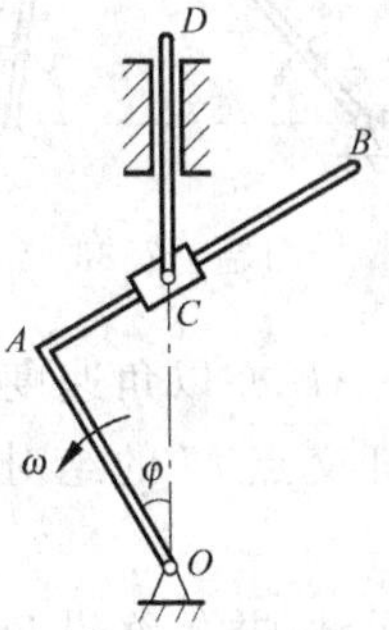

习题 2-31

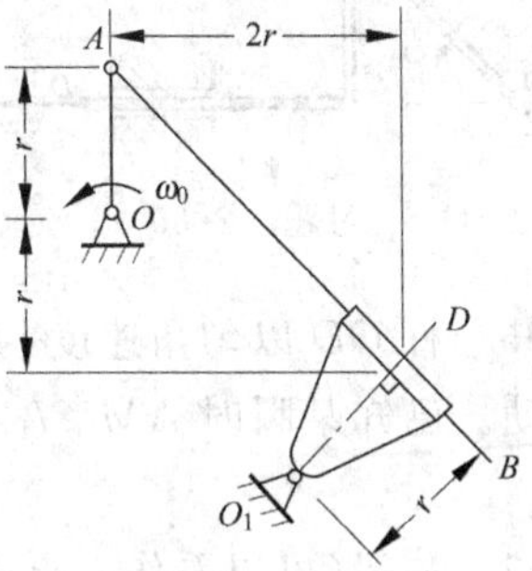

习题 2-32

2-32 曲柄 OA 以等角速度$\boldsymbol{\omega}_0$绕 O 轴转动，滑道套筒 O_1D 可绕 O_1 轴转动，各部分尺寸如图 2-32 所示，求在图示位置时套筒的角速度及角加速度。

2-33　A、B 两架飞机在同一高度的水平面内飞行，其中飞机 A 以匀速 $v_A=400\text{km/h}$ 在一半径为 1000m 的圆弧上飞行。现由飞机 A 用雷达追踪飞机 B，某一时刻测量得到 $r=500\text{m}$，$\dot{r}=80\text{m/s}$，$\ddot{r}=60\text{m/s}^2$；$\varphi=75°$，$\dot{\varphi}=-0.1\text{rad/s}$，$\ddot{\varphi}=0.04\text{rad/s}^2$。试求此时飞机 B 的绝对速度和绝对加速度。

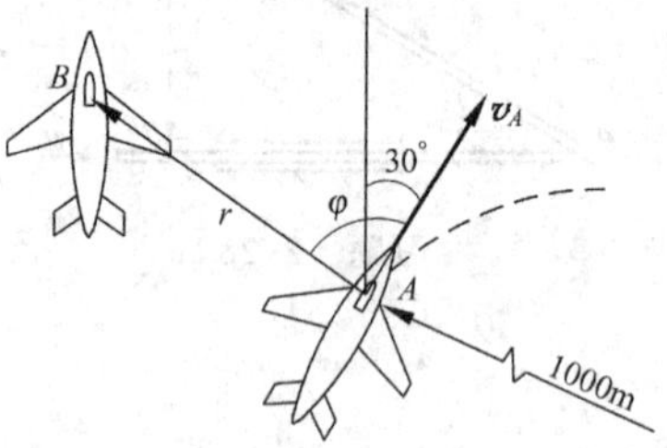

习题　2-33

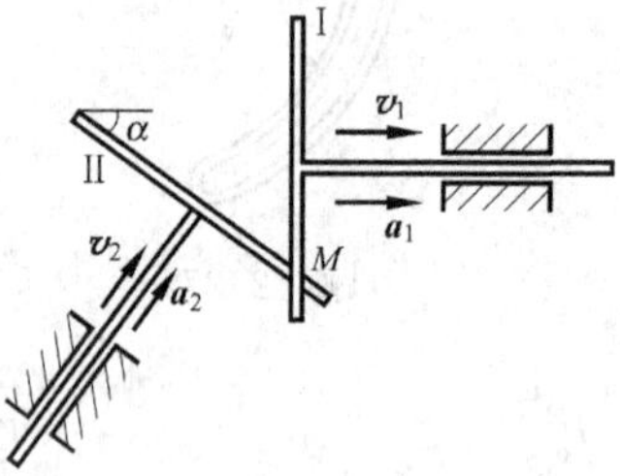

习题　2-34

2-34　两个 T 形杆可分别沿其导槽独立地移动。若已知杆Ⅰ和杆Ⅱ的速度、加速度分别为 $\boldsymbol{v}_1$、$\boldsymbol{v}_2$ 和 $\boldsymbol{a}_1$、$\boldsymbol{a}_2$，且知杆Ⅰ位于水平位置，杆Ⅱ与水平线夹角为 α。试求两杆交点 M 的绝对速度、绝对加速度。

2-35　杆 OA 以角速度 $\boldsymbol{\omega}$ 绕 O 轴顺时针转动，直角弯杆 BCD 以匀速度 $\boldsymbol{v}$ 向右移动。求当 $OM=l$，$\angle MOC=\alpha$ 时两杆交点 M 的绝对速度、绝对加速度及在此时刻 M 点绝对轨迹的曲率半径。

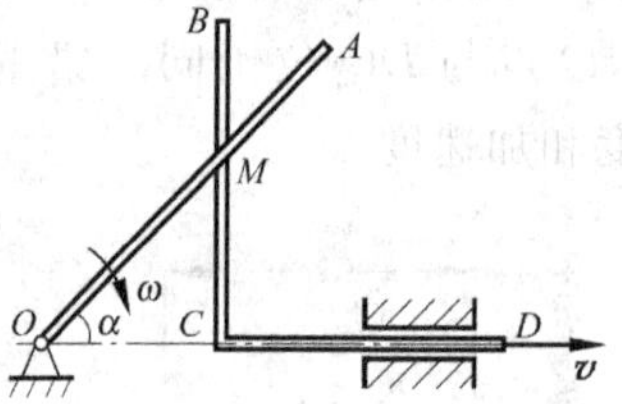

习题　2-35

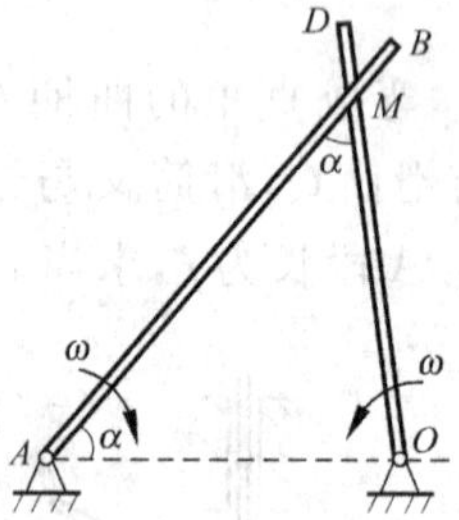

习题　2-36

2-36　杆 OD 以匀角速度 $\boldsymbol{\omega}$ 绕 O 轴反时针转动，杆 AB 亦以角速度 $\boldsymbol{\omega}$ 顺时针绕 A 轴转动。已知某瞬时 $AM=l_1$，$OA=OM=l_2$。求两杆交点 M 的绝对速度和绝对加速度。

2-37　一船(可以看作一点 P)在北半球以匀速 $\boldsymbol{v}$ 运动，并始终沿与经线成 α 角的方向向南偏东航行。求证其相对地球的加速度为

$$\frac{v^2}{R}\sqrt{1+\sin^2\alpha\tan^2\varphi}$$

其中 R 为地球半径，φ 为该船所在地球的纬度。

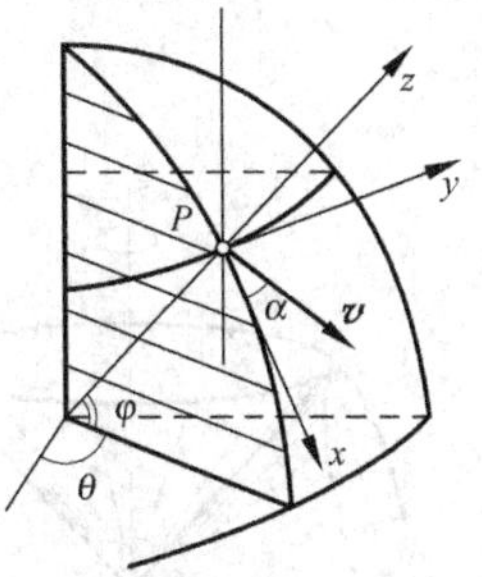

习题 2-37

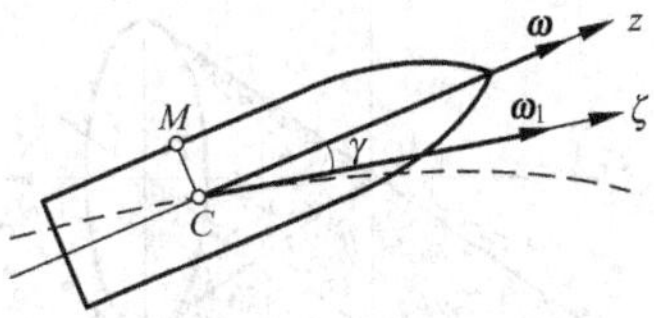

习题 2-38

2-38 设弹头在大气中运动时以角速度$\boldsymbol{\omega}$绕轴 z 转动。与此同时轴 z 以角速度$\boldsymbol{\omega}_1$绕轴线 ζ 转动，而轴线 ζ 则沿着弹头重心 C 轨迹的切线。设 $CM=r$，线段 CM 垂直于轴 z；轴 z 与 ζ 间夹角是 γ。求当弹头转动时其上一点 M 的速度。

2-39 回转仪圆盘以匀角速度 $\Omega=60\text{rad/s}$ 绕圆盘中心轴在内框中转动，外框架以匀角速度 $\omega_0=1\text{rad/s}$ 绕铅垂轴转动。内框架与外框架之间夹角为 θ。当 $\theta=90°$、$\dot{\theta}=10\text{rad/s}$、$\ddot{\theta}=0$ 时，试求圆盘的绝对角速度 $\boldsymbol{\omega}_a$和绝对角加速度 $\boldsymbol{\varepsilon}_a$。

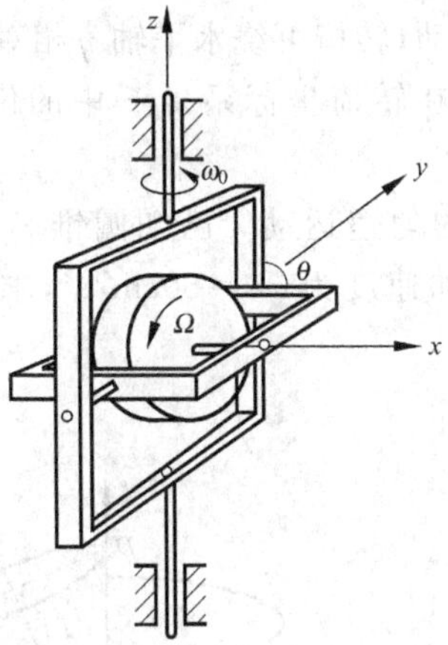

习题 2-39

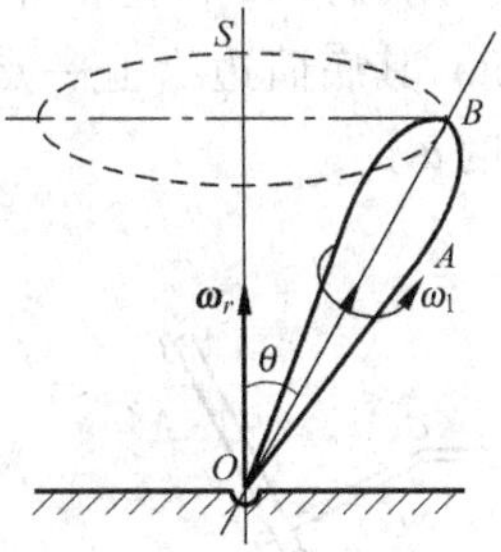

习题 2-40

2-40 已知陀螺以匀角速度 ω_1 绕轴 OB 转动，而轴 OB 绕轴 OS 每分钟转数为 n，θ 为常量。求陀螺的绝对角速度 $\boldsymbol{\omega}_a$和绝对角加速度 $\boldsymbol{\varepsilon}_a$。

2-41 圆锥 A 每分钟绕固定圆锥 B 转动 120 次。已知圆锥 A 高 $OO_1=10\text{cm}$。求圆锥 A 绕轴线 z 的牵连角速度$\boldsymbol{\omega}_e$、绕 OO_1 的相对角速度$\boldsymbol{\omega}_r$，及绝对角速度$\boldsymbol{\omega}_a$；并求圆锥 A 的绝对角加速度$\boldsymbol{\varepsilon}_a$。

2-42 物体 A、B 是两个正圆锥。已知 $\alpha=60°$，$\beta=90°$，$OM_0=l=300\text{mm}$，

$M_0M=100\text{mm}$，圆锥 A 在固定的圆锥 B 上无滑动地滚动，$\omega_1=1.2\text{rad/s}$。求圆锥 A 的角速度、角加速度及圆锥 A 上 M 点的速度和加速度。

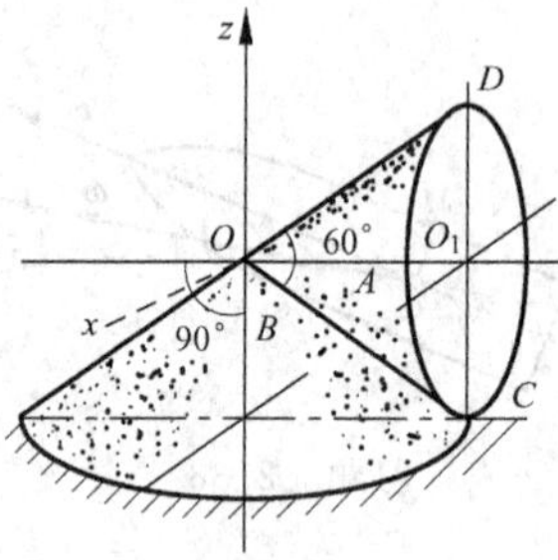

习题 2-41

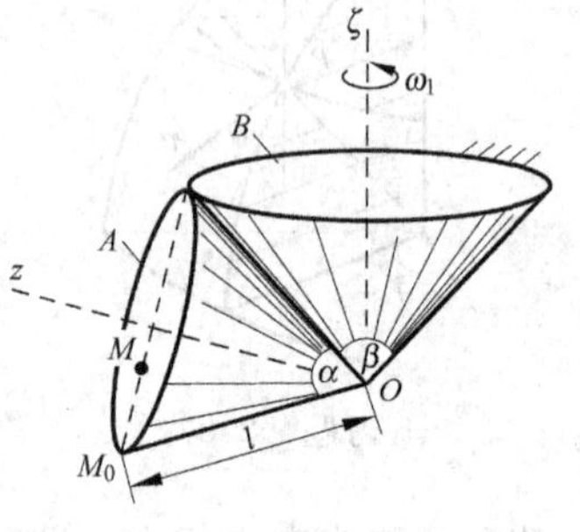

习题 2-42

2-43 半径为10cm的圆盘 EDF 用轴承装在曲杆 BCD 上，$BC=7.5\text{cm}$，$CD=5\sqrt{3}\text{cm}$。曲柄以 $\Omega=10\text{rad/s}$ 的角速度绕 AB 轴等速转动，圆盘在与固定平面接触点 E 处无滑动。求圆盘 EDF 的角速度及角加速度，并求圆盘上 F 点的速度与加速度的大小及方向。

2-44 为测量加速度对宇航员内耳前庭功能的影响，设计了一种专用座椅。它置于转台上，转台可绕铅直轴 ζ 以 $\boldsymbol{\omega}_1$ 作等角速度转动，转椅可绕水平轴 η 相对转台以 $\boldsymbol{\omega}_2$ 作等角速度转动，宇航员固定于转椅上，其耳部在转椅坐标系 xyz 中的位置 $\boldsymbol{r}=a\boldsymbol{i}+b\boldsymbol{j}+c\boldsymbol{k}$。试求宇航员耳部的加速度。

2-45 动圆锥 A 在定圆锥 B 内作只滚不滑的匀速运动。已知圆锥 A 的母线 OC 长20cm，其底面边缘上一点 C 在图示位置之加速度为 $a_C=50\text{cm/s}^2$，求此时 D 点的加速度 $\boldsymbol{a}_D$。

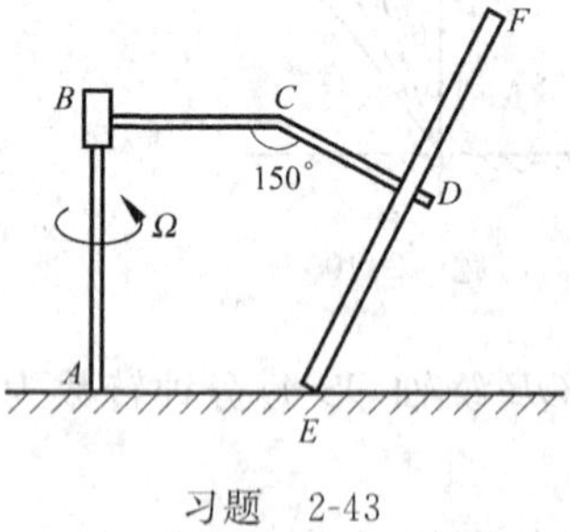

习题 2-43

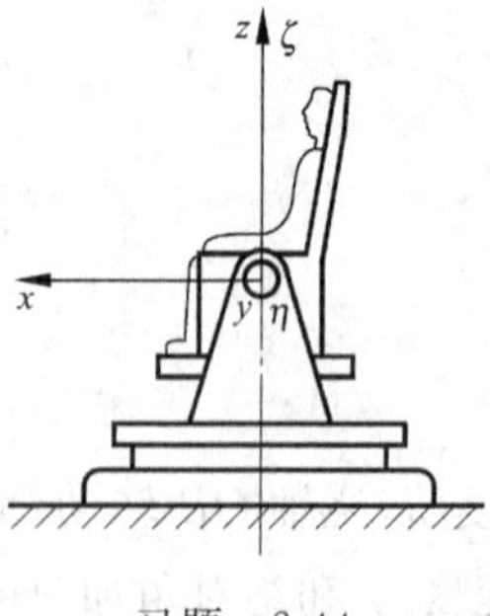

习题 2-44

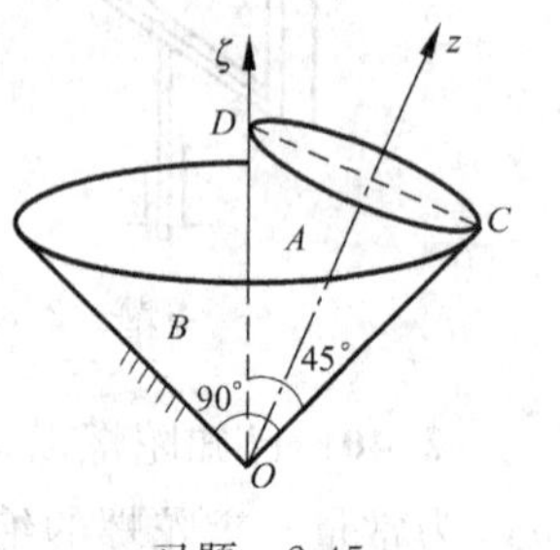

习题 2-45

第2篇

动力学基本原理和静力学

第 3 章
牛顿定律与达朗贝尔-拉格朗日原理

一、内容摘要

1. 牛顿定律

牛顿第一定律也称惯性公理，其叙述为：如果在质点上没有力作用，则它保持静止或匀速直线运动。这个定律(公理)一方面是说惯性参考系是存在的，另一方面给出了力的定义，即力是产生和改变运动的原因。在一般工程技术问题中经常以地球为惯性参考系。

牛顿第二定律是动力学基本公理，其叙述为：设质点的质量为 m，它相对惯性参考系的加速度为 $\boldsymbol{a}$，作用在该质点上的力为 $\boldsymbol{F}$，则它们满足关系 $m\boldsymbol{a}=\boldsymbol{F}$。

牛顿第三定律也称相互作用公理，其叙述为：如果第一个质点作用在第二个质点上，则第二个质点也作用在第一个质点上，并且两个质点所受力的大小相等、方向相反、作用线同为两质点的连线。

力的合成定律也称力的独立作用公理，其叙述为：设作用在同一个质点 P 上的力分别为 $\boldsymbol{F}_i(i=1,2,\cdots,n)$，每个力使质点产生的加速度为 $\boldsymbol{a}_i=\dfrac{\boldsymbol{F}_i}{m}$，则该质点的加速度为 $\boldsymbol{a}=\sum\limits_{i=1}^{n}\boldsymbol{a}_i=\dfrac{1}{m}\sum\limits_{i=1}^{n}\boldsymbol{F}_i$。我们称 $\boldsymbol{F}=\sum\limits_{i=1}^{n}\boldsymbol{F}_i$ 为作用在质点 P 上的合力。

2. 约束

约束是对非自由质点系的运动预加的强制性限制条件。设质系由质点 $P_i(i=$

$1,2,\cdots,n$)构成，记 P_i 的向径为 $\boldsymbol{r}_i$，速度为 $\boldsymbol{v}_i$。约束可以用以下一般形式的关系式表示：

$$f_s(\boldsymbol{r}_1,\cdots,\boldsymbol{r}_n,\boldsymbol{v}_1,\cdots,\boldsymbol{v}_n,t)\geqslant 0 \quad s=1,2,\cdots,l$$

或者简记为

$$f_s(\boldsymbol{r},\boldsymbol{v},t)\geqslant 0 \quad s=1,2,\cdots,l$$

约束可以按如下方式分类：

约束
- 等式约束或双面约束 $f(\boldsymbol{r},\boldsymbol{v},t)=0$
- 不等式约束或单面约束 $f(\boldsymbol{r},\boldsymbol{v},t)\geqslant 0$
- 定常约束 $f(\boldsymbol{r},\boldsymbol{v})=0$，$f(\boldsymbol{r},\boldsymbol{v})\geqslant 0$
- 非定常约束 $f(\boldsymbol{r},\boldsymbol{v},t)=0$，$f(\boldsymbol{r},\boldsymbol{v},t)\geqslant 0$
- 完整约束
  - 几何约束 $f(\boldsymbol{r},t)=0$，$f(\boldsymbol{r},t)\geqslant 0$
  - 微分约束 $f(\boldsymbol{r},\boldsymbol{v},t)=0$，$f(\boldsymbol{r},\boldsymbol{v},t)\geqslant 0$，可积
- 非完整约束 $f(\boldsymbol{r},\boldsymbol{v},t)=0$，$f(\boldsymbol{r},\boldsymbol{v},t)\geqslant 0$，不可积

3. 主动力与约束反力

主动力按预先给定规律随时间变化，不依赖于质点的运动和约束，因此也称为给定力。约束反力是被动力，依赖于主动力和运动，不能预先知道。常见约束的约束反力可以根据其物理特性判断其作用方向或作用点，例如：

1）绳索、胶带或链条等柔性物体提供的柔性约束只能提供拉力，其约束反力的作用线必沿着绳索、胶带或链条的切线，并具有拉力的指向。

2）刚性的光滑曲面的约束反力沿接触面公法线。

3）光滑柱铰的约束反力通过柱铰中心轴。

4）光滑球铰的约束反力通过球铰中心。

4. 受力分析

受力分析是研究动力学(当然包括静力学)的基础，也是学习理论力学需要掌握的一个基本功。受力分析的第一步就是要确定研究对象，实际问题中总是有多个物体相互联系在一起，必须明确哪一个或哪一部分是我们的分析对象，这个过程也叫做取隔离体。其次作受力图，它包括被分析的对象(即隔离体)和所有作用其上的力，这些力通常包括主动力和约束反力。重力是最常见的主动力，其作用点位于物体的重心，均质物体的重心、质心和几何形心都重合。

5. 虚位移

受约束 $f_\alpha(\boldsymbol{r}_1,\boldsymbol{r}_2,\cdots,\boldsymbol{r}_n,t)=0$($\alpha=1,2,\cdots,l$)的质点系的虚位移 $\delta\boldsymbol{r}_i$ 满足

$$\sum_{i=1}^{n}\frac{\partial f_\alpha}{\partial \boldsymbol{r}_i}\cdot\delta\boldsymbol{r}_i=0 \quad (\alpha=1,2,\cdots,l)$$

对于受定常约束的质点系，其虚位移就是约束允许的无穷小可能位移。在约束是非定常情况下，虚位移是将约束“凝固”时的无穷小可能位移。

6. 理想约束

如果作用在质点 P_i 上的约束反力 $\boldsymbol{N}_i$ 在任意虚位移上所做的虚功恒等于零，即 $\sum_{i=1}^{n}\boldsymbol{N}_i \cdot \delta\boldsymbol{r}_i = 0$，则此约束称为**理想约束**。常见的理想约束包括：

1）光滑曲面

2）光滑球铰

3）光滑柱铰

4）不可伸长的绳索

5）完全粗糙的曲面（使其他物体在曲面上只能作纯滚动）

7. 达朗贝尔-拉格朗日原理

设质系的质点 P_i 受主动力 $\boldsymbol{F}_i$，质系的约束都是理想约束，则可能运动 $\boldsymbol{r}_i=\boldsymbol{r}_i(t)$ 是真实运动当且仅当

$$\sum_{i=1}^{n}(\boldsymbol{F}_i - m_i\ddot{\boldsymbol{r}}_i)\cdot\delta\boldsymbol{r}_i = 0$$

对任意一组虚位移 $\delta\boldsymbol{r}_i$ 都成立。此式也称作动力学普遍方程。

二、基本要求

1. 熟悉简单问题的受力分析。
2. 对虚位移的概念有一个初步的了解。
3. 能利用达朗贝尔-拉格朗日原理建立简单问题的运动微分方程。

三、典型例题

例 3-1 小球套在光滑细圆环内，圆环半径为 R，如图 3-1a 所示。小球初始时 $\theta_0=0$，并有水平向右的速度 v_0，试列写小球的运动微分方程。另外，小球具有多大的 v_0 才能通过最高点？小球在什么位置对圆槽具有最小压力？

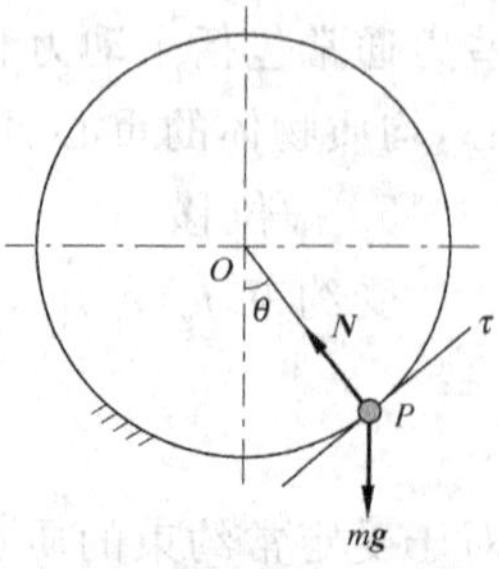

图 3-1a

解：以小球为研究对象，选 θ 为广义坐标，逆时针为正。对小球列写自然坐标形式的运动微分方程，有

$$\begin{cases} ma_t = -mg\sin\theta \\ ma_n = N - mg\cos\theta \end{cases}$$

其中

$$\begin{cases} a_t = R\ddot{\theta} \\ a_n = R\dot{\theta}^2 \end{cases}$$

由切向的方程，可以得到小球的运动微分方程为

$$mR\ddot{\theta} = -mg\sin\theta$$

利用$\ddot{\theta}=\frac{\mathrm{d}\dot{\theta}}{\mathrm{d}t}=\dot{\theta}\frac{\mathrm{d}\dot{\theta}}{\mathrm{d}\theta}$，根据初始条件：$\theta_0=0$，$\dot{\theta}_0=\frac{v_0}{R}$，可以积分运动微分方程

$$\int_{\dot{\theta}_0}^{\dot{\theta}} mR\dot{\theta}\mathrm{d}\dot{\theta} = -\int_0^{\theta} mg\sin\theta\mathrm{d}\theta$$

$$R\dot{\theta}^2 = R\dot{\theta}_0^2 - 2g(1-\cos\theta)$$

由于$\dot{\theta}^2\geqslant 0$，则有$R\dot{\theta}_0^2\geqslant 2g(1-\cos\theta)$，从而得到$v_0\geqslant 2\sqrt{Rg}$。

当$v_0=2\sqrt{Rg}$时，代入到法向方程，得到压力为

$$N = mR\dot{\theta}_0^2 + mg(3\cos\theta - 2) = mg(2+3\cos\theta)$$

即$\theta=\arccos\left(-\frac{2}{3}\right)\approx 131.8°$时，小球对圆环的压力最小。

讨论：(1)图 3-1b 及 3-1c 为小球在不同位置所受压力分布示意图(小圆圈表示初始值)。在$\theta=\arccos\left(-\frac{2}{3}\right)$时压力最小，等于零；在$\theta=0$时压力最大，等于 5 倍的重量。图 3-1b 表示压力在圆环各处的分布，注意每处压力的作用线均过圆心。图 3-1c表示压力随角度的变化关系，是余弦曲线。(2)如果小球不是套在圆环上，而是在圆槽内运动，即压力必须大于零，又该如何分析？(3)本题中有关系式$R\dot{\theta}^2=R\dot{\theta}_0^2-2g(1-\cos\theta)$，会不会出现$\dot{\theta}^2<0$的情况？

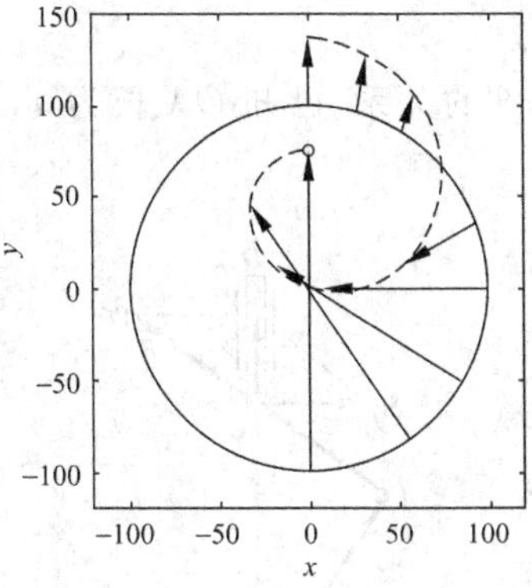

图 3-1b

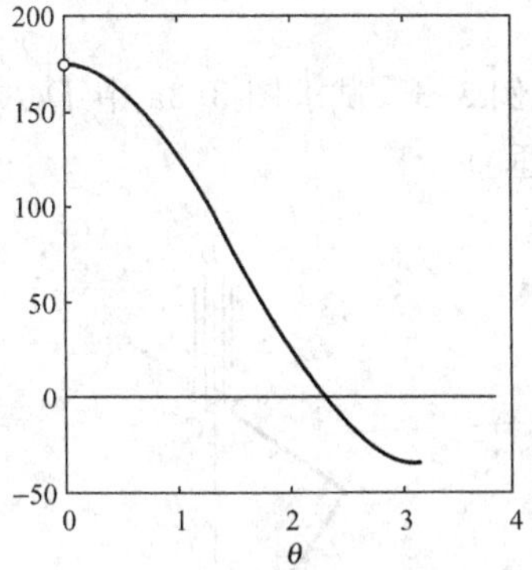

图 3-1c

例 3-2 画出图 3-2a 的整体受力图及 AC、BC 杆的受力图，其中 DE 为拉紧的绳子。

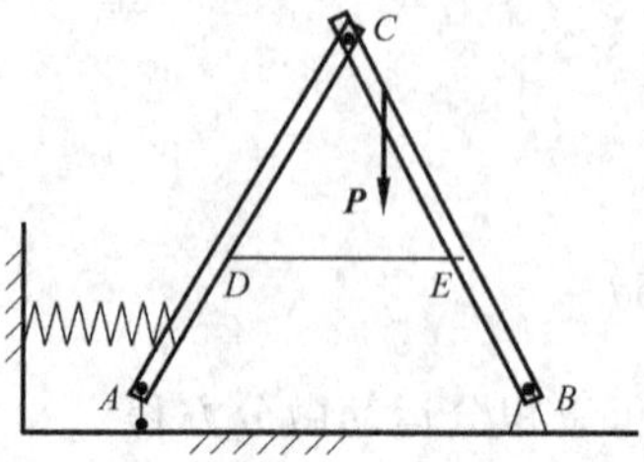

图 3-2a

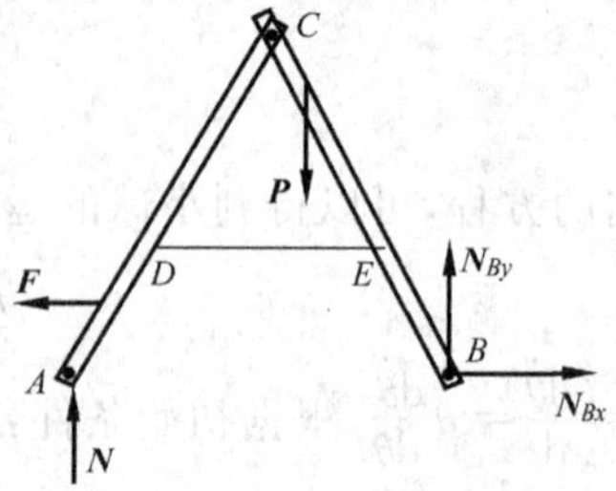

图 3-2b

解：图 3-2b 为整体受力图，图 3-2c 为 AC 杆受力图，图 3-2d 为 BC 杆受力图。

讨论：(1)在画受力图时一定要选定研究对象。有些力可能对某一个研究对象是内力，对另一个研究对象是外力，受力分析时只需要分析外力。(2)要解除约束，同时加上约束力。(3)注意约束力的性质及方向。(4)弹簧力一般认为是主动力。(5)注意作用力与反作用力。

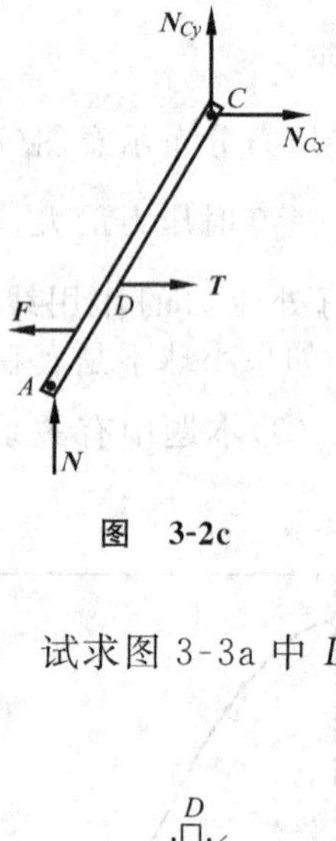

图 3-2c

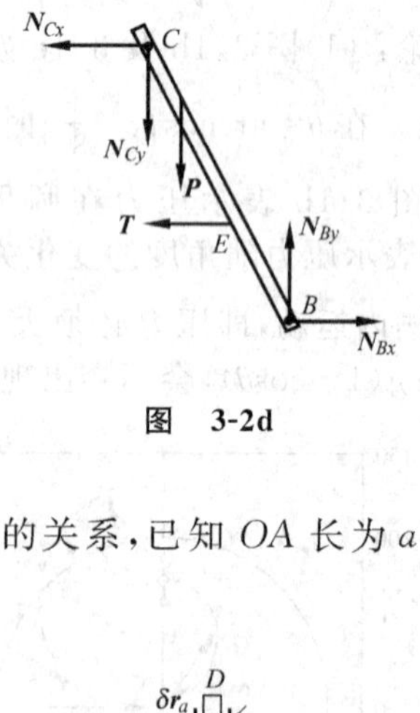

图 3-2d

例 3-3 试求图 3-3a 中 DC 杆的虚位移与 $\delta\theta$ 的关系，已知 OA 长为 a，AB 与 OA 垂直。

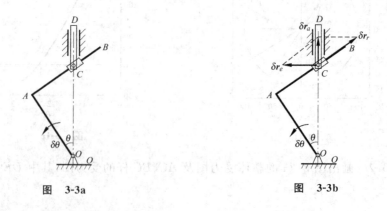

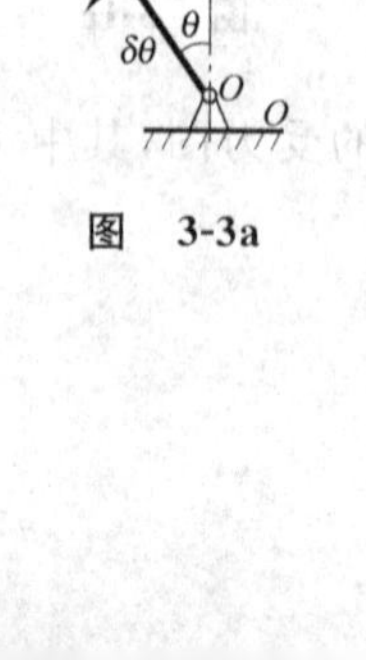

图 3-3a

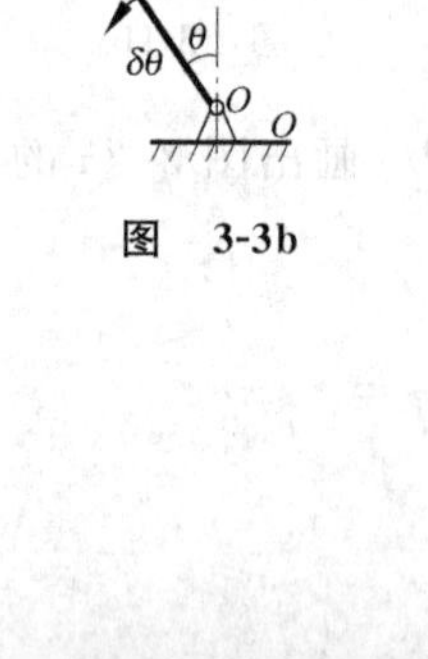

图 3-3b

解法 1(解析法)：

设 OC 为 x 轴方向，则 C 点的坐标为

$$x = \frac{a}{\cos\theta}$$

由此得到

$$\delta x = \frac{a\sin\theta\delta\theta}{\cos^2\theta}$$

解法 2(几何法)：

类似于速度分析有

$$\delta r_e = \frac{a}{\cos\theta}\cdot\delta\theta$$

由几何关系得

$$\delta r_a = \frac{\delta r_e}{\tan\theta} = \frac{a\sin\theta\delta\theta}{\cos^2\theta}$$

讨论：(1)虚位移与速度分析类似，有解析法和几何法，应根据问题的特点选取某一种方法求解。(2)注意虚位移中的变分与求导的关系。(3)注意虚位移的意义、虚位移与约束的关系。

例 3-4 利用动力学普遍方程，导出例 3-1 中小球的运动微分方程。

解：对于小球，动力学普遍方程为

$$(\boldsymbol{F} - m\ddot{\boldsymbol{r}})\cdot\delta\boldsymbol{r} = 0$$

具体表示为

$$\boldsymbol{F} = mg\cos\theta\,\boldsymbol{n} - mg\sin\theta\,\boldsymbol{\tau}$$

将 $\delta\boldsymbol{r}=R\delta\theta\boldsymbol{\tau}$, $\ddot{\boldsymbol{r}}=R\ddot{\theta}\boldsymbol{\tau} - R\dot{\theta}^2\boldsymbol{n}$ 代入后得

$$(mg\cos\theta\,\boldsymbol{n} - mg\sin\theta\,\boldsymbol{\tau} - m(R\ddot{\theta}\,\boldsymbol{\tau} - R\dot{\theta}^2\boldsymbol{n}))\cdot R\delta\theta\,\boldsymbol{\tau} = 0$$

整理后有

$$(-mg\sin\theta - R\ddot{\theta}) = 0$$

$$\ddot{\theta} + \frac{g}{R}\sin\theta = 0$$

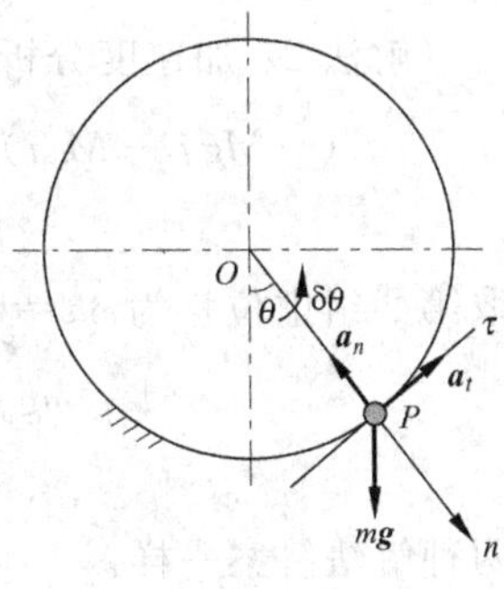

图 3-4

讨论：(1)动力学普遍方程应用的前提是什么？(2)动力学普遍方程是否适合求约束力？

例 3-5 图示系统中，小车质量为 M，可在光滑水平面上沿直线运动。单摆质量为 m，长为 l，挂在与小车固结的悬臂上。试利用动力学普遍方程求系统的运动微分方程。

解法 1：用小车水平方向的位移 x 和单摆相对垂线的转角 θ 来描述系统的运动。

动力学普遍方程为

$$\sum(\boldsymbol{F}_i - m_i\ddot{\boldsymbol{r}}_i)\cdot\delta\boldsymbol{r}_i = 0$$

小车主动力为$-Mg\boldsymbol{j}$，单摆主动力为$-mg\boldsymbol{j}$。小车加速度为$\ddot{x}\boldsymbol{i}$，单摆加速度为$\ddot{x}\boldsymbol{i}-l\dot{\theta}^2\boldsymbol{n}+l\ddot{\theta}\boldsymbol{\tau}$。

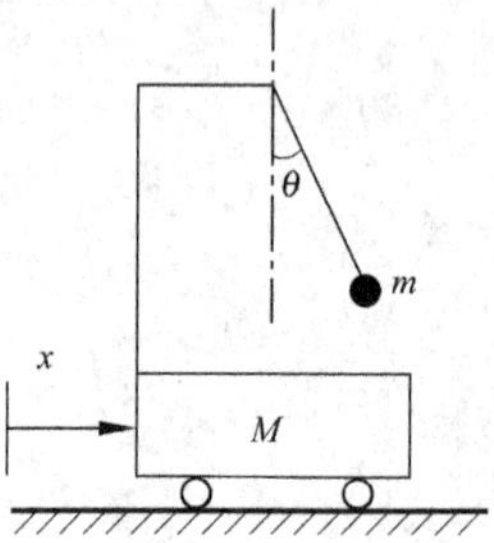

图　3-5a

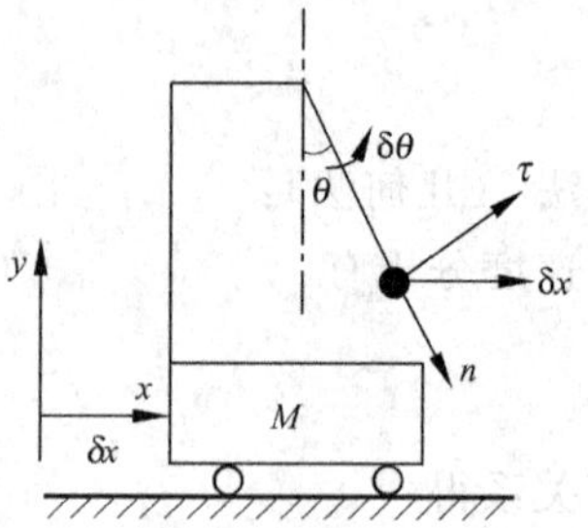

图　3-5b

小车虚位移为$\delta x\boldsymbol{i}$，单摆虚位移为$\delta x\boldsymbol{i}+l\cdot\delta\theta\boldsymbol{\tau}$。代入方程得

$$(-Mg\boldsymbol{j}-M\ddot{x}\boldsymbol{i})\cdot\delta x\boldsymbol{i}+[-mg\boldsymbol{j}-m(\ddot{x}\boldsymbol{i}+l\ddot{\theta}\boldsymbol{\tau}-l\dot{\theta}^2\boldsymbol{n})]\cdot(\delta x\boldsymbol{i}+l\cdot\delta\theta\boldsymbol{\tau})=0$$

$$-M\ddot{x}\delta x-m[\ddot{x}+l\ddot{\theta}\cos\theta-l\dot{\theta}^2\sin\theta]\delta x+ml[-g\sin\theta-\ddot{x}\cos\theta-l\ddot{\theta}]\delta\theta=0$$

最后得到

$$\begin{cases}(M+m)\ddot{x}+ml\ddot{\theta}\cos\theta-ml\dot{\theta}^2\sin\theta=0\\ \ddot{x}\cos\theta+l\ddot{\theta}+g\sin\theta=0\end{cases}\tag{1}$$

解法2：加速度分析同前，取第1组虚位移为$\delta x\neq0$，$\delta\theta=0$，则有

$$(-Mg\boldsymbol{j}-M\ddot{x}\boldsymbol{i})\cdot\delta x\boldsymbol{i}+[-mg\boldsymbol{j}-m(\ddot{x}\boldsymbol{i}+l\ddot{\theta}\boldsymbol{\tau}-l\dot{\theta}^2\boldsymbol{n})]\cdot\delta x\boldsymbol{i}=0\tag{2}$$

$$(M+m)\ddot{x}+ml\ddot{\theta}\cos\theta-ml\dot{\theta}^2\sin\theta=0\tag{3}$$

取第2组虚位移为$\delta x=0$，$\delta\theta\neq0$，则有

$$[-mg\boldsymbol{j}-m(\ddot{x}\boldsymbol{i}+l\ddot{\theta}\boldsymbol{\tau}-l\dot{\theta}^2\boldsymbol{n})]\cdot(l\cdot\delta\theta\boldsymbol{\tau})=0$$

$$\ddot{x}\cos\theta+l\ddot{\theta}+g\sin\theta=0\tag{4}$$

两种解法答案一样。

讨论：(1)虚位移如何给出？(2)两种方法的虚位移不同，但为什么结论相同？(3)如果设小车运动为已知，小车对单摆是什么约束，单摆的虚位移如何给出？

四、常见错误

问题1　均匀细杆放在光滑的半圆槽中，O为圆心，如图3-6a所示。判断下面两个受力分析图错在何处？

解：图 3-6a 中 $\boldsymbol{N}_A$ 沿 AO 方向，$\boldsymbol{N}_B$ 沿 AB 杆的垂直方向。图 3-6b 中 $\boldsymbol{N}_A$ 沿 AO 方向，$\boldsymbol{N}_B$ 指向 $\boldsymbol{N}_A$ 与重力 $\boldsymbol{W}$ 的交点，但与 AB 杆不垂直。

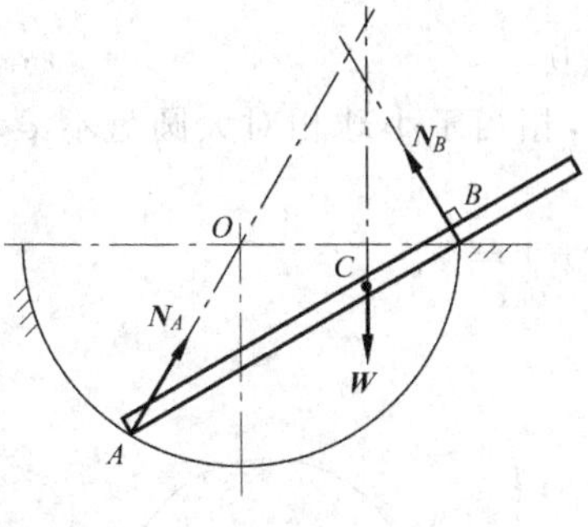

图 3-6a

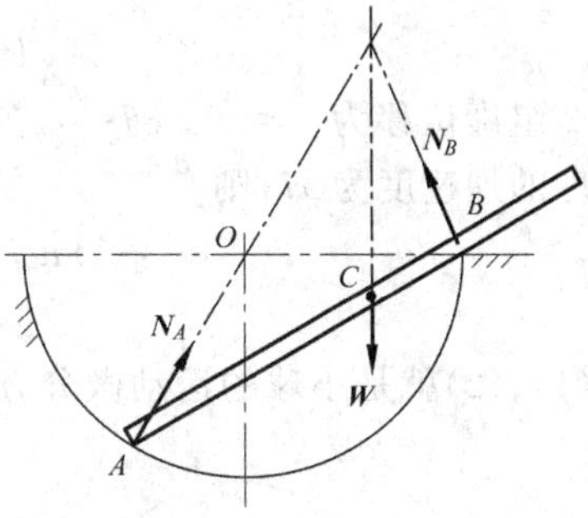

图 3-6b

提示：(1)A、B 处的约束力方向有什么特点？(2) AB 杆在一般位置是否能处于静止状态？

问题 2 图示系统中，ABC 为不计质量的杆，在 A 处铰接，C 处由细绳系住，B 处与圆轮铰接，在杆上 D 点系一绳，通过圆轮与一个重物相连，如图 3-7a。判断系统的整体受力图 3-7b 是否有问题？

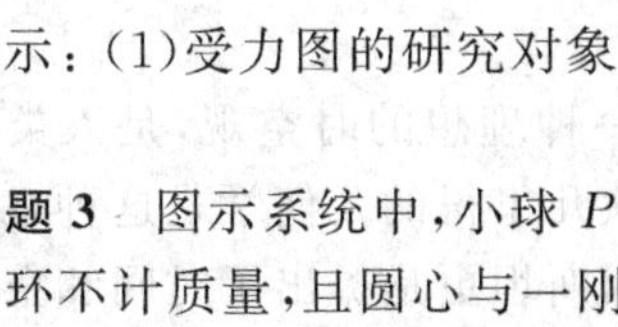

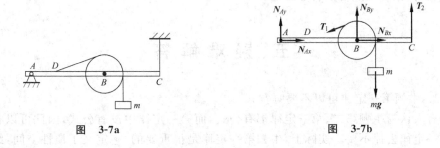

图 3-7a

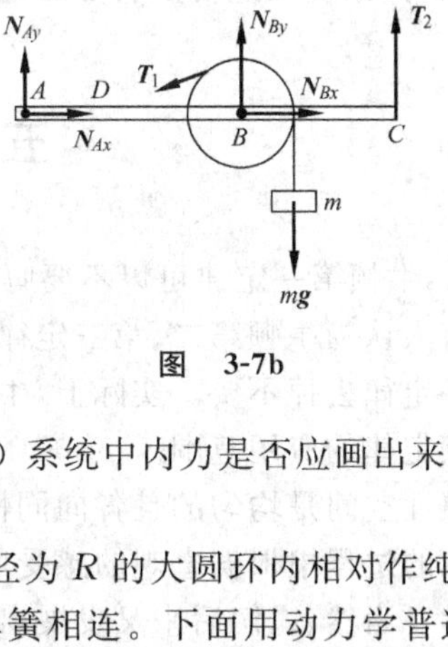

图 3-7b

提示：(1)受力图的研究对象是哪一部分？(2)系统中内力是否应画出来？

问题 3 图示系统中，小球 P 质量为 m，在半径为 R 的大圆环内相对作纯滚动，而大圆环不计质量，且圆心与一刚度系数为 k 的弹簧相连。下面用动力学普遍方程求小球的运动微分方程，请注意有无概念性的错误。

解：本题有两个自由度，选大圆环圆心的水平方向位移 x、小球相对垂线的转角 θ 为广义坐标。

由动力学普遍方程，有： $\sum(\boldsymbol{F}_i - m_i\ddot{\boldsymbol{r}}_i)\cdot\delta\boldsymbol{r}_i = 0$

类似例 3-5 分析，给出两组独立的虚位移进行分析。

取第 1 组虚位移为 $\delta x=0$，$\delta\theta\neq 0$，在这种情况下，相当于大圆盘不滚动，因此小

球的加速度为 $R\ddot{\theta}\boldsymbol{\tau}-R\dot{\theta}^2\boldsymbol{n}$,则有

$$[-mg\boldsymbol{j}-m(R\ddot{\theta}\boldsymbol{\tau}-R\dot{\theta}^2\boldsymbol{n})]\cdot(R\delta\theta\boldsymbol{\tau})=0$$

$$R\ddot{\theta}+g\sin\theta=0 \tag{1}$$

取第2组虚位移为 $\delta x\neq 0$, $\delta\theta=0$,在这种情况下,相当于小球相对大圆盘不滚动,因此小球的加速度为 $\ddot{x}\boldsymbol{i}$,则有

$$[-mg\boldsymbol{j}-m\ddot{x}\boldsymbol{i}]\cdot(\delta x\boldsymbol{i})=0$$

$$\ddot{x}=0 \tag{2}$$

方程(1)、(2)就是小球的运动微分方程。

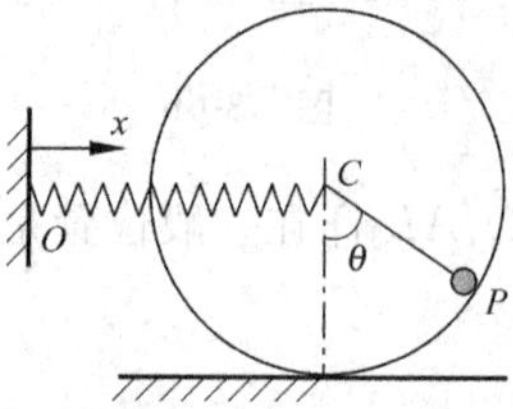

图 3-8a

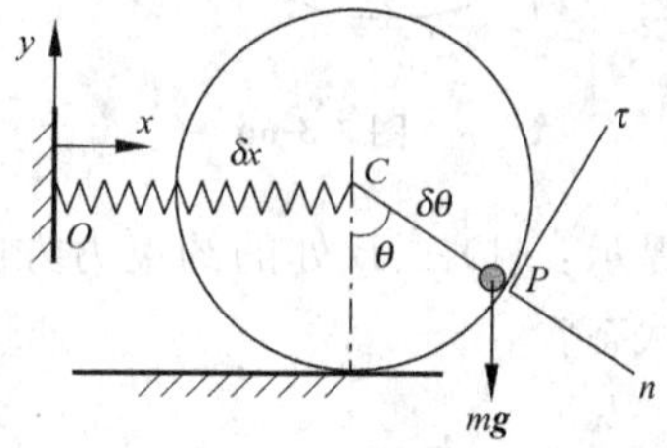

图 3-8b

提示:(1)弹簧对系统运动有无影响?在什么地方应加以考虑?(2)当虚位移独立给出时,系统加速度是否受影响?

五、疑难解答

1. 牛顿第一定律可以不要吗?

有人认为牛顿第二、第三定律都有公式,而第一定律中没有公式,因此可以将牛顿第一定律去掉不要。实际上,牛顿第一定律是很重要的,它定义了惯性空间,给出了牛顿定律的应用范围。

惯性空间是均匀的且各向同性的。当然这是一种理想的时空观,是人类在认识大自然的过程中根据直观的感受所总结出来的。欧几里得的几何学是这种空间里的几何学。当然,人们后来又发展出了非欧几何,爱因斯坦更是提出了时间和空间是有关联的,从而提出了广义相对论,从某种意义上推翻了牛顿力学。在一般的工程问题中,物体运动的速度远小于光速,时间可认为是均匀变化的,空间也可近似认为是惯性空间,牛顿力学是一个足够精确的理论。

2. 什么是运动微分方程?

描述物体的加速度(角加速度)与力(力矩)之间关系的方程,由于加速度是向径的二阶导数,属于微分方程,因此称之为运动微分方程。给出初始条件,可以积分得

到物体运动的规律。

当系统有未知的约束力时，得到微分方程是运动与已知力、未知力的关系，这时往往可以通过向某一方向投影，得到运动与已知主动力的关系，积分求出运动后，再求出未知力。

3. 若铰链上受力，如何画受力图？

在受力分析中，如果有力作用在铰链上，则要注意，若拆开系统，铰链在哪一边，力就跟着在哪一边，即力跟着铰链。

4. 解除固定端约束时，为什么除了要加上约束力，还要加上约束力偶？

从约束的角度说，固定端既限制了端部的线位移，还限制了端部的角位移。如果只是在端部有约束力，则该约束力只能限制线位移，而不能限制角位移。因此必须有约束力偶才行。

从受力分析的角度说，固定端所受的力应是一个复杂的分布力系，该力系向端部某点简化时，总可以简化为一个力和一个力偶（在第五章有详细介绍），因此固定端上有约束力，也有约束力偶。

5. 如何理解约束？

约束定义为对物体运动的事先给定的限制。约束可以从不同的角度去理解。在牛顿力学（几何力学）中，约束被理解为约束力。在分析力学中，约束独立于力的概念，被理解为对运动的强制性限制条件。

一般而言，把约束表示成力或约束方程都可以，但在有些情况下，约束用方程表示更为简单，比如在追击问题中（见第1章中的趣味问题），追击物与被追击物之间存在着一种几何的、速度的关系，这种关系用约束方程很好表示，用约束力来表示就比较困难。但同样是追击问题，如导弹追击飞机，为了实现约束方程，必须采用特定的主动控制，此时的主动力（力矩）也可以理解为是一种约束力（力矩）。

6. 什么是主动力、约束力？

如果一个力（力矩）是已知的时间函数，或已知的位置函数，则称为主动力。如重力、引力、弹簧力都认为是主动力。如果一个力（力矩）依赖于主动力才能确定其大小或方向，则称为约束力。常见的约束力有绳子的张力、铰链的支承力、曲面的支承力等，摩擦力也是一种约束力。

7. 引入“理想约束”的目的是什么？

理想约束是指约束力在任意虚位移上虚功之和为零。虚功是约束力与虚位移的点积，向量点积为零表示两向量相互垂直。因此，将质点系中所有的力（主动力、约束力）向某组虚位移方向投影时，理想约束的约束力就被消去，使其不在方程中出现，从而消除了不必要求解的未知数。

8. 为什么认为弹簧力是主动力?

如果根据约束的定义,弹簧可以限制物体的运动,所以弹簧力可以认为是约束力。但是弹簧力只与弹簧的变形有关,因此仅仅根据几何关系就可求出弹簧力的大小,从这个意义上,弹簧力可认为是弹簧两端位置的函数,所以一般认为弹簧力是主动力。

9. 为什么虚位移分析可以类似于速度分析?

速度是对向径求导数(对时间的导数),虚位移是对向径求变分。在定常约束情况下,求导与变分形式相同,因此虚位移与速度分析相同。但是在非定常约束情况下,虚位移与速度分析并不相同。

10. 何时用几何法求虚位移,何时用解析法求虚位移?

在定常约束情况下虚位移与速度分析方法相似。由于速度分析有几何法及解析法之区别,虚位移分析自然也如此。类似于速度分析的方法,如果系统是结构,一般采用几何法比较方便,而采用解析法在一般位置列方程则不方便。如果系统是机构,没有指明特定位置,采用解析法较为方便。若指明在特定位置,则采用几何法方便。

六、趣 味 问 题

1. 万有引力是如何发现的?

万有引力定律的发现是牛顿(1642—1727)在力学上的重大贡献之一。牛顿在研究力学的过程中发明了微积分,又在开普勒三定律的基础上运用微积分推导了万有引力定律。

历史背景 15世纪下半叶开始,商品经济的繁荣促进了航海业的发展,哥伦布、麦哲伦扬帆远航,在强大的社会需要的推动下,天文观测的精确程度不断提高。在大量实际观测数据面前,一直处于天文学统治地位的"地心说"开始动摇了。

哥白尼(1473—1543)在天文观测的基础上,冲破宗教统治和"地心说"的束缚,提出了"日心说",这是天文学乃至整个科学的一大革命。但是由于历史条件和科学水平的限制,哥白尼的理论还有不少缺陷,譬如,他认为行星绕太阳的运行轨道是圆形的。

第谷·布拉赫(1546—1601)观测行星运动,积累了二十年的资料。开普勒(1571—1630)作为他的助手,运用数学工具分析研究这些资料,发现火星的实际位置与按哥白尼理论计算的位置相差8弧分。在深入分析的基础上,他于1609年归纳出所谓开普勒第一定律:各颗行星分别在不同的椭圆轨道上绕太阳运动,太阳位于椭圆的一个焦点上;及开普勒第二定律:单位时间内,太阳-行星向径扫过的面积是常数(对一颗行星而言)。为了寻求行星运动周期与轨道尺寸的关系,他将当时已发现的六大行星的运行周期和椭圆轨道的长半轴列成表格(如表1-1),反复研究,终于总结出第三定律：行星运行周期的平方与其椭圆轨道长半轴的三次方成正比。

表 1-1 行星运行周期与椭圆轨道长半轴的关系(以地球的周期和长半轴为度量单位)

行星	周期 T	长半轴 a	T^2	a^3
水星	0.241	0.387	0.058	0.058
金星	0.615	0.723	0.378	0.378
地球	1.000	1.000	1.000	1.000
火星	1.881	1.524	3.54	3.54
木星	11.862	5.203	140.7	140.85
土星	29.457	9.539	867.7	867.98

牛顿认为一切运动都有其力学原因，开普勒三定律的背后必定有某个力学规律在起作用。他要构造一个模型加以解释。终于，他以微积分(当时称流数法)为工具，在开普勒三定律和牛顿力学第二定律的基础上，演绎出所谓万有引力定律。这一定律成功地定量解释了许多自然现象，也为其后一系列的观测和实验数据所证实，成为力学中的一个基本定律。

万有引力定律的建立

以太阳为原点建立极坐标系$(\boldsymbol{r},\theta)$，向径 $\boldsymbol{r}$ 表示行星位置，如图 3-9 所示。

将开普勒三定律作为假设Ⅰ、Ⅱ、Ⅲ，牛顿力学第二定律作为假设Ⅳ，它们可以表示为：

(Ⅰ) 假设Ⅰ，轨道方程为

$$r=\frac{p}{1+e\cos\theta} \tag{1}$$

其中

$$p=\frac{b^2}{a},\qquad b^2=a^2(1-e^2) \tag{2}$$

a 为轨道长半轴，b 为短半轴，e 为偏心率。

(Ⅱ) 假设Ⅱ

$$\frac{1}{2}r^2\dot{\theta}=A \tag{3}$$

A 是单位时间内向径 $\boldsymbol{r}$ 扫过的面积，对某一颗行星而言，A 是常数。$\dot{\theta}$表示 θ 对时间 t 的导数。

(Ⅲ) 假设Ⅲ

$$T^2=ka^3 \tag{4}$$

T 是行星运行周期，k 是绝对常数。

(Ⅳ) 假设Ⅳ

$$\boldsymbol{f}\propto\ddot{\boldsymbol{r}} \tag{5}$$

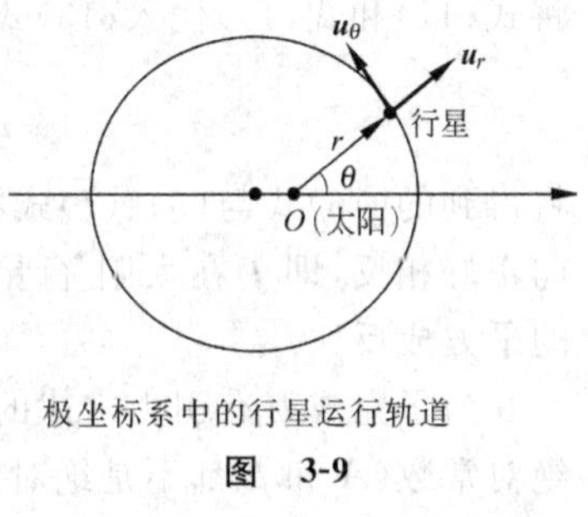

极坐标系中的行星运行轨道

图 3-9

这表示太阳和行星间的作用力 $\boldsymbol{f}$ 与加速度 $\ddot{\boldsymbol{r}}$ 的方向一致，与 $\ddot{\boldsymbol{r}}$ 的大小成正比。

下面要从这四条假设出发，推导出万有引力定律：太阳与行星间作用力的方向是太阳和行星连线方向，指向太阳；大小与太阳-行星间距离的平方成反比。比例系数是绝对常数。

首先，基向量选为

$$\begin{cases} \boldsymbol{u}_r = \cos\theta \boldsymbol{i} + \sin\theta \boldsymbol{j} \\ \boldsymbol{u}_\theta = -\sin\theta \boldsymbol{i} + \cos\theta \boldsymbol{j} \end{cases} \tag{6}$$

于是 $\boldsymbol{r}$ 可表示为

$$\boldsymbol{r} = r\boldsymbol{u}_r \tag{7}$$

因为

$$\begin{cases} \dot{\boldsymbol{u}}_r = -\sin\theta\dot{\theta}\boldsymbol{i} + \cos\theta\dot{\theta}\boldsymbol{j} = \dot{\theta}\boldsymbol{u}_\theta \\ \dot{\boldsymbol{u}}_\theta = -\cos\theta\dot{\theta}\boldsymbol{i} - \sin\theta\dot{\theta}\boldsymbol{j} = -\dot{\theta}\boldsymbol{u}_r \end{cases} \tag{8}$$

由式(7)和式(8)可以得到行星运动的速度和加速度：

$$\dot{\boldsymbol{r}} = \dot{r}\boldsymbol{u}_r + r\dot{\theta}\boldsymbol{u}_\theta \tag{9}$$

$$\ddot{\boldsymbol{r}} = (\ddot{r} - r\dot{\theta}^2)\boldsymbol{u}_r + (r\ddot{\theta} + 2\dot{r}\dot{\theta})\boldsymbol{u}_\theta \tag{10}$$

根据(3)式，

$$\dot{\theta} = \frac{2A}{r^2} \tag{11}$$

$$\ddot{\theta} = \frac{-4A\dot{r}}{r^3} \tag{12}$$

由式(11)和式(12)可知式(10)右端第二项 $r\ddot{\theta}+2\dot{r}\dot{\theta}=0$，于是(10)式为

$$\ddot{\boldsymbol{r}} = (\ddot{r} - r\dot{\theta}^2)\boldsymbol{u}_r \tag{13}$$

根据式(1)和式(11)两式，可以算出

$$\dot{r} = \frac{r^2}{p}e\sin\theta \cdot \dot{\theta} = \frac{2A}{p}e\sin\theta \tag{14}$$

$$\ddot{r} = \frac{2A}{p}e\cos\theta \cdot \dot{\theta} = \frac{4A^2}{r^3}\left(1 - \frac{r}{p}\right) \tag{15}$$

将式(11)和式(15)代入(13)式可得

$$\ddot{\boldsymbol{r}} = -\frac{4A^2}{pr^2}\boldsymbol{u}_r \tag{16}$$

将得到的(16)式与(5)、(7)式相比较可知，太阳对行星的作用力 $\boldsymbol{f}$ 的方向与向径 $\boldsymbol{r}$ 方向正好相反，即 $\boldsymbol{f}$ 在太阳-行星的连线方向，指向太阳；$\boldsymbol{f}$ 的大小与太阳-行星间距离的平方成反比。

为了完成万有引力定律的推导，只需进一步证明(16)式中的比例系数 A^2/p 是绝对常数(A 和 p 都不是绝对常数，它们的数值取决于所讨论的是哪一颗行星)。

根据 A 和(2)式中 a、b 的定义,任一行星的运行周期 T 满足:

$$TA=\pi ab \tag{17}$$

由(2)式、(4)式和(17)式不难得到

$$\frac{A^2}{p}=\frac{\pi^2a^2b^2}{T^2p}=\frac{\pi^2a^2b^2}{ka^3}\cdot\frac{a}{b^2}=\frac{\pi^2}{k} \tag{18}$$

π 和 k 皆为绝对常数,这就说明引力的比例系数对“万物”是同一个常数,从而得到了著名的万有引力定律。

通过万有引力定律的推导过程可以看出,在正确的假设的基础上,运用数学的演绎方法建立模型,对自然科学的发展能够发挥多么巨大的作用。

2. 假设有一个半径为 R 的无底薄壁圆筒(比如用饮料罐剪去上下部分做成),再找两个半径为 r 的乒乓球,有 $2R>2r>R$,就可以变魔术了:把两个乒乓球如图 3-10a 所示放入圆筒内,有时圆筒会翻倒,有时又不会翻倒。这是为什么?

这个魔术的“机关”在于两个乒乓球外观一样但重量不同。一个是空心的正常的乒乓球,另一个则用注射器注满水,并用蜡封住针口。如此一来,这个魔术实际上就是一个静力平衡的问题了。受力情况如图 3-10b 所示,在翻倒的临界情况下,应有 $N_1=0$,系统中只有 B,C 为触地点,对 B 点取矩有

$$QR+P_1(2R-r)+P_2r=N(2R-r) \tag{1}$$

其中 Q 为圆筒的重量,两个乒乓球的重量以 P_1,P_2 加以区别,再取两个乒乓球为研究对象,由竖直方向平衡有

$$N=P_1+P_2 \tag{2}$$

联立(1)式,(2)式得到临界平衡时的关系

$$P_2=\frac{QR}{2(R-r)} \tag{3}$$

因此,当 $P_2\geqslant\frac{QR}{2(R-r)}$ 时,圆筒会翻倒,当 $P_2<\frac{QR}{2(R-r)}$ 时,圆筒不会翻倒。

在表演魔术时,把空心的球放在注水球的上方,则圆筒不会翻倒,而把注水球放在空心球的上方,则圆筒会翻倒,但观众从外表上分不出两个乒乓球的区别,自然会奇怪了。

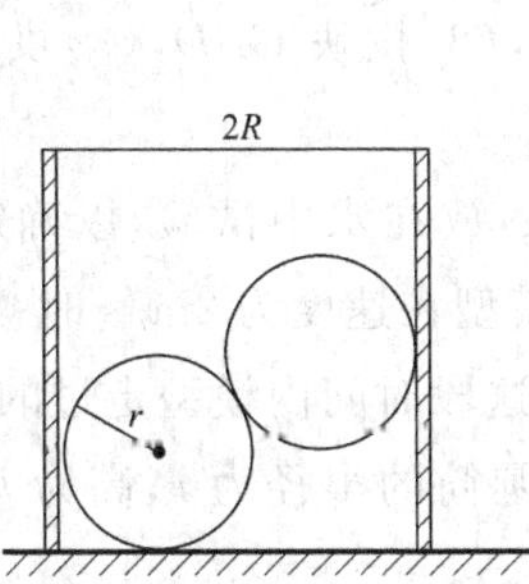

图 3-10a

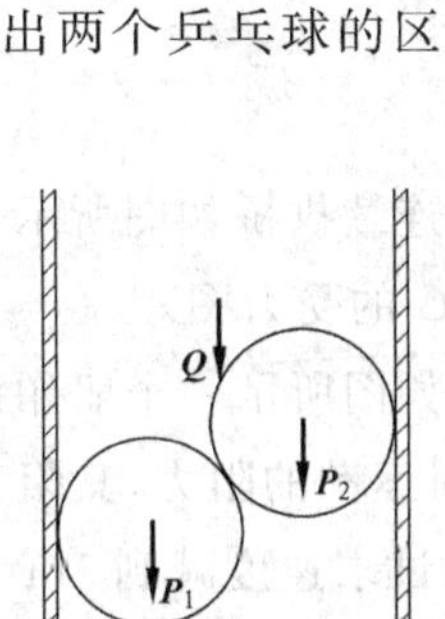

图 3-10b

七、习　　题

3-1　构架如图所示，试画出(1)杆 AB，(2)杆 BC，(3)杆 CD，(4)由杆 AB、BC、CD 组成系统的受力图。

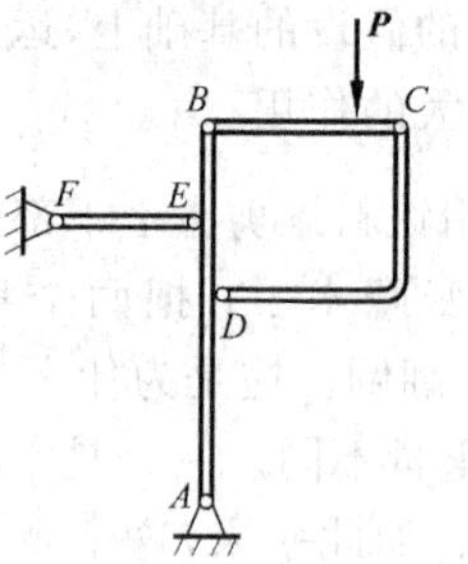

习题　3-1

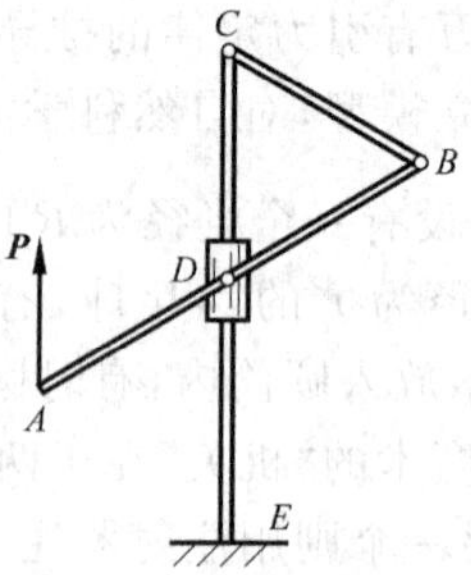

习题　3-2

3-2　在固定于地面的 CE 杆上，筒套 D 可沿 CE 杆自由滑动，套筒 D 上又以铰链连接 AB 杆，如图所示。试画出(1)杆 AB，(2)套筒 D，(3)杆 AB 和套筒 D 组成系统的受力图。

3-3　试画出图示构架中梁 AB 和滑轮 C 的受力图。

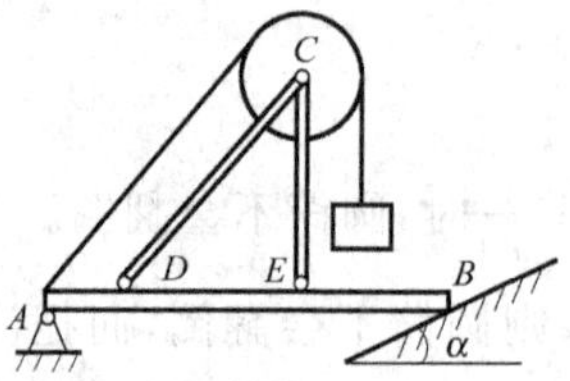

习题　3-3

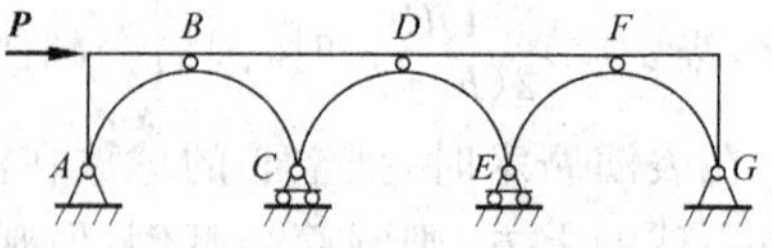

习题　3-4

3-4　连续拱桥如图所示，试画出：(1)拱块 AB，(2)拱块 CBD，(3)拱块 DEF，(4)拱块 FG 的受力图。

3-5　如图所示一个船舶设计模型，质量为 10kg，放在水中试验，以确定在不同速度时水对运动的阻力，其阻力公式为 $R=kv^2$。若模型在速度为 2m/s 时被释放，此时 $R=8\text{N}$，试求速度减到 1m/s 时所需的时间 t 及在这段时间内模型走过的路程 s。

3-6　装有半筒液体的圆筒绕自身铅垂轴旋转，圆筒的半径为 r，高为 h，如图所示。问角速度多大时液体能升高到圆筒的边缘？

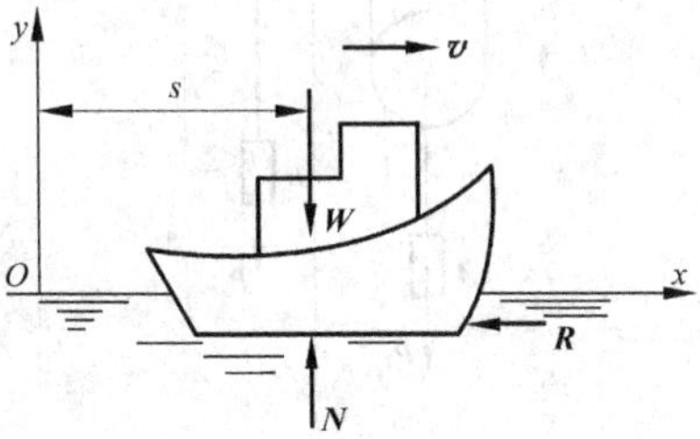

习题 3-5

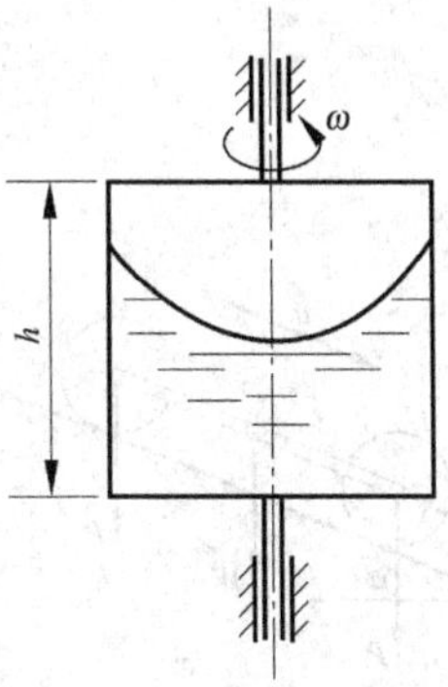

习题 3-6

3-7 质点 M 被限制在倾角为 α 的三棱柱上运动，如图所示，如果(a)三棱柱固定不动，(b)三棱柱以匀加速度 a 沿水平直线向右运动，试分别写出它们的约束方程，并判别是什么类型约束。

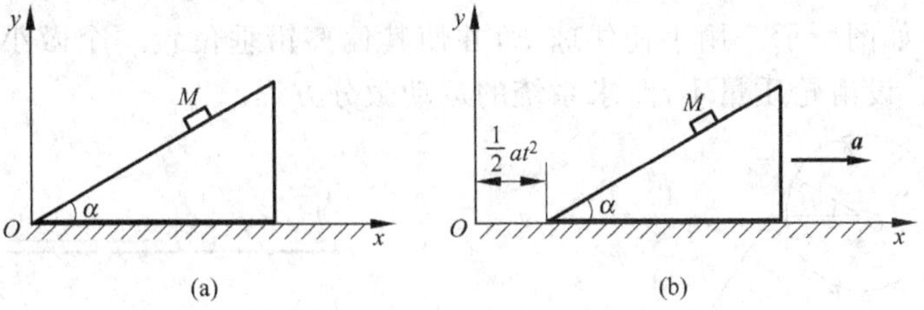

习题 3-7

3-8 补画出下列图中各力作用点处的虚位移。

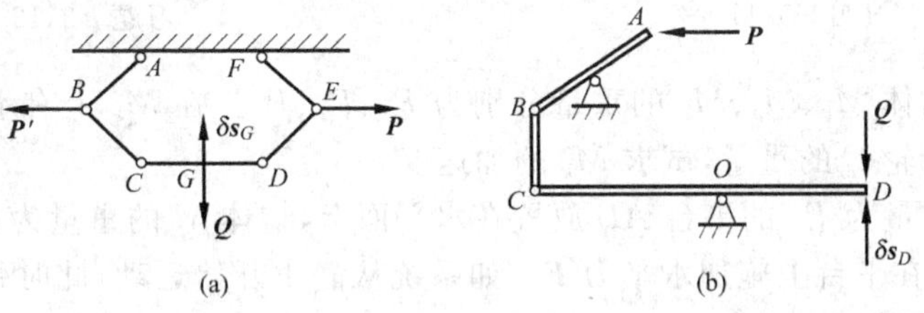

习题 3-8

3-9 设两个重均为 P，半径均为 r 的均质轮，中心用重为 W 的连杆相连组成系统，在倾角为 α 的斜面上作纯滚动，如图所示。求连杆的加速度。

3-10 图示滑轮系统中，动滑轮 C 上悬挂重为 P_1 的重物 A，绳子绕过定滑轮 O 后悬挂重为 P_2 的重物 B。设滑轮和绳子的重量以及摩擦忽略不计，求重物 B 下降的加速度。

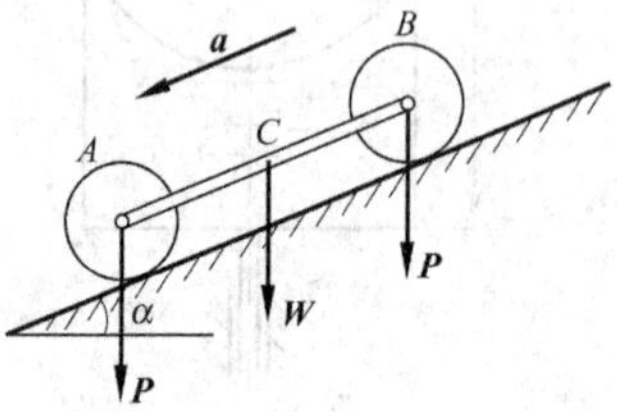

习题 3-9

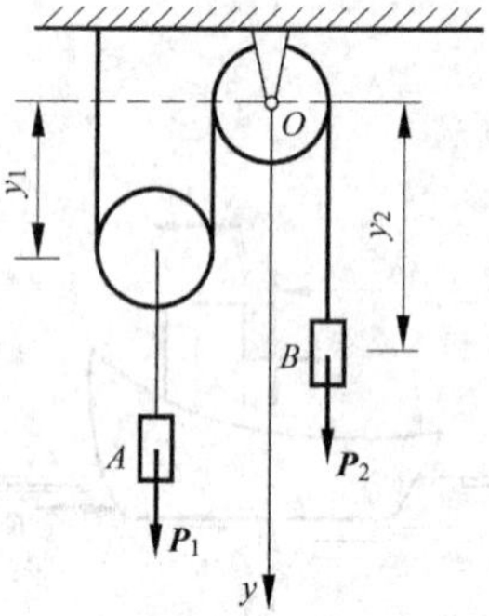

习题 3-10

3-11 质量为 m 的质点悬挂在线的一端，线的另一端绕在半径为 r 的固定圆柱体上，构成一摆，如图所示。在平衡位置时，线的下垂部分长为 l，不计线的质量。试求摆的运动微分方程。

3-12 滑块 A 与小球 B 重均为 P，系于绳子的两端，绳长为 l，滑块 A 放在光滑的水平面上，如图所示。用手托住球 B，并使其偏离铅垂位置一个微小角度，然后无初速地释放。设滑轮质量不计，求系统的运动微分方程。

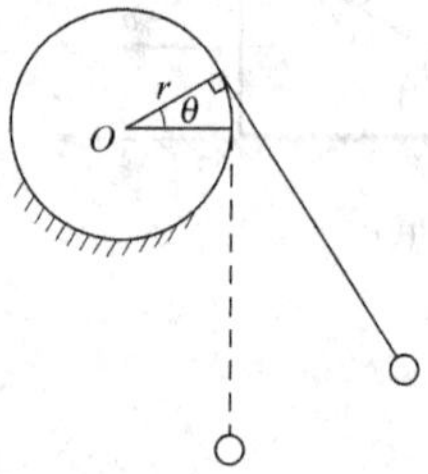

习题 3-11

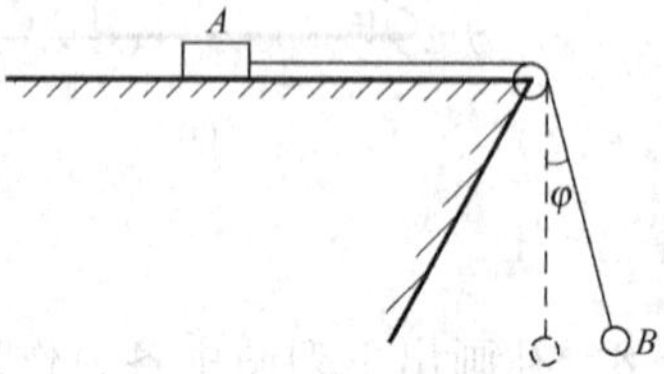

习题 3-12

3-13 物体 M_1、M_2、M_3 的重量分别为 P_1、P_2、P_3。在 M_1 上有水平力 $\boldsymbol{F}$ 作用。略去摩擦及滑轮 O 的重量，试求 M_1 的加速度。

3-14 重量为 P_1 的平台 AB 放置在水平面上，物体 M 的重量为 P_2。弹簧的刚性系数为 k。在平台上施加水平力 $\boldsymbol{F}$。如系统从静止开始运动，此时弹簧无变形，不计摩擦，试求平台及物体 M 的加速度。

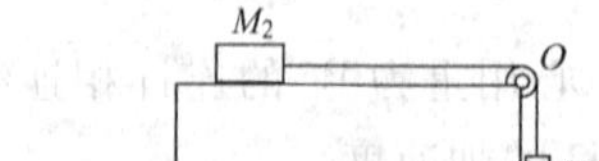

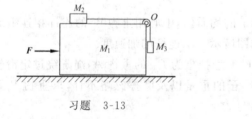

习题 3-13

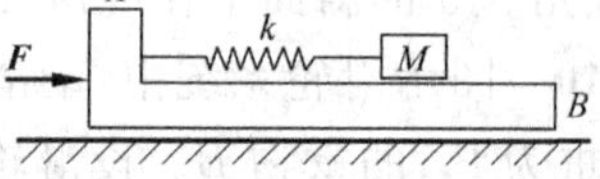

习题 3-14

第 4 章 虚位移原理及应用

一、内 容 摘 要

1. 自由度与广义坐标

由于受到约束，质点系的各个质点的虚位移互相不独立，我们称质点系独立虚位移的个数为质点系的自由度。能够唯一确定质点系位形（各个质点的位置）的相互独立的参数称为广义坐标。对于受完整约束的质点系，可以选择与自由度相同数目的广义坐标来确定质点系的位形，用广义坐标表示的虚位移相互独立。

2. 虚位移原理的三种形式

1）虚位移原理（也称虚功原理）：设质系的质点 P_i 受主动力 $\boldsymbol{F}_i$ 作用，质系的约束都是理想约束，则在时间段 $t_0 \leqslant t \leqslant t_1$ 内，质系的可能平衡位置是真实平衡位置的充分必要条件是：在该时段内的任意时刻，主动力在任意一组虚位移 $\delta \boldsymbol{r}_i$ 上所做的虚功等于零，即

$$\sum_{i=1}^{n} \boldsymbol{F}_i \cdot \delta \boldsymbol{r}_i = 0 \quad (t_0 \leqslant t \leqslant t_1)$$

此式又称作静力学普遍方程。

用虚位移原理求解问题的基本步骤：

（1）确定研究对象：根据需要确定某个质系为研究对象。

（2）约束分析：确认约束都是理想约束，才可以应用虚位移原理。

(3) 受力分析：只需要分析主动力，不需要分析约束反力(求约束反力时除外)。

(4) 选取虚位移：只需要求出主动力作用点的虚位移，而且可以选取特殊的虚位移。

(5) 建立虚位移之间的关系：几个主动力作用点的虚位移通常不是独立的，需要找到它们之间的关系。

(6) 列写虚功方程并求解。

2) 广义力形式

对于受完整理想约束的质点系，虚位移原理等价于如下 n 个平衡方程

$$Q_j = 0 \quad (j = 1,2,\cdots,n)$$

其中 Q_j 称为对应于广义坐标 q_j 的广义力，求广义力有两种方法：解析法和几何法。

3) 势能形式

对于受完整理想约束的质点系，如果主动力有势能，则虚位移原理等价于如下 n 个平衡方程

$$\frac{\partial V}{\partial q_j} = 0 \quad (j = 1,2,\cdots,n)$$

其中 V 是质点系所受的所有主动力的势能，可表示为广义坐标的函数。

二、基本要求

1. 掌握自由度、广义坐标的概念。
2. 对虚位移的概念有比较深入的理解。
3. 能利用虚位移原理的三种形式求解平衡问题。

三、典型例题

例 4-1 已知机构中的 l,a,θ，求平衡时 $\boldsymbol{P}$、$\boldsymbol{N}$ 满足的条件。

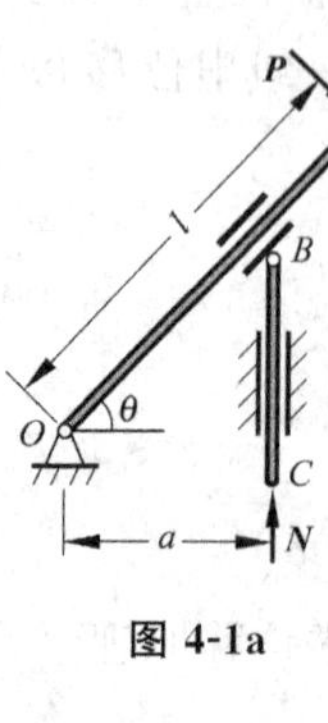

图 4-1a

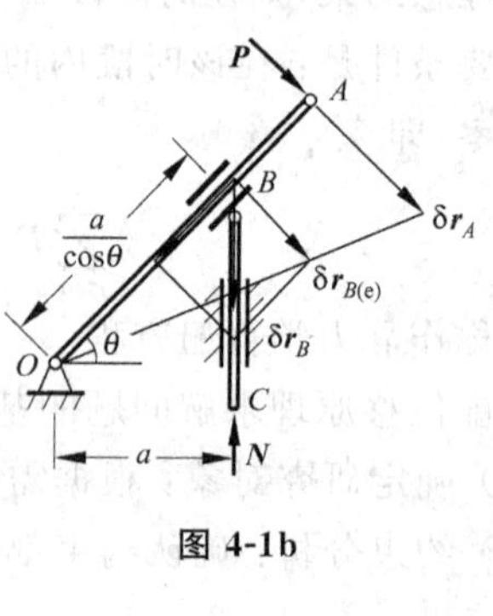

图 4-1b

解法 1(几何法)：设 OA 杆有一个虚转角 $\delta\theta$，求 A、C 点的虚位移。

A 点：$\delta r_A = l\delta\theta$

B 点：以 OA 杆为动系，BC 杆上 B 点为动点。$\delta r_{B(e)} = \dfrac{a}{\cos\theta}\delta\theta$，$\delta r_B = \dfrac{\delta r_{B(e)}}{\cos\theta} = \dfrac{a\delta\theta}{\cos^2\theta}$

由虚功原理有

$$\boldsymbol{P}\cdot\delta\boldsymbol{r}_A + \boldsymbol{N}\cdot\delta\boldsymbol{r}_B = 0$$

$$Pl\delta\theta - N\frac{a}{\cos^2\theta}\delta\theta = 0$$

得
$$N = \frac{Pl}{a}\cos^2\theta$$

解法 2(解析法)：设 OA 杆转角为广义坐标。(略)

解法 3(混合法)：用几何法求 A 点虚位移，用解析法求 B 点虚位移。

A 点：$\delta r_A = l\delta\theta$

B 点：$y_B = a\tan\theta$，$\delta y_B = \dfrac{a\delta\theta}{\cos^2\theta}$

因此由虚位移原理有

$$Pl\delta\theta - N\frac{a}{\cos^2\theta}\delta\theta = 0$$

得
$$N = \frac{Pl}{a}\cos^2\theta$$

讨论：(1)请比较各种方法的特点，(2)在虚功的计算中力与虚位移要在某个坐标系中表示出来，但虚功与坐标无关，因此在求虚功时，可以采用混合方法。(3)注意虚功的正负号。

例 4-2 已知结构中的 a，P，求平衡时 B 铰的约束反力。

解：(1) 解除 B 铰的水平约束，求 N_x。由于解除了约束，所以结构变成机构了。根据机构运动的特点，可以知道 BC 杆速度瞬心在 C^* 处。设 A 铰处虚转角为 $\delta\theta$，则有

$$\delta r_C = \sqrt{2}a\delta\theta,\ \delta r_D = a\delta\theta,\ \delta r_B = 2a\delta\theta$$

根据虚位移原理有

$$P\delta r_D + N_{Bx}\delta r_B = 0$$

$$Pa + 2N_{Bx}a = 0$$

$$N_{Bx} = -\frac{P}{2}$$

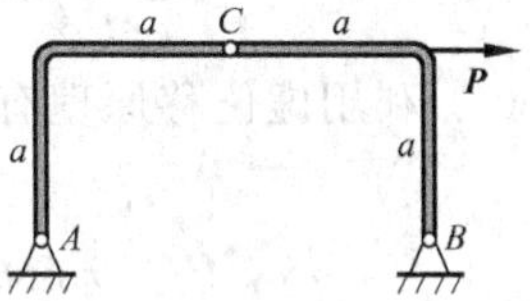

图 4-2a

(2) 解除 B 铰的垂直约束，求 N_y。根据机构运动的特点，可以知道 BC 构件速度瞬心在 A 处。设 A 铰处虚转角为 $\delta\theta$，则有

$$\delta r_C = \sqrt{2}a\delta\theta,\ \delta r_B = 2a\delta\theta,\ \delta r_D = \sqrt{5}a\delta\theta$$

根据虚位移原理有

$$\boldsymbol{P} \cdot \delta \boldsymbol{r}_D - N_{By} \delta r_B = 0$$

$$Pa - 2N_{By} a = 0$$

$$N_{By} = \frac{P}{2}$$

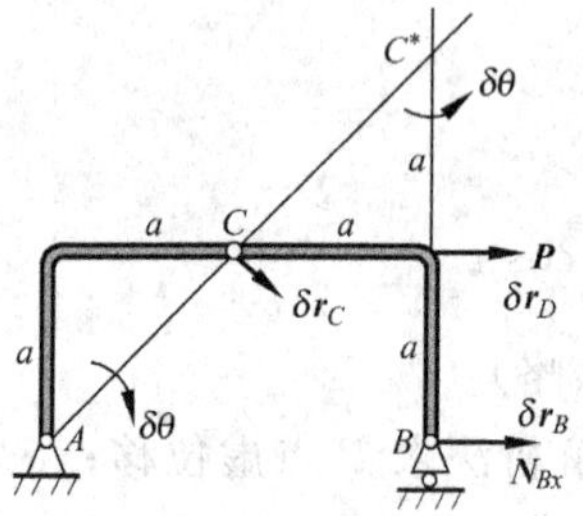

图 4-2b

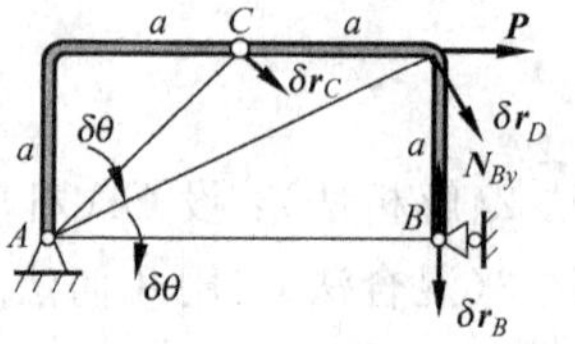

图 4-2c

讨论：(1)如果求约束反力，应先解除约束，将约束力当成主动力。(2)一般要注意一次解除一个方向上的约束。如果同时解除两个方向的约束，系统就为两个自由度，求虚位移要复杂一些。

例 4-3 图示机构中，各构件不计质量。L 型杆 OBC 中 OB 长为 r，BC 长为 l，L 型杆通过小环 D 套在水平杆 OA 上。BD 间套装一个刚度系数为 k 的弹簧，$\theta=\theta_0$ 时弹簧为原长。力 P 水平作用于 C 点。如果机构在某一 θ 角时平衡，问 P 应满足什么关系？

解法 1：(1) 先分析弹簧力。弹簧原长为 $r\tan\theta_0$，弹簧力为

$$F = (\tan\theta - \tan\theta_0)kr$$

(2) 分析虚位移。

设沿 θ 方向有一虚转角 $\delta\theta$，则有

$$x_C = r\cos\theta + l\sin\theta, \quad \delta x_C = (-r\sin\theta + l\cos\theta)\delta\theta$$

$$BD = r\tan\theta, \qquad \delta BD = \frac{r\delta\theta}{\cos^2\theta}$$

(3) 利用虚位移原理有

$$P\delta x_C + F\delta BD = 0$$

$$P(-r\sin\theta + l\cos\theta) + (\tan\theta - \tan\theta_0)kr/\cos^2\theta = 0$$

解法 2：弹簧力虚功另一种计算方法。

(1) 把弹簧撤去，加上弹簧两端的弹簧力(注意方向，设弹簧受拉)，如图 4-3b 所示。

(2) 计算弹簧力对应的虚位移。

$$\delta r_B = r\delta\theta$$

$$OD = \frac{r}{\cos\theta}, \delta r_D = \delta OD = \frac{r\sin\theta}{\cos^2\theta}\delta\theta$$

(3) 计算弹簧力的虚功。

$$\delta A_s = \boldsymbol{F}_B \cdot \delta \boldsymbol{r}_B + \boldsymbol{F}_D \cdot \delta \boldsymbol{r}_D = F\delta r_B + F\sin\theta\delta r_D = (\tan\theta - \tan\theta_0)kr/\cos^2\theta$$

结果同前面一样。

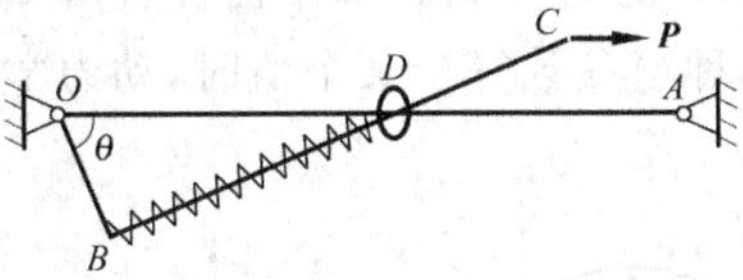

图 4-3a

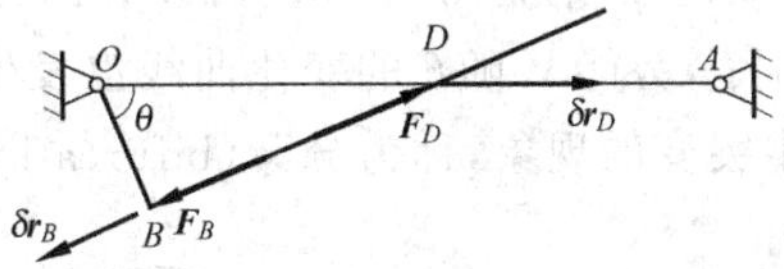

图 4-3b

讨论：(1)注意弹簧力的虚功计算方法，其对应的物理意义是什么？(2)注意弹簧力的方向。(3)计算弹簧力的虚功时，是对弹簧上的弹簧力进行计算，还是对 L 型构件上的弹簧力进行计算，为什么？(4)弹簧力是内力，但是对系统的虚功有贡献，这是弹性体的特点。

例 4-4 一质量为 m 的小球 A 可沿铅垂放置的半径为 r 的光滑圆环滑动，并用刚度系数为 k，原长为 l_0 的弹簧与圆环上的 B 点相连接($kr>mg$)。试求小球 A 的平衡位置，并讨论其稳定性。

解：小球具有一个自由度，选弹簧与垂线的夹角为广义坐标。设 B 点处重力势能为零，弹簧原长处弹性势能为零。则有

图 4-4a

$$V = -2mgr\cos^2\theta + \frac{1}{2}k(2r\cos\theta - l_0)^2$$

平衡时应有 $\frac{\mathrm{d}V}{\mathrm{d}\theta}=0$，得到

$$2r\sin\theta[kl_0 - 2(kr - mg)\cos\theta] = 0$$

$$\sin\theta = 0, \cos\theta = \frac{kl_0}{2(kr - mg)} = \sigma$$

从而知道有两种可能的平衡位置：

$$\theta = 0,\ \theta = \theta_s = \arccos\sigma\ (\sigma < 1)$$

如果平衡位置稳定，势能应取极小值。计算势能的二次导数得

$$\frac{\mathrm{d}^2V}{\mathrm{d}\theta^2} = 2rkl_0[(1 - 2\cos^2\theta)/\sigma + \cos\theta]$$

对于平衡位置 $\theta=0$，$\frac{\mathrm{d}^2V}{\mathrm{d}\theta^2}=2rkl_0[1-1/\sigma]$，因此，当 $\sigma>1$，即 $mg>k\left(r-\frac{1}{2}l_0\right)$ 时稳定；当 $\sigma<1$，即 $mg<k\left(r-\frac{1}{2}l_0\right)$ 时不稳定；当 $\sigma=1$，即 $mg=k\left(r-\frac{1}{2}l_0\right)$ 时，可求出

$\frac{d^2V}{d\theta^2}=\frac{d^3V}{d\theta^3}=0$，但$\frac{d^4V}{d\theta^4}>0$，所以仍是稳定位置。

当$\sigma<1$时，存在第二个平衡位置$\theta=\theta_s$，此时$\frac{d^2V}{d\theta^2}=2rkl_0[1-1/\sigma]$恒大于零，即该位置为稳定平衡位置。

以上讨论见图 4-4b。可以看出，当σ由大于 1 变化到小于 1，平衡位置由 1 个变为 3 个，势能V随θ的变化曲线也发生突变。这种当参数等于某个值时，动力学参数产生突变的现象，称为分叉(bifurcation)现象。

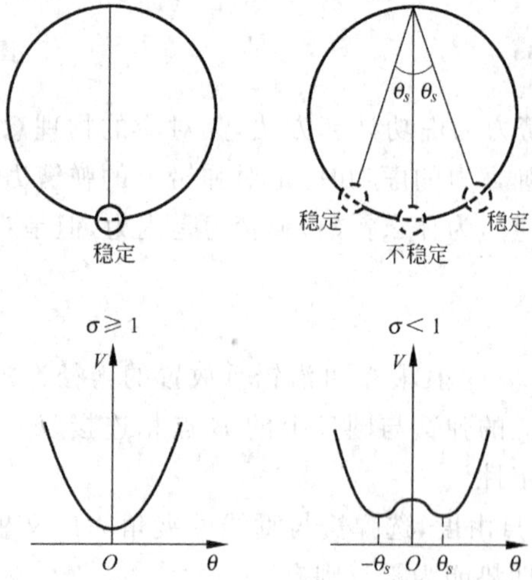

图 4-4b

讨论：(1)选取不同的零势能面对分析结果有无影响？(2)稳定判据的物理意义是什么？(3)能否举出分叉的实际例子？

四、常见错误

问题 1 在例 4-3 中，如果像下面这样计算弹簧力虚功，是否有问题？

先把弹簧撤去，加上弹簧两端的弹簧力(注意方向，设弹簧受拉)。再计算弹簧力对应的虚位移。B点虚位移为$\delta r_B=r\delta\theta$，D点虚位移采用动点动系法，动系与L型杆固结，小环D为动点，因此有

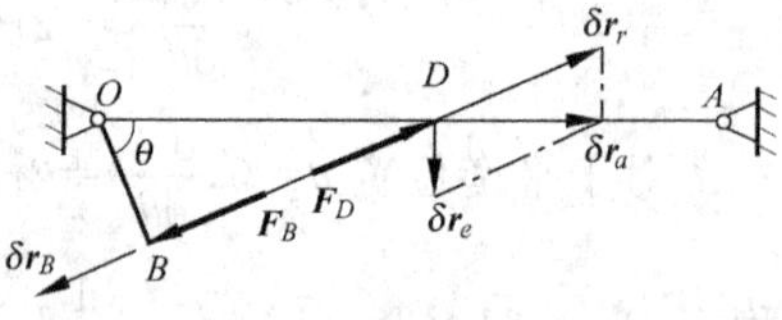

图 4-5

$$\delta r_e=\frac{r}{\cos\theta}\delta\theta,\ \delta r_r=\frac{\delta r_e}{\cos\theta}=\frac{r}{\cos^2\theta}\delta\theta$$

最后计算弹簧力的虚功：

$$\delta A_s = \boldsymbol{F}_B \cdot \delta \boldsymbol{r}_B + \boldsymbol{F}_D \cdot \delta \boldsymbol{r}_r$$

这样计算的结果与例 4-3 不同。

提示：(1)系统所做的虚功与坐标系的选择有无关系？(2)在动系中看，B 点的虚位移是多少？(3)看一下 $F_D \cdot \delta r_r$ 与 $F_D \cdot \delta BD$ 有什么关系，两个表达式应如何解释？

问题 2 在图示系统中，各杆重量均忽略不计，AB 杆和 AC 杆的长均为 l，OC 杆和 BE 杆的长均为 $2l$，D 为中点。已知主动力 $\boldsymbol{P}$ 和 $\boldsymbol{Q}$，求在 $\theta=45°$ 位置平衡时 $F=$？下面计算中有错误，问题出在哪？为什么？

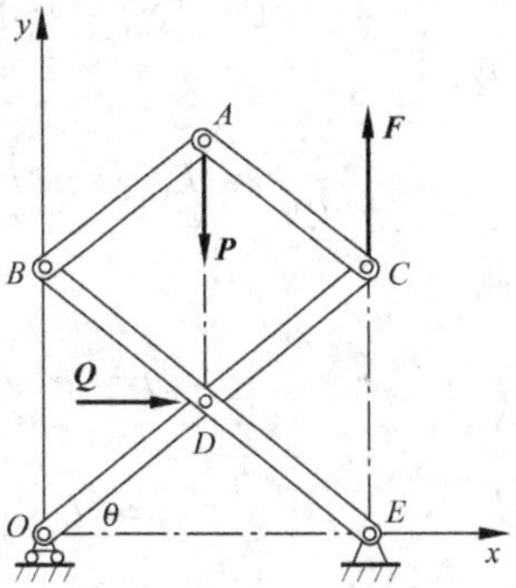

图 4-6

解：取图 4-6 所示的直角坐标系，选 θ 为广义坐标。

(1) 各力在坐标轴上投影为

$$P_x = 0,\quad P_y = -P;$$

$$Q_x = Q,\quad Q_y = 0;$$

$$F_x = 0,\quad F_y = F$$

(2) 各力作用点的坐标及虚位移为(力的投影值为零的坐标及其虚位移忽略)

$$y_A = 3l\sin\theta,\quad \delta y_A = 3l\cos\theta\delta\theta$$

$$x_D = l\cos\theta,\quad \delta x_D = -l\sin\theta\delta\theta$$

$$y_C = 2l\sin\theta,\quad \delta y_C = 2l\cos\theta\delta\theta$$

(3) 由 $\sum(F_x\delta x + F_y\delta y) = 0$ 解出结果

$$-P(3l\cos\theta\delta\theta) + Q(-l\sin\theta\delta\theta) + F(2l\cos\theta\delta\theta) = 0$$

$$F = \frac{3}{2}P + \frac{Q}{2}\tan\theta$$

$$\theta = 45°,\ F = \frac{3}{2}P + \frac{Q}{2}$$

提示：(1)何谓虚位移？该系统的虚位移应如何给出？(2)如果直角坐标系的原点取在 B 上，结果又会怎样？(3)用虚位移原理的解析法计算时，所选的直角坐标系有什么限制吗？

问题 3 长为 $2l$，重为 W 的均质杆 AB(其质心为 C)用刚度系数分别为 k_1、k_2 和 k_3 的弹簧(原长均为 l_0)吊起如图示。可根据系统的势能函数 V 对广义坐标的偏导数为零，来确定平衡位置，但下面的解法是否正确？为什么？

解：取图 4-7 所示 AB 杆质心 C 的纵向坐标 y_C 及 AB 杆与水平线的夹角 θ 为其两

自由度系统的广义坐标，并取过 A 点的水平面为重力场的零势面，则系统的势能 V 为

$$V = Wl\sin\theta + \frac{1}{2}k_1(y_C - l\sin\theta - l_0)^2 + \frac{1}{2}k_2(y_C - l_0)^2 + \frac{1}{2}k_3(y_C + l\sin\theta - l_0)^2$$

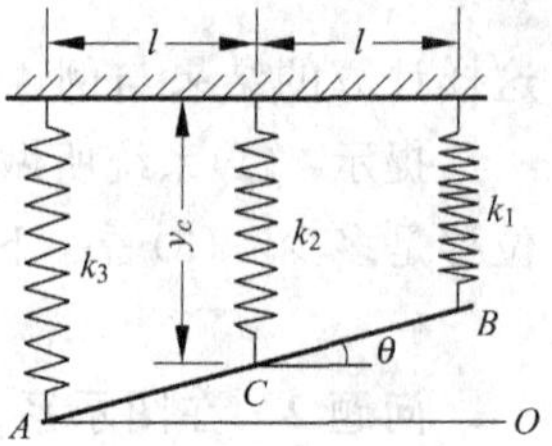

图 4-7

由平衡条件

$$\frac{\partial V}{\partial \theta} = Wl\cos\theta + k_1(y_C - l\sin\theta - l_0)(-l\cos\theta) + k_3(y_C + l\sin\theta - l_0)(l\cos\theta) = 0$$

及

$$\frac{\partial V}{\partial y_C} = k_1(y_C - l\sin\theta - l_0) + k_2(y_C - l_0) + k_3(y_C + l\sin\theta - l_0) = 0$$

得

$$\theta = \arcsin\frac{(k_1 + k_2 + k_3)W}{[(k_1 - k_3)^2 - (k_1 + k_3)(k_1 + k_2 + k_3)]l}$$

$$y_C = l_0 + \frac{W(k_1 - k_3)}{(k_1 - k_3)^2 - (k_1 + k_3)(k_1 + k_2 + k_3)}$$

提示：(1) 计算系统的势能时，势力场的零势面可否任意选取？有没有必须限制的条件？(2) 如果重力场的零势面取在过图示质心 C 的水平面上，重力势能应怎样计算？

问题 4 图示系统中各杆重量均忽略不计，弹簧的刚度为 k，原长为 r，在力 $\boldsymbol{P}$ 作用下系统在图示位置平衡，求在 OA 杆上作用力为 $\boldsymbol{Q}$ 时，如下解法错在哪里？

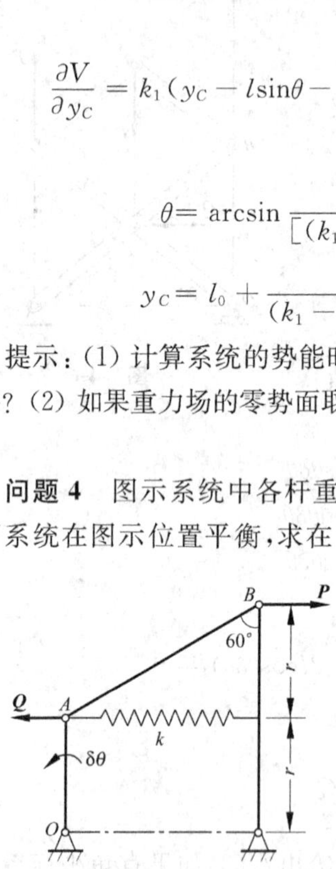

图 4-8

解：设 OA 杆以一虚角 $\delta\theta$ 转动，如图所示，则

$$\delta r_A = \delta r_B = r\delta\theta$$

由 $\sum \boldsymbol{F}_i \cdot \delta \boldsymbol{r}_i = 0$：$Q \cdot r\delta\theta - P \cdot r\delta\theta = 0$

得 $Q = P$

提示：(1) 用虚位移原理求解系统的平衡问题有何条件？(2) 弹簧对系统的平衡没有影响？怎样计入弹簧的影响？

五、疑难解答

1. 为什么不将广义坐标数目定义为系统的自由度？

一般来说，广义坐标数并不等于自由度数。在完整约束情况下，独立的广义坐标

数等于自由度数，在非完整约束情况下，独立的广义坐标数不等于自由度数。因此，将独立的虚位移数目定义为自由度数目。

例：若球在空间运动，球心为 C，需要 6 个广义坐标描述其运动，即 $x_c, y_c, z_c, \Psi, \theta, \varphi$。若球在 xy 平面上作纯滚动，则需要 5 个广义坐标描述，即 $x_c, y_c, \Psi, \theta, \varphi$。同时，由于系统还受到纯滚动约束：

$$\boldsymbol{v}_A = \boldsymbol{v}_C + \boldsymbol{\omega} \times \boldsymbol{CA}$$

由于速度分析与虚位移分析相同，虚位移也有类似的约束关系，写成标量方程有 2 个，因此独立虚位移只有 3 个，系统自由度为 3。

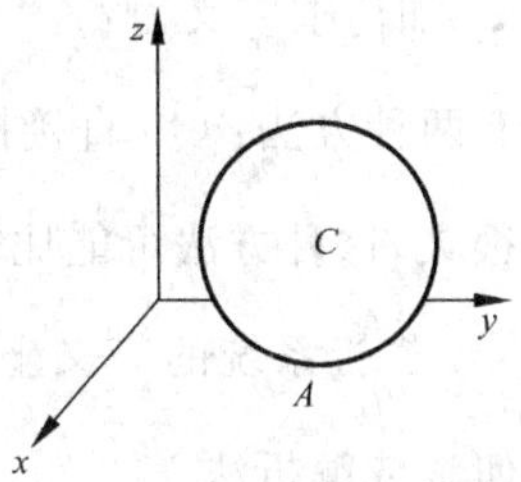

图 4-9

2. 如何用虚位移原理求约束力？

利用虚位移原理的目的之一，就是让系统中的约束力不出现。但是如果要求约束力，就要解除相应的约束，加上约束力。然后把约束力当作主动力来处理。

3. 系统中有弹簧时，弹簧力的虚功如何求？

系统中的内力都是成对出现的，如果系统中都是刚体，这些内力的虚功之和为零。但弹簧是变形体，变形体中内力的虚功一般不为零。

计算弹簧力的虚功时，先去掉弹簧，弹簧两端（设为 A、B 两点）加上弹簧力，然后可以用两种方法计算虚功：(1)求出弹簧力对应的虚位移，再求两端弹簧力的虚功之和，即 $\delta A_s = \boldsymbol{F}_A \cdot \delta \boldsymbol{r}_A + \boldsymbol{F}_B \cdot \delta \boldsymbol{r}_B$；(2)求出弹簧长度的表达式，计算出长度的变分（长度变分的意义就是弹簧长度的改变量），弹簧力乘以长度的变分就是弹簧力的虚功，即

$$\begin{aligned}\delta A_s &= \boldsymbol{F}_A \cdot \delta \boldsymbol{r}_A + \boldsymbol{F}_B \cdot \delta \boldsymbol{r}_B = -\boldsymbol{F}_B \cdot \delta \boldsymbol{r}_A + \boldsymbol{F}_B \cdot \delta \boldsymbol{r}_B \\ &= \boldsymbol{F}_B \cdot (\delta \boldsymbol{r}_B - \delta \boldsymbol{r}_A) = \boldsymbol{F}_B \cdot \delta(\boldsymbol{r}_B - \boldsymbol{r}_A) = \boldsymbol{F}_B \cdot \delta \boldsymbol{r}_{AB} = F_B \delta r_{AB}\end{aligned}$$

具体例子见典型例题 4-3。

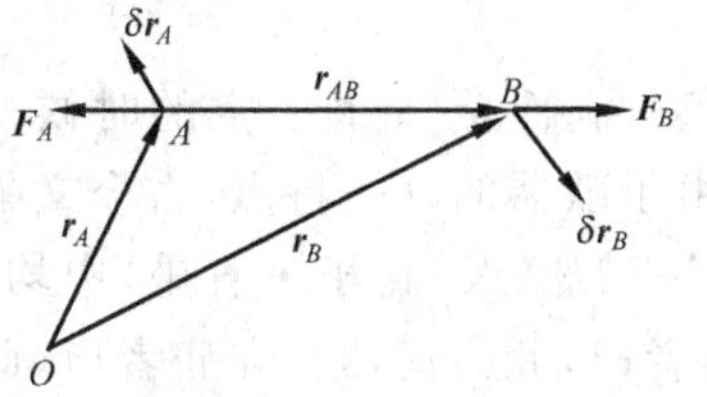

图 4-10

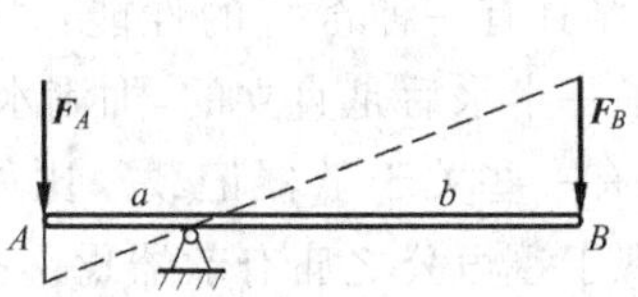

图 4-11

4. “虚位移原理”的思想是什么？

虚位移原理主要是研究有约束的系统中平衡时主动力之间的关系。牛顿力学主要从力的角度进行分析，而虚位移原理主要从做功的角度进行分析。虚位移原理的

思想是平衡条件与功有关，其来源是杠杆。杠杆平衡时，力小的力臂大，做功相等。即得之于力，失之于力臂。

5. 如何求广义力？

有两种方法：(1) 直接按定义 $Q_j=\sum_{i=1}^{n}\boldsymbol{F}_i\cdot\frac{\partial \boldsymbol{r}_i}{\partial q_j}$ 求广义力。由于系统中质点的数目可能很大，这种方法可能比较复杂，所以该方法很少真正使用。(2) 利用虚功求广义力 $Q_j=\frac{\partial A}{\partial q_j}$。系统的广义坐标数目一般很少，这种方法比较简单。具体计算中可以采用几何法或解析法。

6. 广义坐标形式的静力学普遍方程有什么特点？

静力学普遍方程为 $\sum_{i=1}^{N}\boldsymbol{F}_i\cdot\delta\boldsymbol{r}_i=0$。而广义坐标形式的静力学普遍方程为 $\sum_{i=1}^{n}Q_j\delta q_j=0$ 比较两种方程可看出：(1) N 是系统中质点数目，可能很大，而 n 是系统的自由度数目，一般远小于 N。(2) 各质点的虚位移 $\delta\boldsymbol{r}_i$ 一般不独立，但 δq_j 独立，可以直接得到 $Q_j=0$。因此，广义坐标形式的静力学普遍方程更简单。

7. 有没有“广义坐标形式的动力学普遍方程”？

有，这就是拉格朗日方程——分析力学中最重要的方程，这是教科书中第8章内容。

六、趣味问题

1. 欹器的原理及设计

《读书》(1995年第10期)中漫画家丁聪以“想起了欹器”为题画了一幅漫画，陈四益配文说“中国古代有一种欹器，水装得过满，便会倾斜。古人置之座右，以为借鉴。可惜这种‘欹器’今天已经失传。”

欹器具有一种奇特的性能：“虚而欹，中而正，满而覆”。即：空的时候是倾斜的，加了一半水后是直立的，加满水后即翻倒。由于欹器的这一特点，古今文献[1～9]中均有一些关于欹器记载。比如，《孔子家语·三恕》及《荀子·宥坐》中均提到：“孔子观于鲁恒公之庙有欹器焉。孔子问于守庙者曰，此为何器？守庙者曰，此盖为宥坐之器。孔子曰：吾闻宥坐之器者，虚而欹，中而正，满而覆。(明君以为至诫，故常置之于座侧。)孔子谓弟子曰：注水焉。弟子挹水而注之。中而正，满而覆，虚而欹。孔子喟然而叹曰：吁！恶有满而不覆者哉？”(孔子参观鲁庙的时间是公元前506年[6])。又比如，《文子·守弱》中提到：“三皇五帝有戒之器，命曰侑卮。其冲即正，其盈即覆。夫物盛则衰，日中则移，月满则亏，乐终而悲。”

由于欹器的这些特点，三皇五帝都把它作为警诫之器，鲁国国君更把它作为圣物放在庙中祭祀，孔子则曾用它来教育学生。即使在今天，“满而覆”也有教育意义。

近代在西安半坡遗址发现了一些奇怪的陶器，其特征是：轴对称，小口，大肚，尖底，双耳在大肚部位。对这些尖底陶器，考古学家们一般认为是汲水的工具，而一些物理学家或力学家则进一步认为是自动汲水的工具，还有人认为可能就是欹器或它的前身(丁聪画的欹器与这些陶器很相像)。文献[9]对上述陶器进行了模拟实验和数值计算，结果表明：若认为这些陶器是汲水的工具，则不可能自动汲水；若认为是欹器，则其结构特征(尖底)与其特性没有必然的联系。

仅仅根据欹器“虚而欹，中而正，满而覆”的特点，可以根据有关力学的原理，把欹器设计并制作出来。在没有进一步的资料前，虽然不知真实的欹器是怎样的，但它可能是下列三种形式中的一种：悬浮于水中的悬浮式欹器、用绳索吊着的悬挂式欹器、放在桌面上的触地式欹器。

下面主要介绍触地式欹器的原理及设计，而对悬浮式及悬挂式欹器的原理只作简要介绍。

触地式欹器的原理分析及设计

图 4-12a 是触地式欹器的模型，平衡于桌面上，其中 OXY 是定系，Bxy 是结体系，$M(x_M, y_M)$为平衡时的接触点，$P(x_P, y_P)$为重心 C 在 X 轴上的投影点(欹器平衡时 M 与 P 重合，但在运动过程中 M 与 P 不重合)。其底部轮廓线在结体坐标 Bxy 中为 $y=f(x)$，顶部形状暂不考虑，重心 $C(0, y_C)$在 y 轴上。定义结体系 y 轴与定系 Y 轴的夹角 θ 为欹器的倾斜角。

平衡位置分析

考虑要满足平衡与稳定，并尽可能简单，经过分析，可取 $y=ax^2\ (a>0)$。为求平衡位置，设 $PC=Y$，则平衡时重力势能为

$$V = mgY \tag{1}$$

X 轴在 Bxy 坐标系中表示为

$$y - y_M = 2ax_M(x - x_M) \tag{2}$$

PC 与 X 轴垂直，在 Bxy 坐标系中表示为

$$y - y_C = -\frac{x}{2ax_M} \tag{3}$$

联立方程(2)(3)，可求出 P 的表达式

$$\left.\begin{aligned} x_P &= \frac{2ax_M(y_C + ax_M^2)}{1 + 4a^2x_M^2} \\ y_P &= y_C - \frac{x_P}{2ax_M} \end{aligned}\right\} \tag{4}$$

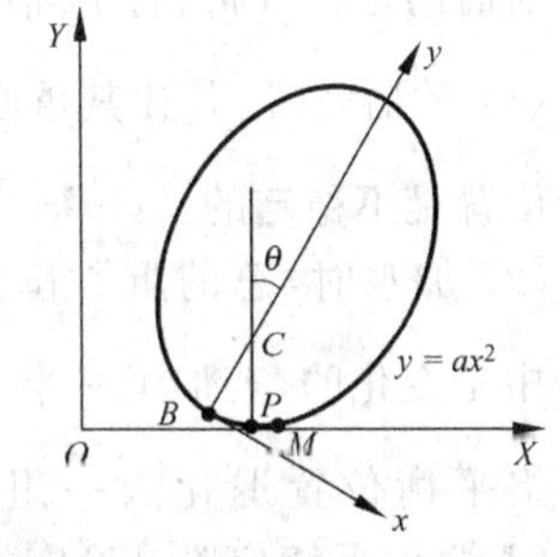

图 4-12a　触地式欹器的模型

所以

$$Y = PC = \sqrt{(x_C - x_P)^2 + (y_C - y_P)^2} = \frac{y_C + ax_M^2}{\sqrt{1 + 4a^2 x_M^2}} \tag{5}$$

在平衡位置，应有 $\frac{dV}{dx_M}=0$，即

$$\frac{dV}{dx_M} = 2mgax_M(1 + 2a^2 x_M^2 - 2ay_C)(1 + 4a^2 x_M^2)^{-3/2} = 0 \tag{6}$$

从而求出两组平衡位置 $\left(\tan\theta = \frac{x_M}{y_C - y_M}\right)$

$$\text{(a)}\ \begin{cases} x_M = 0 \\ y_M = 0 \\ \theta = 0 \end{cases} \qquad \text{(b)}\ \begin{cases} x_M = \sqrt{\frac{1}{a}\left(y_C - \frac{1}{2a}\right)} \\ y_M = \left(y_C - \frac{1}{2a}\right) \\ \theta = \arctan\left(2\sqrt{a\left(y_C - \frac{1}{2a}\right)}\right) \end{cases} \tag{7}$$

其中一组平衡位置是直立的($\theta=0$)，另一组平衡位置是倾斜的($\theta\neq 0$)。

稳定性分析

由于欹器“虚而欹，中而正，满而覆”，从平衡与稳定的角度来看即为：(1)欹器空时，平衡位置是倾斜的并且是稳定的；(2)欹器加了一半水时，平衡位置是直立的并且是稳定的；(3)欹器加满水时，平衡位置是直立的但却是不稳定的。而稳定性与重力势能的二阶导数有关，下面求出 $\frac{d^2V}{dx_M^2}$，并代入前面已求出的两组平衡位置，有

$$\frac{d^2V}{dx_M^2} = 2mga(1 + 16a^3 x_M^2 y_C - 2ay_C - 2a^2 x_M^2)(1 + 4a^2 x_M^2)^{-5/2}$$

$$\left.\frac{d^2V}{dx_M^2}\right|_{\theta=0} = 2mga(1 - 2ay_C) \tag{8}$$

$$\left.\frac{d^2V}{dx_M^2}\right|_{\theta\neq 0} = 4mga(1 - 2ay_C)(1 - 4ay_C)(1 + 4a^2 x_M^2)^{-5/2}$$

结合前面的定性分析，有下面的结论：

(1) 欹器空时，若让其重心位置 $y_C > \frac{1}{2a}$，则倾斜的平衡位置是稳定的，而直立的平衡位置是不稳定的。

(2) 加水时，总的重心位置 y_C 在结体系 Bxy 中是变化的，若加了一半水时有 $y_C < \frac{1}{2a}$，则两组平衡位置退化成一组直立的平衡位置，且直立的平衡位置是稳定的。

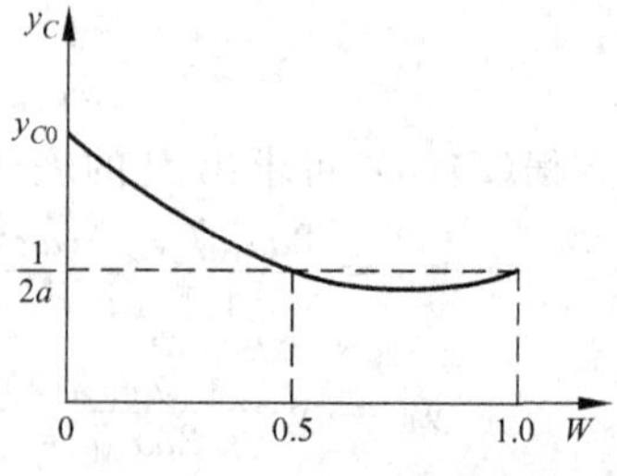

图 4-12b y_C 与 W 的关系

(3) 继续加水时，总的重心位置继续变

化，若加满水时 $y_C=\dfrac{1}{2a}$，则平衡位置仍是直立的，但不稳定，外界的细微干扰就会使欹器倾倒。当水流出后，由于欹器上部的形状也是经过特殊设计的，它不能在上部的任何位置平衡，又回到倾斜的状态。

综合上述三点，可以发现，总重心 y_C 的变化是平衡稳定的关键。而加水的多少可影响 y_C 的变化，且 y_C 与加水量 W($W=1$ 表示加满水)大致的关系应是如图 4-12b 所示的曲线。其中 y_C 具体如何变化无关紧要，但一定要满足以下几点：

(Ⅰ) $W\in[0,0.5)$， $y_C>\dfrac{1}{2a}$；

(Ⅱ) $W=0.5$ 或 $W=1$， $y_C=\dfrac{1}{2a}$；

(Ⅲ) $W\in(0.5,1)$， $y_C<\dfrac{1}{2a}$。

参数设计

在结体坐标系 Bxy 中，假设欹器空时质量为 m_0，重心位置为 y_{C0}，加入的水高度为 y，加水后总重心位置为 y_C，装水的内管截面积为 S，内管较细，基本上可保证 $x_C\equiv 0$(见图 4-12c)。下面给出确定或调整各参数的方法。

由前面对重心位置的分析可知，空时应有

$$y_{C0}>\frac{1}{2a} \tag{1}$$

加水后，总重心为

$$y_C=\frac{m_0 y_{C0}+\frac{1}{2}\rho S y^2}{m_0+\rho S y} \tag{2}$$

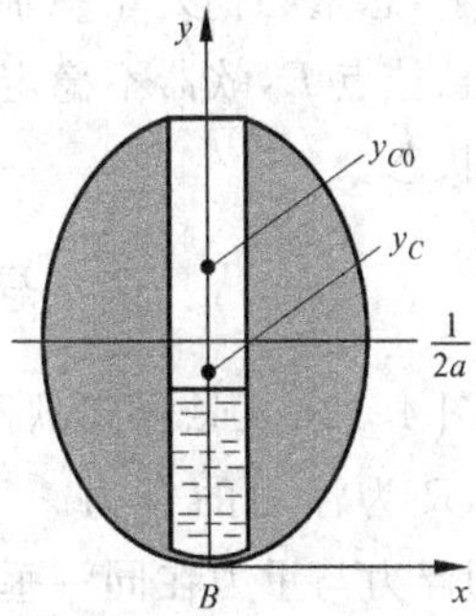

图 4-12c 欹器的重心

令 $y_C=\dfrac{1}{2a}$，可求出 y 的两个解 y_1、y_2，应有

$$y_1\approx\frac{1}{2}y_2 \tag{3}$$

y_C 对 y 的导数为

$$\frac{\mathrm{d}y_C}{\mathrm{d}y}=\frac{\frac{1}{2}\rho S y^2+m_0 y-m_0 y_{C0}}{(m_0+\rho S y)^2}\rho S \tag{4}$$

注意到 y 较小时，$\dfrac{\mathrm{d}y_C}{\mathrm{d}y}<0$，$y$ 较大时，$\dfrac{\mathrm{d}y_C}{\mathrm{d}y}>0$，与图 4-12b 中曲线的变化趋势一样。

令 $\dfrac{\mathrm{d}y_C}{\mathrm{d}y}=0$，解出

$$y_3=\frac{\sqrt{m_0^2+2m_0\rho S y_{C0}}-m_0}{\rho S} \tag{5}$$

$$y_{C\min} < \frac{1}{2a} \quad (6)$$

$$y_1 < y_3 \quad (7)$$

$$y_3 < y_2 \quad (8)$$

以上条件可通过调整四个参数 m_0，y_{C0}，S，a 来实现。

悬挂式欹器的原理分析及设计

图 4-12d 是悬挂式欹器模型的正视图和侧视图，E 为悬挂点（双耳）。其中装水的内管是特殊的，分上下两部分。上管Ⅱ横截面是圆，下管Ⅰ横截面是半圆，旁边有一个配重。满足的条件是：当管Ⅰ加满水时，此时所加水的重量等于配重的重量；当管Ⅱ加满水时，重心位置正好到达悬挂点的位置。

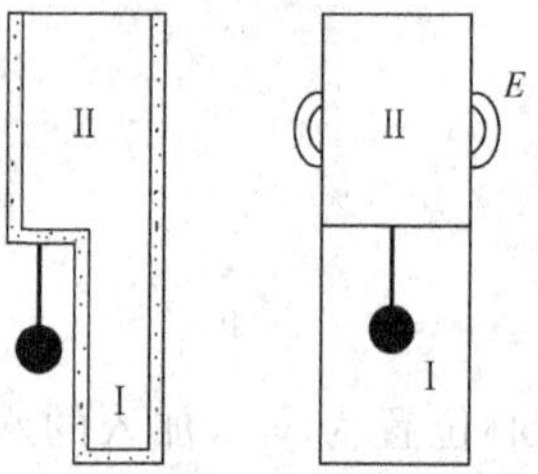

图 4-12d 悬挂式欹器模型

在这样的条件下，若欹器空的时候，重心偏向配重这边，从而欹器是倾斜的；若加水使管Ⅰ满时，总重心开始处于中轴线上了，欹器处于垂直状态；再加水，总重心仍处于中轴线上，欹器一直是垂直的；当管Ⅱ也加满水时，总重心位置到达悬挂点 E，欹器不稳定，外界的微小干扰就会使欹器倾倒，当水倒出后，又恢复倾斜的状态。

悬浮式欹器的原理分析及设计

图 4-12e 是悬浮式欹器的模型。其中 y_{C0} 为欹器空时的重心，y_C 为加水后的总重心，R 为浮力的合力。平衡时要满足 R 过 y_C 点，即浮力与重力在同一垂线上。当不断加水时，欹器的中轴线渐渐变为垂直于水面，y_C 渐渐靠近中轴线。加到一定的时候，欹器就会沉入水中并充满水。此时把它从水中提出，若总重心的位置高于悬挂点（双耳）的位置，则欹器不稳定，外界的微小干扰就会使欹器倾倒，当水倒出后，又恢复倾斜的状态。具体详细内容可参见文献[9]。

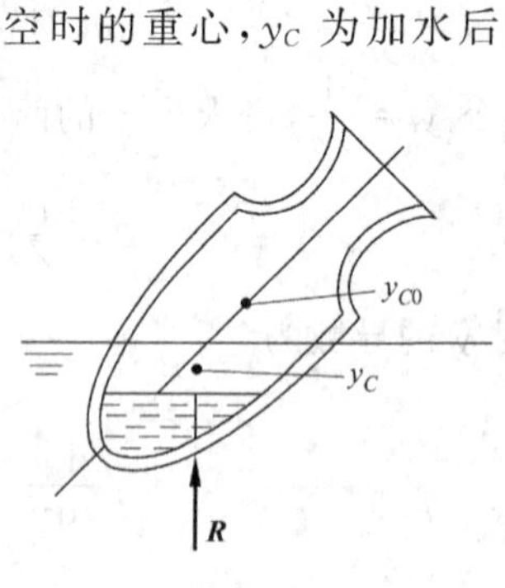

图 4-12e 悬浮式欹器模型

进一步推断

以上三种"欹器"均具有"虚而欹，中而正，满而覆"的特点，在没有更多的资料核实之前，难以断定古代真实的欹器到底是其中哪一种类型。

考虑到古代的制造水平，加工技术，可以推断真正的欹器不会有太多的技术要求；又考虑到欹器失传近千年，祖冲之等人还制造过[8]，说明真正的欹器在制造上有一定的难度。下面结合这两个方面来分析以上三种“欹器”可能性。

(1) 悬浮式“欹器”技术要求不高，对外形没有要求，双耳的位置也不要求很准确。根据分析及文献[9]中的结论，对于细长形的容器，只要加满水后总重心的位置高于双耳的位置，把它提出水面时即会倾倒。这种“欹器”在加入一定量的水后，会沉入水中，要提出水面才会倾倒。由于“虚而欹，中而正”只要加水就可实现，而“满而覆”是由于提出水面而不是加水，因此三个过程有不连贯的感觉，另外悬浮式“欹器”过于简单，不可能会失传近千年。因此真正的欹器是悬浮式“欹器”的可能性不大。

(2) 触地式“欹器”技术要求很高，其外形与其重心的变化对它的平衡位置都有影响，并且所有参数要满足一定的关系。由于外形要满足一定的条件，这种“欹器”的底部不能太尖，并且外形的精度有很高的要求。考虑古代的制造水平，真正的欹器是触地式“欹器”的可能性也不大。

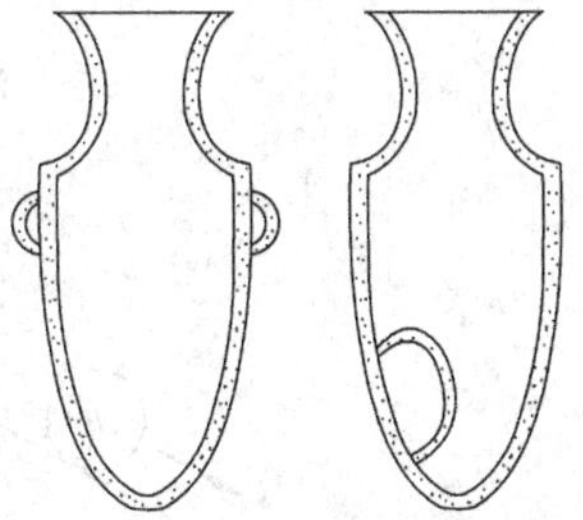

图 4-12f 带有气泡的陶器

(3) 悬挂式“欹器” 技术要求稍高，对外形没有要求，双耳的位置要准确。真正的欹器是悬挂式“欹器”的可能性很大。它可能是在烧制陶器时，由于陶土中夹杂有空气，无意中烧制出的陶器形如图 4-12f，结果那鼓起的气泡(可能有多个气泡)使陶器内的空腔不对称，而鼓出的陶土相当于配重。若加满水后总重心高于双耳时，这个带有气泡的陶器就具备了“欹器”的特点。与悬浮式“欹器”相比，悬挂式“欹器”的“虚而欹，中而正，满而覆”都仅仅是由于加水所致。由于当时的制造风格，这个陶器可能是尖底的，就像半坡遗址出土的尖底陶器一样。

参考文献

[1] 王肃(三国.魏).孔子家语.郑州：中州古籍出版社，1991，40
[2] 姜义华等.孔子—周秦汉晋文献集.上海：复旦大学出版社，1990，606
[3] 杨柳桥.荀子诂译.山东：齐鲁书社，1985，808
[4] 王森.荀子白话今译.北京：中国书店出版社，1992，344
[5] 李定生等.文子要诠.上海：复旦大学出版社，1988，80
[6] 匡亚明.孔子评传.山东：齐鲁书社，1985，436
[7] 丁聪，陈四益.想起了欹器.读书，1995，10：1
[8] 陆锡兴.说欹器.中国古代科技漫话.北京：中华书局出版社，1992，180
[9] 王人钧.半坡的尖底红陶瓷.力学与实践，1990(3)：71

七、习　　题

4-1　确定图中各系统的自由度。

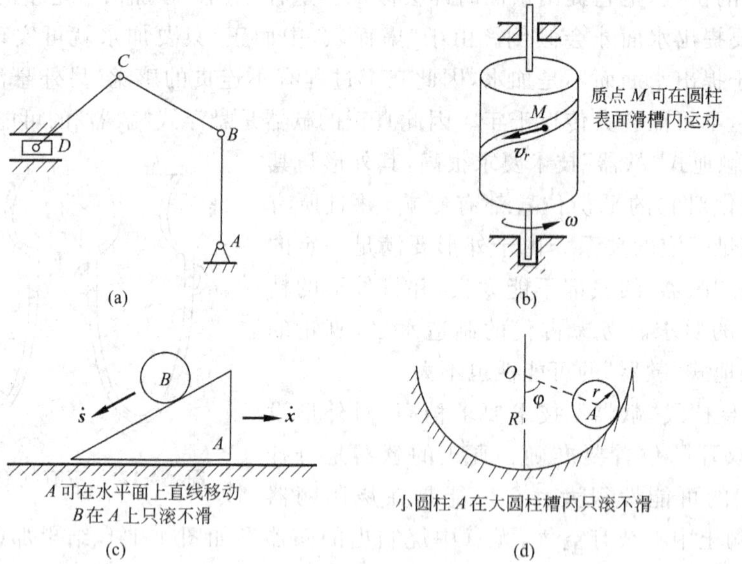

习题　4-1

4-2　图示各滑轮处于平衡，试用虚位移原理求 $P_1:P_2$ 的值(不计摩擦)。

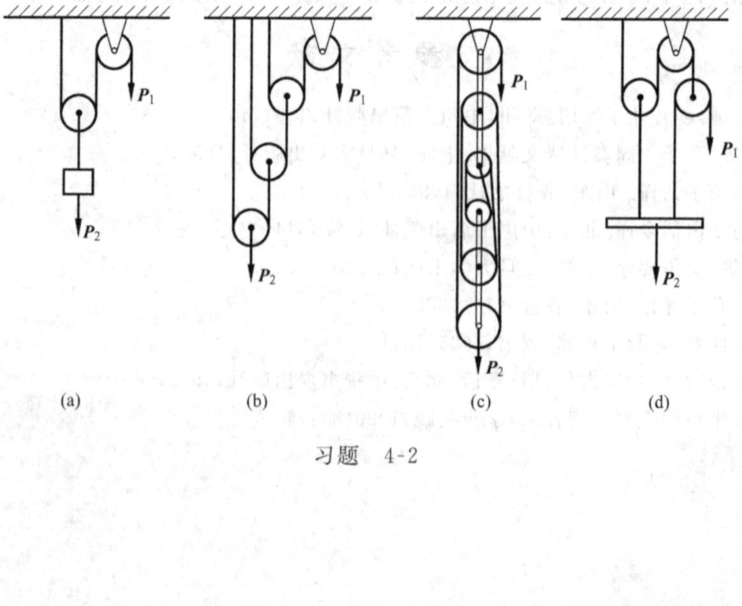

习题　4-2

4-3 在曲柄式压榨机的销钉 B 上作用水平力 $\boldsymbol{P}$，此力位于平面 ABC 内，作用线平分 $\angle ABC$，如图所示。设 $AB=BC$，$\angle ABC=2\alpha$，各处摩擦及杆重不计，求对物体的压力 $\boldsymbol{Q}$。

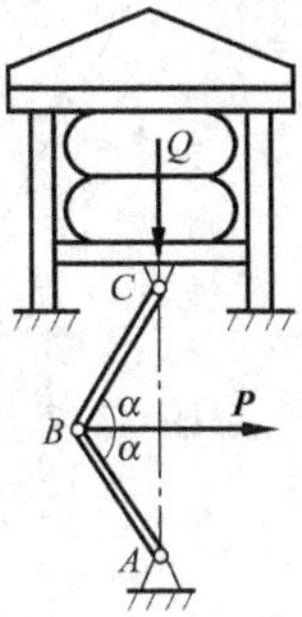

习题 4-3

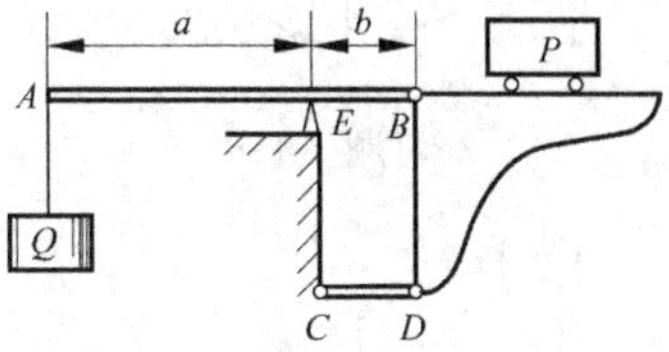

习题 4-4

4-4 图示地秤由杠杆 AB 与平台 BD 在 B 处铰接而成，E 为支点，杆 CD 两端均为铰接，$CD=BE=b$，$AE=a$。若平台与杠杆的自重不计，试求重物 P 与砝码 Q 之间的关系。

4-5 一夹紧装置的简图如图所示。设缸体内的压强为 p，活塞直径为 D，杆重忽略不计，尺寸如图所示。求作用在工件上的压力 $\boldsymbol{Q}$。

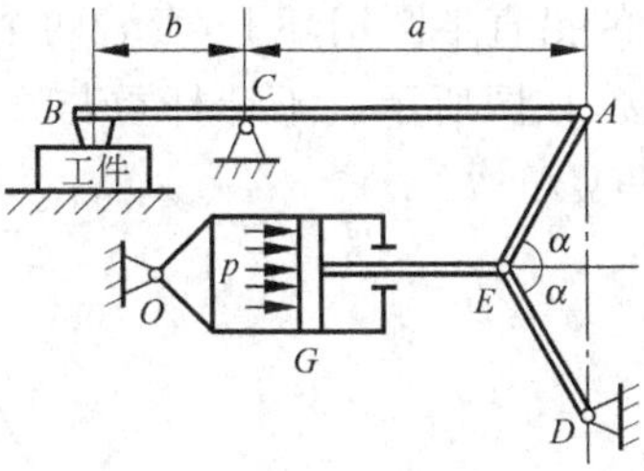

习题 4-5

4-6 在图示机构中，曲柄 OA 上作用一力 $\boldsymbol{Q}$，在滑块 D 上作用水平力 $\boldsymbol{P}$。机构尺寸如图所示。当机构平衡时，求力 $\boldsymbol{P}$ 与力 $\boldsymbol{Q}$ 的关系。

4-7 曲柄滑块机构 OAB 的连杆 AB 的中点用柱铰链 C 与杆 CD 相连，杆 CD 又用柱铰链 D 与杆 DE 相连。力 $\boldsymbol{F}_A$ 和 $\boldsymbol{F}_D$ 分别垂直于杆 OA 和 DE，机构在图示位置处于平衡。已知 $\angle DCB=150°$，$\angle CDE=90°$，求力 $\boldsymbol{F}_A$ 和 $\boldsymbol{F}_D$ 大小间的关系。

4-8 在图示机构中，曲柄 AB 和连杆 BC 为均质杆，具有相同的长度，质量均为 m，滑块 C 的质量为 M，可沿倾角为 α 的导轨 AD 滑动。设约束都是理想的，求系统在铅垂平面内的平衡位置（φ 角）。

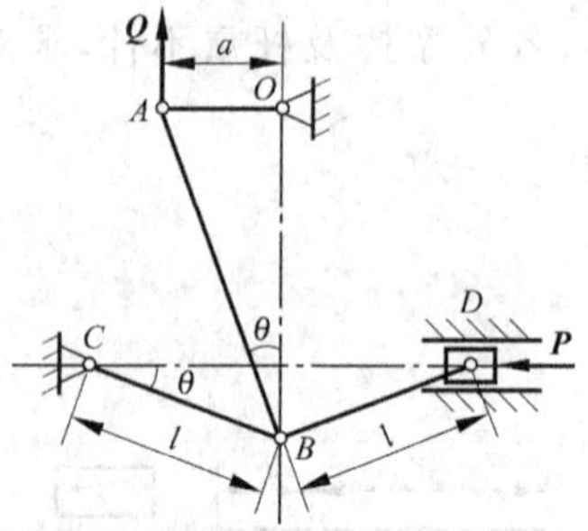

习题 4-6

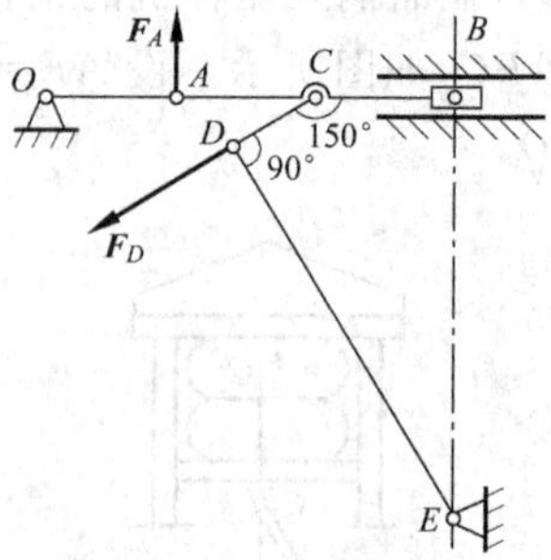

习题 4-7

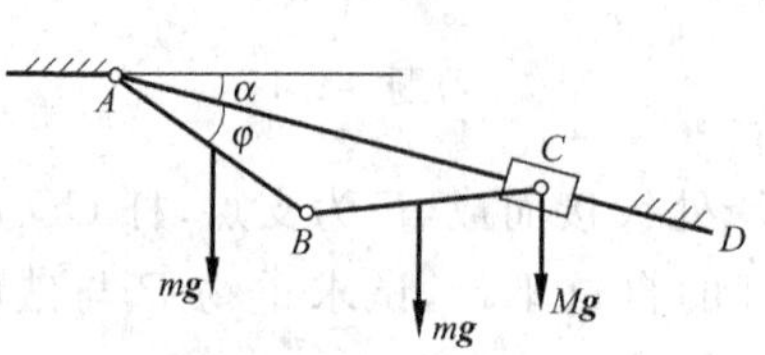

习题 4-8

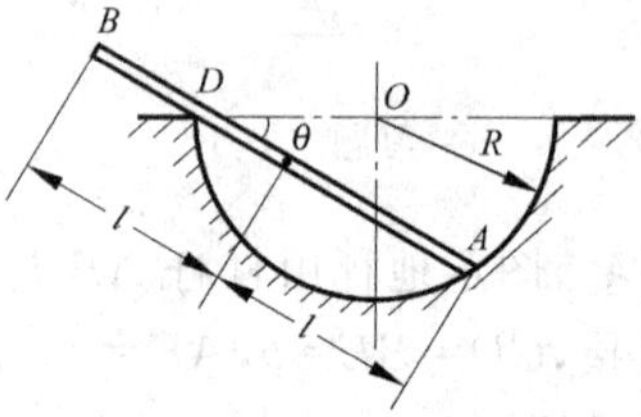

习题 4-9

4-9 长度为 $2l$ 的均质杆 AB，置于光滑半圆槽内，槽的半径为 R，如图所示。试求平衡位置 θ 角和 l、R 的关系。

4-10 在一个半径为 r 的铅直半圆钢环上，套着两个重各为 P 和 Q 的滑块 A 和 B，并与长为 $2l$ 的 AB 杆铰接，如图所示。不计杆重与摩擦，试用虚位移原理求平衡位置(即杆与水平线所成的角 α)。

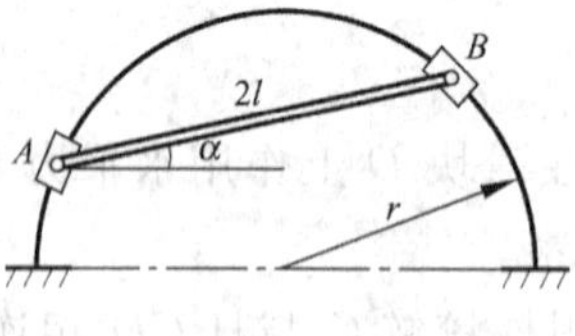

习题 4-10

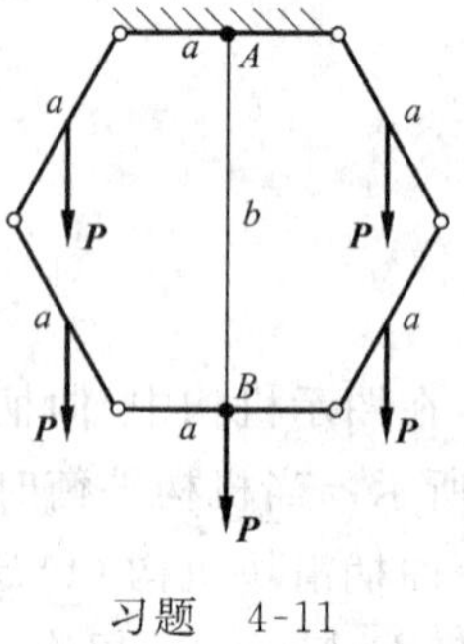

习题 4-11

4-11 六根等长、等重的均质杆，将其端点铰接成一个六边形机构，如图所示。固连其中一杆于天花板，使六边形悬于铅垂平面内，并用无重且不可伸长的绳连接上下两杆的中点 A 和 B。如杆长为 a，绳长为 b，杆重为 P，求绳子的张力。

4-12 图示两个相同机构，各杆之间均由铰链连接，弹簧刚度系数 $k_1=k_2=k$，当

$\theta=30°$时弹簧为原长。设杆的质量及摩擦不计，求机构平衡时所悬挂物体的质量 m 与角 θ 之间的关系。

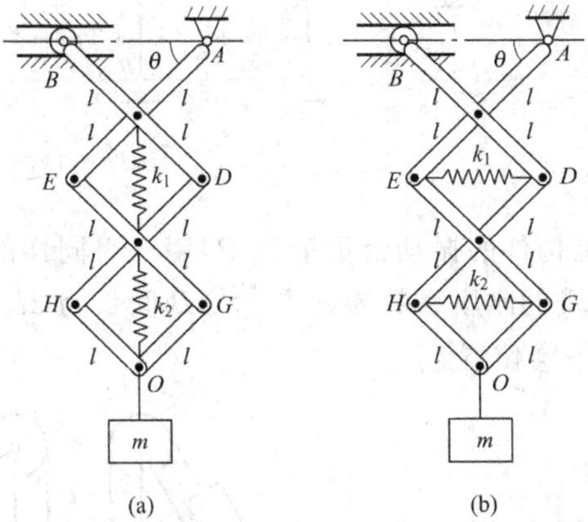

习题 4-12

4-13 图示平面桁架 $ABCD$，在节点 D 处承受铅垂载荷 $\boldsymbol{P}$。桁架的 A 点为固定支座，C 点为一可动支座。已知 $AB=BC=AC=a$，$AD=DC=\frac{1}{\sqrt{2}}a$。求杆件 BD 的内力。

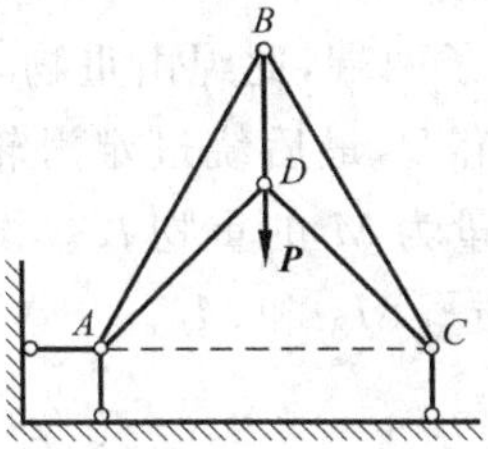

习题 4-13

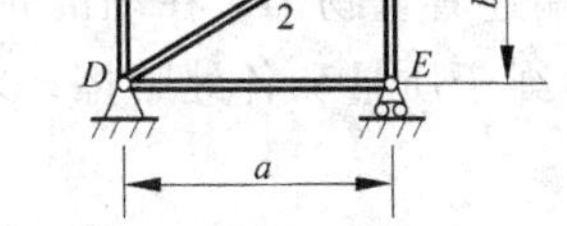

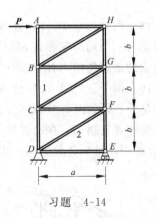

习题 4-14

4-14 试用虚位移原理求图示桁架 1、2 两杆件的内力。

4-15 连续梁由 AC、CD 和 DF 三部分组成，其尺寸及载荷如图所示，梁的自重及摩擦不计。求支座 A 和 B 的反力。

4-16 拱架尺寸如图所示，各拱的自重不计。求在 $P=20\text{kN}$、$Q=10\text{kN}$ 力作用下，C、D 处的约束反力。

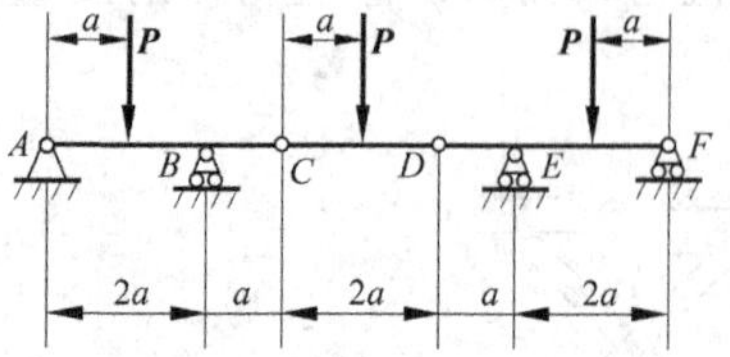

习题　4-15

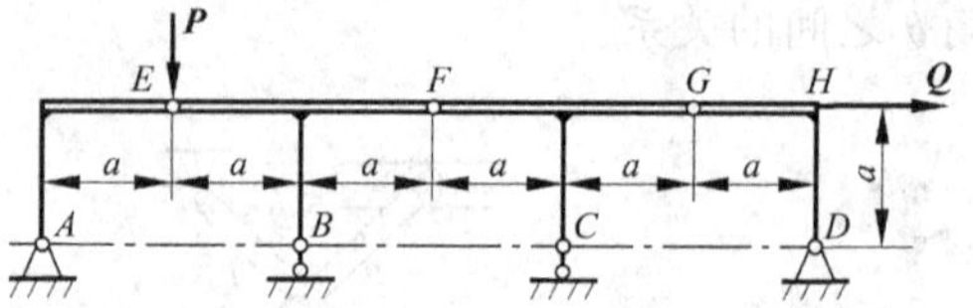

习题　4-16

4-17　预制混凝土构件的振动台重量为 P，用三组同样的弹簧等距离地支承起来，如图所示。每组弹簧的刚度系数为 k，平台 AB 间长为 $2l$。设台面重心的偏心距离为 a，试确定台面的平衡位置。

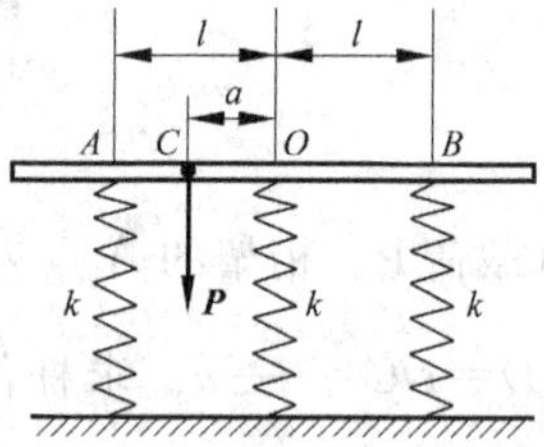

习题　4-17

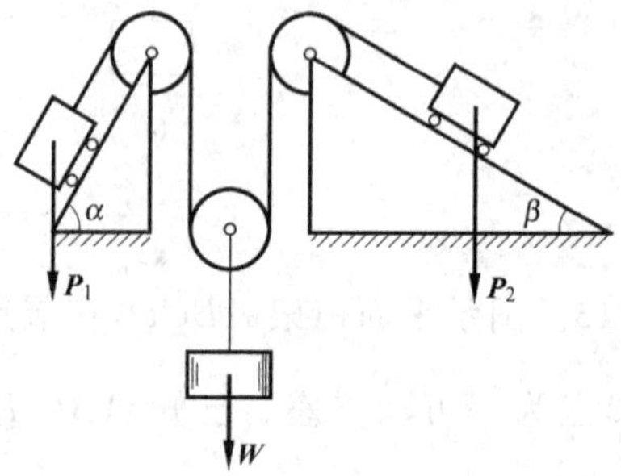

习题　4-18

4-18　两物各重 P_1、P_2，连接绳的两端分别放在倾角为 α，β 的斜面上，绳子绕过两定滑轮与一个动滑轮相连，动滑轮的轴上挂一个重物 W，如图所示。如摩擦及滑车与绳索的重量忽略不计，试求平衡时 P_1 与 P_2 的值。

4-19　两个重物 A 和 B 分别系在不可伸长的绳子两端，此绳由重物 A 引出，平行于倾角为 θ 的斜面，先绕过定滑轮 C，再围绕动滑轮 D，最后绕过定滑轮 E。绳子的另一端连着重物 B。在动滑轮 D 的轴上还挂有质量为 M 的重物 K。设此系统静止，不计绳子质量和各处摩擦。求 A 和 B 两重物的质量 M_A 和 M_B。

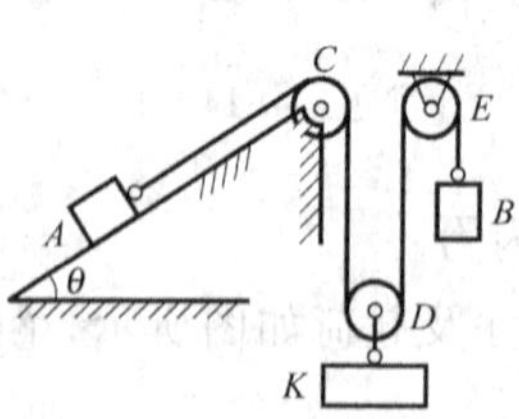

习题　4-19

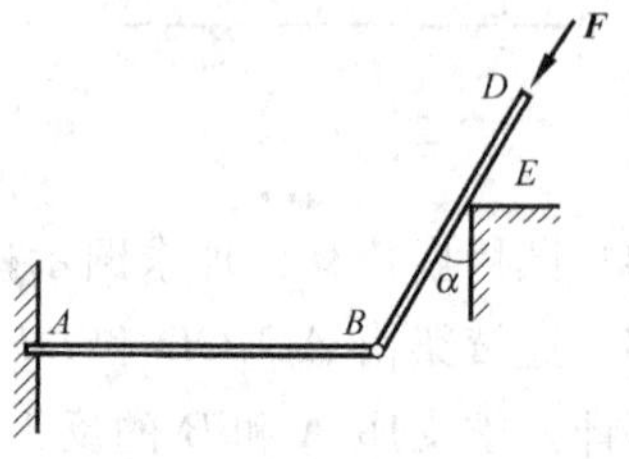

习题　4-20

4-20 梁 AB 和 BD 用圆柱铰链 B 相连，水平梁 AB 的 A 处插在铅直墙内。梁 BD 搁在光滑的凸角 E 上，与铅垂线组成夹角 α。沿着梁 BD 方向作用着力 $\boldsymbol{F}$。求插入端 A 处反力的水平分量。两梁的质量都不计。

4-21 平台钢架由一个 Γ 形框架带中间铰 C 构成。框架的上端插在混凝土墙内，下端搁在圆柱滚动支座上。当 $\boldsymbol{P}_1$ 和 $\boldsymbol{P}_2$ 两力作用时，求插入端 A 处的铅直反作用力。

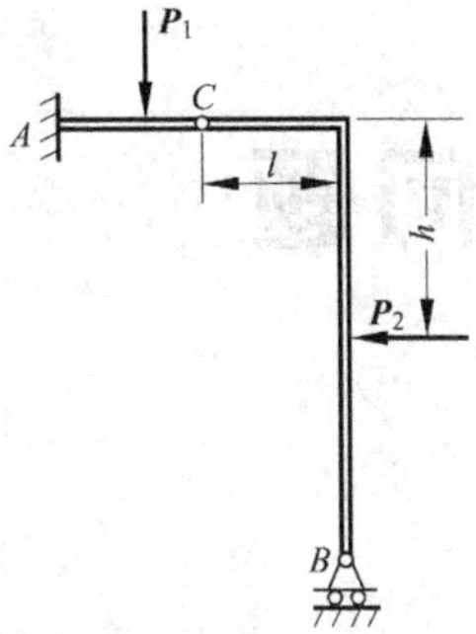

习题 4-21

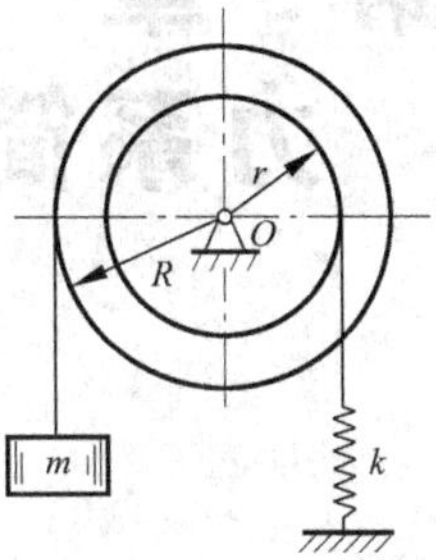

习题 4-22

4-22 半径分别为 r、R 的两鼓轮互相刚性连接，可绕水平轴 O 转动，轮上各绕一根绳。小轮上的绳与刚度系数为 k 的弹簧相连，弹簧另一端固定，开始时弹簧无伸缩。大轮上悬挂质量为 m 的物体后，使鼓轮转动，如图所示。求鼓轮转过多大的角度，系统达到平衡位置；判断平衡位置的稳定性。

4-23 重 $W=3600\text{N}$ 的物体吊在杆 AO 上，如图所示。$l=200\text{mm}$，$r=75\text{mm}$，弹簧刚度系数 $k=900\text{N/m}$，当 $\theta=0$ 时弹簧为原长。轴承的摩擦及其他物体的自重不计。求系统平衡位置，并说明各种平衡位置的稳定性。

4-24 放置在固定半圆柱面上的相同半径的均质半圆柱体和均质半圆柱薄壳，如图所示，试分析哪一个能稳定地保持在图示位置。

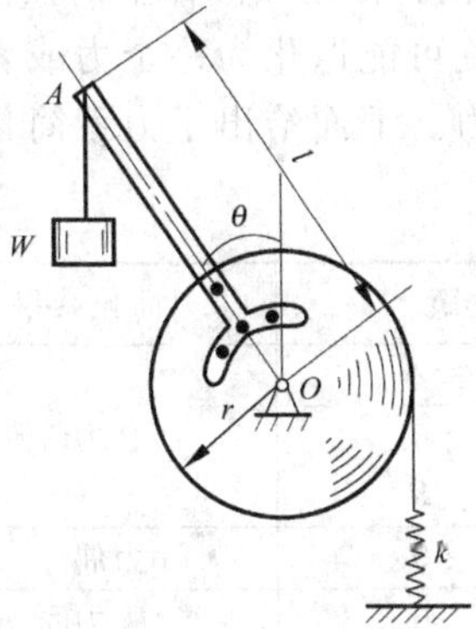

习题 4-23

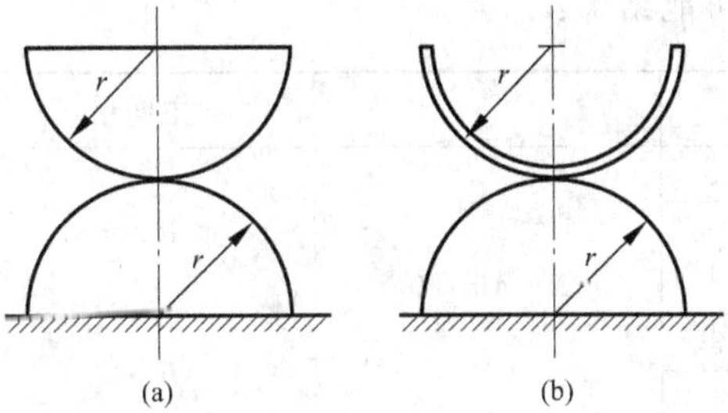

习题 4-24

第5章 力系简化与平衡问题

一、内容摘要

1. 力系等效与简化

作用在同一个质点系上的两个力系$\{\boldsymbol{F}_1,\boldsymbol{F}_2,\cdots,\boldsymbol{F}_k\}$和$\{\boldsymbol{F}_1^*,\boldsymbol{F}_2^*,\cdots,\boldsymbol{F}_l^*\}$等效的充分必要条件是它们在质点系的任何一组相同的虚位移$\{\delta\boldsymbol{r}_1,\cdots,\delta\boldsymbol{r}_n\}$上所做的虚功都相等。作用在同一个刚体上的两个力系等效的充分必要条件是它们的主向量相等、对刚体上任选一点O的主矩相等。

用更简单的等效力系来代替原力系称为力系的简化。作用在刚体上的任何力系都可以简化为一个力螺旋。当然,在特殊情况下力螺旋可能退化为一个力或者一个力偶。如果力系等效于一个力,则该力称为力系的合力。下面给出了力系简化的各种可能结果:

		主向量	主矩	简化结果
1	$\boldsymbol{R}\cdot\boldsymbol{M}_0=0$	$\boldsymbol{R}\neq 0$	$\boldsymbol{M}_0=0$	合力
2			$\boldsymbol{M}_0\neq 0$ $\boldsymbol{M}_0\perp\boldsymbol{R}$	
3		$\boldsymbol{R}=0$	$\boldsymbol{M}_0\neq 0$	力偶
4			$\boldsymbol{M}_0=0$	零力系
5	$\boldsymbol{R}\cdot\boldsymbol{M}_0\neq 0$	$\boldsymbol{R}\neq 0$	$\boldsymbol{M}_0\neq 0$	力螺旋

2. 刚体平衡方程

刚体在力系$\{\boldsymbol{F}_1,\boldsymbol{F}_2,\cdots,\boldsymbol{F}_n\}$作用下平衡的充分必要条件是

$$\boldsymbol{R}=\sum_{i=1}^{n}\boldsymbol{F}_i=0,\ \boldsymbol{M}_O=\sum_{i=1}^{n}\boldsymbol{r}_i\times\boldsymbol{F}_i=0$$

这是两个向量形式的平衡方程，也称为该力系的平衡方程。平衡方程的分量形式如下：

$$R_x=\sum_{i=1}^{n}F_{ix}=0$$

$$R_y=\sum_{i=1}^{n}F_{iy}=0$$

$$R_z=\sum_{i=1}^{n}F_{iz}=0$$

$$M_x=\sum_{i=1}^{n}(y_iF_{iz}-z_iF_{iy})=0$$

$$M_y=\sum_{i=1}^{n}(z_iF_{ix}-x_iF_{iz})=0$$

$$M_z=\sum_{i=1}^{n}(x_iF_{iy}-y_iF_{ix})=0$$

平面力系的平衡方程有三种常用的形式：

(1) 一力矩式

$$R_x=\sum_{i=1}^{n}F_{ix}=0,\ R_y=\sum_{i=1}^{n}F_{iy}=0,\ M_z=\sum_{i=1}^{n}(x_iF_{iy}-y_iF_{ix})=0$$

(2) 二力矩式

$$\sum_{i=1}^{n}m_{Az}(\boldsymbol{F}_i)=0,\ \sum_{i=1}^{n}m_{Bz}(\boldsymbol{F}_i)=0,\ \sum_{i=1}^{n}(\boldsymbol{F}_i\cdot\boldsymbol{e})=0$$

其中$\boldsymbol{e}$是单位向量，$\boldsymbol{e}$与$\boldsymbol{r}_{AB}$不垂直。

(3) 三力矩式

$$\sum_{i=1}^{n}m_{Az}(\boldsymbol{F}_i)=0,\ \sum_{i=1}^{n}m_{Bz}(\boldsymbol{F}_i)=0,\ \sum_{i=1}^{n}m_{Cz}(\boldsymbol{F}_i)=0$$

其中A,B,C是任意不共线的三个点。

处理刚体受力平衡问题还经常用到二力平衡条件和三力平衡条件，具体叙述如下。二力平衡条件：如果平衡力系只有两个力，则二力大小相等、方向相反，且作用线相同。三力平衡条件：如果平衡力系包括三个力，则三力在同一平面内且三力的作用线汇交于一点。

3. 刚化(硬化)原理

已知非刚体处于平衡状态，如果把它刚化（想像成刚体），则平衡条件不变。根据此原理，可以利用刚体平衡方程处理非刚体（如绳索、液体、刚体系、桁架等）的平衡问题。

4. 摩擦

处理带摩擦的平衡问题只需增加一个物理方程：

$$F \leqslant \mu N$$

当摩擦力达到最大静摩擦力时，全约束反力 $\boldsymbol{R}$（包括法向反力和摩擦力，简称全反力）和约束面法向的夹角称为摩擦角，记为 θ_m。以约束面法向为中心轴，以 $2\theta_m$ 为顶角的圆锥叫做摩擦锥。在有摩擦的平衡问题中，平衡的充分必要条件是全反力在摩擦锥内。根据这个充要条件可以利用几何法求解简单的带摩擦的平衡问题。

5. 动静法

用静力学中研究平衡问题的方法来研究动力学问题称为动静法，也称惯性力法。动静法对于已知运动求力的问题非常有效。由于动静法处理动力学问题有明显的局限性，只能用来解决一些简单问题。

惯性力定义为 $\boldsymbol{S}_i = -m_i\boldsymbol{a}_i$。引入惯性力以后，解除约束并代之以约束反力 $\boldsymbol{N}_i$，根据牛顿第二定律得到如下方程：

$$\boldsymbol{F}_i + \boldsymbol{N}_i + \boldsymbol{S}_i = 0 \quad (i = 1, 2, \cdots, n)$$

即质点 P_i 在主动力、约束反力和惯性力作用下处于平衡状态。

二、基本要求

1. 熟悉力系等效、简化的条件，了解各种力系的简化结果。
2. 熟练掌握各种物体的受力分析，正确画出受力图。
3. 利用刚体平衡方程，求解所有类型的静定问题，包括刚体、刚体系、桁架的平衡问题以及带摩擦的平衡问题等。
4. 利用虚位移原理求解复杂结构的平衡问题。
5. 利用动静法求解简单的动力学问题。

三、典型例题

例 5-1 在长方体的三个边上作用有三个力 $\boldsymbol{F}$，如图 5-1a 所示，三个力的大小都相等，问长方体的边长满足什么关系时，此力系可以合成一个合力？

解：任选一点 A 为简化中心，建立如图 5-1b 所示坐标系。则力系的简化结果为：

$$\boldsymbol{R} = F\boldsymbol{i} + F\boldsymbol{j} + F\boldsymbol{k}$$

$$\boldsymbol{M}_A = (Fb - Fc)\boldsymbol{i} - Fa\boldsymbol{j}$$

根据空间一般力系的简化结果，如果简化后力的主向量与主矩相互垂直，则力系可进一步简化为一个合力。于是由

$$\boldsymbol{R} \cdot \boldsymbol{M}_A = 0$$

可得 $a=b-c$。

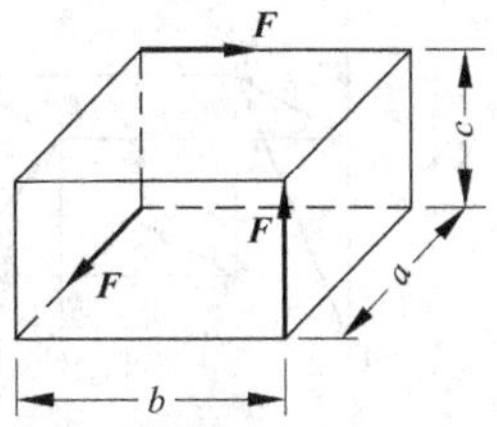

图 5-1a

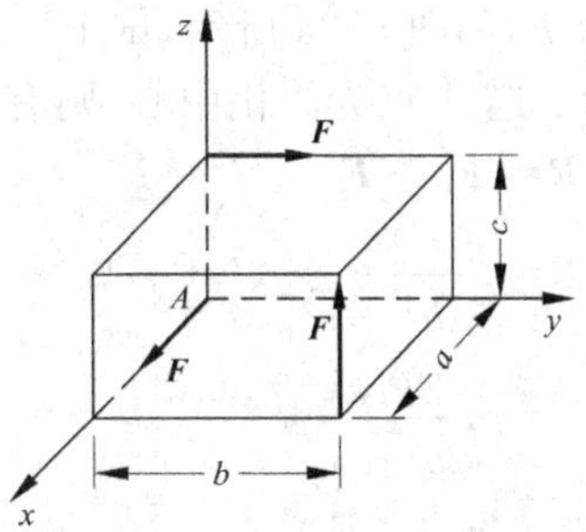

图 5-1b

讨论：(1)能否确定此合力的作用线？(2)如果换一个简化中心，结果是否不同？为什么？

例 5-2 试将图 5-2a 中的平面力系进行简化，其中长度单位为米。

解：为了方便计算力矩，选 B 点为简化中心。主向量和主矩分别为

$$\boldsymbol{R} = (F_B\cos60^\circ + F_D)\boldsymbol{i} + (-F_B\sin60^\circ + F_C)\boldsymbol{j}$$
$$= 350\boldsymbol{i} - 233\boldsymbol{j}(\mathrm{N})$$

$$\boldsymbol{M}_B = (200 \times 1.5 - 100 \times 0.5)\boldsymbol{k}$$
$$= 250\boldsymbol{k}(\mathrm{N \cdot m})$$

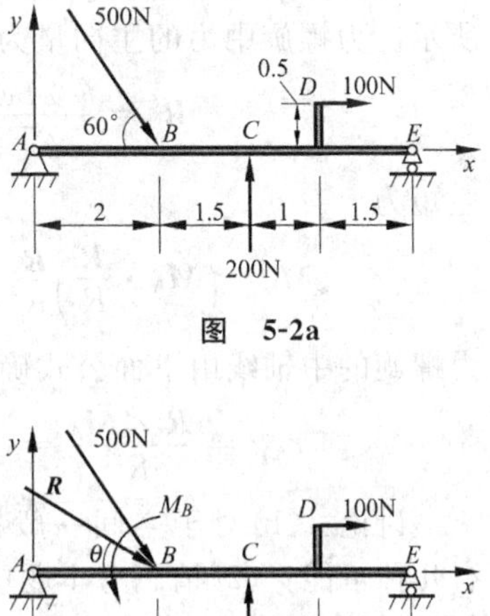

图 5-2a

简化结果见图 5-2b。由于平面力系主向量一定与主矩垂直，因此可以进一步简化为一个合力。根据主向量与主矩的方向，可以判断合力的方向应在 B 点的左方，假设距 B 点为 d，则有

$$d = \left|\frac{M_B}{R_y}\right| = \frac{250}{233} = 1.07(\mathrm{m})$$

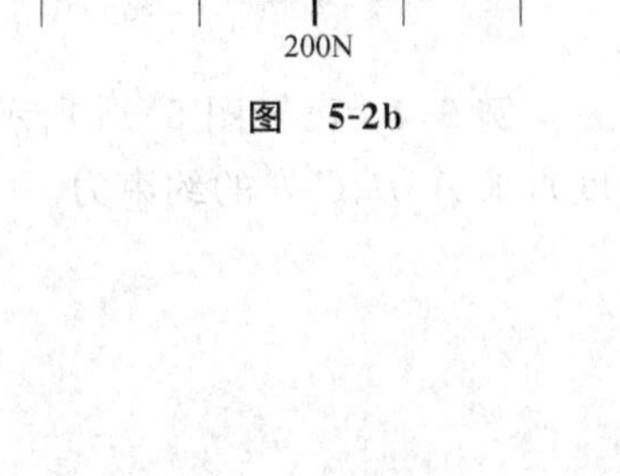

图 5-2b

最后简化得到的合力为 $\boldsymbol{R}=350\boldsymbol{i}-233\boldsymbol{j}(\mathrm{N})$，作用点距离 B 点 1.07m，如图 5-2c 所示。

讨论：(1)简化中心是否一定要在坐标原点？(2)选不同的简化中心时，有什么量会变化？什么量不变化？(3)如何确定合力的作用点？

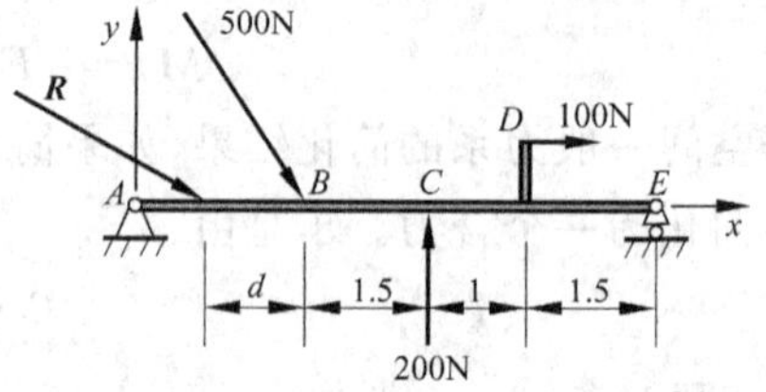

图　5-2c

例 5-3　已知长方体的边长为 a,b,c，两个作用力沿两个面的对角线方向，大小均为 P，如图 5-3a 所示，试求该力系的简化结果。

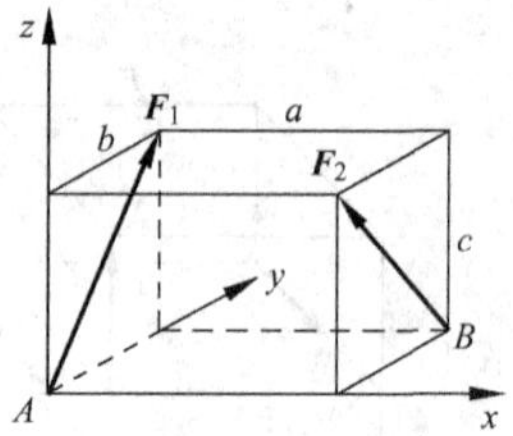

图　5-3a

解：选 A 点为简化中心，则有

$$\boldsymbol{R}=\boldsymbol{F}_1+\boldsymbol{F}_2$$

$$\boldsymbol{R}=\frac{P}{\sqrt{b^2+c^2}}[(b\boldsymbol{j}+c\boldsymbol{k})+(-b\boldsymbol{j}+c\boldsymbol{k})]$$

$$=\frac{2Pc\boldsymbol{k}}{\sqrt{b^2+c^2}}$$

$$\boldsymbol{M}_A=\boldsymbol{r}_{AB}\times\boldsymbol{F}_2$$

$$\boldsymbol{M}_A=(a\boldsymbol{i}+b\boldsymbol{j})\times\frac{(-b\boldsymbol{j}+c\boldsymbol{k})P}{\sqrt{b^2+c^2}}$$

$$=\frac{(bc\boldsymbol{i}-ac\boldsymbol{j}-ab\boldsymbol{k})P}{\sqrt{b^2+c^2}}$$

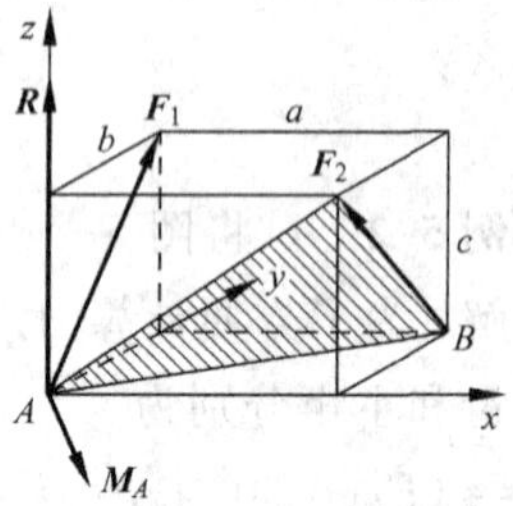

图　5-3b

因此力系的简化结果就是如图 5-3b 所示的主向量和主矩。

该力系还可以进一步简化为力螺旋，如图 5-3c 所示。力螺旋中力的主向量为

$$\boldsymbol{R}'=\frac{2Pc\boldsymbol{k}}{\sqrt{b^2+c^2}}$$

主矩为

$$\boldsymbol{M}=\left(\boldsymbol{M}_A\cdot\frac{\boldsymbol{R}}{R}\right)\frac{\boldsymbol{R}}{R}=\frac{-Pab\boldsymbol{k}}{\sqrt{b^2+c^2}}$$

力螺旋的中轴线由下面公式确定：

$$\boldsymbol{r}_{AA'}=\frac{\boldsymbol{R}\times\boldsymbol{M}_A}{R^2}=\frac{1}{2}(a\boldsymbol{i}+b\boldsymbol{j})$$

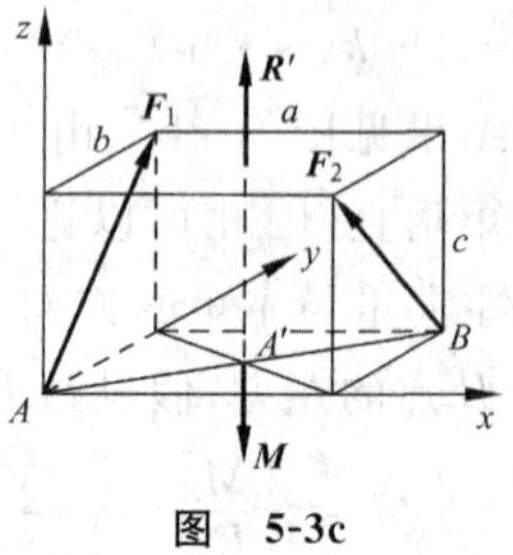

图　5-3c

讨论：(1)对于空间一般力系，最后的简化结果有几种可能？(2)请思考本题中力螺旋计算公式是如何得到的？

例 5-4　已知图 5-4a 所示结构中的 a、M、q(M 为力偶矩，q 为分布载荷的线密度)，求 A、B、C 处的约束力。

解：首先考虑 BC 部分，其受力图见图 5-4b，根据平衡方程，有

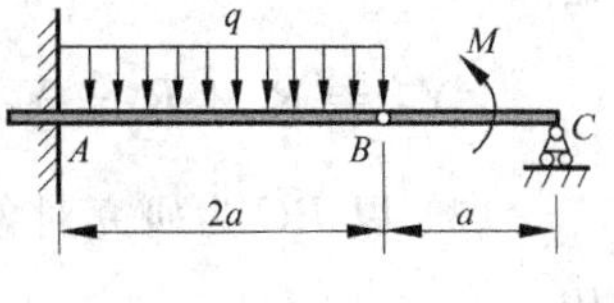

图 5-4a

$$R_x = 0: X_B = 0$$

$$M_{Bz} = 0: Y_C = -\frac{M}{a}$$

$$R_y = 0: Y_B = \frac{M}{a}$$

再考虑整体平衡，根据平衡方程有

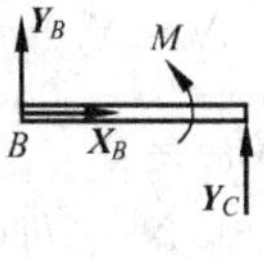

图 5-4b

$$R_x = 0: X_A = 0$$

$$M_{Az} = 0: Y_C \cdot 3a + M + M_A + 2qa^2 = 0$$

解得：$M_A = 2M - 2qa^2$

$$R_y = 0: Y_A + Y_C - 2qa = 0$$

解得：$Y_A = 2qa + \dfrac{M}{a}$

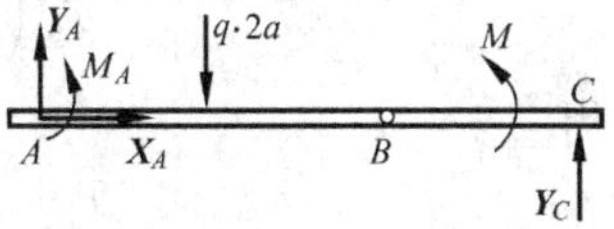

图 5-4c

讨论：(1)本题是求解刚体系的平衡问题，注意解题的步骤及次序。(2)分布力系一般可以简化为一个合力。(3)在图 5-4c 中，如果把力偶 M 移动到 AB 杆上，对结果有无影响？在 5-4b 中，如果把力偶 M_A 移动到 BC 杆上，结果又怎样？两种情况如何解释？(4)如何校核计算结果是否正确？

例 5-5 图 5-5a 所示结构中，AC 梁上作用有分布力，ED 是水平细绳索，各构件不计重量。已知 AC 长为 a，CD、DB 长为 b。求 A、B、C 的约束力及绳索中的拉力。

解：(1) 首先简化分布力，如图 5-5b 所示。

$R_1 = q_1 a$，作用点在 AC 中点。

$R_2 = \dfrac{1}{2}(q_2 - q_1)a$，作用点距 A 点为 $\dfrac{1}{3}a$。

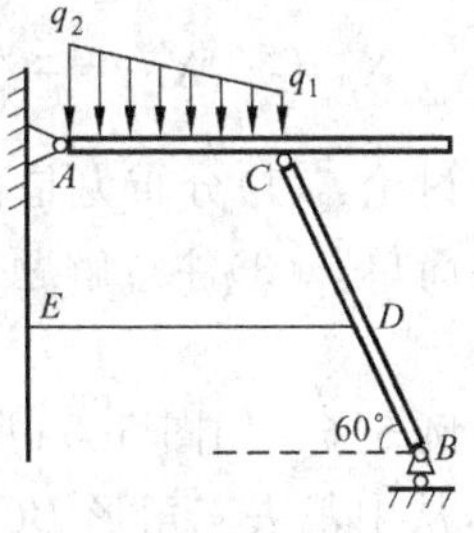

图 5-5a

(2) 以 AC 为研究对象，受力图见 5-5c。

由 $$M_{Az} = 0$$

$$Y_C \cdot a - R_1 \cdot \frac{1}{2}a - R_2 \cdot \frac{1}{3}a = 0$$

解得

$$Y_C = R_1 \cdot \frac{1}{2} + R_2 \cdot \frac{1}{3} = \frac{1}{2}q_1 a + \frac{1}{6}(q_2 - q_1)a$$

$$R_y = 0$$

由 $$Y_A + Y_C - R_1 - R_2 = 0$$

解得

$$Y_A = R_1 + R_2 - Y_C = \frac{1}{2}q_1 a + \frac{1}{3}(q_2 - q_1)a$$

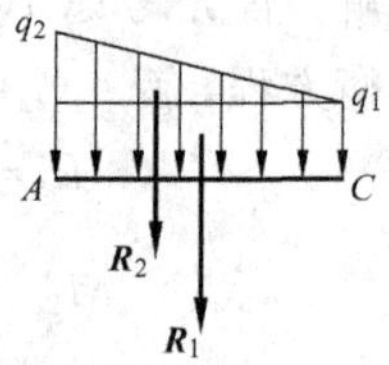

图　5-5b

(3) 以 BC 为研究对象,受力图见 5-5d。

由

$$R_y = 0$$

$$N - Y_C = 0$$

解得

$$N = Y_C = \frac{1}{2}q_1 a + \frac{1}{6}(q_2 - q_1)a$$

$$M_{Cz} = 0$$

由

$$N \cdot 2b\cos 60° - Tb\sin 60° = 0$$

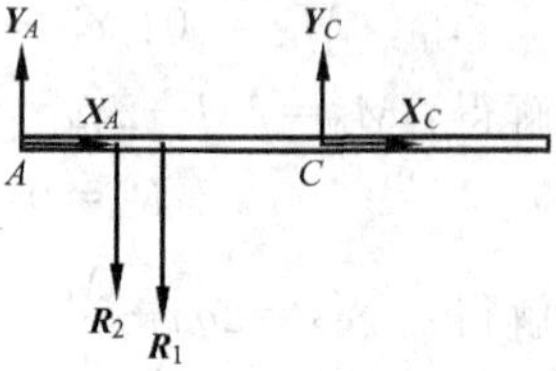

图　5-5c

解得

$$T = \frac{2\sqrt{3}}{3}N = \frac{2\sqrt{3}}{3}\left(\frac{1}{2}q_1 a + \frac{1}{6}(q_2 - q_1)a\right)$$

由

$$R_x = 0$$

$$T + X_C = 0$$

解得

$$X_C = -T = -\frac{2\sqrt{3}}{3}\left(\frac{1}{2}q_1 a + \frac{1}{6}(q_2 - q_1)a\right)$$

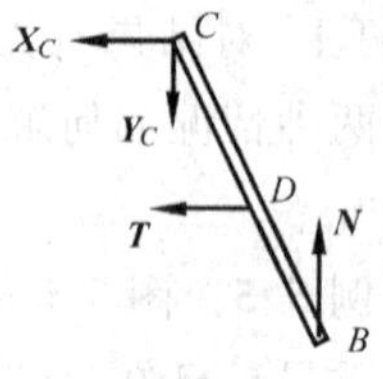

图　5-5d

(4) 再以 AC 为研究对象,有

$$R_x = 0$$

$$X_A + X_C = 0$$

解得

$$X_A = -X_C = \frac{2\sqrt{3}}{3}\left(\frac{1}{2}q_1 a + \frac{1}{6}(q_2 - q_1)a\right)$$

讨论:(1)分布力是否一定要简化为一个合力?(2)本题中分布力分块简化,计算很简单。(3)注意解题次序。

例 5-6　如图 5-6a 所示空间结构中,均质正方形板 $ABCD$,单位面积质量密度为 ρ,从中裁去三角形 BOC,由 6 根杆支撑。试列出 6 个力矩式,使得一个方程求解一个未知数。(只列式,不必具体计算)

解:首先分析板所受的重力。直接计算重心较麻烦,可以采用“正负面积法”。设 P_1 为正方形 $ABCD$ 的重量,作用点在 O 点,P_2 为三角形 BOC 的重量,作用点在三角形中心,但方向朝上,如图 5-6b 所示。

空间一般力系平衡的标准方程是 3 个力的平衡方程,3 个力矩的平衡方程。在本题中,如果直接用这 6 个方程,不能实现一个方程只包含一个未知数。为此,采用

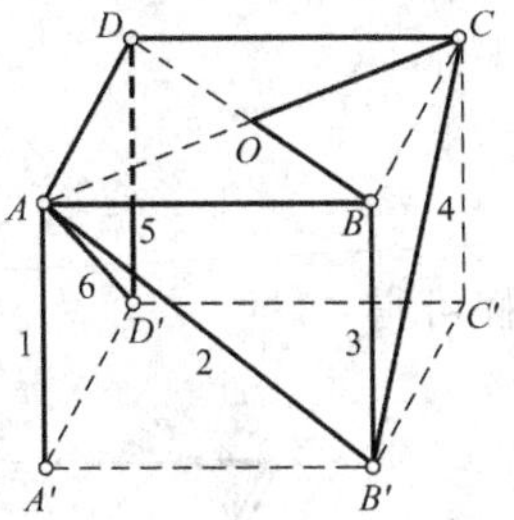

图 5-6a

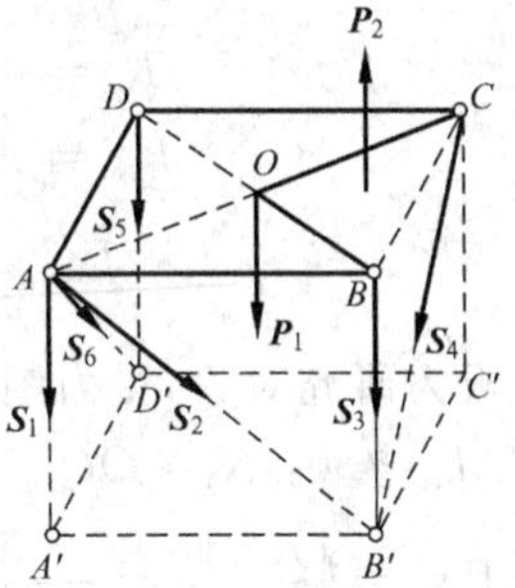

图 5-6b

下面的方法：

$$M_{B'D'}=0\Rightarrow S_1$$
$$M_{AA'}=0\Rightarrow S_4$$
$$M_{AB'}=0\Rightarrow S_5$$
$$M_{BB'}=0\Rightarrow S_6$$
$$M_{DD'}=0\Rightarrow S_2$$
$$M_{AC}=0\Rightarrow S_3$$

讨论：空间一般力系的标准形式是 3 个力的方程，3 个力矩的方程，如果采用 6 个力矩方程，应有什么限制条件？

例 5-7 木板 AO 和 BO 用光滑铰链固定于 O 点，在木板间放一重 W 的均质圆柱，并用大小等于 P 的两个水平力 $\boldsymbol{P}_1$ 和 $\boldsymbol{P}_2$ 维持平衡，如图 5-7a 所示。设圆柱与木板间的摩擦系数为 μ，不计铰链中的摩擦力以及板的重量，求圆柱平衡时 P 值的范围。

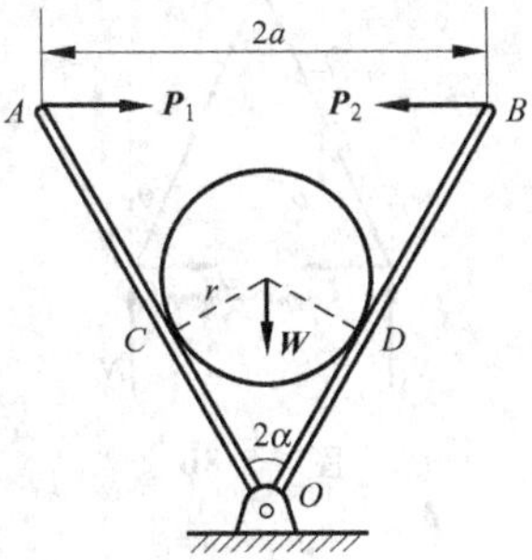

图 5-7a

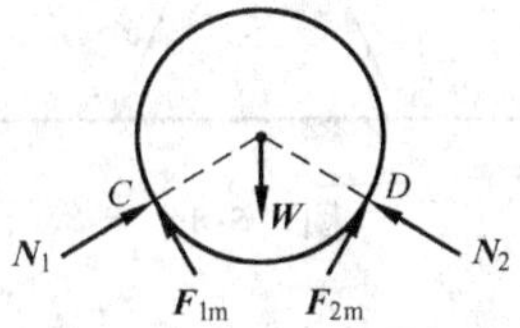

图 5-7b

解：(1) 若 P 力小，圆柱有下滑趋势。以圆柱为研究对象，受力图见 5-7b。根据平衡方程可得：

$$M_{OZ}=0:N_1=N_2=N$$

$$R_y=0:2F_m\cos\alpha+2N\sin\alpha-W=0$$

$$F_{1m}=F_{2m}=F_m=\mu N$$

$$N=\frac{W}{2(\sin\alpha+\mu\cos\alpha)}$$

再以 OA 板为研究对象，受力图见 5-7c，根据平衡方程可得：

$$M_{Oz}=0:N_1\cdot OC-P_{min}\cdot OE=0$$

$$P_{min}=\frac{OC}{OE}N_1=\frac{Wr}{2a(\sin\alpha+\mu\cos\alpha)}$$

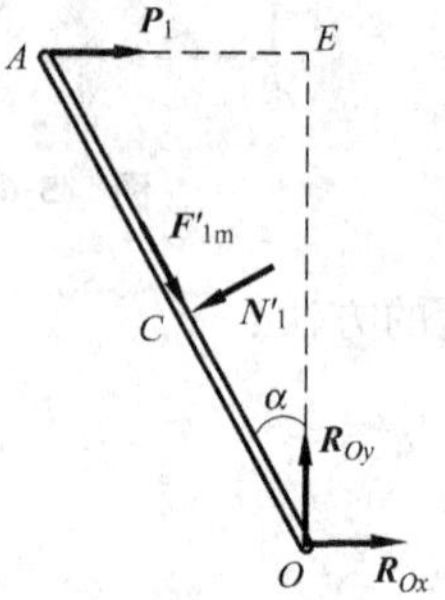

图 5-7c

(2) 若 P 较大，圆柱有向上滑的趋势。需要把图 5-7b、图 5-7c 中的摩擦力改变方向，然后类似前面的分析可得：

$$P_{max}=\frac{Wr}{2a(\sin\alpha-\mu\cos\alpha)}$$

则平衡时 P 值的范围是

$$P_{min}\leqslant P\leqslant P_{max}$$

讨论：(1)摩擦问题的解往往是在一个范围内。
(2)摩擦问题一般是要解不等式，但在临界状态下变成等式，可以利用这一特点求解。(3)摩擦力方向改变时，是否可以把摩擦系数取为 $-\mu$ 而其他分析不变？这样处理是否有普遍性？(4)如果出现分母为零的情况，其物理意义是什么？

例 5-8 梯子不计自重，$AC=BC$，且 A、B 两处与地面的摩擦系数相同，一人站在 AC 边上，如图 5-8a 所示，如果梯子会打滑，问哪边可能先打滑？

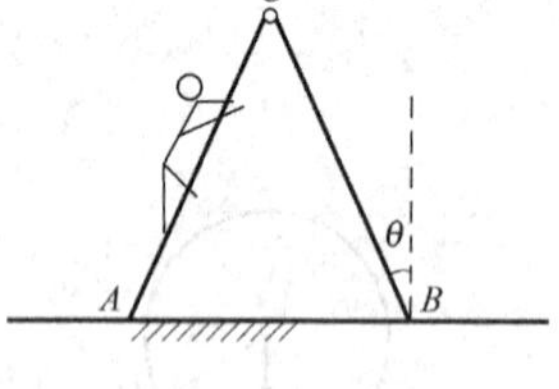

图 5-8a

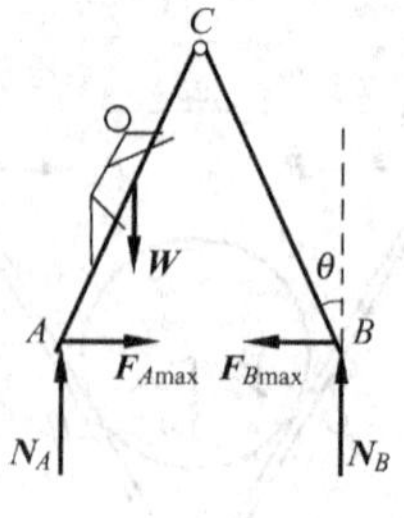

图 5-8b

解法 1(解析法)：

整体受力分析如图 5-8b 所示。利用对 A、B 两点取矩，容易得到

$$N_A>N_B$$

由于 A、B 两处摩擦系数相同，则有

$$F_{A\max} > F_{B\max}$$

系统平衡时应有：

$$F_A = F_B = F$$

若 $F_{A\max} > F_{B\max} > F$，即平衡所需要的摩擦力小于两端的最大摩擦力，则两边都不打滑；若 $F_{A\max} > F > F_{B\max}$，即 B 处所能提供的最大摩擦力仍不能满足平衡所需要的力，则 B 处已打滑，但 A 处不会打滑；若 $F > F_{A\max} > F_{B\max}$，则两边都打滑。综上所述可见 B 点先打滑。

解法 2(几何法)：

由于不计梯子的自重，BC 为二力杆，两端的作用力沿杆方向。而 AC 杆为三力杆，满足三力汇交条件。

设 R_B 与铅垂线夹角为 θ，R_A 与铅垂线夹角为 φ，从图 5-8c 中可以明显看出 $\theta > \varphi$。设 θ_m 为摩擦角，若全反力落在摩擦角内，不会打滑；若全反力落在摩擦角外，一定会打滑。因此，若 $\theta > \varphi > \theta_m$，两端都打滑，若 $\theta > \theta_m > \varphi$，$B$ 端打滑而 A 端不打滑，若 $\theta_m > \theta > \varphi$，则两端都不会打滑。因此，是 B 点先打滑。

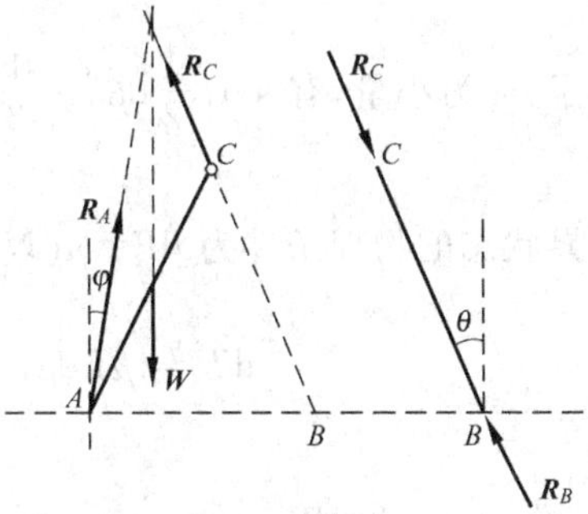

图 5-8c

讨论：(1)摩擦问题有解析法、几何法两种解法。在几何法中要利用摩擦角的概念。(2)在平面问题中，几何法一般更为直观、更简单。(3)人在爬梯的过程中，其位置与梯子打滑是否有关？如何用解析法或几何法简要说明？

例 5-9 皮带轮绕过圆柱体，两端作用有力 $\boldsymbol{T}_1$，$\boldsymbol{T}_2$，已知摩擦系数为 μ，圆柱半径为 r，圆柱与皮带接触部分的张角为 β，如图 5-9a 所示。求 T_1/T_2 在什么范围内，皮带不滑动。

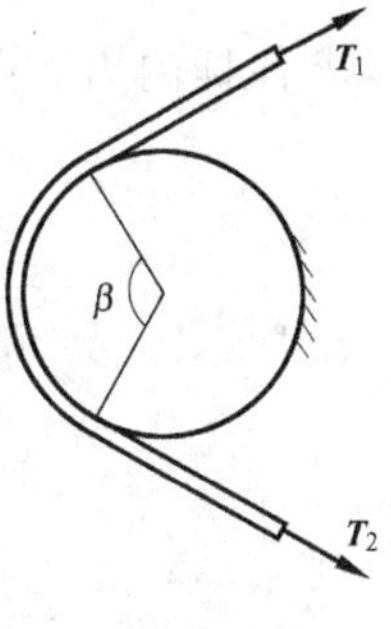

图 5-9a

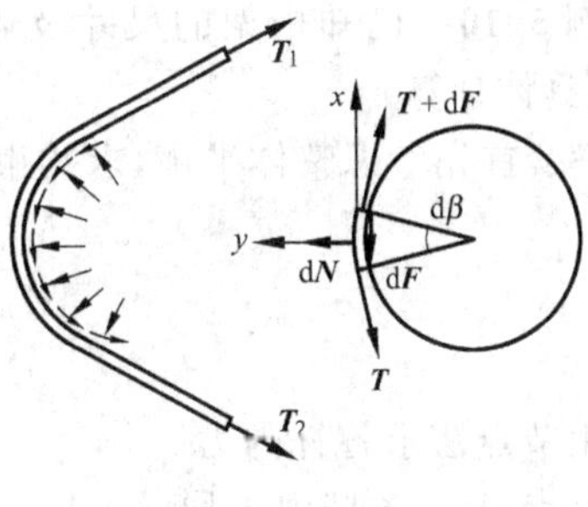

图 5-9b

解：考虑与圆柱接触部分皮带的平衡，设 $T_1>T_2$，受力图如图 5-9b 所示。考虑皮带微元的平衡，列写平衡方程

$R_x=0$：

$$(T+\mathrm{d}T)\cos\left(\frac{1}{2}\mathrm{d}\beta\right)-T\cos\left(\frac{1}{2}\mathrm{d}\beta\right)-\mathrm{d}F=0$$

由于 $\mathrm{d}\beta$ 为小量，有 $\cos\left(\frac{1}{2}\mathrm{d}\beta\right)=1$，因此

$$\mathrm{d}T=\mathrm{d}F$$

$R_y=0$：

$$\mathrm{d}N-(T+\mathrm{d}T)\sin\left(\frac{1}{2}\mathrm{d}\beta\right)-T\sin\left(\frac{1}{2}\mathrm{d}\beta\right)=0$$

由于 $\mathrm{d}\beta$ 为小量，有 $\sin\left(\frac{1}{2}\mathrm{d}\beta\right)=\frac{1}{2}\mathrm{d}\beta$，因此

$$\mathrm{d}N=T\mathrm{d}\beta$$

临界状态的物理条件为 $\mathrm{d}F=\mu\mathrm{d}N$，因此有

$$\mathrm{d}T=\mu T\mathrm{d}\beta,\quad \int_{T_2}^{T_1}\frac{\mathrm{d}T}{T}=\mu\int_0^{\beta}\mathrm{d}\beta,\quad \ln\frac{T_1}{T_2}=\mu\beta$$

$$T_1/T_2=\mathrm{e}^{\mu\beta}$$

在上述分析中，如果设 $T_2>T_1$，则微元上摩擦力方向改变，其他分析过程不变，得

$$T_1/T_2=\mathrm{e}^{-\mu\beta}$$

综合起来得

$$\mathrm{e}^{-\mu\beta}\leqslant\frac{T_1}{T_2}\leqslant\mathrm{e}^{\mu\beta}$$

讨论：(1)由于两端力的比值随张角的指数形式增长，因此每多绕一圈，其比值将增加很多倍。(2)当摩擦力改变方向时，其结果再次表明“可以把摩擦系数取为负值而其他分析不变”，请思考其合理性与可能的局限性。

例 5-10　已知桁架的尺寸及载荷如图 5-10a 所示，求各杆内力。(只列主要步骤，不具体计算)

解：首先考虑整体平衡，求约束反力。

$$M_{Az}=0\Rightarrow N_B$$

$$M_{Bz}=0\Rightarrow N_{Ay}$$

$$R_x=0\Rightarrow N_{Ax}=0$$

用节点法求各杆内力。

节点 A：(各杆内力均设为拉力，如图 5-10b 所示。)

$$R_y=0\Rightarrow S_2$$

$$R_x=0\Rightarrow S_1$$

节点 D：(各杆内力均设为拉力，如图 5-10c 所示。)

$$R_y = 0 \Rightarrow S_3 = 0$$

$$R_x = 0 \Rightarrow S_4 = S_1$$

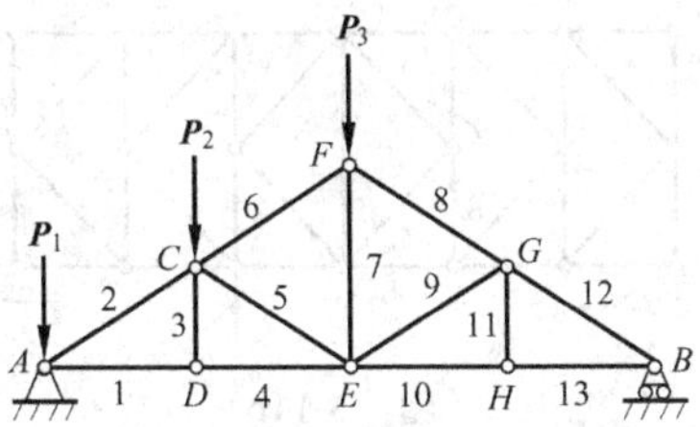

图 5-10a

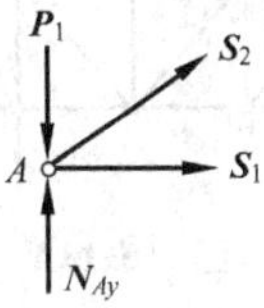

图 5-10b

考虑各节点平衡的顺序为 $A \to D \to C \to F \to E \to G \to H$，采用类似的方法，可以求出各节点的受力。最后利用节点 B 的平衡条件校核。

讨论：(1)用节点法求解时，每个节点只能求两个未知数。因此如不想联立方程，就必须考虑解题的次序。本题给出的次序可以不需联立方程。(2)桁架问题也可以采用虚位移原理来计算，请考虑虚位移原理对于求解结构受力问题有没有优势？(3)对于桁架问题，可以采用节点法与截面法。虽然本题采用节点法时有次序问题，但实际上可以把节点全部拆开，利用计算机求解，不必考虑求解的次序及技巧问题。截面法多用于求指定杆件的内力，需要一定的技巧。例如，如果只要求杆 4、5、6 的内力。应如何考虑？一般先由整体平衡求出 A、B 处的约束力，再作截面 I-I，考虑左半部平衡。

$$M_{Az} = 0 \Rightarrow S_5,\ M_{Cz} = 0 \Rightarrow S_4,\ M_{Ez} = 0 \Rightarrow S_6$$

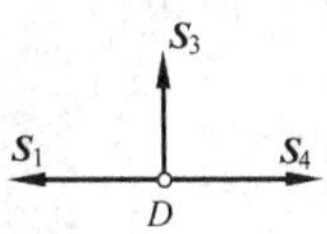

图 5-10c

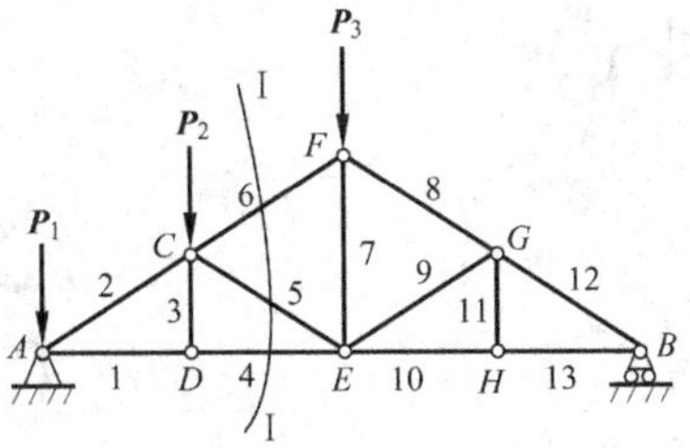

图 5-10d

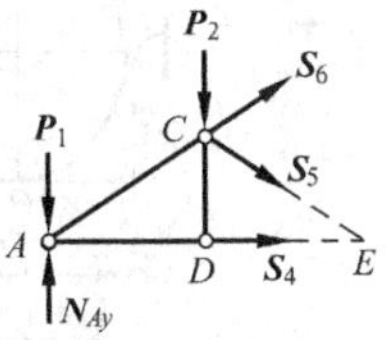

图 5-10e

讨论(续)：(4)截面法中的截面是否一定是平面(或直线)？(5)利用截面法，每次最多可以求多少未知数？(6)为了减少未知数，一般先通过整体受力分析求出支座的约束力。(7)截面法中可多用力矩方程，但其取矩中心应满足什么条件？

例 5-11 K 形桁架如图 5-11a 所示，已知尺寸及载荷大小，求 1、4 杆的内力。

解：本题如果采用节点法，计算过程将会相当繁琐，因此考虑用截面法。截面法得到的是平面力系问题，只能求三个未知力。但在本题中，若采用一个平面作为截面，不管怎么截，未知约束力总会超过3个，一般情况下无法求解。

本题采用特殊的截面，如图5-11b所示，截开后左半部分受力分析如图5-11c。

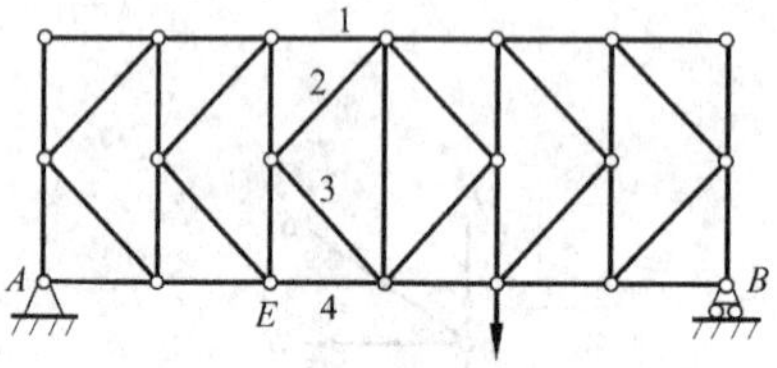

图　5-11a

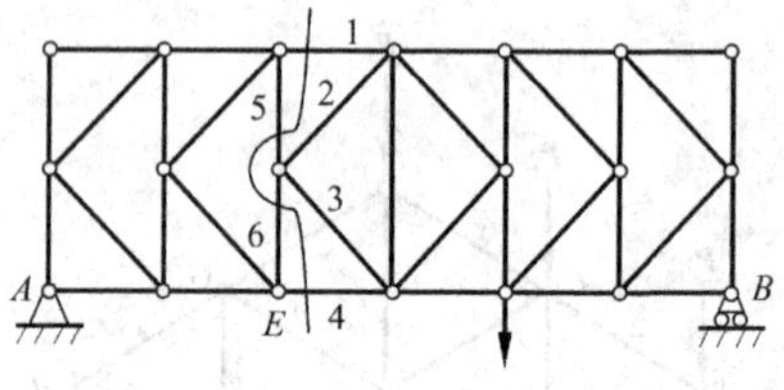

图　5-11b

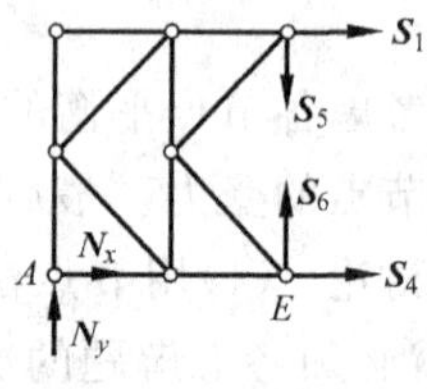

图　5-11c

利用整体平衡先求出 A 铰的约束力 N_x，N_y，注意到图5-11c中未知数仍有4个，但是因为不关心 S_5，S_6，可以把这两个力看成是一个力，这样就可以求解了。

$$M_{Ez}=0\Rightarrow S_1,\quad R_x=0\Rightarrow S_4$$

讨论：(1)截面法中截面可以灵活选取。(2)平面力系中未知数多于3时，原则上求解不出来。但本题可以求出，这有什么启发？(3)用截面法时一般应先用整体平衡求出支座反力。(4)如果是求1、2杆的内力，应怎样运用截面法？（提示：可以两次采用不同的截面求解）

例5-12　均质柔索系于 A、B 两点，已知绳长为 s，A、B 两点的水平距离及高度差如图5-12a所示，求柔索的形状、张力分布。

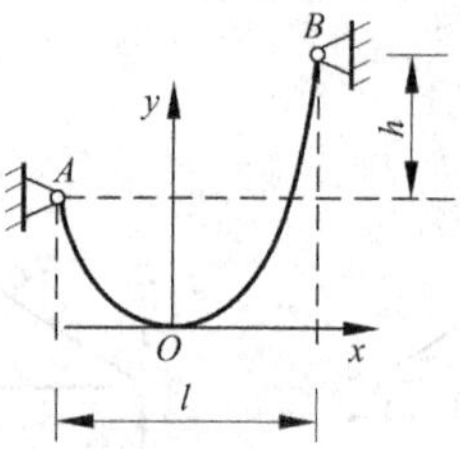

图　5-12a

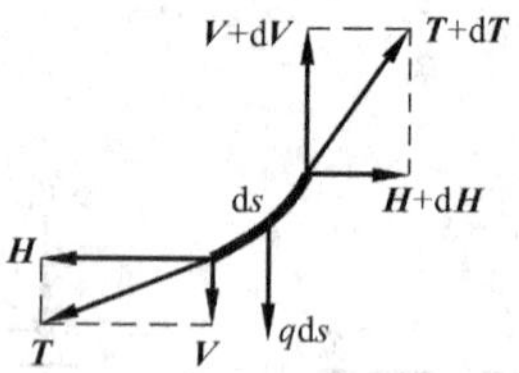

图　5-12b

解：柔索的特点是只能受拉力，不能受压力，且受力方向只能沿柔索的切向方向。在柔索的最低点建立坐标系，在 x 处取一微元，受力图如图5-12b所示。为方便将张力分解为沿 x、y 两个方向，其中 T 表示张力，H 表示水平分量，V 表示垂直分量，q 表示单位长度的密度（为常数），$\mathrm{d}s$ 表示微元长度。则有

$$R_x=0:\ \mathrm{d}H=0,\ H=H_0=\text{const}$$

$$R_y=0:\ \mathrm{d}V=q\cdot\mathrm{d}s=q\sqrt{1+\left(\frac{\mathrm{d}y}{\mathrm{d}x}\right)^2}\cdot\mathrm{d}x$$

利用几何关系有

$$\tan\theta = \frac{\mathrm{d}y}{\mathrm{d}x} = \frac{V}{H}$$

两边对 x 求导得

$$\frac{\mathrm{d}^2 y}{\mathrm{d}x^2} = \frac{q}{H_0}\sqrt{1+\left(\frac{\mathrm{d}y}{\mathrm{d}x}\right)^2}$$

设 $\xi=\dfrac{\mathrm{d}y}{\mathrm{d}x}$，有

$$\frac{\mathrm{d}\xi}{\sqrt{1+\xi^2}} = \frac{q}{H_0}\mathrm{d}x$$

积分得

$$\ln(\xi + \sqrt{1+\xi^2}) = \frac{q}{H_0}x$$

解出

$$\frac{\mathrm{d}y}{\mathrm{d}x} = \xi = \sinh\frac{qx}{H_0}$$

再积分得

$$y = \frac{H_0}{q}\left(\cosh\frac{qx}{H_0} - 1\right)$$

根据边界条件，有

$$y_A = \frac{H_0}{q}\left(\cosh\frac{qx_A}{H_0} - 1\right),\ y_B = \frac{H_0}{q}\left(\cosh\frac{qx_B}{H_0} - 1\right)$$

$$y_B - y_A = h,\ x_B - x_A = l, s = \frac{H_0}{q}\sinh\frac{ql}{H_0}$$

五个方程，五个未知数，从而可以求出 H_0, y_B, y_A, x_B, x_A。

讨论：(1)这是变形体受力分析的例题，可以了解这类问题的处理方法。(2)本题不作基本要求。(3)可以利用计算机求解、画图。

例 5-13 根据质点惯性力的定义，证明刚体在作一般运动中，其惯性力的主向量为 $\boldsymbol{R}_S = -M\boldsymbol{a}_C$。

证明：建立如图 5-13 所示的坐标系，设 $OXYZ$ 为惯性坐标系，C 为刚体的质心，$Cxyz$ 为平动坐标系。

(1) 质点 m_i 的惯性力为 $\boldsymbol{S}_i = -m_i\boldsymbol{a}_i$

(2) 刚体的运动学关系

$$\boldsymbol{r}_i = \boldsymbol{r}_C + \boldsymbol{\rho}_i$$
$$\dot{\boldsymbol{r}}_i = \dot{\boldsymbol{r}}_C + \boldsymbol{\omega}\times\boldsymbol{\rho}_i$$
$$\ddot{\boldsymbol{r}}_i = \ddot{\boldsymbol{r}}_C + \boldsymbol{\varepsilon}\times\boldsymbol{\rho}_i + \boldsymbol{\omega}\times(\boldsymbol{\omega}\times\boldsymbol{\rho}_i)$$

(3) 刚体上质点 m_i 的惯性力为

$$\boldsymbol{S}_i = -m_i(\ddot{\boldsymbol{r}}_C + \boldsymbol{\varepsilon}\times\boldsymbol{\rho}_i + \boldsymbol{\omega}\times(\boldsymbol{\omega}\times\boldsymbol{\rho}_i))$$

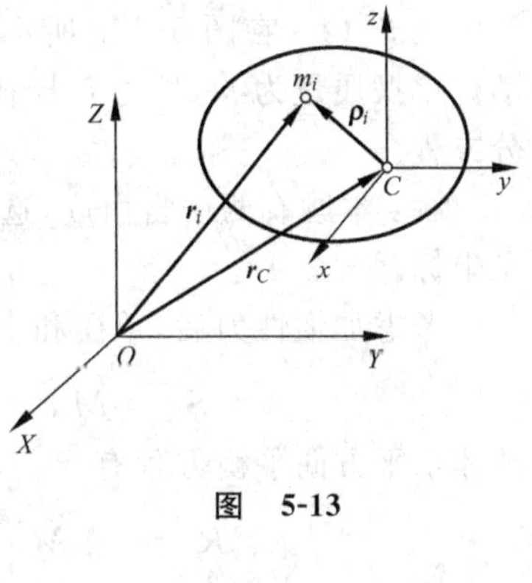

图 5-13

积分得：

$$\boldsymbol{R}_S = -\int(\ddot{\boldsymbol{r}}_C + \boldsymbol{\varepsilon}\times\boldsymbol{\rho}_i + \boldsymbol{\omega}\times(\boldsymbol{\omega}\times\boldsymbol{\rho}_i))\mathrm{d}m$$

各项分别计算，有

$$\boldsymbol{R}_{S1} = -\int\ddot{\boldsymbol{r}}_C\mathrm{d}m = -M\ddot{\boldsymbol{r}}_C = -M\boldsymbol{a}_C$$

$$\boldsymbol{R}_{S2} = -\int(\boldsymbol{\varepsilon}\times\boldsymbol{\rho}_i)\mathrm{d}m = -\boldsymbol{\varepsilon}\times\int\boldsymbol{\rho}_i\mathrm{d}m = -\boldsymbol{\varepsilon}\times M\boldsymbol{\rho}_C = 0$$

$$\boldsymbol{R}_{S3} = -\int\boldsymbol{\omega}\times(\boldsymbol{\omega}\times\boldsymbol{\rho}_i)\mathrm{d}m = -\boldsymbol{\omega}\times(\boldsymbol{\omega}\times M\boldsymbol{\rho}_C) = 0$$

上面计算中用到的一个重要关系式就是$\boldsymbol{\rho}_C=0$，即在质心平动坐标系中，刚体质心的向径为零，因此各项合在一起有 $\boldsymbol{R}_S=-M\boldsymbol{a}_C$。

(4) 刚体惯性力系对质心的主矩：

$$\boldsymbol{M}_i = \boldsymbol{\rho}_i\times\boldsymbol{S}_i = -\boldsymbol{\rho}_i\times m_i(\ddot{\boldsymbol{r}}_C + \boldsymbol{\varepsilon}\times\boldsymbol{\rho}_i + \boldsymbol{\omega}\times(\boldsymbol{\omega}\times\boldsymbol{\rho}_i))$$

积分得：

$$\boldsymbol{M}_S = -\int\boldsymbol{\rho}_i\times(\ddot{\boldsymbol{r}}_C + \boldsymbol{\varepsilon}\times\boldsymbol{\rho}_i + \boldsymbol{\omega}\times(\boldsymbol{\omega}\times\boldsymbol{\rho}_i))\mathrm{d}m$$

在一般情况下计算比较复杂，在刚体作平面运动的特殊情况下，各项分别为

$$\boldsymbol{M}_{S1} = -\int\boldsymbol{\rho}_i\times\ddot{\boldsymbol{r}}_C\mathrm{d}m = -M\boldsymbol{\rho}_C\times\ddot{\boldsymbol{r}}_C = 0$$

$$\boldsymbol{M}_{S2} = -\int\boldsymbol{\rho}_i\times(\boldsymbol{\varepsilon}\times\boldsymbol{\rho}_i)\mathrm{d}m = -\int\boldsymbol{\varepsilon}\rho_i^2\mathrm{d}m = -\boldsymbol{\varepsilon}\int\rho_i^2\mathrm{d}m = -J_C\,\boldsymbol{\varepsilon}$$

$$\boldsymbol{M}_{S3} = -\int\boldsymbol{\rho}_i\times[\boldsymbol{\omega}\times(\boldsymbol{\omega}\times\boldsymbol{\rho}_i)]\mathrm{d}m = \int\boldsymbol{\rho}_i\times(\omega^2\boldsymbol{\rho}_i)\mathrm{d}m = 0$$

因此在平面运动中，刚体对质心的惯性力矩为 $\boldsymbol{M}_S=-J_C\boldsymbol{\varepsilon}$。

讨论：(1)该结论可以直接使用。(2)由于力系的主向量与简化中心无关，因此简化中心可以任意选取，一般选质心或定点(悬挂点)。(3)这里只是计算了刚体作平面运动时对质心的主矩，对于刚体一般运动，计算中何处有差别？

例 5-14 在图 5-14a 所示系统中，小车质量为 M，可在光滑水平面上沿直线运动。单摆质量为 m，长为 l，挂在与小车固结的悬臂上。试用动静法求系统的运动微分方程。

解：本题有两个自由度，选小车水平方向的位移 x、单摆相对垂线的转角 θ 为广义坐标。

考虑加惯性力后，单摆和小车的受力图如图 5-14b 所示。

$$S_1 = M\ddot{x},\ S_2 = m\ddot{x},\ S_3 = ml\dot{\theta}^2,\ S_4 = ml\ddot{\theta}$$

整体水平方向平衡方程有

$$R_x = 0:\ M\ddot{x} + m\ddot{x} + ml\ddot{\theta}\cos\theta - ml\dot{\theta}^2\sin\theta = 0$$

研究小球平衡时,对悬挂点取矩有

$$m\ddot{x}\cdot l\cos\theta+ml\ddot{\theta}\cdot l+mg\cdot l\sin\theta=0$$

联立得

$$\begin{cases}(M+m)\ddot{x}+ml\ddot{\theta}\cos\theta-l\dot{\theta}^2\sin\theta=0\\ \ddot{x}\cos\theta+l\ddot{\theta}+g\sin\theta=0\end{cases}$$

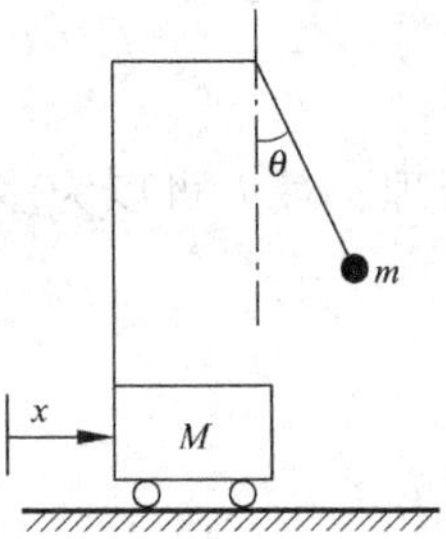

图 5-14a

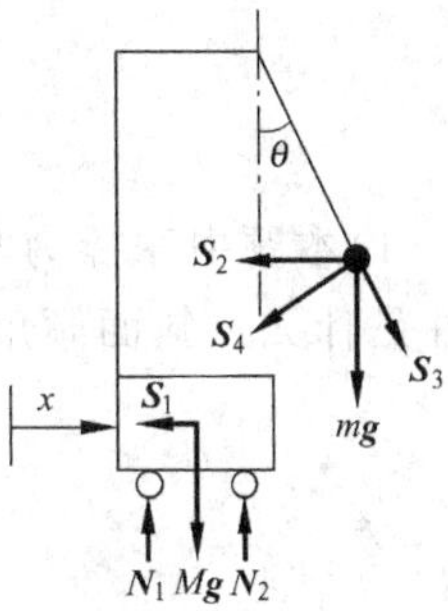

图 5-14b

讨论:(1)利用动静法求解问题有什么优点?(2)如果小球的半径需要考虑,其惯性力系应如何简化?

例 5-15 已知均质圆盘,质量为 m,半径为 r,在倾角为 α 的斜面上作纯滚动,如图 5-15a 所示。求圆盘中心的加速度及与斜面接触点的摩擦力。

解:(1) 运动分析

圆盘质心加速度为 $\ddot{x}$,由于纯滚动,圆盘角加速度为 x/r。

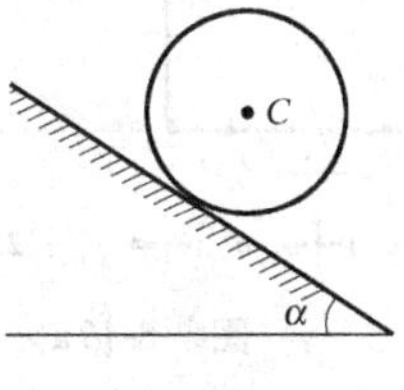

图 5-15a

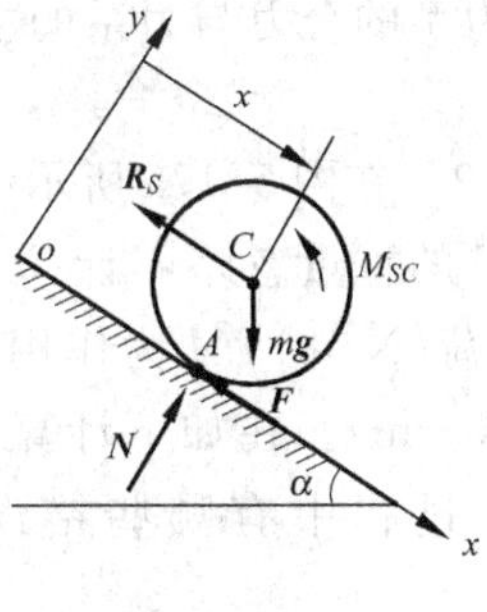

图 5-15b

(2) 加惯性力(惯性力向质心 C 简化)

$$\boldsymbol{R}_S=-m\boldsymbol{a}_C,\quad R_S=m\ddot{x}$$

$$\boldsymbol{M}_{SC}=-J_C\boldsymbol{\varepsilon},\ M_{SC}=\frac{1}{2}mr^2\cdot\frac{\ddot{x}}{r}=\frac{1}{2}mr\ddot{x}$$

(3) 列平衡方程

$$M_{Az}=0:R_S r+M_{SC}-mgr\sin\alpha=0$$

求出

$$\ddot{x}=\frac{2}{3}g\sin\alpha$$

$$M_{Cz}=0:M_{SC}-Fr=0$$

求出

$$F=\frac{1}{2}m\ddot{x}$$

讨论：(1)本题中摩擦力与摩擦系数无关，是否合理？最大可以为多少？(2)纯滚动的条件是什么？斜面倾角是否可以任意大？

四、常见错误

问题1 正方形板上受五个力作用如图5-16所示，$F_1=F_2=F_3=F_4=F$，$F_5=\sqrt{2}F$，试讨论下面对该力系简化是否正确。

解：由于力 $\boldsymbol{F}_3$，$\boldsymbol{F}_4$ 和 $\boldsymbol{F}_5$ 组成一个封闭的力三角形，原力系等效于力 $\boldsymbol{F}_1$ 和 $\boldsymbol{F}_2$ 组成的力系，这两个力的合力 $\boldsymbol{R}$ 沿着 AC。所以原力系的简化结果为合力 $\boldsymbol{R}$，其大小、方向和作用线的位置与力 $\boldsymbol{F}_5$ 相同。

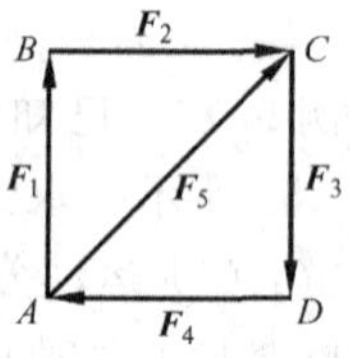

图 5-16

提示：(1)平面力系在什么条件下才能平衡？(2)什么是力系的合力？平面力系在什么条件下可简化为一个合力？(3)力系的合力与力系的主向量有什么异同之处？

问题2 在图5-17a所示结构中，直角刚杆 AB 和 BC 的重量忽略不计，q 为刚杆 BC 上所受均布载荷(N/m)，M 为作用在刚杆 AB 上的力偶矩(N·m)。在如下计算支座约束力 $\boldsymbol{R}_A$、$\boldsymbol{R}_O$ 和 $\boldsymbol{R}_C$ 过程中有哪些错误？应怎样正确求解？

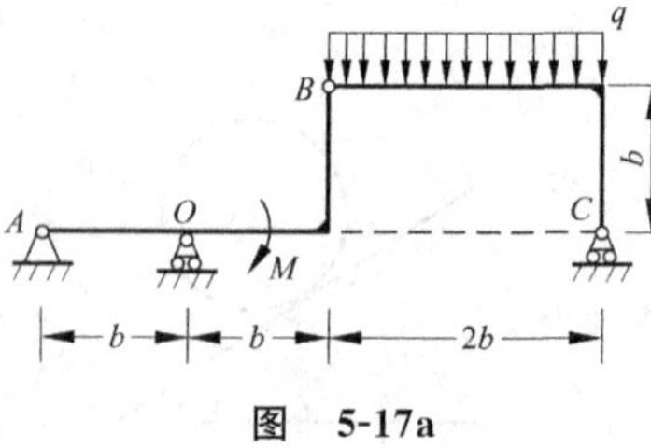

图 5-17a

解：系统整体的受力图如图5-17b所示。

$$M_{Az}=bR_O+4bR_C-M-3b\times 2bq=0$$

$$M_{Cz}=4bR_A+3bR_O-M-b\times 2bq=0$$

$$M_{Bz}=2bR_A+bR_O-M+2bR_C+b\times 2qb=0$$

联立求解得

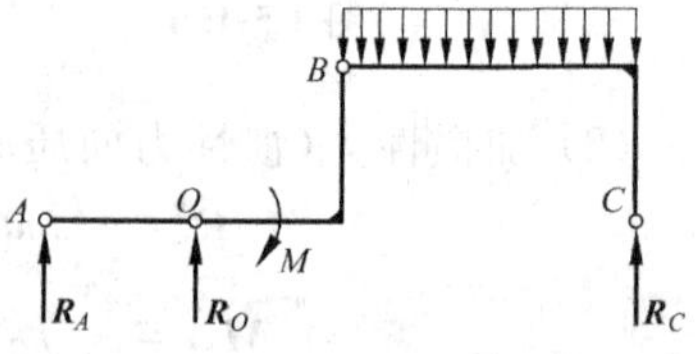

图 5-17b

$$R_O = 6qb$$

$$R_C = \frac{M}{4b}$$

$$R_A = -\frac{M}{4b} - 4qb$$

提示：(1)使用平面力系非基本形式的平衡方程时需注意什么？(2)求解由两个以上刚体所构成的系统平衡问题时，在什么情况下可直接由整体平衡方程得出支座约束力？(3)在力矩形式的平衡方程中，力偶矩的大小、方向与矩心的位置有关吗？

问题 3 复合梁 ABC 的重量忽略不计，受三角形分布的载荷如图 5-18a 所示，试问如下计算支座约束力 $\boldsymbol{R}_A$、$\boldsymbol{R}_O$、$\boldsymbol{R}_C$ 的方法是否正确？

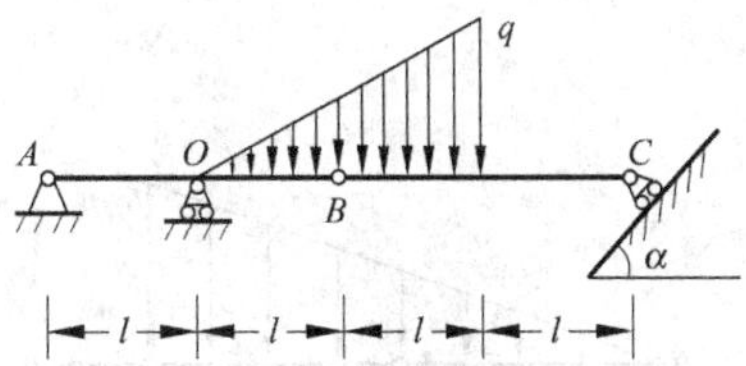

图 5-18a

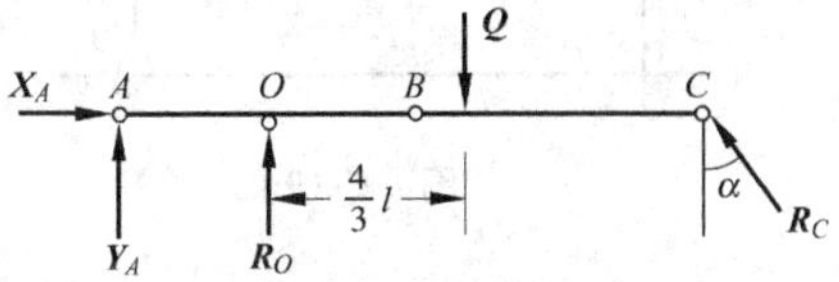

图 5-18b

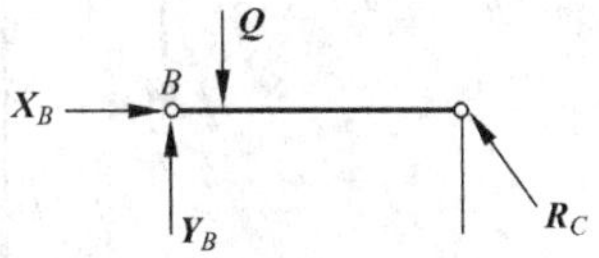

图 5-18c

解：三角形分布载荷可用合力 Q 等效，如图 5-18b 所示。该合力的大小等于受载的三角形面积，即 $Q=ql$，作用线通过该三角形的形心$\left(\text{距离 } O \text{ 点 } \frac{4}{3}l \text{ 的地方}\right)$

(1) 分析 BC 梁，其受力图如图 5-18c 所示。由力矩平衡方程

$$M_{Bz} = 2lR_C\cos\alpha - \frac{l}{3}Q = 0$$

解得

$$R_C = \frac{Q}{6\cos\alpha} = \frac{ql}{6\cos\alpha}$$

(2) 分析复合梁，其受力图如图 5-18b 所示。由平衡方程

$$R_x = X_A - R_C\sin\alpha = 0$$

$$M_{Az} = lR_O + 4lR_C\cos\alpha - \left(l + \frac{4}{3}l\right)Q = 0$$

解得

$$X_A = R_C\sin\alpha = \frac{1}{6}ql\tan\alpha, R_O = \frac{5}{3}ql$$

提示：(1)分布载荷等效为合力的条件是什么？(2)受力分析与计算时应如何处理分布载荷跨越铰链的情况？

问题 4 在图 5-19a 所示结构中，AB、BC、CD 之间用光滑铰连结，已知尺寸及载荷，在下面求 A、D 处约束力的过程中有何错误？

解：(1) 由于力是滑移向量，可根据需要适当移动。AB 构件的受力图如图

5-19b所示。

$$M_{Az}=M_A-M-Pa=0:M_A=M+Pa$$
$$R_y=0:N_{Ay}=0$$
$$R_x=0:N_{Ax}=-P$$

(2) BCD 部分的受力图如图 5-19c 所示。列力矩平衡方程:

$$M_{Bz}=N_{Dx}\cdot a+N_{Dy}\cdot 2a-qa\cdot\frac{4}{3}a=0$$

CD 部分的受力图如图 5-19d 所示。列力矩平衡方程:

$$M_{Cz}=N_{Dx}\cdot a+N_{Dy}\cdot a-qa\cdot\frac{1}{3}a=0$$

解出

$$N_{Dx}=-\frac{2}{3}qa,\ N_{Dy}=qa。$$

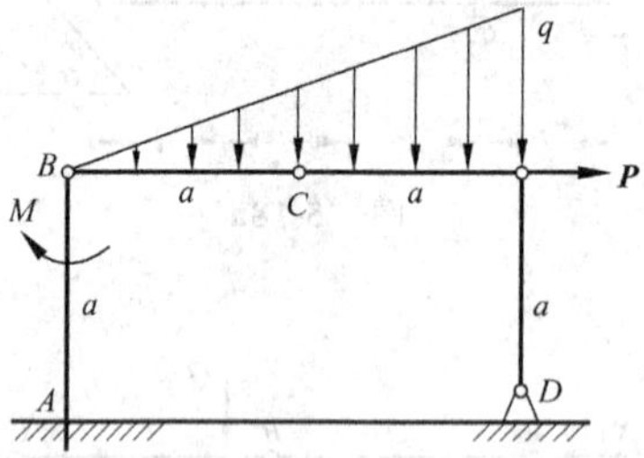

图 5-19a

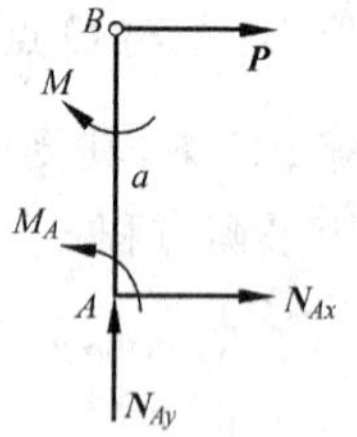

图 5-19b

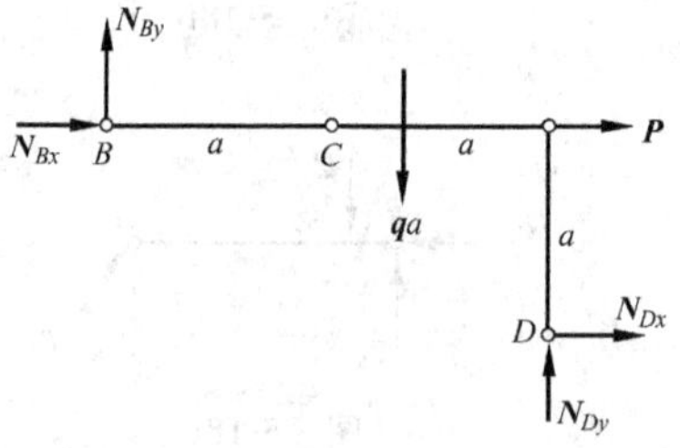

图 5-19c

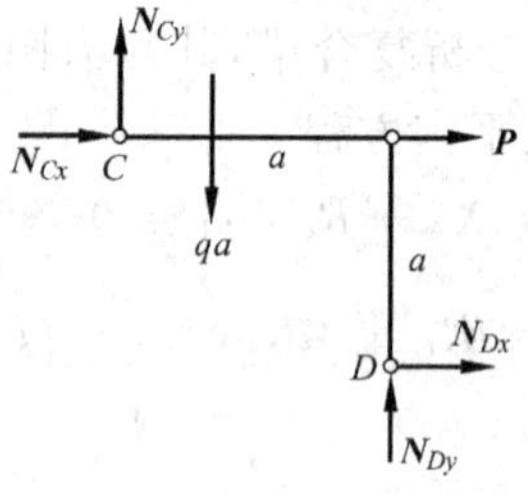

图 5-19d

讨论:(1)当结构拆开时,分布力简化时应如何处理?(2)力和力偶移动的前提条件是什么?(3)请思考解题步骤,尽可能少联立求解。(4)固定端的约束反力应包括约束力偶。

问题 5 等重等长的四均质杆相互铰接后,由原长相等但刚度不同(未知待求)的两弹簧相连接,如图 5-20 所示。如下两种结论是否正确?

解：(1) 该系统含未知量的总数为 10(铰链 O、A、B、C 各有两个未知约束力，弹簧的两个待求刚度 k_1、k_2)，能列出的独立平衡方程的总数为 12(每根杆都有 3 个独立的平衡方程)。后者大于前者，故该系统不能平衡。

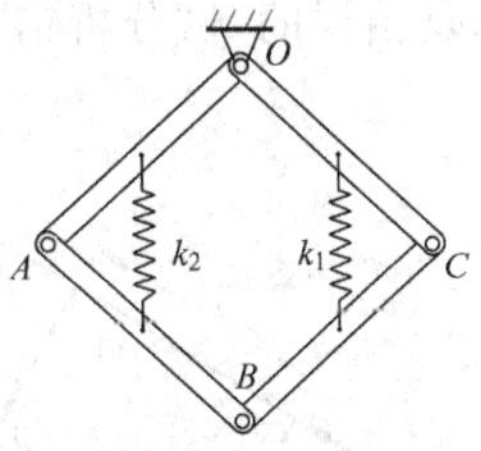

图 5-20

(2) 该系统含未知量的总数为 12(其中 10 个如前所述，另两个是系统平衡时的角度)，正好与独立平衡方程的总数相等，故该系统是静定的。

提示：(1)是否可以用所有杆件的平衡方程数总和来计算系统的独立平衡方程总数？(2)在计算系统所含未知量的总数时，本例中系统的平衡位置算不算未知量？

问题 6 均质轮 O 重为 W，半径为 r，置于半径为 r 的固定圆槽内，接触面的滑动摩擦系数为 $\mu=0.5$。水平力 $P=W$ 作用在轮上，如图 5-21a 所示，如下分析是否正确？

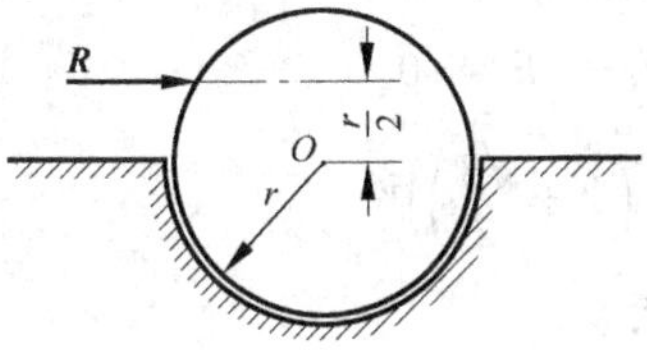

图 5-21a

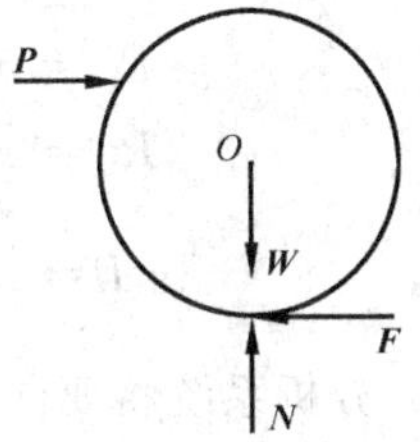

图 5-21b

解：(1) 假定轮处于平衡状态，轮的受力分析如图 5-21b 所示。

$$R_y=0:N=W$$

得

$$F_m=\mu N=0.5W$$

$$R_x=0:F=P=W$$

因为 $F>F_m$，所以轮不能平衡。

(2) 假定轮处于平衡状态，轮的受力分析如图 5-21b 所示。由于

$$M_{Oz}=P\frac{r}{2}+Fr\neq 0$$

所以轮不能平衡。

提示：(1)圆轮在粗糙圆槽内与圆轮在粗糙水平面上的受力分析有否差别？(2)若圆轮半径小于圆槽半径，应如何对轮进行受力分析？

问题 7 图示均质体 A 和均质轮 O 的重量皆为 W，所有接触处的滑动摩擦系数皆为 $\mu=0.5$。与斜面平行的力 P(如图 5-22a 所示)可以保持系统平衡，如下两种解

法都是错误的,试分析错在哪里?

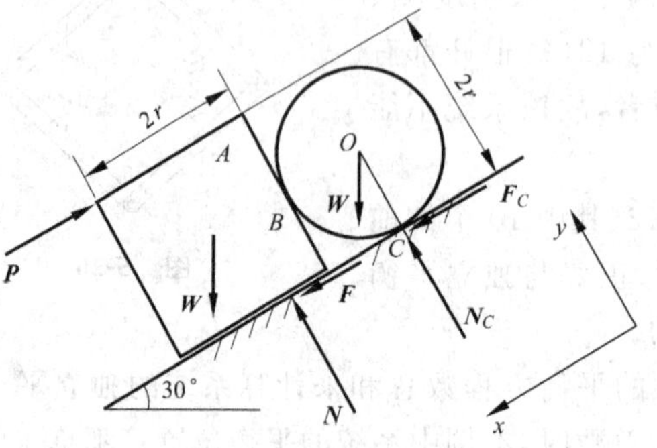

图 5-22a

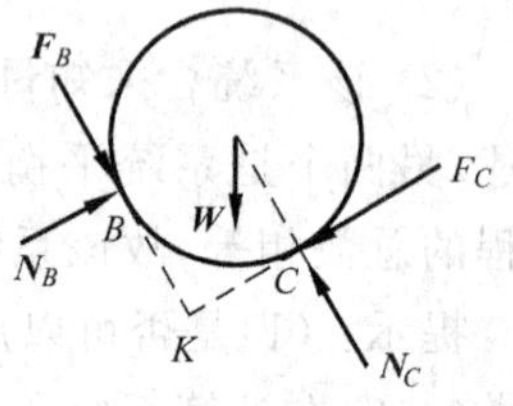

图 5-22b

解法1:分析系统在斜面上将要向上滑动的临界平衡状态,受力图如图5-22a所示。

$$F=\mu N,\ F_C=\mu N_C$$

$$R_y=0:N+N_C=2W\cos30^\circ=\sqrt{3}W$$

$$R_x=0:2W\sin30^\circ+F+F_C-P=0$$

$$P=2W+\mu(N+N_C)=\left(1+\frac{\sqrt{3}}{2}\right)W$$

解法2:分析系统将要向上滑动的临界平衡状态。

首先分析轮 O,其受力图如图5-22b所示。由平衡方程 $M_{Kz}=0$,可得 $N_B<N_C$;由 $M_{Oz}=0$,知 $F_B=F_C$。因为 B、C 两处的摩擦系数相同,所以轮 O 在临界平衡状态下,B 处的滑动摩擦力达到临界值,即 $F_B=\mu N_B$,而 C 处的滑动摩擦力与 N_C 无关。

$$M_{Cz}=0:rN_B-rF_B-rW\sin30^\circ=0$$

$$N_B=\frac{\sin30^\circ}{1-\mu}W=W$$

$$F_B=\mu N_B=0.5W$$

$$R_y=0:N_C-W\cos30^\circ-F_B=0$$

$$N_C=\frac{1}{2}(1+\sqrt{3})W$$

$$R_x=0:N_B-W\sin30^\circ-F_C=0$$

$$F_C=\frac{1}{2}W$$

再分析图5-22a所示的系统,其中 $F=\mu N$

$$R_y=0:N+N_C-2W\cos30^\circ=0$$

$$N = \frac{1}{2}(\sqrt{3}-1)W$$

$$R_x = 0：2W\sin 30^\circ + F + F_C - P = 0$$

$$P = \frac{1}{4}(5+\sqrt{3})W$$

所以系统保持平衡所需的力 $P=\frac{1}{4}(5+\sqrt{3})W$。

提示：系统除了将滑的临界平衡状态，还有别的临界平衡状态吗？两个物体会同时处于临界状态吗？

问题 8 均质长方体 $ABCD$，长为 a，高为 b，质量为 m，其上作用一水平推力 P，如图 5-23a 所示。设水平面与长方体间的摩擦系数为 μ，求长方体处于平衡时 P 的范围。下面两种解法答案截然不同，但都有问题，请问其中存在什么问题？

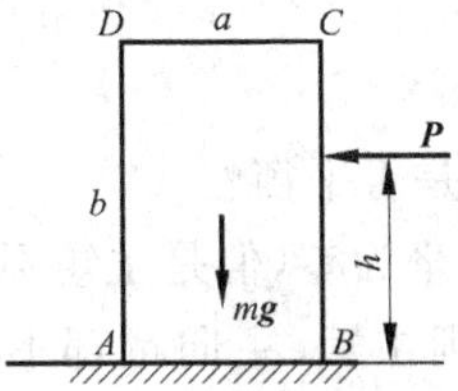

图 5-23a

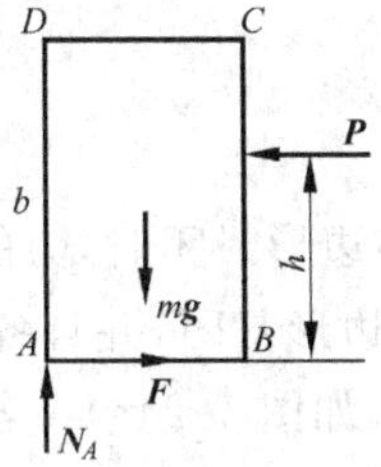

图 5-23b

解法 1：(1) 在翻倒的临界状态，水平面与长方体的作用力应在 A 点，如图 5-23b 所示。

$$N_A = mg$$

$$F \leqslant \mu N_A = \mu mg$$

在水平方向，如果有 $P>F$，则长方体就会打滑，因此推力的最大值为

$$P_{\max} = F_{\max} = \mu mg$$

(2) 摩擦问题的解是一个范围，其最大值与最小值只需把摩擦系数相应取为正、负值即可(参见例 5-7 和 5-9)，因此推力的最小值为

$$P_{\min} = -\mu mg$$

最后得

$$\mu mg \geqslant P \geqslant -\mu mg$$

解法 2：(1) 根据经验，P 力作用位置越高，长方体越容易翻倒，在图 5-23b 中，h 最大等于 b。由力矩平衡条件有

$$M_{Az} = 0：Ph = mg \cdot \frac{1}{2}a$$

所以
$$P_{min}=\frac{mga}{2h_{max}}=\frac{mga}{2b}$$

(2) 由于 h 最小值可以为 0，所以
$$P_{max}=\frac{mga}{2h_{min}}=\infty$$

最后得
$$\infty > P \geqslant \frac{mga}{2b}$$

提示：(1)在解法 1 中，摩擦系数取负值是否合理？力 P 的作用位置是否有关系？与长方体的尺寸是否有关系？平面问题可以列多少方程？本解答是否充分利用了这些方程？推力取负数是否表示拉力？(2)在解法 2 中，力 P 与摩擦系数没有关系，且力 P 没有上限，是否合理？(3)如何判断打滑或翻倒？

五、疑 难 解 答

1. 力多边形封闭时，力的主向量是否为零？力系是否平衡？

当力多边形封闭，并且各力首尾相联时，力的主向量为零，但是主矩不为零，所以力系不平衡(如图 5-24a)。若各力不是首尾相联时，则主矩、主向量都不为零，力系不平衡(如图 5-24b)。

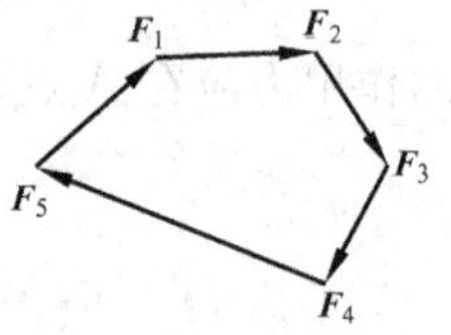

图　5-24a

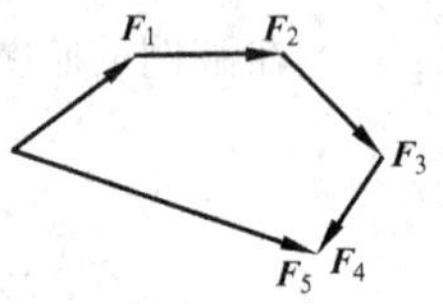

图　5-24b

2. 不同的简化中心对力系的简化结果有何影响，简化后力系的不变量是什么？

选择不同的简化中心，力系的主向量相同，但力系对简化中心的主矩不同。力系有两个不变量：第一不变量是主向量 $\boldsymbol{R}$，第二不变量是主向量与主矩的点积 $\boldsymbol{R}\cdot\boldsymbol{M}_O$。下面证明 $\boldsymbol{R}\cdot\boldsymbol{M}_O$ 是不变量。设力系向 O 点简化后有 $\boldsymbol{R},\boldsymbol{M}_O$，向 A 点简化后有 $\boldsymbol{R},\boldsymbol{M}_A$，两种情况应等价。利用力的平移公式

$$\boldsymbol{M}_A=\boldsymbol{M}_O+\boldsymbol{r}_{OA}\times\boldsymbol{R}$$

两边点乘主向量 $\boldsymbol{R}$，有

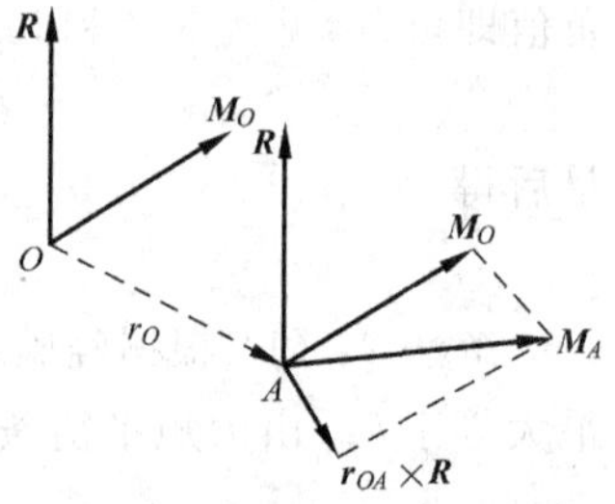

图　5-25

$$\boldsymbol{R}\cdot\boldsymbol{M}_A=\boldsymbol{R}\cdot\boldsymbol{M}_O+\boldsymbol{R}\cdot(\boldsymbol{r}_{OA}\times\boldsymbol{R})=\boldsymbol{R}\cdot\boldsymbol{M}_O$$

3. 力系的简化结果是什么？

力系简化的最一般结果是力螺旋。在特殊情况下，可以退化为一个力，或一个力偶。为方便比较，列表如下：

第一不变量	主　矩	第二不变量	简化结果
$\boldsymbol{R}=0$	$\boldsymbol{M}_O=0$	$\boldsymbol{R}\cdot\boldsymbol{M}_O=0$	平衡
$\boldsymbol{R}=0$	$\boldsymbol{M}_O\neq0$	$\boldsymbol{R}\cdot\boldsymbol{M}_O=0$	力偶
$\boldsymbol{R}\neq0$	$\boldsymbol{M}_O=0$	$\boldsymbol{R}\cdot\boldsymbol{M}_O=0$	合力
$\boldsymbol{R}\neq0$	$\boldsymbol{M}_O\neq0$	$\boldsymbol{R}\cdot\boldsymbol{M}_O=0$	合力
$\boldsymbol{R}\neq0$	$\boldsymbol{M}_O\neq0$	$\boldsymbol{R}\cdot\boldsymbol{M}_O\neq0$	力螺旋

4. 例 5-3 中力螺旋中心轴位置的计算公式是如何得到的？

设 A 为简化中心，$\boldsymbol{R}$，$\boldsymbol{M}_A$ 为主向量和主矩。设力螺旋的中心轴过 A' 点，则有

$$\boldsymbol{R}'=\boldsymbol{R},\quad \boldsymbol{M}_{A/\!/}=\left(\boldsymbol{M}_A\cdot\frac{\boldsymbol{R}}{R}\right)\frac{\boldsymbol{R}}{R},\quad \boldsymbol{r}_{AA'}=\frac{\boldsymbol{R}\times\boldsymbol{M}_A}{R^2}$$

证明如下。主矩总可以分解为与主向量方向平行和垂直的分量：

$$\boldsymbol{M}_A=\boldsymbol{M}_{A/\!/}+\boldsymbol{M}_{A\perp}$$

则 $\boldsymbol{M}_{A/\!/}=\left(\boldsymbol{M}_A\cdot\frac{\boldsymbol{R}}{R}\right)\frac{\boldsymbol{R}}{R}$，其中 $\frac{\boldsymbol{R}}{R}$ 表示沿 $\boldsymbol{R}$ 的单位向量，$\left(\boldsymbol{M}_A\cdot\frac{\boldsymbol{R}}{R}\right)$ 表示 $\boldsymbol{M}_A$ 向 $\boldsymbol{R}$ 方向投影的大小，$\left(\boldsymbol{M}_A\cdot\frac{\boldsymbol{R}}{R}\right)\frac{\boldsymbol{R}}{R}$ 表示了 $\boldsymbol{M}_A$ 沿 $\boldsymbol{R}$ 的分量。

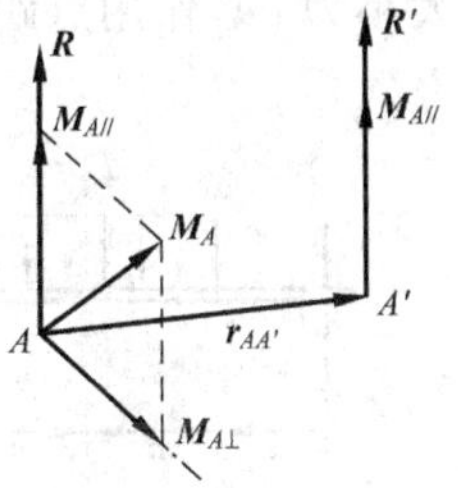

图 5-26

由于力螺旋的中心轴过 A' 点，则有 $\boldsymbol{r}_{AA'}\times\boldsymbol{R}=\boldsymbol{M}_{A\perp}$。两边同叉乘 $\boldsymbol{R}$，有 $\boldsymbol{R}\times(\boldsymbol{r}_{AA'}\times\boldsymbol{R})=\boldsymbol{R}\times\boldsymbol{M}_{A\perp}=\boldsymbol{R}\times\boldsymbol{M}_A$，类似于定轴转动中向心加速度的表达式 $\boldsymbol{\omega}\times(\boldsymbol{\omega}\times\boldsymbol{r})=-\omega^2\boldsymbol{r}$，有 $\boldsymbol{R}\times(\boldsymbol{r}_{AA'}\times\boldsymbol{R})=R^2\boldsymbol{r}_{AA'}$，因此有 $\boldsymbol{r}_{AA'}=\dfrac{\boldsymbol{R}\times\boldsymbol{M}_A}{R^2}$。

5. 平行分布力系在受力分析中如何处理？

平行分布力系 $q(x)$ 一般可以简化为一个合力，如图 5-27a 所示。合力大小和合力作用点为

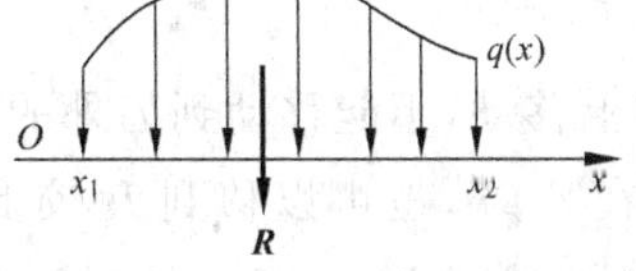

图 5-27a

$$R=\int_{x_1}^{x_2}q(x)\,\mathrm{d}x,\quad x=x_1+\frac{\int_{x_1}^{x_2}xq(x)\,\mathrm{d}x}{\int_{x_1}^{x_2}q(x)\,\mathrm{d}x}$$

可用类似于求物体重量、重心的方法，求分布力的合力大小和作用点。例如：

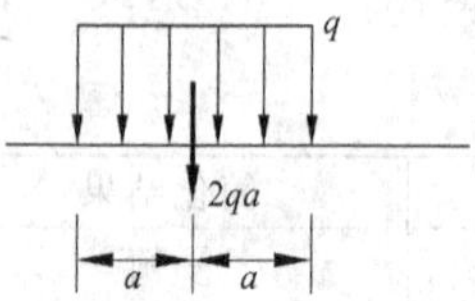

图 5-27b

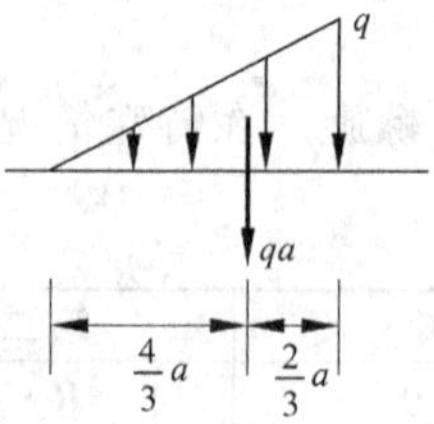

图 5-27c

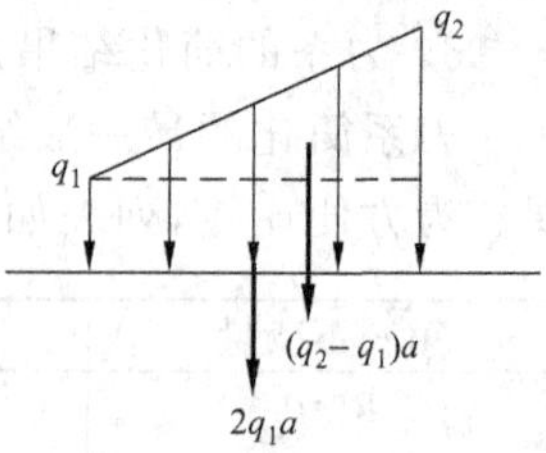

图 5-27d

6. 分布力系跨越结构中的铰链时，应注意什么？

当分布力系跨越结构中的铰链时，如果是分析整体的平衡，可直接把分布力简化为一个合力。但是如果求局部结构的平衡，必须把分布力分段处理，然后再进行简化。

例如，对图 5-28a 中的结构，如果整体进行受力分析(图 5-28b)，分布力可简化为合力 $R=2qa$，作用点在铰链 B 上。如果拆开进行分析，则分布力也相应分为两半，大小为 qa，作用点距 B 铰链 $\frac{1}{2}a$ 处，见图 5-28c、图 5-28d。

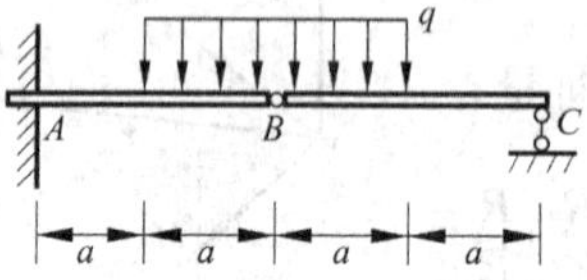

图 5-28a

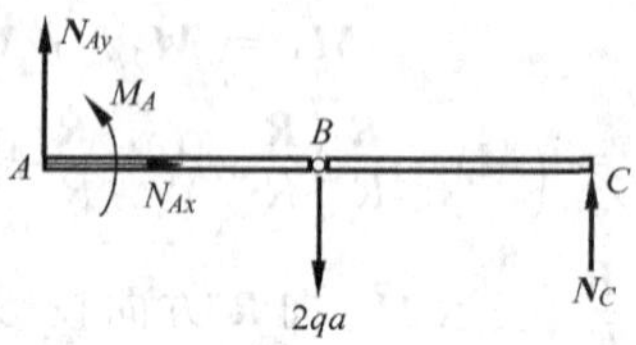

图 5-28b

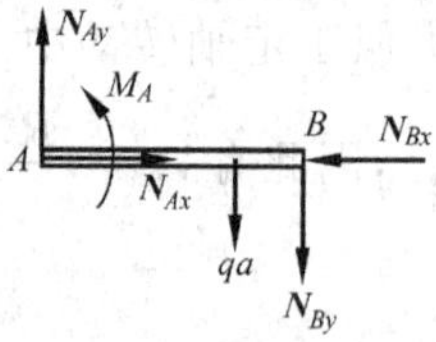

图 5-28c

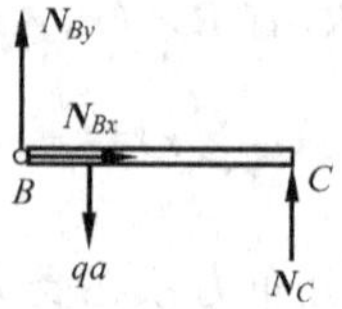

图 5-28d

7. 力偶在受力分析中如何处理？

力偶可以任意移动，但要注意必须在同一个刚体上移动，不能移动到另外的刚体上。图 5-28b 中固定端 A 处的约束力偶 M_A 可以放在 A 端，也可以移到 B 铰上，甚至可以移到 BC 构件上，对整体分析而言结果是相同的。但在图 5-28c、图 5-28d 中，约束力偶 M_A 只能在 AB 构件上，不能在 BC 构件上。这是因为在图 5-28b 中考虑系统的整体平衡,利用刚化原理,整个系统可看成是一个刚体,力偶自然可在其上任意移动。而在图 5-28c、图 5-28d 中,AB 和 BC 已是不同的刚体,力偶自然不可任意移动。

8. 刚化原理有什么用?

刚化原理可以使问题简化。如要求水对大坝的压力,直接的方法是沿着坝体表面进行积分。但如果利用刚化原理,可以将已处于平衡的水取出图 5-29a 所示的一部分来,这部分水的自重为 W,左边受分布压力,右部受坝体的支持力 N,如图 5-29b 所示。问题变为一个刚体在三个力(分布力可合成一个合力)的作用下平衡问题。

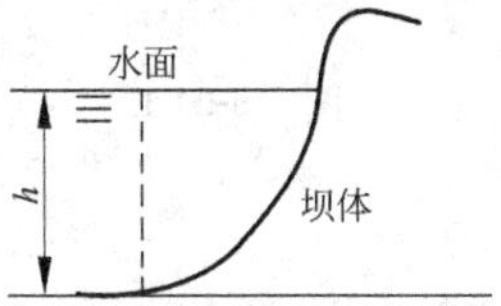

图 5-29a

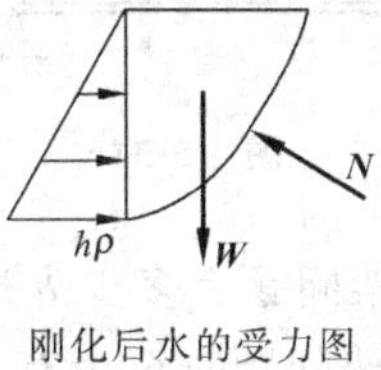

图 5-29b

9. 平面力系一矩式、二矩式、三矩式平衡方程的应用各有什么限制条件?

平面力系平衡时,其标准的平衡方程是两个力平衡方程和一个力矩平衡方程,通常称为一矩式,没有任何应用限制。在三矩式中,三个矩心不能共线;在二矩式中,两个矩心的连线不能垂直于力的投影方向。

如果没有这些限制,这些平衡方程就不能保证系统真正的平衡。以二矩式为例,如图 5-30 中,设刚体上有作用力 F,该力垂直于 x 轴,A、B 在力的作用线上,则有

$$\begin{cases} R_x = 0 \\ M_{Az} = 0 \\ M_{Bz} = 0 \end{cases}$$

但刚体显然并不能平衡。

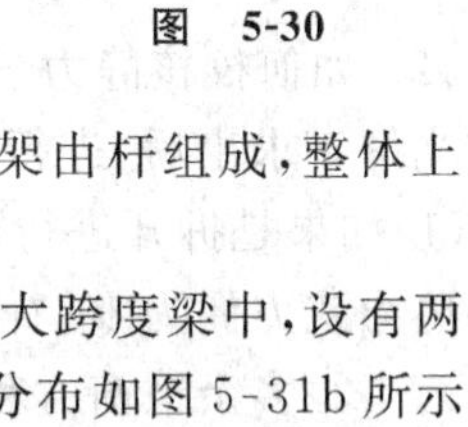

图 5-30

10. 桁架与杆、梁有何区别?

杆是只受拉、压的构件,梁是指可承受力矩的构件。桁架由杆组成,整体上可以承受力矩,在功能上与梁类似。

可以认为桁架是从大跨度梁发展而来。在图 5-31a 的大跨度梁中,设有两个作用力,梁会有微小变形,则在 I-I 截面上作用有分布力,大致分布如图 5-31b 所示。可见梁的中间部分没有充分发挥作用。因此工程中多采用“工”字梁,见图 5-31c。如果更进一步把“工”字梁截面的中间部分全部挖去,只剩上、下表面的材料(这样效率最高),然后用一些杆连接、支撑上下表面的材料,就得到了桁架结构。图 5-31d 所示就是一个典型的桁架结构。为了避免各构件受力矩,作用力都作用在铰链上,这样所有构件都只受拉压,效率最高。

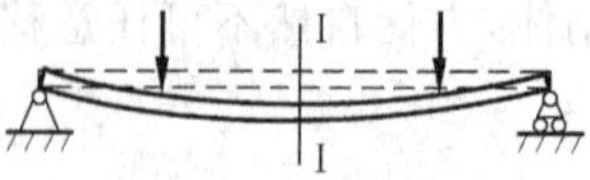

图 5-31a

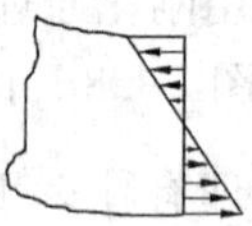

图 5-31b

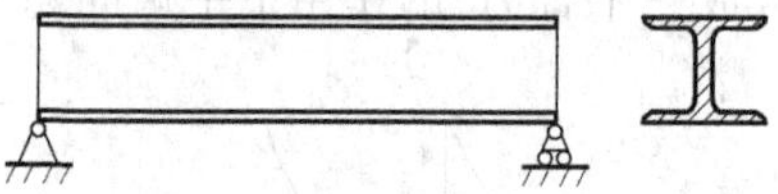

图 5-31c

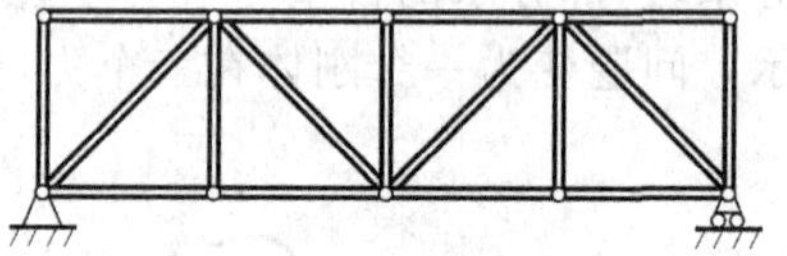

图 5-31d

11. 桁架问题有多少处理方法？各有什么特点？

处理桁架问题时至少有三种方法：节点法、截面法和虚位移法。

节点法是把桁架的铰链（称为节点）全部拆开，对铰链进行受力分析。该方法主要用于求解桁架全部杆件的受力情况。如果是人工求解，最好拟订一个求解的次序，尽可能不要解联立方程。如果是计算机求解，则不必考虑什么技巧。

截面法的特点是不把桁架全部拆开，而是利用一个截面（不一定是平面）把桁架分为两个部分，暴露出杆件的内力。该方法主要用于求解桁架指定杆件的受力情况。因为桁架问题一般是平面问题，有三个独立的平衡方程，所以用截面法最多可求解三个未知数。

虚位移法与截面法类似，只是截开后再加上虚位移进行求解。由于虚位移方法首先要截开桁架，并且虚位移方法只有一个方程，每次只能求一个未知数，所以并没有特别的优点（虚位移方法在求机构主动力平衡时比较方便）。

在一般情况下，建议首先考虑截面法，其次是节点法，最后才考虑虚位移原理。在有些情况下，可以同时使用截面法与节点法。

12. 如何校核静力学问题的解答？

当解答求出后，进行校核是一个好的习惯。在静力学问题中，校核的方法可以有：(1)如果是拆开进行求解，就可以对整体进行平衡校核；(2)特例验证，在系统中令一些力或力偶为零，看在简单受力情况下结果是否正确（此时的解往往可以直接看出来）。(3)多余平衡方程验证，比如在平面问题中，利用了三个力矩平衡方程（三矩式）求解，则可利用力的平衡方程来验证。

13. 如何理解静不定问题？

在静力学问题中，有可能出现未知数数目大于方程数目的情况，即利用静力学方程不能求出全部或部分的未知数，这种情况称为静不定。有些静不定问题是由于支座原因造成的（见图 5-32a）；有些静不定问题是由于结构内部有多余的构件造成的

（见图 5-32b）。其实质都是有多余约束。

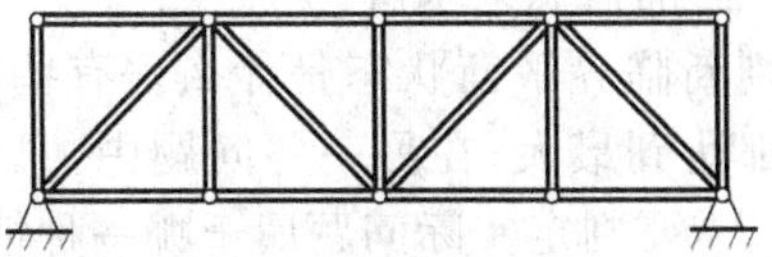

图 5-32a

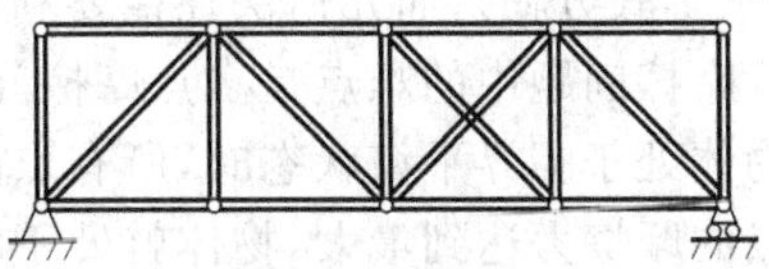

图 5-32b

静不定还可从另一个角度来理解。以图 5-32c 为例，当 ABC 构件做好后，构件上 AB 间的距离是一定的，墙上 A 铰链、B 铰链的位置可能也是事先确定的，如果两者间不等（存在装配公差），则必须让构件 ABC 稍微变形才能装配上。而构件 ABC 变形所产生的内力用静力学是求不出来的（用材料力学的变形协调条件可求出来）。

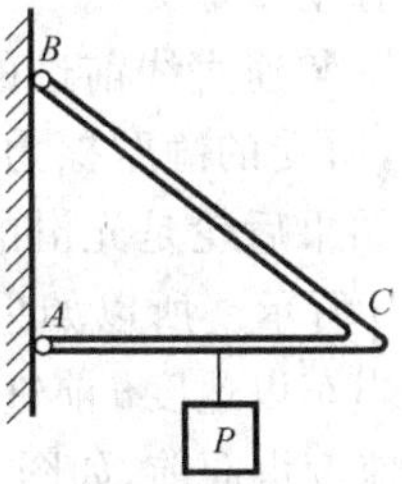

图 5-32c

14. 如何确定平面简单桁架是否静定？

一般的桁架可以认为是从一个三角形（最简单的可承载结构）扩大而来，遵守所谓的三角形法则，即在三角形的基础上，每增加一个节点，要增加 2 根杆，而最初的三角形有 3 个节点和 3 根杆，如图 5-33 所示。写成表达式就是：

$$\Delta m = 2\Delta n（\Delta \text{ 表示增量}）$$

类似积分运算，并代入初始条件后得 $2n=m+3$。

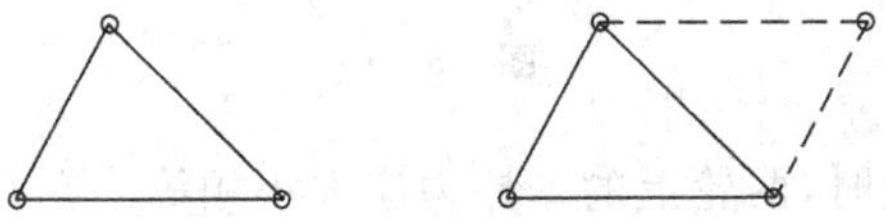

图 5-33

凡是根据三角形法则扩展而得到的桁架称为简单桁架，简单桁架一定是静定的。

从另一个角度看，设平面桁架杆数为 m，节点数为 n。对每个节点，可列 2 个方程，所以共有 $2n$ 个方程。每个杆的内力未知，加上两端支座的约束数目为 3 个（一定是 3 个，大于 3 是静不定，小于 3 则可移动），所以未知数为 $m+3$ 个。因此静定条件是：

$$2n=m+3$$

15. 摩擦问题有何特点？

摩擦问题的解一般是一个范围，静摩擦力的方向也需要根据情况判断，“自锁”也是摩擦问题中的特殊现象。

摩擦力 F 与摩擦系数及正压力 N 有关，即 $F\leqslant\mu N$。这个方程不是由静力学所得到的，是静力学之外的物理方程。正因为该方程是不等式，所以解一般就是一个范围。在极限情况下 $F_{max}=\mu N$，解就只有一个。

求解摩擦问题有两大类方法：解析法和几何法。解析法一般利用极限条件来求解(求等式方程)，而几何法往往要利用摩擦角(锥)的概念来求解。

摩擦问题中的难点是多点摩擦问题，需要判断临界平衡状态是什么。有些问题中物体处于临界平衡状态时，所有点的摩擦力都达到最大；在另一些问题中，只要有一点的摩擦力达到最大，物体就处于临界平衡。需要判定实际问题属于哪一种情况。

16. 如何判断自行车轮的摩擦力方向？是什么力使自行车前进的？

一般来说，动摩擦力方向容易判断，而静摩擦力方向与相对运动趋势相反，有时不容易判断。对车辆而言，虽然车轮在滚动，但摩擦力却是静摩擦力(在刹车或打滑时才有动摩擦力)。

以匀速直线前进的自行车为例，前轮是被动轮，所受的静摩擦力向后，后轮是主动轮，所受的静摩擦力向前，如图5-34a所示。下面是详细说明。

如果后轮是光滑的，则车轮在地面上打滑，其接触点的速度相对地面向后，如图5-34b所示。所以如果后轮不光滑，则后轮所受的摩擦力向前。

当车以速度$\boldsymbol{v}$前进时，如果前轮是光滑的，前轮在地面上打滑，并且作平动，其接触点的速度也向前，如图5-34c所示。所以如果前轮不光滑，则前轮所受的摩擦力向后。

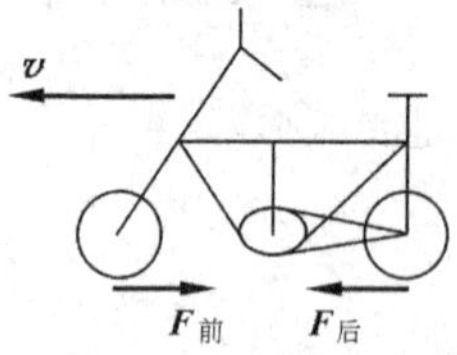

图 5-34a

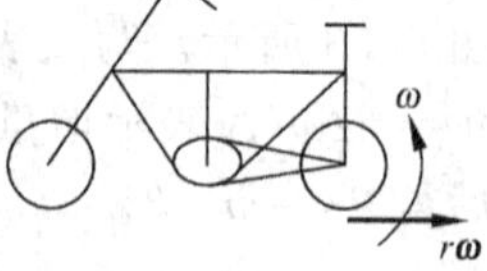

图 5-34b

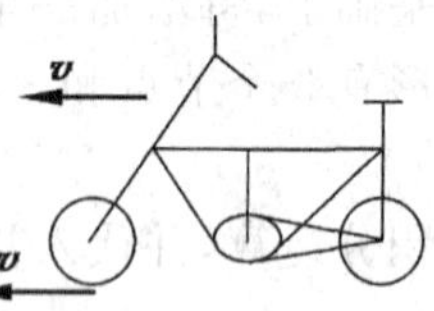

图 5-34c

当自行车均速前进时，两轮上的摩擦力应大小相等。在开始启动的时候，后轮向前的摩擦力大于前轮向后的摩擦力，因此是后轮的摩擦力使自行车前进的。

当然，只说摩擦力使车前进还不够全面，在学过动能定理后可更好理解。

17. 摩擦系数是否分静摩擦系数和动摩擦系数？

在教科书中，关于摩擦系数，其叙述是“只依赖于物体和约束面的材料性质”，作为一般性的了解，这就可以了。

但是如果要仔细探究，实际上摩擦系数是很复杂的，其机理目前还没有很明确的定论(参见本章的趣味问题)，但至少有一点可以说，摩擦系数与相对运动的速度还有关系。

在图5-35a所示的实验中，可以测量相对运动速度与摩擦力的关系。结果如图5-35b所示。静止时摩擦系数μ最大，然后随速度v增加而下降，到一定速度后又上升，是个复杂的关系。为了方便处理，人们把一定范围速度内的动摩擦系数取为平均值μ'，得到如图5-35c所示的简化关系。因此静摩擦系数μ大于动摩擦系数μ'。例如开始推动物体时需要大些的力，推动起来后就省些力了，这也符合生活经验。

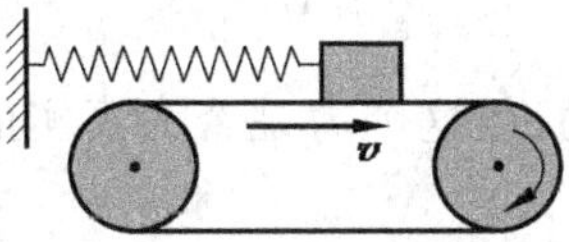

图 5-35a

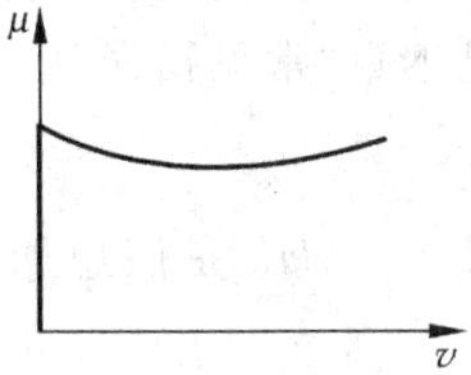

图 5-35b

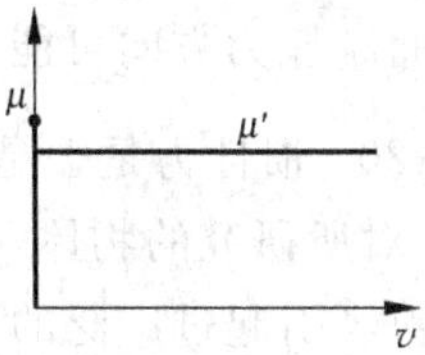

图 5-35c

18. 长宽比大的抽屉容易发生自锁？还是相反？

在生活中，有时拉抽屉可能一时拉不开，从旁边碰大一下就好了。这实际就是抽屉的自锁现象。图 5-36a 是长宽比大的抽屉受力图。注意摩擦力及正压力的合力（全反力）一定在摩擦角内，因此有可能出现 $\boldsymbol{R}_1$，$\boldsymbol{R}_2$ 在各自的摩擦角内，且满足三力汇交的情况（汇交点可根据平衡方程求出），就会产生自锁现象。不管如何增大主动力，全反力都会相应增大，抽屉的自锁状态不会被打破。如果从旁边碰一下，就变成四个力，破坏了原来的平衡条件，就有可能把抽屉拉出来了。

图 5-36b 是长宽比小的抽屉受力图。当两边的全反力在各自的摩擦角内时，不容易满足三力平衡条件。因此表明抽屉的长宽比越大，越可能发生自锁现象。

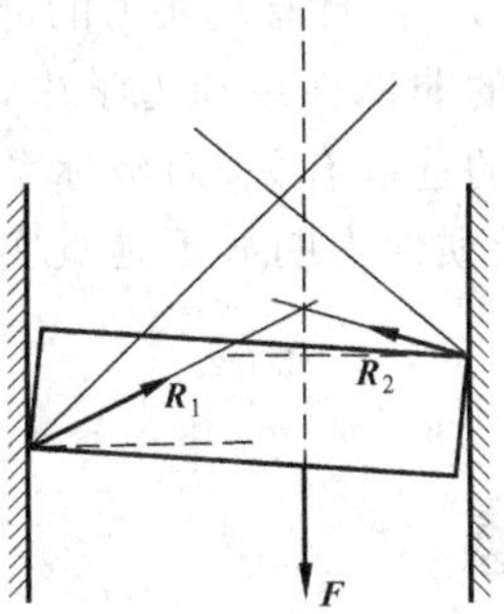

图 5-36a

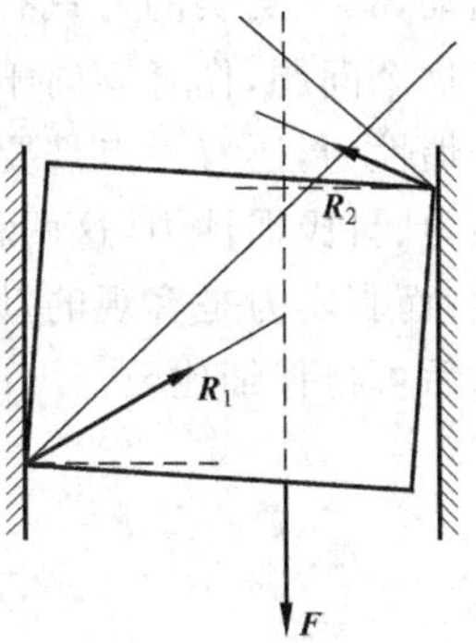

图 5-36b

19. 在求解摩擦问题时摩擦系数是否可取负值？

摩擦问题的解一般是一个范围，该范围的上限与下限对应的摩擦力方向相反。由于正压力方向是确定不变的，如果摩擦力改变方向，从数学角度看，将摩擦系数取负值即可。从受力分析的角度看，负的摩擦系数导致负的摩擦力，表示方向相反。在这种情况下，把上限值表达式中的摩擦系数 μ 换成（$-\mu$），就可以得到下限值的表达式。

但在以下情况中，将摩擦系数取负值是不行的：(1)在多点接触问题中，不同的极限情况对应于不同的摩擦状况；(2)由于存在几何条件的限制，某一个极限情况可以实现，另一个极限情况不能实现；(3)不同的极限情况只是对应于接触点位置的变化，而摩擦力方向可能不变。(见本章“常见错误”中的反例。)

20. 惯性力是否是真实的力?

对所研究的物体，惯性力 $\boldsymbol{R}_S=-M\boldsymbol{a}_C$ 是假想加上去的，但这个力是否为真实的力，曾经引起过广泛的争议。

一种观点认为：惯性力是真实的力。在图 5-37 中，人拉小车加速前进，由于小车有加速度，因此惯性力存在，并且我们的手可以感受到这个力。汽车加速时，乘客的背部会感受到座椅的压力。因此惯性力是真实力。

另一种观点认为：惯性力不是真实的力。因为真实的力具有三要素：大小、方向、作用点，除此之外，真实力是客观的，有施力者以及作用在施力者上的反作用力。在图 5-37 的例子中，如果仔细分析受力(只画出了部分力)，会发现小车上的力 $\boldsymbol{F}$ 是绳索提供的，而手上的力 $\boldsymbol{F}'$ 也是由绳索提供的，那么惯性力 $\boldsymbol{R}_S=-M\boldsymbol{a}_C$ 作用在车上，是由什么物体提供的呢? 反作用力又在何处? 另外，在惯性空间看，小车作加速度运动，其上真实的力只有 $\boldsymbol{F}$ 而没有惯性力。因此惯性力不是真实的力。

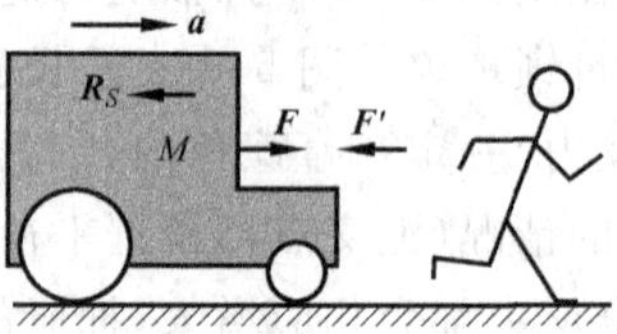

图 5-37

对于这个问题，作者倾向于认为惯性力不是真实力，但具有真实力的部分属性。

关于惯性力，还有一点需要说明，在后面第 9 章的非惯性系动力学中，还会引入牵连惯性力、科氏惯性力，这两种惯性力都与坐标系的选取有关，而坐标系的选取具有主观性，而真实力是客观的，因此牵连惯性力、科氏惯性力明显不是真实力。在学完第 9 章后可再仔细比较。

六、趣味问题

1. 滑动摩擦系数能大于 1 吗?

人们在日常的生活和生产中，对滑动摩擦的利用和防止，已屡见不鲜。但对滑动摩擦系数的认识，却是几经曲折。过去一些人认为滑动摩擦系数 μ 是个小于 1 的数值，因而对 μ 的试验数据就不予采用。例如铸铁-铸铁作干滑动摩擦试验时，因材质、工况、环境的差异，其 μ 值变化范围较大，有时可达 1.18(Rabinowica 试验值)，这使一些教材与习题集对此采取回避态度，造成铸铁-铸铁的 μ 值在摩擦系数表格中长期处于空白状态。其实，滑动摩擦系数大于 1 的情况是很多的，随着新型工程材料不断开发，出现的 μ 值不但大于 1，而且在高温时，会出现 μ 值达到二位数的惊人数据。

下面谈谈滑动摩擦系数研究和认识发展的几个重要阶段[1~3]。

1700年左右(Amonton时代),人们认为滑动摩擦系数仅与物体的材料有关,并说成是一个约为1/3的常数,这是因为当时所用的材料,多数为木、石、生铁之类,范围较窄,加上实验与测试手段粗糙,使这种观点流行了一段较长的时间。

18世纪后期,以库仑为代表,建立了以法向载荷为中心的机械啮合论,滑动摩擦成因主要考虑接触表面上微凸体的互嵌作用,完全忽略了接触面的变形。滑动摩擦系数被看成不变形物体接触面单纯相对滑动的结果,因而把光与滑两个不同的概念混淆在一起,认为μ值小,接触表面就一定是光滑。其实所谓光,是指几何光洁度,表示接触面外形的几何性质;而滑是指接触面的表面环境状态,包括工况、材质、周围环境等。因此光与滑是两种独立而完全不同的概念,以后,新材料的不断应用,人们发现有些愈光的材料,其μ值反而愈大,这就引起人们深思。

分子学说与静电理论,随着人们的深思而产生了。当两种不同的金属接触距离小于等于2.5×10^{-9}m时,一方物质会把电子传给另一方,而在接触面的两方会形成等量异号的电荷层——偶电层。当接触面紧密时(相距小于等于10^{-10}m),会导致表面分子间的相互作用,这种作用主要是偶电层中正负电荷的作用,实质上也是一种静电作用。这样在接触面的法向,除一般的正压力外,还要考虑分子间的引力,故导致切向移动时,需要更大的切向力来克服摩擦,这意味着摩擦力与摩擦系数的增大,这就是两个接触面经超精加工而光亮如镜,形成所谓"镜面摩擦"时,其μ值会变得很大的缘故。

1950年前后,以Holm、Bowden和Tabor为代表,所建立的以真实接触面积为中心的黏着理论指出:接触面上每个微凸体要按弹性或塑性规律来变形,接触的真实面积既决定于表面的几何结构,又决定于每个微凸体变形的过程。其中先是几个接触点因法向高压,不断引起局部"冷焊"使接触点粘连,以后当切向力逐渐加大时,黏结点又要产生塑性流动,会使接触面积增大,即产生黏结点的生成和增长现象,而接触面要相对滑动就要剪断这些黏结点。这就反映摩擦力与摩擦系数与接触材料的剪切强度极限及其他一些机械性质有关。另外,黏结点的增长又和温度有关。因此一些材料在高温时,反映出的μ值是很高的,会远远地大于1,这就不足为奇了。

下面介绍μ值大于1的机理[4,5]。

用斜面试验来决定板料的滑动摩擦系数,是一种简易的方法。同时也是接触面凹凸互嵌机械啮合论的模型。接触面各微凸体在凹面上运动被看成诸多的小方块在斜面上的运动。小方块在斜面上刚要下滑时的临界倾角α_{Cr}即为摩擦角ϕ_m,而摩擦角的正切即为μ。在室温情况下,不少板料作摩擦斜面试验时,可发现临界倾角小于45°(即$\mu<1$),但有些材料则可发现斜面临界倾角大于45°(μ值就大于1)。例如一个黑板擦,分别用其两面放在木质板上,铝皮这一面的摩擦角小于45°,但毛毡料这一面放在斜面上,可观察到其摩擦角大于45°,由此可见,μ值可大于1就是很自然的了。

当接触面分别经过超精加工而光亮如镜,形成所谓"镜面摩擦"时,其μ值会很大的，通常由两个标准计量用的块规作滑动摩擦试验时，μ 值很大。同样在纺织工业中，化纤丝通过导杆，可测得其间的 μ 值接近于 8。这种情况用摩擦的分子学说来解释，就比较顺理成章了。

随着新型工程材料的不断开拓，高聚物、黏弹体及其复合材料的广泛应用，摩擦系数试验值及其相应的机理又有新的进展。高聚物和黏弹体及其复合材料对温度具有很大的敏感性。随着温度的变化、其物态（有玻璃、转变态及橡胶态）及物性（例如与时间有关的蠕滞性）就有明显的不同，且接触区的变形除通常材料具有的弹性变形（可恢复且可逆）外，还有黏弹性变形（可恢复但不可逆）及塑性变形（不可恢复且不可逆）。因此，这类材料发生滑动摩擦时，具有非线性的因素，特别在高温（1000℃或以上）和真空情况下，黏弹性物体的 μ 值，甚至可高达二位数。这可用黏着说和熔接的混合理论来解释。因为在高温时，接触粘着点不断生成与成长，甚至某些微接触区有熔接现象，因此要能在接触面内切向发生位移，必须不停地剪断粘连区或熔接区的材料，才能克服切向的阻力，因此摩擦力与摩擦系数比通常情况下就要大得多。研究高温下的摩擦特性对运输，特别对高温管道输送高温颗粒与粉末，具有很实际的意义。当然，温度对一般材料（如金属等）的 μ 值，亦有影响，但高聚物、黏弹性材料特别敏感而已。V. Hiratsuka 等，研究了 Al_2O_3、ZrO_2 和 SiO_2 对纯金属的摩擦与磨损，发现 ZrO_2 与 Ti 摩擦，当生成热为 1500kj/mol 时，摩擦系数 $\mu=1.5\sim1.6$（试验条件为：法向载荷 9.8N，滑动速度 155mm/s、滑动距离为 2000mm）。而一般温度对 μ 的影响，则可参见 Renauld 和 Evans 等人的文章[7]。

总之，滑动摩擦系数其内涵因素众多，情况复杂，故具体试验数值起伏范围就很大。但人为地设置 $\mu<1$ 的禁区是错误的，也是不符合实际的。当然，我们一般用查表法和各种计算法所得的 μ 值，只能作为初步的参考，而某种工况和环境下的 μ 值，最好还是以实验及实验值的统计平均作为依据，这样就更可靠和更可信赖了。

参考文献

[1] 徐庆善. 摩擦问题研究的进展. 力学与实践，1990，12(2)：6～12

[2] Dan Pavelescu，Andrei Tudor. The sliding friction coefficient-its evolution and usefulness. Wear，1987，120：321～336

[3] 志村洋文，佐佐木信也. 超平滑面摩擦特性. 日本润滑学会全国大会研究发表会议稿集 34th，1989：361～364

[4] Briscoe J，Tabor D. Friction and wear of polymers. In：Clark D T and Feast W J (Eds). Polymer Surface. London：Wiley，1978. Chapter Ⅰ：1～23

[5] Venkatesan S，Rigney D A. Sliding friction and wear of plain steels in air and vacuum. Wear，1992，153：163～178

[6] Hiratsuka K. Friction and wear of Al_2O_3、ZrO_2 and SiO_2 rubbed against pure metals. Wear，1992，153：361～373

[7] Renauld Y. Temperature effection friction coeffi-cient. Stahl Eisen (Deu)，1990：142～145

2. 古埃及人在四千年前就已懂得了摩擦学的原理，他们曾用滚子和滑板来搬运重物。有一幅浮雕反映了奴隶们搬运一台石雕巨像的情景（约公元前1900年）。仔细观察可以发现：巨像放在滑板上，由172个奴隶拉着，有一人在滑板上将液体倒在地面上进行润滑。

根据图5-38，试定性地分析一下，这些奴隶能否搬动巨像？各种参数可在合理范围内假设。（背景资料见《摩擦学原理》，霍林主编，机械工业出版社，1981年，第4页）。

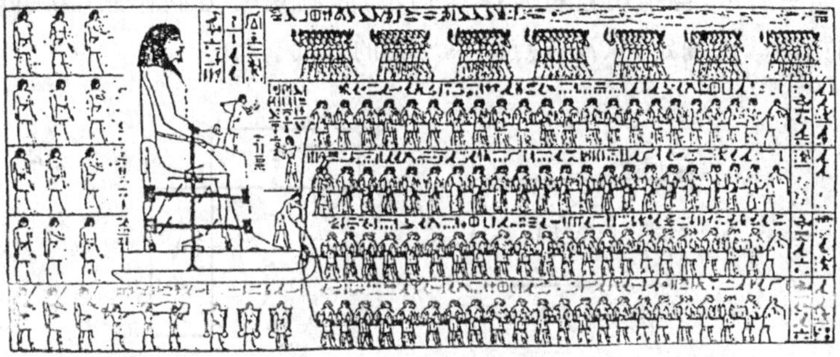

图 5-38

首先，我们估计一下背景资料中所给的巨像质量约为60t是否可靠。

假设浮雕的画面是按一定比例雕刻的，可测出巨像中的法老身高为奴隶身高的5倍，则体积应为5的3次方即125倍。设奴隶体重60kg，人体密度约为$1g/cm^3$，石块密度一般在$3g/cm^3$左右，因此法老质量为$(60\times125\times3)kg=22500kg=22.5t$。再加上座椅及底座，因此巨像总质量为60t是比较可靠的。

其次，对奴隶的拉力进行估计。

设滑板经润滑后与地面的摩擦系数为0.23，则要搬动巨像，每个奴隶的平均拉力至少应大于$F=\frac{60\times1000\times9.8\times0.23}{172}N\approx800N$。对于体重为60kg，较为强壮的奴隶，使出800N的拉力应是不成问题的（举重运动员一般都可举起至少100kg的重物）。

但有一个问题，体重为60kg，拉力为800N，那么摩擦系数不就大于1了吗？

实际上，当奴隶们光着脚拉重物时，脚底皮肤与地面的摩擦系数是可以大于1的，可以用一个简单的试验来验证：把一枚硬币放在手掌上，慢慢转动手掌，可以明显发现当倾角大于45°时，硬币并不会相对手掌滑动，由此证明皮肤与硬币间的摩擦系数大于1。当然你可以解释为这是由于大气压的作用，实际摩擦系数仍小于1。但不论怎么解释，奴隶体重为60kg，拉力为800N并不会导致什么矛盾。

综上，从浮雕可以得出结论：这些奴隶是可以搬动这个巨像的，浮雕所表现的可能是当时真实的情况。同时也间接反映了奴隶们的劳动强度很大，几乎到了人的生理极限。至于奴隶们分为上下四排，是由于当时人们还不会（或不必）使用透视关系。总之，利用摩擦理论来判断浮雕的内容是否真实，表明了力学的应用范围极其广阔。

七、习　题

5-1 如图所示，各物块自重及摩擦均不计，物块受力偶作用，力偶矩的大小皆为 M，方向如图。试确定 A、B 两点约束反力的方向。

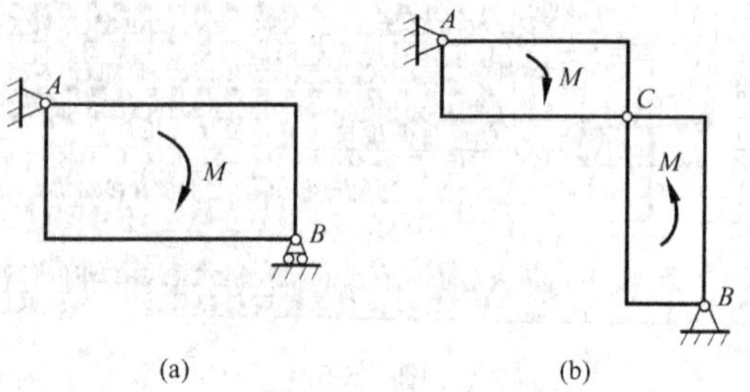

习题　5-1

5-2 图中各物体间均不存在摩擦，已知 O_2B 上作用力偶 $\boldsymbol{M}$，问能否在 A 点加一适当大小的力使系统在此位置平衡。图 a 中 $O_2C=BC$，O_2C 水平，BC 铅直。

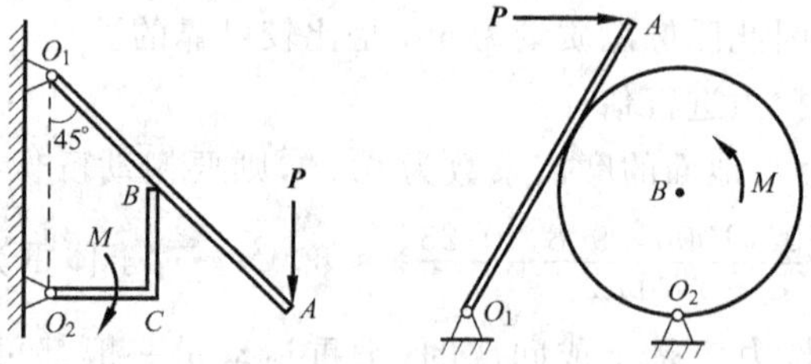

习题　5-2

5-3 图中力 $\boldsymbol{F}_1$、$\boldsymbol{F}_2$ 分别作用于 A、B 两点，且 $\boldsymbol{F}_1$、$\boldsymbol{F}_2$ 与 C 点共面。问：

(1) 在 A、B、C 三点中哪一点加一个适当的力可使系统平衡？

(2) 能加一个适当的力偶使系统平衡吗？

5-4 图示机构杆重不计，无摩擦，在 BC 杆上 C、D 两点分别作用力 $\boldsymbol{F}_1$、$\boldsymbol{F}_2$，且 $\boldsymbol{F}_1$ 与 $\boldsymbol{F}_2$ 作用线平行，方向如图所示，两力均不为零。适当选择 $\boldsymbol{F}_1$ 及 $\boldsymbol{F}_2$ 的大小，能否使系统处于平衡？

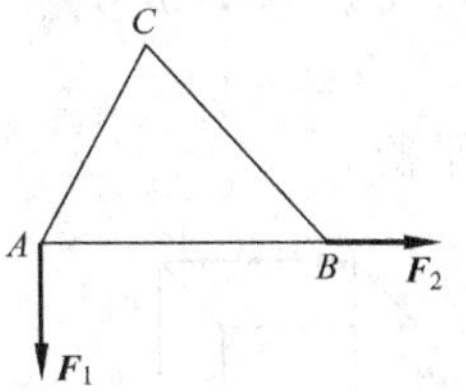

习题 5-3

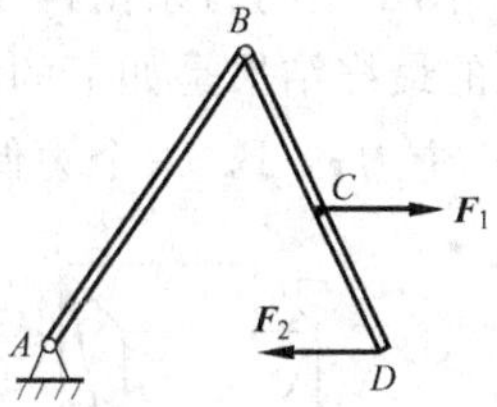

习题 5-4

5-5 图示结构，在 D 点作用一个力 $\boldsymbol{F}$，现将作用于 D 点的力 $\boldsymbol{F}$ 平移到图中 E 点，得到一个力 $\boldsymbol{F}_1$ 与一个力偶，这样做对 A、B、C 处的约束反力有无影响？

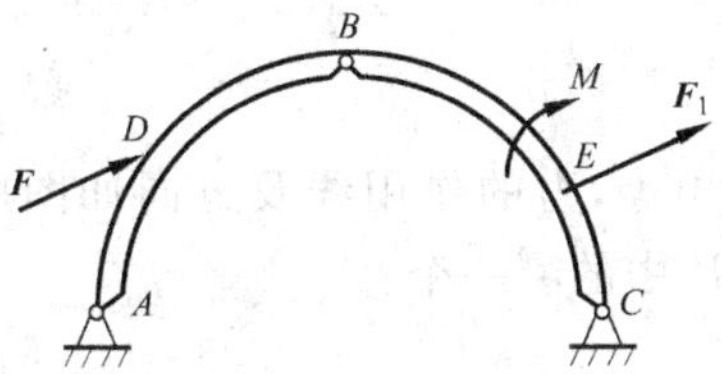

习题 5-5

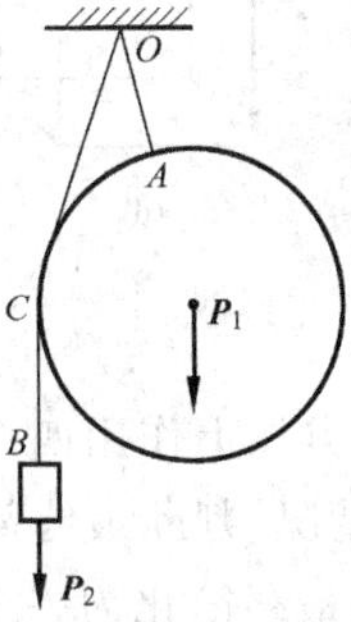

习题 5-6

5-6 图中 OA、OCB 为绳索，绳重不计，无摩擦。重量 $\boldsymbol{P}_1$、$\boldsymbol{P}_2$ 及绳长 OA、圆盘半径 R 皆为已知，能否用静力学方法求出系统的平衡位置。

5-7 设 AB、BC 两杆在 B 点铰接，置于光滑水平面上，在 A、C 两点各作用一个力，如图所示，问：

(1) 能否在 AB、BC 杆上各加一个力使该系统平衡？

(2) 能否在 AB、BC 杆上各加一个力偶使该系统平衡？

(3) 能否在 AB 杆上加一个力，在 BC 杆上加一个力偶使该系统平衡？

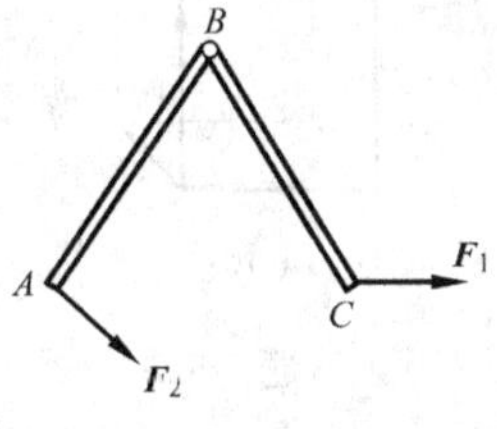

习题 5-7

5-8　图示空间力系由两个力 $\boldsymbol{F}_1$ 与 $\boldsymbol{F}_2$ 组成，这两个力大小相等。下述各图中力系简化的最终结果是如下的哪一种情况？

A. 一个力；　B. 一个力偶；　C. 力螺旋；　D. 平衡。

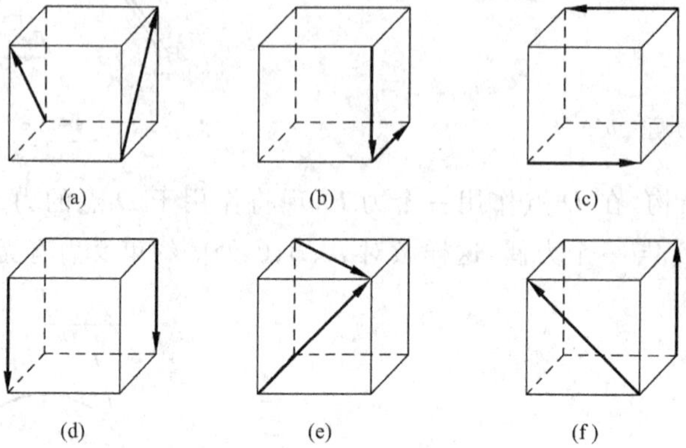

习题　5-8

5-9　正方体上作用四个力，这四个力大小相等，力的作用线及方向如图所示。分别就各图情况，判断最终简化结果是 A、B、C、D 中的哪一个？

A. 力系最终简化为一个力。

B. 力系最终简化为一个力偶。

C. 力系最终简化为力螺旋。

D. 力系平衡。

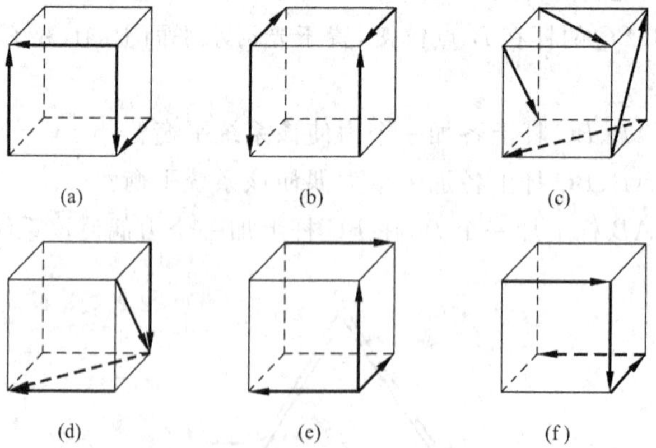

习题　5-9

5-10　计算手柄上的力 $\boldsymbol{F}$ 对于 x、y、z 轴之矩。已知 $F=500\text{N}$，$AB=20\text{cm}$，$BC=40\text{cm}$，$CD=15\text{cm}$，$\alpha=60°$，$\beta=45°$。

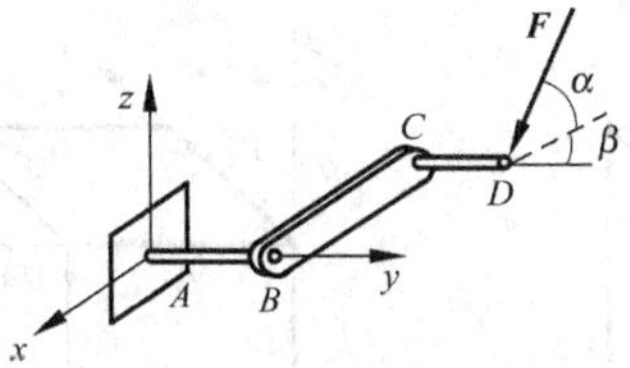

习题 5-10

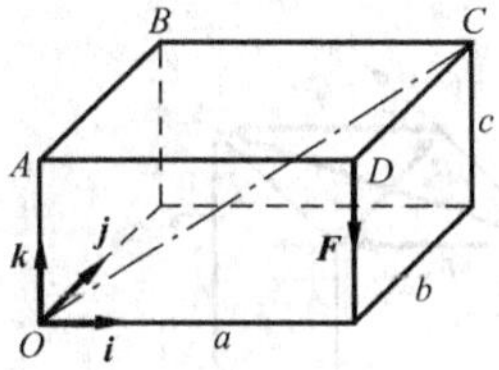

习题 5-11

5-11 力 **F** 沿边长为 a、b、c 的长方体的一个棱边作用，如图所示。试计算 **F** 对于长方体对角线 OC 之矩。

5-12 力 **F** 沿长方体对角线 AB 作用如图所示。求 **F** 对 y 轴及 CD 轴之矩。已知 $F=1\text{kN}$，$a=18\text{cm}$，$b=c=10\text{cm}$。

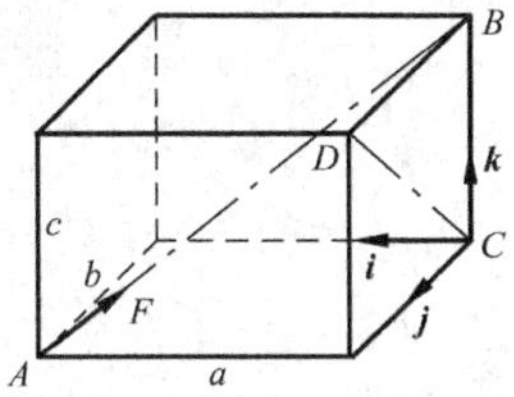

习题 5-12

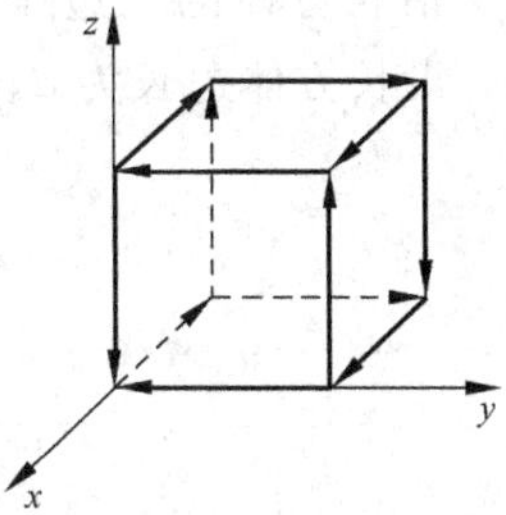

习题 5-13

5-13 大小均为 P 的十二个力组成六对力偶，作用于正方体的棱边上，求合力偶矩的大小和方向。

5-14 正方体边长为 b，其上作用五个力，其中 $P_1=P_2=P_3=P$，$P_4=P_5=\sqrt{2}P$。试将这五个力向 A 点简化，并给出简化的最后结果。

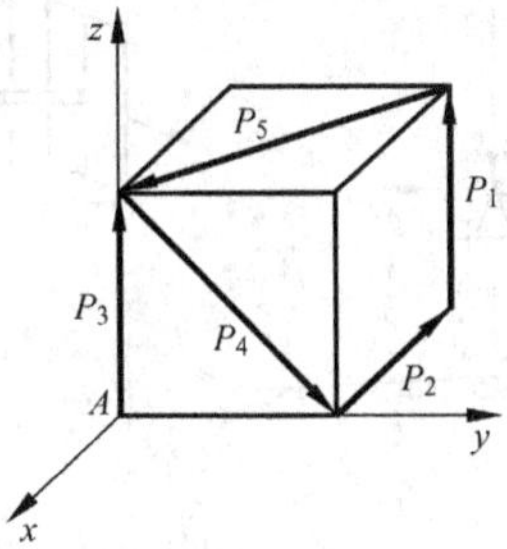

习题 5-14

5-15 试给出图示边长为 a 的正方体上作用的力系的最后简化结果。

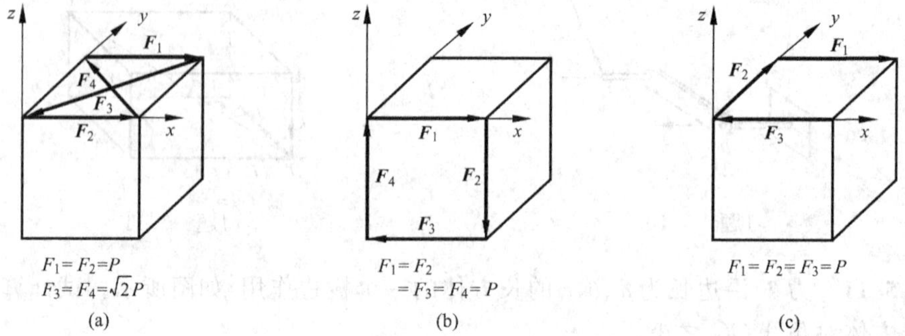

习题 5-15

5-16 沿长方体的三边作用大小均为 F 的三个力 $\boldsymbol{F}_1$、$\boldsymbol{F}_2$、$\boldsymbol{F}_3$，求此力系的最后简化结果。设长方体边长为 a、a、$2a$。

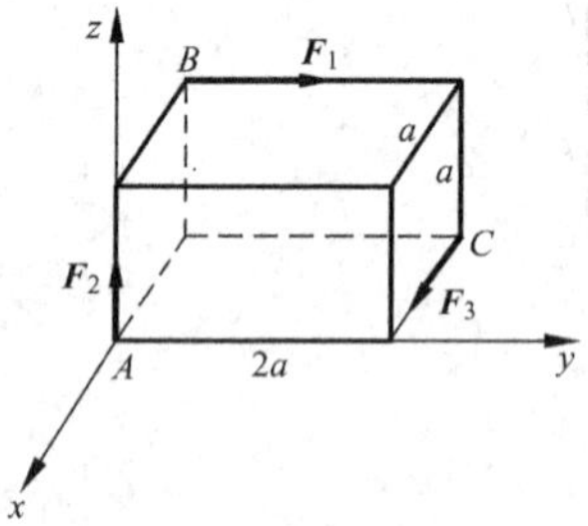

习题 5-16

5-17 将图示各力系简化为最简单力系。

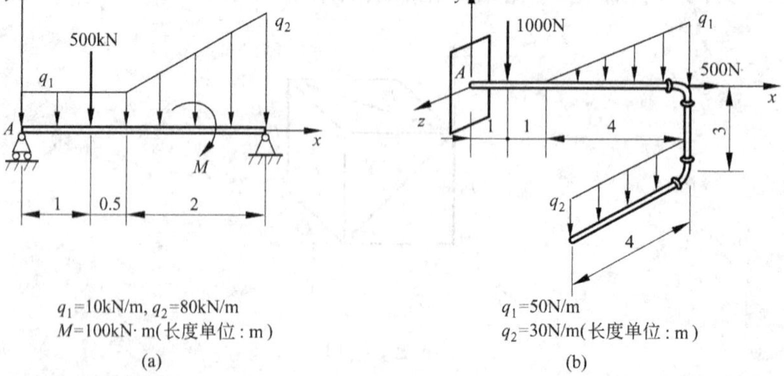

习题 5-17

5-18 在三铰刚架的 G、H 处各作用一个铅垂力 $\boldsymbol{P}$，求 A、B 支座约束力时，能否将两铅垂力代替为作用于 C 点大小等于 $2P$ 的一个铅垂力？

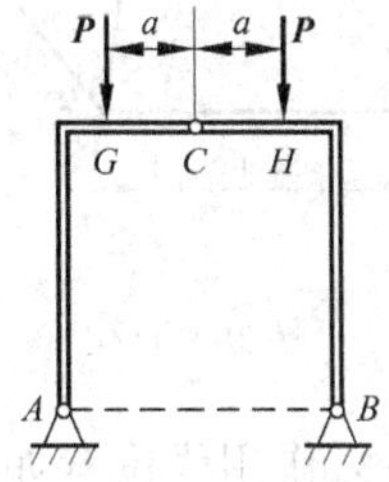

习题 5-18

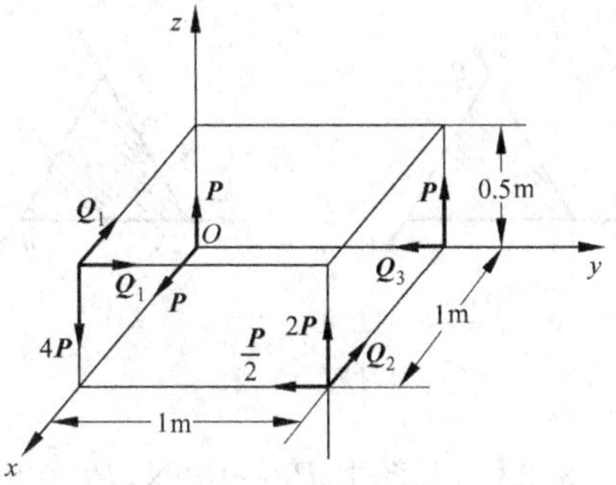

习题 5-19

5-19 刚体受到如图所示力系的作用，试求力系简化的结果。已知：

$$Q_1 + Q_2 = P = 60\text{N}, \frac{P}{2} + Q_3 = Q_1 = 35.36\text{N}。$$

5-20 试求图示铰接结构在铅垂力 $\boldsymbol{P}$ 作用下支座 A、B 的约束力。各构件的重量略去不计。

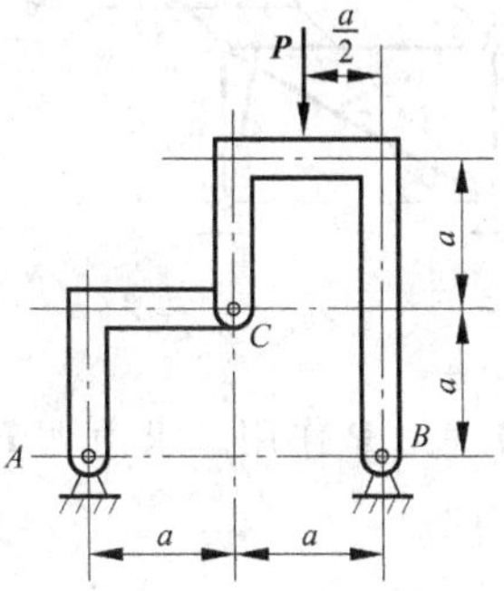

习题 5-20

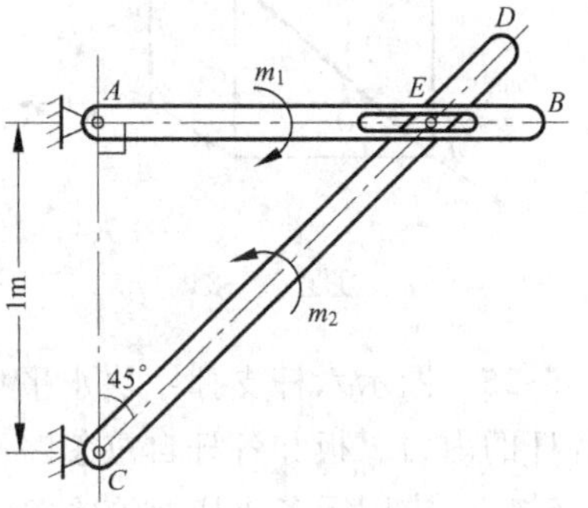

习题 5-21

5-21 在图示机构中，开有导槽的杆 AB 套在杆 CD 上的销钉 E 上。若杆 AB 和 CD 上分别作用有力偶 $\boldsymbol{m}_1$ 和 $\boldsymbol{m}_2$，不计杆重及所有摩擦，如已知 $m_1 = 10\text{N}\cdot\text{m}$。试求：(1)平衡时 CD 杆上的力偶矩 $\boldsymbol{m}_2$ 为多大。(2)若导槽开在 CD 杆上，销钉 E 在杆 AB 上，则平衡时的 $\boldsymbol{m}_2$ 又为多大。

5-22 图示等边三角形板 ABC 的边长为 a，设沿其边缘作用大小均为 P 的力，方向如图 a 所示，求这三个力的合成结果。若三个力的方向改变成如图 b 所示，其合成结果如何？

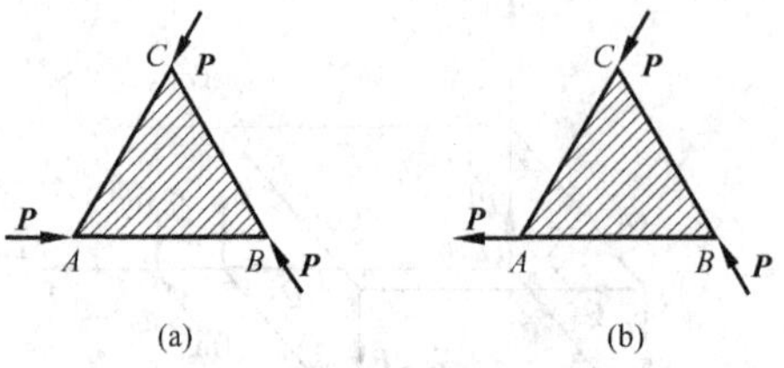

习题 5-22

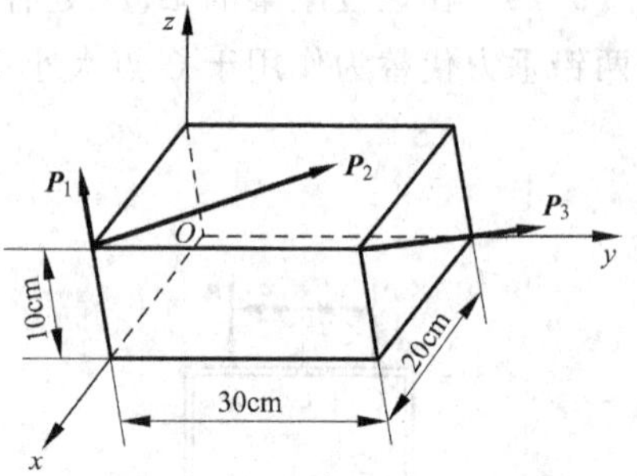

习题 5-23

5-23 力系中 $P_1=100\text{N}$, $P_2=300\text{N}$, $P_3=200\text{N}$，各力作用线位置如图所示。试将力系向原点 O 简化。

5-24 正立方体的边长 $a=0.2\text{m}$，在顶点 A 沿对角线 AB 作用一个力 $\boldsymbol{F}$，其大小以对角线 AB 的长度表示，每一厘米代表 100N。试向 O 点简化此力。

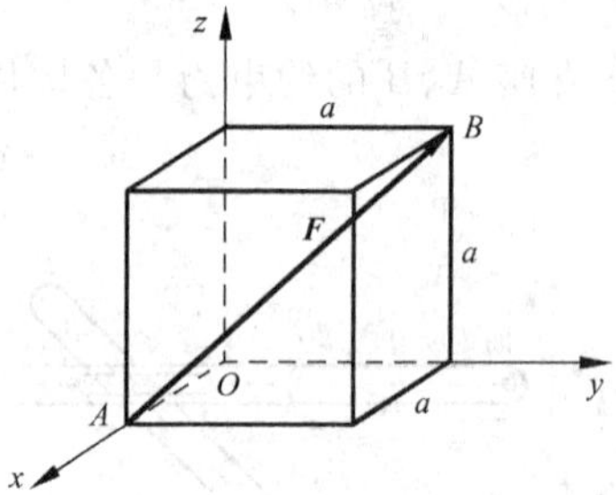

习题 5-24

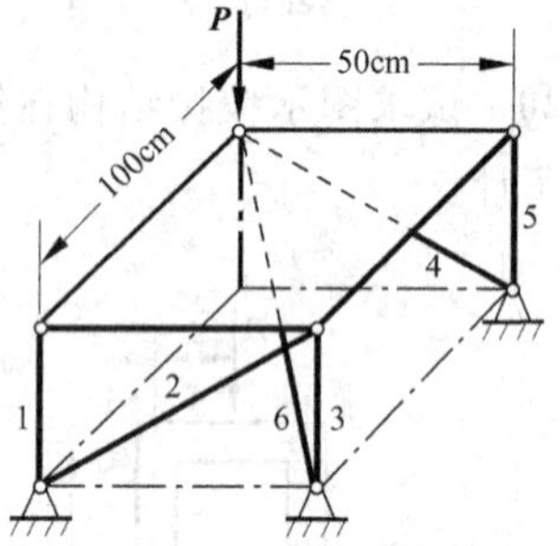

习题 5-25

5-25 图示六杆支撑一块水平板，在板角处受铅垂力 $\boldsymbol{P}$ 作用。求由力 $\boldsymbol{P}$ 所引起的各杆的内力。板和各杆自重忽略不计。

5-26 求图示各支座 A 的约束力。

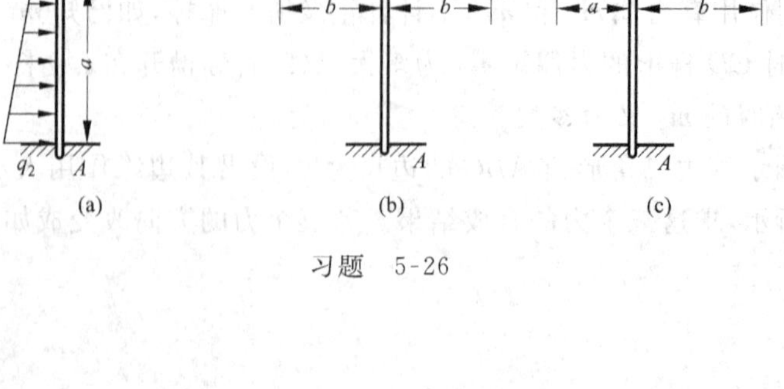

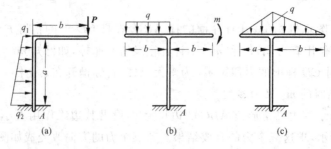

习题 5-26

5-27 重 W 的三条腿的圆桌，从上往下俯视，三腿位置处于桌面边缘 A、B、C 三点。今在桌面边缘介于 B、C 之间的 D 处放一重为 P 的物体。计算各条腿的压力。当 P 为多大时圆桌将翻倒？

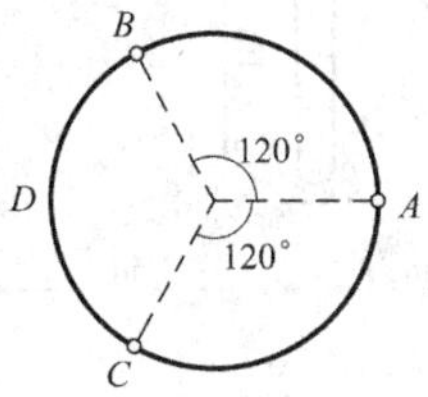

习题 5-27

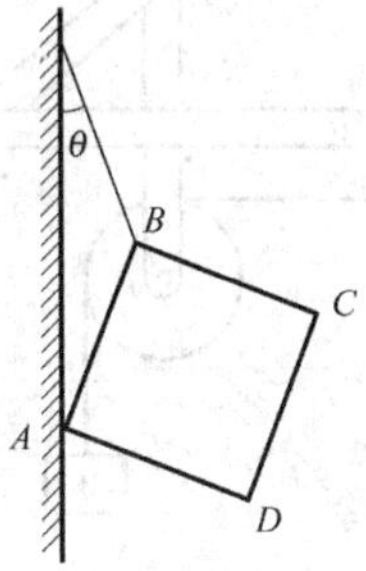

习题 5-28

5-28 正方形均质薄板 $ABCD$ 边长为 l，顶点 A 靠在光滑墙上，并在 B 点用一条长为 l 的软绳拉住，如图所示。求平衡时软绳与墙的夹角 θ。

5-29 设梁的支承及荷载如图示。已知 $P=1.5\text{kN}$，$q=0.5\text{kN/m}$，$M=2\text{kN}\cdot\text{m}$，$a=2\text{m}$。求支座 B、C 所受的力。

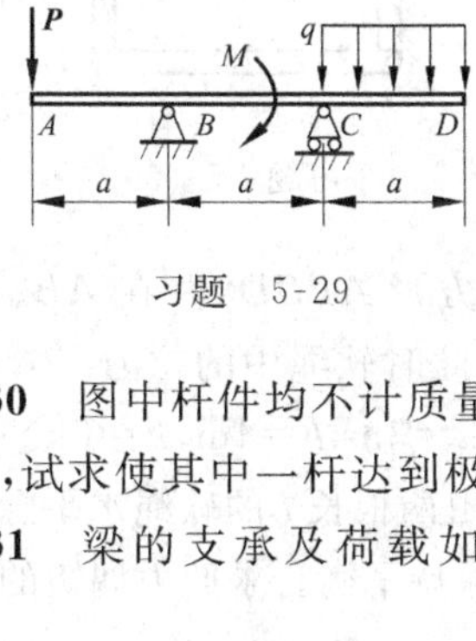

习题 5-29

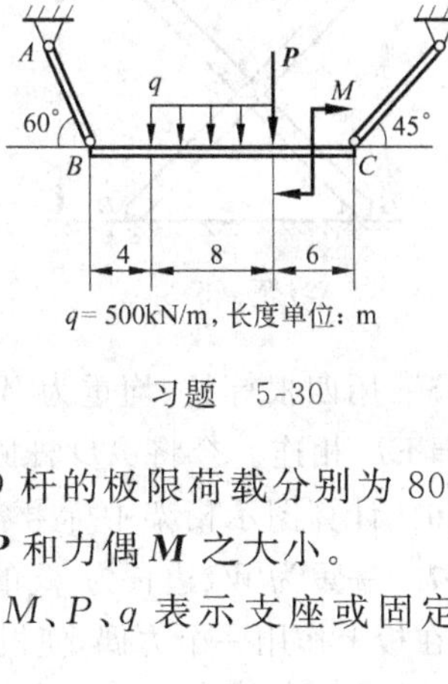

习题 5-30

5-30 图中杆件均不计质量。若 AB 杆和 CD 杆的极限荷载分别为 8000kN 和 5000kN，试求使其中一杆达到极限荷载的集中力 $\boldsymbol{P}$ 和力偶 $\boldsymbol{M}$ 之大小。

5-31 梁的支承及荷载如图示。试以荷载 M、P、q 表示支座或固定端的约束力。

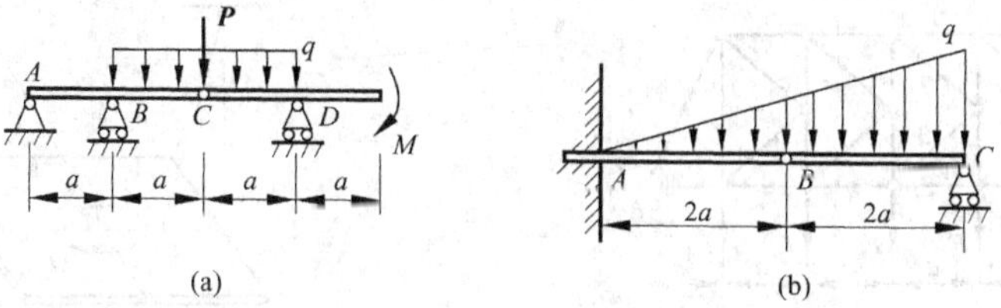

习题 5-31

5-32 重物由不计重量的滑轮及 AB、BC、CE 三杆构成的架子支撑。已知 $AD=BD=2\text{m}$，$CD=DE=1.5\text{m}$，$W=12\text{kN}$。求支座处的约束力以及 BC 杆的内力。

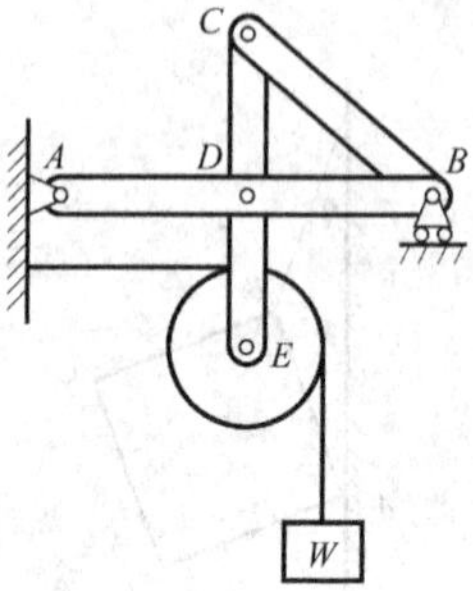

习题 5-32

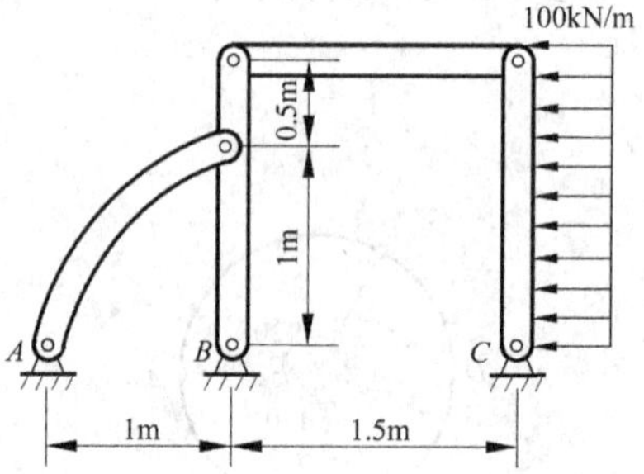

习题 5-33

5-33 忽略杆的重量，求各支座的约束力。

5-34 凳子由 AB、BC、AD 三杆铰接而成，放在光滑地面上。求凳面有 $\boldsymbol{P}$ 力作用时铰链 E 处销子与销孔间的相互作用力。

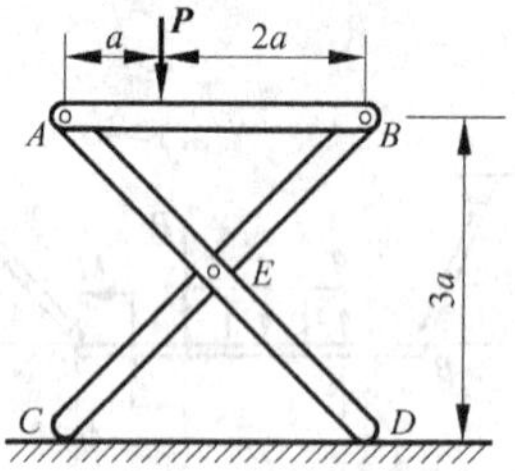

习题 5-34

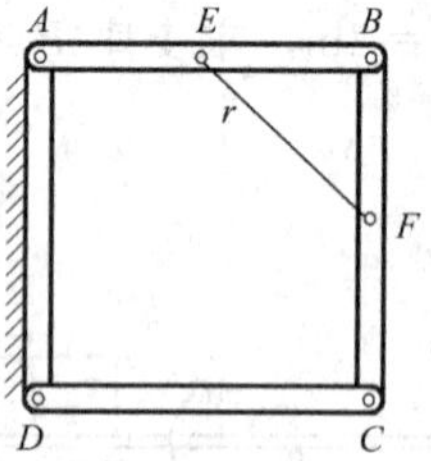

习题 5-35

5-35 用四根等长、均重为 W 的直杆铰接成正方形 $ABCD$，并在 AB、BC 的中点用软绳 EF 相连。今将 AD 杆固定于铅垂位置，求此时软绳中的拉力。

5-36 计算图示桁架中标号各杆的内力。图中 $a=3\text{m}$，$b=4\text{m}$，$F=5\text{kN}$。

5-37 一重为 W、边长为 $2a$ 的正方形均质薄板，由两根长 l 的软绳水平悬挂（见虚线）。今在板上作用一个力偶，使板水平转过 90°后仍保持平衡。求此力偶矩的大小。

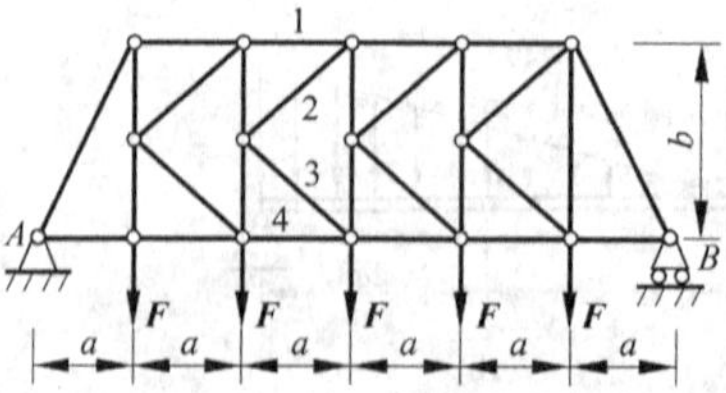

习题 5-36

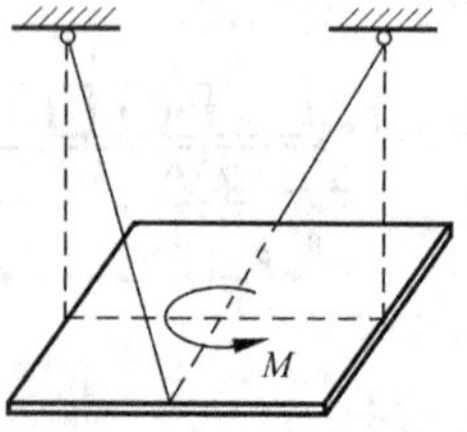

习题 5-37

5-38 边长为 a、不计重量的正方形薄板由六根二力杆支撑如图示。当板上有一个力偶 $\boldsymbol{M}$ 作用时，求各杆的内力。

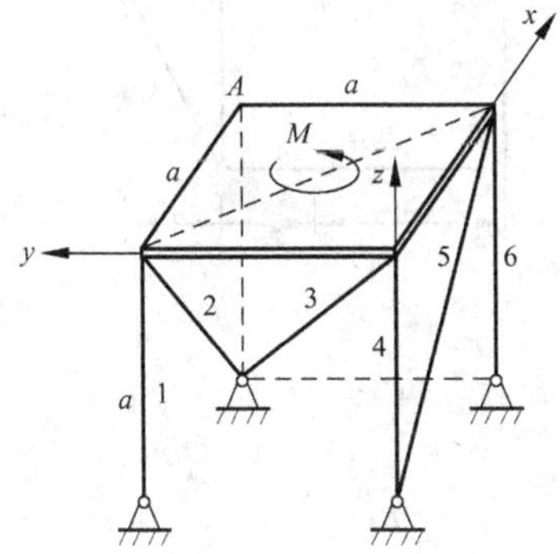

习题 5-38

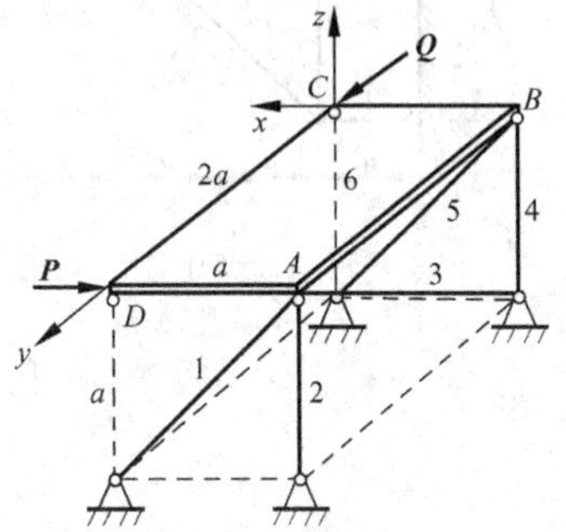

习题 5-39

5-39 长 $2a$、宽 a 的矩形板 $ABCD$ 重 W，由六根二力杆支承如图示。当板上有水平力 $\boldsymbol{P}$ 和 $\boldsymbol{Q}$ 作用时，求各杆的内力。

5-40 平面悬臂桁架所受的载荷如图所示。求杆 1、2 和 3 的内力。

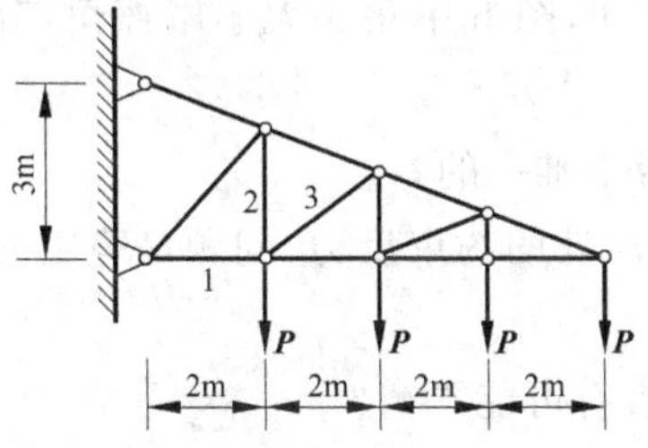

习题 5-40

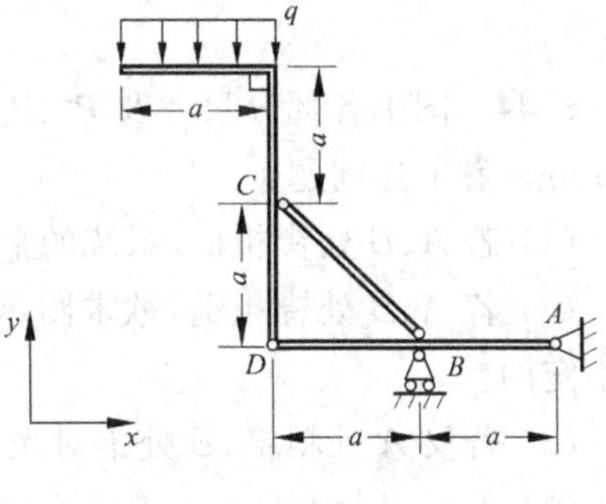

习题 5-41

5-41 求图示结构中 A,B,D 处的约束力和 BC 杆内力。

5-42 图示结构由横梁 AB,BC 和三根支承杆组成，载荷及尺寸如图，求 A 处的约束力及 1,2,3 三杆的内力。

5-43 图中 $\boldsymbol{F}$、$\boldsymbol{M}$ 及各部分尺寸为已知，B 处存在摩擦，就图 a、b 分别回答下述问题：

(1) 能否确定 B 处的法向反力？

(2) 能否确定 B 处的摩擦力？

(3) 问题是静定的，还是静不定的？

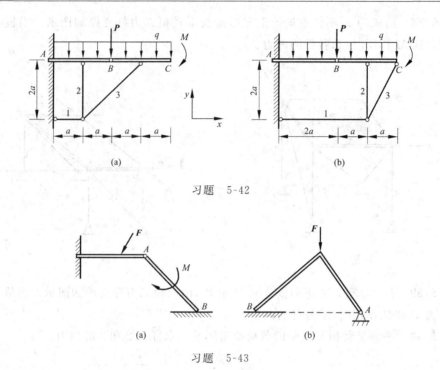

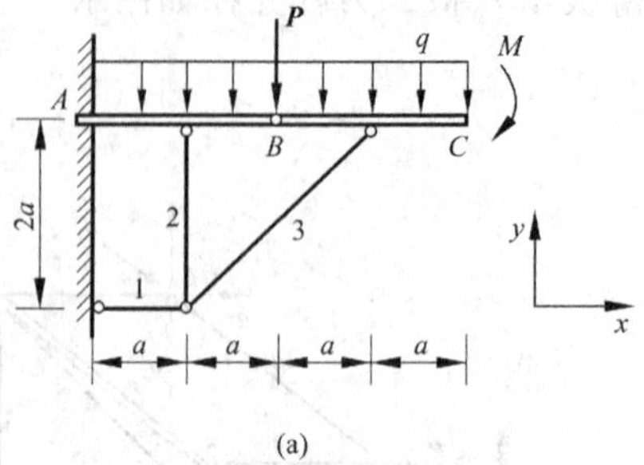

习题 5-42

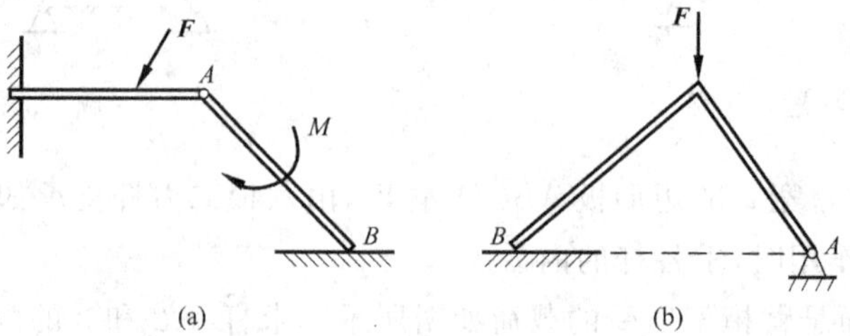

习题 5-43

5-44 图中各部分尺寸及 $\boldsymbol{P}_1$、$\boldsymbol{P}_2$、$\boldsymbol{P}_3$ 皆为已知，图 b 中角 α 大于摩擦角，分别就图 a、b 回答下述问题：

(1) 若 A、B 处皆粗糙，系统的平衡位置是否是唯一的？

(2) 若 A、B 处皆粗糙，欲求图示位置时 A、B 处的约束反力，问题是静定的还是静不定的？

(3) 若仅 A 处粗糙，B 处绝对光滑，系统是否有可能平衡？

(4) 若仅 B 处粗糙，而 A 处绝对光滑，系统是否有可能平衡？

(5) 在问题(3)、(4)中，若系统处于平衡，那么能否求出摩擦力？

(6) 在问题(3)、(4)中，若系统处于平衡，那么问题是静定的还是静不定的？

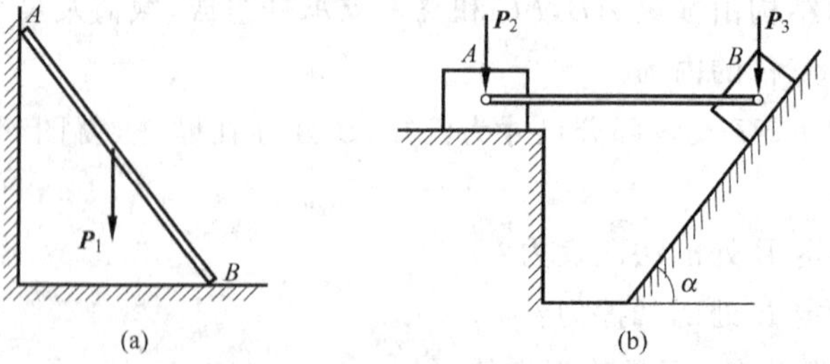

习题 5-44

5-45 长 l 的梯子 AB 重 200N,靠在墙上,$\theta=60°$。若一个重 600N 的人登梯而上,求所能达到的最高点与 A 点的距离。设各接触面的摩擦系数均为 0.35。

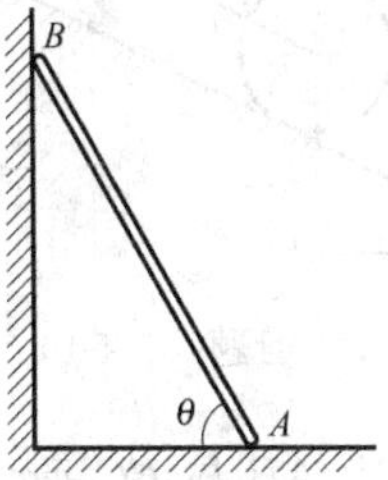

习题 5-45

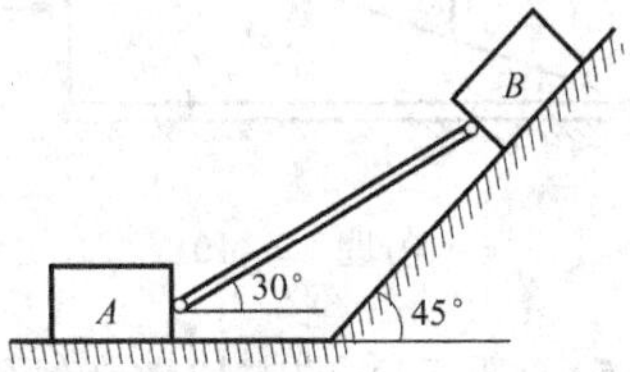

习题 5-46

5-46 重物 A 与 B 用一根不计重量的连杆铰接后放置如图所示。已知 B 重 1kN,A 与水平面、B 与斜面间的摩擦角均为 15°。不计铰链中的摩擦力,求平衡时 A 的最小重量。

5-47 半径为 0.3m、重为 1kN 的两个相同的圆柱体放在斜面上。若各接触面的摩擦系数均为 0.2,试求平衡时力 $\boldsymbol{F}$ 的大小。

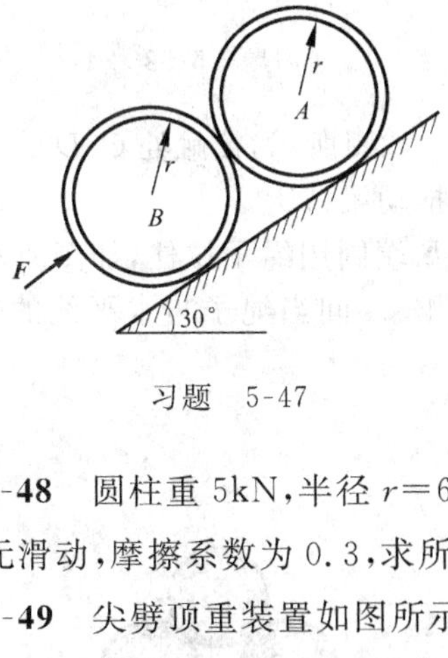

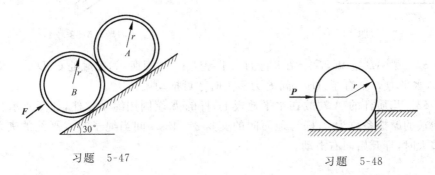

习题 5-47

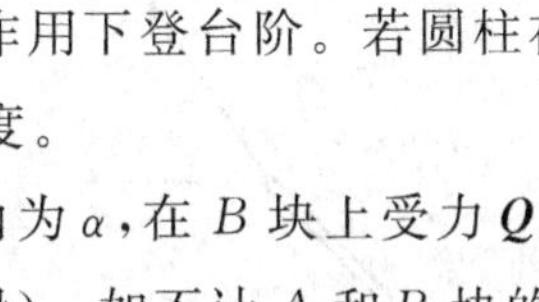

习题 5-48

5-48 圆柱重 5kN,半径 $r=6\text{cm}$,在水平力 $\boldsymbol{P}$ 作用下登台阶。若圆柱在台阶棱边处无滑动,摩擦系数为 0.3,求所登台阶的最大高度。

5-49 尖劈顶重装置如图所示。尖劈 A 的顶角为 α,在 B 块上受力 $\boldsymbol{Q}$ 的作用。A 与 B 块间的摩擦系数为 μ(其他有滚珠处表示光滑)。如不计 A 和 B 块的重量,试求:(1)顶住重物所需的力 $\boldsymbol{P}$ 的值,(2)使重物不向上移动所需的力 $\boldsymbol{P}$ 的值。

5-50 如图所示,重为 Q、半径为 R 的均质圆柱放在与水平面成夹角 α 的斜面上,吊有物体 P 的柔绳跨过滑轮 A 系于圆柱轴心 C 上。已知圆柱与斜面间的滚动摩阻系数为 δ。(1)圆柱与斜面的滑动摩擦系数为多少方能保证圆柱滚动而不滑动?(2)在此情况下,维持圆柱在斜面上平衡的物体 P 的最大和最小重量为多少?

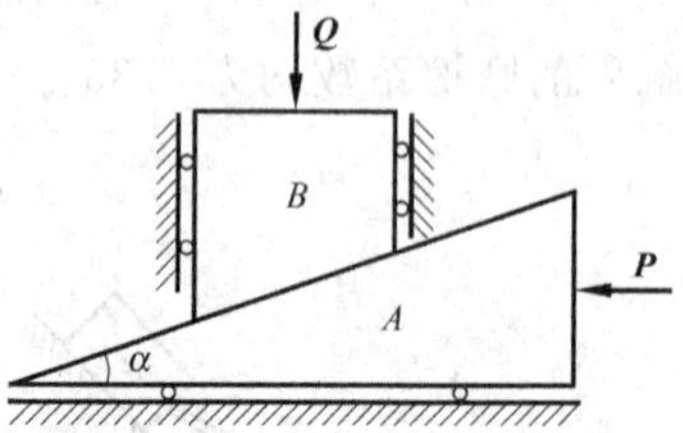

习题 5-49

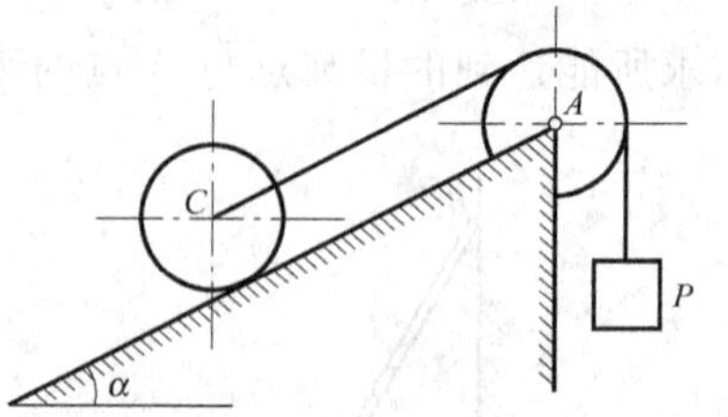

习题 5-50

5-51 重 50N 的方块放在倾斜的粗糙面上，斜面的边 AB 与 BC 垂直，如图所示。如在方块上作用水平力 $\boldsymbol{P}$ 与 BC 边平行，此力由零逐渐增大，方块与斜面间的摩擦系数为 0.6。问方块开始运动时，(1)力 $\boldsymbol{P}$ 的大小，(2)方块滑动的方向与 AB 边的交角 θ。

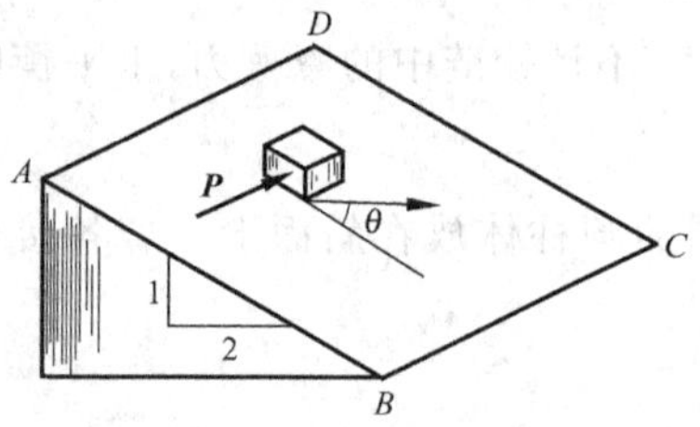

习题 5-51

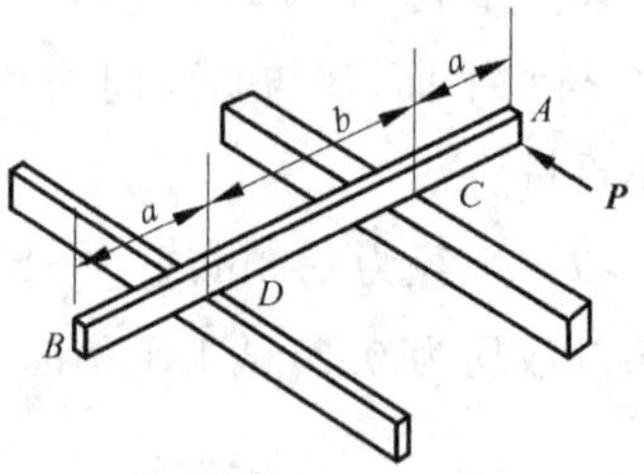

习题 5-52

5-52 梁 AB 重 W，置于两平行的水平导轨上，如图所示，接触处 C、D 的摩擦系数为 μ，水平力 $\boldsymbol{P}$ 垂直于 AB。问 $\boldsymbol{P}$ 力多大时才可推动梁 AB？

5-53 均质杆的 A 端放在水平地板上，杆的 B 端则用绳子拉住，如图所示。设杆与地板的摩擦系数为 μ，杆与地面间的交角 $\alpha=45°$。问当绳子与水平线的夹角 φ 等于多大时，杆开始向右滑动。

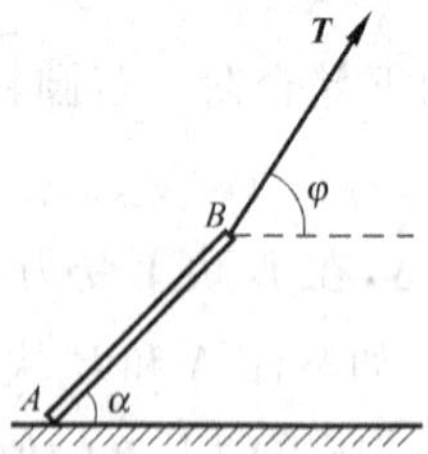

习题 5-53

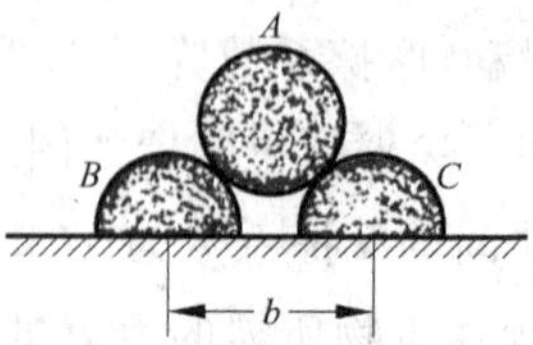

习题 5-54

5-54 两个相同的光滑半球，半径各为 r，重量各为 $\dfrac{Q}{2}$，放在摩擦系数 $\mu=0.5$ 的水平面上。在两半球上放了半径为 r、重为 Q 的球，如图所示。求在平衡状态下两半球球心之间的最大距离 b。

5-55 三个大小相同、重量相等的圆柱迭起如图所示。求平衡时接触处摩擦系数的最小值。

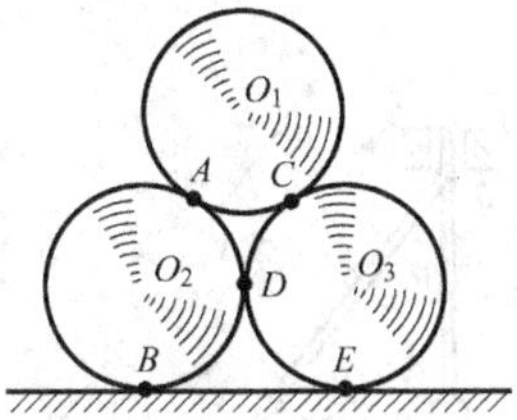

习题 5-55

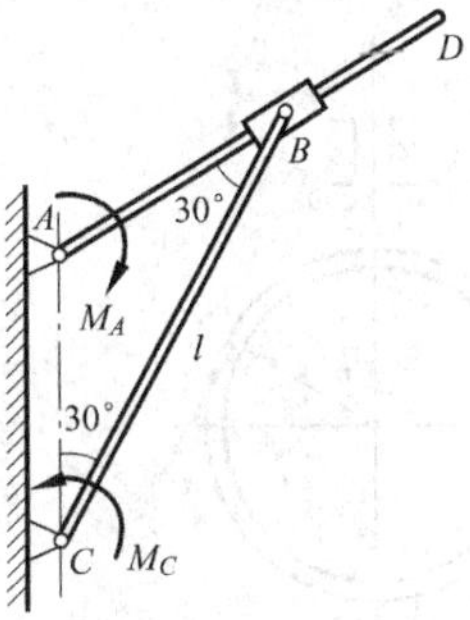

习题 5-56

5-56 图示两杆在 B 处用套筒式滑块连接，在 AD 杆上作用一个力偶，其力偶矩 $M_A=40\text{N}\cdot\text{m}$，已知滑块和 AD 杆间的摩擦系数 $\mu=0.30$。试求保持平衡时力偶矩 $\boldsymbol{M}_C$ 的范围。

5-57 一车的车身重 W，轮重可以不计，轮子的半径为 r，今用一个水平力 $\boldsymbol{P}$ 拉动，如图所示。设轮子与地面间的滚阻系数为 δ，不计轮轴中的摩擦力。(1)求拉动车时力 $\boldsymbol{P}$ 的大小，(2)当力 $\boldsymbol{P}$ 与水平线成多大角度时，用力最小？并求此最小力。

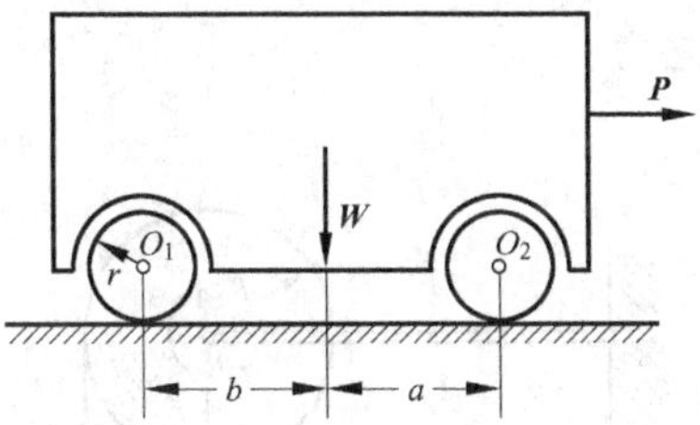

习题 5-57

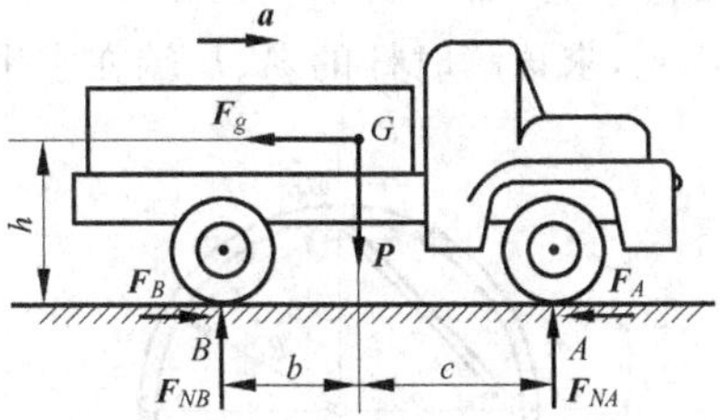

习题 5-58

5-58 车重心为 G，加速度为 $\boldsymbol{a}$，已知尺寸 b,c,h，求前后轮的压力。又问：a 为多大方可使前后轮压力相等。

5-59 已知质量为 m_1，半径为 r 的均质细环，以等角速度 $\boldsymbol{\omega}$ 绕铅直轴转动，质量 $m_2=\dfrac{1}{2}m_1$ 的小球以恒定相对速度 $\boldsymbol{v}$ 在环管内运动。求 $\theta=60°$ 时，轴承 A、B 处的约束力。

5-60 图示为一转速计(测量角速度的仪表)的简化图。小球 A 的质量为 m，固连在杆 AB 的一端。杆 AB 长为 l，可绕轴 BC 转动，在此杆上与 B 点相距为 l_1 的一

点 E 联有弹簧 DE，其自然长度为 l_0，弹簧刚度系数为 k，杆对 BC 轴的偏角为 α，弹簧在水平面内。试求在以下两种情况下，稳态运动的角速度。(1)杆 AB 的重量不计，(2)均质杆 AB 的质量为 M。

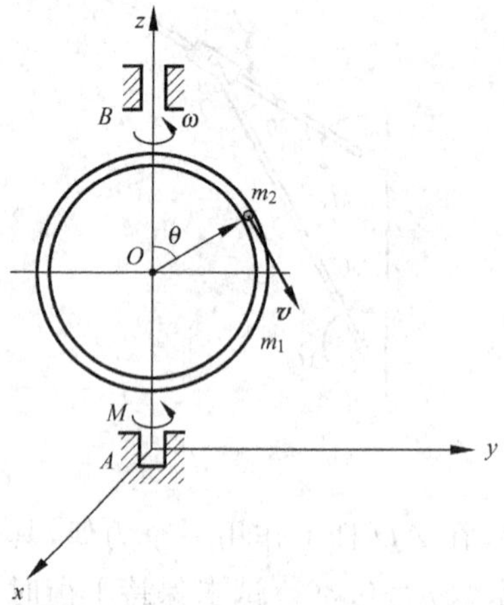

习题 5-59

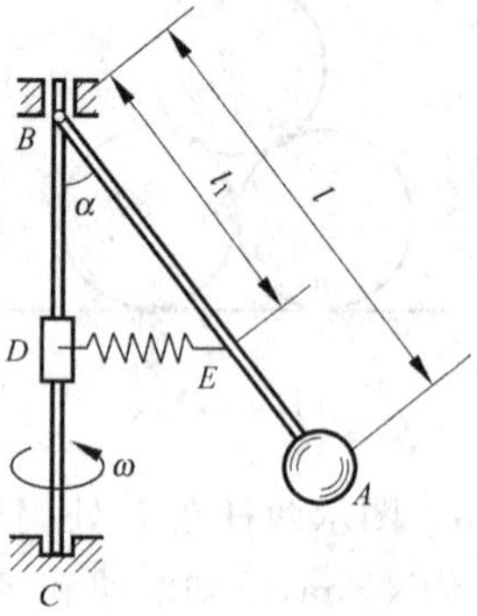

习题 5-60

5-61 一个半径为 R 的光滑圆环平置于光滑水平面上，并可绕通过环心与其垂直的轴 O 转动。另有一均质杆 AB 长为 $\sqrt{2}R$，重为 W，A 端接于环的内缘，B 端始终压在轮缘上，如图所示。已知 $R=400\text{mm}$，$W=100\text{N}$。若在某瞬时 $\omega=3\text{rad/s}$，$\varepsilon=6\text{rad/s}^2$，求该瞬时杆的 A、B 端在水平面内所受之力。

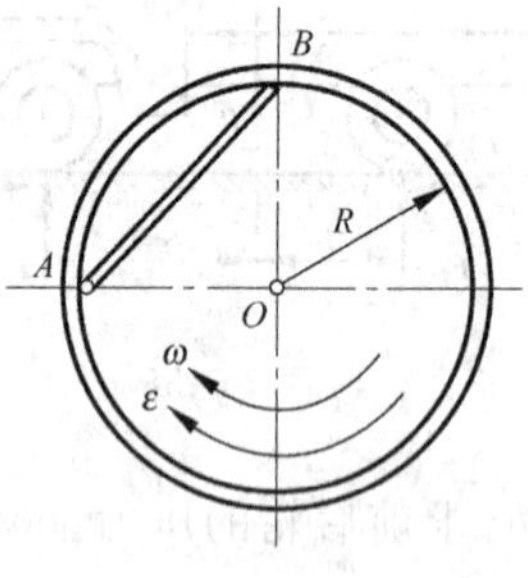

习题 5-61

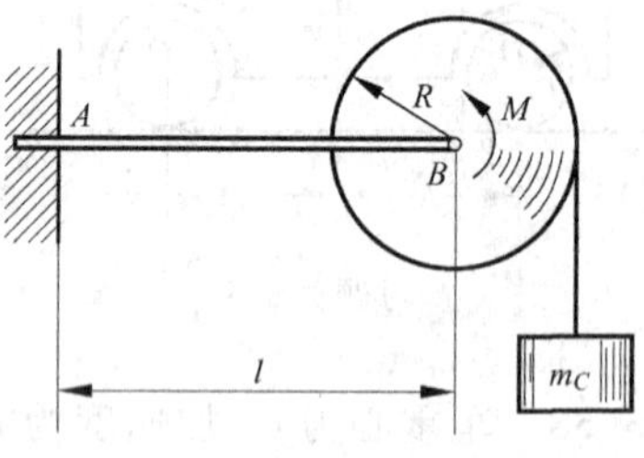

习题 5-62

5-62 嵌入墙内的悬臂梁 AB 的端点 B 装有质量为 m_B、半径为 R 的均质鼓轮，如图所示。一个矩为 M 的主动力偶作用于鼓轮以提升质量为 m_C 的物体。设 $AB=l$，梁和绳子的自重都略去不计。求 A 处的支座反作用力及反作用力偶。

5-63 杆 AB 和 BC 其单位长度的质量为 ρ，连接如图所示。圆盘在铅垂平面内绕 O 轴作等角速度 ω 转动，在图示位置时，求作用在 AB 杆上 A 点和 B 点的力。

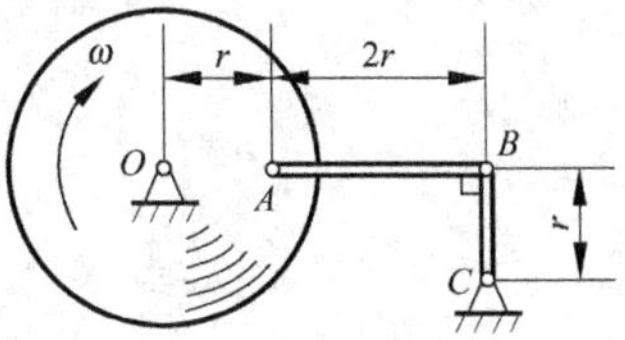

习题 5-63

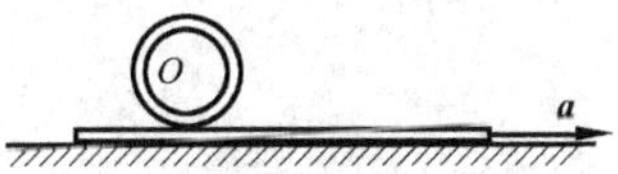

习题 5-64

5-64 图示水平板以等加速度 $\boldsymbol{a}$ 向右运动。另有一管子 O 放置在水平板上。若管子和平板间的静摩擦系数为 $\mu=0.4$。求管子作纯滚动时，平板的最大加速度。

第 3 篇

质系动力学

第 6 章
质系动量和动量矩定理

一、内 容 摘 要

1. 动量和动量矩的计算

考察由 n 个质点组成的质系，设质系中质点 P_i 的质量为 m_i，相对点 O 的向径为 $\boldsymbol{r}_i$，速度为 $\boldsymbol{v}_i=\mathrm{d}\boldsymbol{r}_i/\mathrm{d}t$，则质系的动量和对 O 点的动量矩分别定义为

$$\boldsymbol{p}=\sum_{i=1}^{n}m_i\boldsymbol{v}_i$$

和

$$\boldsymbol{L}_O=\sum_{i=1}^{n}\boldsymbol{r}_i\times m_i\boldsymbol{v}_i$$

质系动量还可以写成

$$\boldsymbol{p}=m\boldsymbol{v}_C$$

即质系的动量等于质心速度与质系总质量的乘积。计算刚体系的动量可用

$$\boldsymbol{p}=\sum_{i=1}^{n}m_i\boldsymbol{v}_{Ci}$$

式中 $\boldsymbol{v}_{Ci}$ 表示第 i 个刚体质心的速度。

动量矩与矩心 O 的选择有关。质系对任意两点 O 和 A 的动量矩 $\boldsymbol{L}_O$ 和 $\boldsymbol{L}_A$ 之间的关系为

$$L_O = L_A + r_{OA} \times p$$

在一些情况下，质系对质心 C 的动量矩比较容易计算。将点 A 取为质心 C，则有

$$L_O = L_C + r_{OC} \times p = L_C + r_{OC} \times m v_C$$

2. 动量、动量矩定理

质系动量定理叙述为：质系的动量 $\boldsymbol{p}$ 对时间的变化率等于作用在质系上的外力主向量，即

$$\frac{\mathrm{d}\boldsymbol{p}}{\mathrm{d}t} = \boldsymbol{R}^{(e)}$$

将上式写成等价形式

$$m\boldsymbol{a}_C = \boldsymbol{R}^{(e)}$$

即质系的质量与质心加速度的乘积等于作用于质系上外力主向量。这个结论称为质心运动定理。对于刚体系，动量定理还可以写成

$$\sum_{i=1}^{n} m_i \boldsymbol{a}_{Ci} = \boldsymbol{R}^{(e)}$$

其中 m_i 为第 i 个刚体的质量，$\boldsymbol{a}_{Ci}$ 为第 i 个刚体的质心加速度。

如果作用在质系上的外力主向量为零，则质系的动量守恒，即 $\boldsymbol{p}$ 为常向量。

质系的动量矩定理有两种最常用的形式，一个是质系对固定点的动量矩定理，另一个是质系对其质心的动量矩定理，下面分别叙述。

质系对固定点的动量矩定理叙述为：质系对固定点 A 的动量矩对时间的变化率等于作用在质系上的外力对固定点 A 的主矩，即

$$\frac{\mathrm{d}\boldsymbol{L}_A}{\mathrm{d}t} = \boldsymbol{M}_A^{(e)}$$

如果外力对 A 点的主矩为零，则质系对 A 点的动量矩守恒。

质系对质心的动量矩定理叙述为：质系对质心的动量矩对时间的变化率等于作用在质系上的外力对质心的主矩，即

$$\frac{\mathrm{d}\boldsymbol{L}_C}{\mathrm{d}t} = \boldsymbol{M}_C^{(e)}$$

或者

$$\frac{\mathrm{d}\boldsymbol{L}_{Cr}}{\mathrm{d}t} = \boldsymbol{M}_C^{(e)}$$

其中 $\boldsymbol{L}_{Cr}$ 为质系相对质心平动坐标系的运动对质心的动量矩。

如果外力对质心的主矩为零，则质系对质心的动量矩守恒。

3. 刚体平面运动微分方程

当刚体作平面运动时，应用动量定理和对质心的动量矩定理，可以得到刚体平面运动微分方程

$$m\ddot{x}_C = R_x$$

$$m\ddot{y}_C = R_y$$

$$J_C\ddot{\varphi} = M_{Cz}$$

其中 R_x 和 R_y 分别为外力主向量在 x 和 y 方向上的投影，M_{Cz} 为外力对质心 C 的主矩。

当刚体受约束时，坐标 x_C, y_C, φ（或其导数）不独立，还应满足运动学补充方程，才能使方程封闭。

4. 碰撞问题与动量、动量矩定理的积分形式

两运动物体碰撞时，其运动状态将有急剧的变化，相互间有很大的作用力。因此可以作如下两点假设：1)在碰撞过程中，由于碰撞力非常大，常规力可以忽略不计；2)由于碰撞过程非常短，物体的位移可以忽略不计。处理碰撞问题需要用到动量、动量矩定理的积分形式。

将动量定理在时刻 t_1 和 t_2 之间积分可以得到

$$m\boldsymbol{u}_C - m\boldsymbol{v}_C = \int_{t_1}^{t_2} \boldsymbol{R}^{(e)}\,\mathrm{d}t = \boldsymbol{I}^{(e)}$$

其中$\boldsymbol{v}_C$和$\boldsymbol{u}_C$ 分别为碰撞前后质系质心的速度，$\boldsymbol{I}^{(e)}$ 是外碰撞冲量系（简称碰撞冲量）的主向量。可见，质系在碰撞前后动量的变化，等于作用于质系上的碰撞冲量的主向量。

将对固定点的动量矩定理在时刻 t_1 和 t_2 之间积分得

$$\boldsymbol{L}_{A2} - \boldsymbol{L}_{A1} = \boldsymbol{M}_A(\boldsymbol{I}^{(e)})$$

其中 $\boldsymbol{M}_A(\boldsymbol{I}^{(e)})$是碰撞冲量对 A 点的主矩。可见，质系在碰撞前后对某定点的动量矩的改变量等于作用在质系上的所有碰撞冲量对同一点的主矩。同样，将对质心的动量矩定理在时刻 t_1 和 t_2 之间积分可得

$$\boldsymbol{L}_{C2} - \boldsymbol{L}_{C1} = \boldsymbol{M}_C(\boldsymbol{I}^{(e)})$$

其中 $\boldsymbol{M}_C(\boldsymbol{I}^{(e)})$是碰撞冲量对质心 C 点的主矩。

如果作定轴转动的刚体受到碰撞冲量 $\boldsymbol{I}_i^{(e)}$ 的作用，其动力学方程为

$$J_z(\omega_2 - \omega_1) = M_z(\boldsymbol{I}^{(e)})$$

其中 J_z 是刚体对 z 轴的转动惯量，ω_1 和 ω_2 分别是刚体碰撞前后的角速度。

同理可得平面运动刚体在碰撞冲量 $\boldsymbol{I}_i^{(e)}$ 的作用下的动力学方程

$$mu_{Cx} - mv_{Cx} = \boldsymbol{I}_x^{(e)}$$

$$mu_{Cy} - mv_{Cy} = \boldsymbol{I}_y^{(e)}$$

$$J_C(\omega_2 - \omega_1) = M_C(\boldsymbol{I}^{(e)})$$

恢复系数主要取决于碰撞物体的材料性质，可以表示为

$$e = \frac{u_{2n} - u_{1n}}{v_{1n} - v_{2n}}$$

即恢复系数等于物体碰撞后相对分离的速度和碰撞前相对接近的速度之比。

二、基本要求

1. 正确计算质点系、刚体、刚体系的动量。

2. 正确计算质点系、刚体、刚体系对任意一点的动量矩。

3. 正确列写质系运动微分方程和运动学补充方程,并用于求解刚体平面运动动力学问题。

4. 理解碰撞问题的基本特点,利用动量、动量矩定理的积分形式求解碰撞问题。

三、典型例题

例 6-1 质量为 m 的两个相同小球,穿在光滑的圆环上,无初速地自最高处滑下。圆环质量为 M,半径为 r,竖直地立在地面上,求 M 与 m 满足什么关系时,圆环能从地面跳起?

解:以小球为研究对象,应用质心运动定理,在切向方向有

$$ma_\tau = R_\tau^{(e)}$$

即

$$mr\ddot{\theta} = mg\sin\theta$$

$$\ddot{\theta} = \frac{g}{r}\sin\theta$$

积分得

$$\dot{\theta}^2 = 2\frac{g}{r}(1-\cos\theta)$$

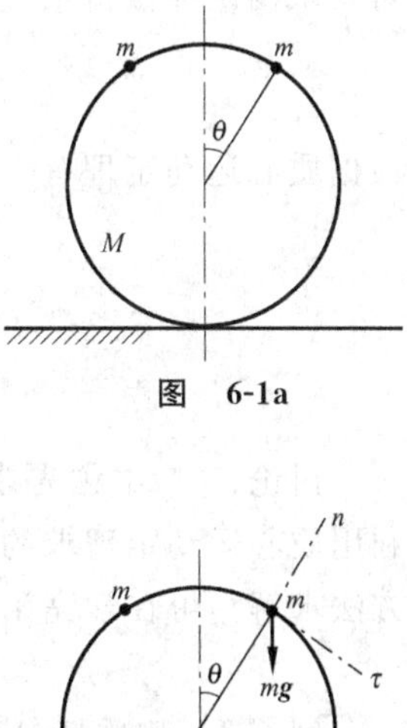

图 6-1a

小球的切向和法向加速度为

$$a_\tau = g\sin\theta,\ a_n = 2g(1-\cos\theta)$$

以整体为研究对象,在竖直方向应用质系质心运动定理

$$\sum m_i a_{iy} = R_y^{(e)}$$

即

$$M\cdot 0 + 2m\cdot(a_n\cos\theta + a_\tau\sin\theta) = Mg + 2mg \quad N$$

令 $N=0$ 有

$$2mg\cdot(\sin^2\theta + 2(1-\cos\theta)\cos\theta) = Mg + 2mg$$

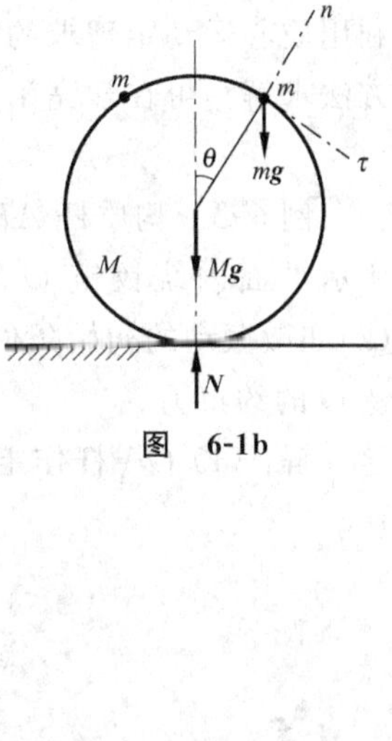

图 6-1b

整理得

$$M = \frac{2}{3}mg - 6mg\left(\frac{1}{3} + \cos\theta\right)^2 \leqslant \frac{2}{3}mg$$

讨论：(1)如果从图 6-1b 中看，只有 $\boldsymbol{N}$ 力方向向上，似乎应该是 $\boldsymbol{N}$ 力是使圆环向上，但为什么解答中令 $N=0$ 呢？如何理解？(2)使圆环跳离地面的力到底是哪个力？(3)小球与圆环间的压力是内力，内力是成对出现的，对起跳有无影响？(4)若利用动静法求解，又如何解释圆环跳起来？

例 6-2 链条长为 l，单位长度的重量为 ρ，堆放在地面上如图。在链条的一端作用有一力 $\boldsymbol{F}$，使链条以匀速 $\boldsymbol{v}$ 上升。假设尚留在地面的链条对提起的部分没有作用力，求力 $\boldsymbol{F}$ 的表达式 $F(t)$ 和地面反力 $\boldsymbol{N}$ 的表达式 $N(t)$。

解：根据假设，地面反力只与留在地面上的链条有关，故

$$N(t) = (l - vt)\rho g$$

设地面为原点，y 轴铅直向上为正，则 t 时刻系统质心的坐标为

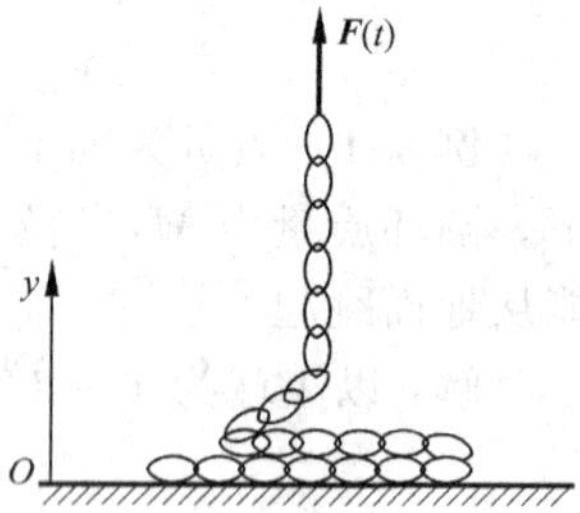

图 6-2

$$y_C = \frac{(l - vt)\rho \cdot 0 + vt\rho \cdot \frac{1}{2}vt}{l\rho} = \frac{v^2t^2}{2l}$$

对其求两次导数得系统质心加速度：

$$\ddot{y}_C = \frac{v^2}{l}$$

根据质心运动定理有

$$m\ddot{y}_C = F(t) + N(t) - mg$$

$$l\rho \cdot \frac{v^2}{l} = F(t) + (l - vt)\rho g - l\rho g$$

$$F(t) = \rho v^2 + vt\rho g$$

讨论：(1)本题先求出系统的质心，求导得加速度，再用质心运动定理求反力。利用质心运动定理求约束力是一种常用的方法。(2)本题还可以利用变质量问题的方法求解。可在学完第 10 章后再进行比较，特别是本题的假设是否合理？

例 6-3 均质杆 AB 质量为 m，A 端与一刚度系数为 k 的弹簧相联，可在图 6-3a 所示平面内绕铰链 O 转动。$\varphi=0$ 时弹簧为原长。(1)求 AB 杆的微振动方程。(2)如微振动的初始条件是 $t=0, \varphi(0)=\varphi_0, \dot{\varphi}(0)=0$，求 AB 杆运动到铅垂位置时，铰链 O 的约束力。

解：(1) OA 杆作定轴转动，因此有：

$$J_O\varepsilon = M_{Oz}$$

其中 $J_O=\frac{1}{3}\left(\frac{1}{4}m\right)l^2+\frac{1}{3}\left(\frac{3}{4}m\right)(3l)^2=\frac{7}{3}ml^2$，代入方程得：

$$\frac{7}{3}ml^2\ddot{\varphi}=-mgl\sin\varphi-kl\sin\varphi\cdot l\cos\varphi=0$$

$$\ddot{\varphi}+\frac{3(mg+kl\cos\varphi)}{7ml}\sin\varphi=0$$

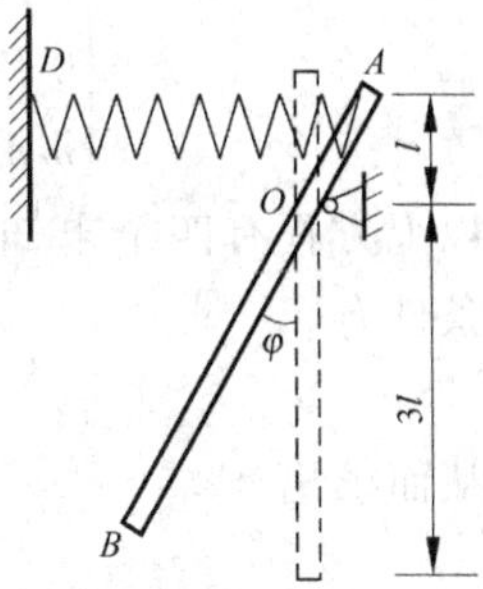

图 6-3a

当转角为微量时，有 $\sin\varphi\approx\varphi$，$\cos\varphi\approx1$，故

$$\ddot{\varphi}+\frac{3(mg+kl)}{7ml}\varphi=0$$

这就是系统微振动的运动微分方程。

(2) 将上式积分并代入初始条件得：

$$\dot{\varphi}^2=\frac{3(mg+kl)}{7ml}(\varphi_0^2-\varphi^2)$$

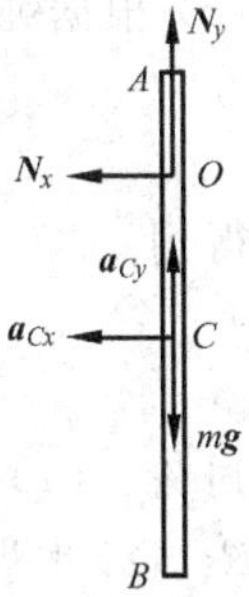

图 6-3b

在铅垂位置，弹簧力为零，而此时 AB 杆的质心加速度为

$$a_{Cx}=l\ddot{\varphi}=0,\qquad a_{Cy}=l\dot{\varphi}^2=\frac{3(mg+kl)}{7m}\varphi_0^2$$

利用质心运动定理有

$$\begin{cases}ma_{Cx}=R_x\\ ma_{Cy}=R_y\end{cases}$$

从而得到

$$\begin{cases}N_x=0\\ N_y=mg+\frac{3}{7}(mg+kl)\varphi_0^2\end{cases}$$

讨论：(1)运动微分方程如何线性化？所有的微振动问题都可线性化，线性化的结果是线性方程。(2)为什么 OA 杆在铅垂位置时，弹簧力已为零，但 N_y 仍与弹簧有关？如何解释？(3)用动量矩定理时矩心应如何选取？如果用动静法求解，矩心没有什么限制，如何解释？

例 6-4 均质鼓轮质心 C 位于几何中心，质量为 m，半径为 R，在半径为 r 处缠一根细绳。设鼓轮对质心 C 的回转半径为 ρ_C，不计滚动摩阻。用水平方向大小为 P 的力拉细绳，鼓轮作纯滚动，如图 6-4a 所示。求：(1)质心的加速度、轮与地面间的摩擦力。(2)鼓轮作纯滚动的条件。

解：(1) 以鼓轮为研究对象，其受力分析如图 6-4b。平面运动方程为

$$\begin{cases} ma_C = P - F \\ 0 = N - G \\ m\rho_C^2\varepsilon = FR - rP \end{cases}$$

以上方程有四个未知数，需补充方程。根据纯滚动条件有

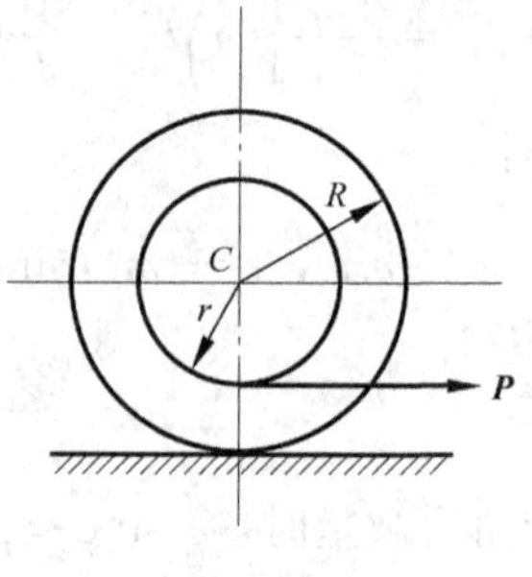

图　6-4a

$$a_C = R\varepsilon$$

从而求出

$$a_C = \frac{PR(P-r)}{m(R^2+\rho_C^2)}$$

$$F = P\frac{\rho_C^2 + Rr}{R^2+\rho_C^2}$$

(2) 根据纯滚动条件有 $F \leqslant \mu N$，即

$$P\frac{\rho_C^2 + Rr}{R^2+\rho_C^2} \leqslant \mu mg$$

由此得到

$$P \leqslant \mu mg\frac{\rho_C^2 + R^2}{Rr+\rho_C^2}$$

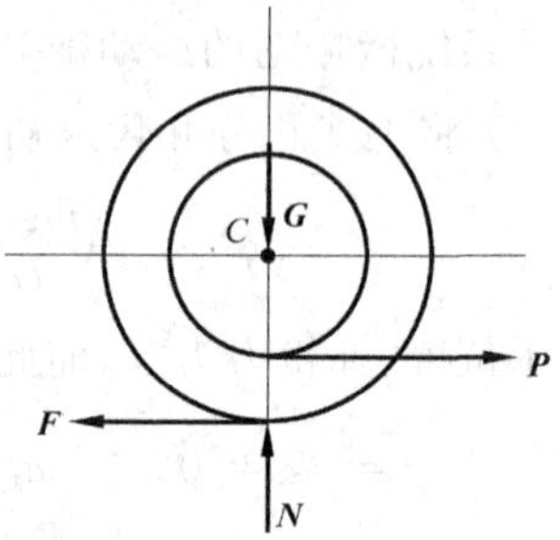

图　6-4b

讨论：(1) 对于圆轮纯滚动问题，常需补充 $a_C = R\varepsilon$。(2) 本题的补充方程能否补充 $F=\mu N$？为什么？(3) 是否存在摩擦力水平向右的可能？

例 6-5　图示小圆盘，质量为 m，半径为 r，从半径为 R 的大圆盘上最高点无初速地滚下，设表面摩擦系数 $\mu=0.2$，求小圆盘在滚动过程中所受压力、摩擦力与角度 θ 的关系，并求小圆盘与大圆盘脱离时的角度 θ 为多少？

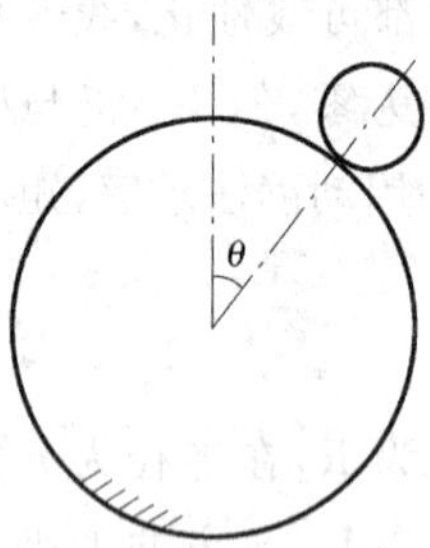

图　6-5a

解：设 θ 为小圆盘圆心的转角，φ 为小圆盘的转角，$\boldsymbol{N}$ 为小圆盘所受压力，$\boldsymbol{F}$ 为小圆盘所受摩擦力（受力图略）。根据平面运动微分方程有

$$\left.\begin{aligned} m(R+r)\ddot{\theta} &= mg\sin\theta - F \\ m(R+r)\dot{\theta}^2 &= mg\cos\theta - N \\ \frac{1}{2}mr^2\ddot{\varphi} &= Fr \end{aligned}\right\} \tag{1}$$

在初始时，由于有摩擦力作用，应是纯滚动，补充方程为

$$(R+r)\ddot{\theta} = r\ddot{\varphi} \tag{2}$$

在角度较大但还未脱离之前，接触点可能会打滑，此时的补充方程为

$$F = \mu N \tag{3}$$

首先考虑纯滚动情况，从方程(1)、(2)中可得到

$$\frac{2}{3}m(R+r)\ddot{\theta}=mg\sin\theta$$

$$\ddot{\theta}=\frac{2g}{3(R+r)}\sin\theta$$

积分得

$$\frac{1}{2}\dot{\theta}^2=\frac{\frac{2}{3}g(1-\cos\theta)}{R+r}$$

代入(1)式 N、F 的表达式得

$$N=mg\left(\frac{7}{3}\cos\theta-\frac{4}{3}\right),\ F=\frac{1}{3}mg\sin\theta$$

结果如图 6-5b 所示。如果认为表面充分粗糙，不会打滑，则令 $N=0$，有

$$\theta=\arccos\frac{4}{7}\approx 55.15^\circ$$

即小圆盘在 $\theta\approx55.15^\circ$时才会脱离。在这种情况下表面所需的摩擦系数至少应为

$$\mu^*\geqslant\frac{F}{N}=\frac{\sin\theta}{7\cos\theta-4}$$

从图 6-5c 中发现 μ^* 远大于实际表面的摩擦系数，在 $\theta\approx55.15^\circ$时 μ^* 甚至要趋于无穷大。这表明圆盘实际上运动到特定角度 θ_m后一定会打滑。令

$$\mu^*=\mu=0.2$$

可求出

$$\theta_m\approx26.75^\circ$$

根据上面分析，当 $\theta>\theta_m$ 时，小圆盘将打滑，补充方程为(3)。根据方程(1)、(3)可得

$$m(R+r)\ddot{\theta}-\mu m(R+r)\dot{\theta}^2-mg\sin\theta+\mu mg\cos\theta=0$$

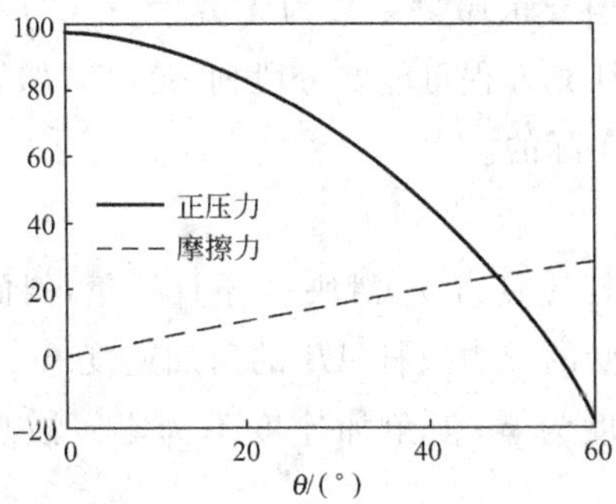

图 6-5b

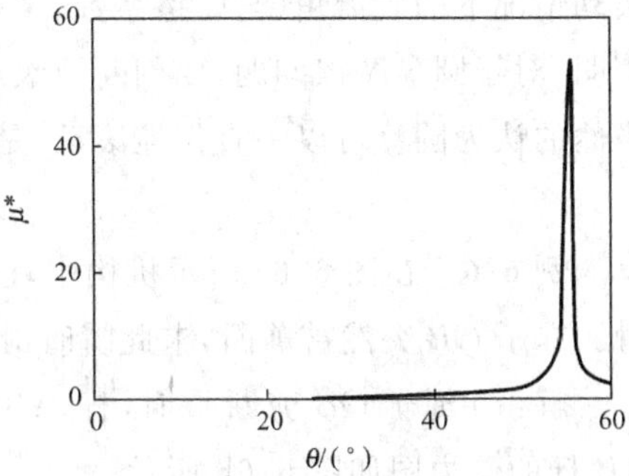

图 6-5c

该方程可利用计算机求解。图 6-5d 及图 6-5e 分别表示压力和摩擦力随角度的变化关系。图中的小圆圈表示纯滚动与打滑状况的分界点,实线表示考虑纯滚动与打滑的情况,虚线表示仅考虑纯滚动的理想情况。可以发现,摩擦力在纯滚与打滑的分界点连续但斜率有突变。计算表明当 $\theta=51.81°$时小圆盘脱离大圆盘。

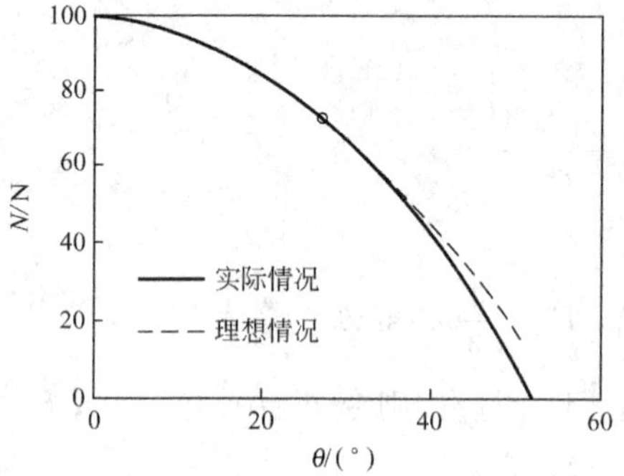

图 6-5d

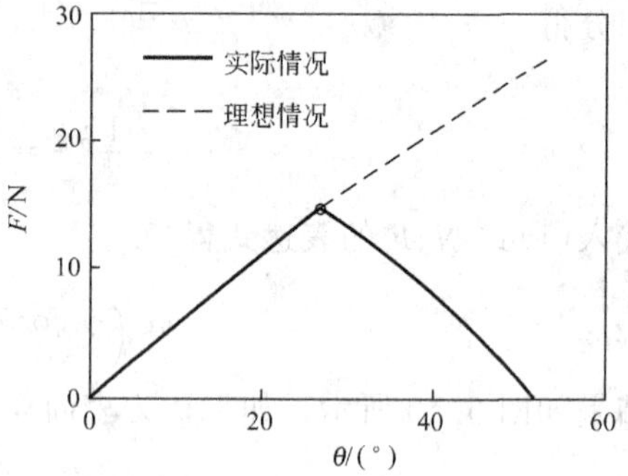

图 6-5e

另外,如果表面光滑,则有

$$F=0$$

经计算可得

$$N = mg(3\cos\theta - 2)$$

令 $N=0$ 有

$$\theta = \arccos\frac{2}{3} \approx 48.18°$$

讨论:(1)在本题中,有几个关键的角度,其中 $\theta=26.75°$表示小圆盘纯滚与打滑的分界点(与半径、摩擦系数有关);$\theta=48.18°$表示表面光滑时的脱离角(与半径无关);$\theta=51.81°$表示实际情况下的脱离角(与半径、摩擦系数有关,);$\theta=55.15°$表示纯滚动情况下的脱离角(与摩擦系数、半径无关,但要求摩擦系数为无穷大)。(2)本题表明,对于圆盘摩擦问题,要判断纯滚或打滑,补充方程可能要分段列写。(3)如果想当然的认为圆盘可以一直作纯滚动,是不符合实际的。

例 6-6 在图 6-6a 所示机构中,已知均质杆质量为 m,滑块 A 不计质量,斜面光滑。绳子 OB 突然被剪断,求此瞬时滑块 A 所受的反力及杆 AB 的角加速度。

解:在绳子 OB 剪断瞬时,杆 AB 的角速度为零,但角加速度不为零。该瞬时 AB 杆的受力图如图 6-6b 所示。

取 x 轴平行于斜面,y 轴垂直于斜面。AB 杆作平面运动,列出运动微分方程:

$$\begin{cases} ma_{Cx} = mg\sin\theta \\ ma_{Cy} = mg\cos\theta - N \\ \dfrac{1}{12}m l^2\varepsilon = N\cos\theta \cdot \dfrac{1}{2}l \end{cases}$$

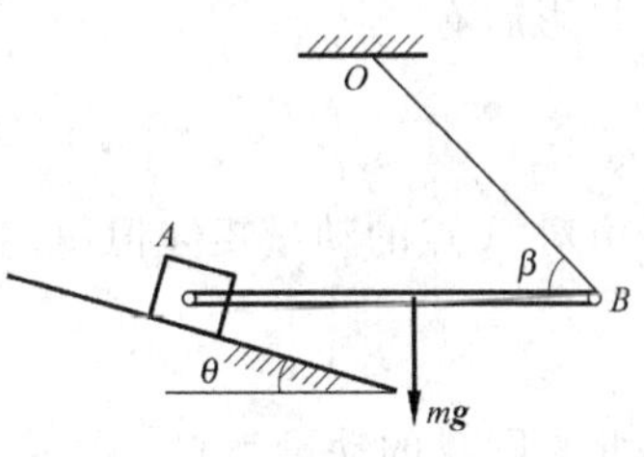

图 6-6a

以上方程有四个未知数，需要补充运动学方程：

$$\boldsymbol{a}_C = \boldsymbol{a}_A + \boldsymbol{a}_{r\tau} + \boldsymbol{a}_{rn}$$

注意到 A 点加速度沿斜面方向，将上式投影到 y 方向有

$$a_{Cy} = a_{r\tau}\cos\theta$$

利用 $a_{r\tau}=\dfrac{1}{2}l\varepsilon$ 得

$$a_{Cy} = \frac{1}{2}l\varepsilon\cos\theta$$

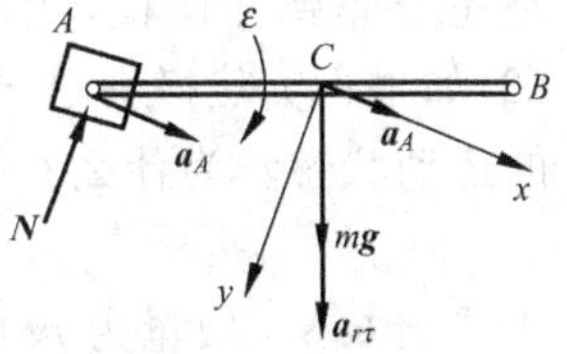

图 6-6b

从而求得

$$\varepsilon = \frac{6g\cos^2\theta}{l(1+3\cos^2\theta)}$$

$$N = \frac{mg\cos\theta}{1+3\cos^2\theta}$$

讨论：(1)AB 杆在约束撤去的瞬时，速度、角速度为零，加速度、角加速度不为零。(2)坐标选取不一定要水平、竖直方向。(3)注意这类问题需要补充的运动学方程往往是质心加速度与角加速度的关系。(4)本题如果用动静法求解，是否一定要补充运动学方程？能否不联立方程就求出答案？

例 6-7 一均质薄圆盘，质量为 m，半径为 r，在水平面内以匀角速度 ω 转动。若突然将其边缘 A 点固定住，圆盘将如何运动？

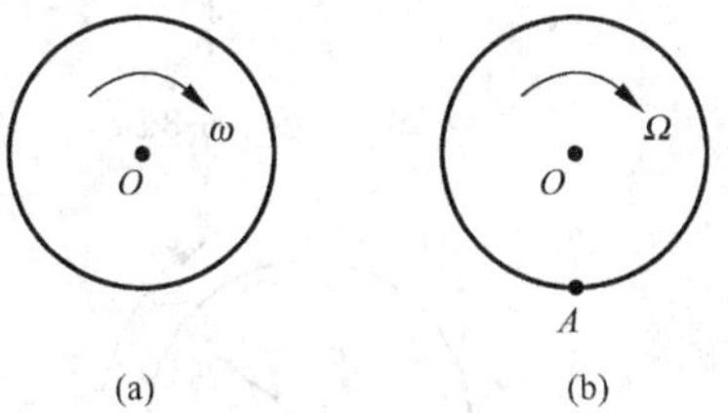

图 6-7

解：由于圆盘突然改变运动状态，A 点处将有冲量作用。如果对 A 点取矩，冲量矩将为零。因此圆盘 A 点被固定的前后，圆盘对 A 点的动量矩守恒。

A 点被固定后，圆盘绕 A 点作定轴转动，对 A 点的动量矩为

$$L_{A2} = J_A\Omega = \frac{3}{2}mr^2\Omega$$

A 点被固定的前一瞬时，圆盘绕圆心 O 作定轴转动，动量 $p_1=0$，圆盘对 A 点的动量矩为

$$\boldsymbol{L}_{A1} = \boldsymbol{L}_O + \boldsymbol{r}_{OA} \times \boldsymbol{p}_1 = \boldsymbol{L}_O$$

投影后有

$$L_{A1}=L_O=J_O\omega=\frac{1}{2}mr^2\omega$$

由对 A 点的动量矩守恒得

$$L_{A1}=L_{A2},\quad \Omega=\frac{1}{3}\omega$$

此时圆盘的动量为

$$p_2=mv_O=\frac{1}{3}mr\omega$$

可见,圆盘动量不守恒,但对 A 点动量矩守恒。

讨论:(1)这是"突加约束"问题,属于碰撞问题。不过这类"突加约束"问题往往是完全非弹性碰撞,碰撞点速度为零,因此可以根据对碰撞点的动量矩守恒求解。(2)如果再突然撤去 A 点约束,圆盘的动量、动量矩是否守恒?圆盘能否恢复到以前的运动状态?为什么?

例 6-8 质量为 m 的均质圆盘,在水平面内以均速 $\boldsymbol{v}_C$ 前进(平动),如图 6-8a 所示。不考虑水平面与圆盘间的摩擦,若圆盘半径为 r,距离为 a,恢复系数为 e,设圆盘与固定尖点 O 碰撞且不打滑,求碰撞后圆盘的角速度和质心速度。

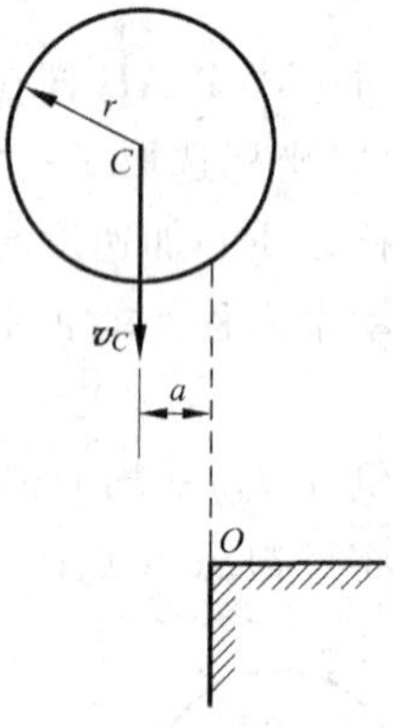

图 6-8a

解:碰撞后圆盘的运动及碰撞冲量如图 6-8b 所示,根据刚体平面运动的碰撞动力学方程,有

$$\begin{cases}m(u_{C\tau}+v_C\sin\alpha)=S_\tau\\ m(u_{Cn}+v_C\cos\alpha)=S_n\\ J_C\omega=S_\tau r\end{cases}$$

其中 $\sin\alpha=\dfrac{a}{r}$,$\cos\alpha=\sqrt{1-\dfrac{a^2}{r^2}}$。根据不打滑的条件,补充的运动方程为

$$r\omega=-u_{C\tau}$$

根据恢复系数的定义,有

$$e=\frac{u_{Cn}}{v_C\cos\alpha}$$

从上述5个方程可求出:

$$\omega=\frac{mrv_C\sin\alpha}{J_C+mr^2}=\frac{2v_C\sin\alpha}{3r},\quad u_{C\tau}=-r\omega=-\frac{2v_C}{3}\sin\alpha,$$

$$u_{Cn}=v_C\cdot e\cdot\cos\alpha$$

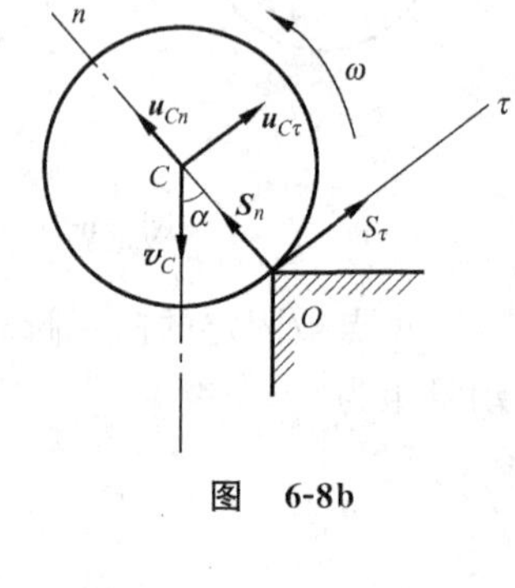

图 6-8b

讨论:(1)在碰撞问题中,什么情况下需要补充恢复系数的方程,什么情况不需要?(2)恢复系数应该

以碰撞点处的速度表示，本题中是用什么速度表示，为什么可以这样表示？(3)如果题目改为碰撞处打滑，应补充什么条件？

例 6-9 三根相同的均质杆 AB、BD、CD 用铰链连接，每根杆长为 l，质量为 m。问水平冲量 I 作用在 AB 杆上何处时，铰链 A 处的碰撞冲量为零？

解：以整体为研究对象，分析运动。碰撞前静止，碰撞后 AB、CD 作定轴，角速度为 $\boldsymbol{\omega}$，BD 杆作平动。

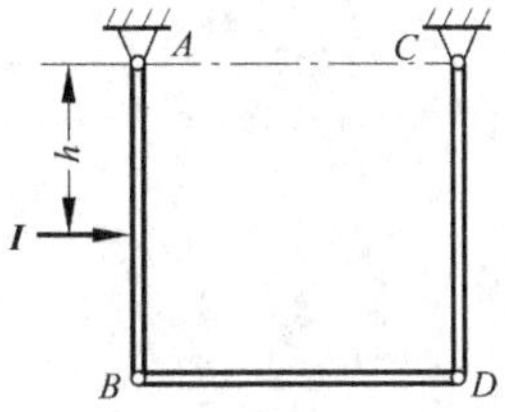

图 6-9a

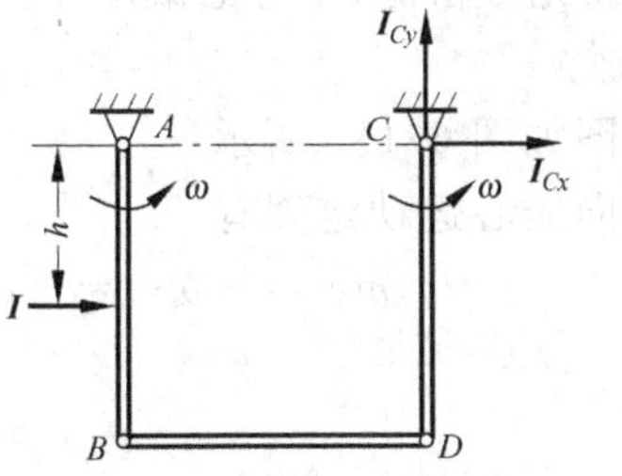

图 6-9b

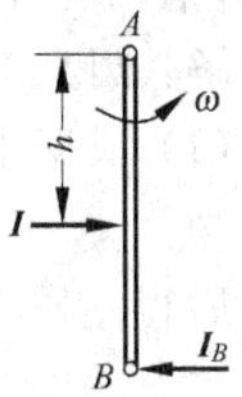

图 6-9c

设 A 点碰撞冲量为零，根据碰撞过程中系统对 C 点的动量矩定理有

$$(J_A\omega + J_C\omega + ml^2\omega) - 0 = I \cdot h \tag{1}$$

对 AB 杆进行运动分析。碰撞前静止，碰撞后作定轴转动，角速度为 $\boldsymbol{\omega}$。利用动量定理在水平方向投影有

$$\frac{1}{2}ml\omega - 0 = I - I_B \tag{2}$$

对 A 点的动量矩定理有

$$J_A\omega - 0 = I \cdot h - I_B \cdot l \tag{3}$$

从方程(1)、(2)、(3)可以求出：

$$h = \frac{10}{11}l$$

讨论：(1)是否可以不拆开系统而求解？根据前面所学的知识，用虚位移原理时可以不拆开系统，在碰撞问题中是否也可以类似处理？在学完第 8 章(拉氏方程)后，可进行比较。(2)AB 杆能否对 B 点用动量矩定理？(3)为什么 AB 杆对 C 点的动量矩等于 $J_{A\omega}$？

四、常见错误

问题 1 两均质杆 OA、OB 长均为 l，质量均为 m，在 O 处以光滑铰链连接，运动中各点的速度如图 6-10 所示，下面求系统动量和质心速度的过程错在哪里？

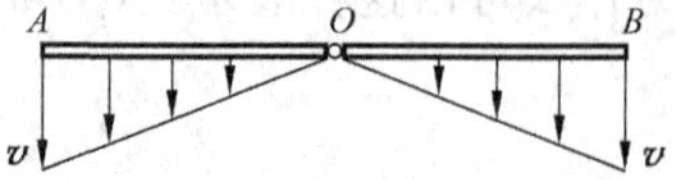

图　6-10

解：由于 OA、OB 两杆具有对称性，所以 O 点就是系统的质心，O 点速度为零，因此系统的动量为零，质心速度为零。

提示：(1)系统的动量应如何计算？(2)系统质心与 O 点的位置、速度是否相同？

问题2　一均质薄圆盘，质量为 m，半径为 r，在竖直面内运动。设初始时圆盘圆心的速度为 v_0，水平面充分粗糙，不考虑滚动摩阻，下面求出的圆盘的运动规律相互矛盾，请问有什么问题？

解：圆盘的受力图如图6-11b所示。

(1) 根据水平方向质心运动定理有

$$m\ddot{x} = -\mu N = -\mu mg$$

积分后得

$$v = v_0 - \mu gt$$

因此圆盘作匀减速运动。由于水平面粗糙，圆盘作纯滚动，角速度将越来越小。

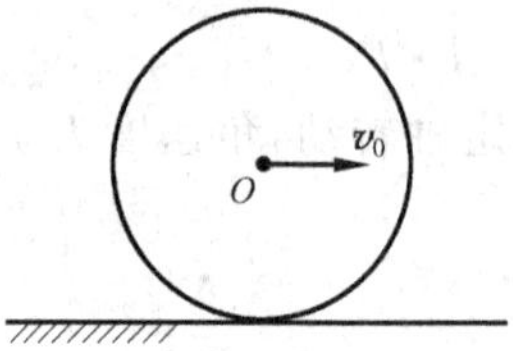

图　6-11a

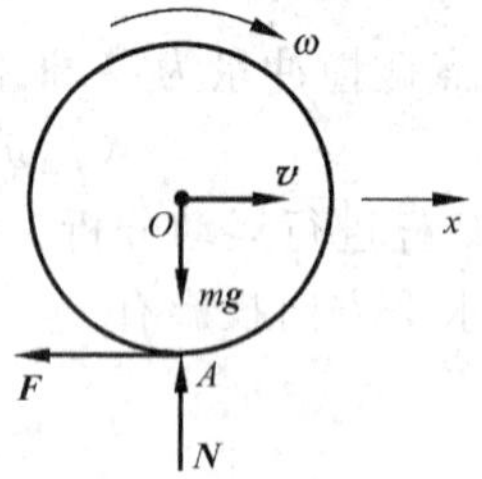

图　6-11b

(2) 根据对 O 点的动量矩定理有

$$\frac{1}{2}mr^2\varepsilon = \mu mgr$$

积分后得

$$\omega = \frac{2\mu gt}{r}$$

即圆盘角速度将越来越大。

提示：(1)对于圆盘滚动问题，摩擦力的方向应如何判断？(2)摩擦力是否达到最大值？(3)在第1种解法中，时间较长时圆盘还会向后运动，是否合理？(4)在第2种解法中，摩擦力似乎成了主动力，是否合理？

问题3　重为 W，半径为 r 的均质轮 O，其轮缘上固结一个质量为 m 的质点 A，将轮 O 置于粗糙的水平面上，如图6-12a所示。试问下面求解图示瞬时(角速度为 $\boldsymbol{\omega}$)轮 O 角加速度过程有何错误？

解：轮 O 的受力分析见图 6-12b，利用对 B 点(轮上与地面相接触的点的动量矩定理，有

$$\frac{\mathrm{d}}{\mathrm{d}t}(J_B\omega) = mgr\sin60^\circ$$

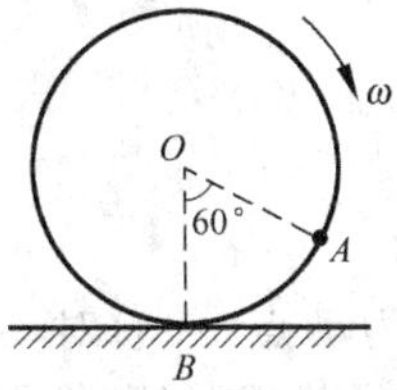

图 6-12a

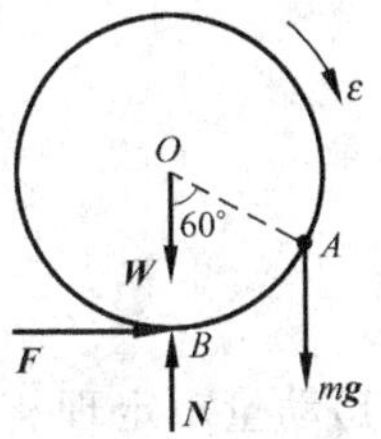

图 6-12b

注意到系统对 B 点的转动惯量(图示瞬时 $AB=r$)为

$$J_B = \frac{3W}{2g}r^2 + mr^2$$

得

$$\varepsilon = \frac{\sqrt{3}mg}{(3W+2mg)r}g$$

提示：(1)用微分形式的动量矩定理计算时必须注意什么？(2)对任意点的动量矩定理在什么条件下与对质心的动量矩定理相同？(3)在轮缘上有固结的质点，系统对 B 点的转动惯量是否都恒为常值？

问题 4 均质正方形薄板 $ABCD$ 边长为 a，质量为 m，悬挂如图，若突然剪断 B 点的绳子，下面求解此瞬时正方形的角加速度及 A 绳中的张力的方法有何错误？

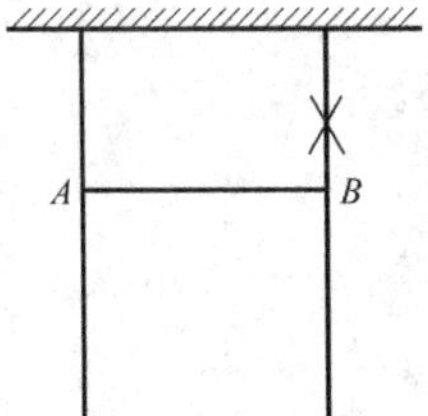

图 6-13a

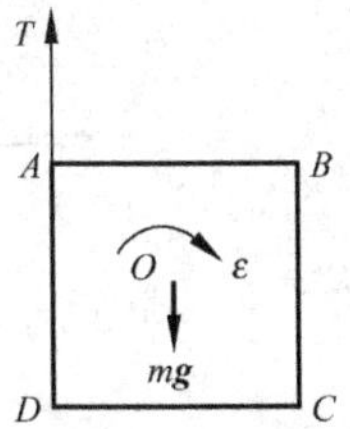

图 6-13b

解：(1)在剪断绳子的瞬时，正方形的角速度为零，质心速度也为零。由于 A 点速度为零，取 A 点为矩心，由动量矩定理有

$$J_A\varepsilon = M_A$$

$$J_A = J_O + md^2 = \frac{1}{6}ma^2 + m\left(\frac{\sqrt{2}}{2}a\right)^2 = \frac{2}{3}ma^2$$

$$\frac{2}{3}ma^2\varepsilon=\frac{1}{2}mga$$

$$\varepsilon=\frac{3g}{4a}$$

(2) 对质心利用动量矩定理有

$$J_O\varepsilon=M_O$$

$$\frac{1}{6}ma^2\cdot\frac{3g}{4a}=T\cdot\frac{a}{2}$$

$$T=\frac{mg}{4}$$

提示：(1)动量矩定理有哪些形式？(2)A 点是否为动点？(3)对动点利用动量矩定理要注意什么？(参见疑难解答)。(4)如果两根绳子换成弹簧，结果如何？

问题 5　与 OA 杆铰接的半圆柱体置于光滑的水平面上如图 6-14a 所示。均质杆 OA 的质量为 m，长为 l，均质半圆柱体的质量为 $2m$，半径为 r。若在图示瞬时 OA 杆的 A 端作用一个水平冲量 $\boldsymbol{S}$，按如下解法计算 OA 杆在受冲击后瞬时角速度有什么错误？

解：(1)由系统受冲击前后瞬间水平方向的冲量定理

$$2mv_0+mv_C=S$$

式中 v_0 为半圆柱体受冲击后的速度(瞬时平动)，ω 为 OA 杆受冲击后的角速度，杆

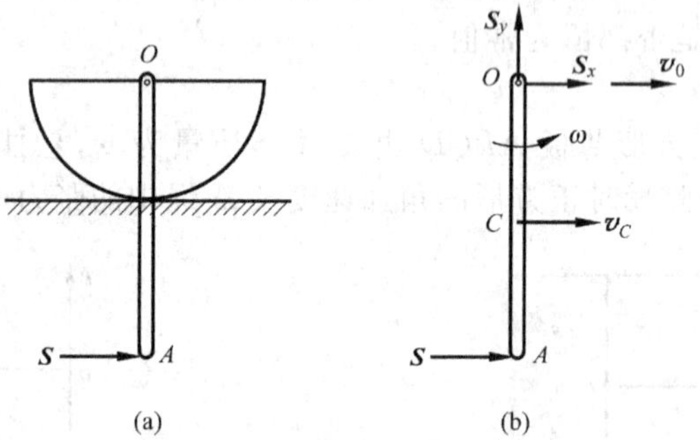

图　6-14

质心 C 的速度为

$$v_C=v_0+\frac{1}{2}l\omega$$

得

$$v_0=\frac{S}{3m}-\frac{l}{6}\omega$$

(2) 由 OA 杆对 O 点的冲量矩定理

$$\frac{1}{12}ml^2\omega + m\left(v_0 + \frac{1}{2}l\,\omega\right)\frac{l}{2} = Sl$$

得

$$\omega = \frac{5S}{ml}$$

提示：(1)在碰撞的瞬时，置于光滑水平面上的半圆柱体与置于粗糙水平面上的半圆柱体的运动情况是否相同？为什么？(2)若 OA 杆与半圆柱体的质心相铰接，对半圆柱体的运动是否有影响？

问题 6 质量为 m 的质点以水平速度 $\boldsymbol{v}$ 撞击质量为 $3m$ 的半径为 r 的均质圆盘，如图 6-15a 所示。在撞击结束的瞬时，质点的速度为零，不计各处的摩擦。下面计算撞击结束瞬时圆盘的角速度 $\boldsymbol{\omega}$、O 处所受冲量 $\boldsymbol{S}_{Ox}$、$\boldsymbol{S}_{Oy}$ 及质点与圆盘间恢复系数 e 时，错在哪里？

解：(1) 计算圆盘的角速度 $\boldsymbol{\omega}$

由系统对 O 轴的冲量矩定理

$$J_O\omega - \frac{3}{2}rmv = 0$$

得

$$\omega = \frac{v}{3r}$$

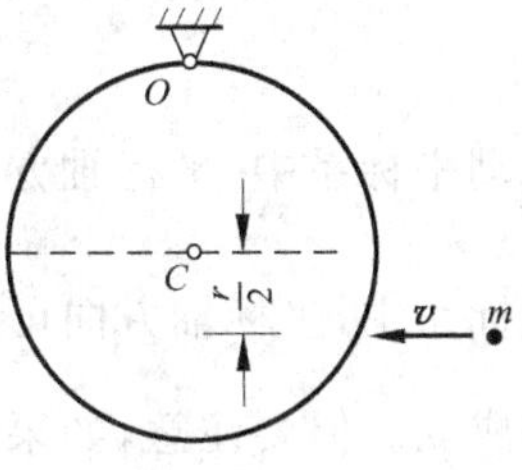

图 6-15a

式中 $J_O = \frac{3}{2}\times 3mr^2 = \frac{9}{2}mr^2$ 为圆盘对 O 轴的转动惯量。

(2) 计算 O 处所受的冲量 $\boldsymbol{S}_{Ox}$、$\boldsymbol{S}_{Oy}$，见图 6-15b。由冲量定理

$$-3m\,u_C = S_{Ox},\quad S_{Oy} = 0$$

得

$$S_{Ox} = -mv,\quad S_{Oy} = 0$$

式中 $u_C = r\omega$ 为圆盘在碰撞结束瞬时质心 C 的速度。

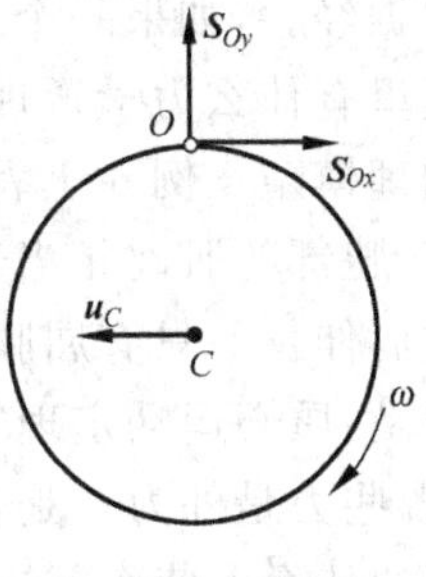

图 6-15b

(3) 计算恢复系数 e

由

$$e = \frac{u_1 - u_2}{v_2 - v_1} = \frac{0 - r\omega}{0 - u}$$

得

$$e = \frac{1}{3}$$

提示：(1)系统所受的外碰撞冲量与圆盘所受的外碰撞冲量是否相同？(2)恢复

系数计算式中 v_1、v_2、u_1、u_2 是碰撞物体上哪个点在碰撞前后的速度？(3)本问题正碰撞还是斜碰撞？两种情况下恢复系数的计算式有何不同？

五、疑难解答

1. 为什么质系动量定理的分量形式在平动坐标系中成立，但在转动坐标系中不一定成立？

质系动量定理是 $\frac{\mathrm{d}\boldsymbol{p}}{\mathrm{d}t}=\boldsymbol{R}^{(e)}$，在 x 轴的分量形式为 $\frac{\mathrm{d}p_x}{\mathrm{d}t}=R_x^{(e)}$。这里涉及到求导与投影的交换问题。设 $\boldsymbol{p}\cdot\boldsymbol{i}=p_x$，则

$$\frac{\mathrm{d}(\boldsymbol{p}\cdot\boldsymbol{i})}{\mathrm{d}t}=\boldsymbol{R}^{(e)}\cdot\boldsymbol{i}+\boldsymbol{p}\cdot\frac{\mathrm{d}\boldsymbol{i}}{\mathrm{d}t}$$

即

$$\frac{\mathrm{d}p_x}{\mathrm{d}t}=R_x^{(e)}+\boldsymbol{p}\cdot\frac{\mathrm{d}\boldsymbol{i}}{\mathrm{d}t}$$

在平动坐标系中，坐标轴方向不随时间变化，即 $\frac{\mathrm{d}\boldsymbol{i}}{\mathrm{d}t}=0$，因此有 $\frac{\mathrm{d}p_x}{\mathrm{d}t}=R_x^{(e)}$ 形式。在转动坐标系中，坐标轴方向可以随时间变化，$\frac{\mathrm{d}\boldsymbol{i}}{\mathrm{d}t}=0$ 不一定成立，因此 $\frac{\mathrm{d}p_x}{\mathrm{d}t}=R_x^{(e)}$ 形式不一定成立。但要注意，如果是质心运动定理，即 $ma_c=R^{(e)}$，由于这个式子不涉及求导，所以可以向任何方向投影。

2. 人怎样才能跳离地面？

根据经验，如果一个人想跳离地面，必须先屈膝，然后猛然蹬腿，就有可能跳离地面。这里有什么力学道理？实际上，教材中的例6-1，可以看成是人起跳的一个最简单的物理模型。例6-1表明，弹簧只有压缩到一定程度，B 块才可能跳起来。对人起跳而言，腿部的肌肉相当于弹簧，而人的屈膝相当于弹簧压缩，猛然蹬腿相当于弹簧被释放而伸长。只有屈膝到一定的程度，人才能跳起来。

但是，质心运动定理表明，只有外力才可能改变系统的质心位置，在人起跳过程中，有哪些力是外力？是什么力使人离开地面的？质心怎样运动？这个问题以及前面提到的什么力使车前进的问题，在本章中还不能充分说清楚，将在下一章中做全面的回答。

曾有一本书名为《吹牛大王历险记》，其中有一段写他骑着马陷入了泥潭，马怎么也跳不出来，吹牛大王说，“我的力气很大，用手抓住自己的头发，把自己和马匹都从泥中拉了上来”。这可能吗？

3. 动量矩的计算有几种情况？

在计算系统的动量矩时，可能要计算对固定点的动量矩，也可能计算对质心的动

量矩，还有可能计算对一般动点的动量矩。下面介绍它们的关系。

设 O 是固定点，C 是刚体的质心，A 是动点(不一定在刚体上)，m_i 是刚体上一质点。各向量关系如图 6-16 定义。

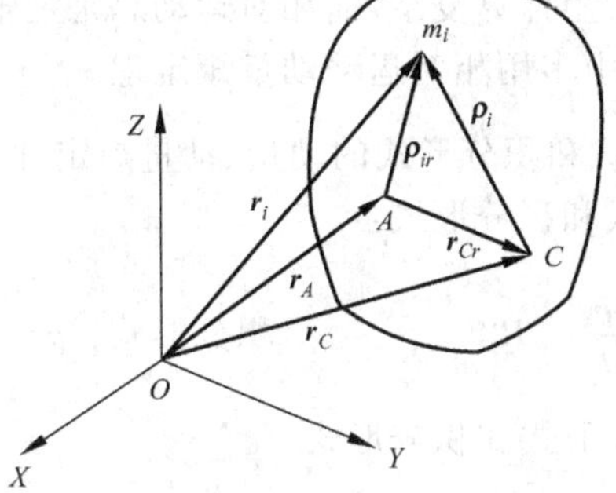

图 6-16

(1) 绝对运动对固定点 O 的动量矩 $\boldsymbol{L}_O = \sum \boldsymbol{r}_i \times m_i \dot{\boldsymbol{r}}_i$

(2) 绝对运动对质心 C 的动量矩 $\boldsymbol{L}_C = \sum \boldsymbol{\rho}_i \times m_i \dot{\boldsymbol{r}}_i$

(3) 相对运动对质心 C 的动量矩 $\boldsymbol{L}_{Cr} = \sum \boldsymbol{\rho}_i \times m_i \tilde{\dot{\boldsymbol{\rho}}}_i$

(4) 绝对运动对动点 A 的动量矩 $\boldsymbol{L}_A = \sum \boldsymbol{\rho}_{ir} \times m_i \dot{\boldsymbol{r}}_i$

(5) 相对运动对动点 A 的动量矩 $\boldsymbol{L}_{Ar} = \sum \boldsymbol{\rho}_{ir} \times m_i \tilde{\dot{\boldsymbol{\rho}}}_{ir}$

这些量之间存在着如下关系(证明略)：

(1) $\boldsymbol{L}_O = \boldsymbol{L}_A + \boldsymbol{r}_A \times m\,\boldsymbol{v}_C$

(2) $\boldsymbol{L}_O = \boldsymbol{L}_C + \boldsymbol{r}_C \times m\,\boldsymbol{v}_C$

(3) $\boldsymbol{L}_C = \boldsymbol{L}_{Cr}$

在平面运动中，$\boldsymbol{\omega} \perp \boldsymbol{\rho}_{ir}$，因此 $\boldsymbol{L}_{Ar} = \sum \boldsymbol{\rho}_{ir} \times m_i \tilde{\dot{\boldsymbol{\rho}}}_{ir} = \sum \boldsymbol{\rho}_{ir} \times m_i (\boldsymbol{\omega} \times \boldsymbol{\rho}_{ir}) = (\sum m_i \rho_{ir}^2)\,\boldsymbol{\omega}$，即 $L_{Ar} = J_A \omega$。

4. 动量矩定理有几种形式？

由于动量矩的计算有多种形式，因此动量矩定理也有多种形式(证明略)：

(1) $\dfrac{\mathrm{d}\boldsymbol{L}_O}{\mathrm{d}t} = \boldsymbol{M}_O^{(e)}$

(2) $\dfrac{\mathrm{d}\boldsymbol{L}_C}{\mathrm{d}t} = \dfrac{\mathrm{d}\boldsymbol{L}_{Cr}}{\mathrm{d}t} = \boldsymbol{M}_C^{(e)}$

(3) $\dfrac{\mathrm{d}\boldsymbol{L}_A}{\mathrm{d}t} + \boldsymbol{v}_A \times m\,\boldsymbol{v}_C = \boldsymbol{M}_A^{(e)}$

(4) $\frac{\mathrm{d}\boldsymbol{L}_{Ar}}{\mathrm{d}t}+\boldsymbol{r}_{Cr}\times m\,\boldsymbol{a}_A=\boldsymbol{M}_A^{(e)}$

在很多问题中，在接触点处会有未知的约束力，如果取该点为矩心，未知的约束力就可以不出现。但接触点通常是动点，注意要有附加项。

因为绝对运动的动量矩计算复杂，而相对运动总是定轴转动或定点运动，计算比较容易，因此在实际应用中多用相对运动动量矩定理。

5. 如何利用微分形式和积分形式的动量、动量矩定理？

动量定理有微分形式和积分形式：

微分形式：$\frac{\mathrm{d}\boldsymbol{p}}{\mathrm{d}t}=\boldsymbol{R}^{(e)}$　　积分形式：$\boldsymbol{p}_2-\boldsymbol{p}_1=\int_{t_1}^{t_2}\boldsymbol{R}^{(e)}\,\mathrm{d}t$

动量矩定理也有微分形式和积分形式

微分形式：$\frac{\mathrm{d}\boldsymbol{L}_C}{\mathrm{d}t}=\boldsymbol{M}_C^{(e)}$　　积分形式：$\boldsymbol{L}_{C2}-\boldsymbol{L}_{C1}=\int_{t_1}^{t_2}\boldsymbol{M}_C^{(e)}\,\mathrm{d}t$

在处理具体问题时，只需要选用某一种形式就可以。如果处理问题时需要某个时间段内各个瞬时的关系，则应采用微分形式，如求物体运动规律、何时脱离约束等这类问题；如果问题只关心某个时间段内一些物理量的变化，通常采用积分形式，如突加约束、突减约束等碰撞问题。

6. 在教材例 6-17 中，如果碰撞时有各种可能情况，相应的补充方程应如何列写？

(1) 如果碰撞点是光滑的、无切向力，补充方程为：

$$S_\tau=0$$

(2) 如果碰撞点是粗糙的，不打滑，补充方程为：

$$v_A=0\Rightarrow u_{C\tau}=r\omega$$

(3) 如果碰撞点是粗糙的，但打滑，补充方程为：

$$F=\mu N\Rightarrow S_\tau=\mu S_n$$

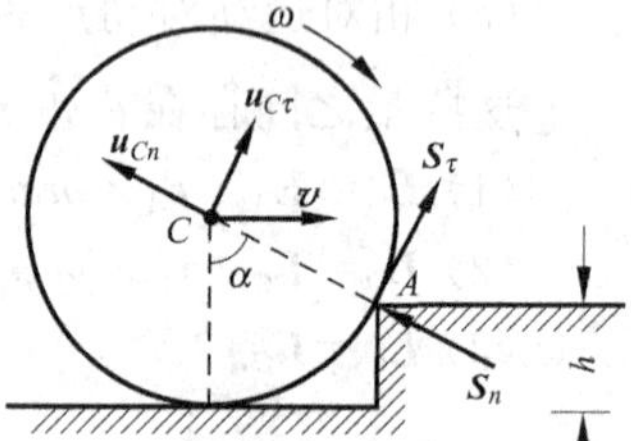

图 6-17

7. 在碰撞问题中，为什么有的需要补充恢复系数的方程，有的不需要？

在理论力学中，恢复系数、弹簧刚度系数与摩擦系数都与材料的物理性质有关。通常需要事先给定，因此在碰撞问题中是需要补充恢复系数方程的。

但在两种情况下，不需要列写恢复系数方程。(1)当一个已知的冲量作用在物体上，与一个力作用在物体上没有本质区别，这时问题已经转化为非碰撞问题，因此不需要补充恢复系数方程，如教材中的例 6-15 和例 6-16。(2)如果两个物体发生完全非弹性碰撞，碰撞后接触点速度为零，这实际上隐含了恢复系数的方程，因此也不需要补充恢复系数，如教材中的例 6-17。

如果两个物体的碰撞不是完全非弹性的，则需要恢复系数，因为碰撞冲量、碰撞后的速度与材料表面的物理性质有关，这种关系不能从静力学或动力学得到，因此需要恢复系数。因此，如果将教材中的例 6-15 或例 6-16 的已知冲量用一个已知速度的小球代替，就需要补充恢复系数方程。

8. 对于刚体碰撞问题，恢复系数表达式中的速度用刚体上哪一点的速度？

恢复系数的定义是从质点的碰撞引入的，其表达式中的速度自然是质点的速度。对刚体，应该用碰撞点的速度。这一结论并没有严格证明，但是可通过一些现象来说明。比如图 6-18 所示的杆在运动过程中，A 点会与地面发生碰撞，如果是完全非弹性碰撞，则碰撞后应该是 A 点的速度为零。而若认为是质心 C 点的速度为零，就会导致 A 点侵入地面，或 A 点立即反弹开。侵入地面肯定不行。若 A 点立即反弹，可以算出碰撞前后 AB 杆对碰撞点的动量矩不守恒，因此也不对。

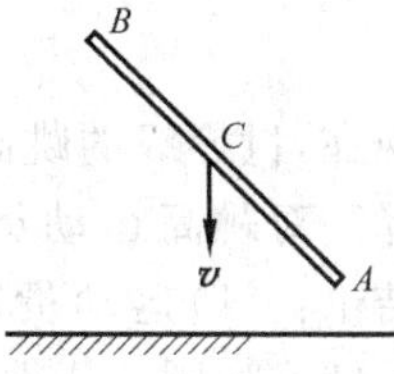

图 6-18

因此刚体碰撞问题中，恢复系数表达式应该用碰撞点的速度来表示。

9. 突加约束与突减约束是否会导致刚体动量、动量矩的突变？

当物体在运动过程中，如果有突加约束（完全非弹性碰撞），在极短时间内（$\Delta t\to 0$）约束处会有极大的约束力（$R\to\infty$）出现，其总效果就是约束力冲量是有限量，因此通常物体的动量在碰撞前后会有突变。但对约束处（碰撞点）取矩，约束力冲量不出现，因此物体对碰撞点的动量矩在碰撞前后守恒。

对于突减约束，情况不一样。在约束撤去前一瞬时，该约束处的约束力是有限大小的，当约束突然撤去，在极短的时间内，有限大小的约束力产生突变，其冲量为零，对任何点的冲量矩也为零。因此突减约束前后物体的动量、动量矩不会有突变。

六、趣味问题

1. 动量定理在跳高中的应用。

定性分析可以解释许多复杂的问题，并从中得到有意义的结论。下面用定性分析的方法分析为什么跳高运动员多用背越式。

大家知道，自 1896 年现代奥运会中设立跳高运动以来，跳高的发展经历过三个阶段（如图 6-19a 所示）：

剪式（scissors style）：一腿向前伸出先过杆，另一腿再过。

翻滚式（western roll，George Horine，USA，1912）：身体绕纵轴翻滚，水平过杆。

背越式（Fosbury flop，Dick Fosbury，USA，1968）：身体弯曲，背部过杆。

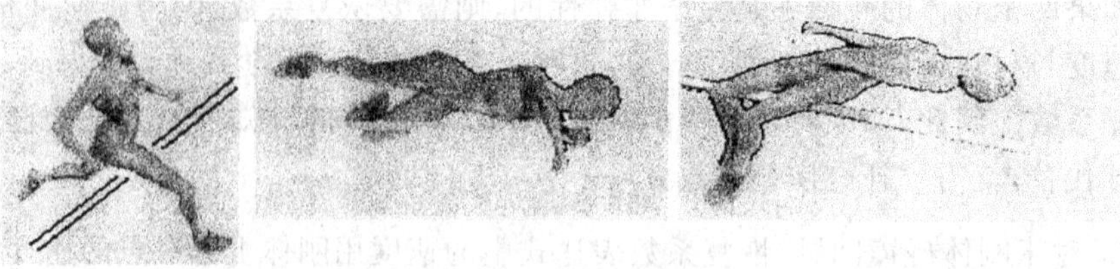

图 6-19a　几种典型的跳高方式

现在，世界级的跳高选手在比赛中都采用背越式过杆。这可以用质心运动定理来解释。对跳高运动员，根据质心运动定理，有如下结论：(1)运动员起跳后，身体的质心作抛物线运动。如图 6-19b 所示。(2)不管手脚如何运动，各关节力及肌肉力均为内力，不影响质心的运动。以此为基础，可以提出一个问题：虽然采用不同的姿势对质心运动没有影响，但采用各种姿势过杆时，质心相对身体处于什么位置？

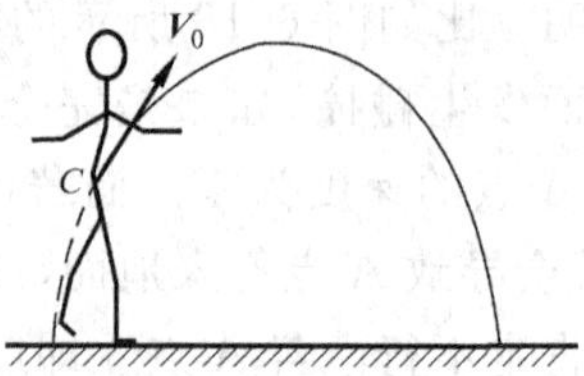

图 6-19b　质心为抛物线

剪式——采用这种方式过杆时，人体质心大约在身体的腹部，而杆在双腿的下方。此时，可以估计质心约在杆上方 30cm 处过杆。

翻滚式——采用这种方式过杆时，人体质心大约在身体的腹部，而杆在身体的下方。此时人体基本上与杆平行，可以估计质心约在杆上方 10cm 处过杆。

背越式——采用这种方式过杆时，人体质心不在身体的内部！如图 6-19c 所示。质心的位置依身体的弯曲程度而定，估计至少可在背部下方 10cm。可以看出：此时有可能质心从横杆下方通过。

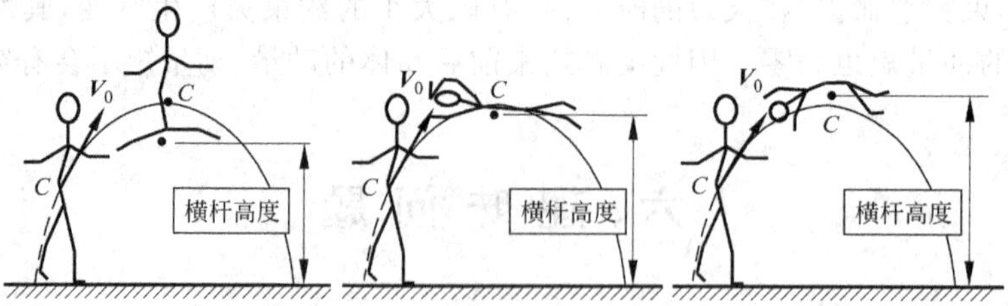

图 6-19c　不同姿势与过杆高度示意图

假设一个运动员经过训练，其助跑速度、起跳角度都一定了，采用不同的方式起跳，其质心均作抛物线运动，不妨假设抛物线的最高点为 1.8m，根据前面的分析，他过杆的高度分别为：

跨越式：1.8m－0.3m＝1.5m

翻滚式：1.8m－0.1m＝1.7m

背越式：1.8m＋0.1m＝1.9m

因此，采用背越式有明显的优势。进一步讨论：

(1) 根据背越式方式，只要身体弯曲得越厉害，使质心位置距腰部越远，则可使成绩更好。因此，在身体素质一定的情况下，应进行柔韧性的锻炼！

(2) 由于身体向前弯明显比向后弯容易，因此可以推测，将来的跳高方式或许还会出现“弯腰式”，这在撑杆跳中已实现。

2. 动量矩定理在空翻中如何应用？

在自由体操、跳水运动中，我们常看到这样的现象：

(1) 运动员先是绕身体的横轴(x 轴)转动，或叫“空翻”，见图 6-20a。

(2) 然后又具有了绕纵轴(y 轴)的转动，或叫“转体”，见图 6-20b，从而变为“空翻”加“转体”。

问题是：根据动量矩定理，运动员在空翻时，只有重力作用，身体对质心的动量矩守恒，那么空翻加转体是否违反了动量矩定理？如果没有违反，如何解释呢？

很明显，如果运动员开始时空翻，若在空中不做特定的动作，他应该一直空翻着，不可能发生转体现象。但如果我们仔细观察，可以发现：运动员在转体前，在空中会做一个“领臂”的动作——原来平行的两手臂，突然弯曲相向运动，如图 6-20b 和图 6-20c所示。

图 6-20a

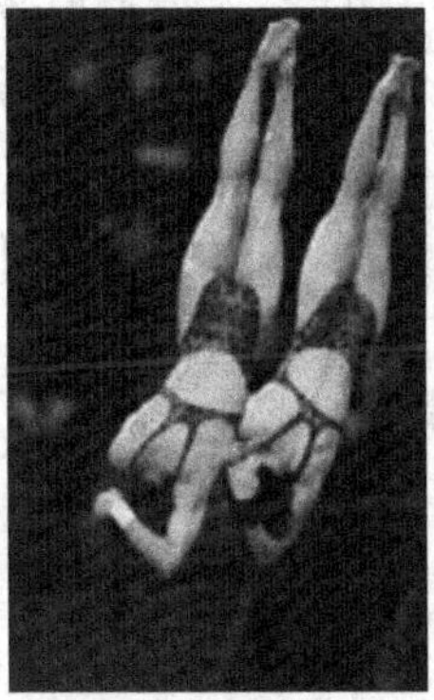

图 6-20b

图 6-20c

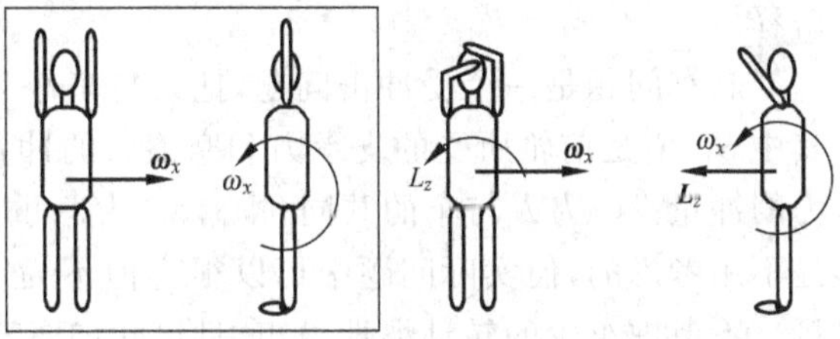

图 6-20d

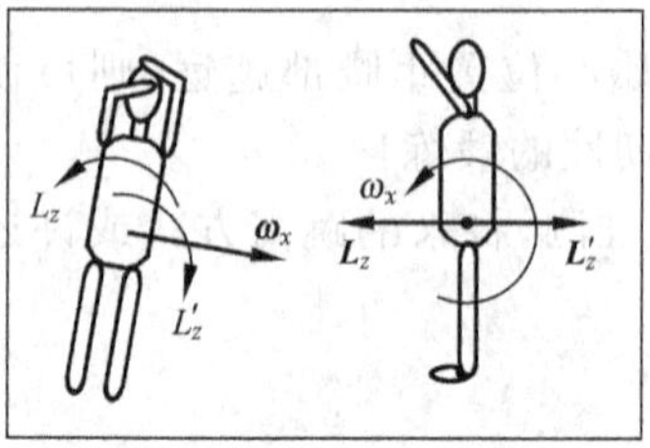

图 6-20e

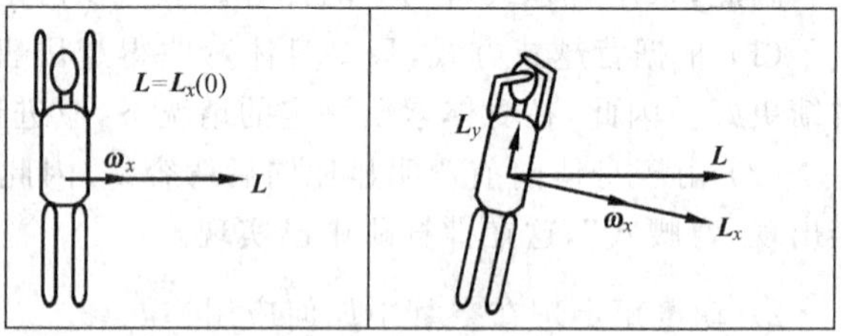

图 6-20f

根据动量矩定理，双手的相向运动产生一个附加的动量矩(图 6-20d)。而运动员在空中动量矩必须守恒，所以身体会产生一个反向的倾斜转动，如图 6-20e 所示，从而保持动量矩守恒。

注意，由于身体的转动惯量远大于手臂的转动惯量，所以手臂相对身体有较大的转动时，身体只会有较小的倾斜转角。这从图 6-20b 中可以看出。

在明确了身体有一个小倾斜转角后，我们继续应用动量矩定理。在图 6-20f 中，设初始时身体是竖直的，空翻的角速度和动量矩方向均水平向右。当身体有小转角后，身体的横轴 x 相应倾斜了，则身体绕横轴 x 的动量矩不等于原有的动量矩(大小、方向均变化了)。但根据前面分析，身体对质心的动量矩要守恒，因此只有一个可能：身体产生了绕纵轴 y 的转动，使得身体总的动量矩守恒！

总结一下：运动员在空翻运动中，通过手臂的相对运动，改变了身体其他部分的运动，身体对质心总的动量矩仍守恒，但身体由此产生了转体运动。

现在有另一个问题：身体的倾斜角度很小，由此产生的转体角速度是否也很小呢？答案是否定的。理由如下：虽然横轴 x 方向的动量矩 L_x 远远大于纵轴 y 方向的动量矩 L_y，但身体对横轴 x 的转动惯量 J_x 也远远大于其对纵轴 y 的转动惯量 J_y，注意到

$$\omega_x = L_x/J_x, \quad \omega_y = L_y/J_y$$

因此横轴 x 方向的角速度 $\boldsymbol{\omega}_x$ 与纵轴 y 方向的角速度 $\boldsymbol{\omega}_y$ 是相近的。所以在跳水或体操中，常能听到解说“空翻 720°，转体 360°”之类的说法了。

3. 骑自行车的人在突然刹车时，刹前闸与刹后闸的感觉不同，如何用力学知识解释。

刹车问题是一个受冲击问题，把人与车作为一个整体，其受力图为(人未画出)：其中 $\boldsymbol{S}_1$，$\boldsymbol{S}'_1$ 是前轮所受的支承力和摩擦力的冲量，$\boldsymbol{S}_2$，$\boldsymbol{S}'_2$ 是后轮所受的支承力和摩擦力的冲量。C 为人与车的共同质心，$\boldsymbol{S}_G$ 为总重量的冲量(在理想状况下重力的冲量是不用考虑的，但实际问题中可以很小但不为零)，$\boldsymbol{S}$ 为人与车共同受到的惯性力冲量。不考虑车轮的转动惯性力矩，且尺寸如图 6-21 所示。

则刹车问题的方程为(不管刹前闸刹后闸)

$$\left.\begin{aligned} S_1+S_2-S_G&=0\\ S_1'+S_2'-S&=0\\ Sh-S_Ga+S_2l&=0\end{aligned}\right\}\qquad(1)$$

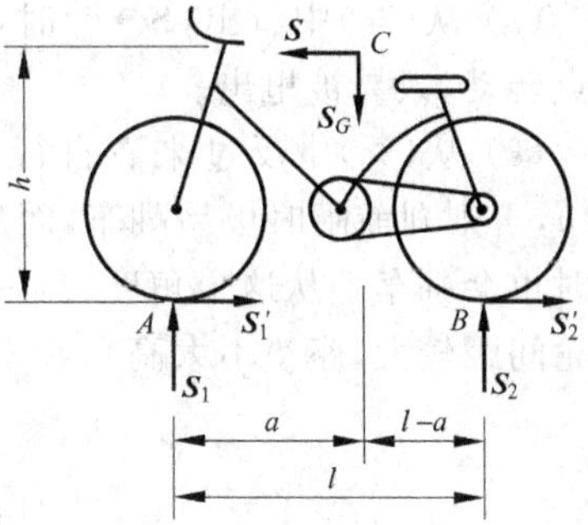

图 6-21

刹前闸与刹后闸的区别在于补充的摩擦力方程上。突刹前闸时，前轮突然不转动，在 A 点与地面产生滑动摩擦，前轮向前滑动时，后轮仍可转动，在 B 点与地面间是静摩擦，突刹后轮时，则与前面分析相反，具体补充公式为：

刹前闸

$$\begin{cases} S_1'=\mu S_1\\ S_2'<\mu S_2\end{cases}$$

刹后闸

$$\begin{cases} S_1'<\mu S_1\\ S_2'=\mu S_2\end{cases}$$

设参数 $\eta\in[0,1]$，$\xi\in[0,1]$可把不等式变为含参数的等式：

刹前闸

$$\left.\begin{aligned} S_1'&=\mu S_1\\ S_2'&=\eta\mu S_2\end{aligned}\right\}\qquad(2a)$$

刹后闸

$$\left.\begin{aligned} S_1'&=\xi\mu S_1\\ S_2'&=\mu S_2\end{aligned}\right\}\qquad(2b)$$

联立式(1)与(2a)，得到刹前闸时的解

$$\left.\begin{aligned} S&=\frac{\mu[l-a(1-\eta)]}{l-\mu h(1-\eta)}S_G\\ S_2&=\frac{a-\mu h}{l-\mu h(1-\eta)}S_G\end{aligned}\right\}\qquad(3a)$$

联立式(1)与(2b)，得到刹后闸时的解

$$\left.\begin{aligned} S&=\frac{\mu[\xi l+a(1-\xi)]}{l+\mu h(1-\xi)}S_G\\ S_2&=\frac{a-\mu\xi h}{l+\mu h(1-\xi)}S_G\end{aligned}\right\}\qquad(3b)$$

比较式(3a)与(3b)，可以得到如下结论：

(1) 刹前车闸时，S 表达式中分母有可能为零，从而 S 可能趋于无穷大，骑车者可以感觉到一个猛烈的冲击。刹后车闸时，S 表达式中分母不为零，S 总是有限的值，骑车者感觉冲击小一些。

(2) 从(3a)中看出，$S\to\infty$时，$S_2<0$，这意味着后轮已离开了地面，人与车绕前轮A点转动，人易被甩出。

(3) 从(3a)中反过来看自行车的结构设计，h应尽可能小，l应尽可能大，并有$l>h$，否则刹前闸时极易翻车，而从(3b)中看，a要尽可能大，h要尽可能小，否则刹后闸时也会翻车。从这个角度看，一般自行车的设计，还是比较合理的(座垫靠近后轮，两轮间距较大，座垫不太高)。

七、习　　题

6-1 已知均质杆AB长为l，直立于光滑的水平面上。求杆无初速倒下时，端点A相对图示坐标系的轨迹。

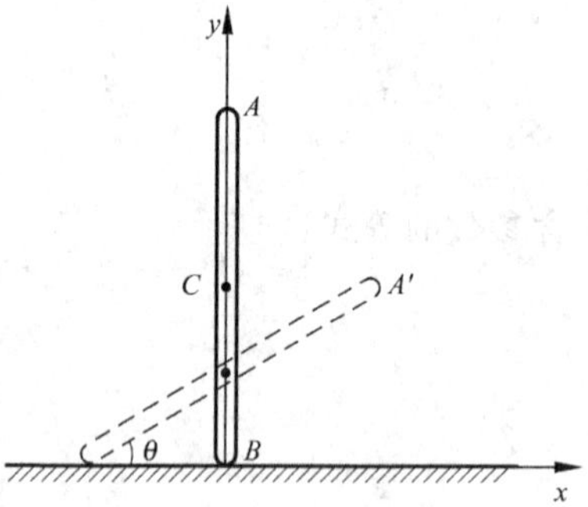

习题 6-1

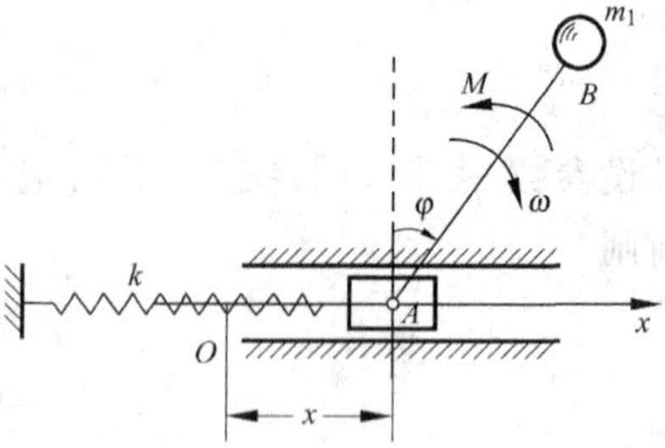

习题 6-2

6-2 已知滑块A的质量为m，自重不计的弹簧刚度系数为k，$AB=l$，B球质量为m_1，$\varphi=\omega t$，ω为常数，AB杆上的力偶矩为$\boldsymbol{M}$。求滑块A的运动微分方程。

6-3 质量为M的木板可在粗糙的水平面上滑动，质量为m的质点在木板上运动。质点和木板之间的摩擦系数为μ。如果木板开始是静止的，当质点在木板上运动时，为了使木板仍处于静止状态，木板和地面之间的摩擦系数μ_1应满足何种条件?

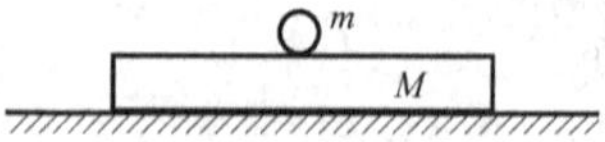

习题 6-3

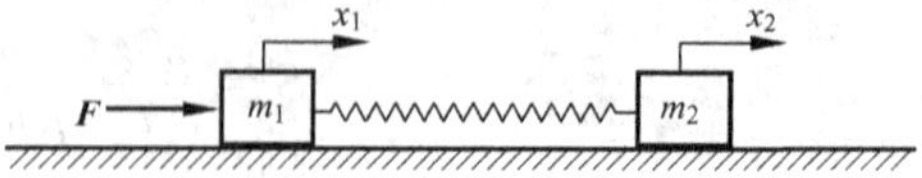

习题 6-4

6-4 弹簧刚度系数为k，相连两物块如图所示，置于光滑水平面上。求在常力$\boldsymbol{F}$作用下两物块的运动规律。设$m_1=m_2=m$，初始时两物块均处于静止状态，且弹簧无变形。

6-5 一个重 P 的人手里拿着重 Q 的物体，以仰角 α，速度 $\boldsymbol{v}_0$ 向前跳去。当他到达最高点时将物体以相对速度 $\boldsymbol{u}$ 水平地向后抛出。不计空气阻力，问由于物体的抛出，跳远的距离增加了多少？

6-6 一车以 14m/s 的速度行驶，刹车后滑行 20m 停住。已知重物 A 与车板间的摩擦系数为 0.48，问 A 是否将在车上滑动？如果滑动，求滑过的距离以及滑动的时间。

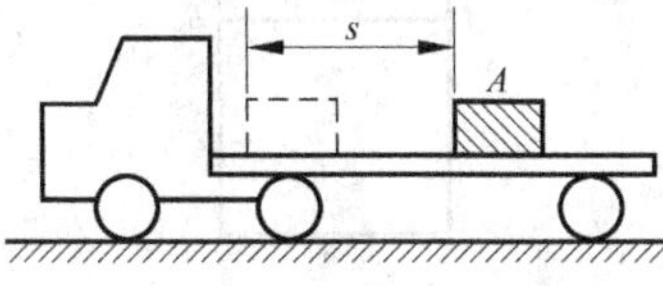

习题 6-6

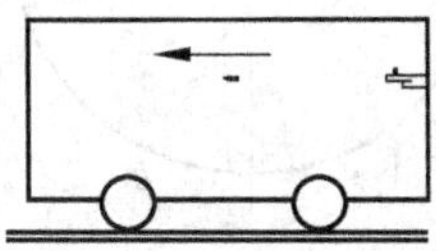

习题 6-7

6-7 在光滑轨道上停有一车厢。今在车厢的一端发射一子弹如图示，设子弹与车厢的质心位于同一高度上。当子弹发射后，假想有下面四种情况发生：(1)当子弹碰到车厢的另一端时，立即落下；(2)子弹射入较厚的车厢壁内经过 Δt 后停住；(3)子弹射穿车厢；(4)子弹弹回。问在运动过程中，系统(车厢与子弹)的水平动量及其质心的水平位置有何变化？车厢的运动情况如何？

6-8 如图，绳索 AB 悬挂一重物 M，重物 M 下又吊一同样的绳索 CD。问在下述两种情况下，AB 与 CD 绳哪根先断？为什么？(1)在 D 点加铅垂向下的力 $\boldsymbol{F}$，此力由小到大，逐渐增加。(2)在 D 点突然加力，猛地向下一拉。

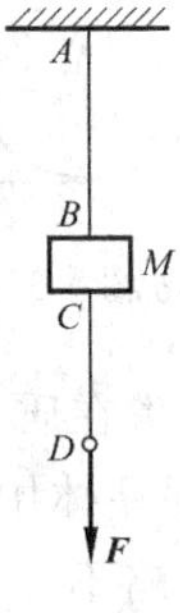

习题 6-8

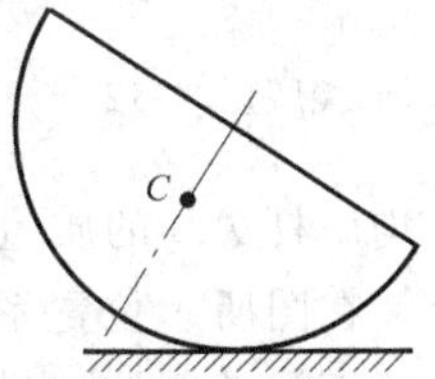

习题 6-9

6-9 图示半圆柱质心为 C，放在水平面上。将其在图示位置无初速释放后，在下述两种情况下，质心将怎样运动？(1)圆柱与水平面间无摩擦。(2)圆柱与水平面间充分粗糙。

6-10 如图所示，长 l 的细长杆 OA 以角速度 $\boldsymbol{\omega}$ 绕 O 轴转动。质量为 m、半径为 R 的均质齿轮 A 沿内齿轮 B 作纯滚动。设内齿轮 B 的角速度为 $\boldsymbol{\Omega}$，$l=2R$。求下列

两种情况下齿轮 A 对 O 点的动量矩。(1)$\Omega=0$；(2)$\Omega=\frac{2}{3}\omega$。

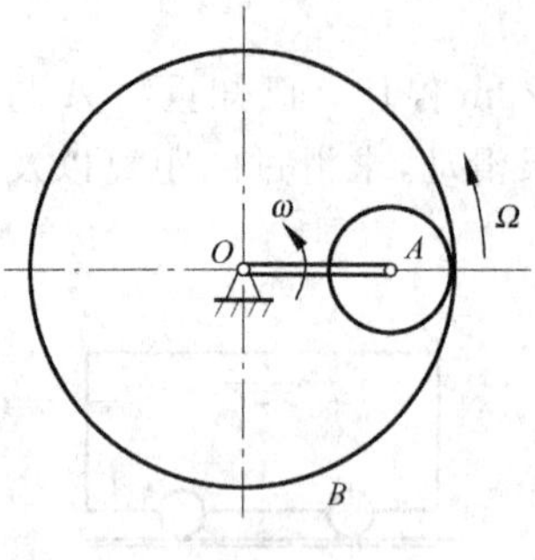

习题 6-10

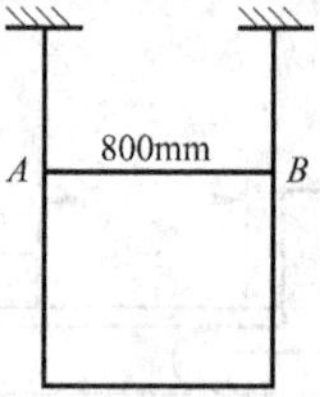

习题 6-11

6-11 有一质量为 40kg 的均质正方形板，悬挂如图，假如 B 处悬线突然断裂，试求此瞬时 A 处悬线的张力。

6-12 质量为 m 的小环可沿质量为 M，半径为 R 的大圆环运动。开始时系统静止地置于光滑水平面上，如图所示。突然给小环一初速度 $\boldsymbol{v}_0$，证明大圆环将作平动，并求大圆环中心相对系统质心的轨迹。不计大小环之间的摩擦。

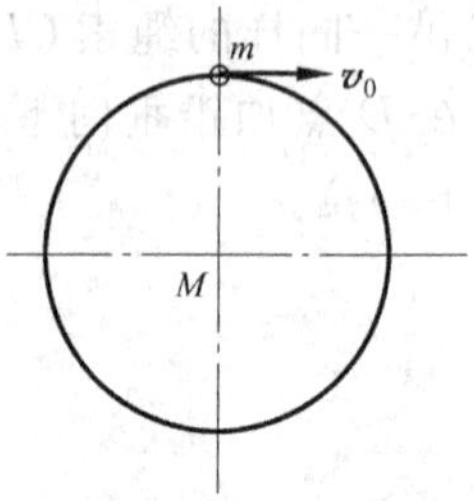

习题 6-12

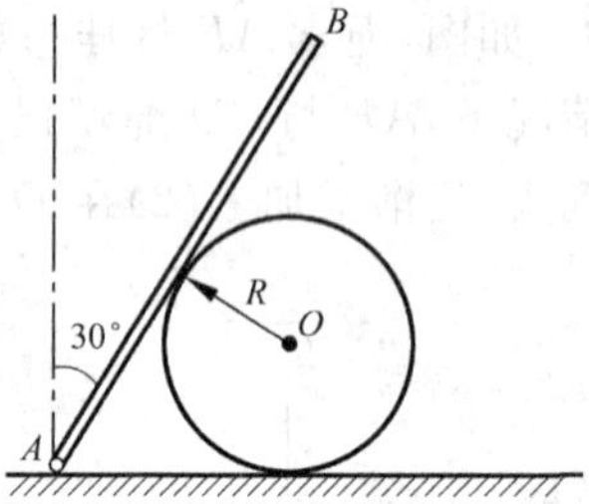

习题 6-13

6-13 均质杆 AB 的质量为 $2m$，长为 $4R$，铰接于地面，搭在质量为 m，半径为 R 的圆柱体上。在图所示位置系统无初速地释放，求该瞬时圆柱体中心的加速度。设除圆柱体与地面间的摩擦力足够大外，其余各处的摩擦均忽略不计。

6-14 半径为 R 质量为 M 的空心薄壁圆柱在地面上作纯滚动，在圆柱内有一质量为 m 的小圆球(可以看作质点)沿光滑的圆柱内壁运动。试建立系统的运动微分方程。

6-15 光滑轨道上有一质量为 M 的小车 B，上面放一个质量为 m 半径为 r 的半圆球 A。设 $M=m$，并假定半圆球只能在车上作纯滚动。写出系统的运动微分方程。

6-16 两均质细长杆 AB、BC 位于铅垂面内，在 A、B 处用光滑铰链连接，如图所示。杆 BC 的 C 端放在光滑水平面上，并在图示位置无初速释放。若各杆质量均为 4kg，长均为 $l=0.6\mathrm{m}$，求初瞬时及此后任意瞬时各杆的角加速度。

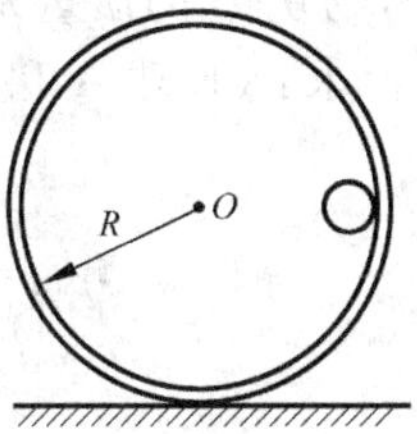

习题 6-14

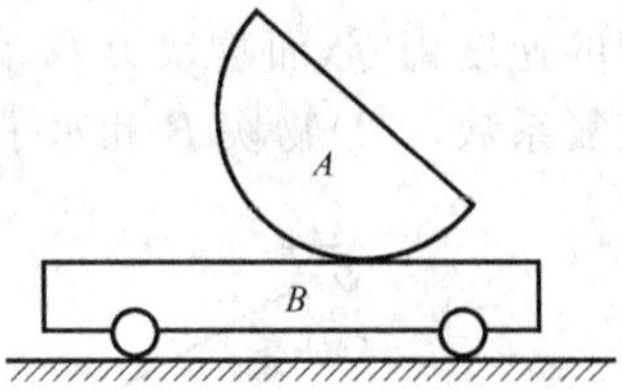

习题 6-15

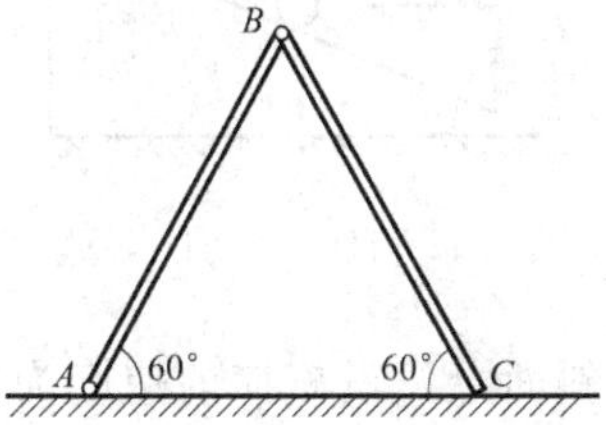

习题 6-16

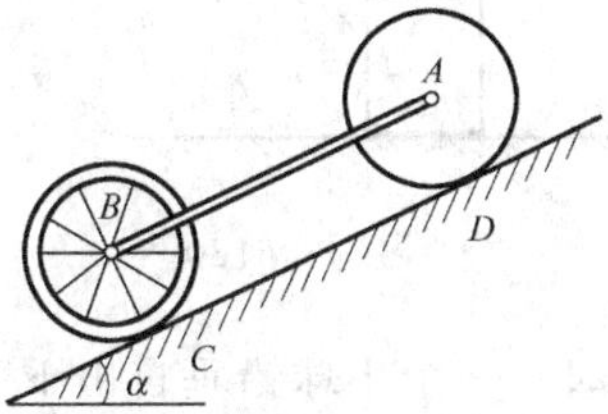

习题 6-17

6-17 均质实心圆柱 A 和薄铁环 B 重均为 W，半径均为 r，两者用杆 AB 相连，沿斜面无滑动地滚下，斜面与水平面的夹角为 α，不计杆 AB 的质量，求杆 AB 的加速度和杆的内力。

6-18 均质圆柱重为 P，半径为 r，放在倾角 $\alpha=60°$ 的斜面上。一条细绳缠绕在圆柱体上，绳的一端固定于 A 点，且 AD 平行于斜面。若圆柱与斜面间的摩擦系数 $\mu=1/3$，圆柱沿斜面滚下时，试求圆柱质心的加速度 $\boldsymbol{a}_C$。

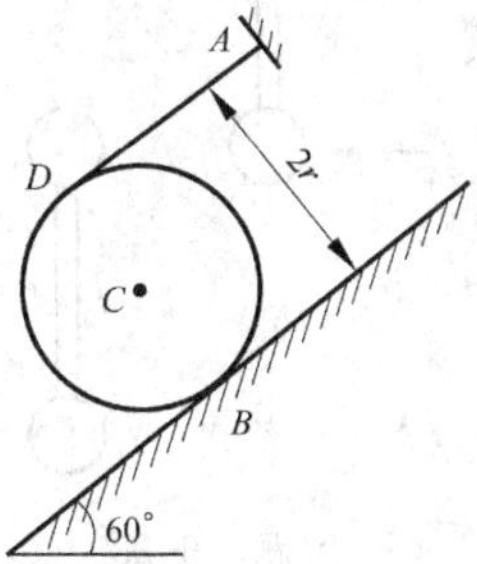

习题 6-18

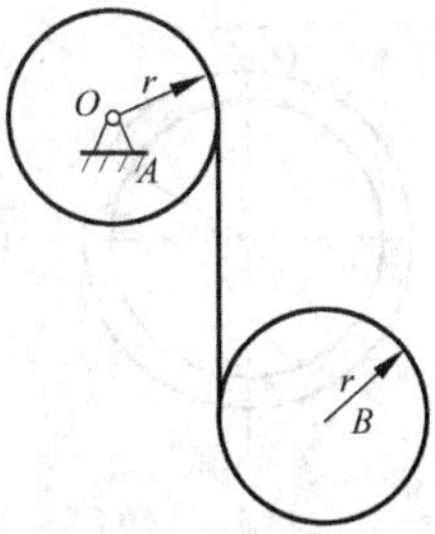

习题 6-19

6-19 均质圆柱 A 和 B 重均为 P，半径均为 r。一条绳缠绕在可绕固定轴 O 转动的圆柱 A 上，绳的另一端绕在圆柱 B 上，如图所示。求圆柱 B 下落时质心的加速度和绳的拉力。不计轴承摩擦。又若在圆柱 A 上作用一反时针转向的力矩 $\boldsymbol{M}$，试问在什么条件下，圆柱 B 的质心将上升。

6-20 绳长 $l=1\text{m}$，悬挂小球 A，将绳拉到 $\theta_A=60°$ 时无初速度释放，当球 A 摆到铅垂位置时与物块 B 相碰。已知球 A 的质量 $m_A=2\text{kg}$，物块 B 的质量 $m_B=3\text{kg}$，碰撞后球的速度为零，而物块 B 移动了 1m 后才处于静止。求：(1)球 A 和物块 B 间的碰撞恢复系数，(2)物块 B 和水平面间的摩擦系数。

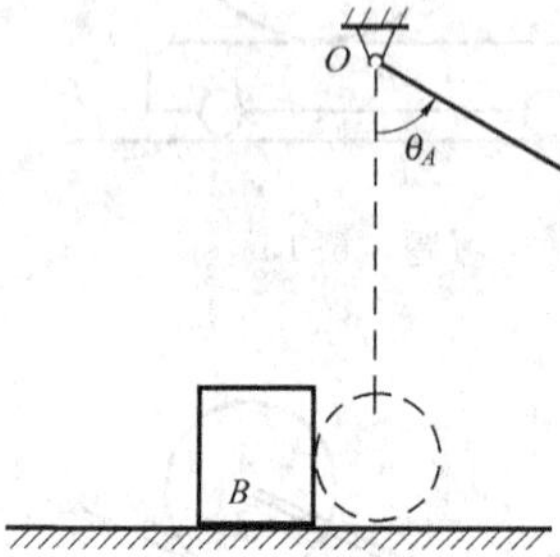

习题 6-20

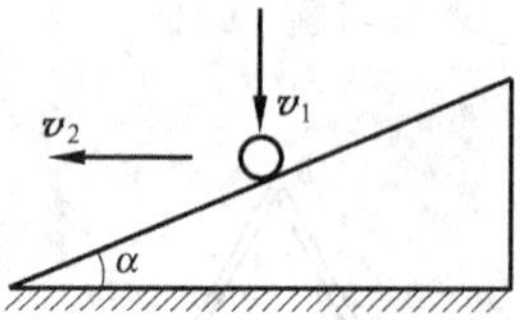

习题 6-21

6-21 一个小球铅垂自由下落，碰在固定光滑斜面上。设碰撞前速度为 $\boldsymbol{v}_1$，恢复系数为 e，欲使回跳速度 $\boldsymbol{v}_2$ 的方向为水平，求斜面的倾角 α 和回跳速度 $\boldsymbol{v}_2$。

6-22 小球 A 以水平速度 $\boldsymbol{v}_0$，打到一个可以绕水平轴 O 转动的圆环上，如图所示。小球 A 与圆环中心(质心) C 在同一水平线上，碰撞后小球速度为零，小球与圆环的质量均为 m，圆环半径为 r。求：(1)支点 O 处的碰撞冲量，(2)碰撞后的圆环的角速度，(3)碰撞后圆环能升起的最大偏角，(4)在碰撞后欲使圆环质心能达到最高点 C_1 时所需小球 A 的水平速度 $\boldsymbol{v}_0$ 的最小值。

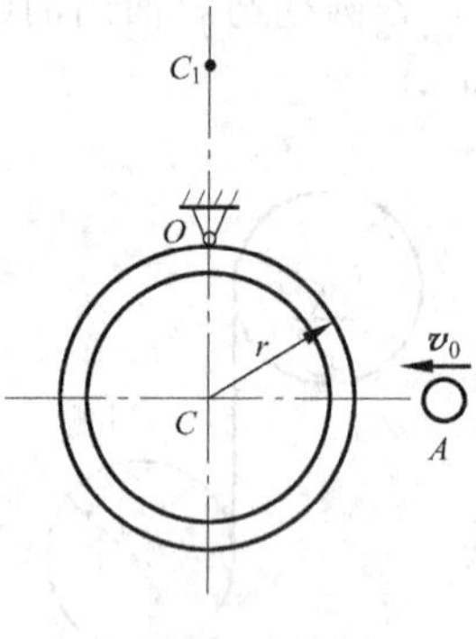

习题 6-22

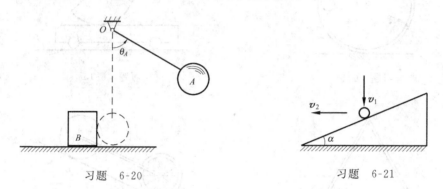

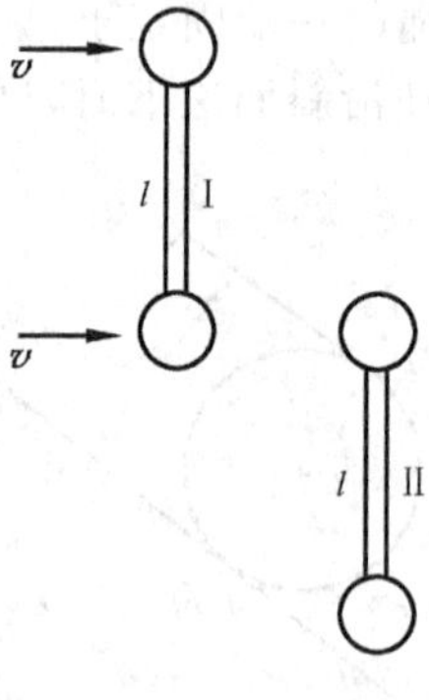

习题 6-23

6-23 质量相同的四个球，彼此用两根不计质量而长度相同的刚性杆连接，并置于光滑的水平面上，如图所示。若上面两个小球的速度均为 $\boldsymbol{v}$，下面两小球开始时静止，碰撞时的恢复系数为 e，求碰撞后两杆的角速度。

6-24 冰雹落在水平冰面上，下落速度与竖直线成 30°角，回跳速度与竖直线成 60°角。假定冰雹与冰面的接触是光滑的，求冰雹与冰面之间的碰撞恢复系数 e。

6-25 设有两个重物 W_0 和 W_1，以柔软而不可伸长的轻绳相连(如图)，绳长为 l。若将重物 W_0 自 W_1 的上面以初速 $\boldsymbol{v}_0$ 竖直上抛(开始时图中 $x=0$)，W_1 放在地面上。求重物 W_0 上抛的最大距离 H。

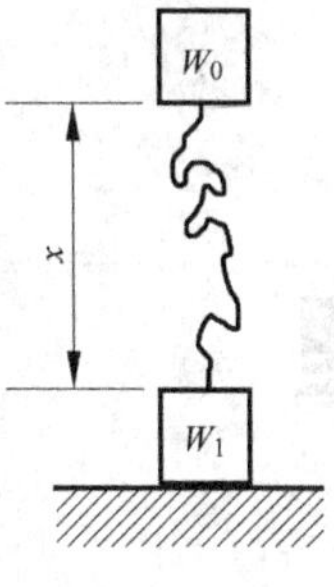

习题 6-25

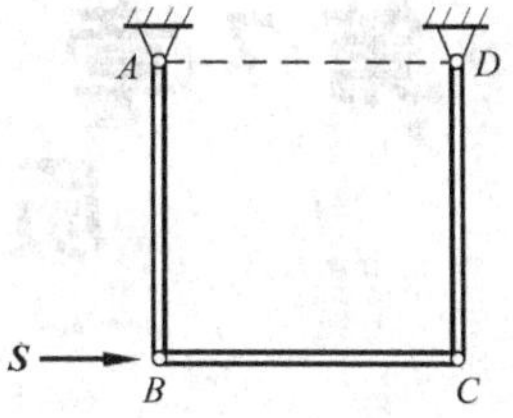

习题 6-26

6-26 质量均为 m，长均为 l 的均质杆 AB、BC、CD 铰接成正方形，如图所示。如在铰链 B 处作用水平向右的碰撞冲量 $\boldsymbol{S}$，摩擦不计，求每根杆的偏角。

6-27 乒乓球半径为 r，以速度 $\boldsymbol{v}$ 落到地面，$\boldsymbol{v}$ 与铅垂线成 α 角，此时球有绕水平轴 O(与图面垂直)的角速度 $\boldsymbol{\omega}_0$，如图所示。如果球与地面相碰后，有足够的摩擦阻力，接触点水平速度突然变为零。设恢复系数为 e，求回弹角 β。

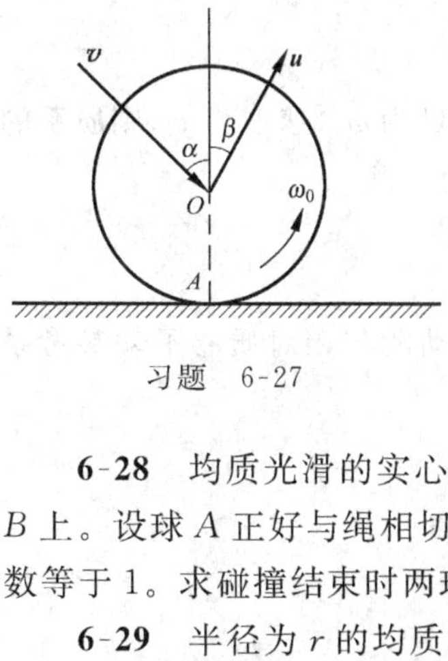

习题 6-27

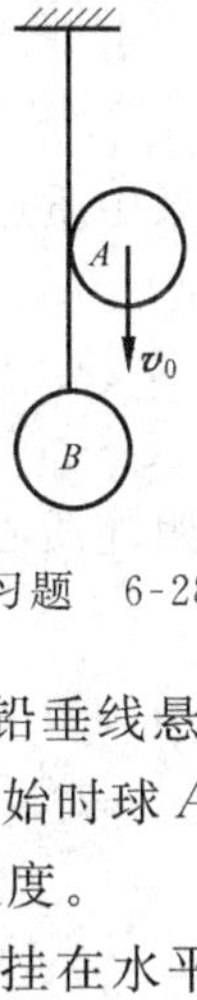

习题 6-28

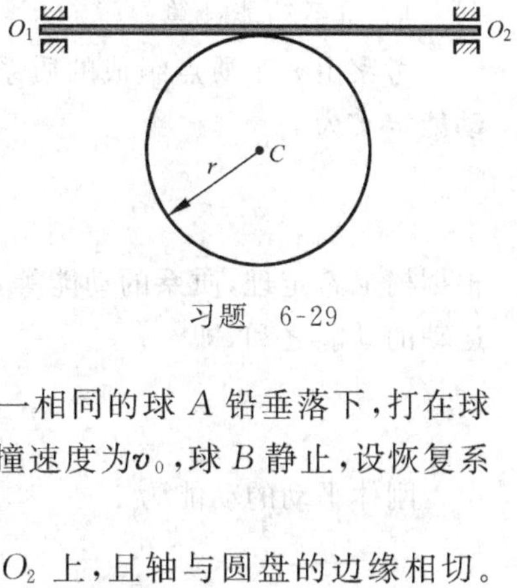

习题 6-29

6-28 均质光滑的实心球 B 由铅垂线悬挂，另一相同的球 A 铅垂落下，打在球 B 上。设球 A 正好与绳相切，而且开始时球 A 的碰撞速度为 $\boldsymbol{v}_0$，球 B 静止，设恢复系数等于 1。求碰撞结束时两球心的速度。

6-29 半径为 r 的均质圆盘，悬挂在水平轴 O_1O_2 上，且轴与圆盘的边缘相切。试求圆盘撞击中心的位置。

第 7 章 质系动能定理

一、内容摘要

1. 质系动能计算

考察由 n 个质点组成的质系，设质系中质点 P_i 的质量为 m_i，速度为 v_i，则**质系的动能**定义为

$$T = \frac{1}{2}\sum_{i=1}^{n} m_i v_i^2$$

根据柯尼希定理，质系的动能等于质系跟随质心平动的动能与相对质心平动参考系运动的动能之和，即

$$T = \frac{1}{2}m v_C^2 + \frac{1}{2}\sum_{i=1}^{n} m_i v_{ri}^2$$

刚体平动的动能为

$$T = \frac{1}{2}m v^2$$

其中 m 为刚体的质量，v 为刚体的速度大小。

刚体定轴转动的动能为

$$T = \frac{1}{2}J_z \omega^2$$

其中 J_z 为刚体绕 z 轴的转动惯量，ω 为刚体转动角速度大小。

刚体平面运动的动能为

$$T = \frac{1}{2}mv_C^2 + \frac{1}{2}J_C\omega^2$$

其中 m 为刚体的质量，v_C 为刚体质心的速度大小，J_C 为刚体绕质心轴的转动惯量，ω 为刚体转动角速度大小。

2. 动能定理

质系动能定理叙述为：质系动能的微分等于作用在质系上所有力的元功之和，即

$$\mathrm{d}T = \mathrm{d}'A$$

动能定理的积分形式为

$$T_2 - T_1 = A_{1\to2}$$

其中 T_1 和 T_2 分别为质系在状态 1 和状态 2 时的动能，$A_{1\to2}$ 表示作用于质系上的所有力（包括内力和外力）的功之和。

如果质系只受到有势力的作用，或者虽然受到非势力的作用，但这些非势力不做功，质系的机械能守恒，即

$$T + V = E$$

3. 动力学普遍定理的综合应用

综合应用动力学普遍定理解决刚体（系）平面运动问题时，正确选择合适的定理需要一定的技巧和经验。如果是单个刚体平面运动问题，系统本身有三个自由度，但三个普遍定理可以写出 4 个标量方程，因此这 4 个方程不独立，只需选择其中 3 个（或更少）就能解决问题。不同的选择可能使求解过程复杂程度不同。一般的经验是：如果不需要求约束反力，尽可能使用动能定理（机械能守恒）和动量矩定理；对单自由度问题，通常用动能定理（机械能守恒）比较简单。对刚体系的平面运动问题，这些经验也可以参考。

二、基本要求

1. 正确计算质系、刚体和刚体系的动能。
2. 应用动能定理列写系统运动微分方程。
3. 综合应用动量、动量矩和动能定理求解刚体系的平面运动动力学问题。

三、典型例题

例 7-1 设均质细杆 OA 长为 l，质量为 m，均质小齿轮 A 半径为 r，质量为 M，如图 7-1 所示。OA 杆以匀角速度 $\boldsymbol{\omega}_1$ 转动，求系统在图示位置的动量、对 O 点的动量

矩、动能。

解：首先求小齿轮 A 的角速度 $\boldsymbol{\omega}_2$。设两齿轮啮合处为 C 点，则 C 点为小齿轮的速度瞬心，有

$$\omega_2=\frac{v_A}{r}=\frac{l\omega_1}{r},\quad \boldsymbol{\omega}_2=-\frac{l\omega_1}{r}\boldsymbol{k}\quad（顺时针方向）$$

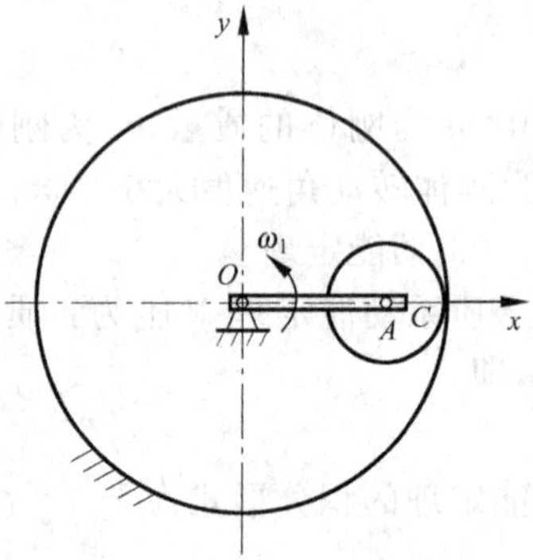

图 7-1

(1) 系统动量为

$$\boldsymbol{p}_1=\frac{1}{2}ml\omega_1\boldsymbol{j},\quad \boldsymbol{p}_2=Ml\omega_1\boldsymbol{j}$$

$$\therefore\quad \boldsymbol{p}=\boldsymbol{p}_1+\boldsymbol{p}_2=\left(\frac{1}{2}m+M\right)l\omega_1\boldsymbol{j}$$

(2) 系统对 O 点动量矩为

$$\boldsymbol{L}_{O1}=J_{O1}\omega_1=\frac{1}{3}ml^2\omega_1\boldsymbol{k}$$

$$\boldsymbol{L}_{O2}=J_A\boldsymbol{\omega}_2+\boldsymbol{r}_{OA}\times\boldsymbol{p}_2=\frac{1}{2}Mr^2\frac{l\omega_1}{r}\boldsymbol{k}+Ml^2\omega_1\boldsymbol{k}$$

$$\boldsymbol{L}_O=\boldsymbol{L}_{O1}+\boldsymbol{L}_{O2}=\left(\frac{1}{3}ml^2+\frac{1}{2}Mlr+Ml^2\right)\omega_1\boldsymbol{k}$$

(3) 系统动能为

$$T_1=\frac{1}{2}J_{O1}\omega_1^2=\frac{1}{6}ml^2\omega_1^2$$

$$T_2=\frac{1}{2}J_A\omega_2^2+\frac{1}{2}Mv_A^2=\frac{1}{4}Mr^2\left(\frac{l\omega_1}{r}\right)^2+\frac{1}{2}M(l\omega_1)^2=\frac{3}{4}Ml^2\omega_1^2$$

讨论：(1)在动量矩、动能的计算中，涉及到刚体的角速度，应注意要采用绝对角速度。因为在轮系问题中，有绝对、牵连、相对角速度之分，一定不要混淆。(2)小齿轮的动能计算既可以采用柯尼希定理，也可以利用瞬时定轴转动公式。对小齿轮，此瞬时绕 C 点作定轴转动，则 $T_2=\frac{1}{2}J_C\omega_2^2=\frac{3}{4}Ml^2\omega_1^2$

例 7-2 均质细杆 OA，长为 l，质量为 m，悬挂在光滑铰 O 处，如图 7-2a 所示。求系统的运动微分方程。

解法 1（用动能定理的微分形式）：系统在任意位置的动能为

$$T=\frac{1}{2}J_O\omega^2=\frac{1}{6}ml^2\dot{\theta}^2$$

其全微分为

$$\mathrm{d}T=\frac{1}{3}ml^2\dot{\theta}\mathrm{d}\dot{\theta}$$

系统在任意位置所有力的元功为

$$\mathrm{d}'A = m\boldsymbol{g} \cdot \mathrm{d}\boldsymbol{r}_C = -\frac{1}{2}mgl\sin\theta\mathrm{d}\theta$$

根据微分形式的动能定理 $\mathrm{d}T=\mathrm{d}'A$,有

$$\frac{1}{3}ml^2\dot{\theta}\mathrm{d}\dot{\theta} = -\frac{1}{2}mgl\sin\theta\mathrm{d}\theta$$

两边除以 $\mathrm{d}t$,有

$$\frac{1}{3}ml^2\dot{\theta}\frac{\mathrm{d}\dot{\theta}}{\mathrm{d}t} = -\frac{1}{2}mgl\sin\theta\frac{\mathrm{d}\theta}{\mathrm{d}t}$$

$$\frac{1}{3}ml^2\dot{\theta}\ddot{\theta} = -\frac{1}{2}mgl\sin\theta\dot{\theta}$$

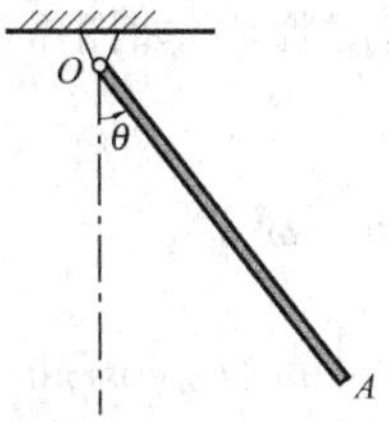

图 7-2a

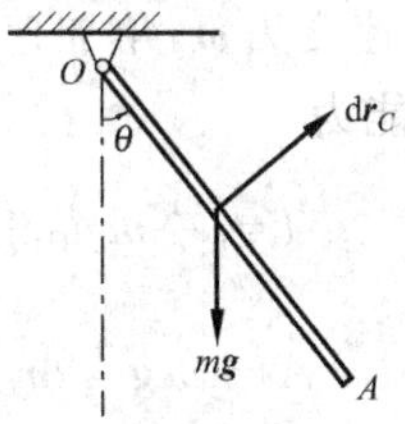

图 7-2b

两边再除以 $\dot{\theta}$,整理得

$$\ddot{\theta} + \frac{3g}{2l}\sin\theta = 0$$

解法 2(动能定理的积分形式):设系统的初始条件为 $\theta(0)=\theta_0$,$\dot{\theta}(0)=\dot{\theta}_0$,则系统动能的改变量为

$$T_2 - T_1 = \frac{1}{6}ml^2\dot{\theta}^2 - \frac{1}{6}ml^2\dot{\theta}_0^2$$

系统从初始位置到任意位置过程中,所有力所做的功为(重力为有势力)

$$A_{1\to2} = V_1 - V_2 = \frac{1}{2}mgl(\cos\theta_0 - \cos\theta)$$

根据积分形式的动能定理有

$$T_2 - T_1 = A_{1\to2}$$

$$\frac{1}{6}ml^2\dot{\theta}^2 - \frac{1}{6}ml^2\dot{\theta}_0^2 = -\frac{1}{2}mgl(\cos\theta_0 - \cos\theta)$$

两边对时间 t 求导

$$\frac{1}{3}ml^2\dot{\theta}\ddot{\theta} = -\frac{1}{2}mgl\sin\theta\dot{\theta}$$

两边除以 $\dot{\theta}$,整理后得

$$\ddot{\theta} + \frac{3g}{2l}\sin\theta = 0$$

讨论：(1) 比较动能定理的微分形式和积分形式，各自有什么特点？(2) 全微分计算：设系统动能的表达式为 $T=T(q,\dot{q},t)$，则其全微分为 $\mathrm{d}T=\frac{\partial T(q,\dot{q},t)}{\partial q}\mathrm{d}q+\frac{\partial T(q,\dot{q},t)}{\partial \dot{q}}\mathrm{d}\dot{q}+\frac{\partial T(q,\dot{q},t)}{\partial t}\mathrm{d}t$。(3) 注意动能及功的计算，这是动能定理应用的基础。

例 7-3 已知均质细杆 AB，长为 l，质量为 m。杆与墙光滑接触，初始时 $\varphi(0)=\varphi_0$，$\dot{\varphi}(0)=\dot{\varphi}_0$。求图 7-3a 所示位置杆的角加速度以及 A 端与墙脱离时的 φ 值。

解：(1) 用动能定理可避免杆两端约束力的出现，直接求得杆的角加速度。设杆 AB 的角速度为 $\boldsymbol{\omega}$，角加速度为 $\boldsymbol{\varepsilon}$。C^* 为杆 AB 的速度瞬心，如图 7-3b 所示。则 AB 杆的动能为

$$T=\frac{1}{2}mv_C^2+\frac{1}{2}J_C\omega^2=\frac{1}{2}J_{C^*}\omega^2=\frac{1}{6}ml^2\omega^2$$

$$\mathrm{d}'A=m\boldsymbol{g}\cdot\mathrm{d}\boldsymbol{r}_C=mg\cdot\frac{1}{2}l\omega\mathrm{d}t\cdot\cos\varphi=\frac{1}{2}mgl\omega\cos\varphi\mathrm{d}t$$

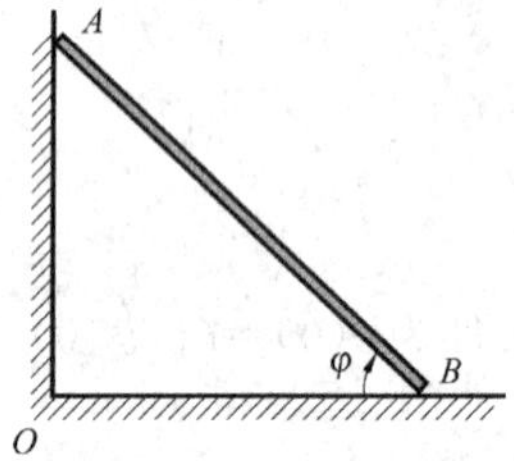

图 7-3a

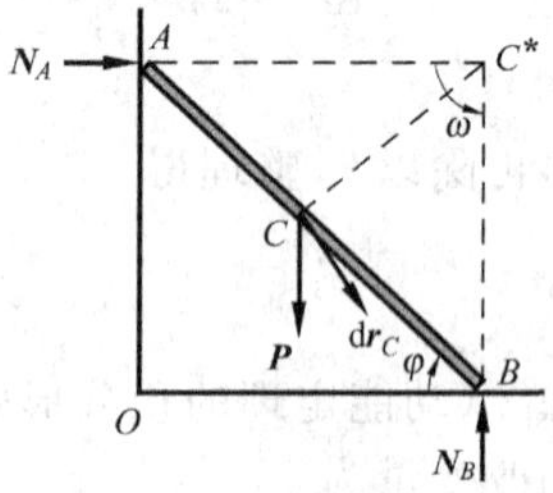

图 7-3b

根据动能定理的微分形式 $\mathrm{d}T=\mathrm{d}'A$ 有

$$\frac{1}{3}ml^2\omega\varepsilon\mathrm{d}t=\frac{1}{2}mgl\omega\cos\varphi\mathrm{d}t$$

$$\varepsilon=\frac{3g}{2l}\cos\varphi \tag{a}$$

用对 C^* 的动量矩定理也可避免杆两端的约束力出现，直接求杆的角加速度，但要小心 C^* 为动点，动量矩方程有附加项。

(2) 杆从 φ_0 下滑到 φ 时的角速度，既可由对方程(a)进行积分，也可由动能定理的积分形式求出

$$\frac{1}{6}ml^2\omega^2-0=mg\frac{l}{2}(\sin\varphi_0-\sin\varphi)$$

$$\omega=\sqrt{\frac{3g}{l}(\sin\varphi_0-\sin\varphi)}$$

根据质心运动定理，在水平方向有

$$m\ddot{x}_C=R_x$$

在 A 点脱离前，杆 AB 的中点 C 绕 O 点作圆周运动，C 点加速度为向心加速度 $a_n=\frac{l}{2}\dot{\varphi}^2$，切向加速度 $a_\tau=\frac{l}{2}\ddot{\varphi}$，如图 7-3c 所示，因此有

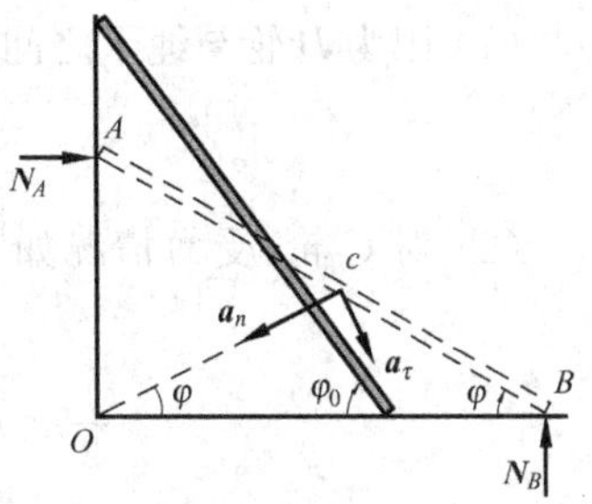

图 7-3c

$$m(a_\tau\sin\varphi-a_n\cos\varphi)=N_A$$

$$N_A=m\left(\frac{9}{4}\sin\varphi-\frac{3}{2}\sin\varphi_0\right)mg\cos\varphi$$

令 $N_A=0$，求出 $\qquad \sin\varphi=\frac{2}{3}\sin\varphi_0$

当 $\varphi_0=60°$时，求出 A 点脱离墙时的角度为

$$\varphi=35.3°$$

讨论：(1)角速度及角加速度与角度的正方向是否一致？实际应是什么方向？(2)杆的角速度可通过微分形式或积分形式的动能定理求出，两种方法各有什么特点？(3)杆上中心 C 既可认为是绕 O 点作圆周运动，又可认为绕 C^* 点作定轴转动，这两者是否有矛盾？(4)杆 AB 脱离墙后会如何运动？方程应如何列写？

例 7-4 在图 7-4a 所示机构中，已知斜面倾角为 β，物块 A 质量为 m_1，与斜面间的滑动摩擦系数为 μ，均质滑轮 B 质量为 m_2，半径为 R，绳与滑轮间无相对滑动；均质圆盘 C 作纯滚动，质量为 m_3，半径为 r，绳子两段分别与斜面和水平面平行。当物块 A 由静止开始沿斜面下滑 S 时，求 (1)滑轮 B 的角速度和角加速度。(2)该瞬时水平面对轮 C 的摩擦力。

解：设坐标沿斜面向下为正。系统的动能为：

$$T_1=\frac{1}{2}m_1\dot{x}^2$$

$$T_2=\frac{1}{2}J_B\omega^2=\frac{1}{2}\cdot\frac{1}{2}m_2R^2\cdot\left(\frac{\dot{x}}{R}\right)^2=\frac{1}{4}m_2\dot{x}^2$$

$$T_3=\frac{1}{2}J_C\omega^2+\frac{1}{2}m_3v_C^2=\frac{1}{2}\cdot\frac{1}{2}m_3r^2\cdot\left(\frac{\dot{x}}{r}\right)^2+\frac{1}{2}m_3\dot{x}^2=\frac{3}{4}m_3\dot{x}^2$$

系统的重力及摩擦力的功为：

$$A_{1\to2}=m_1gx\sin\beta-\mu mgx\cos\beta$$

根据系统动能定理的积分形式有

$$(T_1+T_2+T_3)-T_0=A_{1\to2}$$

等式两边求导，整理得

$$\ddot{x} = \frac{2m_1 g(\sin\beta - \mu\cos\beta)}{2m_1 + m_2 + 3m_3}$$

积分后利用初始条件得

$$\dot{x} = \sqrt{\frac{4m_1 g(\sin\beta - \mu\cos\beta)S}{2m_1 + m_2 + 3m_3}}$$

(1) 因为 B 轮与绳子之间不打滑，因此轮边缘点的速度一直等于绳子速度，所以有

$$\omega_B = \frac{\dot{x}}{R}, \qquad \varepsilon_B = \frac{\ddot{x}}{R}$$

(2) 对 C 轮，受力情况如图 7-4b 所示，利用质心运动定理有

$$J_C \varepsilon_C = M_{Cz}$$

$$\frac{1}{2}m_3 r^2 \cdot \frac{\ddot{x}}{r} = Fr, \qquad F = \frac{1}{2}m_3 \ddot{x}$$

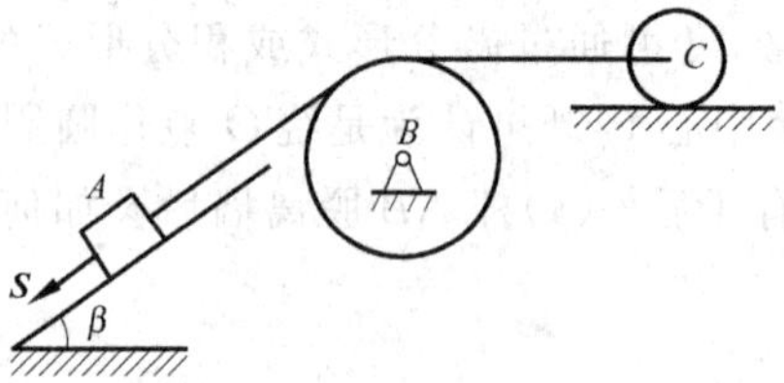

图 7-4a

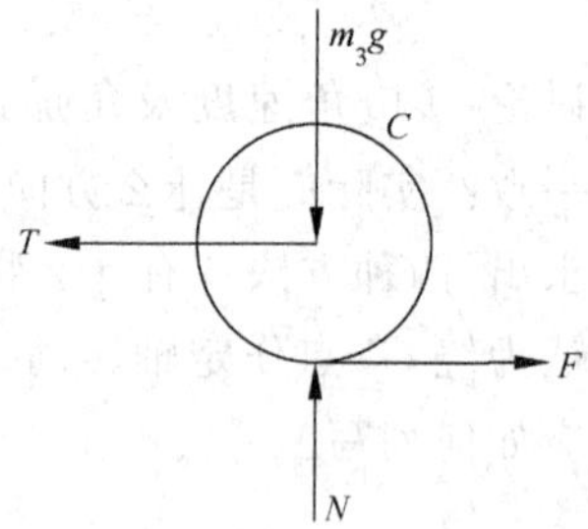

图 7-4b

讨论：(1)应用动能定理时摩擦力做功应如何处理？(2)A 物块下滑的条件是什么，在什么地方可以反映出来？(3)绳子上各处张力是否相等，为什么？(4)用质心运动定理求 C 轮摩擦力是否方便？

例 7-5 已知均质圆盘 A 质量为 m_A，半径为 R，在斜面上作纯滚动。斜面 B 质量为 m_B，倾角为 θ，可在光滑水平面内运动。弹簧的刚度系数为 k，如图 7-5a 所示。初始时系统静止，且圆盘在静平衡位置向下移动 S 后放开，求圆盘回到静平衡位置时斜面 B 的速度。

解：选取 x、x_r 为广义坐标。且 x_r 的零点为弹簧原长处。

(1) 系统在水平方向动量守恒，有

$$m_B \dot{x} + m_A(\dot{x} + \dot{x}_r\cos\theta) = 0 \tag{a}$$

(2) 根据系统的动能定理有

$$T_2 - T_1 = A_{1\to 2}$$

$$T_1 = 0,$$

$$T_2 = \frac{1}{2}m_B\dot{x}^2 + \frac{1}{2}m_A(\dot{x}^2 + \dot{x}_r^2 + 2\dot{x}\dot{x}_r\cos\theta) + \frac{1}{2}J_A\omega^2$$

其中 $\omega = \frac{\dot{x}_r}{r}$。系统的功为

$$A_{1\to2} = V_1 - V_2$$

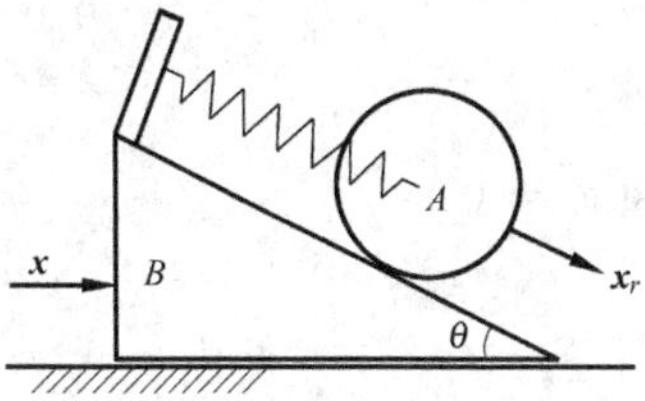

图 7-5a

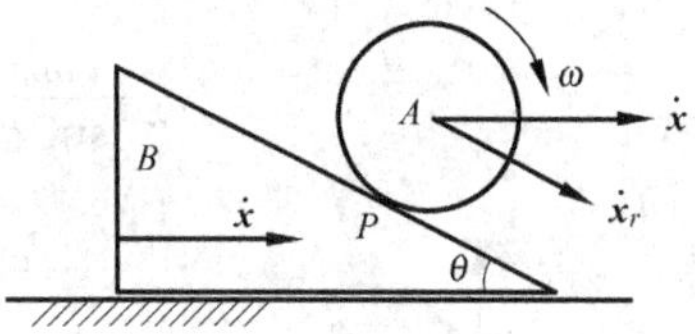

图 7-5b

设弹簧的静平衡位置是弹性势能零点及重力势能零点，有

$$V_1 = -m_A g S\sin\theta + \frac{1}{2}kS^2,\quad V_2 = 0$$

$$\frac{1}{2}m_B\dot{x}^2 + \frac{1}{2}m_A(\dot{x}^2 + \dot{x}_r^2 + 2\dot{x}\dot{x}_r\cos\theta) + \frac{1}{2}J_A\omega^2 = -m_A g S\sin\theta + \frac{1}{2}kS^2 \quad \text{(b)}$$

联立方程(a)和(b)，可求出圆盘及斜面的速度(略)。

讨论：(1)圆盘 A 相对斜面作纯滚动，设圆盘与斜面的接触点为 P(见图 7-5b)，则 P 是否为速度瞬心？其动能是否可用绕 P 点的定轴转动公式计算？(2)重力势能和弹性力势能零点可选在不同的位置，势能零点不同对解答有无影响？(3)x 的变化会影响弹性势能零点吗？为什么？

四、常见错误

问题 1 不计重量的直杆长为 l，一端由球铰链 O 支承，另一端固连着一个质量为 m 的小球 A(视为质点)，如图 7-6a 所示。若初始瞬时 OA 杆位于水平位置，且具有绕 Z 轴的初角速度 $\boldsymbol{\omega}_0$，欲计算 OA 杆与铅垂轴 Z 间所能达到的最小角 θ，下面的计算错在哪里？

解法 1 用对 Z 轴的动量矩守恒和动能定理求解

系统对 Z 轴动量矩守恒

设 θ 达到最小角时质点 A 的速度为 v，如图 7-6a 所示，则

$$mvl\sin\theta = ml^2\omega_0$$

即

$$v=\frac{l\omega_0}{\sin\theta}$$

解法 2 在质点 A 上于 θ 最小角的瞬时加一个惯性力，其大小为

$$ma_A=m\frac{v^2}{l\sin\theta}=\frac{ml\omega_0^2}{\sin^3\theta}$$

方向如图 7-6b 所示。

由 $M_x=0$ 得

$$m\frac{l\omega_0^2}{\sin^3\theta}l\cos\theta-mgl\sin\theta=0$$

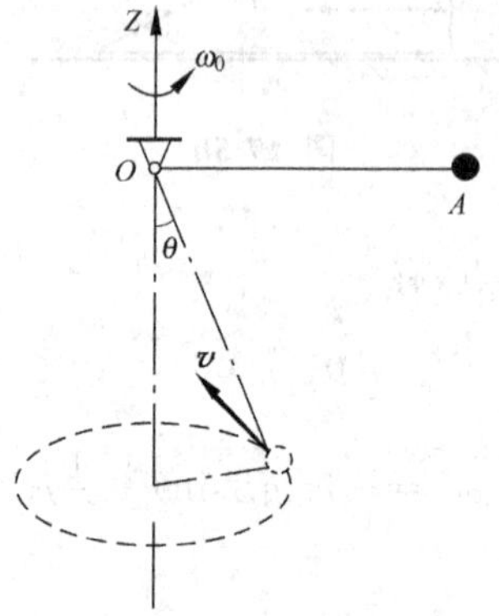

图 7-6a

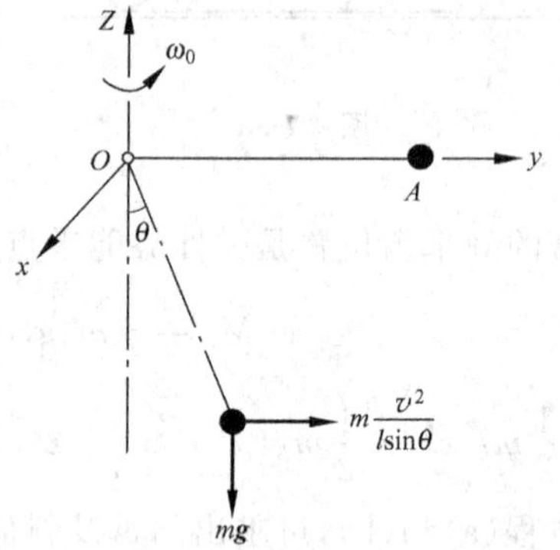

图 7-6b

这两种解法的结果明显不同。

提示：(1)当 OA 杆与铅垂轴 Z 的夹角达到最小值时，质点 A 处于一种什么样的运动状态？(2)用动静法解题时，加在质点上的惯性力与哪些参数有关？

问题 2 质量为 m 的箱体 A 与质量为 $2m$ 的斜面(倾斜角为 $\alpha=45°$)间的摩擦角为 $\varphi=30°$，斜面与水平面间为光滑接触。若按如下解法计算箱体自图 7-7a 所示位置无初速地在斜面上滑移了 l 距离时斜面的速度 $\boldsymbol{u}$，请问该解法是否有错？正确的解法是怎样的？

解：计算瞬时斜面速度 $\boldsymbol{u}$ 与箱体相对斜面的速度 $\boldsymbol{v}$，其方向均如图 7-7a 所示，箱体 A 的受力分析如图 7-7b 所示，其中 N 为斜面对箱体的正压力($N=mg\cos\alpha$)，F 为箱体所受摩擦力($F=N\tan\varphi=mg\cos\alpha\tan\varphi$)。

(1) 系统水平方向动量守恒

$$2mu+m(u-v\cos\alpha)=0$$

得 $v\cos\alpha=3u$

(2) 由系统的动能定理，注意到箱体与斜面间的正压力做功之和为零，而摩擦力

作功之和为$-Fl$,有

$$\frac{1}{2}2mu^2+\frac{1}{2}m(u^2+v^2-2uv\cos\alpha)=mgl\sin\alpha\tan\varphi$$

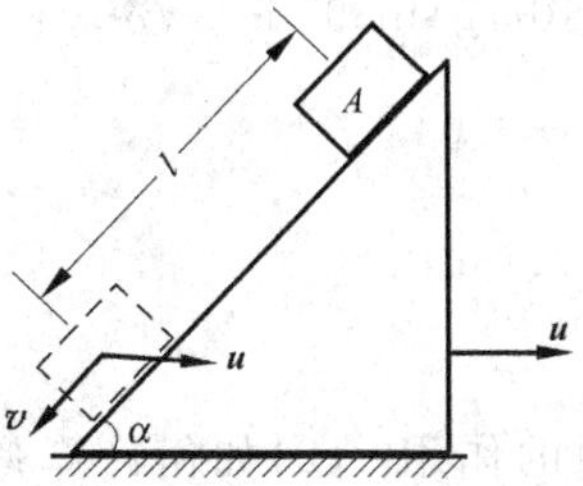

图 7-7a

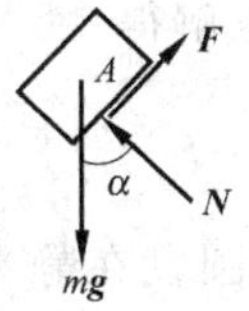

图 7-7b

由此得

$$u^2=\frac{\sqrt{2}}{15}\left(1-\frac{\sqrt{3}}{3}\right)gl$$

提示:(1)滑动摩擦力的功怎样计算?(2)斜面固定与斜面运动对它与箱体间的正压力有否影响?

问题 3 在图 7-8a 所示系统中,$m_A=m_B=5\text{kg}$,弹簧刚度系数为$k=7\text{N/cm}$,均质圆盘 A 只能在斜面上作纯滚动,斜面与平面间无摩擦。若将圆盘从静平衡位置向下移过$\delta=10\text{cm}$后放开,则计算圆盘回到静平衡位置时斜面速度$\boldsymbol{v}_B$的如下解法中有没有错误?

解:设圆盘回到静平衡位置时,斜面的速度为$\boldsymbol{v}_B$,圆盘的角速度为ω,如图 7-8b 所示,则盘心 A 的速度为$\boldsymbol{v}_A=\boldsymbol{v}_B+\boldsymbol{v}_r$,$v_r=r\omega$($r$ 为圆盘的半径)

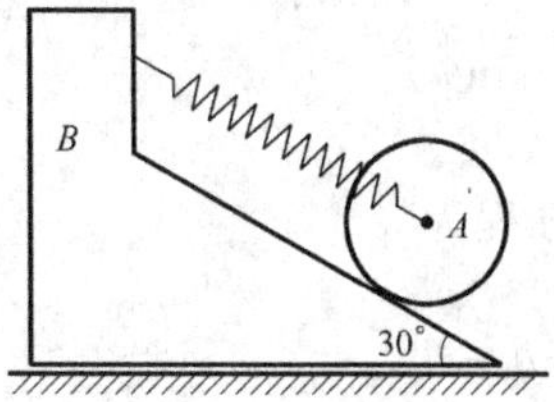

图 7-8a

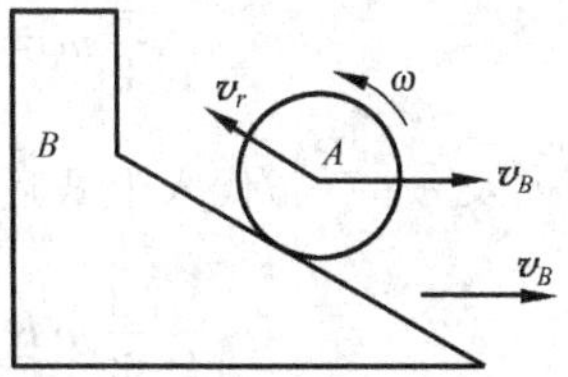

图 7-8b

(1) 由系统水平方向动量守恒

$$m_Bv_B+m_A(v_B-v_r\cos\alpha)=0$$

得

$$10v_B = \frac{5}{2}\sqrt{3}r\omega$$

(2) 由系统的动能定理

$$\frac{1}{2}m_B v_B^2 + \frac{1}{2}\left(\frac{1}{2}m_A r^2 + m_A r^2\right)\omega^2 = -10mg\sin 30^\circ + \frac{1}{2}k\delta^2$$

得
$$2v_B^2 + 3r^2\omega^2 = 42$$

(3) 联立求解得

$$v_B = \frac{\sqrt{21}}{3}\ \mathrm{cm/s}$$

提示：(1)圆盘在静平衡位置时是否受弹簧力的作用？(2)如何计算弹簧力做功？(3)圆盘与斜面的接触点是圆盘的速度瞬心吗？

问题4 半径为r，质量为m的均质轮A在半径为R的固定圆柱面内作纯滚动，如图7-9所示。那么用如下求解方法列出的系统运动微分方程为什么是错误的？

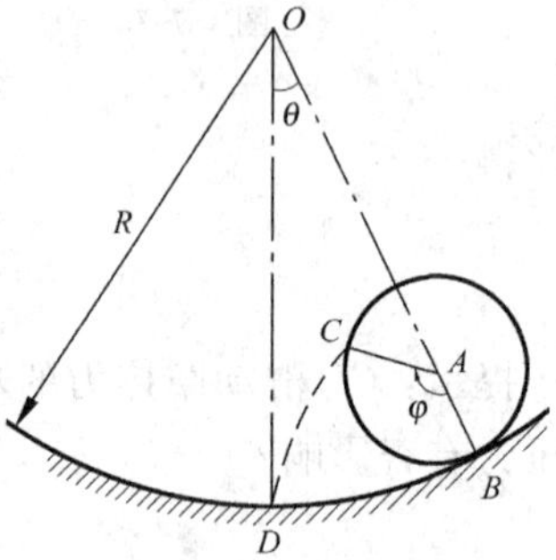

图 7-9

解：以图示θ为坐标，并注意到轮A在圆柱面内作纯滚动时弧长BD与弧长DC相等，即$R\theta = r\varphi$，用动能定理建立轮A的运动微分方程如下：

由动能定理
$$T - T_0 = A_{1\to 2}$$

得
$$\frac{1}{2}\,\frac{3}{2}mr^2\dot{\varphi}^2 - T_0 = -mg(R-r)(\cos\theta_0 - \cos\theta)$$

式中T_0为轮A的初动能，是由其初始运动条件确定的常值量；θ_0为轮A初始位置时OA与铅垂线的夹角。

将上式对时间求导后，得

$$\frac{3}{2}mr^2\dot{\varphi}\ddot{\varphi} = -mg(R-r)\sin\theta\,\dot{\theta}$$

将$\dot{\varphi} = \frac{R}{r}\dot{\theta}$及$\ddot{\varphi} = \frac{R}{r}\ddot{\theta}$代入上式后，得系统运动微分方程为

$$\frac{3}{2}mR^2\ddot{\theta} + mg(R-r)\sin\theta = 0$$

提示：(1)动能定理中所用到的轮A的角速度，应该是绝对的还是相对的？(2)$\ddot{\theta}$是哪个刚体的角加速度？是绝对的还是相对的？(3)$\ddot{\varphi}$是哪个刚体的角加速度？是绝对的还是相对的？

五、疑难解答

1. 各种守恒所代表的物理意义是什么?

早在20世纪初,德国女学者诺特(A. Noether)证明了一条著名定律:对称性对应于某一种物理守恒定律。因此各种守恒量从物理意义说,代表了某种均匀性。时间的均匀性对应于系统的动能守恒,空间的均匀性对应于系统的动量守恒,空间的各向同性对应于系统的动量矩守恒。

2. 动能的定义中为什么有$\frac{1}{2}$?

质点动能定义为$\frac{1}{2}mv^2$,其系数是0.5,而不像动量、动量矩那样系数取为1。这是为什么呢?从历史上看,“动能”曾被称为“活力”,并被定义为mv^2。但是由于后来能量转换原理的确立,当把物体下落做功与物体动能增加进行比较时,发现功等于$\frac{1}{2}mv^2$而不是mv^2,因此将$\frac{1}{2}mv^2$定义为物体的动能将更为合理。另一方面,从数学角度,若$m\ddot{x}=F$,当力是常数或位置的函数时,$m\dot{x}\mathrm{d}\dot{x}=F(x)\mathrm{d}x$,两边积分,方程左边自然会出现$\frac{1}{2}m\dot{x}^2$,而右边是力所做的功。因此从物理意义及数学处理角度来看,动能应定义为$\frac{1}{2}mv^2$而不是mv^2。

3. 动能如何计算?

(1) 对平动物体,动能为$\frac{1}{2}mv^2$;(2)对定轴转动物体,动能为$\frac{1}{2}J_O\omega^2$,由于转动惯量本身又带有系数,如圆盘的$J_O=\frac{1}{2}mr^2$,所以要注意系数;(3)对平面运动刚体,动能可以有两种方法计算:(a)柯尼希定理,$\frac{1}{2}mv_C^2+\frac{1}{2}J_C\omega^2$。但要注意柯尼希定理中相对运动是相对于平动坐标系的转动,因此相对运动的角速度应该是绝对角速度,这一点应注意。(b)瞬时定轴转动,设C^*为瞬心,则动能为$\frac{1}{2}J_{C^*}\omega^2$。(参见下面的证明)。(4)对定点运动或一般运动刚体,将在第12章中给出表达式。

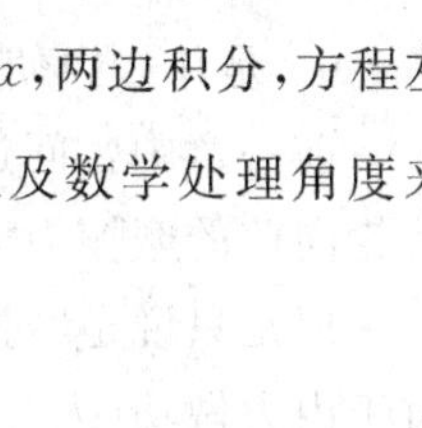

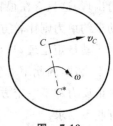

图 7-10

4. 如何证明上一问中的关系式$\frac{1}{2}mv_C^2+\frac{1}{2}J_C\omega^2=\frac{1}{2}J_{C^*}\omega^2$?

证明:设C为刚体的质心,C^*为瞬时速度中心。设CC^*的距离为d,如图7-10所示,则有

$$v_C = d\omega, \quad J_{C^*} = J_C + md^2$$

因此有

$$\frac{1}{2}mv_C^2 + \frac{1}{2}J_C\omega^2 = \frac{1}{2}md^2\omega^2 + \frac{1}{2}J_C\omega^2 = \frac{1}{2}(J_C + md^2)\omega^2 = \frac{1}{2}J_{C^*}\omega^2$$

注意：本关系式只对平面运动刚体适用。

5. 如何计算功?

通常功的计算可以根据定义来解,但在势力场(重力场、引力场、弹性力场)中,有势力的功可以通过势能来计算。根据定义计算时,要注意是“力与力作用点位移的点乘”。如果力作用点的位移不好求,可以利用力的等效原理,把力移动到易于计算位移的点,再加上力偶矩。此时,功为“力与力作用点位移的点乘”加上“力偶矩与刚体转动角度的乘积”。

根据势能计算时,要选择势能零点或零势能面。原则上势能零点可以任意选取,并且重力势能与弹性力势能的零点可以独立选取。不过要注意,势能零点必须是固定点,不能是动点,否则利用动能定理求解时将出现问题。

最后要注意,功与坐标、零点的选取无关,但势能与坐标、零点的选取有关。

6. 是什么力使自行车前进?

前一章中曾问过是什么力使自行车前进?答案是摩擦力。在开始启动的时候,后轮向前的摩擦力大于前轮向后的摩擦力,因此是后轮的摩擦力使自行车前进的。

但是只说是摩擦力使车前进可能不太全面,毕竟需要人来骑才行,所以应该说:由于内力做功(人与车作为一个系统,人蹬脚踏板的力是内力),改变了系统内部的运动状态,而该运动所产生的摩擦力成为了系统前进的动力。从能量转换的角度看,人的肌肉力做功(车轮的摩擦力不做功),转化为自行车前进的动能。

对于汽车,后轮摩擦力是动力。从能量转换的角度看,是燃烧汽油做功,转化为汽车前进的动能。从受力的角度和能量转换的角度同时分析,才会得出全面的结论。

7. 普遍定理各有什么特点?

动量定理,与系统的运动和受力有关。如果要根据力求运动,应避免未知的约束力出现,这只有在很特殊的情况下才能实现,因此利用动量定理求运动较少,已知运动求约束力则比较方便。

动量矩定理,与系统的运动和受力有关。在对某点取矩时,作用线通过该点的力都不出现,因此用动量矩定理求运动可能比动量定理方便一些。但用动量矩定理求约束反力却不一定方便,因为取矩点的选择有限制(质心、固定点),有些约束力易求,有些不易求。

动能定理可以给出一个方程,因此对于一个自由度的系统,采用动能定理很方便。利用动能定理，理想约束力不出现（很多约束都是理想约束）。对于多自由度系统，如果采用动能定理，还必须同时用动量矩定理或动量定理。

因此普遍定理各有特点，应用时有一定的灵活性（到了后面拉氏方程时，就会发现拉氏方程处理中不需要这些灵活性）。

六、趣味问题

1. 动力学三大普遍定理的守恒形式是如何确立的？

经典力学最常用的方法是对质点进行矢量分析和建立运动微分方程。这两种方法在解决单质点自由运动以及有限约束的问题时得心应手。但是对多质点、多约束的情况时，直接运用这两种方法就显得困难了。为了解决这个问题，17、18 世纪的科学家们逐渐发展了动量定理、动量矩定理和活力定理——动力学三大运动定理以及它们在封闭系统环境下的三个积分形式的守恒定律。

质心运动守恒定律

最早提出运动量守恒定律基本思想的是笛卡儿。后来惠更斯从碰撞问题的研究中也得出了碰撞前后，系统的共同质心运动速度为常数的结论。最终系统地得出这一定律的是牛顿，他在《原理》一书运动的基本定律之后的推论中，明确提出了“质心运动守恒定律”，他写道：“两个或两个以上的物体的共同重心，不会因物体本身之间的作用而改变其运动或静止的状态；因此，所有相互作用着的物体如无外来作用和阻碍，其共同重心将或者静止，或者沿直线等速运动。”

如果有外力作用，质心的运动就像一个质点一样，它的质量等于系统中所有物体的总质量，它所受的力即系统所受的所有外力的向量和，这就是质心运动定理。而所谓的质心运动守恒定律事实上是这个定理的特殊情况。

动量矩守恒定律

开普勒关于行星运动的第二定律（面积定律），实际上已经具有了动量矩守恒定律的意义。牛顿在《原理》中把它推广到有心力运动的一切场合，指出一个质点在指向一固定点的力作用下，其半径（由中心点出发）在相等的时间内扫过的面积相等。这个原理的普遍表述形式为：一个系统只在内力作用下运动时，各点对某中心的动量矩之和为常数。1745 年，丹尼尔·伯努利和欧拉分别以不同的方式提出了这一原理。这个定律实际是动量矩定理的特殊情况。动量矩定理指出：系统总动量矩的时间变化率等于所受的作用力的力矩之和。

活力守恒定律

伽利略、惠更斯曾经分别指出，落体、斜面运动和钟摆的速度，其数值都与一定的高度相联系;在理想情况下,下落的物体依靠所得到的速度可以回到原来的高度,但是不能再高了。

惠更斯在完全弹性碰撞的研究中得到了系统的"动能"守恒的结论。莱布尼茨把"动能"称为"活力",认为宇宙中"活力守恒"。他还发现,力和路程的乘积与活力的变化成正比。但直到科里奥利提出动能概念以后,莱布尼茨的发现才得到准确的表述:对物体所作的功等于动能的增加。

1738年,丹尼尔·伯努利在他的《流体动力学》中,提出了实际的下降和位势的升高彼此等同的原理。他说,用"位势提高"来代替"活力"的说法对某些科学家"更容易接受"。他把这一思想应用于理想流体的运动,得出了著名的伯努利方程。

惠更斯的发现和伯努利的思想,已经突破了"活力守恒"的范围而非常接近于后来所说的机械能守恒原理。丹尼尔·伯努利引入了"势函数"这一概念,并认识到可以从势函数导出力。后来,"势函数"概念经过欧拉、拉格朗日等人的发展,应用到力学范围之外。由于"势函数"是一个标量函数,用它可以描述出一个保守力场的分布状态,而不必用一个矢量去表示,这为分析力学的发展带来了很大方便。

注意到在特定的条件下,可从动力学运动微分方程积分得到三大守恒定理。作为物理学,更多关注的是整个系统,物理量的守恒成了普遍情况,因此特别强调守恒的概念。而在理论力学中,往往处理的是整个系统中的一个子系统,物理量的守恒反而成了特殊情况。

2. 动能定理表明动能和功可以转换,但你是否知道发现能量守恒和转化定律的艰难历程?

恩格斯称为"伟大的运动基本规律"——能量守恒和转化定律,是19世纪自然科学的一块重要理论基石。同任何一个伟大科学发现一样,能量守恒和转化定律也有一个潜在的孕育阶段,也经历了一番曲折和斗争的过程,而后才为人们所普遍承认和接受。不过,像能量守恒和转化定律孕育时间之长久,发现者们蒙受精神压力之巨大,则是科学发展史上极为典型的个例之一。

漫长的孕育过程

从使用天然火,到学会人工摩擦取火,这是原始人技术发明的一件大事。摩擦取火,这是把机械运动(动能)转化为热的过程。尽管原始人尚未认识到这一理论问题,但是他们的伟大实践过程恰恰直接孕育着能量转化的思想。

在摩擦取火之后的一段漫长的岁月里,人类学会了利用畜力、风力和水力来运转机械,驱动车船,但是这些只不过是一个将机械能中的势能与动能相互转化的过程而已,尚未冲破机械运动的认识界限。

近代力学奠基人伽利略在进行落体运动的实验时,发现物体在下落过程中所达到的速度能够使它跳回到原来的高度,但是不会更高。这就已经接近机械能守恒这一观念。然而,当时并没有提出"能量"、"机械能"这类概念。伽利略却用"动量"这一概念来表述,把它定义为速度与重量的乘积,以此作为物体运动的量度。

后来，惠更斯和牛顿在接受伽利略“动量”这一概念时，把它定义为速度与质量的乘积。莱布尼茨则以“活力”来作为运动的量度，把“活力”定义为质量和速度的平方的乘积，并认为宇宙间的“活力”的总和是守恒的。显然，活力守恒的表述方式也接近了机械能守恒的思想。

1807 年，英国物理学家托马斯·扬创造了“能”这个概念来表示活力。后来的能量守恒和转化定律就是建立在这个“能”的科学概念基础上的。不过，托马斯·扬当时并没有把机械能守恒的思想推广成为能量守恒和转化的普遍规律，因为当时人们对于机械运动以外的各种运动形式之间的转化问题不太了解。

随着人类实践活动的深入，特别是由于科学实验的蓬勃发展，在 19 世纪的前三十多年中，人们把认识领域从机械运动扩展到电磁运动、热和化学运动方面来。18 世纪末，意大利人伏打发明了电池，实现了化学能向电能的转化。接着，人们就利用伏打电流，进行水和硫酸铜溶液的电解，发现了电的化学效应，实现了电能向化学能的转化。19 世纪 20 年代初，人们发现了温差电偶和电流通过导线生热的现象，实现了电能和热能的相互转化。1820 年，丹麦物理学家奥斯特发现了电的磁效应，实现了电能向机械能的转化。1831 年，英国物理学家法拉第发现了感应电流，实现了机械能向电能的转化。所有这一切都为能量守恒和转化定律的发现提供了不可缺少的实验基础。

哲学史上关于运动守恒原理的观念，对于能量守恒和转化定律的发现起了巨大的启示和促进作用。17 世纪，哲学家笛卡儿通过自己的力学研究，提出了“宇宙中运动的量是永远不变的”这一哲学命题，就清晰地阐明了运动既不能创造也不能消灭的思想。这是在自然科学领域里发现能量守恒和转化定律整整 200 年前就已经明确得出了的哲学结论。尽管 19 世纪 30 年代以前，人类漫长的实践史为能量守恒和转化定律的发现作了各方面的准备，可是能量守恒和转化定律仍没有正式提出来，它还需要摆脱各种束缚，方能问世。

必要的诞生条件

能量守恒和转化定律的诞生，在有了其他种种准备之后，还必须清除一个理论障碍——热素说，并从现实社会实践提出的重要课题中汲取力量。

热素说是 18 世纪广为流行解释热的本质的一种错误理论。它认为，热是一种没有重量、可以在物体中自由流动的物质。热素说既然把热看作是一种物质，那就不可能存在着热和机械运动的转化。摩擦所以生热，只是由于摩擦把热素逼出来，使摩擦后的物体的比热比摩擦前小，所以温度升高，而热素的量并没有增加。

给热素说以沉重打击的是美国物理学家伦福德(Rumford，1753—1714)和英国化学家戴维(Davy，1778—1829)的工作。1789 年，伦福德在慕尼黑兵工厂监造大炮时，发现钻炮膛所用的钻头越钝，钻削的碎屑越少，所产生的热量却越多。这与热素说认为碎屑越少，金属释放的热素就越少的说法恰好相反。1799 年，戴维又做了冰摩擦实验。他用两块冰在真空中摩擦,并使整个仪器都保持在0℃。几分钟后,冰融化成水,但冰吸收的热是从哪里来的呢?唯一的可能是由机械运动转化而来。伦福德和戴维的实验,打破了热素说的缺口,从而为能量守恒和转化定律的发现扫除了思想障碍。

19世纪30年代前后,蒸汽机生产的实践提出了如何提高蒸汽机的效率这一重大课题,从而为能量守恒和转化定律的发现提供了最坚实的实践基础。

第一个在这方面做出重大贡献的,是法国青年军官和工程师萨迪·卡诺(S. Carnot,1796—1832)。他于1824年发表了《关于火的动力以及产生这种动力的机器的研究》一文,分析蒸汽机中决定热产生机械能的各种因素,得出结论:热机必须工作于两个热源之间,热从高温热源转移到低温热源时才能做功,热机做功的数值与工作物质无关,仅仅决定于两个热源之间的温度差。卡诺的这一原理以后就成为热力学第二定律的基础。但是,由于他相信热素说,因而看不到热能和机械能之间的转化以及两者总和的守恒关系,传统观念挡住了他做出科学发现的道路。

继卡诺之后,德国生理学家莫尔在1837年发表了《论热的本质》一文,表述了类似的思想。1840年,瑞士化学家赫斯提出热化学定律,指出化学反应中所释放的热量是一个同中间过程无关的恒量。可惜,这些人的著作,有的长期得不到发表的机会,有的即使发表了,却没有引起人们的注意。

先驱者们的工作虽然没有正式构成能量守恒和转化定律的内容,然而,他们的潜在发现在人类的科学认识史上具有不可忽视的意义。先驱者们的努力终于使孕育成熟的能量守恒和转化定律在1842年正式诞生了。这一年,人们同时从不同的途径实现了一个大突破。

巧妙的殊途同归

1842年,恩格斯曾经把它称为自然科学发展史上“划时代的一年”。因为在这一年,有三个不同种工作的人几乎同时证明了机械能、热能、光能、磁能和化学能等在一定条件下可以相互转化,然而却不发生任何消耗,并且确定了热的机械当量。正是这些工作标志着能量守恒和转化定律正式问世。

德国26岁的青年医生迈尔(J. R. Mayer,1814—1878)于1840年随船从荷兰驶往东印度。当远洋轮航至热带海域时,船医迈尔发现海员患病者静脉血液比在欧洲时红亮。迈尔受拉瓦锡的氧化燃烧理论的启示,认为这是由于血液含氧较多的缘故。因为在热带高温条件下,人的机体只需要从食物中吸收较少的热量就足够了,所以人体中食物的氧化过程减弱了,静脉血里留下的氧就比较多。由此,迈尔联想到人体内的食物所含的化学能就像机械能一样,可以转化为热能。回国后,迈尔继续进行研究。他进一步发展了伦福德的思想,在一家纸厂设计了一个实验,大锅里的纸浆用机械搅拌,靠绕着圈子的马作为动力。他测出纸浆温度的升高,就可得到马做了一定量的机械功所产生的热量的数据。迈尔还从空气的定压比热 Cp 和定容比热 Cv 的关系计算出一卡热相当于 3.58 焦耳(现在精确的数值是 4.184 焦耳)。1842 年,迈尔写成了他的第一篇关于能量守恒和转化定律的论文《论无机自然界的力》。论文发往当时德国主要物理学年鉴杂志,结果被主编波根多夫拒绝发表而退了回来。后来,虽然化学家李比希主编的化学年鉴杂志 1842 年 5 月号上发表了迈尔的论文,但并未引起人们的注意。

焦耳(J. P. Joule,1818—1889)是英国的业余物理学家,是最先用科学实验确立能量守恒和转化定律的人。和偏爱理论思维的德国人不同,焦耳具有英国人重视实验的传统。他先后用了四十多年时间,进行了大量实验。1840 年,22 岁的焦耳首先测定了电流的热效应,发现一定时间内电流通过导线所产生的热量,同导线的电阻和电流强度平方乘积成正比。这就是著名的焦耳定律。焦耳根据这一实验设想电能因阻力而转化为热能了。这些思想集中体现在他的第一篇论文《论伏打电池产生的热》中。1843 年,焦耳又做了一个实验,他把盛有水的容器放进磁场中,然后让一个线圈在水中旋转,测量运动线圈中感生电流产生的热和维持运动所消耗的能量。实验说明消耗的能和产生的热能与电流的平方成正比。因此,产生的热和用来产生的机械动力之间存在恒定的比例。焦耳把这一实验结果写在他的第二篇论文《论电磁的热量效应和热的机械值》中。

焦耳的研究并没有立刻引起人们的注意。英国皇家学会拒绝发表他的两篇论文。直到 1847 年 6 月,焦耳的能量守恒和转化定律的思想引起了很大的轰动,焦耳本人才成为科学界注意的人物。1849 年,焦耳在他的《热的机械当量》论文中宣布了他的新实验结果:要产生能使 1 磅水(在真空中称量,温度在 55℉～60℉之间)提高 1℉的热量,需要花费相当于 772 磅重物下降 1 英尺所作的机械功。此值相当于 4.157 焦耳/卡,很接近现在的 4.184 的数值。

1847 年,当焦耳在英国报告他的能量守恒和转化定律时,26 岁的德国物理学家赫尔姆霍茨(Helmholtz,1821—1894)在柏林物理学会上宣读了他从研究动物热的途径中发现了能量守恒和转化定律的论文《活力的守恒》。这篇论文被权威们看成是异想天开的思辨,波根多夫主编的物理学年鉴杂志同样拒绝发表它。赫尔姆霍茨在这种情况下,不得不掏腰包自费印刷,1847 年以小册子的形式散发,仍然很不受重视。1853 年,它受到物理学家克劳胥斯的强烈抨击。后来,杜林等还对赫尔姆霍茨进行了人身攻击,辱骂他的发现是不诚实的,是从迈尔那里剽窃来的。其实,迈尔、焦耳和赫尔姆霍茨都各自独立地发现了能量守恒和转化定律。然而后来,焦耳和赫尔姆霍茨却都愉快地承认了迈尔的优先权。

几乎与迈尔、焦耳和赫尔姆霍茨的发现同时,英国业余科学家、律师格罗夫从对电的研究中,也得到了能量守恒和转化定律的发现;丹麦物理学家、工程师柯尔丁通过摩擦实验，测定了热功当量。1853年，威廉·汤姆逊(W. Thmson，1824—1907)最终对能量守恒和转化的思想作了精确的表述。

发现过程的启示

伴随着人类最初的摩擦取火，后来的蒸汽机的发明，到各种运动形式之间转化的历史行程，人类在逻辑认识上也从“摩擦是热的一个源泉”，“一切机械运动都能借摩擦转化为热”，发展到“在特定条件下，任何一种运动形式都能够直接或间接地转变为其他任何运动形式”。经过这三种个别性、特殊性和普遍性的判断过程之后，能量守恒和转化定律才获得了自己最后的表达。

科学就是探索未知，而在探索中会遇到各种阻力。能量守恒和转化定律问世时所遇到的种种阻力就是明证。然而真理是不可抗拒的，科学探索者们前赴后继，终于取得了能量守恒和转化定律的最后表达形式，成为人类认识自然的丰碑伟绩而载入科学史册。

3. 在武打电影中，常可见到这样的街头表演：一人躺在地上(或凳子上)，身上压着一块石板，另一人挥铁锤猛击石板。石板破了而其底下的表演者却安然无恙。你知道这一表演中所包含的力学原理吗？

这一表演实际涉及了平均压力与碰撞的能量损失两个概念。而正是石板，在这两方面都起了重要的作用。

平均压力

如果没有石板，铁锤将直接击在表演者身上，由于铁锤的底部面积很小，人体与铁锤接触的部分平均压力将很大，引起人体局部的大变形，使人难以承受。有了石板后，石板与人体的接触面积较大，人体所承受的平均压力将大为减小。但由于石板自重又增加了人体负担，所以仅仅从“平均压力”的角度考虑，减少人的承受应该是：(1)石板与身体有尽可能大的接触面积；(2)石板重量尽可能轻。

碰撞的能量损失

如果没有石板，铁锤的动能将绝大部分(视身体与铁锤的恢复系数而定)被身体吸收，转化为身体的变形能。有了石板后，可以抓住问题的主要因素，把铁锤、石板简化为质点 m_1,m_2，设两者间的恢复系数为 e，铁锤碰到石板前的动能为 $T_0=\frac{1}{2}m_1u_1^2$。根据碰撞理论，铁锤打击石板后，系统动能损失为 $\Delta T=(1-e^2)T_0\Big/\left(1+\frac{m_1}{m_2}\right)$。

由于 e,m_1,T_0 可以视为常数，所以石板 m_2 越大，系统(铁锤+石板)的动能损失就越大。这些损失的动能转化为热能、声能，或被铁锤的变形及石板的破裂所吸收，剩下的能量($T-\Delta T$)被表演者吸收转变为身体的变形能。因此，表演者当然希望石

板 m_2 大一些，ΔT 大一些为好。

在没有确切的参数情况下，不妨作如下估计：

铁锤与石板的恢复系数 $e=0.5$，铁锤 $m_1=5\text{kg}$。

石板体积大约为 $40\text{cm}\times40\text{cm}\times5\text{cm}$，密度为 2.7g/cm^3，$m_2\approx22\text{kg}$，代入后得到 $\Delta T\cong0.6T_0$，能量损失过半。

综合上面两点考虑，结论是：(1)石板与身体要有尽可能大的接触面积；(2)在身体承受范围内，石板越重越好。在这种条件下，由于石板的作用，铁锤的动能传给身体时已损失了大半，同时，身体有大的面积来吸收传过来的能量，身体的变形将会大为减小。因此，表面上看起来令人难以承受的表演，实际上可能还是很轻松的！

七、习　　题

7-1　图示发射器由在 A 桩、B 桩间张紧的橡皮带组成。橡皮带位于水平面内，初始张力为 $\boldsymbol{F}_0$，刚度系数为 k，质量可忽略。现有质量为 m 的小弹子被水平变力 $\boldsymbol{P}$ 由 E 点推至 D 点后停下。求弹子从 E 点到 D 点过程中 $\boldsymbol{P}$ 力做的功。

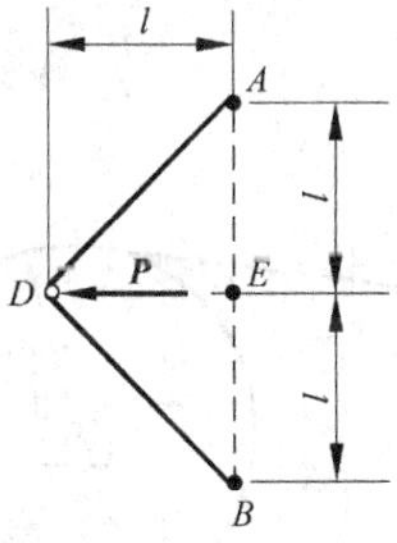

习题　7-1

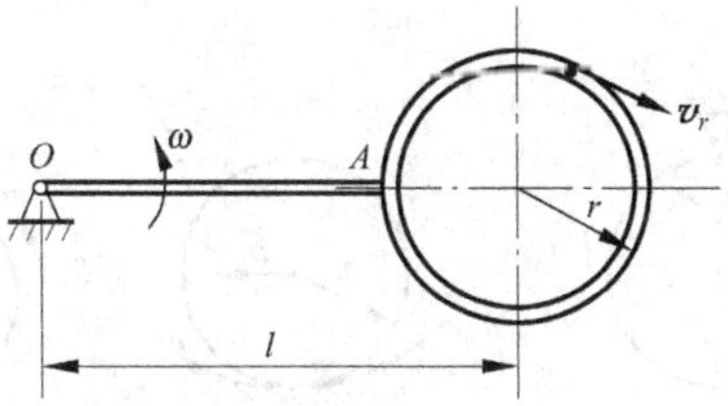

习题　7-2

7-2　半径为 r 的封闭细圆环管固结于 OA 杆上。管中充满水，水的总质量为 m，水以大小不变的相对速度 $\boldsymbol{v}_r$ 在管中沿顺时针方向流动。OA 又以匀角速度 $\boldsymbol{\omega}$ 绕通过杆端而垂直于图面的轴 O 转动。求图示瞬时系统的动量、对 O 轴的动量矩及动能。设杆与管都是均质的，质量分别为 m_1、m_2。

7-3　小球连着一条不可伸长的细绳，绳绕于半径为 R 的圆柱上，如图所示。如小球在光滑面上运动，初始速度 $\boldsymbol{v}_0$ 垂直于细绳。问小球在以后的运动中动能不变吗？对圆柱中心轴 z 的动量矩守恒吗？小球的速度总是与细绳垂直吗？

7-4　有人认为：动量守恒就意味着速度守恒，速度守恒就意味着动能守恒，因

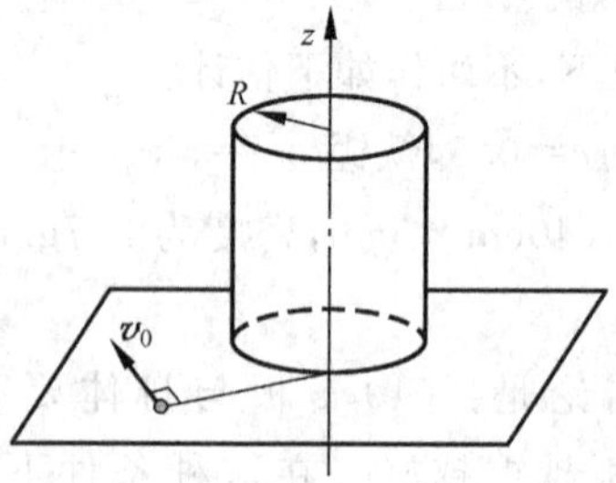

习题 7-3

此动量守恒时必有动能守恒。这种观点是否正确？为什么？

7-5 试求图中各物体的动能，图中各物体皆为均质。图(a)～(f)中，各物体质量皆为 m，尺寸如图所示。图(g)中大、小轮半径分别为 R_1、R_2，质量分别为 m_1、m_2。

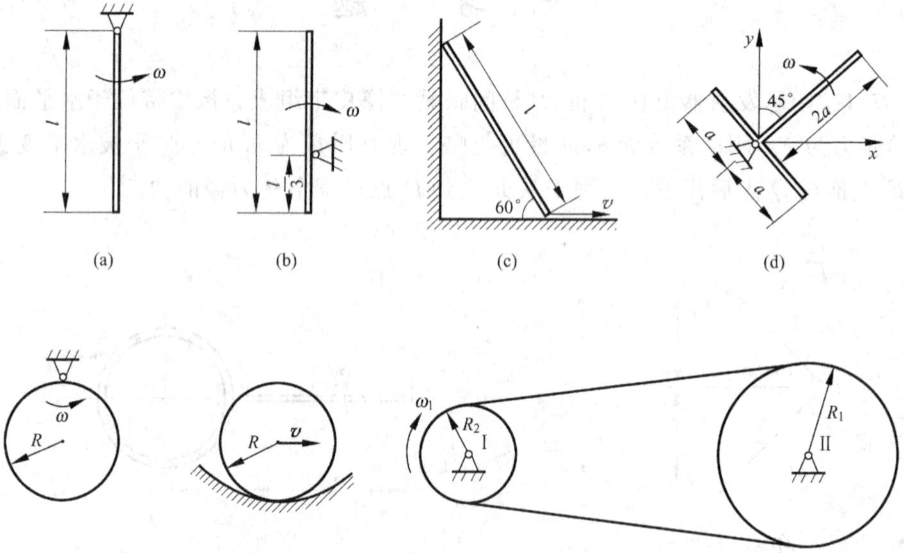

习题 7-5

7-6 图中左部是质量为 m、长为 l 的均质细杆，右部是质量为 m 的小球(半径不计)固结于长为 l 的无重刚杆上。两杆均由光滑铰链支承，并同时由铅直位置在微小扰动下无初速地摆下。不用计算，回答下述问题：(1)哪根杆先摆到水平位置？(2)经过相同时间，哪个物体所受重力冲量较大？(3)摆至水平位置时，哪个物体的动能较大？(4)摆至水平位置时，哪个物体的角加速度较大？(5)摆至水平位置时，哪个图中铰链处铅直方向的约束反力较大？

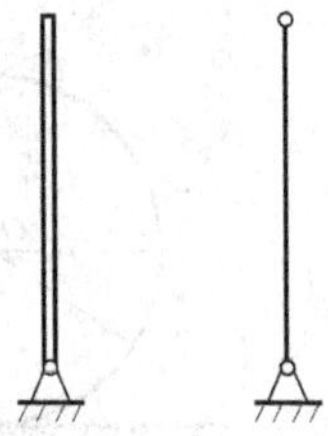

习题 7-6

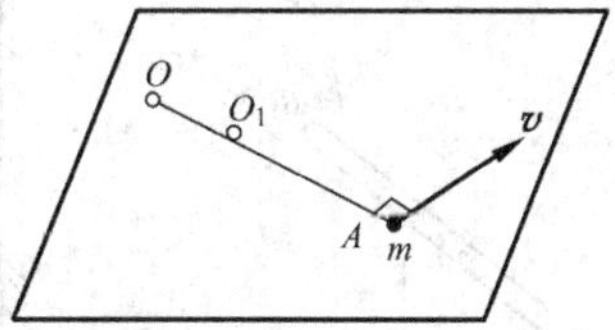

习题 7-7

7-7 无重细绳 OA 一端固定于 O 点，另一端系质量为 m 的小球 A（小球尺寸不计），在光滑的水平面内绕 O 点运动（O 点也在此平面上）。该平面上另一点 O_1 是一销钉（尺寸不计），当绳碰到 O_1 后，A 球即绕 O_1 转动，如图所示。在绳碰到 O_1 点前后瞬间下述各说法是否正确？A. 球 A 对 O 点的动量矩守恒，B. 球 A 对 O_1 点的动量矩守恒，C. 绳索张力不变，D. 球 A 的动能不变。

7-8 图中 A、B、C、D 四点共圆，该圆固定于铅垂面内，D 为最低点，A 为最高点。三个质量相同的质点，同时分别由 A、B、C 三点无初速地沿图中所示的 AD、BD、CD 三条弦在重力作用下向下滑动，不计摩擦。问哪一个质点先到达 D 点？

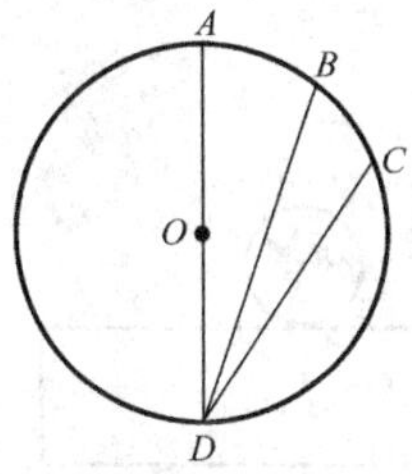

习题 7-8

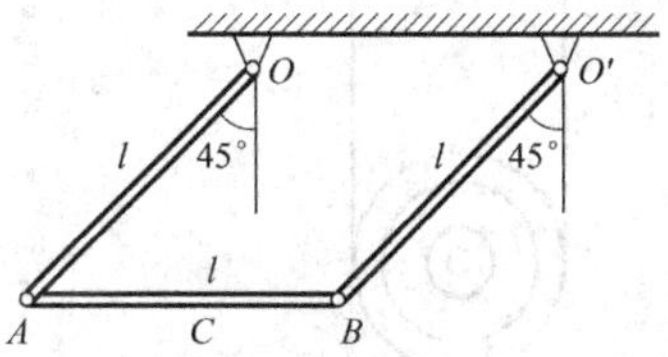

习题 7-9

7-9 等长等重的三根均质杆用光滑铰链连接，在铅垂平面内摆动。求自图示位置无初速释放时 AB 杆中点 C 的加速度，以及 AB 杆运动到最低位置时 C 的速度。设杆长 $l=1\text{m}$。

7-10 均质杆长 $2l$，在光滑水平面上从铅垂位置无初速地倒下。求其重心 C 离开平面的高度为 h 时的速度。

7-11 均质杆 AB 长 l，重 W_1，上端 B 靠在光滑墙上，下端 A 铰接于车轮的轮心。轮重 W_2，半径为 r（可视作均质圆盘），在水平面上只能作纯滚动，滚动摩阻不计。设系统由图示位置（$\theta=45°$）开始运动，试用能量守恒定律计算此瞬时轮心 A 的加速度。

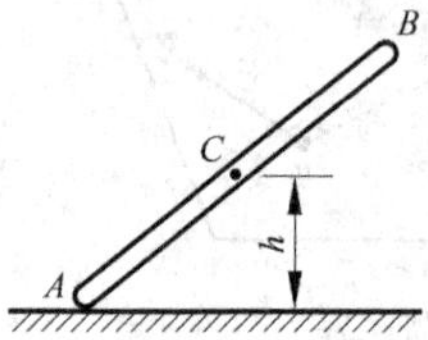

习题　7-10

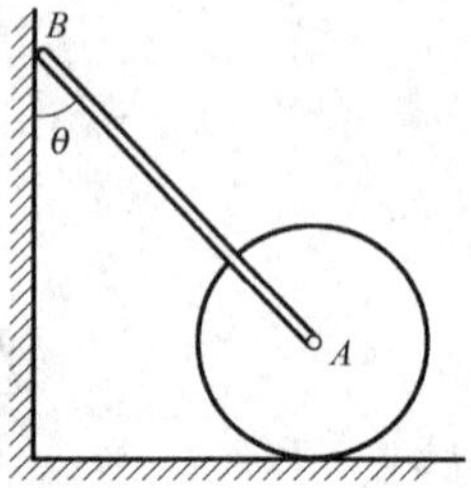

习题　7-11

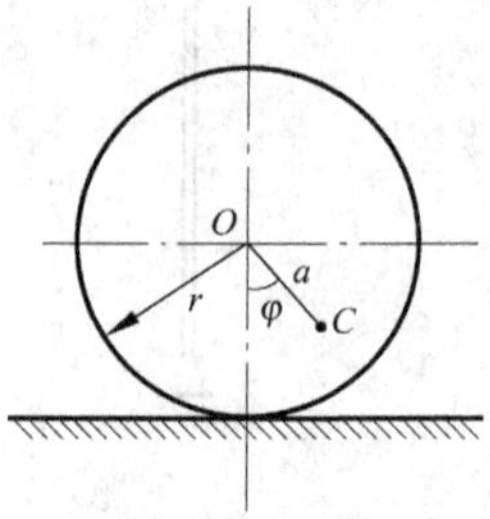

习题　7-12

7-12　半径为 r 的圆柱体沿水平面无滑动地滚动。柱的重心位于 C 点，$OC=a$，柱对过 C 点的水平轴的回转半径为 ρ，如图所示。设开始时 $\varphi=\varphi_0$，柱处于静止状态，试以角度 φ 的函数表示柱的角速度。

7-13　在 $\boldsymbol{P}$ 力的作用下使滑轮中心从图所示静止位置上升 0.9m 后，其速度达到 1.2m/s。已知滑轮质量为 15kg，回转半径为 250mm，绳索总长 4.5m，单位长度的质量为 3kg/m。试计算常力 $\boldsymbol{P}$。

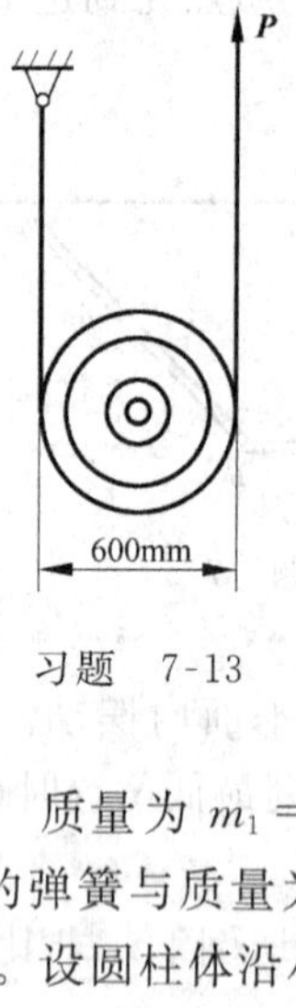

习题　7-13

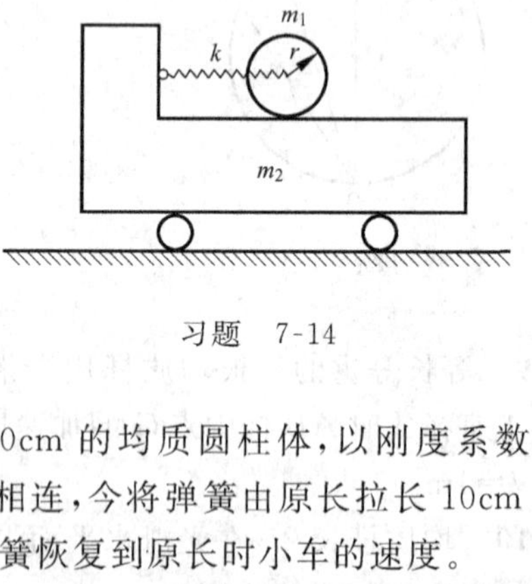

习题　7-14

7-14　质量为 $m_1=5\text{kg}$，半径为 $r=10\text{cm}$ 的均质圆柱体，以刚度系数为 $k=10\text{N/cm}$ 的弹簧与质量为 $m_2=5\text{kg}$ 的小车相连，今将弹簧由原长拉长 10cm 后无初速地释放。设圆柱体沿小车作纯滚动，求弹簧恢复到原长时小车的速度。

7-15　绕水平轴 O 转动的滑轮上放一条软链，如图所示。当稍有扰动时，软链即下滑而带动滑轮转动，求软链脱离滑轮时的速度。设软链重为 P，滑轮重为 W，半径为 R，视为均质圆盘，链与轮间无相对滑动。

7-16　单摆的支点固定在一个可沿光滑的水平直线轨道平动的滑块 A 上。设 AB 杆不计质量，$m_A=4\text{kg}$，$m_B=2\text{kg}$，$l=20\text{cm}$。开始时，系统处于静止，$\varphi=60°$。求摆动时 AB 杆经过铅垂位置时物体 A 的速度。

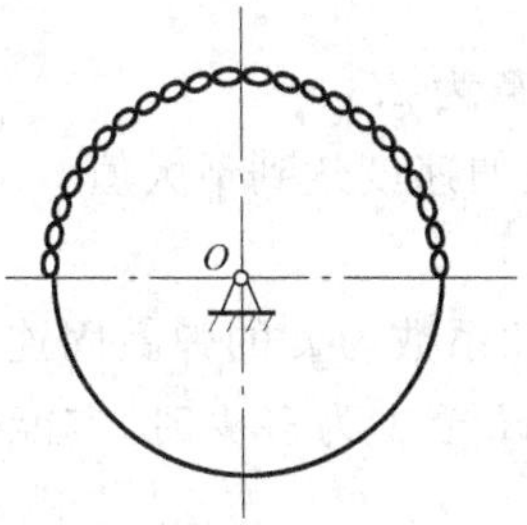

习题 7-15

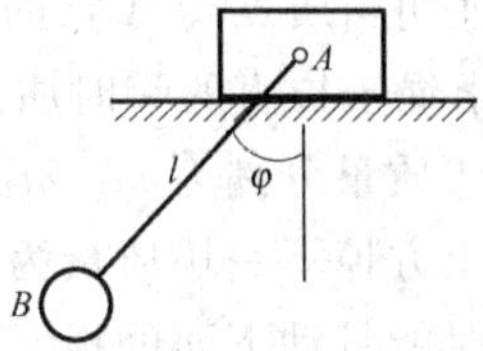

习题 7-16

7-17 半径为 R 质量为 m 的均质圆柱体静置于不光滑的板上，若在板上作用一水平力 $\boldsymbol{P}$ 使板与圆柱间发生相对滑动，其滑动摩擦系数为 μ。求圆柱中心移过 s 距离所需的时间及此瞬时圆柱体的角速度，并计算在此过程中摩擦力对圆柱所作的功。

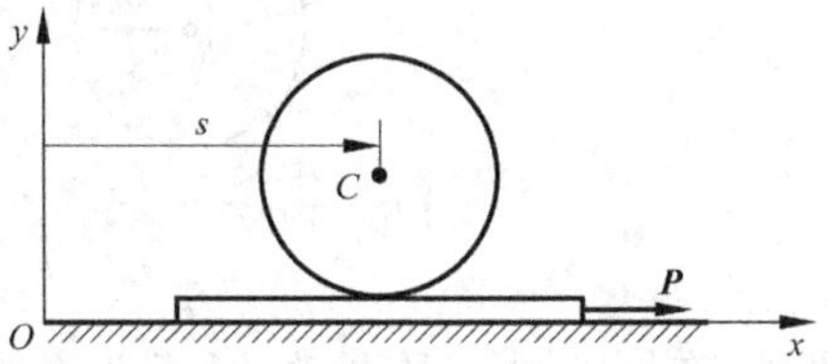

习题 7-17

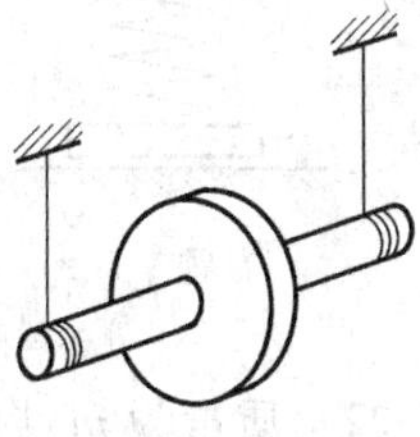

习题 7-18

7-18 半径为 R 质量为 M 的均质圆盘，装在半径为 r，质量为 m 的均质圆柱形轴上，并由绕在此轴上的两条竖直线挂起(马克斯威尔摆)。开始时轴在水平位置，并且盘心至两线的距离相等，然后释放。求圆盘向下降时盘心的加速度和线中的张力。

7-19 不计质量的光滑细管可以在水平面内绕固定点 O 自由转动。管内有一均质直杆，长为 $2a$，杆的中点 C 离 O 点的距离为 a，杆与管都是静止的。现给这个系统初始角速度 ω，求证杆在管内相对滑动的极限速度是 $2a\omega/\sqrt{3}$。

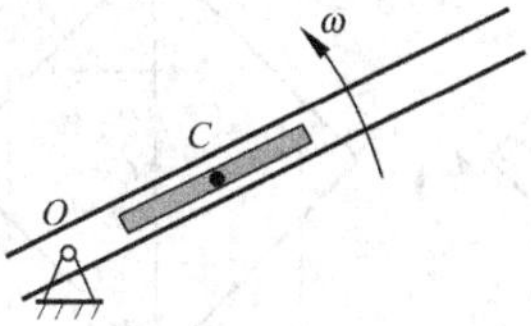

习题 7-19

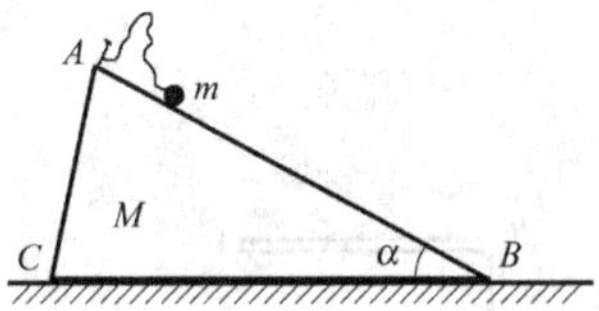

习题 7-20

7-20 质量为 M 倾角 $\alpha=30^{\circ}$的三棱柱放在光滑水平面上。一根自然长度为 l，刚度系数 $k=2mg/l$ 的弹性轻绳，其一端拴在光滑斜面上的 A 点处，另一端系有质量为 m 的质点，初始时质点位于 A 点，系统由静止释放。写出系统的能量和水平动量

方程，并且

(1) 证明质点的速度再次为零时它离 A 点的距离为 $2l$。

(2) 证明当质点离 A 点的距离为 $5l/4$ 时三棱柱的速度达到最大值。

(3) 求绳子拉直的瞬时质点相对三棱柱的速度。

7-21　质量分别为 m_1，m_2 的两块板，中间用刚性系数为 k 的弹簧固连起来。今在上板的上方掉下一块质量为 m_3 的泥团。问高度 H 至少为多少时，方能使上面的板跳起来时能带动下面的板?

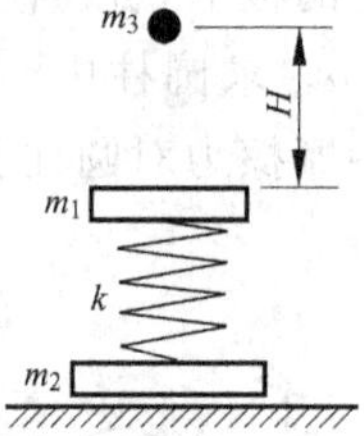

习题　7-21

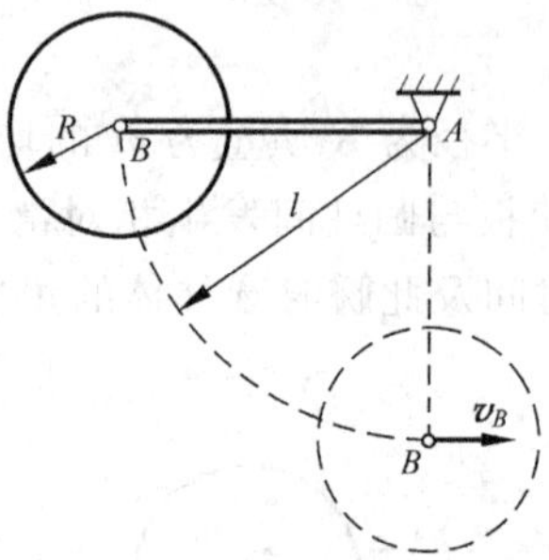

习题　7-22

7-22　质量为 m 半径为 R 的均质圆盘，在圆心处与质量为 M 长为 l 的均质杆 AB 铰接，A 处也为铰链，不计摩擦。系统在铅垂面内，当 AB 杆水平时无初速地释放。求系统通过最低位置时，B 点的速度 $\boldsymbol{v}_B$ 和 A 处的反力。

7-23　长为 l 质量为 m 的均质杆 AB 与 BC 在 B 处固结成直角尺后放于水平面上。求在 A 端作用一个与 AB 垂直的水平碰撞冲量 $\boldsymbol{S}$ 后系统的动能。

7-24　已知质量为 m 边长为 a 的均质正方形板，初始处于静止状态，受微干扰后沿顺时针方向倒下，图(a)中，O 为光滑铰链，图(b)中，板位于光滑水平面上。求当 OA 边处于水平位置时，方板的角速度。

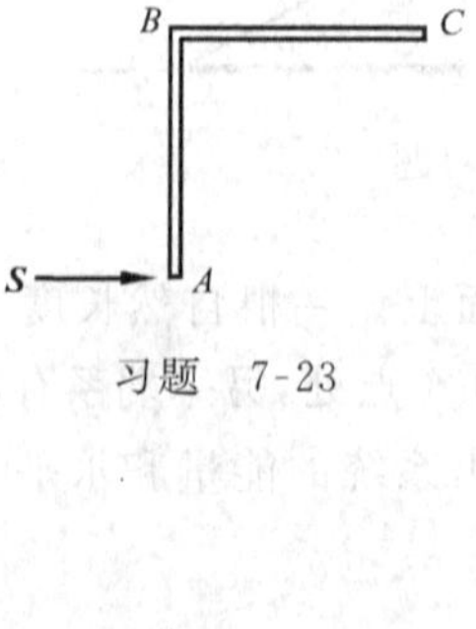

习题　7-23

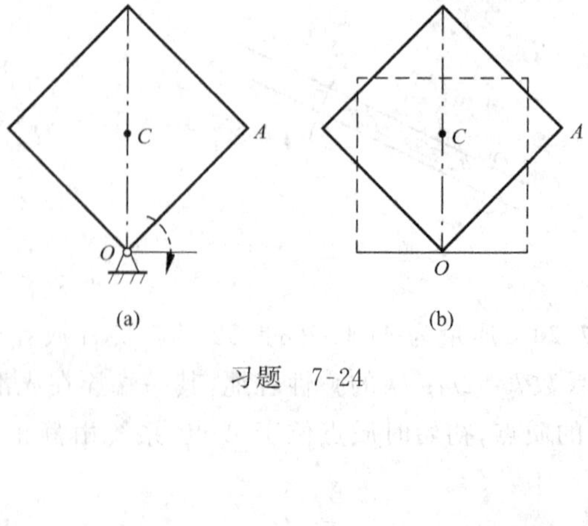

习题　7-24

第 8 章
拉格朗日方程及其应用

一、内容摘要

1. 拉格朗日方程

对于受理想、完整约束的质系，拉格朗日方程的基本形式为

$$\frac{\mathrm{d}}{\mathrm{d}t}\left(\frac{\partial T}{\partial \dot{q}_k}\right)-\frac{\partial T}{\partial q_k}=Q_k,\quad k=1,2,\cdots,n$$

其中 T 为质系的动能，Q_k 为对应于第 k 个广义坐标 q_k 的广义力。

如果质系所受的主动力有势，则有拉格朗日方程的标准形式

$$\frac{\mathrm{d}}{\mathrm{d}t}\left(\frac{\partial L}{\partial \dot{q}_k}\right)-\frac{\partial L}{\partial q_k}=0,\quad k=1,2,\cdots,n$$

其中 $L=T-V$ 为拉格朗日函数。

拉格朗日方程有三个优点：(1)方程是标量形式，具有对坐标变换的不变性；(2)只需计算系统的动能、势能和/或广义主动力，不必考虑约束反力；(3)应用拉格朗日方程解题的步骤程式化。

应用拉格朗日方程解题的基本步骤是：

1）判断质系是否受完整、理想约束。

2）分析质系的自由度，选取广义坐标。

3）计算质系的动能，并将动能用广义速度表示。

4）计算势能或广义力

5）利用拉格朗日方程建立系统的运动微分方程。

正确写出给定系统的动能、势能或广义力是应用拉格朗日方程的关键。

2. 拉格朗日方程的第一积分

如系统主动力有势，且拉格朗日函数不显含某广义坐标 q_j（称为循环坐标），则有循环积分（也称广义动量守恒）

$$\frac{\partial L}{\partial \dot{q}_j} = \frac{\partial T}{\partial \dot{q}_j} = C_j$$

如果系统主动力有势，拉格朗日函数中不显含时间 t，则有广义能量积分

$$T_2 - T_0 + V = E$$

如果约束是定常的，则广义能量积分就是系统的机械能守恒，即

$$T + V = E$$

二、基本要求

1. 熟悉拉格朗日方程的基本形式和标准形式，了解其适用范围及特点。
2. 熟练应用拉格朗日方程列写质点系的运动微分方程。
3. 掌握拉格朗日方程的两类第一积分的存在条件及其物理意义。

三、典型例题

例 8-1 已知三角形质量为 M，倾角为 α，斜面及水平面均光滑。滑块质量为 m。弹簧的刚度系数为 k，如图 8-1a 所示。求系统的运动微分方程。

解：本题的约束是理想完整约束，可以使用拉氏方程处理。

(1) 分析运动：自由度数为 2，选 x, x_r 为广义坐标，见图 8-1b。

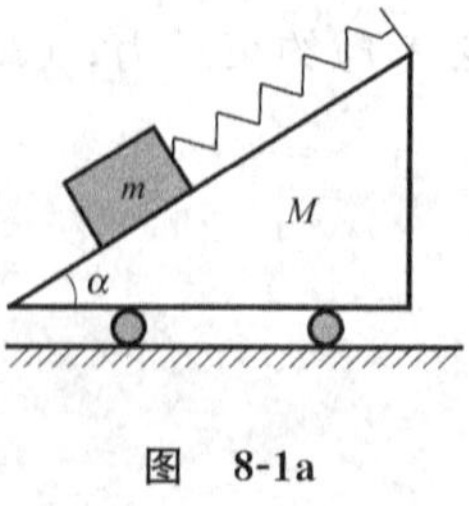

图 8-1a

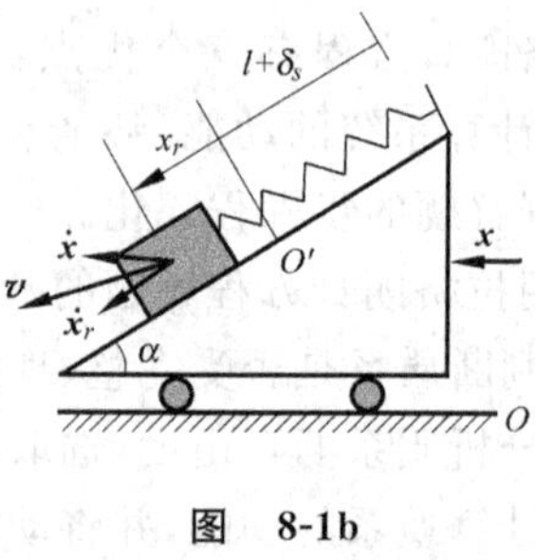

图 8-1b

(2) 写出动能表达式

$$T=\frac{1}{2}M\dot{x}^2+\frac{1}{2}m(\dot{x}^2+\dot{x}_r^2+2\,\dot{x}\dot{x}_r\cos\alpha)$$

(3) 写出势能表达式,其中重力势能以弹簧的静平衡位置高度为零点,弹性力势能以弹簧原长为零点。

$$V=\frac{1}{2}k(x_r+\delta_s)^2-mg\sin\alpha\cdot x_r$$

(4) 代入拉氏方程

$$\frac{\mathrm{d}}{\mathrm{d}t}\left(\frac{\partial L}{\partial\dot{q}_j}\right)-\frac{\partial L}{\partial q_j}=0\quad(j=1,2)$$

$$L=T-V=\frac{1}{2}M\dot{x}^2+\frac{1}{2}m(\dot{x}^2+\dot{x}_r^2+2\,\dot{x}\dot{x}_r\cos\alpha)-\frac{1}{2}k(x_r+\delta_s)^2+mg\sin\alpha\cdot x_r$$

对 x 有:

$$\frac{\partial L}{\partial\dot{x}}=M\dot{x}+m(\dot{x}+\dot{x}_r\cos\alpha),\qquad\frac{\partial L}{\partial x}=0$$

$$\frac{\mathrm{d}}{\mathrm{d}t}(M\dot{x}+m(\dot{x}+\dot{x}_r\cos\alpha))=0$$

对 x_r 有:

$$\frac{\partial L}{\partial\dot{x}_r}=m(\dot{x}_r+\dot{x}\cos\alpha),\qquad\frac{\partial L}{\partial x_r}=-k(x_r+\delta_s)+mg\sin\alpha$$

$$\frac{\mathrm{d}}{\mathrm{d}t}(m(\dot{x}_r+\dot{x}\cos\alpha))+k(x_r+\delta_s)-mg\sin\alpha=0$$

在弹簧的静平衡位置,有 $k\delta_s=mg\sin\alpha$,因此最后得到系统运动微分方程为:

$$\begin{cases}(M+m)\ddot{x}+m\ddot{x}_r\cos\alpha=0\\ m(\ddot{x}_r+\ddot{x}\cos\alpha)+kx_r=0\end{cases}$$

讨论:(1)动能计算中的速度是绝对速度,注意滑块动能的交叉相乘项。(2)注意势能计算中势能零点的选取,由于三角形重心高度不变,其重力势能没有变化,不必计算。(3)注意求偏导数与求导数的区别。(4)势能零点的不同选取对解是否有影响?

例 8-2 用拉氏方程求前一章的例 7-4 中的系统运动微分方程。

解:本题中摩擦力做功,因此不能直接用势力场中的拉氏方程。设坐标沿斜面向下为正。系统的动能为

$$T=\frac{1}{2}m_1\dot{x}^2+\frac{1}{4}m_2\dot{x}^2+\frac{3}{4}m_3\dot{x}^2=\frac{1}{4}(2m_1+m_2+3m_3)\,\dot{x}^2$$

下面用两种方法求解。

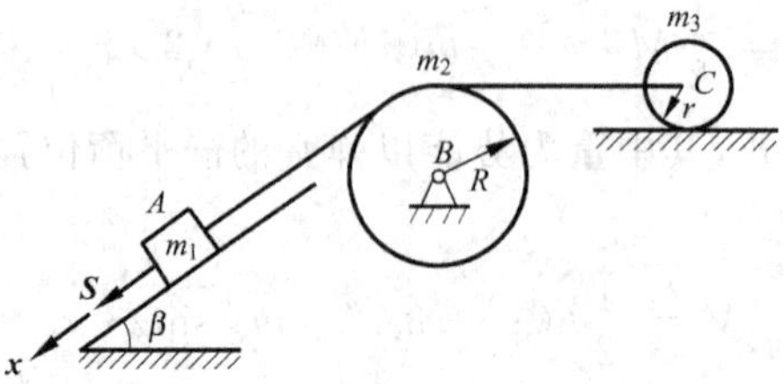

图　8-2

方法1：按$\frac{\mathrm{d}}{\mathrm{d}t}\left(\frac{\partial T}{\partial \dot{q}_j}\right)-\frac{\partial T}{\partial q_j}=Q_j$ 计算，其中 Q_j 是系统所有的力所对应的广义力。设系统沿斜面有一个虚位移 δx，则 A 滑块上的重力和摩擦力会产生虚功，而两个圆盘上所有的力对于虚位移 δx 所做的虚功为零。因此有

$$Q_x=\frac{m_1 g\sin\beta\cdot\delta x-\mu m_1 g\cos\beta\cdot\delta x}{\delta x}=m_1 g(\sin\beta-\mu\cos\beta)$$

$$\frac{\partial T}{\partial \dot{x}}=\frac{1}{2}(2m_1+m_2+3m_3)\dot{x},\quad \frac{\partial T}{\partial x}=0$$

因此有

$$\frac{1}{2}(2m_1+m_2+3m_3)\ddot{x}=m_1 g(\sin\beta-\mu\cos\beta)$$

整理得

$$\ddot{x}=\frac{2m_1 g(\sin\beta-\mu\cos\beta)}{2m_1+m_2+3m_3}$$

与例7-4的解相同。

方法2：按$\frac{\mathrm{d}}{\mathrm{d}t}\left(\frac{\partial L}{\partial \dot{q}_j}\right)-\frac{\partial L}{\partial q_j}=Q_j$ 计算。其中 Q_j 是系统中非势力（摩擦力）所对应的广义力。同上可以求出

$$Q_x=\frac{-\mu m_1 g\cos\beta\cdot\delta x}{\delta x}=-\mu m_1 g\cos\beta$$

而拉格朗日函数 L 是由动能和势力的势能函数组成。设滑块 A 初始时的位置为重力势能零点。有

$$V=-m_1 gx\sin\beta$$

$$L=T-V=\frac{1}{4}(2m_1+m_2+3m_3)\dot{x}^2+m_1 gx\sin\beta$$

$$\frac{\partial L}{\partial \dot{x}}=\frac{1}{2}(2m_1+m_2+3m_3)\dot{x},\quad \frac{\partial L}{\partial x}=m_1 g\sin\beta$$

代入方程得

$$\frac{1}{2}(2m_1+m_2+3m_3)\ddot{x}-m_1g\sin\beta=-\mu m_1g\cos\beta$$

整理得

$$\ddot{x}=\frac{2m_1g(\sin\beta-\mu\cos\beta)}{2m_1+m_2+3m_3}$$

与方法 1 结果相同。

讨论：(1)比较两种解法，特别是广义力的定义，有什么不同？(2)在方法 1 中 $\frac{\partial T}{\partial x}=0$，这是否意味着 x 方向的动量守恒？为什么？(3)广义力有几种计算方法？(4)如何解释小圆盘的摩擦力对广义力的贡献为零？(5)与例 7-4 相比，拉氏方程的优点是列写系统的运动微分方程很方便，但如果要求约束力，则没有普遍定理方便。

例 8-3 平台质量为 m_1，可在光滑水平面上运动。圆盘质量为 m_2，半径为 r，与刚度系数为 k 的弹簧相连，圆盘相对平台作纯滚动，且有力偶矩 M 作用在圆盘上，如图 8-3 所示。求(1)系统的运动微分方程。(2)当力偶矩 M 为零时方程首次积分及含义。

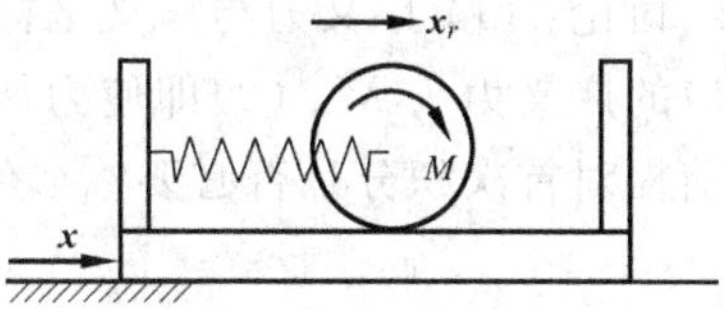

图 8-3

解：(1) 选 x, x_r 为广义坐标，如图 8-3 所示。系统的动能为

$$\begin{aligned}T&=\frac{1}{2}m_1\dot{x}^2+\frac{1}{2}m_2(\dot{x}+\dot{x}_r)^2+\frac{1}{2}\cdot\frac{1}{2}m_2r^2\left(\frac{\dot{x}_r}{r}\right)^2\\&=\frac{1}{2}(m_1+m_2)\dot{x}^2+\frac{3}{4}m_2\dot{x}_r^2+m_2\dot{x}\dot{x}_r\end{aligned}$$

以弹簧原长处为弹性力势能的零点，有

$$V=\frac{1}{2}kx_r^2$$

力偶矩 M 对应的广义力为

$$Q_{x_r}=\frac{\delta A}{\delta x_r}=\frac{M\delta x_r/r}{\delta x_r}=\frac{M}{r}$$

于是有

$$L=T-V=\frac{1}{2}(m_1+m_2)\dot{x}^2+\frac{3}{4}m_2\dot{x}_r^2+m_2\dot{x}\dot{x}_r-\frac{1}{2}kx_r^2$$

$$\frac{\partial L}{\partial\dot{x}}=(m_1+m_2)\dot{x}+m_2\dot{x}_r,\quad\frac{\partial L}{\partial x}=0$$

$$\frac{\partial L}{\partial\dot{x}_r}=\frac{3}{2}m_2\dot{x}_r+m_2\dot{x},\quad\frac{\partial L}{\partial x_r}=-kx_r$$

$$\begin{cases}(m_1+m_2)\ddot{x}+m_2\ddot{x}_r=0\\ \dfrac{3}{2}m_2\ddot{x}_r+m_2\ddot{x}+kx_r=\dfrac{M}{r}\end{cases}$$

(2) 当 $M=0$ 时，主动力都为有势力，又因为$\dfrac{\partial L}{\partial x}=0$，所以有

$$(m_1+m_2)\dot{x}+m_2\dot{x}_r=C$$

表示系统水平方向动量守恒。

因为 L 不显含时间，定常约束，所以有

$$T+V=E$$

$$\frac{1}{2}(m_1+m_2)\dot{x}^2+\frac{3}{4}m_2\dot{x}_r^2+m_2\dot{x}\dot{x}_r+\frac{1}{2}kx_r^2=E$$

表示系统的广义能量(机械能)守恒。

讨论：(1) 广义力与广义坐标选择有关，如果把广义坐标 x_r 换成圆盘转角 θ，则对应的广义力为 M。(2)即使力偶 M 不为零，仍有水平动量守恒。因此主动力有势的前提对首次积分是否必要？如何解释？

例 8-4 物块 A 质量为 m_1，用刚度系数为 k_1 的弹簧与墙连接。物块 B 质量为 m_2，用刚度系数为 k_2 的弹簧与 A 连接。两弹簧原长均为 l。初始时系统静止在光滑水平面上，在物块 B 上作用有主动力 $F(t)=F_0\sin\omega t$（F_0，ω 已知），如图 8-4a 所示。求系统的运动规律。

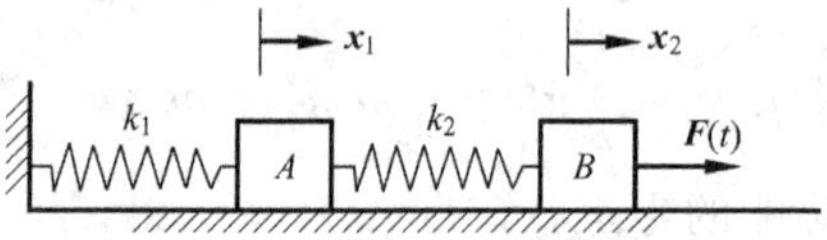

图 8-4a

解：以初始时两物块的质心为坐标原点，以两物块质心的位移 x_1，x_2 为广义坐标，如图 8-4a 所示。则系统的动能为

$$T=\frac{1}{2}m_1\dot{x}_1^2+\frac{1}{2}m_2\dot{x}_2^2$$

设两弹簧为原长时相应的弹性势能分别为零。则有

$$V=\frac{1}{2}k_1x_1^2+\frac{1}{2}k_2(x_2-x_1)^2$$

计算广义力，注意主动力作用在 B 块上，当 A 块有虚位移时，主动力 $\boldsymbol{F}$ 的虚功为零。因此有

$$Q_1=0,\quad Q_2=\frac{F(t)\delta x_2}{\delta x_2}=F(t)$$

拉格朗日函数为

$$L = T - V = \frac{1}{2}m_1\dot{x}_1^2 + \frac{1}{2}m_2\dot{x}_2^2 - \frac{1}{2}k_1x_1^2 - \frac{1}{2}k_2(x_2 - x_1)^2$$

$$\frac{\partial L}{\partial \dot{x}_1} = m_1\dot{x}_1, \quad \frac{\partial L}{\partial x_1} = -k_1x_1 + k_2(x_2 - x_1)$$

$$\frac{\partial L}{\partial \dot{x}_2} = m_2\dot{x}_2, \quad \frac{\partial L}{\partial x_2} = -k_2(x_2 - x_1)$$

因此系统的运动微分方程为

$$\begin{cases} m_1\ddot{x}_1 + k_1x_1 - k_2(x_2 - x_1) = 0 \\ m_2\ddot{x}_2 + k_2(x_2 - x_1) = F(t) \end{cases}$$

为了进行数值计算,可化为标准的一阶微分方程组。设

$$y_1 = x_1, \quad y_2 = x_2, \quad y_3 = \dot{x}_1, \quad y_4 = \dot{x}_2$$

方程化为

$$\begin{cases} \dot{y}_1 = y_3 \\ \dot{y}_2 = y_4 \\ \dot{y}_3 = -\dfrac{k_1 + k_2}{m_1}y_1 + \dfrac{k_2}{m_1}y_2 \\ \dot{y}_4 = \dfrac{F_0\sin\omega t}{m_2} + \dfrac{k_2}{m_2}y_1 - \dfrac{k_2}{m_2}y_2 \end{cases}$$

在计算中设 $m_1 = m_2 = 1\text{kg}, k_1 = k_2 = 100\text{N/m}, F_0 = 10\text{N}$。图 8-4b 是 $\omega = 10\text{rad/s}$ 时的计算结果;图 8-4c 是 $\omega = 100\text{rad/s}$ 时的计算结果。

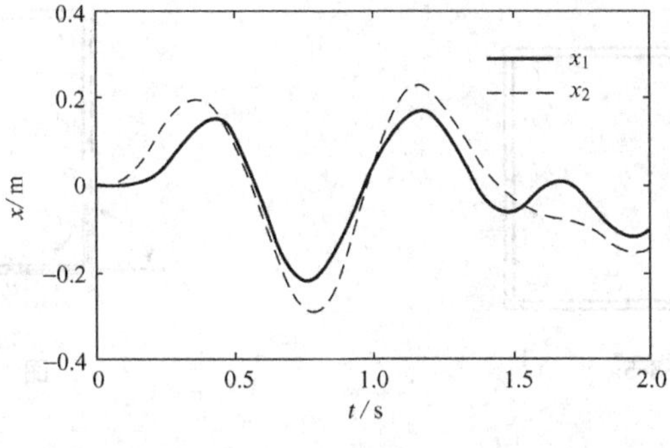

图 8-4b

讨论:(1)在数值计算中,为了进行验证,可以设主动力为零,任给一个初始条件,理论上系统在运动中应机械能守恒,而数值计算结果表明机械能的波动在 5 秒内为 10^{-9} N·m 数量级。因此计算精度是可以令人满意的(图略)。(2)从计算结果看,当主动力的频率较低时,运动幅度较大,频率较高时,运动幅度较小,这一点利用现有的知识不易说清楚,在第 11 章中可以解释。(3)在主动力不为零,系统机械能不守恒

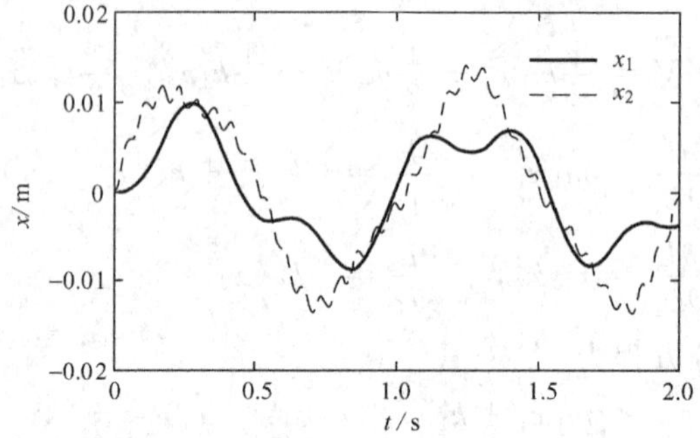

图 8-4c

的情况下,如何验证计算结果是否正确?(4)虽然运动微分方程表面上很简单,但由于主动力是三角函数(非线性函数),运动规律很复杂。

例 8-5 已知四根相同的均质细杆,质量为 m,长为 l。由光滑铰链连接成正方形 $ABCD$,静止放置在水平面内,如图 8-5a 所示。在 A 铰链处作用有一个沿 AB 方向的冲量 $\boldsymbol{S}$,求碰撞后各杆的角速度。

解:(1) 系统有四个自由度,广义坐标可以选为:A 点的坐标 x,y,AB 杆、AD 杆的转角 θ_1,θ_2(相对过 A 点的平动坐标系)。在碰撞问题中,广义坐标在碰撞前后没有变化,但广义速率有明显变化,因此下面就讨论广义速率 $v_x,v_y,\omega_1,\omega_2$(分别是 x,y,θ_1,θ_2 的导数)的变化,如图 8-5b 所示。

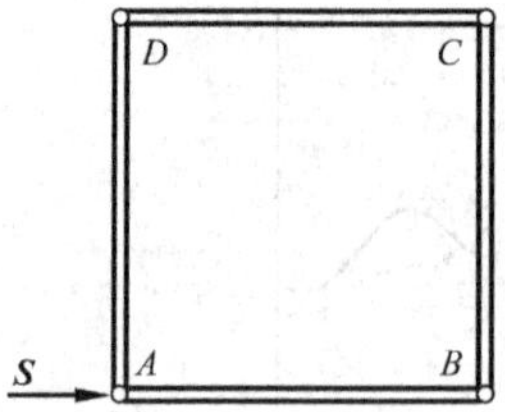

图 8-5a

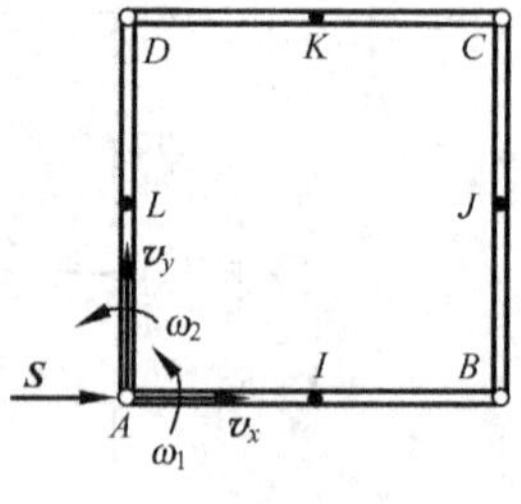

图 8-5b

(2) 计算动能。根据机构 $ABCD$ 的特点,若有运动,对应边应平行,即对应边的角速度相等。

$$T=\frac{1}{2}m(v_I^2+v_J^2+v_K^2+v_L^2)+2\cdot\frac{1}{2}\cdot\frac{1}{12}ml^2(\omega_1^2+\omega_2^2)$$

$$v_I^2=v_x^2+\left(v_y+\frac{1}{2}l\omega_1\right)^2,\quad v_L^2=\left(v_x-\frac{1}{2}l\omega_2\right)^2+v_y^2$$

$$v_J^2=\left(v_x-\frac{1}{2}l\omega_2\right)^2+(v_y+l\omega_1)^2,\quad v_K^2=(v_x-l\omega_2)^2+\left(v_y+\frac{1}{2}l\omega_1\right)^2$$

(3) 通过虚功来计算广义冲量。

$$S_1=\frac{\boldsymbol{S}\cdot\delta\boldsymbol{x}}{\delta x}=\frac{S\delta x}{\delta x}=S,\quad S_2=\frac{\boldsymbol{S}\cdot\delta\boldsymbol{y}}{\delta y}=\frac{0}{\delta y}=0$$

$$S_3=\frac{\boldsymbol{S}\cdot 0}{\delta\theta_1}=0,\qquad S_4=\frac{\boldsymbol{S}\cdot 0}{\delta\theta_2}=0$$

(4) 设碰撞前一瞬时为 t^-，碰撞后一瞬时为 t^+，代入拉氏方程的积分形式 $\left(\frac{\partial T}{\partial\dot{q}_j}\right)_{t^+}-\left(\frac{\partial T}{\partial\dot{q}_j}\right)_{t^-}=S_j$，有

$$v_x: m(4v_x-2l\omega_2)-0=S,\qquad v_y: m(4v_y+2l\omega_1)-0=0$$

$$\omega_1: m\left(2v_y+\frac{5}{3}l\omega_1\right)-0=0,\quad \omega_2: m\left(-2v_x+\frac{5}{3}l\omega_2\right)-0=0$$

解得

$$v_x=\frac{5S}{8m},\quad v_y=0,\quad \omega_1=0,\quad \omega_2=\frac{3S}{4ml}$$

(5) 算出各杆质心速度为

$$v_I=\frac{5S}{8m},\quad v_J=v_L=\frac{S}{4m},\quad v_K=\frac{S}{8m}$$

速度分布见图 8-5c。

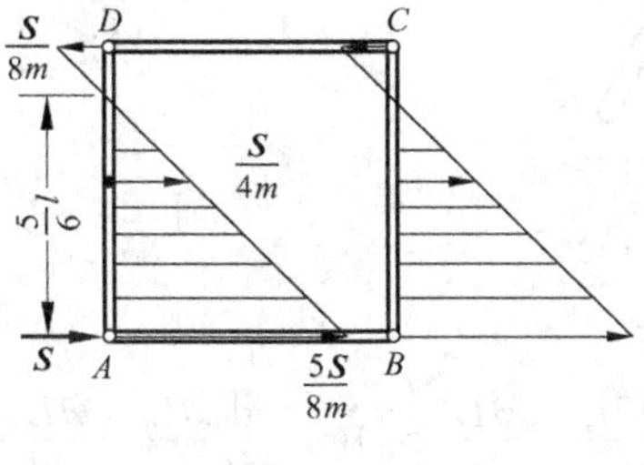

图 8-5c

(6) 校核上面计算是否正确。整个系统在水平方向上应用动量定理，系统冲量的增量为

$$\left(m\cdot\frac{5S}{8m}+2m\cdot\frac{S}{4m}-m\cdot\frac{S}{8m}\right)-0=S$$

正好等于 A 点所作用的冲量。

讨论：(1)与动量、动量矩积分形式相比，用拉氏方程处理碰撞问题有什么特点？(2)广义冲量如何计算？(3)计算结果表明 AB 杆(瞬时)平动，是否合理？如果初始时系统不是正方形(但 $\boldsymbol{S}$ 仍沿 AB 方向)，是否还有这个结果？

四、常见错误

问题1 在图8-6a所示系统中，质点A的质量为$m_A=m$，固结于质量为$m_O=4m$，半径为r的均质轮O上。轮O则置于粗糙的水平面上，且与质量为$m_{OB}=2m$，长为l的均质杆相铰接。下面用拉氏方程建立系统的运动微分方程时错在哪里？

解：取图8-6a所示的x和θ为广义坐标(该系统为两自由度保守系统)

(1) 写出系统的拉氏函数，速度分析见图8-6b，A为圆轮的速度瞬心，因此有

$$T=\frac{1}{2}M_O\dot{x}^2+\frac{1}{2}\left(\frac{1}{2}m_O r^2\right)\left(\frac{x}{r}\right)^2+\frac{1}{2}\left(\frac{1}{12}m_{OB}l^2\right)\dot{\theta}^2$$

$$+\frac{1}{2}m_{OB}\left(\dot{x}^2+\frac{l^2}{4}\dot{\theta}^2+l\dot{x}\dot{\theta}\cos\theta\right)$$

$$L=4m\dot{x}^2+\frac{1}{3}ml^2\dot{\theta}^2+ml\dot{x}\dot{\theta}\cos\theta+mgl\cos\theta$$

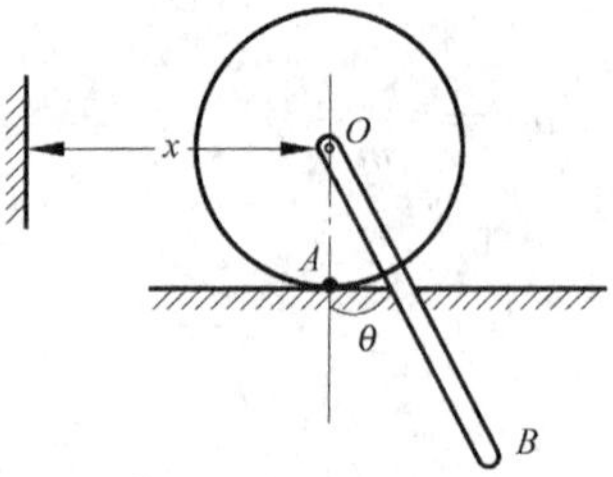

图 8-6a

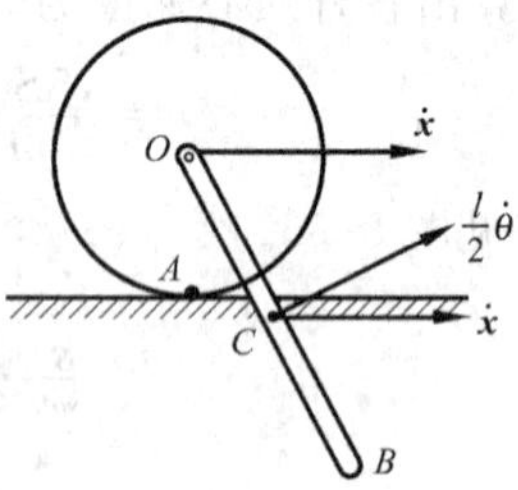

图 8-6b

(2) 由

$$\frac{\mathrm{d}}{\mathrm{d}t}\frac{\partial L}{\partial \dot{x}}-\frac{\partial L}{\partial x}=0,\quad \frac{\mathrm{d}}{\mathrm{d}t}\frac{\partial L}{\partial \dot{\theta}}-\frac{\partial L}{\partial \theta}=0$$

得

$$\begin{cases} 8m\ddot{x}+ml\ddot{\theta}\cos\theta-ml\dot{\theta}^2\sin\theta=0 \\ \frac{2}{3}ml^2\ddot{\theta}+ml\ddot{x}\cos\theta+mgl\sin\theta=0 \end{cases}$$

提示：轮O上固结质点A是否对运动有影响？

问题2 在图8-7所示系统中，均质轮O与滑板的质量均为m，设轮O在板上作纯滚动，滑板放在光滑的水平面上，弹簧的刚度系数为k，原长为l。设在初始时刻，滑板的速度为$\boldsymbol{v}$，轮O的角速度为零。请问下面分析方法有无错误？

解：取图 8-7 所示 x, x_r 为系统的广义坐标。

(1) 由于系统放在光滑的水平面上，因此水平方向动量守恒，有

$$m\dot{x} + m(\dot{x} + \dot{x}_r) = 2mv$$

解出

$$\dot{x} = v - \frac{1}{2}\dot{x}_r$$

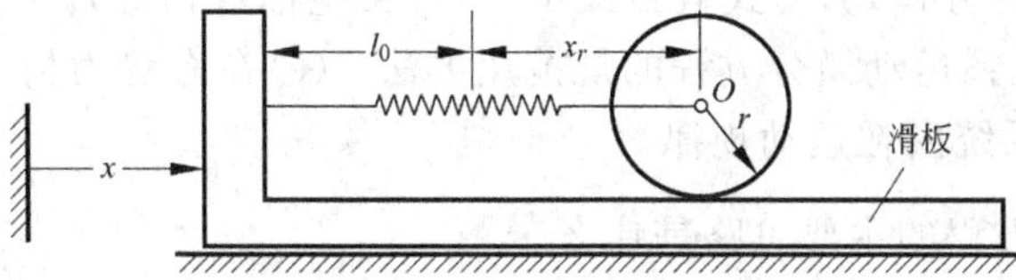

图 8-7

(2) 系统的拉格朗日函数为

$$L = \frac{1}{2}m\dot{x}^2 + \frac{1}{2}m(\dot{x} + \dot{x}_r)^2 + \frac{1}{2} \cdot \frac{1}{2}mr^2\left(\frac{\dot{x}_r}{r}\right)^2 - \frac{1}{2}kx_r^2$$

将 $\dot{x} = v - \frac{1}{2}\dot{x}_r$ 代入，有：

$$L = \frac{1}{2}m\left(v - \frac{1}{2}\dot{x}_r\right)^2 + \frac{1}{2}m\left(v + \frac{1}{2}\dot{x}_r\right)^2 + \frac{1}{4}m\dot{x}_r^2 - \frac{1}{2}kx_r^2$$

代入拉氏方程 $\frac{\mathrm{d}}{\mathrm{d}t}\frac{\partial L}{\partial \dot{x}_r} - \frac{\partial L}{\partial x_r} = 0$ 得

$$m\ddot{x}_r + kx_r = 0$$

因此系统的运动微分方程就是

$$\begin{cases} 2m\ddot{x} + m\ddot{x}_r = 0 \\ m\ddot{x}_r + kx_r = 0 \end{cases}$$

提示：(1)系统有几个自由度？自由度数目与初始条件有无关系？(2)运动微分方程与初始条件有无关系？(3)拉氏方程与动力学普遍方程能否同时使用？

五、疑难解答

1. 分析力学有何特点？

18 世纪的工业大发展提出了处理含有多个约束的刚体系统的动力学问题。这些问题用牛顿力学虽然也能处理，但是很不方便，在这种背景下产生了分析力学。与牛顿力学相比，分析力学有以下特点：

(1) 研究非自由质系的运动时不必考虑理想约束反力。而实际问题中的很多约

束都可近似处理为理想约束。

(2) 使用广义坐标、功、动能等标量研究系统的运动，得到标量方程。

(3) 大量使用数学分析方法。

(4) 不仅研究获得运动微分方程的方法，也研究其积分方法。

具体对于第二类拉氏方程而言，有以下特点：(a)适用于理想完整约束，用广义坐标描述系统运动。(b)方程中不出现约束力，直接建立了主动力与运动的关系。(c)得到的是常微分方程，方程式数目最少(与广义坐标数相等)。(d)是“普遍”公式，提供建立非自由质系运动微分方程的规范化方法。(e)在有势力情况下，拉格朗日函数 L 完全决定了系统内在运动规律。

2. 导出拉氏方程的主要思路是什么？

在第4章中，介绍了“广义坐标形式的静力学普遍方程”，而拉氏方程可以看成是“广义坐标形式的动力学普遍方程”，其主要思路是：

(1) 达朗贝尔-拉格朗日原理：$\sum_i^N(\boldsymbol{F}_i - m_i\boldsymbol{a}_i)\cdot\delta\boldsymbol{r}_i = 0$

(2) 把系统中不独立的虚位移 $\delta\boldsymbol{r}_i$ 换成独立的广义坐标的虚位移 δq_j，得到 $\sum_j^n(Q_j + Q_j^*)\cdot\delta q_j = 0$。其中 Q_j 是广义力，Q_j^* 是广义惯性力。由于 δq_j 独立，因此有 $Q_j + Q_j^* = 0$。

(3) 利用拉格朗日关系式及其他数学变换，可以证明 $Q_j^* = -\dfrac{\mathrm{d}}{\mathrm{d}t}\dfrac{\partial T}{\partial \dot{q}_j} + \dfrac{\partial T}{\partial q_j}$，因此最后得到拉氏方程：$\dfrac{\mathrm{d}}{\mathrm{d}t}\dfrac{\partial T}{\partial \dot{q}_j} - \dfrac{\partial T}{\partial q_j} = Q_j$

3. 为什么叫“第二类”拉格朗日方程？

教科书及通常的辅导书上所介绍的拉格朗日方程是“第二类”拉格朗日方程，这是因为还存在“第一类”拉格朗日方程。第一类拉格朗日方程也称为“带拉格朗日乘子的动力学方程”。其乘子的物理意义是理想约束中约束力的组合形式。

因此第二类拉格朗日方程是不考虑理想约束力，而第一类拉格朗日方程通过乘子又把理想约束力求出来。

4. 什么叫“循环坐标”和“循环积分”？

循环坐标也叫“可遗坐标”，意思是该坐标可以通过积分而消去。而相应的积分结果就是循环积分。

循环坐标是不出现在拉格朗日函数 L 中的广义坐标。设 q_j 是循环坐标，则 $\dfrac{\partial L}{\partial q_j} = 0$，而 $\dfrac{\partial L}{\partial \dot{q}_j} = C_j$ 就是循环积分，也称为广义动量积分。当 q_j 是线坐标时，广义动量就是系统的动量(以刚体平动为例，动能为 $T = \dfrac{1}{2}m\dot{x}^2$，$\dfrac{\partial L}{\partial \dot{x}} = \dfrac{\partial T}{\partial \dot{x}} = m\dot{x}$，而 $m\dot{x}$ 就是

刚体的动量)；当 q_j 是角坐标时，广义动量就是系统的动量矩(以刚体定轴转动为例，动能为 $T=\frac{1}{2}J\dot{\theta}^2$，$\frac{\partial L}{\partial\dot{\theta}}=\frac{\partial T}{\partial\dot{\theta}}=J\dot{\theta}$，而 $J\dot{\theta}$ 就是刚体对转轴对动量矩)；当 q_j 是任意的广义坐标时，广义动量可能是系统动量与动量矩的组合，也可能物理意义不明确。

需要注意的是，由于拉格朗日函数 L 是广义速度的二次函数，因此循环积分是广义速度的一次函数，即循环积分相对于广义速度是线性的。另外，是否存在循环积分，还取决于广义坐标的选取。

5. 广义能量守恒的物理意义是什么?

当拉格朗日函数 L 中不显含时间 t，$\frac{\partial L}{\partial t}=0$，则存在广义能量积分 $T_2-T_0+V=E$。当约束是定常时，$T+V=E$，也就是通常的机械能守恒。

以教科书例 8-6 为例，当圆环匀速转动时，系统的广义能量积分为

$$\frac{1}{2}mR^2\dot{\theta}^2-\frac{1}{2}(J+mR^2\sin^2\theta)\omega^2-mgR\cos\theta=E$$

由于$\frac{1}{2}J\omega^2$ 是圆环转动的动能，为常数，因此上式改写为

$$\frac{1}{2}mR^2\dot{\theta}^2-\frac{1}{2}mR^2\sin^2\theta\cdot\omega^2-mgR\cos\theta=\frac{1}{2}J\omega^2+E=E'$$

其中 $\frac{1}{2}mR^2\dot{\theta}^2$ 表示小环相对运动中的相对动能，$-mgR\cos\theta$ 表示重力势能，$-\frac{1}{2}mR^2\sin^2\theta\cdot\omega^2$ 表示小环在离心力场中的离心力场势能。

注 1：关于离心力场和离心力场势能，在第 9 章中有专门说明。

注 2：虽然本例中广义能量的各项表达式都有明确的物理含义，但在很多问题中却可能没有物理含义。

注 3：广义能量守恒时机械能可能不守恒。本例就是一个证明。

6. 如何用拉氏方程求约束反力或力偶?

有这样一类问题，当系统中某物体的运动规律已知时，求作用在系统上的力(力偶)。由于所求的力在广义力中不出现(请思考为什么?)，无法直接用拉氏方程求解。这时处理的方法是：解除约束，系统增加一个自由度，将所求的力当作主动力，可直接用拉氏方程求解。这与利用虚位移原理求约束反力的情况类似。

六、趣味问题

1. 拉格朗日生平

法国数学家、力学家及天文学家拉格朗日于 1736 年 1 月 25 日在意大利西北部

的都灵出生。少年时读了哈雷介绍牛顿有关微积分之短文，对分析学产生兴趣。他常与欧拉有书信往来，在探讨数学难题(等周问题)之过程中，当时只有18岁的他就以纯分析的方法发展了欧拉所开创的变分法，奠定变分法的理论基础。1755年，19岁的他就已当上都灵皇家炮兵学校的数学教授，不久又成为柏林科学院通讯院院士。两年后，他参与创立都灵科学协会之工作，并在协会出版的科技会刊上发表大量有关变分法、概率论、微分方程、弦振动及最小作用原理等论文。这些著作使他成为当时欧洲公认的第一流数学家。

图8-8　拉格朗日

1764年，他凭万有引力解释月球天平动问题获得法国巴黎科学院奖金。1766年，又因成功地以微分方程理论和近似解法研究科学院所提出的一个复杂的六体问题(木星的四个卫星的运动问题)而再度获奖。同年，德国普鲁士王腓特烈邀请他到柏林科学院工作时说："欧洲最大的王宫廷内应有欧洲最大的数学家"，于是他应邀到柏林科学院工作，并在那里居住达20年。1788年他完成了重要经典力学著作《分析力学》。书内以变分原理及分析的方法，建立起完整和谐的力学体系，使力学分析化。他在序言中宣称：力学已成分析的一个分支。

1786年普鲁士王腓特烈逝世后，他应法王路易十六之邀定居巴黎。出任法国米制委员会主任，并先后于巴黎高等师范学院及巴黎综合工科学校任数学教授。最后于1813年4月10日在当地逝世。

拉格朗日不但于方程论方面贡献重大，且还推动了代数学发展。他在生前提交给柏林科学院的两篇著名论文《关于解数值方程》(1767年)及《关于方程的代数解法的研究》(1771年)中，考察了二、三及四次方程的一种普遍性解法。在他有关方程求解条件的研究中早已蕴含了群论思想的萌芽，这使他成为伽罗瓦建立群论之先导。

另外，他在数论方面也表现超卓。费马所提出的许多问题都被他一一解答，例如，一个正整数是不多于四个平方数之和的问题；求方程 $x^2-Ay^2=1$(A 为一非平方数)之全部整数解的问题等。他还证明了 π 是无理数。这些研究成果都丰富了数论的内容。

此外，他还写了两部分析巨著《解析函数论》及《函数计算讲义》，总结了自己一系列研究工作。在《解析函数论》中企图把微分运算归结为代数运算，从而摒弃自牛顿以来一直令人困惑的无穷小量。他又把函数 $f(x)$ 的导数定义成 $f(x+h)$ 之泰勒展开式中的 h 项之系数，并由此为出发点建立全部分析学。可是他并未考虑到无穷级数的收敛性问题，他以为摆脱了极限概念，实质回避了极限概念，因此并未达到使微积分代数化、严密化之想法。不过，他采用新的微分符号，以幂级数表示函数的处理手法对分析学发展产生了影响，成为实变函数论的起点。他还在微分方程理论中作出奇解为积分曲线族的包络的几何解释，提出线性代数的特征值概念等。

数学界近百多年来的许多成就都可直接或间接地追溯于拉格朗日的工作。他在数学史上被认为是对分析数学的发展产生全面影响的数学家之一。

七、习　　题

8-1　用拉格朗日方程描述下述运动：

(1) 质量为 m 的质点沿倾角 φ 的斜面无摩擦地下滑。

(2) 以初速 $\boldsymbol{v}_0$ 与水平成仰角 φ 发射的质点。

(3) 质点在均匀重力场中自由落下。

8-2　设 T 是质点系的动能，试证：

(1) $\dfrac{\partial T}{\partial q_k}=\sum m_i\dot{\boldsymbol{r}}_i\cdot\dfrac{\partial \dot{\boldsymbol{r}}_i}{\partial q_k}$　　　(2) $\dfrac{\partial T}{\partial \dot{q}_k}=\sum m_i\dot{\boldsymbol{r}}_i\dfrac{\partial \dot{\boldsymbol{r}}_i}{\partial \dot{q}_k}$

8-3　如下各图中弹簧刚度系数皆为 k，物块质量皆为 m，无摩擦，试回答下列问题：

(1) 写出拉格朗日函数。

(2) 列出拉格朗日方程。

(3) 在上述(1)、(2)中，若广义坐标的原点不同，结果是否一致？

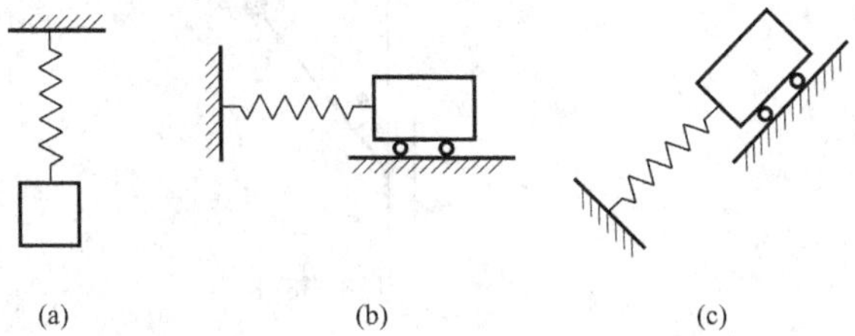

习题　8-3

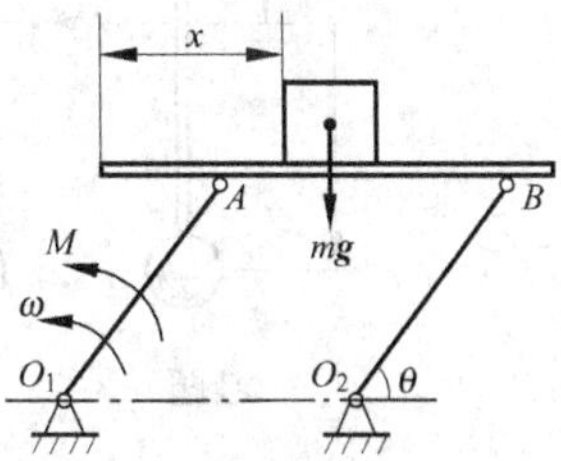

习题　8-4

8-4　物块质量为 m，放在平面四连杆机构的水平板 AB 上(AB 板不计重量)，物块与 AB 的静摩擦系数为 μ。图中 $O_1A=O_2B=r$，$AB=O_1O_2$。O_1A 以不变的角速度 $\boldsymbol{\omega}$ 绕 O_1 转动，其上作用有力矩 M，系统处于铅直面内。试列出物块与 AB 杆相对静止及有相对滑动两种情况下物块的拉格朗日方程。

8-5　图示平面机构中不存在摩擦，两弹簧刚度系数为 k_1、k_2，弹簧 k_1 下端固定

在三角滑块 A 上，滑轮质量不计。问：

(1) 此系统有几个自由度？怎样选择广义坐标？

(2) 弹簧 k_2 是弯曲的，不是直线。能否用弹簧 k_2 的伸长作为一个广义坐标？

(3) 取弹簧 k_1、k_2 在原长时的位置作广义坐标的原点，与取系统在静平衡时的位置作广义坐标的原点，所列的拉格朗日方程是否相同？为什么？

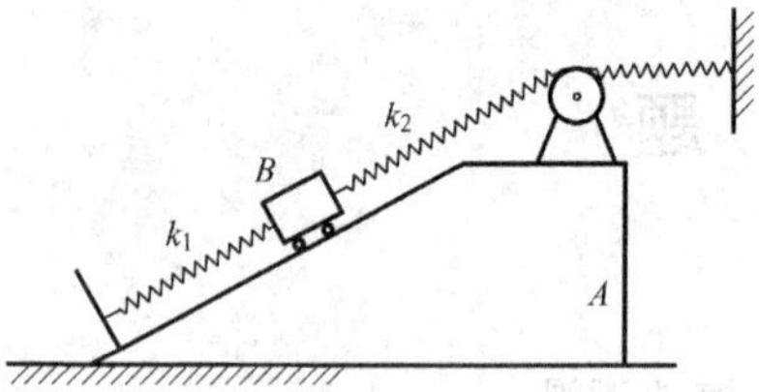

习题 8-5

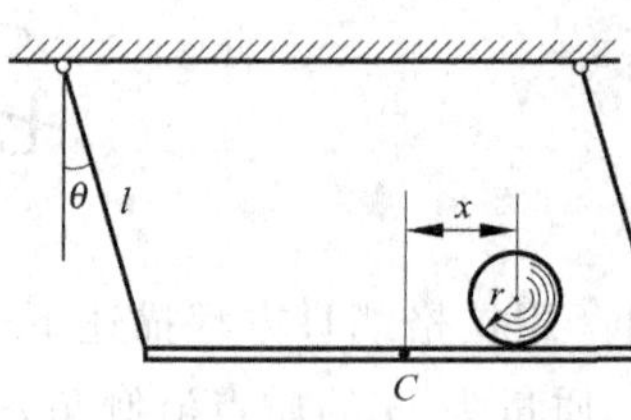

习题 8-6

8-6 质量为 M 的水平台用长为 l 的绳子悬挂起来，如图所示。小球的质量为 m，半径为 r，沿水平台无滑动的滚动。试以 θ 和 x 为广义坐标列出此系统的运动微分方程。

8-7 一对用弹簧连结的单摆，可在图示平面内作微幅摆动。两摆杆长均为 l，两摆锤的质量均为 m，弹簧刚度系数为 k，不计摆杆和弹簧的质量。试建立系统的运动微分方程。

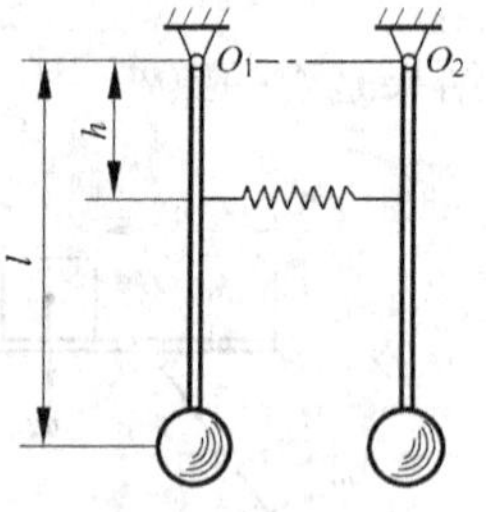

习题 8-7

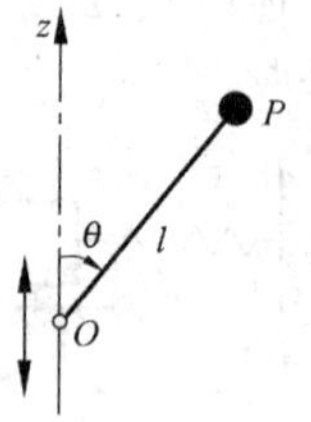

习题 8-8

8-8 倒摆由质量为 m 的质点 P 和轻刚性杆 OP 组成，支点 O 在竖直方向的运动规律为 $z=A\sin\omega t$，其中 A,ω 为常量。求质点的拉格朗日函数和运动微分方程。

8-9 半径均为 R 的两圆柱 A、B，用一绳相连如图所示。B 为实心均质圆柱，其质量为 m_1；A 是薄壁圆柱，质量为 m_2，并沿柱面均匀分布。设 A 铅垂下降，B 沿水平面只滚不滑，滚动摩擦不计。试求两圆柱的角加速度及质心的加速度，并求圆柱 B 在水平面上只滚不滑时，其与支撑面之间的滑动摩擦系数 μ 应为多少？

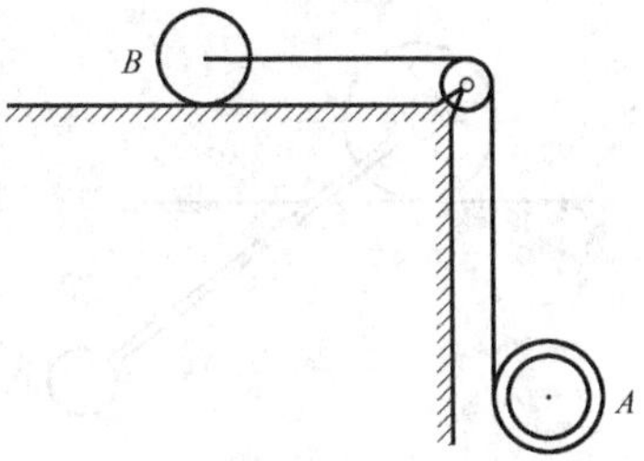

习题 8-9

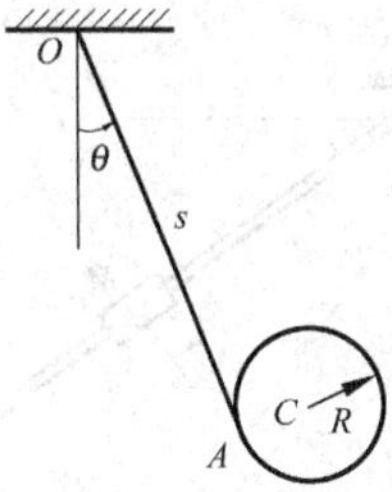

习题 8-10

8-10 一不可伸长的轻绳绕于质量为 m，半径为 R 的均质圆盘上，绳的一端固定于 O 点，设圆盘沿不在铅直位置的绳上静止开始滚下，如图所示。并假定绳始终保持拉紧状态。求系统的运动微分方程。

8-11 图示系统中，楔块 A 重为 P_1，放在光滑的水平面上。均质实心圆柱重为 P_2，放在楔块斜面上。弹簧的刚性系数为 k。斜面倾角为 α。设在初瞬时系统处于静止，弹簧无变形。圆柱与楔块之间无滑动。试求楔块的运动微分方程。

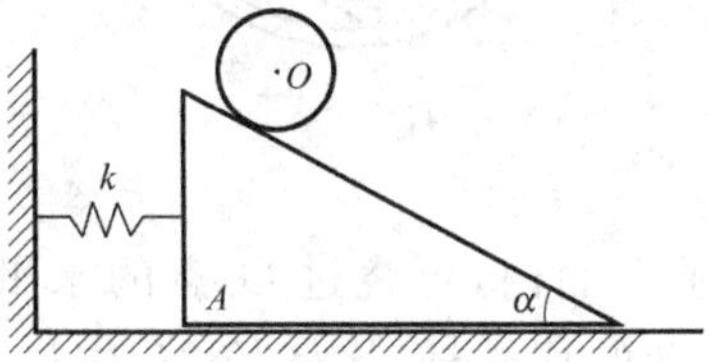

习题 8-11

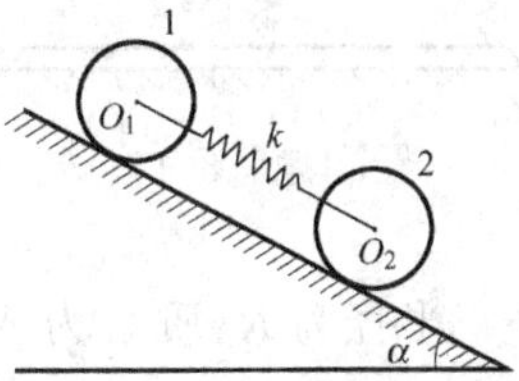

习题 8-12

8-12 两个相同的均质实心圆柱，半径相同，质量均为 m，两中心 O_1 和 O_2 用弹簧连结，弹簧的刚性系数等于 k，其自然长度为 l。如系统自静止状态开始运动，此时弹簧的变形为 δ_0，试求圆柱中心的运动微分方程。设圆柱 1 重心的初位置取为坐标原点，圆柱在斜面上滚而不滑。

8-13 长为 l，质量为 m_1 的光滑均质直杆 OA，可绕水平轴 O 转动，另有一质量为 m_2 的套筒 M 可沿杆 OA 滑动，如图所示。如杆和套筒在 $r=r_0$ 和 $\theta=0$ 时由静止开始释放，试列出此系统在重力作用下的运动微分方程。

8-14 如图所示，无重刚杆 OA 的一端固定着一质量为 m 的小球 A，另一端固定在半径为 r、质量为 M 的均质圆柱中心 O 上，圆柱可在水平面上作纯滚动，$OA=l$。求系统在平衡位置附近作微小振动时的振动周期。

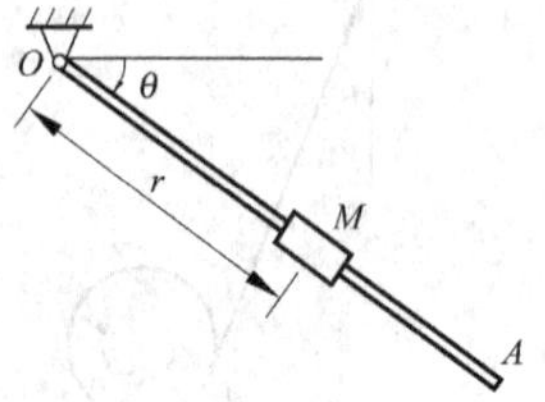

习题　8-13

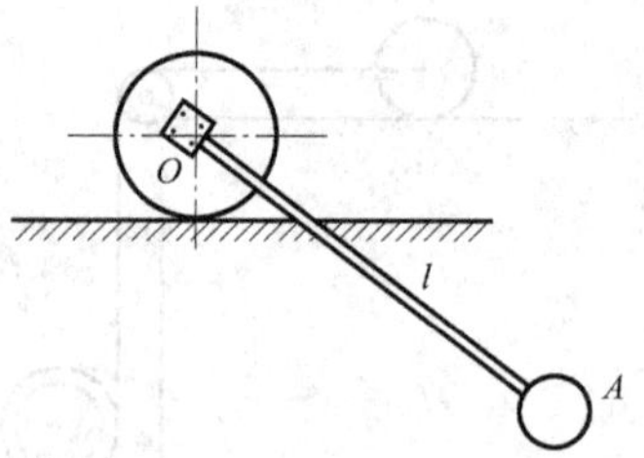

习题　8-14

8-15　均质梁长为 l，质量为 m，在水平面内用四个弹簧支承，如图所示。每个弹簧的刚度系数为 $k/2$，此梁在水平面内作微振动。试列出梁的运动微分方程。

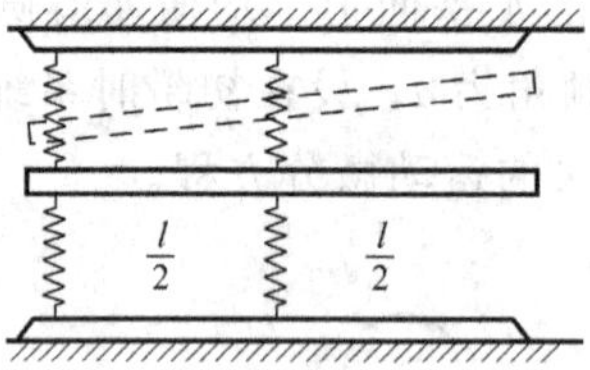

习题　8-15

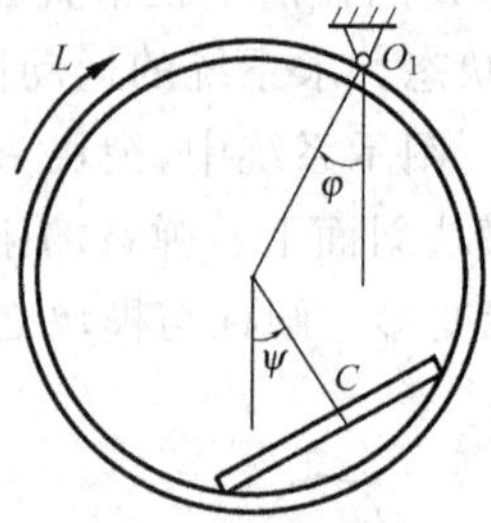

习题　8-16

8-16　半径为 R、质量为 M 的圆环放在铅垂平面内，可绕过 O_1 点的水平轴转动，其光滑内表面上放置一限制在铅垂平面内运动的均质杆，该杆长 $2l$，质量为 m。当圆环上作用一力偶 $\boldsymbol{L}$ 时，试写出该系统的运动微分方程。

8-17　半径为 R、质量为 M 的均质圆盘可绕过 O 点的水平轴转动，其边缘 A 处悬挂一质量为 m、长为 l 的单摆 B。试写出该系统的运动微分方程，并写出其第一积分。

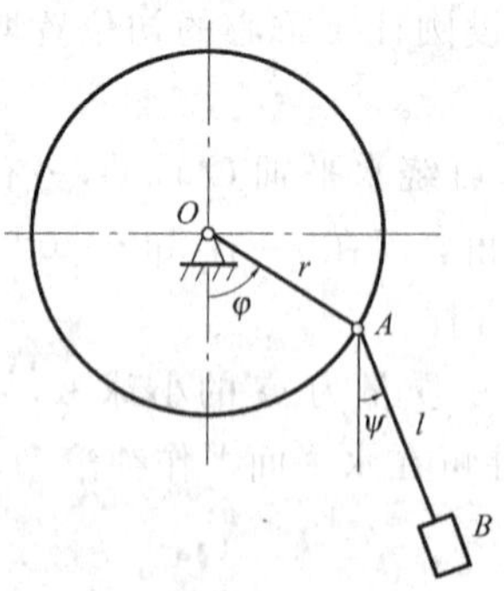

习题　8-17

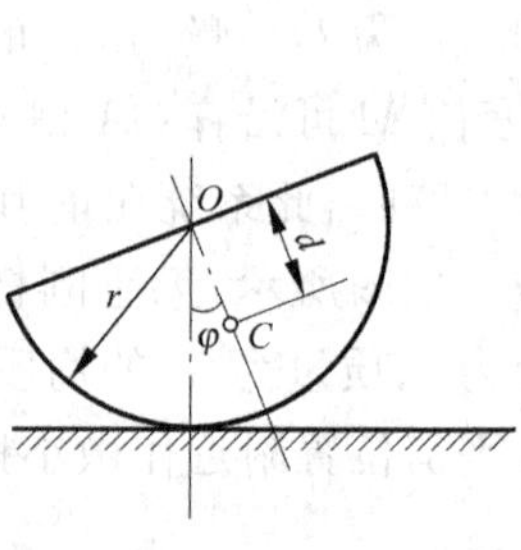

习题　8-18

8-18 一半径为 r、质量为 m 的均质半圆柱在水平面上来回摆动，如图所示。其质心 C 至 O 点的距离为 d，对过质心与图面垂直轴的回转半径为 ρ。设接触处有足够的摩擦防止半圆柱滑动，试求半圆柱在其铅垂平衡位置附近作微摆动的周期。

8-19 杆 OA 的长 $l=1.5\text{m}$，质量不计，可绕水平轴 O 摆动；在 A 端装一质量 $M=2\text{kg}$、半径 $r=0.5\text{m}$ 的均质圆盘；在圆盘边上 B 点固结一质量 $m=1\text{kg}$ 的质点，如图所示。试求系统在平衡位置附近作微小振动的运动微分方程。

8-20 长为 l 的细杆 OA，上端铰支在 O 点，下端固结一质量为 m_1 的小球；另一质量为 m_2、系以弹簧的滑块 B，在重力和弹性力作用下，可沿细杆自由滑动；如图所示。已知弹簧刚度系数为 k，自然长度为 l_0，不计摩擦和细杆的质量。试求细杆在铅垂平面内摆动时系统的运动微分方程。

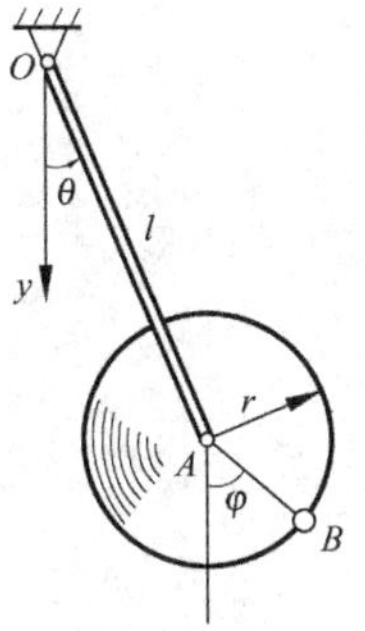

习题 8-19

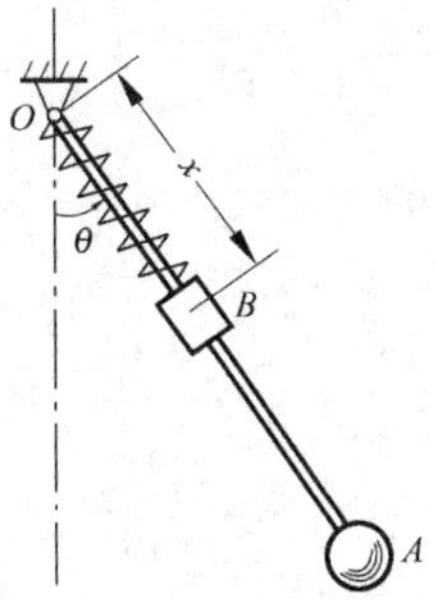

习题 8-20

第 4 篇

动力学专题

第 9 章
质系在非惯性参考系中的动力学

一、内 容 摘 要

1. 惯性力

牵连惯性力和科氏惯性力通称为惯性力，它们不是作用在质点上的真实力，而是假想力。惯性力具有“虚假”和“真实”的两重性。虚假性表现在它不是物质之间的相互作用，没有施力者，也没有反作用力，而且它的大小与参考系的运动密切相关。当然，它也不符合力的定义(力是产生和改变运动的原因)。惯性力的真实性表现在身处非惯性系的观察者可以真实地感觉到它的存在，或者用仪器测量出来。

这个惯性力概念与动静法中的惯性力不完全相同。这个惯性力与非惯性参考系相对应，而动静法中质系内每个质点的 $-m_i\boldsymbol{a}_i$ 都叫惯性力，无法说出它们是对应哪个非惯性系的。当一个刚体作变速度平动时，取非惯性参考系为与刚体固连的平动系，这两种惯性力就完全相同了。

2. 非惯性参考系中的动力学普遍定理

设非惯性系的原点取在质系的质心上。

(1) 非惯性参考系中的动量定理表示为

$$\boldsymbol{R}^{(e)}-m\boldsymbol{a}_C=0$$

这正是第 6 章讲的质心运动定理。

(2) 非惯性参考系中的动量矩定理表示为

$$\frac{\tilde{\mathrm{d}}\boldsymbol{L}_{Cr}}{\mathrm{d}t}=\boldsymbol{M}_C^{(e)}$$

其中$\dfrac{\tilde{\mathrm{d}}}{\mathrm{d}t}$是在非惯性系中对时间的导数，即相对导数。定理的形式与惯性系中相同。

(3) 非惯性参考系中的动能定理表示为

$$\tilde{\mathrm{d}}T_r=\mathrm{d}'A$$

在非惯性系中质系动能定理形式与惯性系中完全相同。

二、基本要求

1. 掌握科氏惯性力、牵连惯性力的概念。
2. 考虑地球自转时，能定性分析地面附近运动物体的力学现象。
3. 利用质点相对运动微分方程求解非惯性系中的动力学问题。

三、典型例题

例 9-1 已知电梯加速度为 $\boldsymbol{a}$，如图 9-1a 所示。求磅秤所指示的体重。

解：研究人相对电梯的运动，加牵连惯性力，受力情况见图 9-1b，由相对平衡得

$$N=P+S_e=m(g+a)$$

因而磅秤指示增加，人体超重。

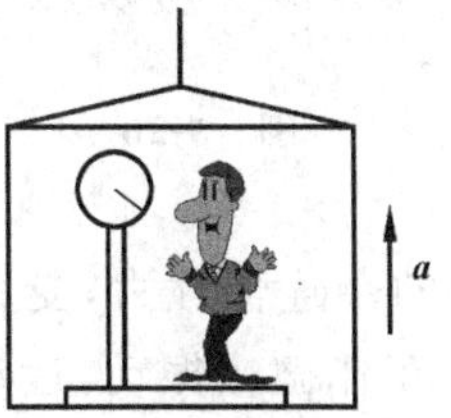

图 9-1a

图 9-1b

讨论：(1)在地面上(惯性系)与电梯中(动系)对超重现象如何解释？两种解释是否相同？(2)宇航员在正式升空前，要在水池中利用水的浮力进行失重模拟训练，问这种训练能模拟宇航员在太空中的失重环境吗？(3)有人在乘电梯时想：如果万一电梯坏了，在坠落前的瞬时，猛跳起来，就可以幸免于难了。这种想法是否合理？

例 9-2 已知小车以匀加速度 $\boldsymbol{a}$ 沿直线前进，车内一单摆质量为 m，绳长为 l，如图 9-2a 所示。求单摆的相对运动微分方程及相对平衡位置（偏角）。

解：(1) 分析运动，分析受力

(2) 研究相对运动，加牵连惯性力

$\boldsymbol{S}_e=-m\boldsymbol{a}$，$S_e=ma$（方向在图 9-2a 中表示）

(3) 相对运动微分方程

$$m\boldsymbol{a}_r=\boldsymbol{F}+\boldsymbol{S}_e+\boldsymbol{S}_c$$

其中 $\boldsymbol{a}_r=-l\dot{\theta}^2\boldsymbol{n}+l\ddot{\theta}\boldsymbol{t}$，$\boldsymbol{S}_e=-m\boldsymbol{a}$，$\boldsymbol{S}_c=0$，由于绳中张力未知，将向量形式的运动微分方程向切向投影，得相对运动微分方程为：

$$ml\ddot{\theta}=-mg\sin\theta+ma\cos\theta$$

(4) 相对平衡条件

当单摆相对小车静止时，$\dot{\theta}=\ddot{\theta}=0$，相对平衡时的角度 θ^* 为：

$$0=-mg\sin\theta^*+ma\cos\theta^*$$

$$\theta^*=\arctan\left(\frac{S_e}{p}\right)=\arctan\left(\frac{a}{g}\right)$$

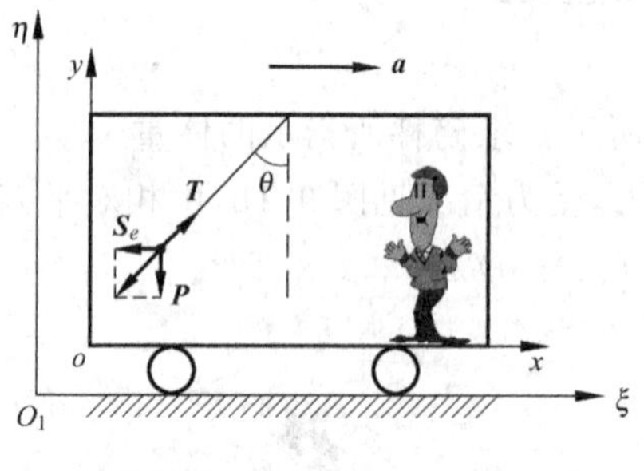

图 9-2a

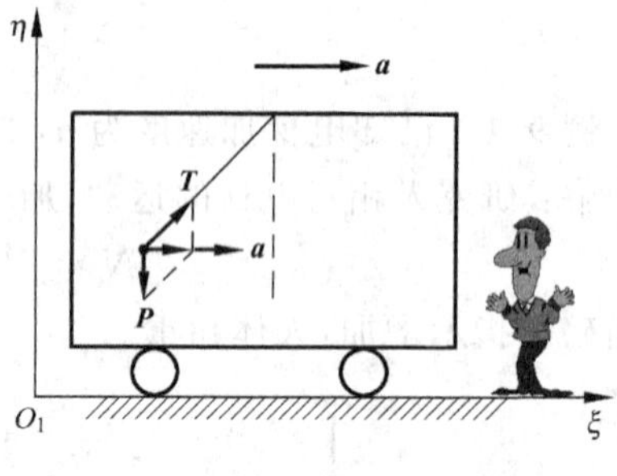

图 9-2b

讨论：(1)在惯性系 $O_1\xi\eta$ 中观察，并不存在向后的牵连惯性力，受力情况如图 9-2b 所示，如何解释偏角的产生？(2)若设单摆相对小车作微幅振动，运动微分方程如何简化？此时 θ 不再是小量，不再有 $\sin\theta\approx\theta$，$\cos\theta\approx1$。因此通常这样处理：
设 $\theta=\theta^*+\beta$，β 为小量，有 $\sin\beta\approx\beta$，$\cos\beta\approx1$。则原来的运动微分方程简化为：

$$ml(\ddot{\theta}^*+\ddot{\beta})=-mg\sin(\theta^*+\beta)+ma\cos(\theta^*+\beta)$$

$$\begin{aligned}ml\ddot{\beta}=&-mg(\sin\theta^*\cos\beta+\cos\theta^*\sin\beta)\\&+ma(\cos\theta^*\cos\beta-\sin\theta^*\sin\beta)\end{aligned}$$

$$\begin{aligned}ml\ddot{\beta}=&-mg(\sin\theta^*+\cos\theta^*\cdot\beta)\\&+ma(\cos\theta^*-\sin\theta^*\cdot\beta)\end{aligned}$$

$$ml\ddot{\beta}+m(g\cos\theta^{*}+a\sin\theta^{*})\beta=-mg\sin\theta^{*}+ma\cos\theta^{*}$$

$$ml\ddot{\beta}+m(g\cos\theta^{*}+a\sin\theta^{*})\beta=0$$

进一步讨论：(1)在简化的结果中，方程右项为零，这是碰巧的还是必然的？(2)如果小车加速度 $\boldsymbol{a}$ 取负值，是否会出现$(g\cos\theta^{*}+a\sin\theta^{*})<0$，从而不再是振动方程？为什么？

例 9-3 半径为 R 的细圆环不计质量，以匀角速度 ω 转动。质量为 m 的均质细杆长为 l，在圆环平面内运动，见图 9-3a，若不计摩擦，求杆 AB 相对圆环的运动微分方程。

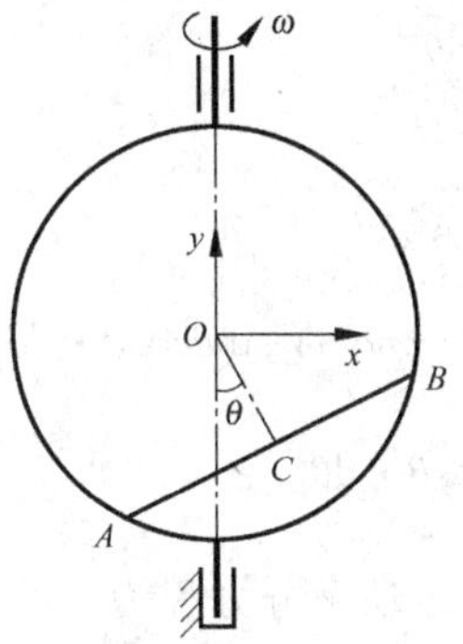

图 9-3a

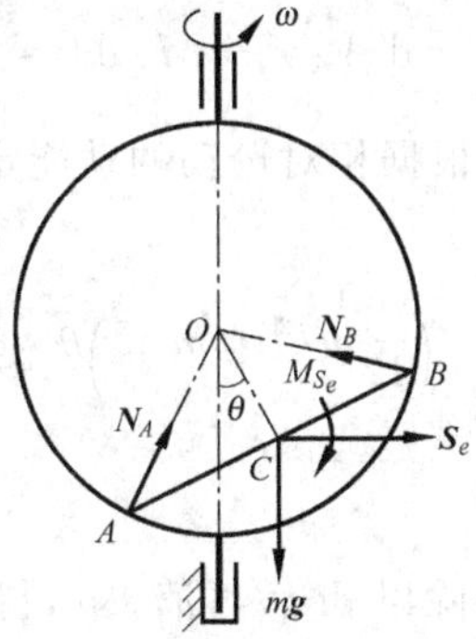

图 9-3b

解法 1：利用相对运动动量矩定理。

(1) 分析运动，杆 AB 相对圆环作平面定轴转动。牵连运动是定轴转动。

(2) 加上牵连惯性力、科氏惯性力，如图 9-3b 所示(本题只用到牵连惯性力，故没画科氏惯性力)。为方便设 $OC=a$，有 $a=\sqrt{R^2-\frac{1}{4}l^2}$，但计算中暂不代入。

惯性力：
$$S_e=ma\sin\theta\cdot\omega^2$$

对质心 C 的惯性力矩通过积分得到

$$M_{S_e}=\int(r\omega^2\cdot\mathrm{d}m)(x\sin\theta)$$

$$=\int_{-0.5l}^{0.5l}(a\sin\theta+x\cos\theta)\cdot\omega^2x\sin\theta\cdot\frac{m}{l}\mathrm{d}x=\frac{1}{12}ml^2\omega^2\sin\theta\cos\theta$$

(3) 对 O 点取矩有

$$\frac{\tilde{\mathrm{d}}\boldsymbol{L}_{Or}}{\mathrm{d}t}=\boldsymbol{M}_O^{(e)}+\boldsymbol{r}_{OC}\times\boldsymbol{S}_e+\boldsymbol{M}_{S_e}$$

向 z 轴投影有

$$\frac{\tilde{\mathrm{d}}L_{Or}}{\mathrm{d}t}=M_O^{(e)}+S_er_{OC}\cos\theta-M_{S_e}$$

$$\left(\frac{1}{12}ml^2+ma^2\right)\ddot{\theta}=-mga\sin\theta+ma^2\omega^2\sin\theta\cos\theta-\frac{1}{12}ml^2\omega^2\sin\theta\cos\theta$$

解法 2：利用相对运动动能定理。

(1) 杆 AB 的相对运动是定轴转动，其相对动能为

$$T_r = \frac{1}{2}J_O\dot{\theta}^2 = \frac{1}{2}\left(\frac{1}{12}ml^2 + ma^2\right)\dot{\theta}^2$$

(2) 主动力的元功为

$$\mathrm{d}'A = m\boldsymbol{g}\cdot\mathrm{d}\boldsymbol{r} = -mga\sin\theta\cdot\mathrm{d}\theta$$

(3) 惯性力及惯性力矩的元功为

$$\mathrm{d}'A_{e1} = \boldsymbol{S}_e\cdot\mathrm{d}\boldsymbol{r} = ma\omega^2\sin\theta\cdot a\cos\theta\mathrm{d}\theta = ma^2\omega^2\sin\theta\cos\theta\cdot\mathrm{d}\theta$$

$$\mathrm{d}'A_{e2} = -M_{S_e}\mathrm{d}\theta = -\frac{1}{12}ml^2\omega^2\sin\theta\cos\theta\cdot\mathrm{d}\theta$$

(4) 根据相对运动的动能定理有

$$\mathrm{d}T_r = \mathrm{d}'A + \mathrm{d}'A_{e1} + \mathrm{d}'A_{e2}$$

$$\left(\frac{1}{12}ml^2 + ma^2\right)\dot{\theta}\cdot\mathrm{d}\dot{\theta} = -mga\sin\theta\cdot\mathrm{d}\theta + ma^2\omega^2\sin\theta\cos\theta\cdot\mathrm{d}\theta - \frac{1}{12}ml^2\omega^2\sin\theta\cos\theta\cdot\mathrm{d}\theta$$

等式两边除以 $\mathrm{d}t$ 后再消去 $\dot{\theta}$，得到杆 AB 相对圆环的运动微分方程为

$$\left(\frac{1}{12}ml^2 + ma^2\right)\ddot{\theta} = -mga\sin\theta + ma^2\omega^2\sin\theta\cos\theta - \frac{1}{12}ml^2\omega^2\sin\theta\cos\theta$$

讨论：(1)在两种解法中，科氏惯性力都不出现，原因是否是相同的？(2)比较两种解法各有什么特点？(3)如果利用动静法或是拉氏方程求解，可能会有什么困难？(4)可以验证解答是否正确。一种验证方法是“参数退化”法，即给出特定的参数，看在简化的情况下是否正确。在本题中，若令 $l=0$，$a=R$，即 AB 杆退化为一质点，正是教科书中的例 9-3，则 AB 杆相应的运动微分方程退化为

$$mR^2\ddot{\theta} = -mgR\sin\theta + mR^2\omega^2\sin\theta\cos\theta$$

该答案与教科书例 9-3 相同。

四、常见错误

问题 1 在本书的例 9-3 中，如果采用下面的方法简化杆 AB 所受的牵连惯性力，有什么问题？

解：由于圆环匀速转动，牵连运动是定轴转动，在任一瞬时，杆 AB 的牵连角速度 ω 为常数，牵连角加速度 ε 为零。因此杆 AB 的惯性力向质心 C 简化有

$$M_{S_e} = J_C\varepsilon = 0$$

与例 9-3 中结果明显不同。

提示：(1)杆 AB 作什么运动？(2)$M_{S_e}=J_C\varepsilon$ 有没有什么限制条件？

问题 2　已知 OA 杆长为 l，不计质量，均质薄圆盘半径为 r，质量为 m。若 OA 杆相对地面以匀角速度 $\boldsymbol{\omega}_0$ 转动，圆盘相对地面以 $\boldsymbol{\omega},\boldsymbol{\varepsilon}$ 转动，如图 9-4a 所示，不计摩擦，用下面三种方法求作用在圆盘上的力偶 M_A 时结果都不同，这里面有什么问题？

解法 1：利用惯性系中的质系动量矩定理。

$$J_A\boldsymbol{\varepsilon}=\boldsymbol{m}_A$$

所以

$$M_A=\frac{1}{2}mr^2\varepsilon$$

解法 2：利用非惯性系中质系相对运动的动量矩定理。加上惯性力、惯性力矩，见图 9-4b，有

$$S_e=ml\omega_0^2$$

$$M_{S_e}=J_A\varepsilon=\frac{1}{2}mr^2\varepsilon$$

$$J_A\boldsymbol{\varepsilon}_r=\boldsymbol{m}_A$$

$$J_A\varepsilon_r=M_A-M_{S_e}$$

$$M_A=J_A\varepsilon_r+M_{S_e}=J_A\varepsilon+M_{S_e}=mr^2\varepsilon$$

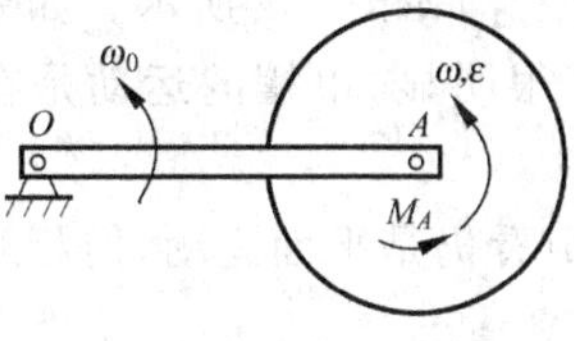

图　9-4a

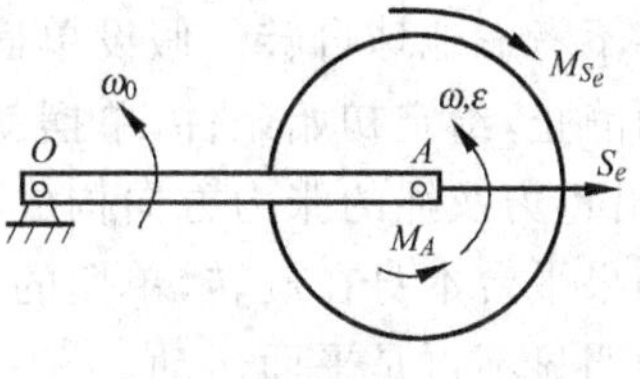

图　9-4b

解法 3：利用非惯性系中的质系相对运动的动能定理。加上惯性力、惯性力矩。相对运动的动能为

$$T_r=\frac{1}{2}J_A\Omega^2=\frac{1}{4}mr^2(\omega-\omega_0)^2$$

系统所有力的元功为

$$\mathrm{d}'A=M_A\mathrm{d}\theta,\qquad \mathrm{d}'A_e=-M_{S_e}\mathrm{d}\theta$$

$$\frac{1}{2}mr^2(\omega-\omega_0)\mathrm{d}\omega=\left(M_A-\frac{1}{2}mr^2\varepsilon\right)\mathrm{d}\theta$$

明显看出 M_A 与 ω_0 有关。

提示：(1)本题应加什么惯性力？(2)本题中科氏惯性力是否应出现？(3)M_A 与 ω_0 有无关系？

五、疑难解答

1. 本章中的惯性力与动静法中的惯性力有什么区别?

本章中的牵连惯性力 $\boldsymbol{S}_e=-m\boldsymbol{a}_e$ 及科氏惯性力 $\boldsymbol{S}_c=-m\boldsymbol{a}_c$ 与动静法中的惯性力 $\boldsymbol{S}=-m\boldsymbol{a}$ 相比,既有相同点也有区别。

相同点是: 形式相同,都是质量乘以加速度,都有负号;都不是真实的力,但又都可以被感觉或测量到。

不同点是: $\boldsymbol{S}=-m\boldsymbol{a}$ 与物体运动的加速度有关,$\boldsymbol{S}=-m\boldsymbol{a}$ 也称为达朗贝尔惯性力。而 $\boldsymbol{S}_e=-m\boldsymbol{a}_e$、$\boldsymbol{S}_c=-m\boldsymbol{a}_c$ 只与加速度的分量有关。加速度本身是客观的,但其分量依赖于坐标系的选择。

在动静法中,运动物体加上惯性力后变成了静力学问题,目的是为了分析问题更简便(静力学比动力学容易)。因此动静法中引入惯性力是为了处理方便但不是必需的。在本章中,物体加上惯性力后还是动力学问题。本章加惯性力的最根本原因是牛顿定理只能在惯性系中成立,因此在非惯性系中分析动力学问题必须加上惯性力。

2. 为什么说傅科摆可以证明地球的自转?

先不考虑地球自转。假设单摆悬挂在一个平台上,如图 9-5a 所示。如果平台相对地面静止,给定初始条件,单摆就可以摆动起来。很明显,单摆的运动是在一个平面内(沿重力及绳的张力方向构成的平面)。

如果平台本身在旋转,单摆的运动在惯性空间中看仍是平面运动,但相对于平台的运动明显不再是平面运动。

再回到傅科摆的问题。傅科摆是悬挂在与地面固结的房顶上,这时地球相当于上面提到的平台。可以观察到傅科摆的运动轨迹(摆球在地面上的投影)如图 9-5b 所示(示意图),因此说明地球这个"大平台"是旋转的。

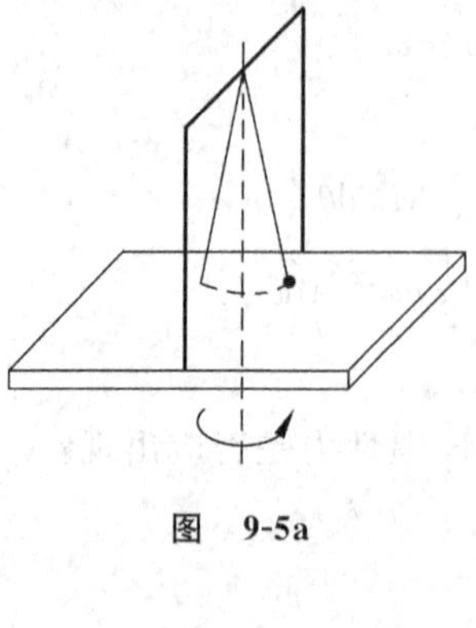

图 9-5a

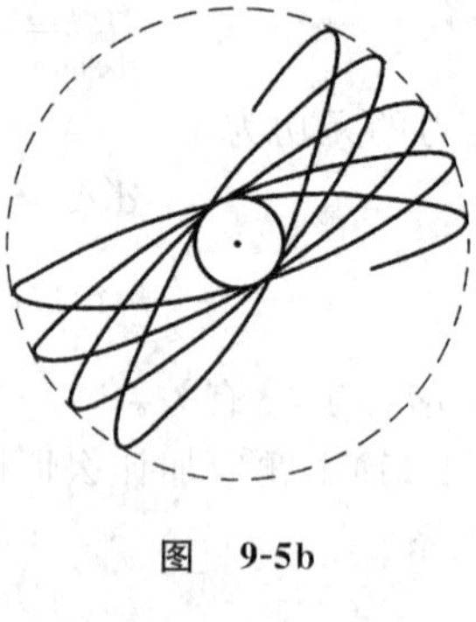

图 9-5b

3. 人们的很多实验都是在地球这个非惯性系中进行的，为什么牛顿还能得到适合于惯性系的牛顿定律？

人们的认识有一个曲折的过程。例如，从亚里士多德时代起，人们就认为力是维持物体运动的原因，因为在日常生活中，你去拉车，车就前进，不拉车，车就停止。但是伽利略在实验中发现：当一个物块从斜面上滑下来后，还能在水平面上滑一段距离，他发现水平面越光滑，物块滑行的距离越远。因此他认为，如果水平面绝对光滑，物块就可以一直滑下去，力并不是维持物体运动的原因。伽利略还根据实验及思考，提出了相对性原理。在今天看来，伽利略的工作已很接近牛顿定律了，只是没有理论化。这些工作为牛顿定律的最后确立提供了基础，所以牛顿说自己的发现是站在巨人的肩膀上。

从另一个角度看，我们应该感谢地球的转动并不很快，使得地球基本上还可以看成是一个惯性系，在地球上所做的绝大部分实验，地球自转所导致的影响，往往在实验的误差之内（特别是牛顿时代以前的实验）。可以猜测，如果地球转动是目前的100倍，牛顿将很有可能得到另外形式的牛顿定律了。

六、趣味问题

1. 向上抛一物体，考虑地球自转，其落点偏向何方？

在具体求解之前，有人可能会凭感觉认为质点运动的轨迹大致为图 9-6a 所示：(1)质点从 O 到 A 为上升阶段，这一阶段向西偏。(2)质点从 A 到 B 为下落阶段，这一阶段向东偏。有人甚至认为 B 点会与 O 点重合，即质点会落回原处。

以上分析看似有道理，但实际上是错误的。正确的轨迹应大致为图 9-6b 所示：上升与下落阶段均向西偏！这与“落体偏东”有无矛盾呢？下面具体解释。

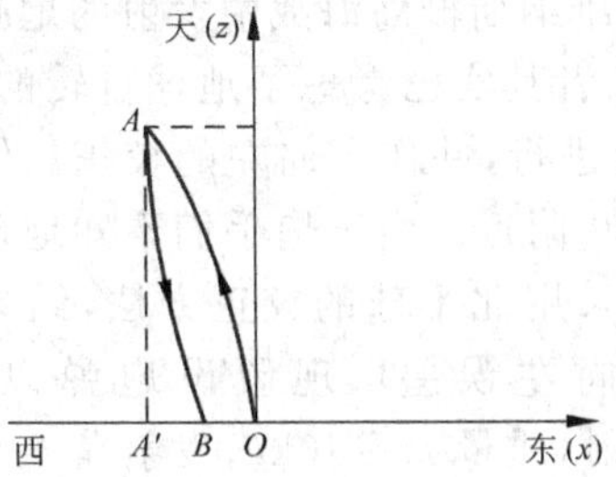

图 9-6a

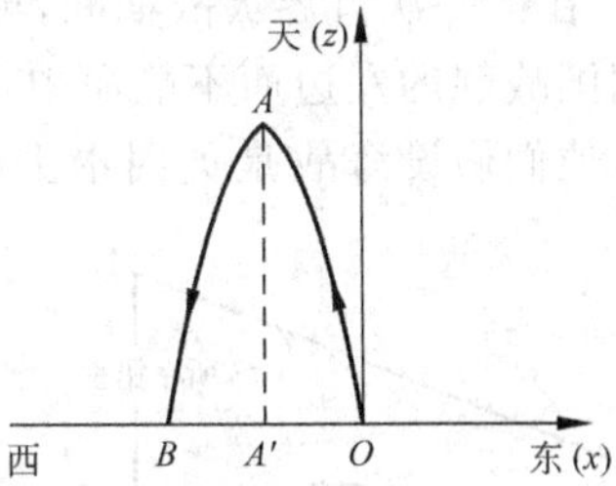

图 9-6b

以 O 为原点，当地的东北天方向为直角坐标系，设当地纬度为 λ，则质点的运动方程式可写为：

$$\begin{cases}\ddot{x}=2\omega(\dot{y}\sin\lambda-\dot{z}\cos\lambda)\\ \ddot{y}=-2\omega\dot{x}\sin\lambda\\ \ddot{z}=-g+2\omega\dot{x}\cos\lambda\end{cases}$$

初始条件为

$$x(0)=0,\quad y(0)=0,\quad z(0)=0,$$
$$\dot{x}(0)=0,\quad \dot{y}(0)=0,\quad \dot{z}(0)=v_0$$

其近似解为

$$\begin{cases}x(t)=\left(-v_0+\dfrac{1}{3}gt\right)\omega t^2\cos\lambda\\ y(t)=0\\ z(t)=v_0t-\dfrac{1}{2}gt^2\end{cases}$$

因此，$t=t_1=\dfrac{v_0}{g}$时，质点运动至 A 点，$t=t_2=\dfrac{2v_0}{g}$时，质点运动至 B 点，且有 $x(t_2)=2x(t_1)$，代入数据($v_0=9.8\text{m/s},g=9.8\text{m/s}^2,\lambda=45°$)后，有

$$x(t_1)=-0.336\text{mm}\qquad x(t_2)=-0.673\text{mm}$$

即：质点上升至最高点时，向西偏 0.336mm，下落至原高度时，向西偏 0.673mm。

那么质点在下落过程中为什么会继续向西偏呢？原来质点运动到最高点 A 时，已具有了向西的速度$\dot{x}(t_1)=-\dfrac{v_0^2}{g}\omega\cos\lambda$。因此质点在下落阶段，已不再是自由落体了。而前面提到的落体偏东实际应是自由落体偏东，所以没有矛盾。

采用数值方法进行计算结果如下：

$t_1=1\text{s}$ 时，质点向西偏 0.3367mm，向南偏 1.302×10^{-5} mm，向西的速度为 0.5052mm/s。

$t_2=2\text{s}$ 时，质点向西偏 0.6735mm，向南偏 6.944×10^{-5}mm。

2. 在第一次世界大战期间，英国炮手在马尔维纳斯群岛海战中发射的炮弹经常落在德国战舰的左边而不能命中。瞄准器的设计者其实已考虑了地球自转的影响，问题是他们假设海战是英国本土(北纬 50°)附近进行，并作了向左的校正。但马岛却在南纬 50°附近。由于炮手们不知地球自转的影响，仍采用北半球的校正方法，结果产生了双倍的向左误差！现假设炮弹以 $v_0=300\text{m/s}$ 发射，质量 $m=10\text{kg}$，发射角 $\theta_0=45°$，空气阻力 $R=\gamma mv^2,\gamma=1.157\times10^{-4}\text{m}^{-1}$，则这个双倍的误差有多大？

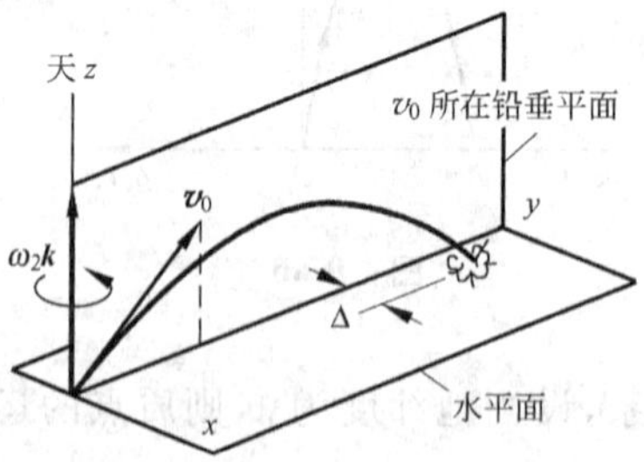

图 9-7

以炮口为坐标原点，当地的东北天方向为直角坐标系，假设炮弹是由南向北发射，见图9-7，则

炮弹的运动方程可写为

$$\begin{cases}\ddot{x} = 2\omega(\dot{y}\sin\lambda - \dot{z}\cos\lambda) - \gamma\dot{x}^2 \\ \ddot{y} = -2\omega\dot{x}\sin\lambda - \gamma\dot{y}^2 \\ \ddot{z} = -g + 2\omega\dot{x}\cos\lambda - \gamma\dot{z}^2\end{cases}$$

初始条件为

$$x(0)=0,\quad y(0)=0,\quad z(0)=0,\quad \dot{x}(0)=0,$$
$$\dot{y}(0)=v_0\cos\theta_0,\quad \dot{z}(0)=v_0\sin\theta_0$$

本题也可用近似方法求解，但比较复杂，这里采用数值方法求解。代入数据：$\theta_0=45°$，$\lambda=50°$，$v_0=300\text{m/s}$，$\omega=7.29\times10^{-5}\text{rad/s}$，$\gamma=1.157\times10^{-4}\text{m}^{-1}$后，可计算出：炮弹飞行时间为37.41s，向左偏差量为8.659m，射程为5.629km（约3.038海里）。如不计空气阻力，炮弹飞行时间为43.21s，向左偏差量为15.990m，射程为9.182km（或4.955海里）。因此，按北半球的校正方法，到南半球后可能会产生十多米的向左偏差（在本题为17.3m），这个误差还是很可观的吧（不考虑波浪、瞄准误差，仅仅由于地球自转的影响）！

下面列出了当θ_0改变时，时间t(s)，左偏量Δx(m)，射程y(km)的一览表。

θ_0	10°	15°	20°	25°	30°	35°	40°	45°
t	10.52	15.49	20.13	24.40	28.26	31.71	34.75	37.41
Δx	1.549	3.055	4.674	6.188	7.426	8.286	8.703	8.659
y	2.654	3.614	4.362	4.922	5.314	5.554	5.655	5.629

该表显示出，在有空气阻力时，$\theta_0=45°$时射程不再为最远。

七、习　题

9-1　轴AB以匀角速度$\boldsymbol{\omega}$转动，质量为m的物体E可在垂直于AB轴并与之相固接的光滑杆CD上滑动。若C、E之间弹簧的刚度系数为k，试建立物体E的运动微分方程。

9-2　上题中，若CD杆改为与AB轴成30°角，其他条件不变，试建立物体E的运动微分方程。

9-3　可视作质点的圆珠P套在一水平放置的光滑圆环上，圆环绕通过A点的铅垂轴在水平面内以匀角速度$\boldsymbol{\omega}$转动。求圆珠的相对运动微分方程。

9-4　一火车在水平直轨上以常速率v行驶，考虑地球自转的影响，求证车厢内的单摆在平衡状态时其摆线与竖直线的夹角为$2\omega v\sin\varphi/g$，其中ω为地球自转角速度，φ为当地纬度。

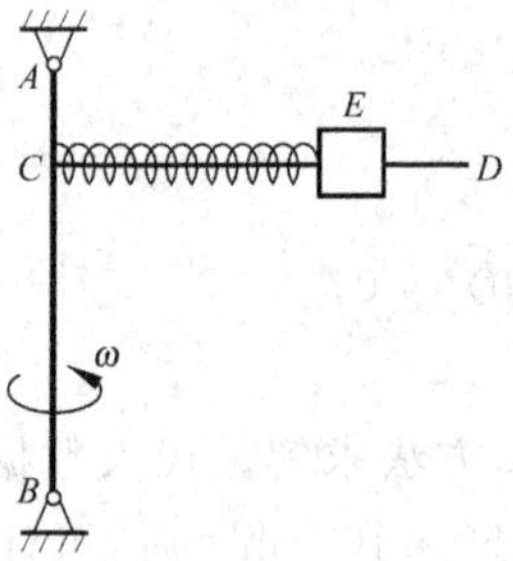

习题　9-1

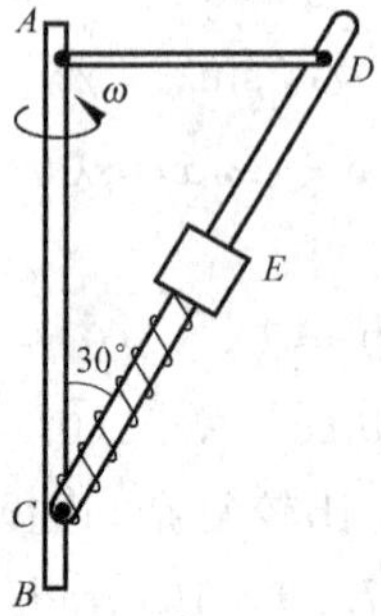

习题　9-2

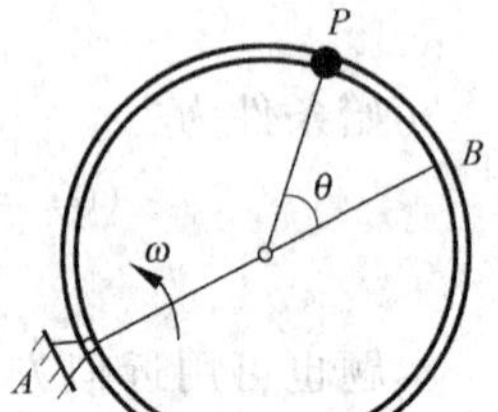

习题　9-3

9-5　单摆的悬挂点沿水平线作直线简谐运动，运动方程为 $x_e = a\sin\omega t$，如图所示。若摆长为 l，单摆相对于动坐标系在最低位置由静止开始运动，求单摆的相对运动方程。

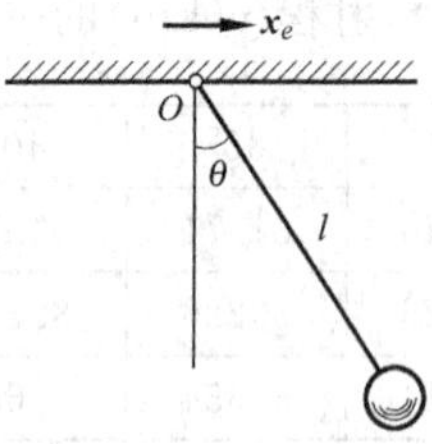

习题　9-5

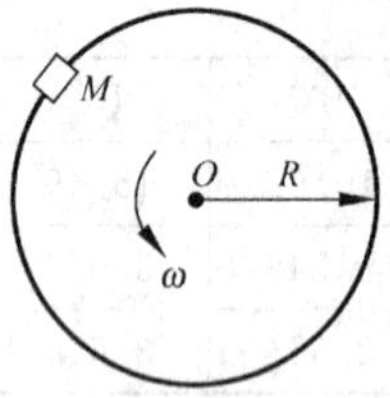

习题　9-6

9-6　滑套 M 套在半径为 R 的圆环上，圆环以匀角速度 $\boldsymbol{\omega}$ 绕过 O 点的水平轴在竖直平面内转动。滑套与圆环之间的滑动摩擦系数为 μ。若欲使滑套在圆环上无相对滑动，则圆环转动的角速度 $\boldsymbol{\omega}$ 之值应为多少。

9-7　如图所示，平板以匀角速度 $\omega = \pi \text{rad/s}$ 绕铅垂轴 z_1 转动，板上有一倾斜的直槽($\alpha = 30°$)。质点 M 的质量为 0.01kg，弹簧刚度系数为 0.01N/cm，弹簧自由长度为 20cm，$r = 20\text{cm}$。初始时，质点 M 的位置 $x_0 = 30\text{cm}$，速度 $\dot{x}_0 = 2\text{m/s}$。求质点 M 的相对运动规律，并求 $t = 0.2\text{s}$ 时质点 M 所受的约束力。

9-8　图示均质细杆 AB 长为 l，质量为 m。转盘角速度 $\boldsymbol{\omega}$ 为常数，A 为圆柱铰链。求杆相对于转动坐标系的运动微分方程及其能量积分。

9-9　试列写傅科摆的动力学方程，利用计算机求解，并画出其相对运动轨迹。参数自设。

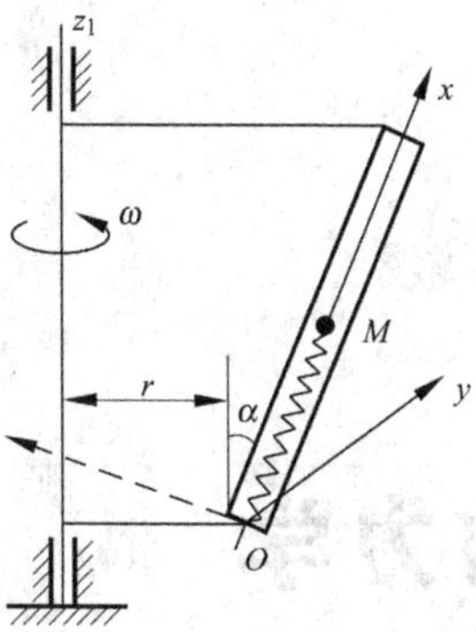

习题 9-7

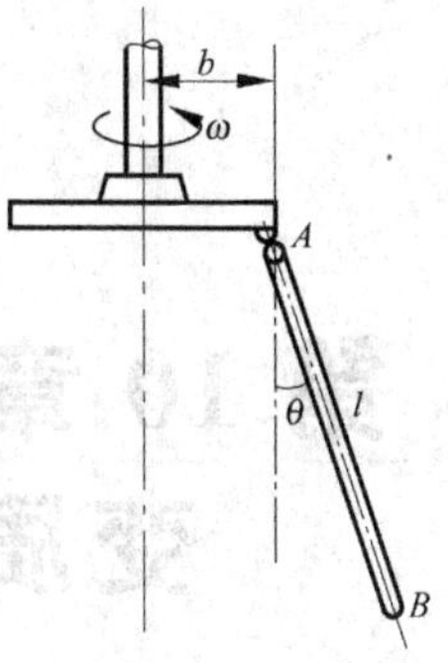

习题 9-8

9-10 在一些文献中介绍了历史上验证落体偏东的实验：(1)1902 年赫尔(Hull)在剑桥(北纬 $\varphi=42°22.8'$)进行落体实验，高 23m，实测 948 次，平均偏东量 $\delta=1.5\text{mm}\pm0.05\text{mm}$。(2)1912 年哈根(Hagen)在罗马(北纬 $\varphi=41°54'$)进行落体实验，高 22.96m，实测 66 次，平均偏东量 $\delta=0.899\text{mm}\pm0.027\text{mm}$。注意到两个实验的高度、纬度都差不多，但是结果相差较大，请分析哪个实验的数据合理？

第 10 章
变质量质系动力学

一、内 容 摘 要

变质量质点的运动微分方程

$$m\frac{\mathrm{d}\boldsymbol{v}}{\mathrm{d}t}=\boldsymbol{R}^{(e)}-\boldsymbol{u}_{1r}\frac{\mathrm{d}m_1}{\mathrm{d}t}+\boldsymbol{u}_{2r}\frac{\mathrm{d}m_2}{\mathrm{d}t},\quad m(t)=m_0-m_1(t)+m_2(t)$$

其中 $\boldsymbol{u}_{1r}=\boldsymbol{u}_1-\boldsymbol{v}$ 和 $\boldsymbol{u}_{2r}=\boldsymbol{u}_2-\boldsymbol{v}$ 分别表示从质点 P 分离出去和并入的微粒的相对质点 P 的速度，$m_1(t)$为并入质系的质量，$m_2(t)$为离开质系的质量，m_0 为初始时刻质点的质量。

下面是几种特殊情况：

1）如果只有分离质量，没有并入质量，则有

$$m\frac{\mathrm{d}\boldsymbol{v}}{\mathrm{d}t}=\boldsymbol{R}^{(e)}+\boldsymbol{u}_{1r}\frac{\mathrm{d}m}{\mathrm{d}t}$$

2）如果只有分离质量且分离质量的绝对速度为零，则有

$$\frac{\mathrm{d}}{\mathrm{d}t}(m\boldsymbol{v})=\boldsymbol{R}^{(e)}$$

3）如果只有分离质量且分离质量的相对速度为零，则有

$$m\frac{\mathrm{d}\boldsymbol{v}}{\mathrm{d}t}=\boldsymbol{R}^{(e)}$$

4）如果只有并入质量，没有分离质量，则有

$$m\frac{\mathrm{d}\boldsymbol{v}}{\mathrm{d}t}=\boldsymbol{R}^{(e)}+\boldsymbol{u}_{2r}\frac{\mathrm{d}m}{\mathrm{d}t}$$

二、基本要求

1. 了解常质量系统的动量、动量矩定理不能直接用于变质量系统。
2. 正确应用变质量质点的运动微分方程求解变质量系统动力学问题。

三、典型例题

例 10-1 求流经弯管的流体动压力问题。该问题的特点是流入质量等于流出质量，在这种条件下变质量方程如何简化？

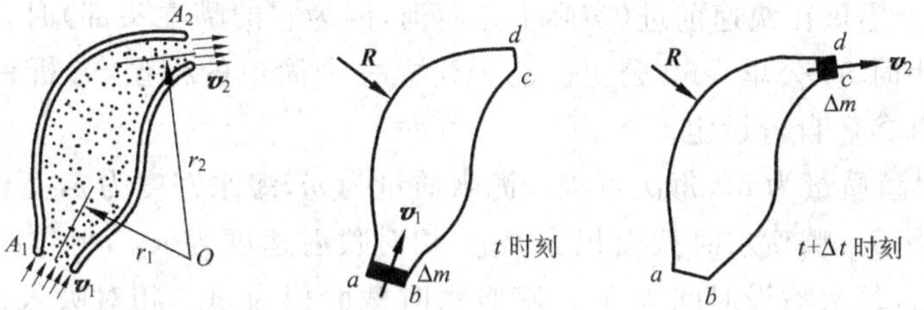

图 10-1

解：在这类问题中，质量流率 $q_m=A\rho v$ 是一个重要概念，表示单位时间内流经截面 A 的液体质量。由液体不可压缩，有连续性方程：

$$q_m=A_1\rho_1 v_1=A_2\rho_2 v_2$$

考虑 $abcd$ 内的流体，其动量在 Δt 时间内变化为：

$$\Delta\boldsymbol{p}=\Delta m\boldsymbol{v}_2-\Delta m\boldsymbol{v}_1$$

代入动量方程有

$$q_m(\boldsymbol{v}_2-\boldsymbol{v}_1)=\boldsymbol{R}$$

代入动量矩方程有

$$q_m(\boldsymbol{r}_2\times\boldsymbol{v}_2-\boldsymbol{r}_1\times\boldsymbol{v}_1)=\boldsymbol{M}_O$$

上式中 $\boldsymbol{R}$,$\boldsymbol{M}_O$ 分别为流体所受外力的主向量和主矩。注意这些公式成立的前提是定常流体，即流体的流动状态（速度场）不随时间而变化。

例 10-2 已知喷嘴截面积为 A，以速度 $\boldsymbol{v}$ 匀速喷出液体并射到叶片上，再以速度

$\boldsymbol{v}'$流出。流出液体的截面积也为A,速度与x轴夹角为θ,如图10-2所示。设液体的密度为ρ。求保持叶片不动的动约束力R_x,R_y。

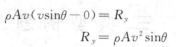

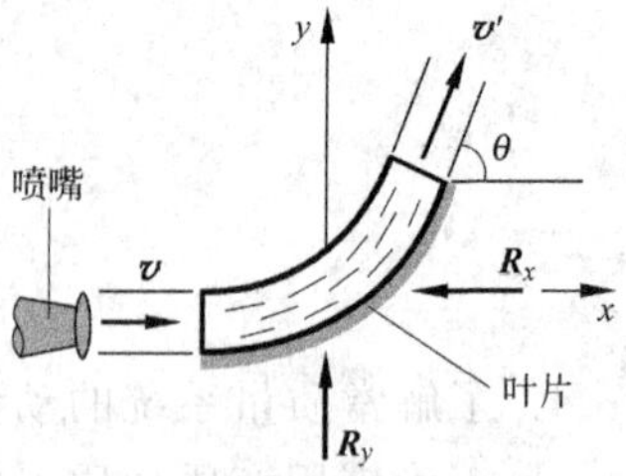

图　10-2

解:这是定常流体,根据连续性方程,易知$\boldsymbol{v}'=\boldsymbol{v}$。且有

$$q_m(\boldsymbol{v}_2-\boldsymbol{v}_1)=\boldsymbol{R}$$

向x方向投影有

$$\rho Av(v\cos\theta-v)=-R_x$$

$$R_x=\rho Av^2(1-\cos\theta)$$

向y方向投影有

$$\rho Av(v\sin\theta-0)=R_y$$

$$R_y=\rho Av^2\sin\theta$$

讨论:(1)R_x,R_y是作用在流体上的力,其反作用力作用在叶片上。本题可以解释矿工利用高压水枪采矿的原因。(2)如果叶片以匀速$\boldsymbol{u}$后推,又应该如何处理?

例10-3　墨鱼在快速前进(实际上是后退,因为它的嘴在头部)时,据文献记载,速度可达每小时50公里~60公里。能否建立一个简单的模型,分析一下墨鱼的运动方式。所有参数自行设定。

解:设墨鱼质量为M,每次可吸入海水质量为m,海水密度为ρ,墨鱼身体所受阻力的截面积为S。嘴喷水时截面积为A_{out},相对喷射速度为$\boldsymbol{u}_{\text{out}}$,单位时间喷射的海水质量为$\dot{m}_{\text{out}}$,每次喷设时间为$T_{\text{out}}$;嘴吸水时截面积为$A_{\text{in}}$,相对吸入速度为$\boldsymbol{u}_{\text{in}}$,单位时间吸入的海水质量为$\dot{m}_{\text{in}}$,每次吸水时间为$T_{\text{in}}$。则喷水、吸水的方程要分开列写

$$\begin{cases}(M+m-\dot{m}_{\text{out}}t)\ddot{x}=\dot{m}_{\text{out}}u_{\text{out}}-\dfrac{1}{2}CS\rho\,\dot{x}^2\\(M+\dot{m}_{\text{in}}t)\ddot{x}=-\dot{m}_{\text{in}}u_{\text{in}}-\dfrac{1}{2}CS\rho\,\dot{x}^2\end{cases}$$

其中$\frac{1}{2}CS\rho\,\dot{x}^2$是墨鱼所受海水的阻力。且有关系式

$$m_{\text{in}}=A_{\text{in}}\rho u_{\text{in}}T_{\text{in}},\qquad \dot{m}_{\text{in}}=\frac{m_{\text{in}}}{T_{\text{in}}}=A_{\text{in}}\rho u_{\text{in}}$$

$$m_{\text{out}}=A_{\text{out}}\rho u_{\text{out}}T_{\text{out}},\quad \dot{m}_{\text{out}}=\frac{m_{\text{out}}}{T_{\text{out}}}=A_{\text{out}}\rho u_{\text{out}}$$

假设参数为(所有参数取为国际单位制)

$$M=1,\quad m=0.2,\quad S=0.1\times0.03,\quad A_{\text{in}}=0.8S,$$

$$A_{\text{out}}=0.2S,\quad \rho=1,\quad C=1,\quad u_{\text{out}}=40,\quad u_{\text{in}}=0.5u_{\text{out}}$$

在这些参数下,假设初始时墨鱼静止,然后开始运动,则其速度变化曲线见图10-3a,位置变化曲线见图10-3b。

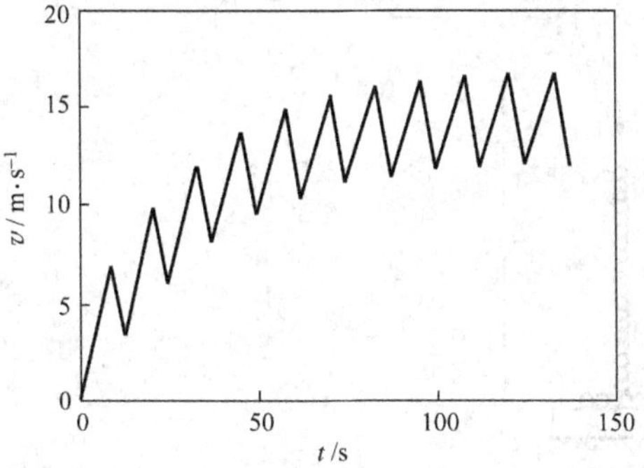

图 10-3a

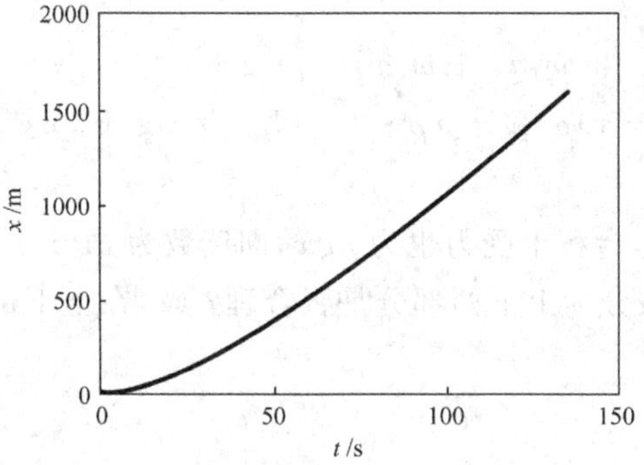

图 10-3b

从速度变化曲线中可以看出，墨鱼前进时速度是波动的，且在约 100 秒时就可达每小时 50 公里～60 公里。此后由于阻力的原因，速度不再提高。

讨论：(1)以上参数全是估计值，所得结果定性地反映了实际情况。(2)对于这种要分段列方程的问题，在数值计算中要注意初始条件，即喷水阶段结束时的位置和速度，是吸水阶段的初始位置和速度。(3)具体计算参见附录 3 中的程序。

四、常见错误

问题 1 本题是教科书(参考文献 1)例 10-3 的另一种解法。但答案不同，你认为何处有问题？

以整个链条为研究对象，很明显，上部分链条中各个环节正在自由下落，下部分链条已静止于台秤上了。受力情况如图 10-4b 所示。由质心运动定理：

$$\sum m_i \boldsymbol{a}_{ci} = \boldsymbol{R}^{(e)}$$

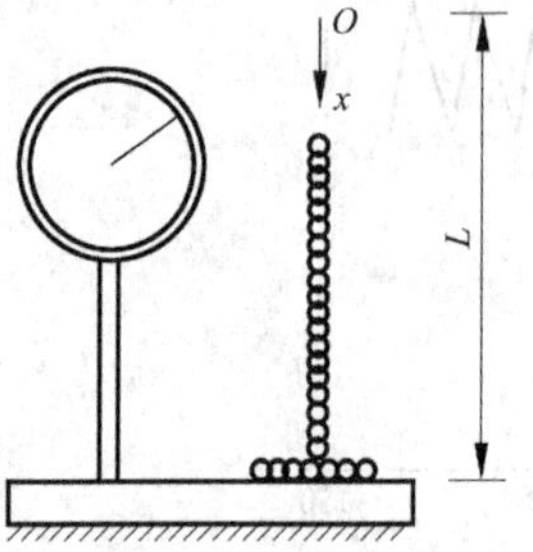

图 10-4a

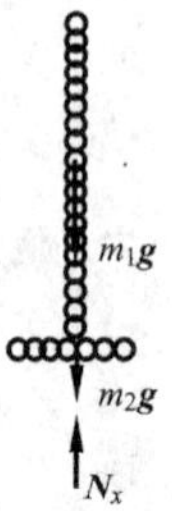

图 10-4b

向 x 方向投影有

$$m_1 a_{c1} + m_2 a_{c2} = m_1 g + m_2 g - N_x$$

$$(L-x)\rho \cdot g + x\rho \cdot 0 = (L-x)\rho g + x\rho g - N_x$$

所以 $N_x = \rho g x$。

由牛顿第三定律,台秤上受力也为 $\rho g x$,即读数为 $\rho g x$。

提示:(1)把链条分为上下两部分是否合理?(2)在上下部分的连接部分加速度为多少?

五、疑难解答

1. 由牛顿第二定律 $\dfrac{\mathrm{d}(m\boldsymbol{v})}{\mathrm{d}t} = \boldsymbol{R}^{(e)}$,求出 $m\dfrac{\mathrm{d}\boldsymbol{v}}{\mathrm{d}t} = \boldsymbol{R}^{(e)} - \dot{m}\boldsymbol{v}$,与只有加入质量的变质量公式 $m\dfrac{\mathrm{d}\boldsymbol{v}}{\mathrm{d}t} = \boldsymbol{R}^{(e)} + \dot{m}\boldsymbol{u}$ 不同,是否有矛盾?

没有矛盾,因为直接从牛顿定律导出的公式 $m\dfrac{\mathrm{d}\boldsymbol{v}}{\mathrm{d}t} = \boldsymbol{R}^{(e)} - \dot{m}\boldsymbol{v}$ 只是形式上成立。在应用牛顿第二定律(以及由它导出的普遍定理)时,研究对象是由确定质点所组成的系统,显然其质量是不变的,即 $\dot{m} = 0$。应用变质量质点运动微分方程式时,研究对象是由确定的控制界面内的质点所组成的系统,界面中的质点是变化的。

2. 火箭飞行的动力是什么?

火箭飞行中的公式为 $m\dfrac{\mathrm{d}\boldsymbol{v}}{\mathrm{d}t} = \boldsymbol{R}^{(e)} - \dot{m}\boldsymbol{u}$,其中 m 是火箭质量,$\boldsymbol{v}$ 是火箭的(质心)速度,$\boldsymbol{R}^{(e)}$ 是外力,如重力、阻力等,$\dot{m}$ 是单位时间消耗的燃料质量,$\boldsymbol{u}$ 是燃料相对火箭

的喷射速度。如果以火箭上升为坐标正方向，则有 $m\frac{dv}{dt}=-mg+\dot{m}u$。这表明重力是阻碍火箭上升的，而 $\dot{m}u$ 是火箭上升的动力，$\dot{m}u$ 称为反冲力。

那么反冲力是不是真正的力呢？是的，因为它符合力的定义，具有大小、方向、作用点。同时也有反作用力，有受力体（分别作用在火箭及正在喷出的燃料上）。当然，反冲力与常见的重力、约束力有些不同。常见的力都是作用于确定质系上的，而反冲力是作用在确定的控制面上的。但从另一个角度看，如果把火箭与喷出的燃料作为整体（不再是变质量问题），则反冲力根本不存在。

把物体的运动都归结为力的作用，本身并没有错误。但在学过了普遍定理后，有些问题也许从动量、动能的变化角度更容易解释。火箭飞行问题就是这样，注意到火箭的变质量公式本身就是从动量而不是直接从受力的角度得到的。

与此类似的相关的问题还有：水加热产生旋涡、人为什么能跳起来、自行车为什么能前进等问题，这些问题单纯从受力的角度不能完全解释清楚。

六、趣味问题

1. 增加火箭速度有什么途径？

火箭的特征速度 $v=u_r\ln\left(1+\frac{m_f}{m_s}\right)$，是在理想情况下（不计重力、空气阻力、$u_r$ 匀速喷射），仅仅由于喷射燃料而获得的速度。其中 m_f 是燃料质量，m_s 是火箭的非燃料部分的质量。提高火箭速度的途径有两种：提高喷射速度、提高质量比。

(1) 提高喷射速度 u_r，为此需研制新型推进剂（燃料＋氧化剂）。下面是目前部分火箭的燃料、氧化剂及其喷射速度。

煤油＋液氧（苏联“卫星号”一级） $u_r=3000\text{m/s}$

偏二甲肼＋红烟硝酸（长征一号 一、二级） $u_r=2500\text{m/s}$

偏二甲肼＋四氧化二氮（长征三号 一、二级） $u_r=2900\text{m/s}$

液氢＋液氧（长征三号，三级） $u_r=4300\text{m/s}$

(2) 提高质量比 $\left(\frac{m_f}{m_s}\right)$，为此需使用新材料及新结构。

新材料有：铝合金、镁合金、钛合金、高分子材料、复合材料等。新结构有：薄壳结构、薄壁结构、蜂窝夹层结构、杆系结构等。目前新材料或新结构的质量比 m_f/m_s 可达 9，超过了鸡蛋的质量比（鸡蛋的 m_f/m_s 约为 8）。

按目前的技术水平，火箭的速度已达 9.5km/s。但考虑空气阻力、重力影响，实际获得的速度小于 7.9km/s（第一宇宙速度），因此用多级火箭才能入轨。综合考虑效率、成本等因素，通常多级火箭为二级或三级。

从火箭特征速度的公式中看出，质量比要取对数，因此提高喷射速度远比提高质量比有效。随着今后喷射速度及质量比的进一步提高，有可能实现单级入轨火箭（单级火箭的实际速度达到或超过第一宇宙速度）。

七、习　题

10-1　水流以速度 $v_0=2\text{m/s}$ 流入固定水道，速度方向与水平面成 90°角，如图所示。水流进口截面积为 0.02m^2，出口速度 $v_1=4\text{m/s}$，它与水平面成 30°角。求水作用在水道壁上的水平和铅直方向的附加压力。

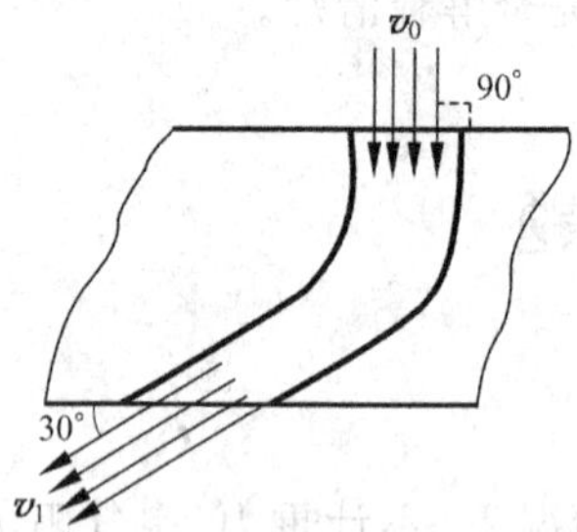

习题　10-1

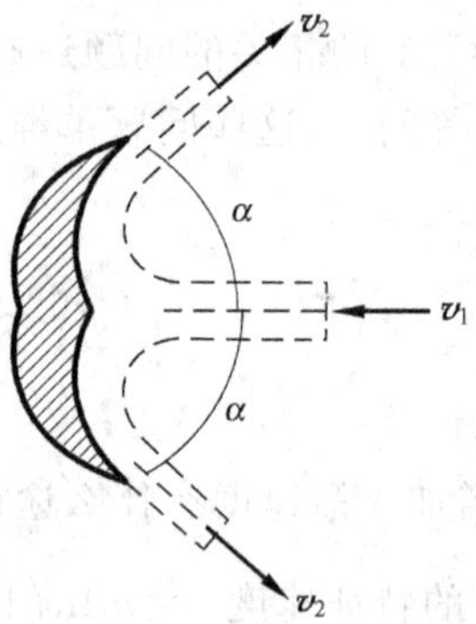

习题　10-2

10-2　求图示水柱对涡轮固定叶片的压力的水平分力。已知：水的流量为 Q，密度为 ρ；水冲击叶片的速度为 v_1，方向沿水平向左；水流出叶片的速度为 v_2，与水平成 α 角。

10-3　如图所示，水力采煤是利用水枪在高压下喷射的强力水流进行采煤。已知水枪水柱直径为 30mm，水速为 56m/s，求给煤层的动水压力。

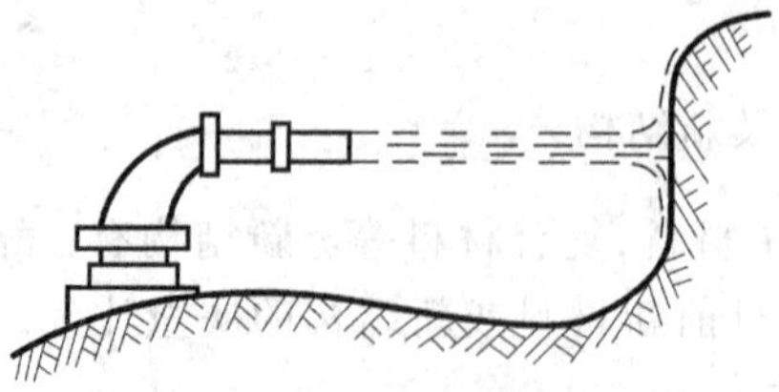

习题　10-3

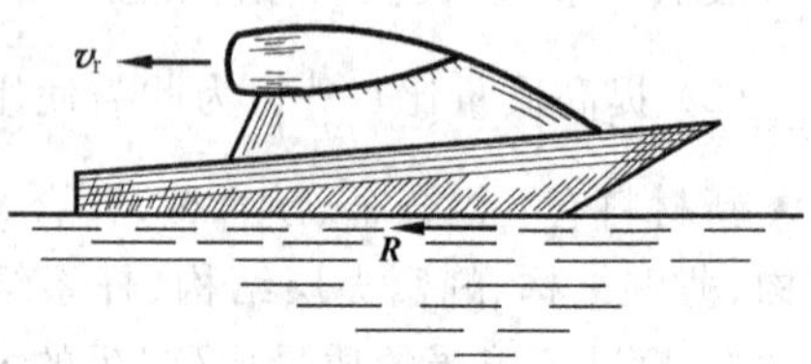

习题　10-4

10-4 如图所示，一小型气垫船沿水平方向运行，初始质量为 m_0，以 c 的质量流量均匀喷出气体，相对喷射速度 v_r 为常量，阻力近似地与速度成正比，即 $\boldsymbol{R}=-f\boldsymbol{v}$ 。设开始时船静止，求气垫船的速度随时间变化的规律。

10-5 火箭在均匀重力场中以不变加速度 $\boldsymbol{a}$ 向上运动。不计空气阻力，并认为燃气喷射的相对速度$\boldsymbol{v}_r$不变，求火箭质量降为二分之一所需的时间 τ。

10-6 二级火箭中第一级和第二级的喷射相对速度分别是 $v_{r1}=2400\text{m/s}$ 和 $v_{r2}=2600\text{m/s}$。设运动是在无引力场和无大气的情况下进行的，求为保证第一级的终速度 $v_1=2400\text{m/s}$、而第二级的终速度 $v_2=5400\text{m/s}$ 所需的每级质量比。

10-7 均质链条聚成一团放在水平桌台的边缘，起初有一链节从桌上静止地下落。取轴 x 铅直向下，在初瞬时有 $x=0$，$\dot{x}=0$，求链条的运动方程。

10-8 重 W 的物体 A 与软链（单位长度的重量为 q）相连，以初速$\boldsymbol{v}_0$向上抛出如图所示。假定软链有足够的长度，求重物所能达到的最大高度。

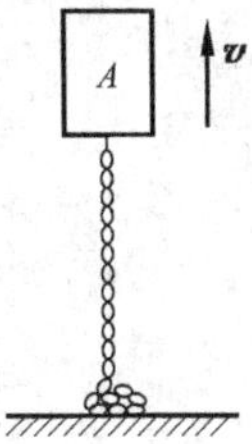

习题 10-8

10-9 上题中，设 A 与软链的质量均为 1kg，软链长 1m，问 A 应具有多大的初速方能使软链全部脱离地面？

第 11 章 机械振动基础

一、内 容 摘 要

1. 自由振动

1）无阻尼情况

振动方程形式为
$$\ddot{x} + \omega_n^2 x = 0$$
解出运动规律为
$$x = A\sin(\omega_n t + \alpha)$$
其中 $A=\sqrt{x_0^2+\frac{\dot{x}_0^2}{\omega_n^2}}$，$\alpha=\arctan\frac{\omega_n x_0}{\dot{x}_0}$分别是振幅和初相位，$\omega_n$ 为圆频率。振动的固有频率和周期分别为
$$f = \frac{\omega_n}{2\pi}, \quad T = \frac{2\pi}{\omega_n}$$

2）有阻尼情况

振动方程形式为
$$\ddot{x} + 2n\dot{x} + \omega_n^2 x = 0$$
解出运动规律为
$$x = Ae^{-nt}\sin(\omega_d t + \alpha)$$
其中 $A=\sqrt{x_0^2+\frac{(\dot{x}_0+nx_0)^2}{\omega_d^2}}$，$\alpha=\arctan\frac{\omega_d x_0}{\dot{x}_0+nx_0}$分别是振幅和初相位。阻尼的主要影响是：

(1) 振动周期稍有增大 $T_d = \frac{2\pi}{\omega_d} = \frac{2\pi}{\sqrt{\omega_n^2 - n^2}}$

(2) 振幅按几何级数衰减，在大阻尼和临界阻尼情况下系统运动失去周期往复性质。

2. 强迫振动

振动方程形式为 $\ddot{x} + 2n\dot{x} + \omega_n^2 x = B_0\omega_n^2 \sin\omega t$

方程的解 x 由齐次方程的通解 x_1 和非齐次方程的特解 x_2 两部分组成 $x = x_1 + x_2$。系统的稳态运动规律为

$$x = x_2 = B\sin(\omega t - \theta)$$

其中 $B = \frac{B_0\omega_n^2}{\sqrt{(\omega_n^2 - \omega^2)^2 + (2n\omega)^2}}$，$\theta = \arctan\frac{2n\omega}{\omega_n^2 - \omega^2}$ 为振幅和相位差。

强迫振动具有以下特点：

(1) 与激励力频率相同的简谐振动。

(2) 振幅和相位差均与初始条件无关，仅取决于系统本身及激励力的物理性质。

(3) 振幅的大小取决于静力偏移、频率比和阻尼比。

(4) 当系统固有频率及激励力频率接近时，将产生共振现象。

二、基本要求

1. 会用动力学普遍定理、拉格朗日方程等建立单自由度和两自由度系统的振动微分方程，并会求解单自由度系统的运动规律。

2. 会计算固有频率(周期)、振幅、初相位等表征振动特性的物理量。

3. 了解自由振动、衰减振动和强迫振动的不同。

三、典型例题

例 11-1 试用振动理论定性分析吉他演奏中的发声问题。

解：设吉他的琴弦质量为 m，静止时长为 l，琴弦中张力为 T_0。吉他的声音是由于用手拨琴弦，使其离开平衡位置引起琴弦振动产生的。对这个实际问题做简化处理，将整个琴弦的质量集中为中部的质点(合理性后面再讨论)，琴弦是微振动。建立坐标如图 11-1，琴弦的微振动方程为

$$m\ddot{x} = -2T\sin\theta$$

其中 $\theta = \arctan(2x/l)$，是微小量。琴弦相当于弹簧，初始时有 $T_0 = k\lambda$，离开平衡位置

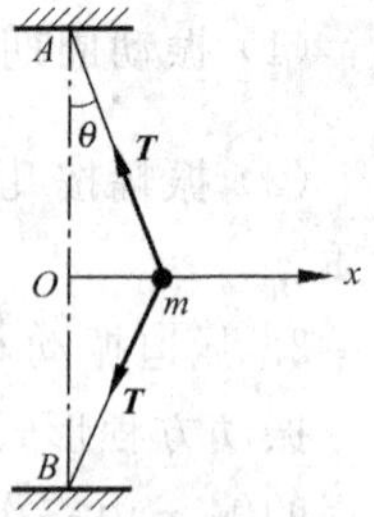

图　11-1

后为

$$T = k(\lambda + \sqrt{x^2 + l^2/4} - l/2)$$

由于假设是微振动，可以进行线性化

$$\sin\theta \approx \tan\theta \approx \frac{2x}{l}$$

$$T \approx k\left(\lambda + \frac{x^2}{l}\right) \approx T_0$$

琴弦的振动方程简化为

$$\ddot{x} + \frac{4T_0}{ml}x = 0$$

$\omega_n = \sqrt{\dfrac{4T_0}{ml}}$ 就是琴弦振动的频率，琴弦振动带动空气，就产生了声音。

讨论：(1)增加琴弦的张力，频率会增加，即声音听起来尖锐一些，这也是吉他手通过拧紧琴弦调音的道理。(2)质量大频率低，声音听起来低沉一些，所以吉他上的琴弦从粗到细排列，粗弦用于弹低音，细弦用于弹高音。(3)琴弦短频率大，当用手按住琴弦某处时，琴弦可以振动的部分自然短了，音就高了。(4)真正的吉他弹起来音色很丰富(有多个频率)，而简化的分析只有一个振动频率，问题出在简化上。真正的琴弦有无穷多个质点，根据振动理论，就有无穷多个频率(可用偏微分方程求解)。(5)因为是定性分析，频率表达式中的具体数值“4”不一定反映真实的关系。如果将琴弦分为两个质点(两自由度)，则和教科书中两自由度的例题一样了，此时求出的基频为 $\omega_1 = \sqrt{\dfrac{6T_0}{ml}}$。(6)对具体问题进行简化分析时，只要抓住主要特点，就可用很简单的模型定性说明一些基本规律，但在定量上可能存在误差。

例 11-2　图 11-2a 所示系统中，已知滑块 O 的质量为 M，运动规律为 $x = x_0 \sin\omega t$，单摆 OA 长为 l，质量为 m，初始时静止，求单摆的相对运动规律。

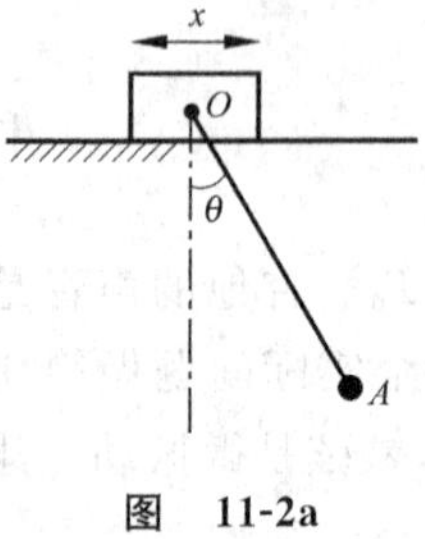

图　11-2a

解法 1：拉氏方程方法。

系统为一个自由度，取 θ 为广义坐标，系统动能为

$$T = \frac{1}{2}M\dot{x}^2 + \frac{1}{2}m(\dot{x}^2 + l^2\dot{\theta}^2 + 2l\dot{\theta}\dot{x}\cos\theta)$$

广义坐标对应的广义力为

$$Q = \frac{m\boldsymbol{g}\cdot \mathrm{d}\boldsymbol{r}}{\mathrm{d}\theta} = \frac{-mgl\cdot \mathrm{d}\theta\cdot\sin\theta}{\mathrm{d}\theta} = -mgl\sin\theta$$

利用 $\dfrac{\mathrm{d}}{\mathrm{d}t}\left(\dfrac{\partial T}{\partial\dot{\theta}}\right) - \left(\dfrac{\partial T}{\partial\theta}\right) = Q$ 有

$$\frac{\mathrm{d}}{\mathrm{d}t}(ml^2\dot{\theta}+ml\dot{x}\cos\theta)-(-ml\dot{\theta}\dot{x}\sin\theta)=-mgl\sin\theta$$

$$ml^2\ddot{\theta}+ml\ddot{x}\cos\theta=-mgl\sin\theta$$

代入 $\ddot{x}=-x_0\omega^2\sin\omega t$，得单摆的相对运动微分方程为

$$\ddot{\theta}+\frac{g}{l}\sin\theta-\frac{x_0\omega^2\sin\omega t}{l}\cos\theta=0$$

解法 2：动静法。

运动与惯性力分析见图 11-2b。对 O 点取矩有

$$ml^2\ddot{\theta}+mgl\sin\theta+m\ddot{x}l\cos\theta=0$$

代入 $\ddot{x}=-x_0\omega^2\sin\omega t$ 得

$$\ddot{\theta}+\frac{g}{l}\sin\theta-\frac{x_0\omega^2\sin\omega t}{l}\cos\theta=0$$

解法 3：非惯性系中的动能定理。

运动与牵连惯性力分析见图 11-2c，由于牵连运动是平动，无科氏惯性力。相对运动是定轴转动，相对动能为

$$T_r=\frac{1}{2}ml^2\dot{\theta}^2$$

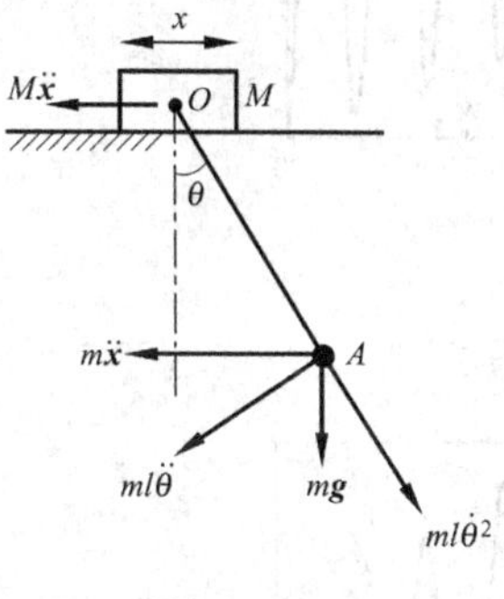

图 11-2b

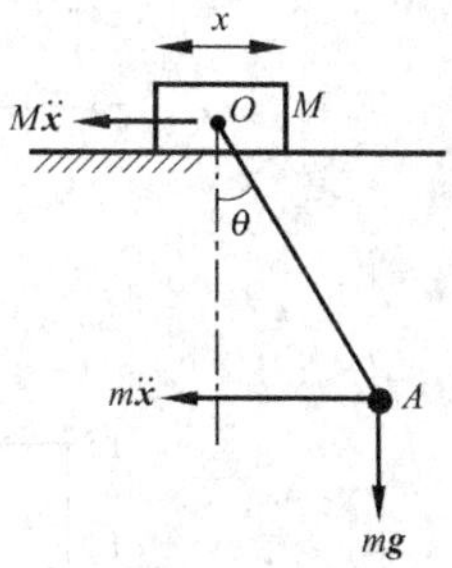

图 11-2c

系统所有力的元功为

$$\mathrm{d}'A=m\boldsymbol{g}\cdot\mathrm{d}\boldsymbol{r}=-mgl\sin\theta\cdot\mathrm{d}\theta$$

$$\mathrm{d}'A_e=m\ddot{\boldsymbol{x}}\cdot\mathrm{d}\boldsymbol{r}=-(-mx_0\omega^2\sin\omega t)(l\mathrm{d}\theta)\cdot\cos\theta=mlx_0\omega^2\sin\omega t\cdot\cos\theta\cdot\mathrm{d}\theta$$

根据相对运动的动能定理 $\mathrm{d}T_r=\mathrm{d}'A+\mathrm{d}'A_e$ 有

$$ml^2\dot{\theta}\cdot\mathrm{d}\dot{\theta}=-mgl\sin\theta\cdot\mathrm{d}\theta+mlx_0\omega^2\sin\omega t\cdot\cos\theta\cdot\mathrm{d}\theta$$

两边除以 $\mathrm{d}t$ 后再消去 $\dot{\theta}$ 有

$$ml^2\ddot{\theta}=-mgl\sin\theta+mlx_0\omega^2\sin\omega t\cdot\cos\theta$$

整理后为

$$\ddot{\theta}+\frac{g}{l}\sin\theta-\frac{x_0\omega^2\sin\omega t}{l}\cos\theta=0$$

三种方法结果相同。在给定初始条件下，该方程可积分求解。设参数为(国际单位制)

$$M=20,\quad m=10,\quad l=1,\quad g=9.8,\quad x_0=0.1$$

取滑块的振动频率等于单摆的固有频率，即

$$\omega=\sqrt{\frac{g}{l}}=3.1305$$

在这些参数下，如果把单摆运动方程线性化，则单摆的摆角变化规律如图 11-2d 所示，即摆角幅度随时间越来越大。如果方程不做线性化处理，则单摆的摆角变化规律如图 11-2e 所示，即摆角幅度先会增加(将近 90°)，但随后又会减小。

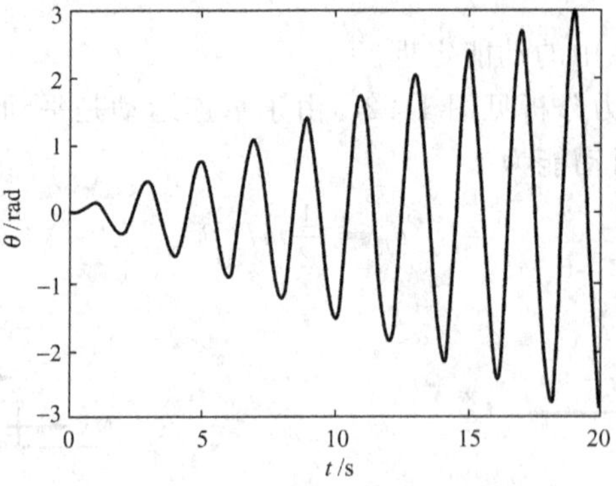

图 11-2d

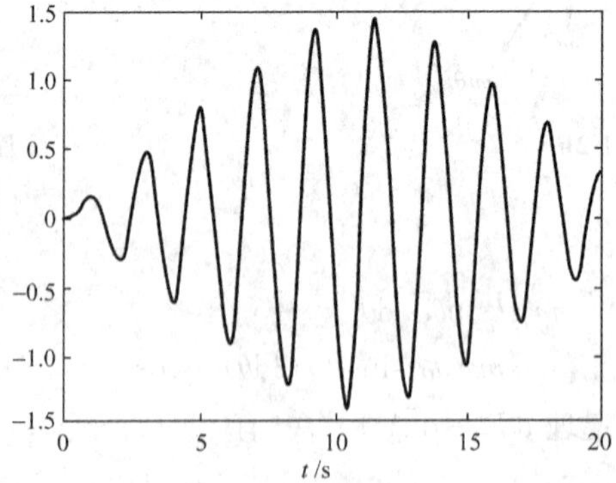

图 11-2e

讨论：(1)比较各种方法的特点。(2)单摆能否直接对 O 点取矩？(3)分析中没有考虑滑块与水平面的摩擦，是否应考虑？(4)滑块上可能还有主动力来维持滑块的振动，为什么在各种方法中也没有出现？(5)图 11-2d 的曲线是线性方程的计算结果，振幅会无限增加。图 11-2e 的曲线是非线性方程的计算结果，计算表明振幅不会无限增加。这说明非线性振动与线性振动有本质的区别。

例 11-3 物块 A 质量为 m_1，用刚度系数为 k_1 的弹簧与墙连接，物块 B 质量为 m_2，用刚度系数为 k_2 的弹簧与 A 连接。两弹簧原长均为 l。初始时静止在光滑水平面上，在物块 B 上作用有主动力 $F(t)=F_0\sin\omega t$（F_0，ω 已知），如图 11-3a 所示。求系统的固有频率、主振型及运动规律。

解：本题在第 8 章中曾经用拉氏方程列写过运动微分方程。现用牛顿第二定律进行分析。以初始位置时两物块的质心为坐标原点，以两物块质心的位移 x_1，x_2 为广义坐标，受力情况见图 11-3b。

对物块 A 有

$$m_1\ddot{x}_1 = F_2 - F_1$$

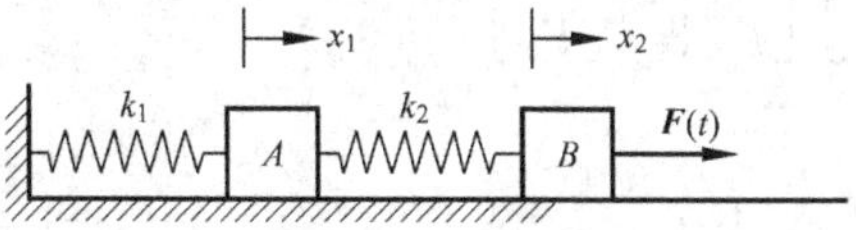

图 11-3a

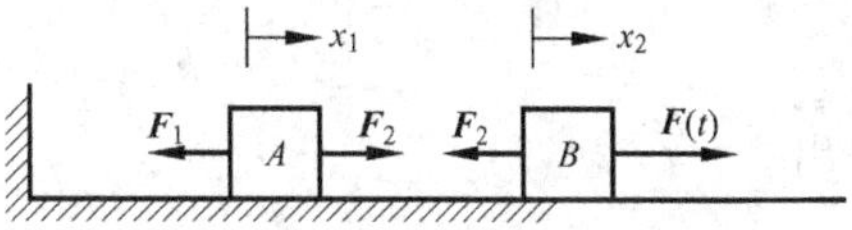

图 11-3b

对物块 B 有

$$m_2\ddot{x}_2 = F(t) - F_2$$

其中两弹簧力分别为

$$F_1 = k_1x_1, \quad F_2 = k_2(x_2 - x_1)$$

因此系统的运动微分方程为

$$\begin{cases} m_1\ddot{x}_1 + k_1x_1 - k_2(x_2 - x_1) = 0 \\ m_2\ddot{x}_2 + k_2(x_2 - x_1) = F(t) \end{cases}$$

与拉氏方程所求结果相同。把该方程写成矩阵形式 $\boldsymbol{M\ddot{X}}+\boldsymbol{KX}=\boldsymbol{F}$ 有

$$\begin{bmatrix} m_1 & 0 \\ 0 & m_2 \end{bmatrix}\begin{bmatrix} \ddot{x}_1 \\ \ddot{x}_2 \end{bmatrix}+\begin{bmatrix} k_1+k_2 & -k_2 \\ -k_2 & k_2 \end{bmatrix}\begin{bmatrix} x_1 \\ x_2 \end{bmatrix}=\begin{bmatrix} 0 \\ F(t) \end{bmatrix}$$

这是一组二阶线性非齐次方程，其解可分为齐次方程的通解与非齐次方程的特解。

(1) 设齐次方程的通解为 $\boldsymbol{X}=\boldsymbol{A}\sin(pt+\alpha)$，则有

$$(\boldsymbol{K} - p^2\boldsymbol{M})\boldsymbol{A} = 0$$

通解有非零解的充要条件是

$$|\boldsymbol{K}-p^2\boldsymbol{M}|=0$$

为了计算方便，假设 $m_1=m_2=m, k_1=k_2=k$，求出特征值(系统固有频率)为

$$p_1=\sqrt{\frac{3-\sqrt{5}}{2}\frac{k}{m}},\quad p_2=\sqrt{\frac{3+\sqrt{5}}{2}\frac{k}{m}}$$

再求出特征向量(主振型)为

$$\boldsymbol{A}_1=\begin{pmatrix}\frac{\sqrt{5}-1}{2}\\1\end{pmatrix}=\begin{pmatrix}0.618\\1\end{pmatrix},\qquad \boldsymbol{A}_2=\begin{pmatrix}1\\-\frac{\sqrt{5}-1}{2}\end{pmatrix}=\begin{pmatrix}1\\-0.618\end{pmatrix}$$

即第一阶主振型是两物块的同向运动，第二阶主振型是两物块的反向运动。

因此齐次方程的解为

$$\boldsymbol{X}=a_1\boldsymbol{A}_1\sin(p_1t+\alpha_1)+a_2\boldsymbol{A}_2\sin(p_2t+\alpha_2)$$

其中的 $a_1,\alpha_1,a_2,\alpha_2$ 是 4 个待定参数，由系统运动的初始条件确定。

(2) 下面求强迫运动的特解。设特解为 $\boldsymbol{X}=\boldsymbol{B}\sin\omega t$，代入原方程有

$$\begin{bmatrix}2k-m\omega^2 & -k\\ -k & k-m\omega^2\end{bmatrix}\begin{bmatrix}B_1\\B_2\end{bmatrix}=\begin{bmatrix}0\\F_0\end{bmatrix}$$

解出

$$\begin{cases}B_1=\dfrac{F_0k}{m^2(\omega^2-p_1^2)(\omega^2-p_2^2)}\\[2ex] B_2=\dfrac{F_0(2k-m\omega^2)}{m^2(\omega^2-p_1^2)(\omega^2-p_2^2)}\end{cases}$$

(3) 最后，系统的运动就是齐次方程的解加非齐次方程的特解，即

$$\boldsymbol{X}=a_1\boldsymbol{A}_1\sin(p_1t+\alpha_1)+a_2\boldsymbol{A}_2\sin(p_2t+\alpha_2)+\boldsymbol{B}\sin\omega t$$

讨论：(1)本题的分析中多次应用运动的叠加与分解，但要注意只有线性方程才具有叠加性。(2)多自由度(线性)系统有多个固有频率，每个固有频率对应一个主振型，固有频率和主振型只与系统参数有关，与初始条件无关。主振型是多自由度系统特有的现象，系统的运动是主振型的线性组合。(3)注意数学与物理的对应，在本问题中，数学上的齐次方程对应于物理上的自由振动，而数学上的非齐次方程对应于物理上的强迫振动。自由运动的解与初始条件有关，而强迫运动的解与初始条件无关。(4)根据本题及教科书中两自由度例子的结论，可以发现第一阶主振型都是同向运动，而第二阶主振型都是反向运动，这是偶然现象还是必然现象？如何简要解释？(5)从强迫振动的特解看，分母可能为零，其物理意义就是共振。该特解也解释了在第 8 章例题中的一个问题：不同的激振力频率会引起不同的振幅，接近共振区时振幅大，远离共振区时振幅小。(6)强迫振动特解中的分子也有可能为零，其物理意义就是减振(或隔振)。关于减振见后面的趣味问题。

四、常见错误

问题1 对于弹簧质量系统,在列写动力学方程时,由于滑块在不同位置,结果列出来的方程各不相同,问题出在何处?

解:(1)对图 11-4a 列运动微分方程,弹簧处于拉伸状态,水平受力图如图 11-4b 所示。注意弹簧力总是指向原长处,方程为

$$m\ddot{x} = -F, \quad F = kx$$

$$m\ddot{x} + kx = 0$$

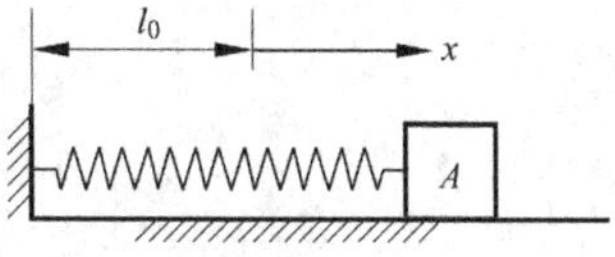

图 11-4a

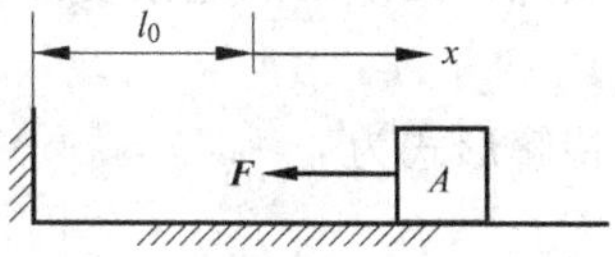

图 11-4b

(2) 对图 11-4c 列运动微分方程,弹簧处于压缩状态,其水平受力图如图 11-4d 所示。注意弹簧力总是指向原长处,方程为

$$m\ddot{x} = F, \quad F = kx$$

$$m\ddot{x} - kx = 0$$

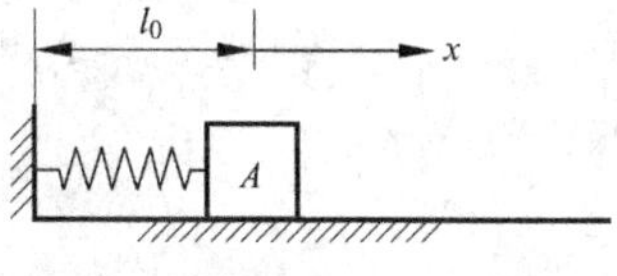

图 11-4c

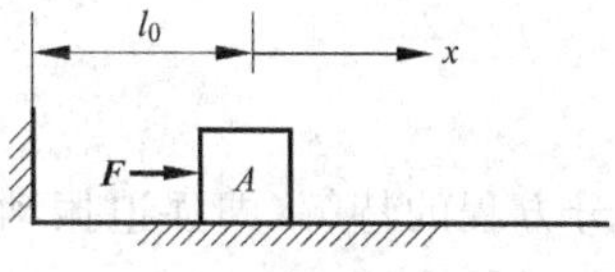

图 11-4d

(3) 对图 11-4e 列运动微分方程,弹簧处于原长处,水平方向不受力,见图 11-4f,方程为

$$m\ddot{x} = 0$$

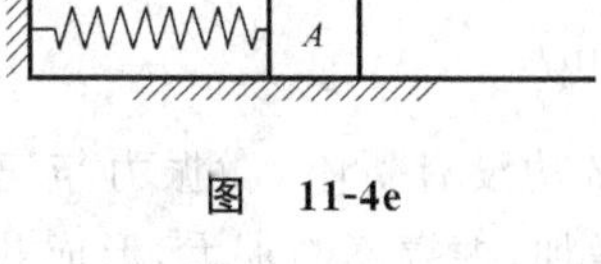

图 11-4e

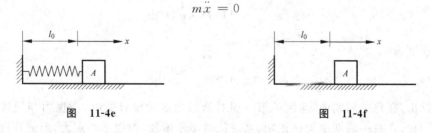

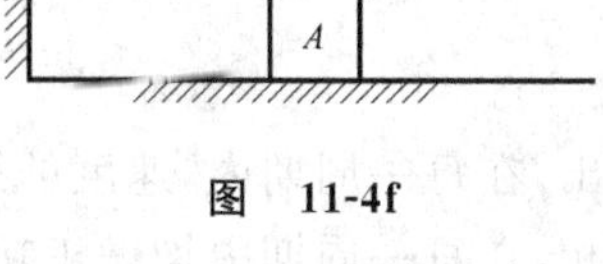

图 11-4f

提示：(1)系统的运动微分方程与在何位置列写有无关系？(2)坐标原点的选取对方程有何影响？(3)在微分方程列写中，要注意“坐标值”与“长度值”的区别。“坐标值”可正可负，而“长度值”总是大于等于零。弹簧力是与“坐标值”有关还是与“长度值”有关？(4)微分方程要在一般位置列写，弹簧的状态有“拉伸”、“压缩”、“原长”三种状态，这三种状态是否都是“一般状态”？

五、疑难解答

1. 共振时强迫振动的相位为什么总是落后激振力 90°？

以质点的无阻尼强迫振动说明，见图 11-5a

$$\ddot{x} + p^2 x = h\sin pt$$

若假设特解形式为

$$x = B\sin pt$$

代入后有

$$-Bp^2\sin pt + p^2 B\sin pt = h\sin pt$$

可以发现，这个方程无解(从数学上说这是什么问题?)。因此特解应该是新形式，假设为

$$x(t) = Bt\cos pt$$

代入运动微分方程

$$-2Bp\sin pt = h\sin pt$$

$$B = -\frac{h}{2p}$$

运动微分方程的特解(即强迫振动)为

$$x = -\frac{h}{2p}t\cos pt = \frac{h}{2p}t\sin\left(pt - \frac{\pi}{2}\right)$$

从表达式中可以看出相位落后激振力 90°。特解随时间的变化曲线如图 11-5b 所示。此外，从做功的角度看，激振力所做的功为

$$A_{1\to 2} = \int_{t_1}^{t_2} \boldsymbol{F}(t)\cdot\boldsymbol{v}(t)\mathrm{d}t$$

质点速度为

$$\dot{x} = -\frac{h}{2p}\cos pt + \frac{ht}{2}\sin pt$$

可以看出，在每一周期内，速度的第一项对激振力做功没有贡献，激振力与速度的第二项同相，在每一周期中均做正功，系统能量不断增加，振幅不断加大，形成共振。

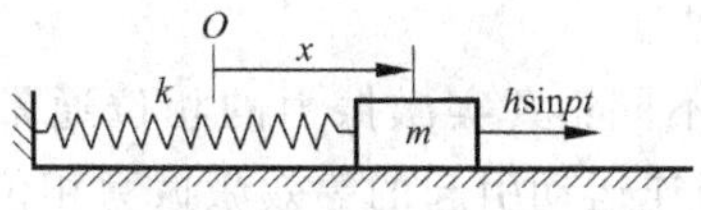

图 11-5a

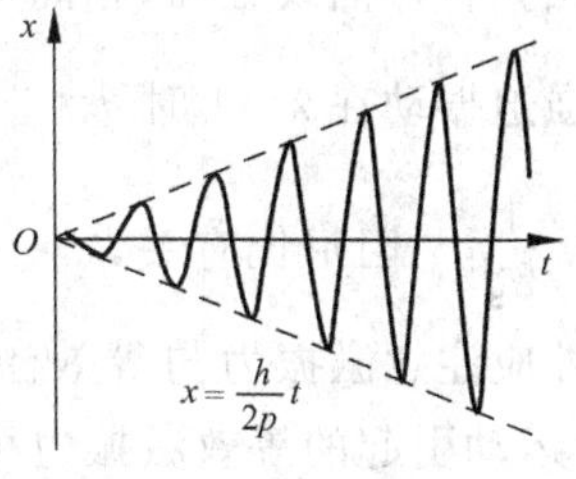

图 11-5b

以上分析还表明：如果发生了共振，系统的能量、振动幅度都是逐渐增加的，不会一下子到无穷大。以巨型发电机为例，其固有频率都很低（几赫兹），而电机的工作频率都较高（220 赫兹），因此发电机从静止到正常工作时，一定会通过共振区。如果发电机发生故障，在共振区附近工作时，作为技术工作人员，应当机立断，或者切断电源，或者想办法使电机尽快冲过共振区，否则可能会出现发电机轴承断裂、击穿厂房的悲剧。

2. 几种方式引起系统的强迫振动有什么区别？

有三种方式可引起系统的强迫振动。

(1) 激振力：放大倍数 $\beta=\frac{B}{B_0}=\frac{1}{\sqrt{(1-\lambda^2)^2+(2\zeta\lambda)^2}}$，相位角 $\theta=\arctan\frac{2\zeta\lambda}{1-\lambda^2}$

(2) 相对运动：放大倍数 $\beta=\frac{(M+m)B}{me}=\frac{\lambda^2}{\sqrt{(1-\lambda^2)^2+(2\zeta\lambda)^2}}$，相位角 $\theta=\arctan\frac{2\zeta\lambda}{1-\lambda^2}$

(3) 牵连运动：放大倍数 $\beta=\frac{B}{a}=\sqrt{\frac{1+(2\zeta\lambda)^2}{(1-\lambda^2)^2+(2\zeta\lambda)^2}}$，相位角 $\theta=\arctan\frac{2\zeta\lambda^3}{1-\lambda^2+(2\zeta\lambda)^2}$

其中 λ 表示频率比，ζ 表示阻尼比，B 表示强迫振动的振幅，B_0 表示静力偏移量，a 表示牵连运动的振幅，m 表示偏心转子的质量，e 表示偏心振子的偏心距，M 表示基座的质量。

这三种情况下系统的幅频、相频特征曲线基本相同，但仔细对比，可以发现有些不同。

在幅频特征曲线方面，相同点是：在 $\lambda=1$ 时三种情况都会发生共振。不同点是：激振力和牵连运动引起的强迫振动在 $\lambda=0$ 时 $\beta=1$，在 $\lambda\to\infty$ 时 $\beta\to 0$，而相对运动在 $\lambda=0$ 时 $\beta=0$，在 $\lambda\to\infty$ 时 $\beta\to 1$。

在相频特征曲线方面，相同点是：$\lambda=0$ 时，$\theta=0$。不同点是：激振力和相对运动引起的强迫振动在 $\lambda=1$ 时 $\theta=\frac{\pi}{2}$，$\lambda\to\infty$ 时 $\theta\to\pi$，与阻尼比无关；而牵连运动在 $\lambda=1$ 时 $\tan\theta=\frac{1}{2\zeta}$，与阻尼比有关，$\lambda\to\infty$ 时 $\theta\to\frac{\pi}{2}$。

另外应注意激振力与等效激振力的相位角不同：真实激振力的相位通常设为零，相对运动引起的等效激振力相位也是零，但牵连运动引起的等效激振力相位不为零，该相位与强迫振动本身所引起的相位合在一起，才是相频特征曲线中的相位。

3. 下面的牵连运动引起强迫振动的实验结论是否有问题？

手拿一个单摆，当手慢速、中速、快速水平来回移动时，可以发现，当手很慢地来回移动时，单摆几乎一直在手的下方，即单摆的绝对运动的位移、相位与手基本相同；当手以中速来回移动时，单摆的摆动幅度可以很大，应该是在共振区附近，但相位不容易看出，不过实验表明，该相位随手的摆动速度、幅度而有变化，肯定不会一直是 90°；当手快速来回移动时，单摆的绝对摆动幅度却很小，当然相位也不容易看出。

根据上面的实验结果可以定性画出的幅频、相频特征曲线(说明见后)。

在幅频特征曲线中，三个实心圆圈表示实验中的数据点，这三个点基本上可以确定幅频曲线，见图 11-6a，为了使该曲线更接近实际情况，最好再做几次辅助实验，用空心的圆圈表示。

相频特征曲线则要动一下脑筋。因为只有两个实心圆圈处的相位可以在实验中看出来，而手快速运动时(高频)不易看出单摆的相位。但可以这样估计：由于手在高频振动时单摆的绝对运动很小，从做功的角度，说明激振力与单摆速度的相位一定相差 90°，而单摆的位移与速度又相差 90°，因此估计激振力与单摆位移的相位相差 180°。图 11-6b 中用八角星表示推测的实验点。虚线表示按教科书中的结果画的。

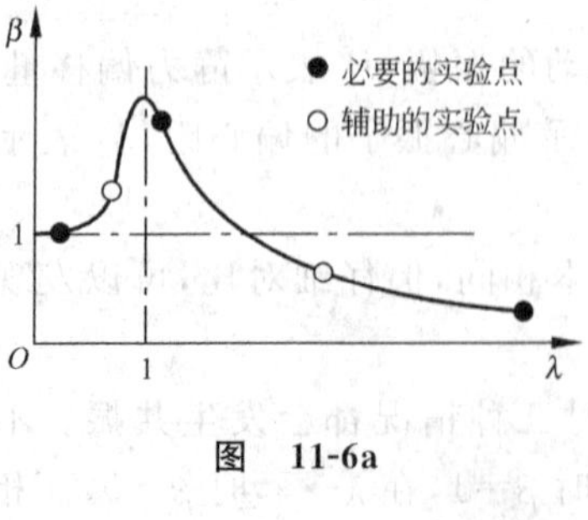

图 11-6a

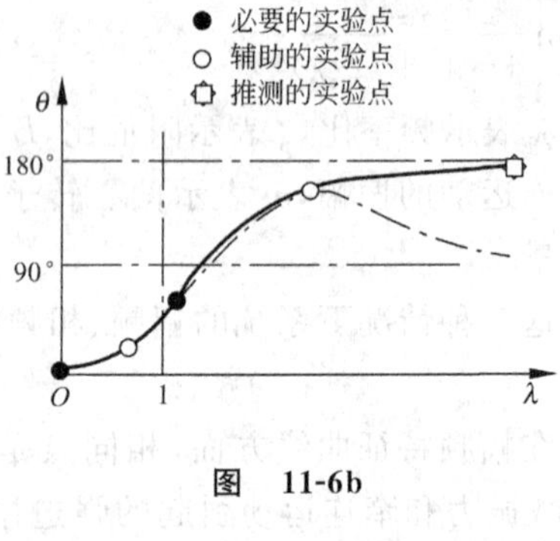

图 11-6b

幅频特征曲线与教科书上例 11-9 的结论相同，但相频特征曲线不同。这是为什么呢？将问题简化为图 11-6c 所示系统，根据本书中例 11-2 的结果，得到的振动方程为

$$\ddot{\theta}+\frac{g}{l}\sin\theta-\frac{x_0\omega^2\sin\omega t}{l}\cos\theta=0$$

设手移动的幅度是小量(x,θ 是小量)，方程简化为

$$\ddot{\theta}+\frac{g}{l}\theta=\frac{x_0\omega^2\sin\omega t}{l}$$

方程右项中含有 ω^2 项(与教科书上牵连运动的例题不同)，在 $\omega\gg1$ 时有

$$\ddot{\theta}=\frac{x_0\omega^2\sin\omega t}{l}$$

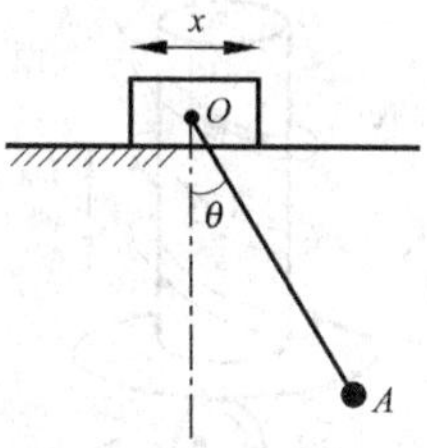

图 11-6c

积分后有

$$\theta=-\frac{x_0\sin\omega t}{l}=\frac{x_0\sin(\omega t-\pi)}{l}$$

此时单摆的绝对位移为

$$x_A\approx x+l\theta=x_0\sin\omega t+l\frac{-x_0\sin\omega t}{l}=0$$

因此在本实验中，高频时单摆的绝对位移约为零，相位差为 180°而非 90°。

这个简单的实验至少说明了两个问题：(1)牵连运动引起的强迫振动有不同形式；(2)遇到不同的结论时，应独立思考，找出其中的原因。

六、趣味问题

1. 共振的危害与利用。

人们对自然规律的认识经历了漫长的过程，有时还会付出沉重的代价。下面一些例子是关于振动问题的。

1831 年，一队骑兵列队通过英国曼彻斯特附近的一座吊桥。他们雄赳赳、气昂昂，“嗒、嗒”的马蹄声节奏分明有力。突然，不幸的事情发生了，随着一声巨响，大桥莫名其妙地倒塌了，人与马纷纷坠入河中，死伤惨重。

1906 年，俄国首都彼得格勒有一支全副武装的沙皇军队，步伐整齐地通过爱纪华特大桥。突然间桥身剧烈振动起来，然后伴随着一声巨响，大桥断裂崩塌了，士兵、马匹、辎重纷纷落水，狼狈不堪。

在这两宗事件后，人们都进行了调查。然而，既没有什么敌人的破坏，也不是桥的质量问题。研究发现，肇事者就是这些受害者自己。由于他们齐步前进，整齐的步

伐产生的周期激振力的频率碰巧接近桥的固有频率,激起了大桥的共振,结果造成了桥断人亡的大事故。

由于这些血的教训,后来世界各国先后都规定,凡是大队人马过桥时,不准齐步走,必须碎步走,避免共振现象发生。

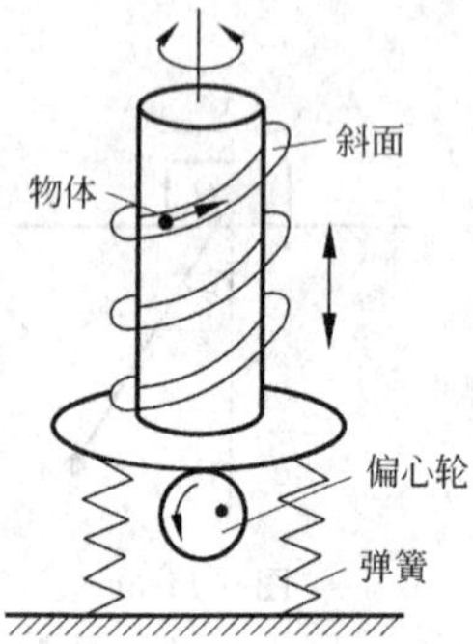

图 11-7

当然,在人们比较充分地认识了振动的特性后,既可以避免有害的振动现象,也可以利用振动的原理为人们服务,“共振筛”和“垂直输送器”就是其中的例子。

“共振筛”是把筛子用 4 个弹簧支撑起来,并在筛子上装上偏心轮。偏心轮在皮带的带动下转动,使筛子受到周期激振力的作用,作受迫振动。调整偏心轮的转速,可以使激振力的频率接近筛子的固有频率,筛子发生共振,获得较大的振幅,提高筛子的效率。

“垂直输送器”是一种螺旋形的机械,也是装上偏心轮(有一定倾角,一般有多个偏心轮成对安装),使得系统既有轴向振动又有上下振动,可以把工具或零件从底部送到顶部(与摩擦还有关系),见示意图 11-7。这种传送机构的特点是节省空间。

2. 现代射箭中的减振问题。

现代射箭运动中的弓与古代的弓不同,弓背上有一些附加物,示意图见图11-8a。我们可以分析这些附加物有何作用,并根据理论分析及计算结果对其参数进行优化设计。

在射箭比赛中,运动员由于血液循环、呼吸、肌肉紧张、环境因素等影响,手握弓时会微微颤动,其幅度虽然很小,但对射箭成绩影响很大。

根据振动理论,弓的微颤动可以用图 11-8b 中的简化模型表示,其中用质量块 M 表示弓(包括箭、手部),手臂的振动相当于在弓上作用有一个激振力 $F=H\sin\omega t$,用弹簧、阻尼代表手臂的支持作用。该系统的动力学方程为

$$M\ddot{X} = H\sin\omega t - KX - C\dot{X}$$

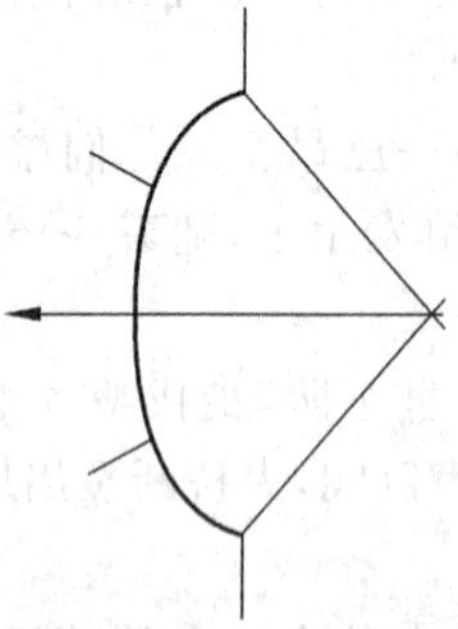

图 11-8a 现代弓箭示意图

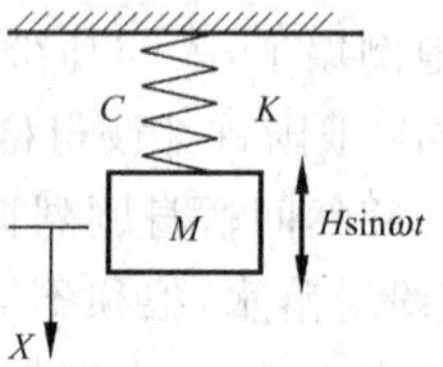

图 11-8b 弓箭振动模型

假设初始条件及其他参数为

$$X(0)=0,\quad \dot{X}(0)=0,\quad M=5\mathrm{kg},\quad \omega=7\mathrm{rad/s},$$
$$H=0.05\mathrm{N},\quad K=200\mathrm{N/m},\quad C=10\mathrm{N\cdot s/m}$$

其中激振力的频率是这样获得的：运动员屏住呼吸时心跳基本上是每分钟60次，或周期为1s，心跳的频率为6.28rad/s，综合考虑心跳、呼吸的影响，激振力的频率取为7rad/s。激振力的幅度为支持力(50N)的1%数量级。则计算结果的曲线见图11-8c。结果表明，弓的振动幅度经过几个周期后稳定在0.600mm。

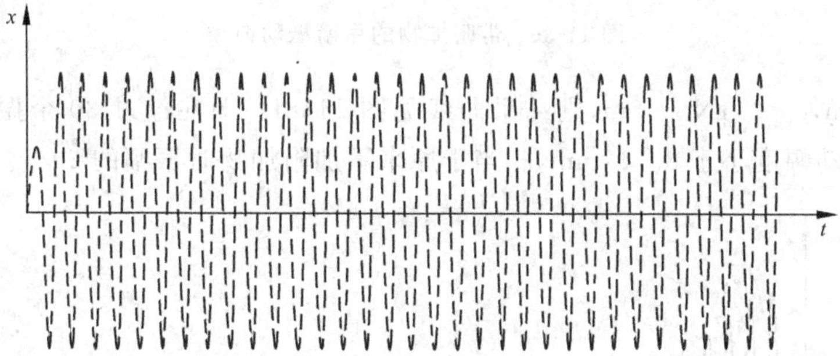

图 11-8c 无附加物时弓箭的振动曲线

根据例11-3，两自由度振动问题中有可能出现某个物体振幅减小的情况。因此，减少弓的颤动的一个方法就是在弓背上增加一些附加物，见图11-8d。假设增加的附加物可处理成质量块 m、等效弹簧系数 k、等效阻尼系数 c，则新系统的动力学方程为

$$\begin{cases}M\ddot{X}=H\sin\omega t-KX+k(x-X)-C\dot{X}+c(\dot{x}-\dot{X})\\ m\ddot{x}=-k(x-X)-c(\dot{x}-\dot{X})\end{cases}$$

首先可假设 $m=0.1\mathrm{kg}$，然后取不同的弹簧系数 k、阻尼系数 c，可得到不同的结果(理论上 $k/m=\omega^2$ 时主动隔振效果最好)。取最佳理论值 $k=4.9\mathrm{N/m}$，$c=0$，计算结果曲线见图11-8e。

很明显，弓的振动幅度随时间而减小，在经过30个振动周期(约36s)后，振动幅度小于0.006mm，相当于原来未加附加物时振幅的1%！

在理论上，振幅随时间增加将趋于零，但实际比赛有时间限制，且长时间屏气也很困难，所以只考虑半分钟时间。另外，实际物体总会有阻尼，设附加物等效参数为

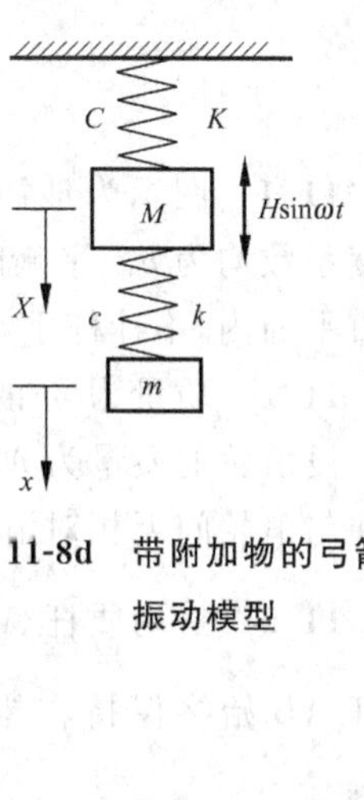

图 11-8d 带附加物的弓箭振动模型

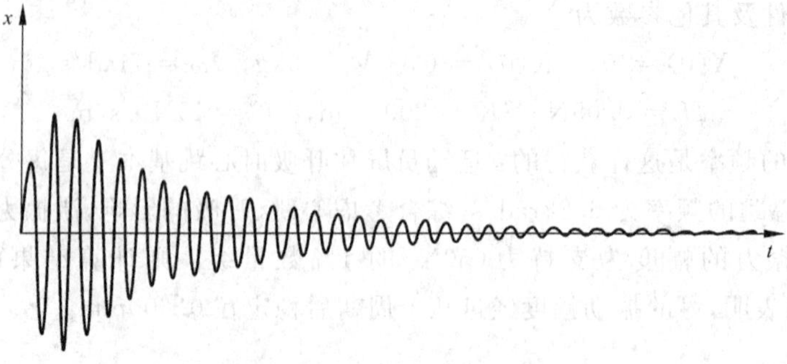

图 11-8e　带附加物的弓箭振动曲线

$k=4.9\text{N/m}, c=0.1\text{N}\cdot\text{s/m}$，则结果曲线见图 11-8f。即在经过 30 个振动周期（约 36s）后，振动幅度小于 0.117mm，相当于原来不加附加物时振幅的 20%。

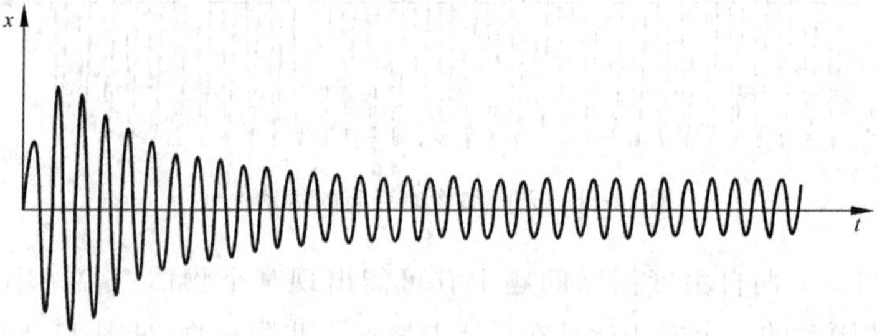

图 11-8f　考虑附加物阻尼时弓箭的振动曲线

总之，弓背上加附加物可减小振动幅度，提高射箭成绩。

七、习　　题

11-1　图示为地震仪中的无定位摆，摆长为 l，小球质量为 m，两个弹簧相同且刚度系数均为 k。平衡时两弹簧呈水平且保持原长。在运动时杆与弹簧保持在同一竖直平面内，不计杆重，求系统的微振动周期，设已知 $2kl>mg$。

11-2　质量为 m 的重物悬于细绳上，细绳跨过滑轮后与一铅垂弹簧相连如图所示。设滑轮的质量为 M，均匀分布于其边缘上，滑轮半径为 R，弹簧的刚度系数为 k，细绳与滑轮间无相对滑动。试求系统的运动微分方程和周期。

11-3　一均质杆 AB，长为 l，两端可沿半径为 $R\left(>\frac{l}{2}\right)$ 的光滑圆弧的表面滑动。设杆 AB 始终保持在铅垂平面内运动。试求杆在其平衡位置附近作微幅摆动的周期。

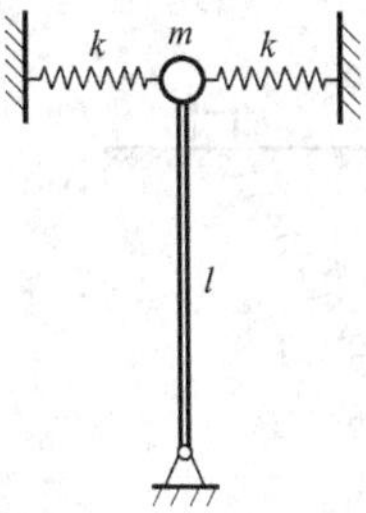

习题 11-1

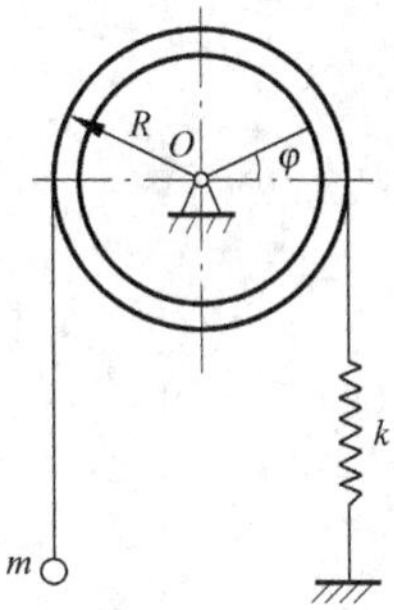

习题 11-2

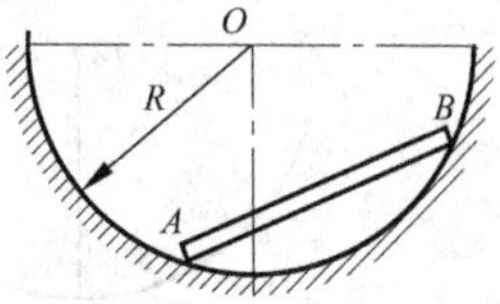

习题 11-3

11-4 一个摆由长为 l 的刚杆在其端点固结质量 m 而构成。此杆上连有刚度系数都是 k 的两根弹簧，其连接点与杆端相距为 a。两弹簧的另外一端都是固定的。不计杆的质量。摆安放在使质量 m 处在支点 O 的正上方。求能使该摆的铅直平衡位置稳定的条件，并计算该摆的微振动周期。

11-5 由两根均质细杆固接成的角尺，可绕点 O 转动。两杆分别长 l 和 $2l$，交角是 90°。求此角尺在其平衡位置附近作微振动的周期。

11-6 在长均为 l、质量都是 m 的两个相同摆之间，用刚度系数是 k 的弹簧两端系在摆杆的等高点(h)。现使两摆之一相对其平衡位置有偏角 α，但两摆的初角速度都等于零，求此系统在铅垂平面内的微振动。不计摆杆和弹簧的质量。

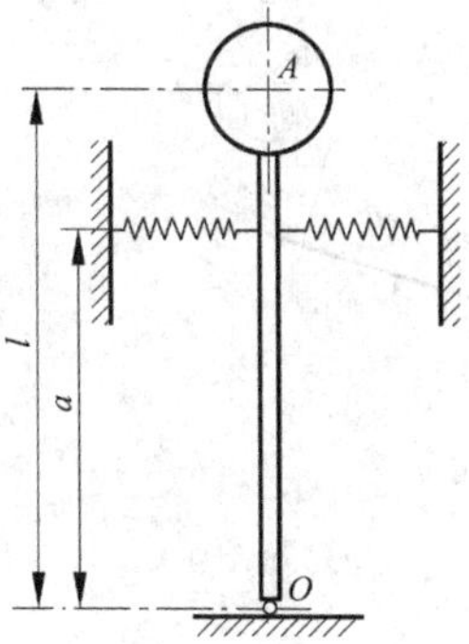

习题 11-4

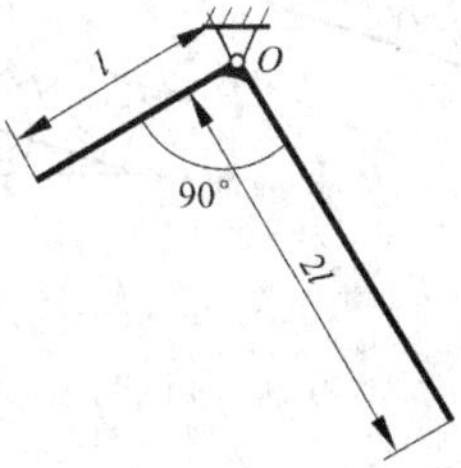

习题 11-5

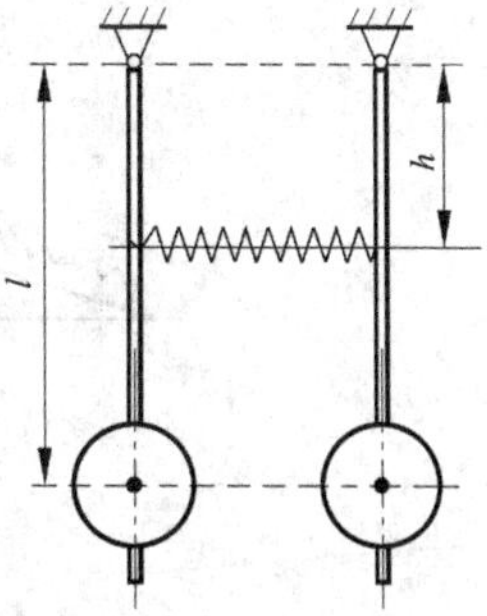

习题 11-6

11-7 挂在固定点的弹簧上的重物 M，在铅垂平面内沿着圆弧作无摩擦的微幅振动，圆弧直径是 $AB=l$。弹簧原长是 a，且其刚度是这样的：当作用力等于重物 M

的重量时，此弹簧的伸长是 b。求此重物在 $l=a+b$ 的情况下振动的周期。弹簧的质量不计，且在振动时弹簧始终受拉。

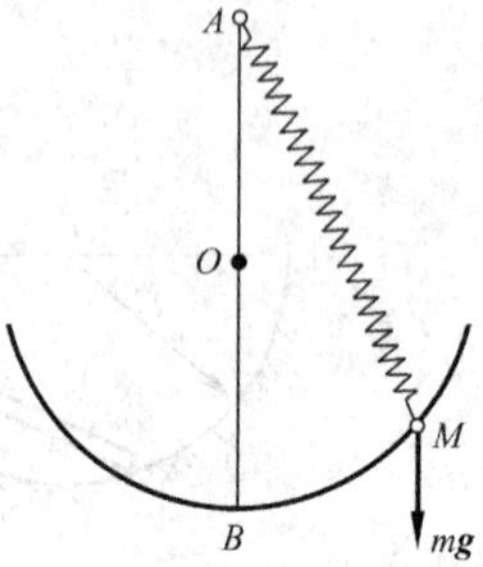

习题　11-7

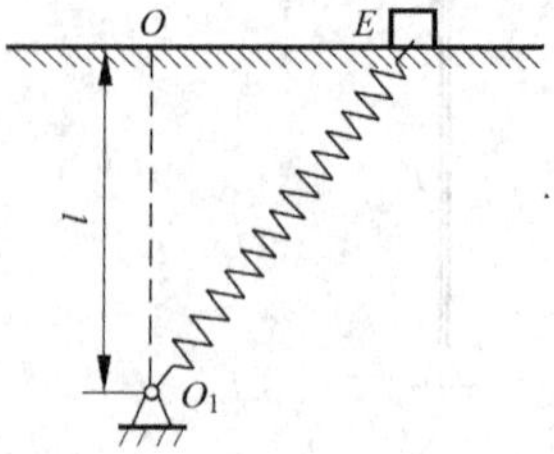

习题　11-8

11-8　质量是 m 的物体 E 处在光滑水平面上。此物体与刚度系数是 k 的弹簧相连，弹簧的另一端和铰链 O_1 相连。弹簧未变形时长 l_0；在平衡位置上，弹簧有一不太大的预紧力，此力等于 $F_0=k(l-l_0)$，其中 $l=OO_1$。在计算弹簧弹性力的水平分量时，设只考虑物体对其平衡位置相对偏移量的线性部分，求物体微振动的周期。

11-9　图示两系统中，滑块质量为 m，在光滑斜面上运动；滚轮质量也为 m，半径为 r，在粗糙斜面上作纯滚动。它们分别与刚度系数为 k 的两弹簧连接，弹簧端点 A 的运动规律为 $x_e=a\sin\omega t$。问：

(1) 系统的固有频率是否相同？为什么？

(2) 系统强迫振动的频率是否相同？为什么？

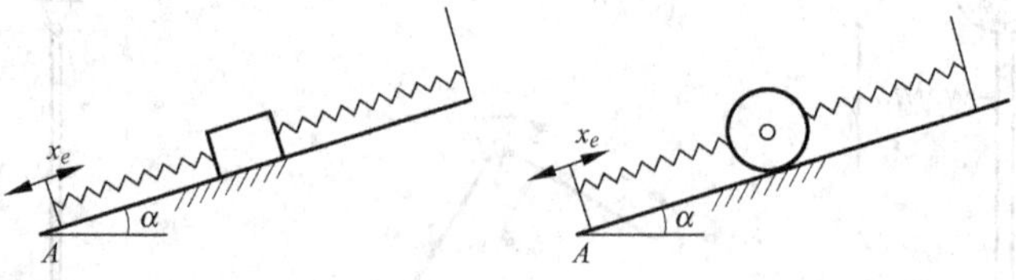

习题　11-9

11-10　物块 A 的质量为 m，均质滑轮 O 与轮 B 的半径相同，且质量皆为 M。斜面与水平面的夹角为 α，弹簧 BD 与斜面平行，系统平衡时，弹簧的静伸长为 δ_{st}，$m>M\sin\alpha$，轴承 O 的摩擦不计。求轮 B 只滚不滑时，系统的振动周期。

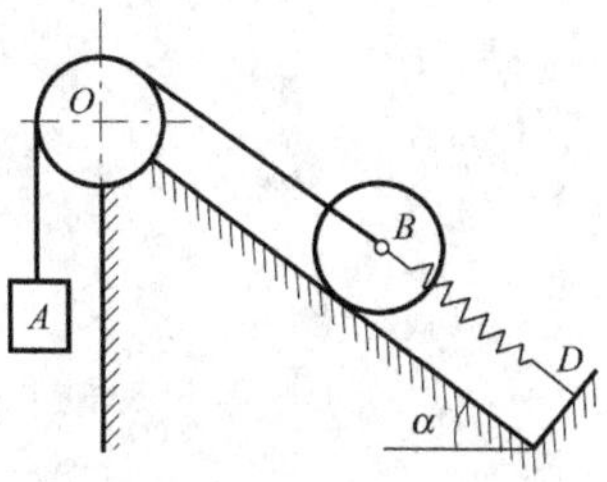

习题 11-10

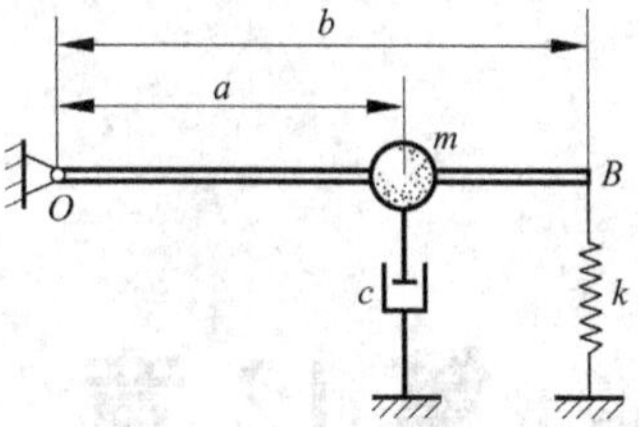

习题 11-11

11-11 图示系统中，OB 杆的质量略去不计，其上附有一集中质量 m。已知弹簧刚度系数 k 及粘滞阻力系数 c。试写出系统微幅运动的微分方程，以及衰减振动频率和临界阻尼的表达式。

11-12 图示弹性系统由物体 B 和弹簧组成。已知物重 $W=19.6\text{N}$，弹簧刚度系数 $k=2000\text{N/m}$，作用在物体上的干扰力 $S=16\sin 60t$；物体所受阻力 $R=cv$，其中 $c=25.6\text{N}\cdot\text{s/m}$。求：(1)无阻力时，物体的受迫振动方程和动力放大系数 β；(2)有阻力时，物体的受迫振动方程和动力放大系数 β。

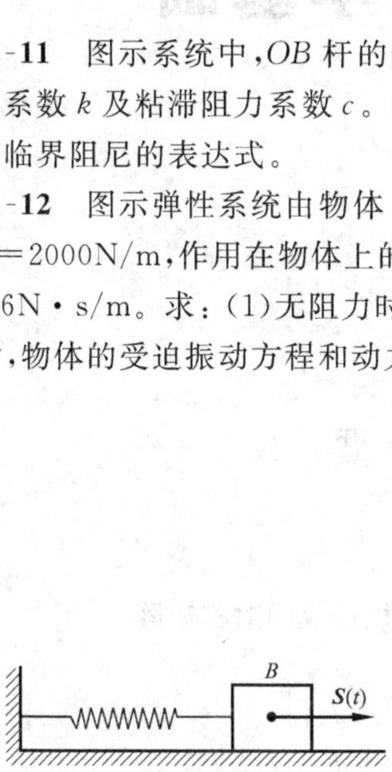

习题 11-12

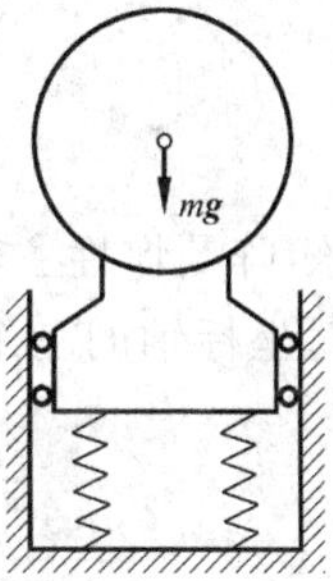

习题 11-13

11-13 电机的转速 $n=1800\text{r/min}$，质量 $m=100\text{kg}$。今将电机安装在图示的隔振装置上。欲使传到地基的干扰力不超过没有安装隔振装置时的十分之一，求隔振装置弹簧系统的弹簧系数。

第 12 章 三维刚体动力学基础

一、内容摘要

1. 惯量矩阵及惯性主轴

由质系对坐标轴的三个转动惯量和六个惯性积排成的对称矩阵

$$\boldsymbol{J}_O=\begin{bmatrix} J_{xx} & -J_{xy} & -J_{xz} \\ -J_{yx} & J_{yy} & -J_{yz} \\ -J_{zx} & -J_{zy} & J_{zz} \end{bmatrix}$$

就是质系对坐标原点的惯性矩阵。根据数学知识，一定可以找到同原点的另一个坐标系，使得所有惯性积都为零，即惯量矩阵可以化为对角矩阵形式。这时，坐标轴称为惯性主轴，坐标系称为主轴坐标系，转动惯量称为主转动惯量。主轴总可以通过数学变换求出，但简单情况下，可以直接判断主轴的位置。例如，如果均质刚体具有对称平面，则刚体相对该平面上某点的惯性主轴之一必与该平面垂直；如果均质刚体有几何对称轴，则此对称轴是刚体的一个惯性主轴。

2. 刚体的动量矩、动能

定点运动刚体对固定点 O 的动量矩为

$$\boldsymbol{L}_O=\boldsymbol{J}_O\cdot\boldsymbol{\omega}$$

刚体作一般运动时对质心的动量矩为

$$\boldsymbol{L}_C=\boldsymbol{J}_C\cdot\boldsymbol{\omega}$$

刚体作一般运动时动能为

$$T=\frac{1}{2}mv_C^2+\frac{1}{2}\boldsymbol{\omega}\cdot\boldsymbol{J}_C\cdot\boldsymbol{\omega}$$

3. 欧拉运动学和动力学方程

在刚体固连主轴坐标系 $Oxyz$ 中，刚体定点（或相对质心的）运动微分方程由下面的欧拉动力学方程给出

$$J_x\dot{\omega}_x+(J_z-J_y)\omega_y\omega_z=M_x$$
$$J_y\dot{\omega}_y+(J_x-J_z)\omega_z\omega_x=M_y$$
$$J_z\dot{\omega}_z+(J_y-J_x)\omega_x\omega_y=M_z$$

其中 $\omega_x,\omega_y,\omega_z$ 为刚体角速度在固连坐标系中的分量，M_x,M_y,M_z 为外力对定点（或质心）的主矩在固连坐标系中的分量。

ω_x，ω_y，ω_z 由下面的欧拉运动学公式给出

$$\begin{cases}\omega_x=\dot{\Psi}\sin\theta\sin\varphi+\dot{\theta}\cos\varphi\\ \omega_y=\dot{\Psi}\sin\theta\cos\varphi-\dot{\theta}\sin\varphi\\ \omega_z=\dot{\Psi}\cos\theta+\dot{\varphi}\end{cases}$$

其中欧拉角 Ψ,θ,φ 分别是进动角、章动角和自转角。

4. 规则进动

进动是刚体定点运动的一种，它由两个运动合成：刚体绕其对称轴的自转和对称轴绕空间固定轴的公转。如果自转、进动角速度都为常数，章动角也是常数，则称规则进动。欧拉情况下（外力矩为零）轴对称刚体的运动是规则进动。使轴对称刚体作规则进动所需的外力矩由下面的陀螺基本公式给出

$$\boldsymbol{M}_O=\boldsymbol{\omega}_2\times\boldsymbol{\omega}_1\left[J_z+(J_z-J_x)\frac{\omega_2}{\omega_1}\cos\theta_0\right]$$

5. 陀螺运动特性

工程中把具有旋转对称轴并绕该轴高速转动的刚体称为陀螺。陀螺运动有如下几个特性：

1）如果作用在陀螺上的外力矩为零，陀螺的对称轴在惯性空间保持方位不变。

2）如果有外力作用在陀螺上，陀螺对称轴不是沿着作用力方向倒下，而是沿着力矩方向倒下。也就是说，如果你用手去推陀螺，其对称轴运动方向与你推的方向垂直。而当你不再推时，外力矩立即消失，陀螺对称轴的运动马上停止，将继续保持这个新的指向。

3）高速转动的陀螺对作用时间短的外力具有很强抗干扰能力。

4）在外力矩作用下，当力矩向量与陀螺对称轴不重合时，陀螺对称轴将在惯性空间中转动，即陀螺具有进动性。

5）当强制陀螺的对称轴在空间改变方向时，施力者将受到陀螺力矩的作用，这

就是陀螺效应。

二、基 本 要 求

1. 会计算定点运动刚体的动量矩、动能。
2. 了解惯性主轴的概念,在简单情况下会确定主轴。
3. 了解欧拉角的定义、欧拉运动学方程和欧拉动力学方程。
4. 了解陀螺运动的特性,会定性分析陀螺运动的各种现象。

三、典 型 例 题

例 12-1 均质细杆 OA 绕固定球铰链 O 以匀角速度 $\boldsymbol{\omega}$ 转动,如图 12-1 所示,求杆 OA 的动能、对 O 点的动量矩。

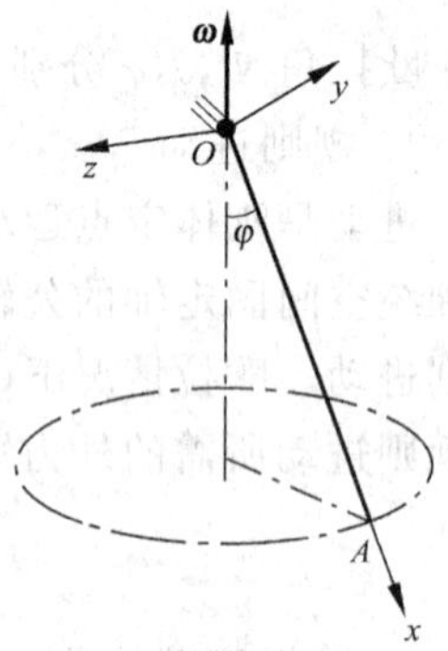

图 12-1

解:(1) 求 OA 杆的动能

在图示与杆固连的坐标系 $Oxyz$ 中,杆的角速度列阵为

$$\underline{\boldsymbol{\omega}}=[-\omega\cos\varphi \quad \omega\sin\varphi \quad 0]^{\mathrm{T}}$$

$$T=\frac{1}{2}\underline{\boldsymbol{\omega}}^{\mathrm{T}}\boldsymbol{J}_O\underline{\boldsymbol{\omega}}=\frac{1}{2}(J_x\omega_x^2+J_y\omega_y^2+J_z\omega_z^2)$$

$$=\frac{1}{2}\left(0+\frac{1}{3}ml^2(\omega\sin\varphi)^2+0\right)=\frac{1}{6}ml^2\omega^2\sin^2\varphi$$

(2) 求 OA 杆对 O 点的动量矩

利用公式

$$\boldsymbol{L}_C=\boldsymbol{J}_O\cdot\boldsymbol{\omega}$$

可得

$$\begin{bmatrix}L_x\\L_y\\L_z\end{bmatrix}=\begin{bmatrix}J_x&0&0\\0&J_y&0\\0&0&J_z\end{bmatrix}\begin{bmatrix}\omega_x\\\omega_y\\\omega_z\end{bmatrix}=\begin{bmatrix}J_x\omega_x\\J_y\omega_y\\J_z\omega_z\end{bmatrix}=\begin{bmatrix}0\\ml^2\omega\sin\varphi/3\\0\end{bmatrix}$$

讨论:为什么动能、动量矩的计算要在刚体的主轴坐标系中进行?

例 12-2 如图 12-2 所示,已知均质立方体的质量为 $m=12$,三边长分别为 $a=5$, $b=4$, $c=3$(不考虑单位)。求过顶点 O 的惯性主轴。

解:(1) 由对称性知 $Cx_Cy_Cz_C$ 为过 C 点的主轴坐标系。

$$J_C=\begin{bmatrix}\frac{1}{12}m(b^2+c^2) & 0 & 0\\ 0 & \frac{1}{12}m(a^2+c^2) & 0\\ 0 & 0 & \frac{1}{12}m(a^2+b^2)\end{bmatrix}=\begin{bmatrix}25 & 0 & 0\\ 0 & 34 & 0\\ 0 & 0 & 41\end{bmatrix}$$

（2）用移心公式求 J_O

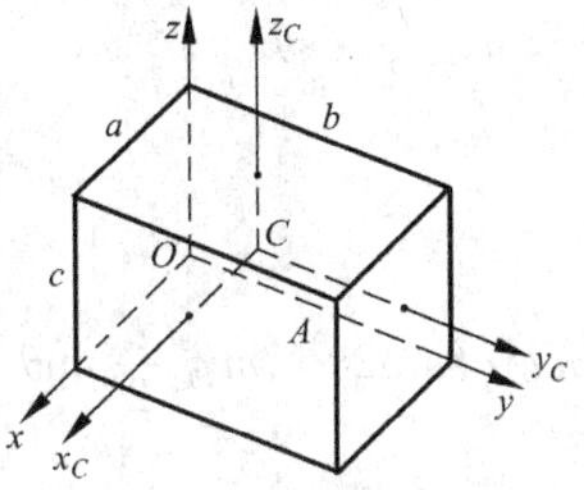

图 12-2

将 $\underline{r}=\left[-\frac{5}{2}\quad -2\quad -\frac{3}{2}\right]^T$ 代入移心公式得

$$J_O=J_C+m[\underline{r}^T\underline{r}E-\underline{r}\,\underline{r}^T]$$

$$=\begin{bmatrix}100 & -60 & -45\\ -60 & 136 & -36\\ -45 & -36 & 164\end{bmatrix}$$

（3）求过 O 点的主轴

设 λ_i 为矩阵 J_O 的特征值，n_i 为 λ_i 对应的特征向量，则特征方程为

$$(J_O-\lambda E)\,\underline{n}=0$$

求出特征根得

$$\lambda_1=30.5061,\quad \lambda_2=180.2459,\quad \lambda_3=189.2479$$

这三个特征根就是三个主轴转动惯量。

对应的特征向量为

$$\underline{n}_1=[0.7334\quad 0.5524\quad 0.3962]^T$$
$$\underline{n}_2=[-0.6544\quad 0.7315\quad 0.1915]^T$$
$$\underline{n}_3=[-0.1840\quad -0.3997\quad 0.8980]^T$$

特征向量对应的方向就是主轴方向。

讨论：(1)这是求刚体主轴及主转动惯量的一般方法。(2)代数中已经证明，关于对称阵 J，一定能找到正交阵 A，使得为 $J'=A^TJA$ 为对角阵。

例 12-3 图 12-3 所示系统中，圆环质量不计，半径为 r，可绕竖直轴转动。杆 AB 质量为 m，长为 $l=\sqrt{2}r$，在圆环内滑动，不计摩擦。求 (1)系统的运动微分方程，(2)第一积分，(3)若要使 $\dot{\varphi}=\text{const}$，作用于圆环上的力矩 M 应多大？

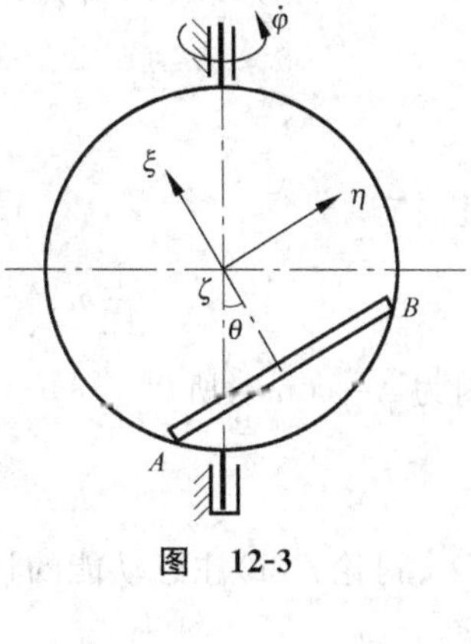

图 12-3

解：(1)系统有两个自由度，选 φ,θ 为广义坐标。建立与 AB 杆主轴坐标系平行的动系 $O\xi\zeta\eta$，见图 12-3。

AB 杆作定点运动，其动能为

$$T=\frac{1}{2}\boldsymbol{\omega}\cdot\boldsymbol{J}\cdot\boldsymbol{\omega}$$

$$=\frac{1}{2}(J_\zeta\dot{\theta}^2+J_\eta(\dot{\varphi}\sin\theta)^2+J_\xi(\dot{\varphi}\cos\theta)^2)$$

$$=\frac{1}{2}\left(\left(\frac{1}{12}ml^2+\frac{1}{4}ml^2\right)\dot{\theta}^2+\left(0+\frac{1}{4}ml^2\right)(\dot{\varphi}\sin\theta)^2+\left(\frac{1}{12}ml^2\right)(\dot{\varphi}\cos\theta)^2\right)$$

$$L=T-V=\frac{1}{6}ml^2\dot{\theta}^2+\frac{1}{24}ml^2\dot{\varphi}^2+\frac{1}{12}ml^2\dot{\varphi}^2\sin^2\theta+mg\frac{l}{2}\cos\theta$$

$$\frac{\partial L}{\partial\dot{\varphi}}=\frac{1}{12}ml^2\dot{\varphi}+\frac{1}{6}ml^2\dot{\varphi}\sin^2\theta,\quad \frac{\partial L}{\partial\varphi}=0$$

$$\frac{\partial L}{\partial\dot{\theta}}=\frac{1}{3}ml^2\dot{\theta},\quad \frac{\partial L}{\partial\theta}=\frac{1}{12}ml^2\dot{\varphi}^2\sin2\theta-mg\frac{l}{2}\sin\theta$$

代入拉氏方程得

$$\begin{cases}\frac{1}{12}ml^2\ddot{\varphi}+\frac{1}{6}ml^2\ddot{\varphi}\sin^2\theta+\frac{1}{6}ml^2\dot{\varphi}\dot{\theta}\sin2\theta=0\\ \frac{1}{3}ml^2\ddot{\theta}-\frac{1}{12}ml^2\dot{\varphi}^2\sin2\theta+mg\frac{l}{2}\sin\theta=0\end{cases}$$

(2) 第一积分。

因为拉氏函数 L 不含 φ，主动力有势，因此有

$$\frac{1}{12}ml^2\dot{\varphi}+\frac{1}{6}ml^2\dot{\varphi}\sin^2\theta=\text{const}$$

其含义是系统对垂直转动轴的动量矩守恒。

因为拉氏函数 L 不含时间 t，因此有

$$T+V=E$$

其含义是系统的机械能守恒。

(3) 当有力矩 $\boldsymbol{M}$ 作用时，可以采用 $\frac{\mathrm{d}}{\mathrm{d}t}\frac{\partial L}{\partial\dot{q}_j}-\frac{\partial L}{\partial q_j}=Q_j$ 的形式列写方程

$$Q_\varphi=\frac{M\delta\varphi}{\delta\varphi}=M$$

此时有

$$\frac{1}{12}ml^2\ddot{\varphi}+\frac{1}{6}ml^2\ddot{\varphi}\sin^2\theta+\frac{1}{6}ml^2\dot{\varphi}\sin2\theta=M$$

因为 $\dot{\varphi}=\text{const}$，所以

$$M=\frac{1}{6}ml^2\dot{\varphi}\sin2\theta$$

讨论：(1)注意动能的计算。(2)如何采用动量矩定理和动能定理求解本题？

四、常见错误

问题 1 在图 12-4a 所示机构中，AB 以匀角速度 Ω 转动，OC 可绕 O 轴转动，$\dot{\theta}$ 垂直于 Ω。已知 OC 质量为 m，$l_{OC}=r$，过质心 C 的 3 个主转动惯量为 J_x，J_y，J_z，其中 x 轴垂直于轴 AB，y 轴沿 OC 方向，下面在求 OC 相对 AB 平衡位置时有何错误？

解：用动静法。因为 OC 相对 AB 平衡，所以 $\dot{\theta}=0$，$\ddot{\theta}=0$。质心 C 的加速度 $a_C=r\sin\theta\Omega^2$，加上惯性力，如图 12-4b 所示。

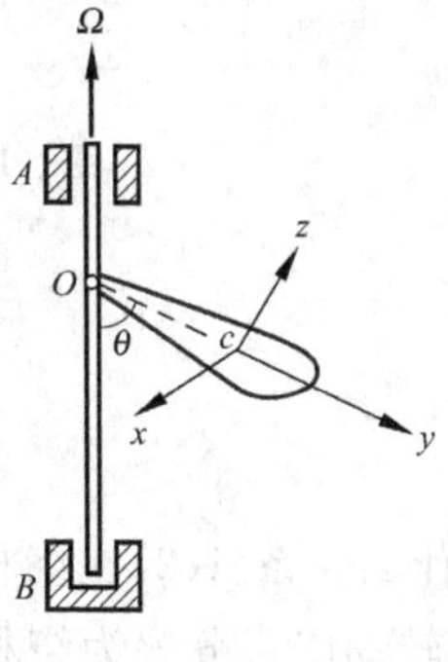

图 12-4a

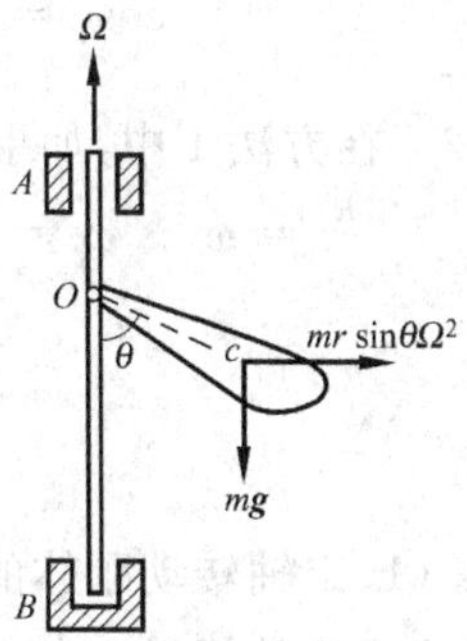

图 12-4b

根据 $\boldsymbol{M}_O=0$，所以有

$$-mgr\sin\theta+mr\sin\theta\Omega^2 r\cos\theta=0$$

求出

$$\begin{cases}\sin\theta=0\\ \cos\theta=\dfrac{g}{r\Omega^2}\end{cases}$$

所以

$$\begin{cases}\theta=0\\ \theta=\arccos\dfrac{g}{r\Omega^2}\end{cases}$$

即相对平衡位置与 J_x，J_y，J_z 无关。

提示：(1)惯性力向质心简化时有无惯量力矩？(2)惯量力矩与转动惯量有无关系？(3)请用动量矩定理求解本题。

问题 2 在例 12-1 中，采用下面两种处理方法，得到的结果相差一个负号，问题出在哪里？

方法 1 根据刚体复合运动，杆 OA 的运动是绕相交轴转动的合成，$\omega_e=\omega_y$，

$\omega_r=\omega_x$，见图12-5。

杆 OA 的角加速度为

$$\boldsymbol{\varepsilon}=\boldsymbol{\omega}_e\times\boldsymbol{\omega}_r=\omega^2\sin\varphi\cos\varphi\,\boldsymbol{k}$$

根据动量矩定理有

$$\boldsymbol{J}_O\boldsymbol{\varepsilon}=\boldsymbol{M}_O$$

$$\begin{bmatrix}0&0&0\\0&ml^2/3&0\\0&0&ml^2/3\end{bmatrix}\begin{bmatrix}0\\0\\\omega^2\sin\varphi\cos\varphi\end{bmatrix}=\begin{bmatrix}0\\0\\-mgl\sin\varphi/2\end{bmatrix}$$

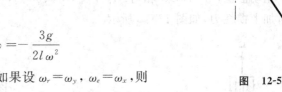

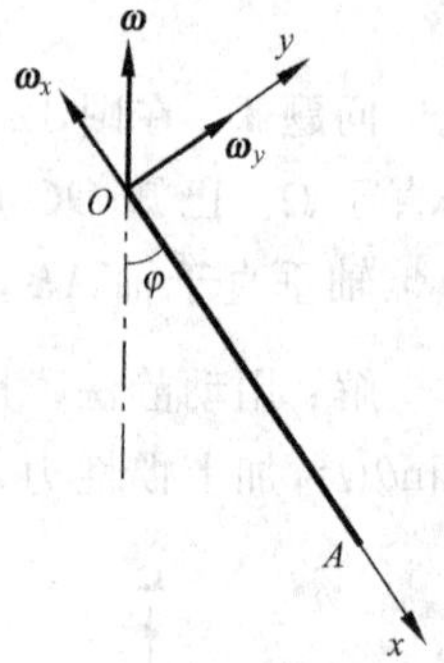

图 12-5

由此求得

$$\cos\varphi=-\frac{3g}{2l\omega^2}$$

方法2　在方法1中，如果设 $\omega_r=\omega_y$，$\omega_e=\omega_x$，则

$$\boldsymbol{\varepsilon}=\boldsymbol{\omega}_e\times\boldsymbol{\omega}_r=-\omega^2\sin\varphi\cos\varphi\boldsymbol{k}$$

由此求得

$$\cos\varphi=\frac{3g}{2l\omega^2}$$

提示：(1)定轴转动刚体的角加速度与角速度有什么关系？(2)在绕相交轴转动合成中，什么是牵连运动？什么是相对运动？(3)定轴转动能否分解为绕相交轴的转动合成？

五、疑难解答

1. 惯量张量与惯量矩阵是什么关系？

惯量张量 $\boldsymbol{J}_O$ 只与刚体对 O 点的质量分布有关，与运动和力无关，与坐标系无关。张量可以认为是向量的发展，它表明一个量不但有大小、方向，还与“观察”的方向有关。惯量矩阵 $\boldsymbol{J}_O$ 是惯量张量在坐标系的投影形式，与坐标系选取有关。

任意三个标量(元素)并不一定可以对应为一个向量，任意9个标量(元素)也不一定可以对应于一个张量。

设第一个坐标系为 $Ox_1y_1z_1$，第二个坐标系为 $Ox_2y_2z_2$，$\boldsymbol{A}_{12}$ 表示 $Ox_2y_2z_2$ 相对 $Ox_1y_1z_1$ 的坐标转换矩阵。设 $\boldsymbol{J}_O$ 在 $Ox_1y_1z_1$ 中的矩阵为 $\boldsymbol{J}_{O1}$，在 $Ox_2y_2z_2$ 中的矩阵为 $\boldsymbol{J}_{O2}$，则有

$$\boldsymbol{J}_{O1}=\boldsymbol{A}_{12}\boldsymbol{J}_{O2}\boldsymbol{A}_{12}^{\mathrm{T}}$$

类似向量投影得标量，通常所说的刚体绕某轴转动的转动惯量，实际上是惯量张

量的二次投影。若已知 $\boldsymbol{J}_O$，ON 为任意轴，$\boldsymbol{n}$ 为 ON 的单位向量，J_e 为刚体对 ON 轴的转动惯量，则 $J_e=\boldsymbol{n}\cdot\boldsymbol{J}_O\cdot\boldsymbol{n}$。

2. 如何求刚体的惯性主轴？

有两种方法，一个是利用对称性：

(1) 如果均质刚体有对称平面，则平面上某点的惯性主轴之一必与平面垂直。

(2) 如果均质刚体有对称轴，则此轴是轴上各点的惯性主轴。

(3) 通过刚体质心的惯性主轴称为中心惯性主轴，位于中心惯性主轴上各点的惯性主轴必彼此平行。

另一种方法是利用特征向量、特征值的关系。具体过程见例 12-2。

3. 如果特征值有重根，如何确定惯性主轴？

惯量矩阵的特征值就是刚体的主转动惯量，若 2 个特征值相等，则第 3 个特征向量就对应刚体的对称轴，对称轴就是一个惯性主轴，在与对称轴垂直的平面内任意两个互相垂直的轴都是惯性主轴。若 3 个特征值都相等，则刚体相当于球体(动力学等效)，此时任意三个相互垂直的轴都是惯性主轴。

4. 如何理解转子安装有偏角时会有动反力。

当转子安装无偏心但有偏角时，属于静平衡但不是动平衡。从惯性力系简化的角度看，惯量力系的主向量为零，但惯性力系的主矩不为零，该惯性力矩会引起转子轴承的动反力。从动量矩角度看，转子的动量矩不为常数，因为由相交轴转动合成关系，角加速度与角速度不平行，即刚体的动量矩绕轴承转动，由动量矩定理，刚体动量矩的变化等于外力矩，该力矩只能由轴承反力提供。

六、趣 味 问 题

1. 自旋卫星绕哪个轴转动才能稳定？

高速自旋是卫星保持姿态稳定的一种方式，但不是绕任意轴转动都可以保持姿态稳定。从惯性力平衡的角度看，刚体可以绕 3 个主轴作永久转动，如果不绕主轴转动，根据教科书中的例 12-5，转子在轴承处会有动反力，卫星在空间中没有轴承支撑，就会翻倒。所以卫星应绕 3 个主轴中的某一个主轴转动。

对欧拉动力学方程进行稳定性分析，可以把原方程改写为微振动方程(略)，根据振动方程可知，绕最大惯量轴及最小惯量轴的永久转动稳定，绕中间惯量轴的永久转动不稳定。所以卫星不能绕中间惯量轴自旋。

美国在 1958 年 2 月 1 日发射了探险者 1 号，入轨后发生剧烈章动，两小时后失稳，变成绕横轴自旋，不能正常工作。经过分析发现，刚体绕最大和最小惯性主轴转动都稳定,但非刚体绕最小惯性主轴转动不稳定。而探险者 1 号带有 4 根天线,已不能看成为刚体了。实际上,自然界中已有一些现象隐含了这一结论。比如宇宙中的银河系及其他星系、太阳系,都是盘状系统,绕最大轴自转的,它们至少存在几十亿年了,是稳定的。龙卷风是绕最小轴自转的系统,至多维持几十分钟,是不稳定的。

2. 老式的螺旋桨飞机在俯冲轰炸时会有什么现象?

早期的飞机多以螺旋桨为动力,高速旋转的螺旋桨相当于一个陀螺,具有陀螺效应,即强制改变陀螺转轴的方向时,会产生陀螺力矩

$$\boldsymbol{M}_k = \boldsymbol{H} \times \boldsymbol{\omega}$$

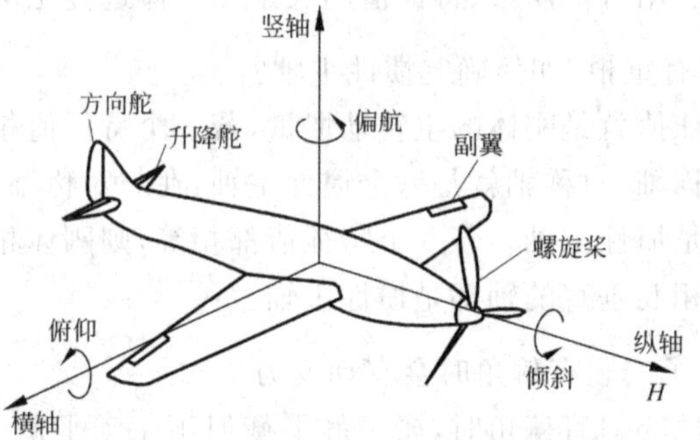

图 12-6

飞机俯冲时,机身的角速度沿横轴负方向,动量矩沿纵轴方向,因此陀螺力矩沿竖轴方向,飞机向左偏转,结果炸弹也都会向目标左偏。在飞机起飞时,飞机会向右偏转。

总之,由于螺旋桨的陀螺效应,飞机改变航向时将伴随着俯仰运动,而作俯仰运动时将伴随偏航运动。飞机偏航运动与俯仰运动总是相互耦合,使得早期的飞行员经常感到很奇怪。

3. 欧拉角的由来

欧拉角 Ψ,θ,φ 是由法国数学、力学家欧拉(1707—1783)提出的,故称欧拉角。欧拉角是确定刚体空间方位的一组独立参数。

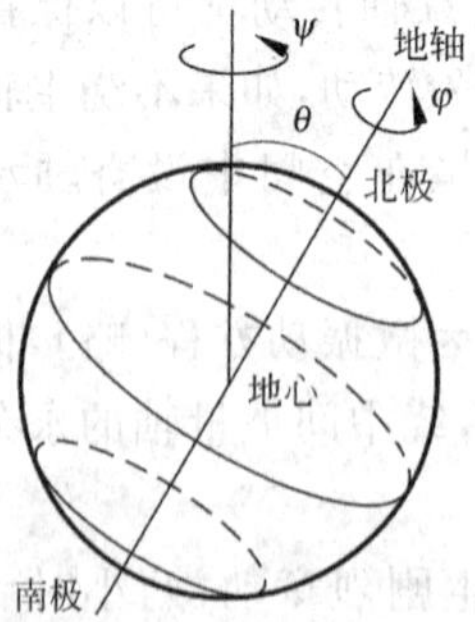

图 12-7

欧拉是如何想到用欧拉角描述刚体转动的呢?他提出欧拉角的实际背景是地球的转动。根据天文学知识,地球绕着地轴(过南北极)自转,同时地轴本身也在惯性空间中运动,如图 12-7 所示。

地球每 24 小时自转一周(严格说是 23 小时 56 分自转一周,由于地球自转、公转所致)。对应的转角称为自转角 φ。地轴不是正好指向北极星,从地球上看,北极星作一小幅度的摆动,周期为 18.6 年左右(严格说,这一周

期是地球赤道面与月球运行的白道面夹角的变化周期）。由于恒星的相对位置几千年才有微小的移动，由此可知北极星的这种摆动是由于地球的自转轴运动所引起的。在中国古代历法中，每 19 年为 1 章$\left(\text{据汉代《太初历》中记载：1 月}=29\frac{43}{81}\text{日，1 年}=12\frac{7}{19}\text{月，1 章}=19\text{ 年，1 统}=81\text{ 章，1 元}=3\text{ 统}\right)$，因此地轴的这种周期运动就叫章动，对应的角度就叫章动角 θ。

地球的章动带来一个有趣的现象：每平均 19 年后，阳历与阴历所对应的日子会重合一次。比如 2001 年的国庆节（阳历 10 月 1 日）与中秋节（阴历 8 月 15 日）是同一天。2002 年的国庆节与中秋节就差得很远（中秋节那天是阳历 9 月 21 日），但（19 年后的）2020 年 10 月 1 日，阴历又回到 8 月 15 日了！（可查万年历试试看）

地轴除了章动之外，还有另一种运动，使得地轴不是在一个平面内运动，而是作空间运动。地轴的这种运动称为进动，对应的转角称为进动角 Ψ。地球进动的周期为 25800 年。

4. 凯尔特魔石的力学原理

凯尔特魔石（celt stone）又名史前石，是一百年前考古学家研究史前石器时发现的，它是一种具有特殊形状的石头。将其放于具有一定摩擦力的平面上，令其绕水平轴作俯仰侧滚摆动，它会迅速将摆动运动转变为绕铅直轴的转动；若令其绕铅直轴作旋转运动，它又会迅速将转动变为绕水平轴的俯仰或侧滚摆动。有的魔石存在固有的"易转方向"，它只能在易转方向绕铅直轴实现稳定的转动。若强令其反转，它会产生强烈的抖动（俯仰或侧滚摆动），之后仍返回易转方向。另有一种魔石，在任意起始条件下均能实现全方位的运动，即正反转动和俯仰、侧滚摆动交替进行，有如魔力驱使，看起来十分奇特而怪异。一个物体，在任意起始条件下自由释放之后，能表现出如此复杂而有趣的运动，在自然界实属罕见。它曾吸引众多学者从各种力学角度予以解释，虽历经百年，研究论文已发表有数十篇，但至今对其力学现象的理论描述仍未尽善尽美。加之多数学者对其所作的理论描述过于深奥，一般读者难于看懂，这更使读者对其增加了几分神秘色彩。下面力图用一般理工科大学生所掌握的力学知识，对魔石现象的物理本质给予定性分析。这对读者把握魔石的运动规律乃至利用该规律于工程技术中可能会有较大的帮助。

(1) 魔石的结构特点

- 魔石下表面呈椭球状，或船形。一个方向的曲率半径大于另一方向。例如 $\rho_x>\rho_y$。

- 其质量分布对通过质心 c 的两个水平形体轴 x，y 不对称，即惯性主轴 x_j，y_j 与形体轴 x，y 间有偏角 α。

- 其质心高度小于表面曲率半径，即 $h_c<\rho_y<\rho_x$。
- 与支承面之间要有一定摩擦力，使魔石能在支承面上作纯滚动。

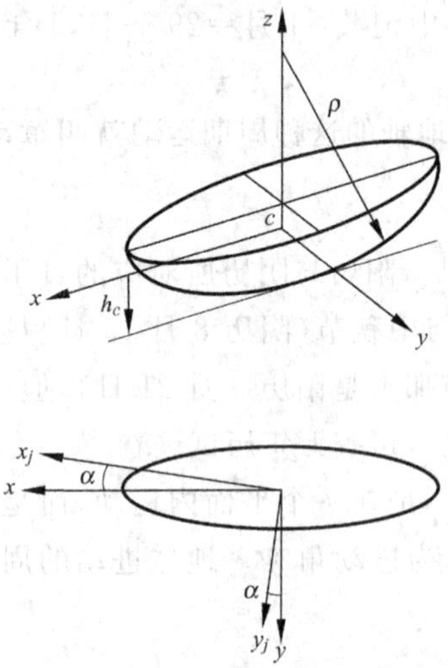

图 12-8a

（2）魔石现象

魔石在支承面上运动有三个自由度：绕横轴 cy 的俯仰摆动，绕纵轴 cx 的侧滚摆动和绕铅直轴 cz 的转动。有一类魔石在任意起始条件下均可实现这三种运动，这类魔石简称为“复转石”。另一类魔石本身存在固有的易转方向，这类魔石可简称“单转石”。魔石现象可归纳如下：

- 给魔石一个初始摆动，它自己会激起绕 z 轴的转动。摆动与转动方向之间存在确定的对应关系。如俯仰摆动引起的是顺（逆）时针转动，则侧滚摆动将引起逆（顺）时针转动。其对应关系取决于魔石的形状与质量分布状况。
- 给魔石一个绕铅直轴的起始转动，它会激起绕横轴或纵轴的摆动，其转动与摆动的对应关系也是由魔石的形状和质量分布确定的。
- 若两个摆动频率相差较大，该魔石即为“单转石”。它在绕 z 轴转动时，向某方向转动很平稳，而另一方向转动很不稳定，并能很快返回易转方向。
- 若两个摆动频率比较接近，该魔石即为“复转石”，在任意起始条件下，转动—摆动将交替进行。直至能量耗尽为止。

（3）魔石现象的力学原理

- 主刚度轴，主惯性轴与主振动轴

在魔石摆动中，重力 $\boldsymbol{P}$ 形成恢复力矩。魔石绕不同方向摆动时，重力恢复力矩的刚度也不同。其中绕 x 轴摆动时曲率半径最大，故刚度也最大。绕 y 轴摆动时刚度最小。称刚度最小与最大的摆动轴为魔石的主刚度轴，它与形体对称轴是重合的。

魔石对质心 c 的转动惯量取得极值的两个轴称为魔石在 x，y 平面内的惯性主轴，以 x_j 和 y_j 表示。

魔石在铅垂平面内的摆动存在两个主振动，其主振动轴以 x_0，y_0 表示。由振动理论可知，在铅垂面内可能出现的各种摆动中两个主振动的频率必取得极值。由于主刚度轴与主惯性轴并不重合，故主振动轴既不与主惯性轴重合也不与主刚度轴重合，而是使振动频率取得极大值及极小值的位置，即 $\dfrac{\mathrm{d}k}{\mathrm{d}J}=0$ 的位置，式中 k 为刚度，J 为转动惯量。

设绕 y_0 轴的俯仰摆动为高频摆动(一般魔石均如此),则主振动轴 y_0 的方向一定是靠近最大刚度轴 y,而远离主惯性轴 y_j,如图 12-8b 所示。同理侧滚摆动的主振动轴 x_0 一定也是靠近主刚度轴 x,而远离主惯性轴 x_j。因为只有这样的配置才能使两个摆动的频率取得极值。主刚度轴与主惯性轴是相互垂直的,而主振动轴 x_0,y_0 一般并不垂直。这是因为$\dfrac{dk}{dJ}$在 x 及 y 轴附近的变化率一般是不同的。

以上讨论是假设俯仰摆动为高频摆动。若魔石绕 y_0 摆动时刚度(或曲率半径)并不太大,而转动惯量较大,则俯仰摆动也可能变为低频摆动。这时两个摆动主轴的位置将靠近主惯性轴,而远离主刚度轴,如图 12-8d 所示。

有了上述预备知识,即可着手解释魔石现象了。

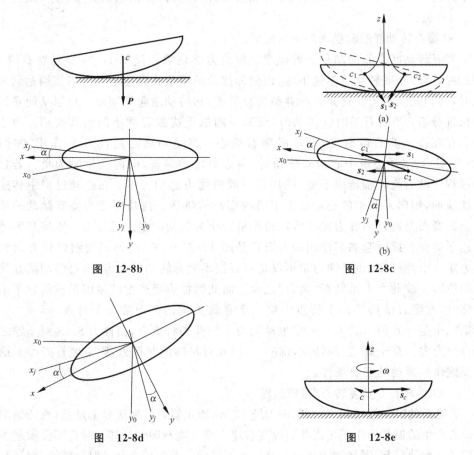

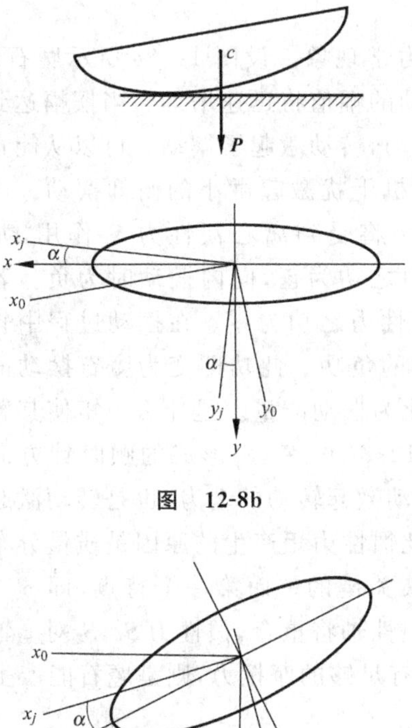

图 12-8b

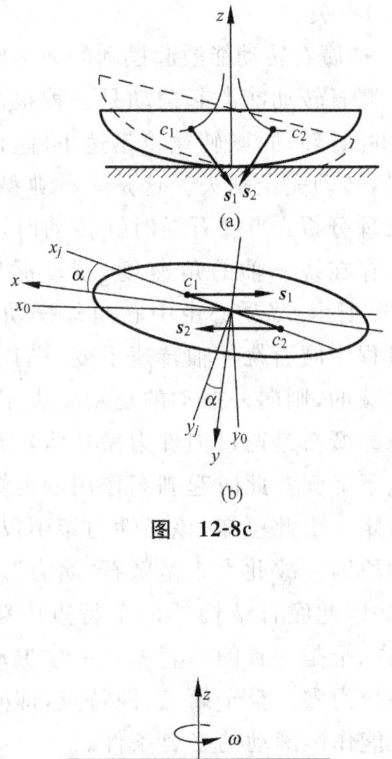

图 12-8c

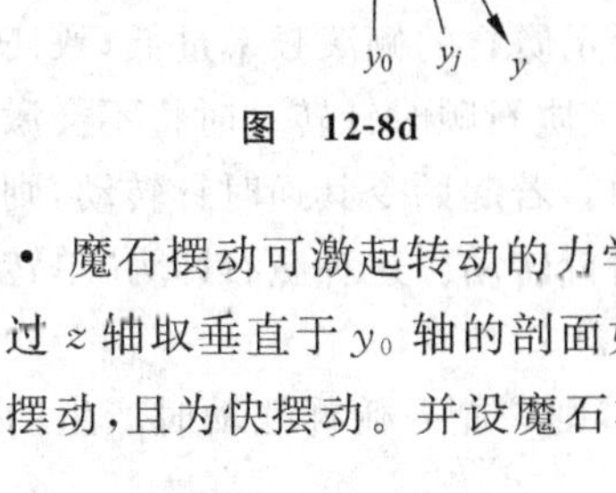

图 12-8d

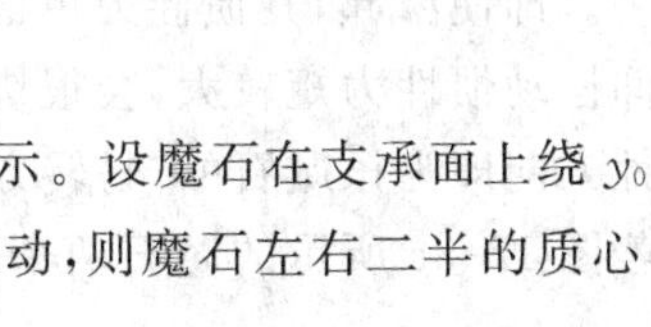

图 12-8e

• 魔石摆动可激起转动的力学原理

过 z 轴取垂直于 y_0 轴的剖面如图 12-8c(a)所示。设魔石在支承面上绕 y_0 轴作俯仰摆动,且为快摆动。并设魔石在平面上作纯滚动,则魔石左右二半的质心 c_1,c_2

的运动轨迹为内摆线(旋轮线)。其轨迹的曲率中心处于轨迹的斜上方(而不是指向 y_0 轴)。左右二半的惯性力法向分量 $\boldsymbol{S}_1$,$\boldsymbol{S}_2$ 指向斜下方。由图 12-8c 可知,这两个力将产生绕铅直轴 z 的转动力矩,并迫使魔石顺时针转动。

同理,若魔石绕 x_0 轴作侧滚摆动,惯性力 $\boldsymbol{S}_1$,$\boldsymbol{S}_2$ 将使魔石逆时针转动。若魔石的惯性主轴与形体轴的偏角 α 与图 12-8c 相反,则摆动引起的转动也与图 12-8c 相反。

若绕 y_0 轴的俯仰摆动为低频摆动,则主振动轴将靠近主惯性轴而远离主刚度轴。这时绕 y_0 轴的俯仰摆动产生的惯性力矩将引起魔石作逆时针转动。侧滚摆动将引起顺时针转动,如图 12-8d 所示,这与图 12-8c 所示相反。因此,魔石的摆动与转动方向之间的对应关系,除与质量分布有关外,还与两个摆动的频率(主要决定于 ρ_x、ρ_y)有关。

• 魔石转动能激起摆动的力学原理

魔石转动能激起摆动是一种很难理解的力学现象。设图 12-8c 所示魔石绕 z 轴逆时针转动,则转速将迅速下降,而俯仰摆动的幅值将迅速增加。当摆幅达到最大时,转动完全消失。这是一种典型的自激振动,转动激起了摆动。可以从能量转换机理分析:当魔石逆时针转动时,设某一随机干扰激起微小的俯仰摆动。由于魔石存在绕 z 轴的角速度,摆动时魔石质心 c 将受到离心惯性力 $\boldsymbol{S}_C$ 作用,如图 12-8e 所示。当质心由中心向外摆动时,离心力之功为正,向内摆动时为负。若摆动过程中魔石绕 z 轴转速不变,则摆动一周惯性力之功为零。在摆动过程中转速是递减的,则向外摆动的正功将大于向内摆动的负功。此功即变为魔石摆动的能量。即魔石是通过惯性力做功将转动能量转化为摆动能量。是什么力矩使其转速迅速下降呢?此时起刹车作用的力矩正是图 12-8c 中 $\boldsymbol{S}_1$,$\boldsymbol{S}_2$ 形成的顺时针方向惯性力矩。由此可知,该惯性力矩不仅是魔石摆动激起转动的动力,也是转动激起摆动的原因。故此力矩是魔石"魔力"之源。而此惯性力矩产生的原因是质量分布不对称,因此魔石结构的四个特点中第二个是最关键的。而第一个特点,即 $\rho_x > \rho_y$ 与第二个是一致的。若 $\rho_x = \rho_y$ 主振动轴与主惯性轴将重合,惯性力 $\boldsymbol{S}_1$,$\boldsymbol{S}_2$ 对 z 轴之矩将变为零。至于第三、四特点,即 $h_c < \rho$ 以及有足够的摩擦力,则是魔石能产生摆动及能作纯滚动的必要条件。

(4) "单转石"与"复转石"形成机理

若魔石的某一摆动频率过低,例如图 12-8c 所示魔石的侧滚频率过低,致使侧滚摆动所产生的惯性力矩不足以明显改变转速。则该魔石顺时针转动时将不会激起侧滚摆动。即使激起,其惯性力矩也不足以改变转向。若起始令其逆时针转动,则激起的俯仰摆动惯性力矩较大,会很快将魔石变为顺时针转动。这种魔石即为"单转石",顺时针方向即为该魔石的"易转方向"。

若图 12-8c 所示的魔石两个摆动频率都较高,则该魔石俯仰摆动时产生的惯性力矩可使魔石顺时针转动，而侧滚时的惯性力矩又会使魔石变为逆时针转动……。在任意起始条件下，该魔石将左旋右转，东倒西歪，看起来十分生动有趣。

参考文献

[1] Walkea G T. On a dynamical top. J Pure and Appl Math, 1896, 28: 175

[2] Jear Walker. 业余科学家.（美）科学, 1980, 2: 87

[3] Kane, Lervison T R, Realistic D A. Mathematical modeling of the rattleback. Intern. J Nonlinear Mechanics, 1982, 17(3): 175

[4] 刘延柱. 凯尔特石现象及其力学解释. 力学与实践, 1991, 4: 52

七、习　　题

12-1　一半径为 R、厚度为 b、质量为 m 的均质圆盘的上、下端面边缘处沿 x 轴方向反对称地增加两个质量为 m_0 的质点，如图所示。计算此圆盘对 z 轴的转动惯量 J_z 及惯性积 J_{xy}、J_{yz}、J_{zx}。

12-2　求边长为 a、b、c，质量为 m 的均质长方体对其对角线的转动惯量。

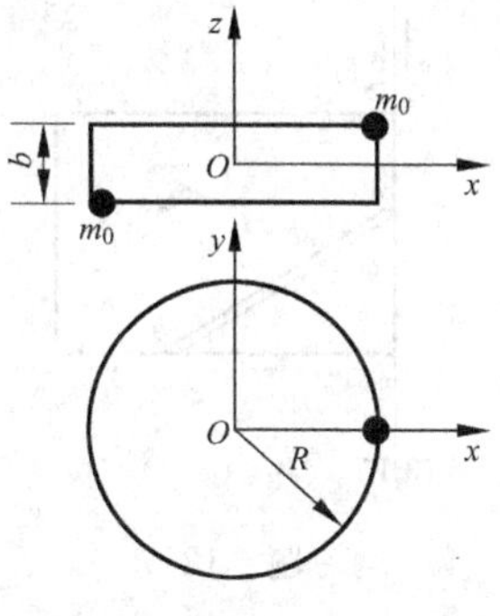

习题　12-1

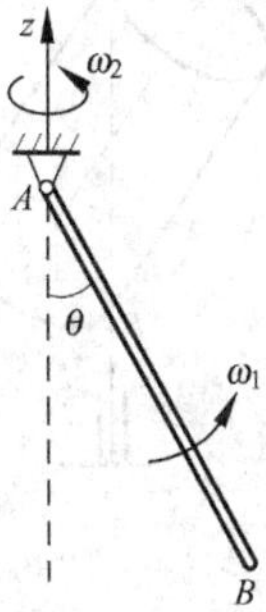

习题　12-3

12-3　均质杆 AB 长为 l，重为 W，其一端绕水平轴 A 在铅垂平面内摆动，同时绕铅垂轴 z 转动。设在某一瞬时，AB 与铅垂线成 θ 角，角速度分别为 $\boldsymbol{\omega}_1$ 和 $\boldsymbol{\omega}_2$，如图所示。求此瞬时 AB 杆的动能以及对 A 点的动量矩。

12-4　一顶角为 60°的均质正圆锥体在平面上绕其顶点 O 无滑动匀速滚动。已知圆锥体的质量为 m，底面半径为 r，底面中心 O_1 的速度为 $\boldsymbol{v}$。求其动能及对 O 点的动量矩。

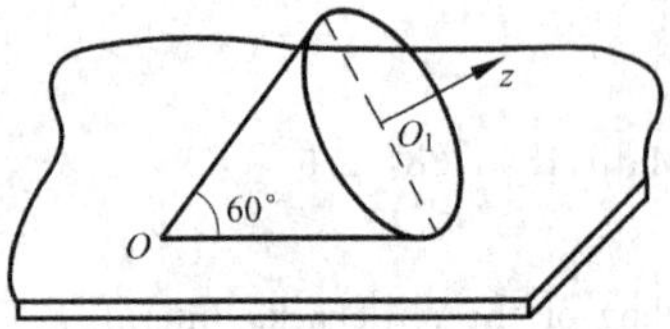

习题　12-4

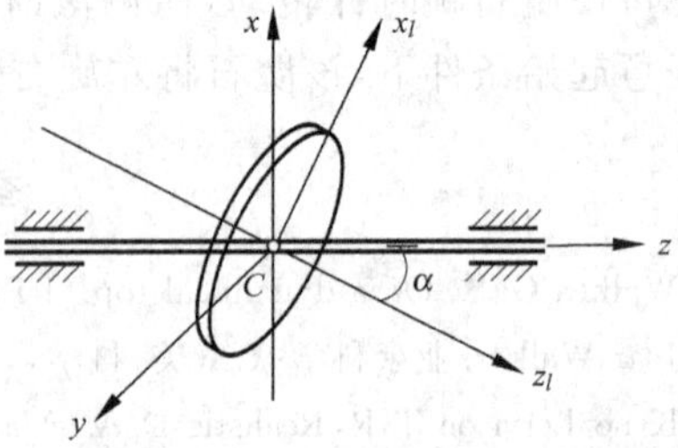

习题　12-5

12-5　质量为 M 的均质圆盘装在通过其质心 C 的轴 z 上。圆盘的对称纵轴 z_1 在铅直对称平面 xz 内，与轴 z 组成夹角 α。圆盘的半径是 r。求此圆盘的惯性积 J_{xz}、J_{yz}、J_{xy}（坐标轴如图所示）。

12-6　均质圆柱体质量为 m，高为 h，底半径为 a。A 与 B 是上、下底圆周上的点，且 AB 通过圆柱体的中心 O，圆柱体绕 AB 轴以等角速度 $\boldsymbol{\omega}$ 转动，求圆柱体对 O 点及对 AB 轴的动量矩和圆柱体的动能。

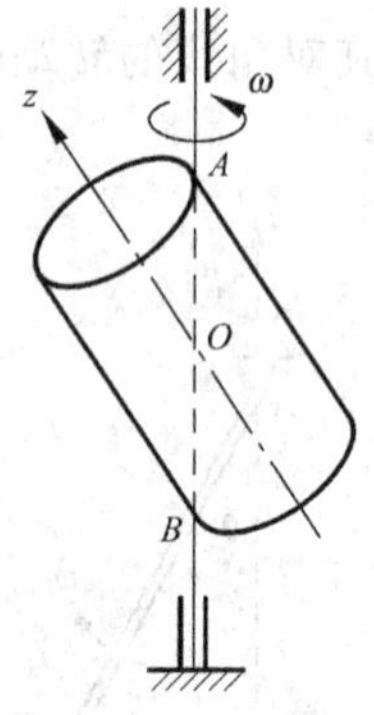

习题　12-6

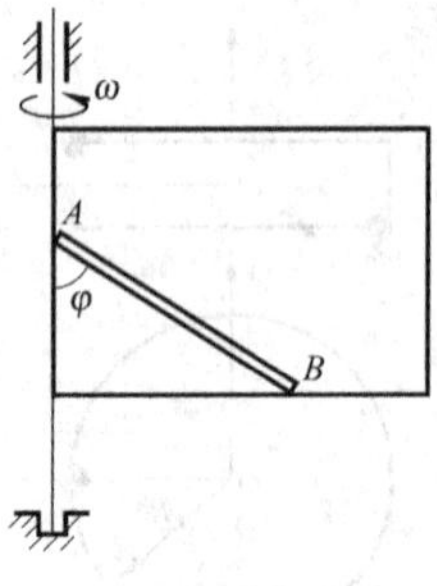

习题　12-7

12-7　图示均质细杆 AB 长为 $2l$，质量为 m。A，B 两端分别沿框架铅垂线和水平线无摩擦地滑动，框架以等角速度 $\boldsymbol{\omega}$ 绕铅垂轴转动。求杆的相对运动微分方程式。

12-8　质量为 m 的均质圆盘固定地安装在与它垂直的水平轴 AB 上，AB 轴不计质量，支于 A 和 B 两点，如图所示。盘以匀角速度 $\boldsymbol{\omega}$ 高速旋转，设支点 B 被撤去，且 AB 轴不会沿轴向滑动。问 AB 轴将如何运动。

12-9　半径为 r、质量为 m 的均质圆盘以匀角速度 $\boldsymbol{\omega}_1$ 绕其对称轴高速旋转，此对称轴水平地支在轴承 A 和 B 上，如图所示。轴承支架又绕通过圆盘中心的铅直轴以匀角速度 $\boldsymbol{\omega}_2$ 转动。如 $\boldsymbol{\omega}_2$ 远小于 $\boldsymbol{\omega}_1$，求轴承 A 和 B 的陀螺力。

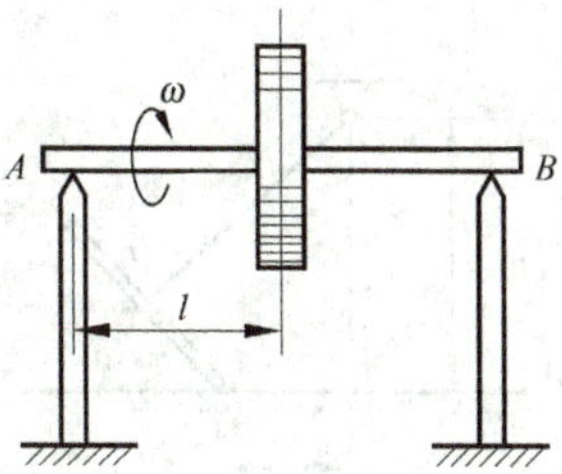

习题 12-8

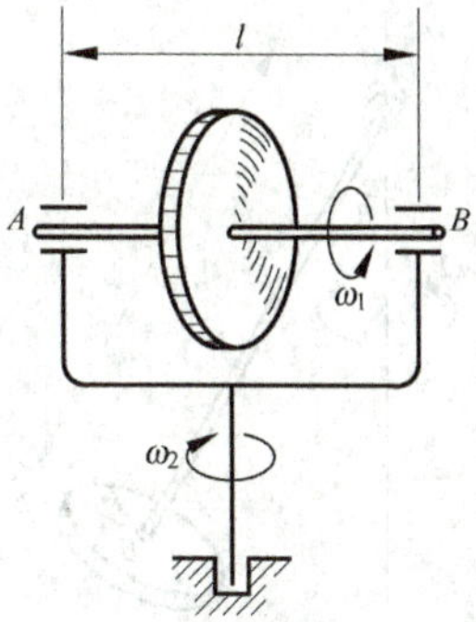

习题 12-9

12-10 $W_1=180\text{N}$ 的矩形框架绕水平轴 AB 以角速度 $2\pi\text{rad/s}$ 转动；框架的 C、D 上又安装重 $W_2=120\text{N}$ 的飞轮 M，如图所示。飞轮的转速为 $n=1800\text{r/min}$，飞轮对自转轴的回转半径 $\rho=100\text{mm}$，$CD=300\text{mm}$，$AB=600\text{mm}$。求 (1)在轴承 C 与 D 上的陀螺力；(2)轴承 A 和 B 上的全压力；(3)欲使轴承 A 上的压力为零时，飞轮的自转角速度。

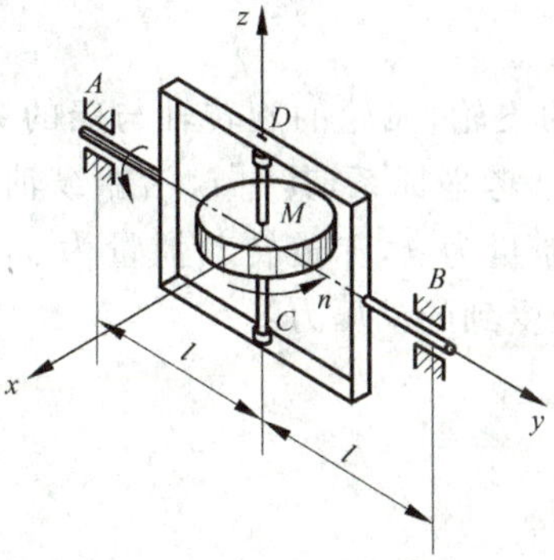

习题 12-10

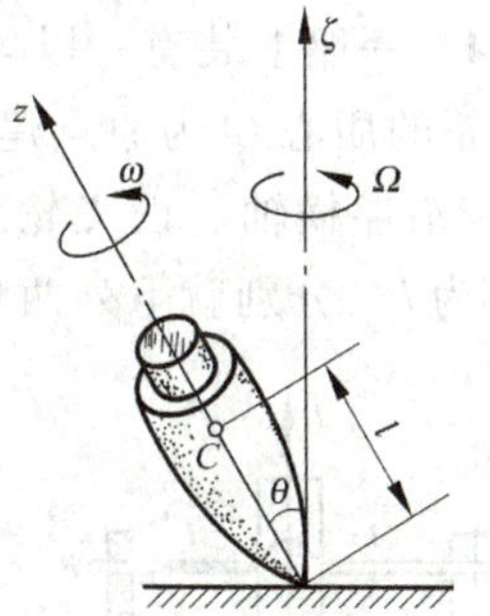

习题 12-11

12-11 已知重力陀螺转子的质量为 m，对其自转轴 z 的回转半径为 ρ，以匀角速度 $\boldsymbol{\omega}$ 绕 z 轴高速转动，其重心 C 到支点 O 的距离为 l，如图所示。若转子 z 轴与铅垂轴 ζ 的夹角为 θ，求转子绕铅垂轴 ζ 的进动角速度 Ω。

12-12 一半径 $r=0.1\text{m}$，质量 $m=2.5\text{kg}$ 的均质圆盘，连在长 $l=1\text{m}$ 的 AB 杆的末端，该杆用球铰链支承在 A 点，如图所示。若圆盘对铅垂轴稳定进动的角速度 $\Omega=24\text{r/min}$，AB 杆的质量不计，试求 $\beta=30°$ 时，圆盘相对 AB 轴的自转角速度 ω。

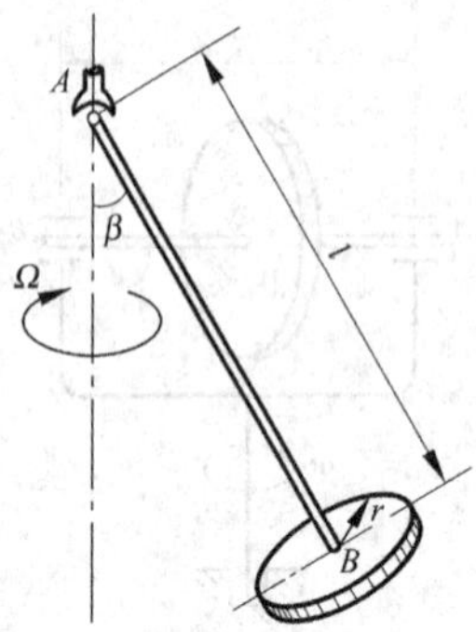

习题　12-12

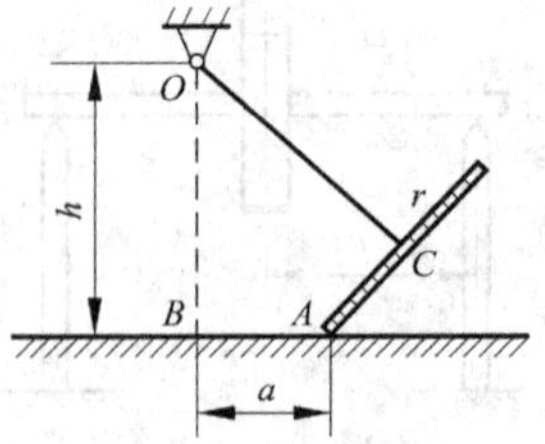

习题　12-13

12-13　半径为 r 的均质圆盘的中心 C 与固定点 O 之间通过一刚杆相连，OC 垂直于盘面，O 点为球铰链，且圆盘在水平面上无滑动地滚动。求证在接触点 A 处的动压力可由下式表示：

$$N=\frac{ab+hr}{arR^4}[J_3(ab+hr)b-J_1(hb-ar)r]\Omega^2$$

其中 Ω 为对称轴 OC 绕竖直轴 OB 的转动角速度，$b=OC$，a、h 如图所示，J_1 和 J_3 为圆盘对 O 点的主转动惯量，$R^2=b^2+r^2$。

12-14　一船上装有一以匀角速度 Ω 旋转的飞轮，飞轮的旋转轴与船的纵轴平行。以飞轮的质心 O 为原点建立固结于船体的参考坐标系，其中 $\boldsymbol{i}_2$ 沿船纵轴，$\boldsymbol{j}_2$ 铅直向上，$\boldsymbol{k}_2$ 沿船横轴。设飞轮对旋转轴的转动惯量为 J，赤道转动惯量为 J_1，轴承 A、B 间距为 l。分别就下列两种情况计算轴承上受到的动压力：

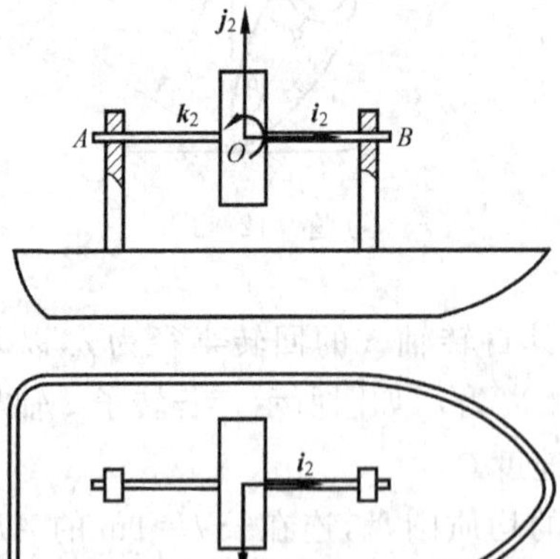

习题　12-14

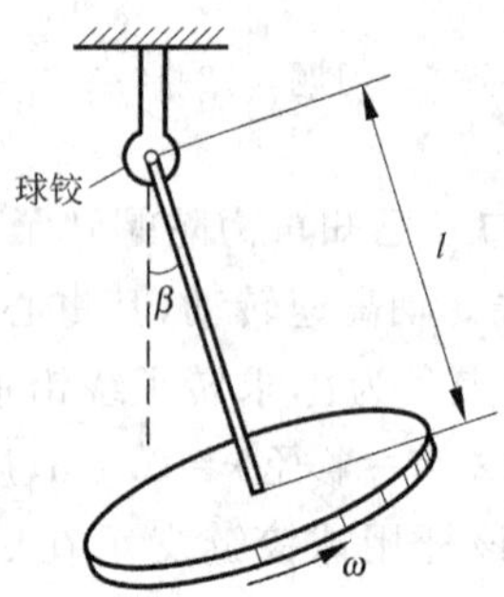

习题　12-15

（1）船以匀角速度 $\boldsymbol{\omega}$ 绕 $\boldsymbol{j}_2$ 轴转弯；

（2）船按正弦规律绕 $\boldsymbol{k}_2$ 轴纵摇，振幅为 A，振动频率为 ω_n，初相位为零。

12-15 质量为 5kg 的均质圆盘和不计质量的均质细杆刚连在一起，并用球铰链固定如图示。今圆盘以 6000r/min 高速转动。求 $\beta=20°$ 时进动角速度的近似值，并指出其进动方向。设圆盘的直径为 20cm，杆长为 50cm。

附录1　计算机在运动学中的应用

在运动学中，通过解析法或几何法，可以求出点及刚体的运动方程、轨迹、速度、加速度，对于刚体，还可求出角速度、角加速度等等。两种方法各有长处，也各有适合应用的范围。解析法一般首先列写出点或刚体的运动方程，然后进行求导。求导时各项的物理含义不太清楚，且一般计算较复杂，适合用计算机计算，并可动画显示运动，能方便地了解系统运动的整个过程。几何法是对运动进行合成与分解，不必求导，物理含义比较清楚，有利于培养学生对基本概念的理解。但是，几何法只能研究指定位置的速度和加速度，不能考虑系统运动的整个过程，不适用于计算机计算。

1　运动学问题的分类及求解步骤

工程中的机构运动问题可以从不同的角度来分类。

1．从结构特点分类

(1) 环状系统：系统中的部件可构成一个或多个封闭的环路。如曲柄连杆机构、四连杆机构等。

(2) 树状系统：系统中的部件不能构成封闭的环路。如椭圆摆、双复摆、机械臂等。

2．从问题的提法分类

(1) 正问题：已知机构的参数和给定的运动条件，求机构上点的运动，包括轨迹、速度、加速度等。

(2) 逆问题：给定机构中某些构件和点的运动，求机构的参数，包括设计机构，确定尺寸等等。与正问题相比，逆问题要困难些。但逆问题具有创造性，且是发散的，通常解不是唯一的，因而更具有挑战性。

在具体计算时，对于不同的系统或问题提法，有不同的处理方式。

* 树状系统的正问题

以机械臂为例，若已知机械臂各部件的运动规律，求机械臂自由端的运动轨迹。求解这类问题的关键步骤是：1)在各部件上建立结体坐标。2)写出各部件转角的表达式。3)形成各部件之间的坐标转换矩阵。4)求出端部的位置。

* 树状系统的逆问题

以机械臂为例，若已知机械臂自由端的位置，求机械臂各部件的转角。这类问题可能没有解，也可能有多组解。求解方法有解析法和试探法两种。

解析法的步骤为：1)在各部件上建立坐标系。2)写出各部件转角的表达式。

3)形成各部件之间的坐标转换矩阵。4)根据运动学关系形成关于各个转角的非线性方程组。5)求解此方程,得到各转角的值。

试探法:在屏幕上画出机械臂,定义不同的键来控制各部件的运动,通过屏幕观察自由端的位置,同时屏幕上显示自由端与指定位置间的距离,由此距离来判断下一步如何转动各部件。当该距离小于一定的数值时,试探结束,此时各部件的转角即为一组解。

* 环状系统的正问题

以四连杆机构为例,若已知某一杆件的运动规律,求其余杆件的运动规律。求解这类问题的关键步骤是:1)用位形坐标表示系统的位置。2)写出约束方程。3)把已知的位形坐标代入约束方程,得到关于其余位形坐标的非线性方程组。4)求解此方程,得到其余位形坐标的值。

* 环状系统的逆问题

可以用试探法求解,也可列出相应的方程组,然后解非线性方程组。具体问题具体分析。

2 非线性方程组的求解

设有非线性方程组

$$f_i(x_1, x_2, \cdots, x_n) = 0 \qquad i = 1, 2, \cdots, n$$

没有解析解,则可用数值计算的方法求解,比如矩阵求逆法、梯度法、广义逆法、牛顿-拉普森法等(这些算法大部分都有现成的子程序,不必自己编)。下面介绍牛顿-拉普森(Newton-Raphson)法的主要步骤。

1) 给出一组粗略的估计值 $\boldsymbol{x}^* = [x_1^*, x_2^*, \cdots, x_n^*]^{\mathrm{T}}$,修正值 $\mathrm{d}\boldsymbol{x} = [0, 0, \cdots, 0]^{\mathrm{T}}$,允许误差 ε。

2) 计算 $f_i(\boldsymbol{x}^*)$,判断 $f_i(\boldsymbol{x}^*) < \varepsilon$ 是否成立,若不成立,到(3)。若成立,当前估计值即为一组数值解,停止。

3) 计算方程组的雅可比矩阵(Jacobian Matrix)$J(\boldsymbol{x})$,代入当前估计值得到 $J(\boldsymbol{x}^*)$。多元函数 $f_i(x_1, x_2, \cdots, x_n) = 0 \qquad i = 1, 2, \cdots, m (n \geqslant m)$ 的雅可比矩阵定义为

$$J(\boldsymbol{x}) = \begin{vmatrix} \dfrac{\partial f_1}{\partial x_1} & \dfrac{\partial f_1}{\partial x_2} & \cdots & \dfrac{\partial f_1}{\partial x_n} \\ \dfrac{\partial f_2}{\partial x_1} & \dfrac{\partial f_2}{\partial x_2} & \cdots & \dfrac{\partial f_2}{\partial x_n} \\ \vdots & \vdots & & \vdots \\ \dfrac{\partial f_m}{\partial x_1} & \dfrac{\partial f_m}{\partial x_2} & \cdots & \dfrac{\partial f_m}{\partial x_n} \end{vmatrix}$$

4）类似一元函数的泰勒展开式，$f(x)=f(x_0)+f'(x_0)(x-x_0)+o(x-x_0)$，则

$$f_i(\boldsymbol{x}) = f_i(\boldsymbol{x}^*) + J(\boldsymbol{x}^*)\mathrm{d}\boldsymbol{x} + o(\mathrm{d}\boldsymbol{x})$$

略去高阶小量，从而得到关于修正值 $\mathrm{d}\boldsymbol{x}=[\mathrm{d}x_1,\mathrm{d}x_2,\cdots,\mathrm{d}x_n]^{\mathrm{T}}$ 的一组线性方程

$$J(\boldsymbol{x}^*)\mathrm{d}\boldsymbol{x} + f_i(\boldsymbol{x}^*) = 0$$

5）解关于 $\mathrm{d}x$ 的线性方程组，得到修正值 $\mathrm{d}\boldsymbol{x}$。

6）得到新的估计值 $\boldsymbol{x}^* \Leftarrow \boldsymbol{x}^* + \mathrm{d}\boldsymbol{x}$，返回到 2)。

3 例题及分析

1. 树状系统的逆问题

已知平面机械臂 OAB 在图示平面内运动。前臂 OA 长为 l_1，后臂 AB 长为 l_2，初始时机械臂处于铅垂位置。问前臂、后臂各转动多少角度，可使前臂端部 B 点到达指定的 M 点？（参数可自行给出）

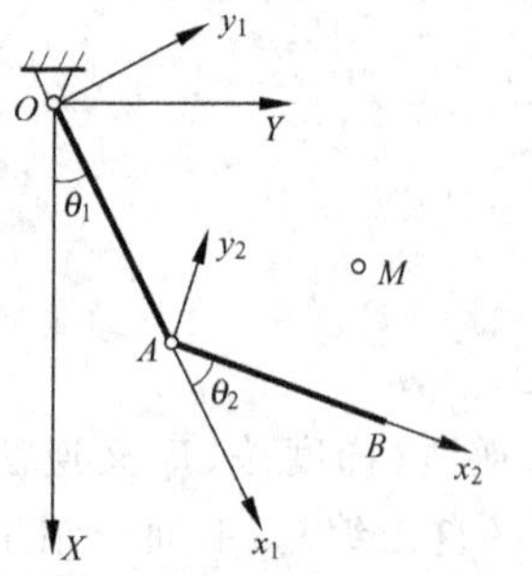

附图 1-1 平面机械臂模型

解：设定系为 Oxy，动系 $O_1x_1y_1$ 与 OA 杆固结，O_1 与 O 点重合，动系 $O_2x_2y_2$ 与 AB 杆固结，O_2 与 A 点重合。位形坐标（广义坐标）如附图 1-1 选为 θ_1,θ_2。

动系 $O_1x_1y_1$ 相对定系 Oxy 的坐标转换矩阵为

$$\boldsymbol{A}_{01} = \begin{bmatrix} \cos\theta_1 & -\sin\theta_1 \\ \sin\theta_1 & \cos\theta_1 \end{bmatrix}$$

动系 $O_2x_2y_2$ 相对动系 $O_1x_1y_1$ 的坐标转换矩阵为

$$\boldsymbol{A}_{12} = \begin{bmatrix} \cos\theta_2 & -\sin\theta_2 \\ \sin\theta_2 & \cos\theta_2 \end{bmatrix}$$

根据几何关系有

$$\boldsymbol{r}_{OM} = \boldsymbol{r}_{OA} + \boldsymbol{r}_{AB} + \boldsymbol{r}_{BM}$$

当 B 点到达 M 点时，$\boldsymbol{r}_{BM}=0$，则

$$\boldsymbol{r}_{OM} = \boldsymbol{r}_{OA} + \boldsymbol{r}_{AB}$$

上式投影到定系中有

$$\begin{bmatrix} x_M \\ y_M \end{bmatrix} = \begin{bmatrix} \cos\theta_1 & -\sin\theta_1 \\ \sin\theta_1 & \cos\theta_1 \end{bmatrix}\begin{bmatrix} l_1 \\ 0 \end{bmatrix} + \begin{bmatrix} \cos\theta_1 & -\sin\theta_1 \\ \sin\theta_1 & \cos\theta_1 \end{bmatrix}\begin{bmatrix} \cos\theta_2 & -\sin\theta_2 \\ \sin\theta_2 & \cos\theta_2 \end{bmatrix}\begin{bmatrix} l_2 \\ 0 \end{bmatrix}$$

整理后有

$$\begin{cases} l_1\cos\theta_1 + l_2\cos\theta_1\cos\theta_2 - l_2\sin\theta_1\sin\theta_2 - x_M = 0 \\ l_1\sin\theta_1 + l_2\sin\theta_1\cos\theta_2 + l_2\cos\theta_1\sin\theta_2 - y_M = 0 \end{cases}$$

这是关于 θ_1,θ_2 的非线性方程组。

若参数为

$$l_1 = 0.5\text{m},\quad l_2 = 0.4\text{m},\quad x_M = 0.6\text{m},\quad y_M = 0.5\text{m}$$

可用“牛顿-拉普森方法”，取初值为 $\theta_1 = 0.5$，$\theta_2 = 0.5$，求出此非线性方程组的数值解为：

$$\theta_1 = 0.235258,\quad \theta_2 = 1.047105$$

把该解代入式 $\boldsymbol{r}_{BM} = 0$ 验算，可得到 B 端距 M 点的 x 方向和 y 方向的距离分别为：

$$x = 0.000007\text{m},\quad y = 0.000023\text{m}$$

符合精度要求，如希望精度更高，可把第一次计算的结果作为初值，让允许误差更小些，然后进行第二次计算即可。

注：若 θ_2 从铅垂线算起，就是绝对转角，若利用绝对转角会使最后的方程更简便些。本问题中 θ_2 从 θ_1 算起，是相对转角，在控制问题中，利用相对转角描述运动更为普遍。

2. 环状系统的正问题

已知四连杆机构 $ABCD$，AB 杆长 a_1，BC 杆长 a_2，CD 杆长 a_3，DA 杆长 a_4。若 AB 杆以 ω_0 的匀角速度转动，求 BC 杆中点 M 的运动轨迹，求 BC、CD 杆的角速度变化规律。

解：建立坐标 Axy，给出位形坐标 θ_1，θ_2，θ_3，如附图 1-2 所示，则约束方程为

$$\begin{cases} a_1\cos\theta_1 + a_2\cos\theta_2 + a_3\cos\theta_3 - a_4 = 0 \\ a_1\sin\theta_1 + a_2\sin\theta_2 + a_3\sin\theta_3 = 0 \end{cases} \tag{1}$$

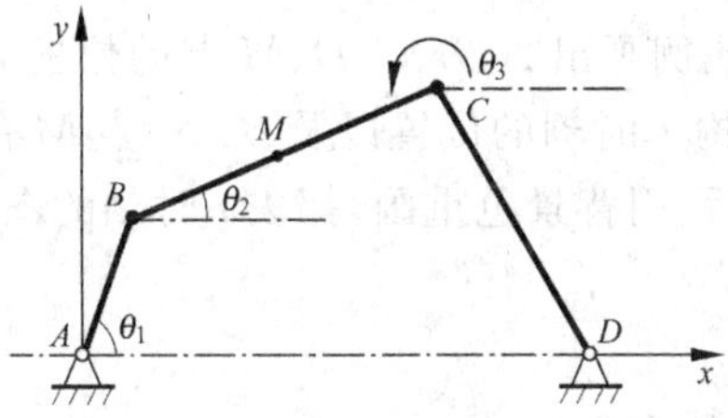

附图　1-2

该约束方程表示 D 点不动。其中 AB 杆匀速转动，θ_1 已知，为方便设 $\varphi_1 = \theta_2$，$\varphi_2 = \theta_3$

求解非线性方程模块

1）t 时刻，AB 杆转角为 $\theta_1 = \theta_{10} + \omega_0 t$，约束方程改写为

$$\begin{cases} a_2\cos\varphi_1 + a_3\cos\varphi_2 + a_1\cos\theta_1 - a_4 = 0 \\ a_2\sin\varphi_1 + a_3\sin\varphi_2 + a_1\sin\theta_1 = 0 \end{cases} \tag{2}$$

2）方程(2)是关于转角 φ_1，φ_2 的非线性方程，没有解析解，粗略估计其解为 $[\varphi_1^* \ \ \varphi_2^*]^{\mathrm{T}}$。

3）计算

$$\begin{cases} f_1(\varphi_1^*,\varphi_2^*) = a_2\cos\varphi_1^* + a_3\cos\varphi_2^* + a_1\cos\theta_1 - a_4 \\ f_2(\varphi_1^*,\varphi_2^*) = a_2\sin\varphi_1^* + a_3\sin\varphi_2^* + a_1\sin\theta_1 \end{cases} \tag{3}$$

判断 $f_1(\varphi_1^*,\varphi_2^*)<\varepsilon$，$f_2(\varphi_1^*,\varphi_2^*)<\varepsilon$ 是否同时成立，若不成立，转到第4)步；若成立，则当前估计值即为一组数值解，求解非线性方程组结束，转到动画模块和计算角速度模块，然后让 $t \Leftarrow t+\Delta t$，再返回1)。

4）计算雅可比矩阵，并代入当前估计值：

$$J(\varphi_1^*,\varphi_2^*) = \begin{vmatrix} -a_2\sin\varphi_1^* & -a_3\sin\varphi_2^* \\ a_2\cos\varphi_1^* & a_3\cos\varphi_2^* \end{vmatrix} \tag{4}$$

5）得到一组关于修正值的线性方程：

$$J(\varphi_1^*,\varphi_2^*)\begin{bmatrix}\Delta\varphi_1 \\ \Delta\varphi_2\end{bmatrix} + \begin{bmatrix} f_1(\varphi_1^*,\varphi_2^*) \\ f_2(\varphi_1^*,\varphi_2^*) \end{bmatrix} = \begin{bmatrix}0 \\ 0\end{bmatrix} \tag{5}$$

6）求解式(5)，可解出 $\begin{bmatrix}\Delta\varphi_1 \\ \Delta\varphi_2\end{bmatrix}$

7）得到新的估计值 $\begin{bmatrix}\varphi_1^* \\ \varphi_2^*\end{bmatrix} \Leftarrow \begin{bmatrix}\varphi_1^* \\ \varphi_2^*\end{bmatrix} + \begin{bmatrix}\Delta\varphi_1 \\ \Delta\varphi_2\end{bmatrix}$，返回2)。

动画模块

1）t 时刻系统的全部位形坐标 $\theta_1,\theta_2,\theta_3$ 均已知，可求出此时刻 A、B、C、D、M 点的直角坐标。

2）在屏幕上按一定比例画出 A、B、C、D、M 点的位置，分别在 AB、BC、CD 间画连线，就得到了四连杆机构 t 时刻的位置以及 BC 中点 M 的位置。

3）延迟一定的时间后，用背景色重画，擦去 t 时刻的图像(但留下 M 点不擦)，准备画下一时刻的图像。

计算角速度模块

1）由约束方程(2)求导有

$$\begin{cases} a_2\sin\varphi_1\dot{\varphi}_1 + a_3\sin\varphi_2\dot{\varphi}_2 + a_1\omega_0\sin\theta_1 = 0 \\ a_2\cos\varphi_1\dot{\varphi}_1 + a_3\cos\varphi_2\dot{\varphi}_2 + a_1\omega_0\cos\theta_1 = 0 \end{cases} \tag{6}$$

$\theta_1,\varphi_1,\varphi_2$ 已由前面求出，因此得到的是关于 $\dot{\varphi}_1,\dot{\varphi}_2$ 的一组线性方程组。

2）求解线性方程组，即可解出 t 时刻 BC、CD 杆的角速度 $[\dot{\varphi}_1 \ \dot{\varphi}_2]^{\mathrm{T}}$。

4 计算机图形及动画技术

1. 进入计算机图形状态

如果在运动学中应用计算机动画技术将使结果很直观。根据经验，用C语言实现动画是很方便的。C语言提供了丰富的图形函数库，可直接调用有关函数画点、线、矩形、椭圆、着色等。然而要能调用这些函数，就必须进入计算机图形状态。例 1 的程序就显示了如何进入图形状态：

```
/* 例 1 开始*******************************************************/
#include <graphics.h>              /* 图形库，屏幕画图 */
#include <math.h>                  /* 数学库，数学计算 */
#include <dos.h>                   /* DOS 函数库，延时函数 */
#define PI 3.1415926               /* 定义 π */
void work(void);                   /* 定义工作程序，该程序在主程序中被调用 */
/******************/
/*     主程序      */
/******************/
void main(void)
{
int gmode,drive=DETECT;            /* 定义参数 */
initgraph(&drive,&gmode,"");       /* 自动检测显示方式，进入图形方式 */
   cleardevice();                  /* 清除屏幕 */
   work();                         /* 用户自编的工作程序 */
   getch();                        /* 暂停，等候键盘输入 */
   closegraph();                   /* 工作结束，退出图形方式 */
}/**例1结束*********************************************************/
```

2. 作图

在进入图形状态后，可直接调用有关函数画点、线、矩形、椭圆、着色等，作出一幅静态的图案。要注意的是，在 *VGA* 显示方式下，屏幕水平方向有 640 个像素，竖直方向有 480 个像素。因此，在画图时要注意大小，可以设定一个比例系数，让图形在计算机屏幕上大小比较合适。此外要注意，计算机屏幕显示区的左上角坐标值为 (0,0)。

动画是快速地显示一幅幅的静画，利用眼睛的视觉残余，造成动画效果。为了让动画的效果更好些，一般可采用两类方法：一类是边画边擦；一类是利用内存缓冲区的内容覆盖当前屏幕。前者简单但有点闪烁感，后者无闪烁感但屏幕分辨率低些，且涉及内存的读写，复杂些。例 2 的程序显示了如何使曲柄滑块机构运动：

```
/* 例 2 开始*******************************************************/
/***********************/
/* 用户自编的工作程序   */
/***********************/
void work(void)
{
```

```
int i,bar_x0,bar_y0,dx;                  /*定义整形数*/
double t,sita,fai,sita0,R,L,Ax,Ay,Bx,By,Mx,My,omiga1,s1,s2,ss;  /*定义浮点型
数*/
START:
    /*基本参数*/
    bar_x0=150;  bar_y0=340;             /*O点坐标*/
    dx=250;                              /*M点轨迹的平移量*/
    s2=0.2;  s1=1-s2;/*AM:MB=s2*/
    R=100;                               /*曲柄半径*/
    L=200;                               /*连杆长度*/
    omiga1=30*PI/180.;                   /*曲柄转动角速度*/
    sita0=45*PI/180.;                    /*曲柄初始角度*/
    for(i=0;i<1400;i++)
    {
      t=(double)i/100.;                  /*时间*/
      /*计算*/
      sita=sita0+omiga1*t;               /*t时刻曲柄的角度*/
      ss=(R*sin(sita)/L);                /*中间计算量*/
    if(fabs(ss)<1)  fai=asin(R*sin(sita)/L);  /*连杆与水平线的夹角*/
    if(fabs(ss)>1){outtextxy(150,210,"can't move!");getch();goto END;}  /*不能工
    作*/
    Ax=bar_x0+R*cos(sita);Ay=bar_y0-R*sin(sita);  /*计算A点坐标*/
      Bx=Ax+L*cos(fai);By=bar_y0;  /*计算B点坐标*/
      Mx=(s1*Ax+s2*Bx);My=(s1*Ay+s2*By);  /*计算M点坐标*/
    /*擦除*/
      setcolor(0);setfillstyle(1,1);bar(bar_x0-120,bar_y0-120,bar_x0+400,bar_y0+
      120);
    /*画图*/
    setcolor(2);
    line(bar_x0-20,bar_y0+6,bar_x0+350,bar_y0+6);     /*水平线*/
    setfillstyle(1,7);     bar(Bx-8,By-5,Bx+8,By+5);     /*滑块*/
    setcolor(14);
    circle(bar_x0,bar_y0,2);circle(Ax,Ay,2);circle(Bx,By,2);circle(Mx,My,2);  /*画
    各点*/
    line(bar_x0,bar_y0,Ax,Ay);line(Ax,Ay,Bx,By);  /*画连线*/
    line(bar_x0,bar_y0,bar_x0+5,bar_y0+6);line(bar_x0,bar_y0,bar_x0-5,bar_y0+
    6);  /*画铰链*/
    outtextxy(Ax+8,Ay-8,"A");outtextxy(Bx+8,By-8,"B");outtextxy(Mx+8,My-
```

```
    8,"M");
    putpixel(Mx+dx,My-dx,14);          /* M 点轨迹 */
    delay(500);                        /* 延时 */
    }
END:
printf("end\n");                       /* 显示结束 */
}
/* 例 2 结束*********************************************************/
```

注：以上程序例 1、例 2 合在一起是一个完整的程序，已调试通过。

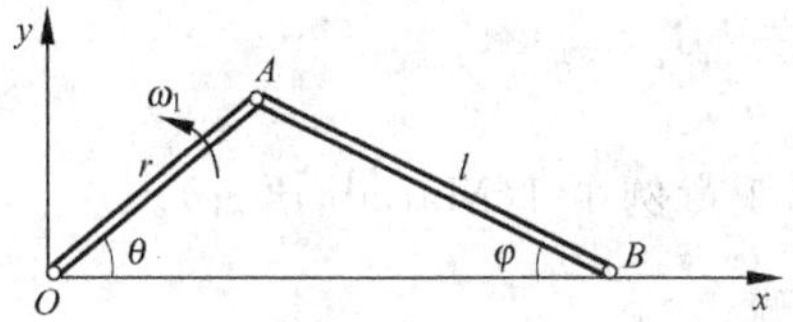

附图 1-3

5 练习及思考题

1. 下面三个机构尺寸已知，OA 杆均以匀角速度转动，求 AB 杆中点 M 的速度、轨迹，AB 杆的速度瞬心。

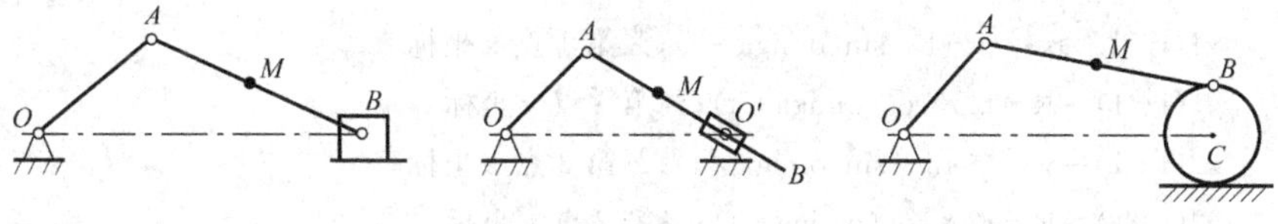

附题 1-1

2. 利用计算机求解教科书中的习题 1-18。

3. 利用计算机求解教科书中的习题 1-2。

4. 已知绝对运动规律，求相对运动的规律和轨迹。假设在太阳坐标系中观察，地球和火星的运行规律已知，均围绕太阳作圆周运动。问在地球上观察，看到火星的运行轨迹如何？由此比较“日心说”与“地心说”之优缺点。

5. 已知相对运动规律，求绝对运动的规律和轨迹。假设地球围绕太阳作圆周运动；月亮又围绕地球作圆周运动。问在太阳坐标系中观察，月亮作何种运动？

6. 给出一个曲线(类似于前面曾经提的三叶玫瑰线，比如四叶玫瑰线)，利用运动的合成与分解，如何设计一个简单机构来画出这一曲线？

7. 建立一个导弹打飞机的运动学模型。为方便,假设飞机与导弹始终在同一平面内,导弹发射后速度大小不变,飞机最大速度小于导弹速度。导弹飞行方式要事先设好,发射后不能人为控制;飞机则可通过键盘控制飞行方向和速度。要求:导弹尽快击中飞机,画出导弹的运动轨迹。

8. 建立机械臂的运动模型。假设机械臂有三节组成,各部分尺寸已知。(1)若各转角运动规律已知,求其末端的轨迹。(2)若想让末端处于某指定位置,且各转角之和最小,求各转角。

(以上各题参数均可自行给出,太阳、月亮、火星的有关数据可以上网查找)

6 部分程序代码

1. 圆盘滚动问题,第1章例1-1(Matlab语言)。

```
%%%  程序开始  %%%
clear;  %清零
R=100;  %圆盘半径
omiga=0.04;  %圆盘角速度
v=0.5*omiga*R;  %圆心速度
r1=R;r2=0.5*R;r3=2*R;  %圆盘上的三个点
%开始循环计算,圆盘运动一圈
for i=0:314
    t=i;
    x1(i+1)=v*t-r1*sin(omiga*t);%第1点x坐标
    y1(i+1)=R-r1*cos(omiga*t);%第1点y坐标
    x2(i+1)=v*t-r2*sin(omiga*t);%第2点x坐标
    y2(i+1)=R-r2*cos(omiga*t);%第2点y坐标
    x3(i+1)=v*t-r3*sin(omiga*t);%第3点x坐标
    y3(i+1)=R-r3*cos(omiga*t);%第3点y坐标
end
%循环计算结束
plot(x1,y1,'-',x1(1),y1(1),'o',x2,y2,'--',x2(1),y2(1),'o',x3,y3,':',x3(1),y3(1),'o')
%画图
xlabel('x(m)');%x方向标记
ylabel('y(m)');%y方向标记
%%%  程序结束  %%%
```

2. 两车的相对运动问题。第1章例1-2。

```
%%% 程序开始 %%%
R=1000;%B车运动的圆固定半径
x0=2000;%A车距圆心的距离
omiga=0.05;%B车运动的角速度
v=10;%A车速度
%在A车上看B车
for i=0:2000
    t=i/5;
    x1(i+1)=R*cos(omiga*t)-(x0-v*t);
    y1(i+1)=R*sin(omiga*t);
end
%画图及标记
figure(1);
plot(x1,y1,x1(1),y1(1),'o')
xlabel('x(m)');
ylabel('y(m)');
%在B车上看A车
for i=0:1000
    t=i/5;
    x2(i+1)=(x0-v*t)*sin(omiga*t);
    y2(i+1)=(x0-v*t)*cos(omiga*t)-R;
end
%画图及标记
figure(2);
plot(x2,y2,x2(1),y2(1),'o')
xlabel('x(m)');
ylabel('y(m)');
%%% 程序结束 %%%
```

附录2　计算机在静力学中的应用

静力学中和计算机编程计算有关的内容如下。

＊力 $\boldsymbol{F}$,在直角坐标系 $Oxyz$ 中可表示为

$$\boldsymbol{F} = X\boldsymbol{i} + Y\boldsymbol{j} + Z\boldsymbol{k} = [\boldsymbol{i}\ \boldsymbol{j}\ \boldsymbol{k}]\begin{bmatrix} X \\ Y \\ Z \end{bmatrix} = [\boldsymbol{i}\ \boldsymbol{j}\ \boldsymbol{k}]\begin{bmatrix} l \\ m \\ n \end{bmatrix} F \tag{1a}$$

或表示为列阵形式

$$\underline{\boldsymbol{F}} = \begin{bmatrix} X \\ Y \\ Z \end{bmatrix} = \begin{bmatrix} l \\ m \\ n \end{bmatrix} F \tag{1b}$$

其中 $\boldsymbol{i},\boldsymbol{j},\boldsymbol{k}$ 是沿坐标轴的单位向量,X,Y,Z 是力 $\boldsymbol{F}$ 在该坐标系中的投影,F 是力 $\boldsymbol{F}$ 的大小,l,m,n 是力 $\boldsymbol{F}$ 对坐标轴的方向余弦。

＊力系的主向量

$$\boldsymbol{R} = [\boldsymbol{i}\ \boldsymbol{j}\ \boldsymbol{k}]\begin{bmatrix} l_1 & l_2 & \cdots & l_s \\ m_1 & m_2 & \cdots & m_s \\ n_1 & n_2 & \cdots & n_s \end{bmatrix}\begin{bmatrix} F_1 \\ F_2 \\ \vdots \\ F_s \end{bmatrix} \tag{2a}$$

表示为列阵形式有

$$\underline{\boldsymbol{R}} = \begin{bmatrix} l_1 & l_2 & \cdots & l_s \\ m_1 & m_2 & \cdots & m_s \\ n_1 & n_2 & \cdots & n_s \end{bmatrix}\begin{bmatrix} F_1 \\ F_2 \\ \vdots \\ F_s \end{bmatrix} \tag{2b}$$

记

$$T_1 = \begin{bmatrix} l_1 & l_2 & \cdots & l_s \\ m_1 & m_2 & \cdots & m_s \\ n_1 & n_2 & \cdots & n_s \end{bmatrix} \tag{2c}$$

T_1 称为力系主向量的转换矩阵,则式(2a)可简写为

$$\underline{\boldsymbol{R}} = T_1\,\underline{\boldsymbol{F}}$$

＊力对点之矩 $\boldsymbol{m}_O(\boldsymbol{F})=\boldsymbol{r}\times\boldsymbol{F}$,用向量表示为

$$\boldsymbol{m}_O(\boldsymbol{F}) = \begin{bmatrix} \boldsymbol{i} & \boldsymbol{j} & \boldsymbol{k} \\ x & y & z \\ X & Y & Z \end{bmatrix} = [\boldsymbol{i}\ \boldsymbol{j}\ \boldsymbol{k}]\begin{bmatrix} yn - zm \\ zl - xn \\ xm - yl \end{bmatrix} F \tag{3}$$

* 力系的主矩 $\boldsymbol{M}_O = \sum \boldsymbol{m}_O(\boldsymbol{F})$，表示为矩阵形式

$$\underline{\boldsymbol{M}_O} = \begin{bmatrix} y_1 n_1 - z_1 m_1 & y_2 n_2 - z_2 m_2 & \cdots & y_s n_s - z_s m_s \\ z_1 l_1 - x_1 n_1 & z_2 l_2 - x_2 n_2 & \cdots & z_s l_s - x_s n_s \\ x_1 m_1 - y_1 l_1 & x_2 m_2 - y_2 l_2 & \cdots & x_s m_s - y_s l_s \end{bmatrix} \begin{bmatrix} F_1 \\ F_2 \\ \vdots \\ F_s \end{bmatrix} \tag{4a}$$

记

$$T_2 = \begin{bmatrix} y_1 n_1 - z_1 m_1 & y_2 n_2 - z_2 m_2 & \cdots & y_s n_s - z_s m_s \\ z_1 l_1 - x_1 n_1 & z_2 l_2 - x_2 n_2 & \cdots & z_s l_s - x_s n_s \\ x_1 m_1 - y_1 l_1 & x_2 m_2 - y_2 l_2 & \cdots & x_s m_s - y_s l_s \end{bmatrix} \tag{4b}$$

T_2 称为力系主矩的转换矩阵，则式(4a)可缩写为

$$\underline{\boldsymbol{M}_O} = T_2\,\underline{\boldsymbol{F}}$$

* 力对轴之矩与力对点之矩的关系：

$$\boldsymbol{m}_O(\boldsymbol{F}) = m_x(\boldsymbol{F})\boldsymbol{i} + m_y(\boldsymbol{F})\boldsymbol{j} + m_z(\boldsymbol{F})\boldsymbol{k}$$

* 静定的平面桁架，设有 m 个杆件，n 个节点，则有 $m=2n-3$。

* 对 n 个刚体的空间问题，可以列写 $6n$ 个独立的方程。

* 对 n 个刚体的平面问题，可以列写 $3n$ 个独立的方程。

* 对于静定结构，可列写的独立方程个数等于未知数(全部)个数，用静力学的方程可以解出全部的未知数。

1　静力学问题的计算机求解

静力学问题经过分析处理，可得到一个矩阵形式的线性代数方程组，整理后总可有

$$\boldsymbol{A}\,\underline{\boldsymbol{X}} = \underline{\boldsymbol{B}}$$

其中 $\boldsymbol{A}$ 为系数矩阵，$\underline{\boldsymbol{X}}$ 为未知数列阵，$\underline{\boldsymbol{B}}$ 为由主动力形成的列阵。

若 $\boldsymbol{A}$ 为非奇异的系数矩阵，则方程的解是存在的。最常见的求解程序有“全选主元高斯消去法”、“追赶法”、“高斯-赛德尔迭代法”等。这里着重介绍“全选主元高斯消去法”的思路和步骤。

“全选主元高斯消去法”可分两步进行：

第一步　消去过程

对于 k 从 1 开始一直到 $n-1$，又分三步：

1) 全选主元

从系数矩阵的第 k 行、第 k 列开始的子阵中选取绝对值最大的元素，并将它交换到主元素的位置(对角线)上。

2）规一化

$$a_{kj}/a_{kk} \Rightarrow a_{kj}$$

$$b_k/a_{kk} \Rightarrow b_k \qquad j = k+1,\cdots,n$$

3）消去

$$a_{ij} - a_{ik}a_{kj} \Rightarrow a_{ij} \qquad i,j = k+1,\cdots,n$$

$$b_i - a_{ik}b_k \Rightarrow b_i \qquad i = k+1,\cdots,n$$

第二步　回代过程

1）$b_n/a_{nn} \Rightarrow x_n$

2）$b_i - \sum_{j=i+1}^{n} a_{ij}x_j \Rightarrow x_i \qquad i = n-1,\cdots,2,1$

在计算出结果后，进行数据校核是一种好的习惯。一般建议对系统进行整体受力平衡的校核，若整体平衡方程成立或小于指定的误差，则认为结果可靠，否则就要检查输入的数据和源程序了。

2　例题及分析

1. 长方形匀质板 $ABCD$ 重 2kN，由 6 根直杆支撑，处于水平面内。尺寸如附图 2-1，不计各杆重量，试求各杆的内力。

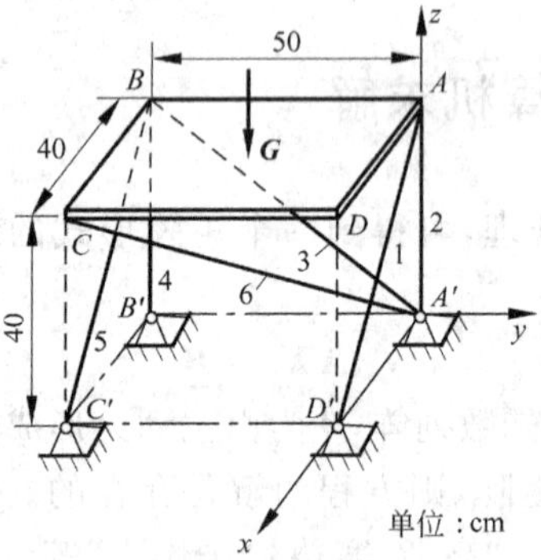

附图　2-1

解：建立坐标系如图，则

$$T_1 = \begin{bmatrix} \frac{\sqrt{2}}{2} & 0 & 0 & 0 & \frac{\sqrt{2}}{2} & -\frac{4}{\sqrt{57}} \\ 0 & 0 & \frac{5}{\sqrt{41}} & 0 & 0 & \frac{5}{\sqrt{57}} \\ -\frac{\sqrt{2}}{2} & -1 & -\frac{4}{\sqrt{41}} & -1 & -\frac{\sqrt{2}}{2} & -\frac{4}{\sqrt{57}} \end{bmatrix}$$

利用力的作用点数据：

$$
\begin{array}{lll}
x_1=0 & y_1=0 & z_1=40\\
x_2=0 & y_2=0 & z_2=40\\
x_3=0 & y_3=-50 & z_3=40\\
x_4=0 & y_4=-50 & z_4=40\\
x_5=0 & y_5=-50 & z_5=40\\
x_6=40 & y_6=-50 & z_6=40
\end{array}
$$

得

$$
T_2=\begin{bmatrix} 0 & 0 & 0 & 50 & 25\sqrt{2} & 0\\ 20\sqrt{2} & 0 & 0 & 0 & 20\sqrt{2} & 0\\ 0 & 0 & 0 & 0 & 25\sqrt{2} & 0 \end{bmatrix}
$$

矩阵方程为

$$
\begin{bmatrix}0\\0\\-2\\50\\40\\0\end{bmatrix}+\begin{bmatrix}
\frac{\sqrt{2}}{2} & 0 & 0 & 0 & \frac{\sqrt{2}}{2} & -\frac{4}{\sqrt{57}}\\
0 & 0 & \frac{5}{\sqrt{41}} & 0 & 0 & \frac{5}{\sqrt{57}}\\
-\frac{\sqrt{2}}{2} & -1 & -\frac{4}{\sqrt{41}} & -1 & -\frac{\sqrt{2}}{2} & -\frac{4}{\sqrt{57}}\\
0 & 0 & 0 & 50 & 25\sqrt{2} & 0\\
20\sqrt{2} & 0 & 0 & 0 & 20\sqrt{2} & 0\\
0 & 0 & 0 & 0 & 25\sqrt{2} & 0
\end{bmatrix}\begin{bmatrix}S_1\\S_2\\S_3\\S_4\\S_5\\S_6\end{bmatrix}=\begin{bmatrix}0\\0\\0\\0\\0\\0\end{bmatrix}
$$

然后把系数矩阵作为 A 矩阵，把主动力生成的列阵作为($-B$)列阵，以数据文件的方式由计算机读入，就可解出未知数 X 列阵，即约束力。具体值为：

$$
S_1=-1.4142,\quad S_2=0.0000,\quad S_3=1.6008,
$$
$$
S_4=-1.0000,\quad S_5=0,\quad S_6=-1.8875
$$

如果对整体进行力的平衡校核

$$
R_x=0,\quad R_y=0,\quad R_z=-4.4409\times10^{-16}
$$

这表明计算结果很精确。

2. 已知刚架结构的尺寸和载荷如附图 2-2a，试求各铰接处的约束力。

解：建立坐标如图。将系统拆开，把各部件和约束力标上号码，见附图 2-2b。对部件 1，由于没有主动力作用，故

$$
\begin{bmatrix}R_x^1\\R_y^1\\M_z^1\end{bmatrix}=\begin{bmatrix}0\\0\\0\end{bmatrix}
$$

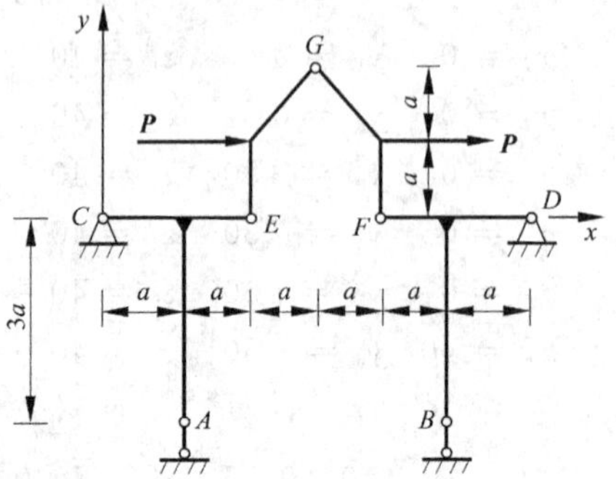

附图 2-2a

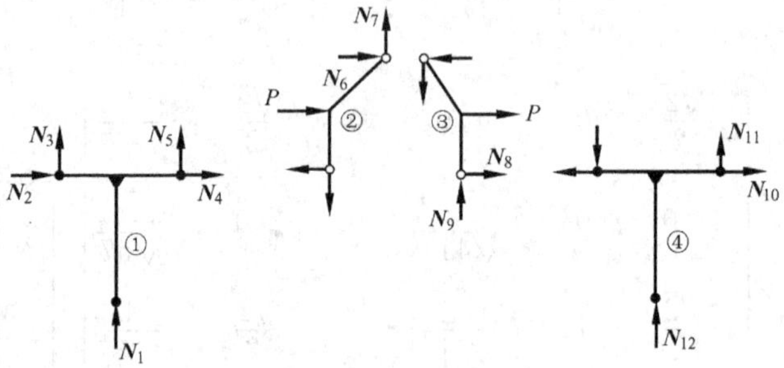

附图 2-2b

编号为 6 至 12 号的力对部件 1 没有约束作用，则约束力的主向量转换矩阵和主矩转换矩阵的第 6 至第 12 列的元素为零，即

$$T_1^1=\begin{bmatrix}0&1&0&1&0&0&0&0&0&0&0&0\\1&0&1&0&1&0&0&0&0&0&0&0\end{bmatrix}$$

$$T_2^1=\begin{bmatrix}a&0&0&0&2a&0&0&0&0&0&0&0\end{bmatrix}$$

对部件 2，主动力为

$$\begin{bmatrix}R_x^2\\R_y^2\\M_z^2\end{bmatrix}=\begin{bmatrix}P\\0\\-Pa\end{bmatrix}$$

只有编号为 4 至 7 号的力对部件 2 有约束作用，因此有

$$T_1^2=\begin{bmatrix}0&0&0&-1&0&1&0&0&0&0&0&0\\0&0&0&0&-1&0&1&0&0&0&0&0\end{bmatrix}$$

$$T_2^2=\begin{bmatrix}0&0&0&0&-2a&-2a&3a&0&0&0&0&0\end{bmatrix}$$

其余部件类似。合在一起可得矩阵方程

$$
\begin{bmatrix} 0 \\ 0 \\ 0 \\ P \\ 0 \\ -Pa \\ P \\ 0 \\ -Pa \\ 0 \\ 0 \\ 0 \end{bmatrix} +
\begin{bmatrix}
0 & 1 & 0 & 1 & 0 & & & & & & & \\
1 & 0 & 1 & 0 & 1 & & & & & & & \\
a & 0 & 0 & 0 & 2a & & & & & & & \\
 & & -1 & 0 & 1 & 0 & & & & & & \\
 & & & 0 & -1 & 0 & 1 & & & & & \\
 & & & 0 & -2a & -2a & 3a & & & & & \\
 & & & & & -1 & 0 & 1 & 0 & & & \\
 & & & & & 0 & -1 & 0 & 1 & & & \\
 & & & & & 2a & -3a & 0 & 4a & & & \\
 & & & & & & & -1 & 0 & 1 & 0 & 0 \\
 & & & & & & & 0 & -1 & 0 & 1 & 1 \\
 & & & & & & & 0 & -4a & 0 & 6a & 5a
\end{bmatrix}
\begin{bmatrix} N_1 \\ N_2 \\ N_3 \\ N_4 \\ N_5 \\ N_6 \\ N_7 \\ N_8 \\ N_9 \\ N_{10} \\ N_{11} \\ N_{12} \end{bmatrix} =
\begin{bmatrix} 0 \\ 0 \\ 0 \\ 0 \\ 0 \\ 0 \\ 0 \\ 0 \\ 0 \\ 0 \\ 0 \\ 0 \end{bmatrix}
$$

其中矩阵中空白处的元素均为零。上式在代入 P、a 的数值后就可求解了。

设 $P=120\text{N}$，$a=0.5\text{m}$，得

$$
\begin{aligned}
N_1 &= -240.0 & N_7 &= 120.0 \\
N_2 &= -120.0 & N_8 &= -120.0 \\
N_3 &= 120.0 & N_9 &= 120.0 \\
N_4 &= 120.0 & N_{10} &= -120.0 \\
N_5 &= 120.0 & N_{11} &= -120.0 \\
N_6 &= 0 & N_{12} &= 240.0
\end{aligned}
$$

进行校核发现 $R_x=2P+N_2+N_{10}$ 和 $R_y=N_1+N_3+N_{11}+N_{12}$ 的数值误差都小于 1×10^{-13}，精度很高。

3 练习及思考题

1. 图示结构由正方形均质板 $CDHE$、直角三角形 AOP 以及无重刚性杆 O_1H、AC 组成。不计各铰链处的摩擦，D 为光滑接触，且 $AD=DB=a$，$l=\frac{1}{3}a$，$\beta=30°$。两板的重量分别为 $G_1=40.5\text{kN}$，$G_2=20.5\text{kN}$，又 $\sin\alpha_1=0.34$，$\sin\alpha_2=0.92$，$\sin\alpha_3=0.72$，$F=5.3\text{kN}$。整个结构处于平衡状态。求铰链 O 的约束力、AC 及 O_1H 杆的内力及接触点 D 处的力。

2. 图示结构由两根刚性均质杆 OA、BC 及若干无重量杆用铰链连接而成。OA 构件重 $G_1=4.5\text{kN}$，BC 构件重 $G_2=6.5\text{kN}$。$DE=a=1.02\text{m}$，$OD=EA=2a$，$BK=KH=HN=NC$，$\cos\alpha_1=0.61$，$\sin\alpha_2=0.22$，$\cos\alpha_3=0.34$，$\cos\alpha_4=0.42$，$\cos\alpha_5=0.34$，$\cos\alpha_6=0.37$。已知外力 $F=2.2\text{kN}$，$M=4.3\text{kN}\cdot\text{m}$，$q=8.4\text{kN/m}$，不计各铰链摩擦，

求约束力及各无重杆内力。

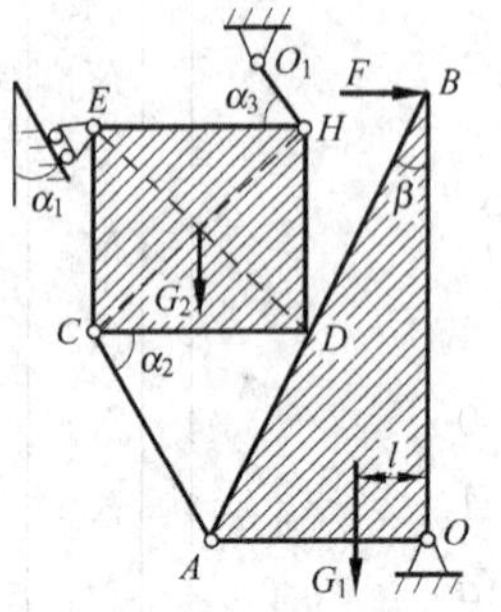

附题 2-1

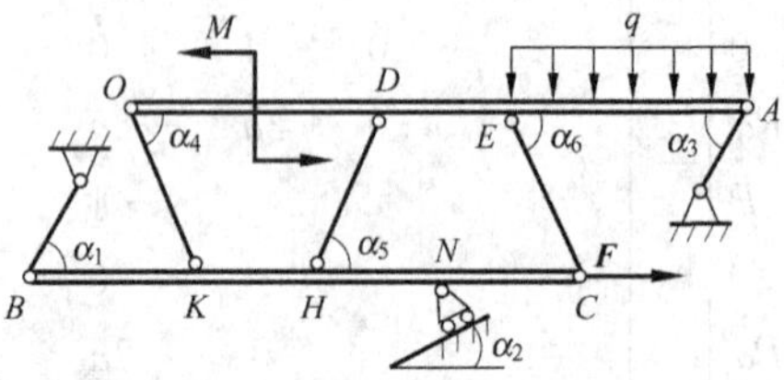

附题 2-2

3. 已知平面桁架 $ABCDEFGH$ 是正十二边形的一部分。载荷 P 及尺寸 a 为已知量(自设),求桁架各支座力及各杆的内力(设 1～7 杆长均为 a)。

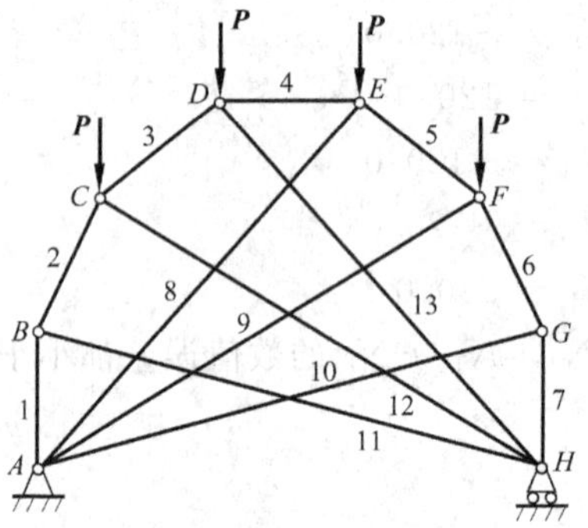

附题 2-3

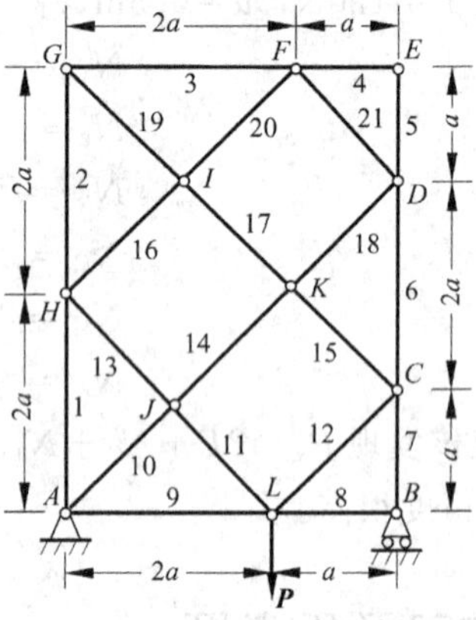

附题 2-4

4. 图示平面桁架中的载荷 P 及尺寸 a 为已知量(自设),求桁架中各支座力及各杆的内力。

5. 绳索 AB 长度为 L,单位长度质量为 ρ,A、B 两端固定,由于自重下垂,求其形状。(所有参数均可自行给出)

6. 置于水平面上的旋转对称体,底部的母线方程在结体坐标中为 $y=ax^2$,设其重心 C 在 Y 轴上,C 点坐标值已知。求物体在哪些位置能够平衡?稳定性如何?(所有参数均可自行给出)

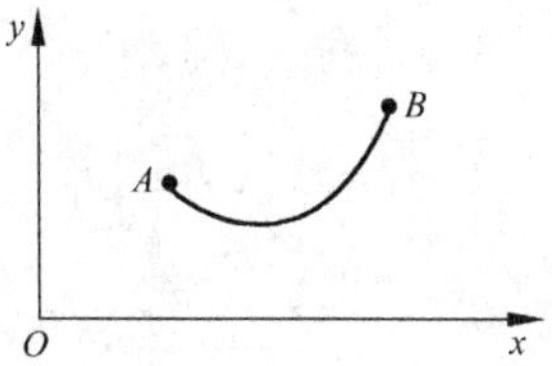

附题 2-5

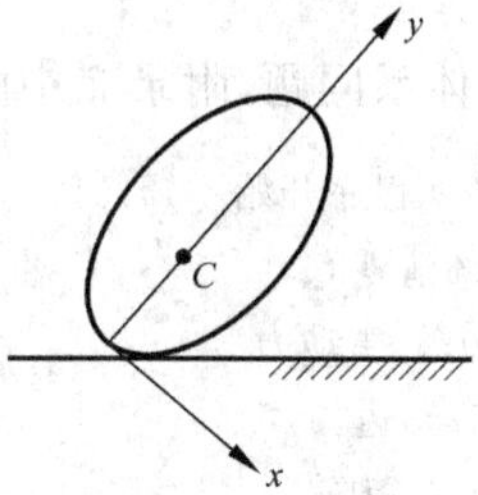

附题 2-6

4 部分程序代码

1. 单刚体问题,附录 2 中单刚体计算的例题。

```
%%%  程序开始  %%%
clear;%清零
t2=sqrt(2);% √2
t4=sqrt(41);% √41
t5=sqrt(57);% √57
%形成 A 矩阵
A=[t2/2,0,0,0,t2/2,-4/t5;
   0,0,5/t4,0,0,5/t5;
   -t2/2,-1,-4/t4,-1,-t2/2,-4/t5;
   0,0,0,50,25*t2,0;
   20*t2,0,0,0,20*t2,0;
   0,0,0,0,25*t2,0];
%形成 B 列阵
B=[0,0,-2,50,40,0];
%求解
S=-inv(A)*B'
L=[t2/2,0,0,0,t2/2,-4/t5];%各杆沿 x 轴的分量
M=[0,0,5/t4,0,0,5/t5];%各杆沿 y 轴的分量
N=[-t2/2,-1,-4/t4,-1,-t2/2,-4/t5];%各杆沿 z 轴的分量
%验证
Fx=L*S
Fy=M*S
Fz=N*S-2
```

```
%%%  程序结束  %%%
```

2. 刚体系问题,附录 2 中刚体系计算的例题。

```
%%%  程序开始  %%%
clear;%清零
P=120;%主动力
a=0.5;%边长
%形成A矩阵
A=zeros(12,12);
A(1,2)=1;A(1,4)=1;
A(2,1)=1;A(2,3)=1;A(2,5)=1;
A(3,1)=a;A(3,5)=2*a;
A(4,4)=-1;A(4,6)=1;
A(5,5)=-1;A(5,7)=1;
A(6,5)=-2*a;A(6,6)=-2*a;A(6,7)=3*a;
A(7,6)=-1;A(7,8)=1;
A(8,7)=-1;A(8,9)=1;
A(9,6)=2*a;A(9,7)=-3*a;A(9,9)=4*a;
A(10,8)=-1;A(10,10)=1;
A(11,9)=-1;A(11,11)=1;A(11,12)=1;
A(12,9)=-4*a;A(12,11)=6*a;A(12,12)=5*a;
%形成B列阵
B=[0,0,0,P,0,-P*a,P,0,-P*a,0,0,0];
%求解
S=-inv(A)*B'
%验证
Fx=2*P+S(2)+S(10)
Fy=S(1)+S(3)+S(11)+S(12)
%%%  程序结束  %%%
```

附录3　计算机在动力学中的应用

1　动力学问题的计算机求解

动力学研究力与运动的关系。可以由已知的力求运动，也可以由已知的运动求未知力。常用的方法有：动力学普遍定理（动量定理，动量矩定理，动能定理）、拉氏方程等，这两个方法的特点如下。

* 动力学普遍定理：概念性强，较灵活，多自由度问题一般要将各个刚体拆开处理，求约束力比较方便。

* 拉氏方程：方法简单，规范，不必将系统中各个刚体拆开，适宜计算机求解。

对于已知力求运动的问题，单自由度用动力学普遍定理，多自由度问题用拉氏方程。已知运动求力只需要微分，已知力求运动要积分，要解常微分方程。

常微分方程的数值解法

在常微分方程的数值求解方法中，有“欧拉方法”、“龙格—库塔方法”、“阿当姆斯预报—校正方法”、“基尔方法”等。一般常用的是“龙格—库塔方法”。

设一阶微分方程组为

$$\left.\begin{aligned}
\dot{y}_1 &= f_1(t, y_1, y_2, \cdots, y_m), & y_1(t_0) &= y_{10} \\
\dot{y}_2 &= f_2(t, y_1, y_2, \cdots, y_m), & y_2(t_0) &= y_{20} \\
&\cdots \\
\dot{y}_m &= f_m(t, y_1, y_2, \cdots, y_m), & y_m(t_0) &= y_{m0}
\end{aligned}\right\} \tag{1}$$

由 t_j 积分一步到 $t_{j+1}=t_j+h$ 的四阶龙格一库塔方法的计算公式为：

$$\left.\begin{aligned}
K_{1i} &= f_i(t_j, y_{1j}, y_{2j}, \cdots, y_{mj}), \quad i = 1,2,\cdots,m \\
K_{2i} &= f_i\left(t_j + \frac{h}{2}, y_{1j} + \frac{h}{2}K_{11}, \cdots, y_{mj} + \frac{h}{2}K_{1m}\right), \quad i = 1,2,\cdots,m \\
K_{3i} &= f_i\left(t_j + \frac{h}{2}, y_{1j} + \frac{h}{2}K_{21}, \cdots, y_{mj} + \frac{h}{2}K_{2m}\right), \quad i = 1,2,\cdots,m \\
K_{4i} &= f_i\left(t_j + \frac{h}{2}, y_{1j} + \frac{h}{2}K_{31}, \cdots, y_{mj} + \frac{h}{2}K_{3m}\right), \quad i = 1,2,\cdots,m
\end{aligned}\right\} \tag{2}$$

$$y_{i,j+1} = y_{ij} + \frac{h}{6}(K_{1i} + 2K_{2i} + 2K_{3i} + K_{4i}), \qquad i = 1,2,\cdots,m$$

但是由动力学得到的运动微分方程（组）是二阶的方程组。如何把这些方程组化为形如式（1）的标准形式，则需要加些说明。假设由动力学得到的方程组为：

$$\left.\begin{aligned}
a_{11}\ddot{y}_1 + a_{12}\ddot{y}_2 + a_{13} &= 0 \\
a_{21}\ddot{y}_1 + a_{22}\ddot{y}_2 + a_{23} &= 0
\end{aligned}\right\} \tag{3}$$

其中系数 $a_{11},a_{12},a_{13},a_{21},a_{22},a_{23}$一般与 $y_1,y_2,\dot{y}_1,\dot{y}_2$ 有关。

设 $\dot{y}_1=y_3,\dot{y}_2=y_4$,则有

$$\left.\begin{aligned}\dot{y}_1 &= y_3\\ \dot{y}_2 &= y_4\\ a_{11}\dot{y}_3+a_{12}\dot{y}_4+a_{13} &= 0\\ a_{21}\dot{y}_3+a_{22}\dot{y}_4+a_{23} &= 0\end{aligned}\right\}\tag{4}$$

方程(4)中的后两个方程可看成是关于 $\dot{y}_3,\dot{y}_4$ 的线性方程组,可以用高斯消去法、矩阵求逆法求出。

假设 $\dot{y}_3,\dot{y}_4$ 已求出了,代回方程(4)后有

$$\left.\begin{aligned}\dot{y}_1 &= y_3\\ \dot{y}_2 &= y_4\\ \dot{y}_3 &= f_1(y_1,y_2,y_3,y_4)\\ \dot{y}_4 &= f_2(y_1,y_2,y_3,y_4)\end{aligned}\right\}\tag{5}$$

由式(3)(4)(5)知,可把一般的动力学方程组化为形如式(1)的标准形式,之后再用龙格—库塔方法进行数值求解。

2 例题及分析

1. 图示单摆系统参数 m、l 为已知,问不同的摆幅对单摆的运动周期有何影响?

解:单摆的运动微分方程是

$$\ddot{\theta}+\frac{g}{l}\sin\theta=0$$

初始条件为

$$\theta(0)=\theta_0,\quad \dot{\theta}(0)=\dot{\theta}_0$$

此方程可改写成一阶常微分方程组,用龙格—库塔法求解。

令 $\omega=\dot{\theta}$,则有

$$\begin{cases}\dot{\theta}=\omega\\ \dot{\omega}=-\dfrac{g}{l}\sin\theta\end{cases}$$

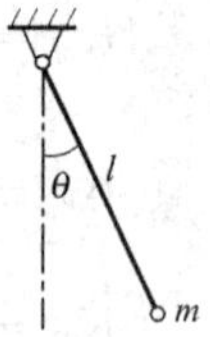

附图 3-1

初始条件

$$\begin{cases}\theta(0)=\theta_0\\ \omega(0)=\dot{\theta}_0\end{cases}$$

计算结果表明,θ_0 越大,周期 T 越长。并且 $\theta_0\ll 1$ 时,周期 T 与 θ_0(近似)无关(具体过程及图表略,如有兴趣,可自行计算)。

2. 已知双复摆可在竖直平面内摆动，OA 杆长 l_1，质量 m_1，AB 杆长 l_2，质量 m_2。初始时静止，$\theta_1=\theta_1(0)$，$\theta_2=\theta_2(0)$，求在重力作用下双复摆的运动规律。

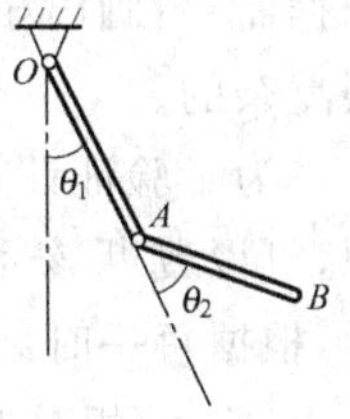

附图 3-2

解：在图示坐标下，拉格朗日函数为

$$L=\left(\frac{1}{6}m_1+\frac{1}{2}m_2\right)l_1^2\dot{\theta}_1^2+\frac{1}{6}m_2l_2^2\dot{\theta}_2^2+\frac{1}{2}m_2l_1l_2\dot{\theta}_1\dot{\theta}_2\cos(\theta_2-\theta_1)$$
$$+\left(\frac{1}{2}m_1+m_2\right)gl_1\cos\theta_1+\frac{1}{2}m_2gl_2\cos\theta_2$$

代入拉氏方程整理后有

$$\begin{cases}\left(\frac{1}{3}m_1+m_2\right)l_1^2\ddot{\theta}_1+\frac{1}{2}m_2l_1l_2\ddot{\theta}_2\cos(\theta_2-\theta_1)-\frac{1}{2}m_2l_1l_2\dot{\theta}_2^2\sin(\theta_2-\theta_1)\\ \quad+\left(\frac{1}{2}m_1+m_2\right)gl_1\sin\theta_1=0\\ \frac{1}{2}m_2l_1l_2\ddot{\theta}_1\cos(\theta_2-\theta_1)+\frac{1}{3}m_2l_2^2\ddot{\theta}_2+\frac{1}{2}m_2l_1l_2\dot{\theta}_1^2\sin(\theta_2-\theta_1)+\frac{1}{2}m_2gl_2\sin\theta_2=0\end{cases}$$

为简化方程系数，设

$$\begin{cases}a_{11}=\left(\frac{1}{3}m_1+m_2\right)l_1^2\\ a_{12}=\frac{1}{2}m_2l_1l_2\cos(\theta_2-\theta_1)\\ a_{13}=-\frac{1}{2}m_2l_1l_2\dot{\theta}_2^2\sin(\theta_2-\theta_1)+\left(\frac{1}{2}m_1+m_2\right)gl_1\sin\theta_1\\ a_{21}=\frac{1}{2}m_2l_1l_2\cos(\theta_2-\theta_1)\\ a_{22}=\frac{1}{3}m_2l_2^2\\ a_{23}=+\frac{1}{2}m_2l_1l_2\dot{\theta}_1^2\sin(\theta_2-\theta_1)+\frac{1}{2}m_2gl_2\sin\theta_2\end{cases}$$

再设

$$\begin{cases}y_1=\theta_1\\ y_2=\theta_2\\ y_3=\dot{\theta}_1\\ y_4=\dot{\theta}_2\end{cases}$$

代入后有

$$\begin{cases}\dot{y}_1=y_3\\ \dot{y}_2=y_4\\ a_{11}\dot{y}_3+a_{12}\dot{y}_4+a_{13}=0\\ a_{21}\dot{y}_3+a_{22}\dot{y}_4+a_{23}=0\end{cases}$$

该方程组可用龙格—库塔法求解，在给定的初始条件下，可求得各变量的数值解。再根据需要，画出相应的曲线等等(略)。计算结果表明，两个自由度的(非线性)问题是很复杂的。

为了验证计算结果的可靠性，本题可计算系统的机械能是否守衡。根据力学知识，可以判断该系统的机械能应是守衡的。因此，先计算初始时刻的机械能 E_0，然后，根据每一时刻由龙格—库塔法解出的数值，计算当前时刻系统的机械能 E_t。若 E_t 与 E_0 的相对误差小于事先给定的值，就可认为计算的结果是可靠的；否则就要检查微分方程，以及程序中是否有错。对一般问题而言，可能不存在能量守衡，那么就需要具体分析，是否存在动量守衡、动量矩守衡。总之，设法找一个守衡量，再去验证计算结果是否可靠。

3　练习及思考题(以下各题所需参数均可自行给出)

1．荡秋千问题。设计荡秋千的力学模型。可用键盘控制人的重心变化，不靠外界帮助，荡秋千者如何运动，可使秋千越荡越高？

2．已知乒乓球质量为 M，半径为 R，在水平面上滚动。水平面与乒乓球间的摩擦系数为 μ，不计滚动摩阻。初始时质心速度 V 一定，从屏幕输入角速度，观察运动结果。在什么情况下乒乓球可以滚回来？

3．最远投掷问题。假设某运动员投铅球时，铅球出手速度为 V，与水平面夹角为 θ_0，出手时铅球距地面高为 H。(1)若不计空气阻力，问 θ_0 为多少，可投掷得最远？(2)若空气阻力为 $\boldsymbol{R}=-\beta\boldsymbol{V}$，问 θ_0 为多少，可投掷得最远？

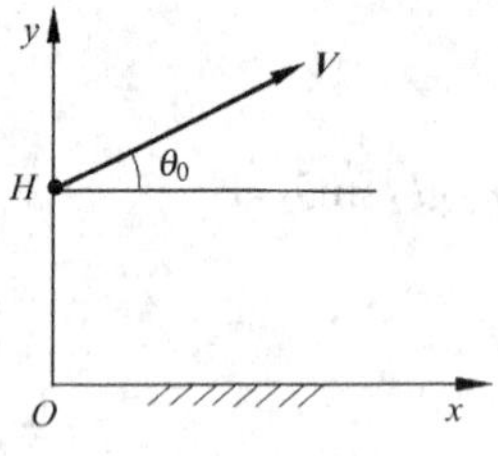

附题　3-3

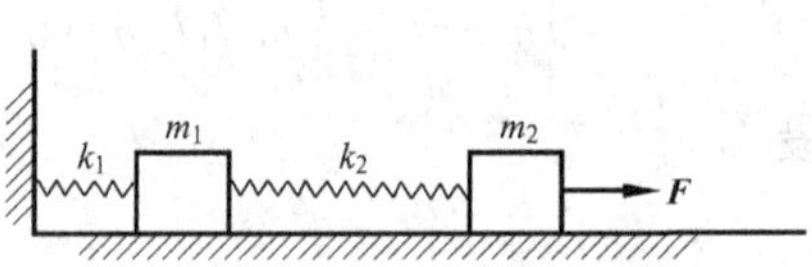

附题　3-4

4．图示系统中，弹簧1和滑块1的参数一定，干扰力 $F=F_0\sin\omega t$ 一定，弹簧2与滑块2的参数从屏幕输入。为使滑块1的振幅尽可能小，应输入怎样的参数？

5．系统如图，参数已知，问小球运动至何处，对圆槽压力最大？

6．在图示倒立摆系统中，若其上作用一已知力，问系统的运动规律。若想保持直立，问应加怎样的力？

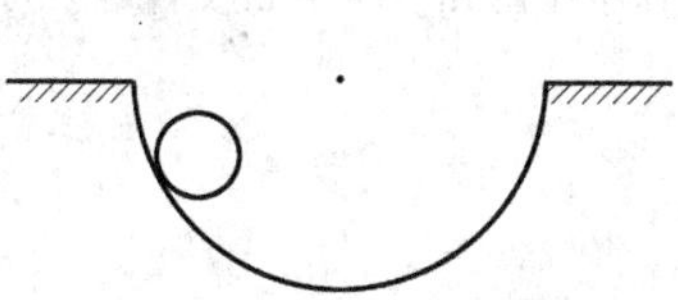

附题 3-5

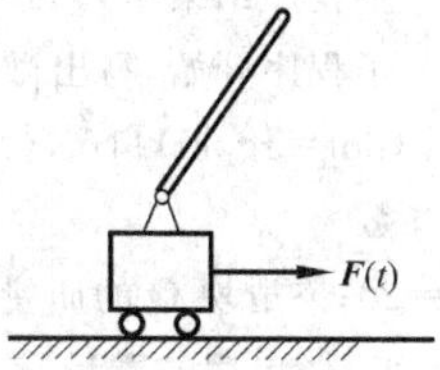

附题 3-6

4 部分程序代码

1. 振动问题。关于本书例 11-2 的计算。方程是

$$\ddot{\theta}+\frac{g}{l}\sin\theta-\frac{x_0\omega^2\sin\omega t}{l}\cos\theta=0。$$

```
%%%  主程序开始  %%%
clear;%清零
    hh=0.05;%积分步长
    alltime=20;%积分时间
    HH=alltime/hh;%积分步数
    y0=zeros(2,1);  %初始化,y0 是 2×1 的矩阵,或两个元素的列阵。
    y0(1)=0;%初始条件 θ(0)=0
    y0(2)=0;%初始条件 θ̇(0)=0
    options = odeset('RelTol',1e-8,'AbsTol',1e-8);%积分的误差选项,
    [t,iy]=ode45('rg_kt111',[0: hh: alltime],y0,options);%采用 ode45 积分,将调用 rg_
kt111.m 子程序。计算的结果存在 iy 数组中,时间存在 t 数组中。
%把计算结果赋值给 x,v。
    for j=1: HH
        x(j)=iy(j,1);
        v(j)=iy(j,2);
    end
%画出时间—角度曲线
    figure(1);
    plot(t,v);
%画出时间—角速度曲线
    figure(2);
    plot(t,x);
```

```
%%%   主程序结束   %%%
%%%   子程序开始,写出微分方程的表达式,该子程序存在 rg_kt111.m 文件中   %%%
function ydot=rg_kt111(t,y)
%基本参数
    M=20;%滑块 O 的质量
    m=10;%单摆的质量
    G=9.8;%重力加速度
    L=1;%单摆长度
    x0=0.1;%滑块 O 的振动幅度
    omiga=sqrt(G/L);%中间量,为后面计算方便。
%把二阶方程改写为 2 个一阶方程。
    ydot=zeros(2,1);
      ydot(1)=y(2);
      ydot(2)=x0*omiga*omiga*sin(omiga*t)*cos(y(1))/L-G*sin(y(1))/L;
%%%   子程序结束   %%%
```

2. 墨鱼前进问题,本书例 10-3(变质量问题)的计算。

```
%%%   主程序开始   %%%
%清零,基本参数,均可修改
clear;
M=1;%墨鱼不吸水时的质量
m=0.2;%墨鱼每次吸水量
S=0.003;%墨鱼前进方向截面积
A_in=0.8*S;%吸水时的吸口面积
A_out=0.2*S;%喷水时的喷口面积
ro=1;%海水密度
C=1;%流体阻力系数
u_out=40;%相对喷射速度
u_in=u_out/2;%相对吸入速度
T_in=m/(A_in*ro*u_in);%吸水所用时间
T_out=m/(A_out*ro*u_out);%喷水所用时间
%积分条件
    HH=100;%积分步数
    alltime_out=T_out;%喷水阶段的积分时间
    hh_out=alltime_out/HH;%喷水阶段的积分步长
    alltime_in=T_in;%吸水阶段的积分时间
    hh_in=alltime_in/HH;%吸水阶段的积分时间
    position=0;%初始位置
    velocity=0;%初始速度
```

```
    time=0;%初始时间
    y0=zeros(2,1);%把初始条件清零
%计算墨鱼喷射 10 次的运动
for k=0: 10
    %喷射阶段
    y0(1)=position;%喷射的初始位置
    y0(2)=velocity;%喷射的初始速度
    options = odeset('RelTol',1e-8,'AbsTol',1e-8);
    [t,iy]=ode45('rg_kt101',[0: hh_out: alltime_out],y0,options);
    for j=1: HH
      x(j+2 * HH * k)=iy(j,1);
      v(j+2 * HH * k)=iy(j,2);
      tt(j+2 * HH * k)=(T_in+T_out) * k+t(j);
    end
    position=iy(HH,1);%把喷射阶段的最后位置作为吸入阶段的初始位置
    velocity=iy(HH,2);%把喷射阶段的最后速度作为吸入阶段的初始速度
    %喷射阶段结束
    %吸入阶段
    y0(1)=position;%吸入的初始位置
    y0(2)=velocity;%吸入的初始速度
    options = odeset('RelTol',1e-8,'AbsTol',1e-8);
    [t,iy]=ode45('rg_kt102',[0: hh_in: alltime_in],y0,options);
      for j=1: HH
      x(j+2 * HH * k+HH)=iy(j,1);
      v(j+2 * HH * k+HH)=iy(j,2);
      tt(j+2 * HH * k+HH)=(T_in+T_out) * k+T_out+t(j);
    end
    position=iy(HH,1);%把吸入阶段的最后位置作为喷射阶段的初始位置
    velocity=iy(HH,2);%把吸入阶段的最后速度作为喷射阶段的初始速度
end
%作图。
    figure(1);
    plot(tt,v);%时间—速度曲线
    figure(2);
    plot(tt,x);%时间—位置曲线
%%%  主程序结束  %%%%
%%%  子程序开始,写微分方程表达式  %%%%
function ydot=rg_kt101(t,y)
```

```
%基本参数
M=1;
m=0.2;
S=0.003;
A_in=0.8*S;
A_out=0.2*S;
ro=1;
C=1;
u_out=40;
u_in=u_out/2;
T_in=m/(A_in*ro*u_in);
T_out=m/(A_out*ro*u_out);
    ydot=zeros(2,1);%清零
      ydot(1)=y(2);
      ydot(2)=(A_out*ro*u_out*u_out-0.5*C*S*ro*y(2)*y(2))
              /(M+m-A_out*ro*u_out*t);
%%%   子程序结束   %%%%
```

附录 4　理论力学中有关概念的出处

公元前 4 世纪	亚里士多德(Aristotle,公元前 384—公元前 322,希腊)解释杠杆原理,并在《论天》中提出重物比轻物下落得快。
公元前 4 世纪	墨翟(公元前 468—公元前 374,中国)及其弟子在《墨经》中解释力的概念、杠杆平衡。
公元前 3 世纪	阿基米德(Archimedes,约公元前 287—公元前 212,希腊),确立静力学和流体静力学的基本原理。
100 年左右	《尚书纬·考灵曜》(作者不详,东汉,收入在明代孙毅编纂的《古微书》卷一)提出地恒动不止而人不知,人在船中不知船在运动的论点。
1000 年左右	伊本·西纳(Abu Ali Al-Hussain Ibn Abdallah Ibn Sina,980—1037,伊朗),拉丁名为阿维森纳(Avicenna),计算传给物体的推动力;阿里·勒汗·比鲁尼(Abu Raihan Al-Biruni,973—1048,伊朗)提出行星轨道可能是椭圆而不是圆。
1500 年左右	达·芬奇(Leonardo Da Vinci,1452—1519,意大利)讨论杠杆平衡、自由落体。设计两种飞行器,认识到空气的托力和阻力作用。
1586 年	斯蒂文(Simon Steven,1548—1620,荷兰)论证力的平行四边形法则。他(比伽利略早 3 年)做落体实验否定亚里士多德轻重物体下落速度不同的观点。
1589—1591 年	伽利略(Galieo Galilei,1564—1642,意大利)作落体实验,其后在 1604 年指出物体下落高度与时间平方成正比,而下落速度与重量无关;伽利略用斜面法测重力加速度。
1609 年	开普勒(Johannes Kepler,1571—1630,德国)在《新天文学》中发表关于行星运动的第一定律和第二定律;同书中用拉丁字 moles 表示质量;1619 年他在《宇宙谐和论》中发表关于行星运动的第三定律。第二定律实际上是动量矩守恒的特例。
1632 年	伽利略《关于托勒密和哥白尼两大世界体系的对话》一书出版,支持日心说。
1638 年	伽利略发表《关于两门新科学的谈话及数学证明》,系统介绍悬臂梁、自由落体运动、低速运动物体所受阻力与速度成正比、抛物体、振动等力学问题。
1644 年	托里拆利(Evangelista Torricelli,1608—1647,意大利)发现物体平衡时重心处于最低位置。笛卡儿(Rence Descartes,1596—1650,法国)在《哲学原理》中提出动量守恒定律。
1653 年	帕斯卡(Blaise Pascal,1623—1662,法国)指出容器中液体能传递压强。
1660 年	胡克(Robert Hooke,1635—1703,英国)作弹簧受力与伸长量关系的实验。1676 年以字谜形式发表力与伸长量成比例的实验结果,1678 年正式公布。

续表

1673年	惠更斯(Christiaan Huygens,1629—1695,荷兰)在《摆钟论》中,以系统中活力(现叫做“动能”)守恒的原则为前提,创立了振动中心的理论,提出向心力、离心力、转动惯量、复摆的摆动中心等概念。
1687年	牛顿(Isaac Newton,l642—1727,英国)《自然哲学的数学原理》刊行,系统地总结物体运动的三定律并正式提出万有引力定律;伐里农(Pierre Varignon,1654—1722,法国)在静力学公理体系基础上建立完整的几何静力学。
1717年	伯努利(Johann Bernoulli,1667—1748,瑞士)对虚位移原理作一般性表述。
1736年	欧拉(Lonhard Euler,1707—1783,瑞士)发表《力学或运动科学的分析解说》,首先将积分学应用于运动物体力学。
1738年	伯努利(Daniel Bernouli,1700—1782,瑞士)在《流体动力学》中提出势函数概念。
1743年	达朗贝尔(Jean le Rond D'Alembert,1717—1783,法国)在《动力学原理》中阐述了达朗贝尔原理。
1744年	莫泊丢(Pierre Louis Moureau de Maupertuis,1698—1759,法国)提出最小作用量原理。
1751年	柯尼希(Johann Samuel König,1712—1757,德国)提出动能计算定理。
1758年	欧拉提出刚体动力学方程组。
1765年	欧拉发表了《刚体力学》,得到刚体运动学方程。
1775年	法国科学院宣布不再审理永动机的设计方案。
1781年	库仑(Charles-Augustin de Coulomb,1736—1806,法国)提出并应用摩擦定律。
1784年	阿脱伍德(George Atwood,1745—1807,英国)用滑轮悬挂物体的办法测重力加速度。
1788年	拉格朗日(Joseph Louis Lagrange,1736—1813,法国)《分析力学》出版。
1798年	卡文迪什(Henry Cavendish,1731—1810,英国)用扭秤测万有引力常数。
1803年	潘索(Louis Poinsot,1777—1859,法国)提出力偶概念和力偶理论。
1807年	杨(Thomas Young,1773—1829,英国)提出能量的概念。
1830年	夏莱(Michel Chasles,1793—1880,法国)证明刚体的位移等于平动和转动的合成。
1834年	哈密顿(William Rowan Hamilton,1805—1865,英国)建立经典力学的变分原理,建立正则方程。
1835年	科里奥利(Gustave Gaspard Coriolis,1792—1843,法国)指出转动参考系中有科氏惯性力,1843年给出证明。
1842年	迈尔(Julius Robert Mayer,1814—1878,德国)提出能量守恒及转换的概念。焦耳(James Prescott Joule,1818—1889,英国)与赫尔姆霍茨(Hermann Ludwig Ferdinand von Helmholtz,1821—1894,德国)也独立地提出。

续表

1846 年	亚当斯(John Couch Adams,1819—1892,英国)利用经典力学的计算结果预言海王星位置。
1851 年	傅科(Jean Bernard Leon Foucault,1819—1868,法国)用摆的转动演示地球的自转。
1853 年	兰金(William J. Macquorn Rankine,1820—1872,苏格兰)提出较完备的能量守恒定理。
1876 年	罗斯(Edward John Routh,1831—1907,加拿大)用循环坐标将拉格朗日方程降阶。
1888 年	柯娃列夫斯卡娅(C. B. Коьапекая,1850—1891,俄国)对刚体绕定点转动问题得到新的可积情形。另两种可积情形分别由欧拉(1758)和拉格朗日(1788)解决。
1897 年	密歇尔斯基(И. В. Мещуерскцщ,1859—1935,俄国)给出变质量质点的运动微分方程;齐奥尔科夫斯基(К. Э. Цщлокоьскцц,1857—1935,俄国)导出火箭速度公式,指出实现航天的途径是采用多级火箭。

参考文献

1. 李俊峰等．理论力学．北京：清华大学出版社，2001
2. 朱照宣，周起钊，殷金生．理论力学(上册)．北京：北京大学出版社，1982
3. 朱照宣，周起钊，殷金生．理论力学(下册)．北京：北京大学出版社，1982
4. 清华大学理论力学教研组编．理论力学(上册)．第四版．北京：高等教育出版社，1994
5. 清华大学理论力学教研组编．理论力学(中册)．第四版．北京：高等教育出版社，1994
6. 清华大学理论力学教研组编．理论力学(下册)．第四版．北京：高等教育出版社，1994
7. 贾书惠，张怀瑾主编．理论力学辅导．北京：清华大学出版社，1997
8. 贾书惠．刚体动力学．北京：高等教育出版社，1987
9. 哈尔滨工业大学理论力学教研室编．理论力学(上册)．第5版．北京：高等教育出版社，1997
10. 哈尔滨工业大学理论力学教研室编．理论力学(下册)．第5版．北京：高等教育出版社，1997
11. 刘延柱．高等动力学．北京：高等教育出版社，2001
12. 洪嘉振，杨长俊．理论力学．北京：高等教育出版社，1999
13. 刘延柱，杨海兴．理论力学．北京：高等教育出版社，1991
14. 马格努斯 K，缪勒 H H 著．张维等译．工程力学基础．北京：北京理工大学出版社，1997
15. 西北工业大学理论力学教研室编．理论力学(上册)．西安：西北工业大学出版社，1993
16. 西北工业大学理论力学教研室编．理论力学(下册)．西安：西北工业大学出版社，1993
17. 密歇尔斯基著．吕茂烈等译．理论力学习题集(36版)．北京：高等教育出版社，1994
18. 王铎．理论力学解题指导及习题集．哈尔滨：哈尔滨工业大学出版社，1999
19. 王铎．理论力学试题精选与答题技巧．哈尔滨：哈尔滨工业大学出版社，1999
20. 程靳．理论力学思考题解及思考题集．哈尔滨：哈尔滨工业大学出版社，2000
21. 陈明，程燕平，刘喜庆．理论力学习题解答．哈尔滨：哈尔滨工业大学出版社，1999
22. 高淑英，江晓仑，邱秉权．理论力学新型习题．成都：西南交通大学出版社，1987
23. 徐燕侯，郭长铭，周凯元．理论力学．安徽：中国科学技术出版社，1989
24. 姜启源．数学模型．北京：高等教育出版社，1987
25. 王铎主编．理论力学习题集．北京：人民教育出版社，1964
26. 《力学与实践》编辑部小问题组编．力学小问题．大连：大连工学院出版社，1986
27. 哈尔滨工业大学理论力学教研室编．理论力学试题精选与答题技巧．哈尔滨：哈尔滨工业大学出版社，1999
28. 丁占鳌．凯尔特魔石的力学原理．力学与实践，1993，15(5)
29. 徐庆善．滑动摩擦系数能大于1吗?．力学与实践，1993，15(5)
30. 高云峰．力学小问题．力学与实践，1995～2000，17～22
31. 费伟智，杨长俊，朱本华．理论力学质疑一百例．上海：上海交通大学工程力学系(内部)，1997

32. 高云峰，张怀瑾，丁文境. 计算机在理论力学中的应用. 北京：清华大学工程力学系（内部），1997

33. http://hnbc.hpe.sh.cn，力学大事年表

34. http://www.ikepu.com.cn/database/details/scientist/18st/j-l-l-lagrange.htm，拉格朗日生平

35. http://www.jl.cnirfo.net/relax/wenxue/other/kexue/oll.htm，能量转换

习题答案

第1章

1-1 $a_t=-\dfrac{g(b-gt)}{v}$，$a_n=\dfrac{ga}{v}$，其中 v 是该点的速度。

1-2 $x_M=120\cos\omega t$，$y_M=40\sin\omega t$；点的轨迹是椭圆 $\dfrac{x^2}{120^2}+\dfrac{y^2}{40^2}=1$。

1-3 椭圆：$\dfrac{x^2}{a^2}+\dfrac{y^2}{b^2}-\dfrac{2xy}{ab}\cos(\alpha-\beta)=\sin^2(\alpha-\beta)$

1-4 $x=\dfrac{rl\sin\omega t}{\sqrt{a^2+r^2+2ar\cos\omega t}}$

1-5 半径为 3cm 的圆周。

1-6 $\dot{\varphi}=-\dfrac{v_0}{2r}$，$\ddot{\varphi}=\dfrac{\sqrt{3}v_0^2}{4r^2}$

1-7 $\dot{\varphi}=\dfrac{v_0 r}{x\sqrt{x^2-r^2}}$，$\ddot{\varphi}=\dfrac{v_0^2 r(2x^2-r^2)}{x^2(x^2-r^2)^{3/2}}$。

1-8 $v_M=2R\omega$，$a_M=4R\omega^2$。

1-9 $a=2h\omega^2\sec^2\theta\tan\theta$

1-10 速度大小为 $v_M=\dfrac{2\sqrt{3}}{3}a\omega$，方向沿圆周的切线方向。

加速度大小为 $a_M=\dfrac{4\sqrt{3}}{3}a\omega^2$，方向指向圆心 O。

1-11 (1) $v=\dfrac{h\omega}{\cos^2\omega t}$；(2) $v_r=\dfrac{h\omega\sin\omega t}{\cos^2\omega t}$。

1-12 $v=2\text{m/s}$，方向沿圆周的切线方向；$a=40\text{m/s}^2$，方向指向圆心 O。

1-13 $x=r\left(\dfrac{a}{r}\cos\omega t+\sqrt{1-\dfrac{a^2}{r^2}\sin^2\omega t}\right)$；$v=-a\omega\left(\sin\omega t+\dfrac{a\sin 2\omega t}{2\sqrt{r^2-a^2\sin^2\omega t}}\right)$。

1-14 $x=300\cos 4t-100\cos 12t$，$y=300\sin 4t-100\sin 12t$；

$v_x=1200(-\sin 4t+\sin 12t)\text{mm/s}$，$v_y=1200(\cos 4t-\cos 12t)\text{mm/s}$。

1-15 略

1-16 略

1-17 点 M 速度的大小不变，加速度越来越大。

1-18 $\boldsymbol{v}=e\omega\boldsymbol{e}_r+e\omega\boldsymbol{e}_\theta$；$\boldsymbol{a}=-e\omega^2\boldsymbol{e}_r+2e\omega^2\boldsymbol{e}_\theta$。

1-19 $a_r=2.887\text{m/s}^2$，$a_y=-2.887\text{m/s}^2$，$a_t=0$，$a_n=5.77\text{m/s}^2$；$\rho=0.69\text{m}$。

1-20 略

1-21 $\rho=9.221\times10^3\text{km}$

1-22 $r=ut,\theta=\omega t$；$r=\dfrac{u\theta}{\omega}$；$v=u\sqrt{(\omega t)^2+1}$；$a=u\omega\sqrt{(\omega t)^2+4}$。

1-23 $r=2R\cos\theta, a_r=-\left(\dfrac{v^2}{R}\right)\cos\theta$，$a_\tau=-\left(\dfrac{v^2}{R}\right)\sin\theta$。

1-24 轨迹是球面 $x^2+y^2+z^2=R^2$ 与柱面$\left(x-\dfrac{R}{2}\right)^2+y^2=\dfrac{R^2}{4}$的交线。

球坐标形式的运动方程是：$r=R,\varphi=\dfrac{kt}{2},\theta=\dfrac{kt}{2}$。

1-25 $v=11.8\text{cm/s},a=28.9\text{cm/s}^2$。

1-26 $v_r=0,v_\varphi=\dfrac{Rk}{2}\cos\dfrac{kt}{2},v_\theta=\dfrac{Rk}{2}$；$v=\dfrac{Rk}{2}\sqrt{1+\cos^2\left(\dfrac{kt}{2}\right)}$。

1-27 $a=\dfrac{v^2}{R}\sqrt{1+\sin^2\alpha\cdot\cot^2\theta}$

1-28 略

1-29 略

1-30 有可能相遇，每位演员的运动轨迹是对数螺线。

1-31 略

1-32 略

1-33 略

1-34 略

1-35 略

1-36 略

第2章

2-1 略

2-2 略

2-3 $\boldsymbol{v}_E=2\boldsymbol{v}_A$

2-4 $\boldsymbol{\omega}_{AB}=-6\boldsymbol{k}(\text{rad/s})$(顺时针)，$\boldsymbol{\omega}_{BD}=4\boldsymbol{k}(\text{rad/s})$(逆时针)

2-5 略

2-6 $\omega=\sqrt{2}\text{rad/s},\varepsilon=1\text{rad/s}^2,a_C=6\text{cm/s}^2$，方向从 C 到 D。

2-7 $\omega_{AB}=2\text{rad/s}$(顺时针)，$\varepsilon_{AB}=16\text{rad/s}^2$(顺时针)，$\boldsymbol{a}_B=-4\boldsymbol{i}_1-4\boldsymbol{j}_1(\text{m/s}^2)$

2-8 $\omega_{BC}=5\text{rad/s}$(逆时针)，$\varepsilon_{BC}=43.3\text{rad/s}^2$(顺时针)，$\boldsymbol{a}_G=-75\boldsymbol{i}-43.3\boldsymbol{j}(\text{m/s}^2)$

2-9 $\varepsilon_{O_2}=-\dfrac{v^2}{r\sqrt{l^2-r^2}}$（逆时针）

2-10 $\omega_{CE}=\dfrac{\sqrt{3}}{12}\omega$（顺时针），$v_E=\dfrac{\sqrt{2}}{4}r\omega$

2-11 $v_C=2.05\text{m/s}$

2-12 $\omega_{BC}=8\text{rad/s}$，$\varepsilon_{AB}=20\text{rad/s}^2$

2-13 略

2-14 略

2-15 $\omega_{AB}=2.25\text{rad/s}$，$\omega_{BD}=5\text{rad/s}$，$v_C=93.75\text{cm/s}$。

2-16 $v_r=1.15a\omega_0$。

2-17 $\omega_4=\dfrac{v_1y-v_2x}{x^2+y^2}$，$v_3=v_1\dfrac{ay}{x^2}-v_2\dfrac{a-x}{x}$

2-18 $a_B=\dfrac{\sqrt{2}}{2}r\omega_0^2$，$\varepsilon_{O_1B}=\dfrac{1}{2}\omega_0^2$。

2-19 $y=a\sin\dfrac{\omega_1x}{\omega_0r}$

2-20 $v_B=\dfrac{v_A\sin\alpha}{\sin(\beta-\alpha)}$，$v_r=\dfrac{v_A\sin\beta}{\sin(\beta-\alpha)}$

2-21 $v_A=v\dfrac{al}{x^2+a^2}$

2-22 当 $\varphi=0°$时，$v_{BC}=\dfrac{\sqrt{3}}{3}\omega r$；当 $\varphi=30°$时，$v_{BC}=0$；当 $\varphi=60°$时，$v_{BC}=\dfrac{\sqrt{3}}{3}\omega r$。

2-23 $v_{CD}=0.325\text{m/s}$，$a_{CD}=0.6567\text{m/s}^2$

2-24 $a=1\text{m/s}^2$，方向沿半径指向轮心；$v_r=2\text{m/s}$

2-25 $v_{CD}=0.1\text{m/s}$，$a_{CD}=0.3464\text{m/s}^2$

2-26 $a_C=a_e=136.6\text{mm/s}^2$，$a_r=36.6\text{mm/s}^2$

2-27 $v_{AC}=v_e=400\text{mm/s}$，$a_{AC}=a_e=3180\text{mm/s}^2$

2-28 $\omega=\dfrac{v}{4b}$（顺时针），$\varepsilon=-\dfrac{\sqrt{3}v^2}{8b^2}$（逆时针）

2-29 图(a)中，D 作圆周运动，$v_D=\dfrac{3r\omega}{2}$，$a_D^\tau=3\sqrt{3}r\omega^2$，$a_D^n=\dfrac{3}{4}r\omega^2$。

图(b)中，$v_{Dx}=\dfrac{\sqrt{3}r\omega}{2}$，$v_{Dy}=\dfrac{3r\omega}{2}$；$a_{Dx}=\dfrac{9r\omega^2}{2}$，$a_{Dy}=-\dfrac{3\sqrt{3}r\omega^2}{2}$。

2-30 $v_a=346.4\text{mm/s}$(铅直向上)；$a_a=1400\text{mm/s}^2$(铅直向下)

2-31 $v_{DC}=\dfrac{4}{3}r\omega$，$a_{DC}=\dfrac{10}{9}\sqrt{3}r\omega^2$

2-32 $\omega_{O_1D}=0.15\sqrt{5}\omega_0$(逆时针)；$\varepsilon_{O_1D}=0.15\omega_0^2$(顺时针)

2-33 $v_B=239\text{m/s}$，　$a_B=30.9\text{m/s}^2$

2-34 略

2-35 略

2-36 略

2-37 略

2-38 $v_M=(\omega+\omega_1\cos\gamma)r$

2-39 $\boldsymbol{\omega}_a=60\boldsymbol{i}+10\boldsymbol{j}+1\boldsymbol{k}(\text{rad/s})$，$\boldsymbol{\varepsilon}_a=-10\boldsymbol{i}+60\boldsymbol{j}-600\boldsymbol{k}(\text{rad/s}^2)$

2-40 $\omega_a=\sqrt{\left(\dfrac{\pi n}{30}\right)^2+\omega_1^2+\dfrac{\pi n}{15}\omega_1\cos\theta}$，$\varepsilon_a=\dfrac{\pi n}{30}\omega_1\sin\theta$

2-41 $\omega_e=4\pi\text{rad/s}$；$\omega_r=6.92\pi\text{rad/s}$；$\omega_a=8\pi\text{rad/s}$，矢量 $\boldsymbol{\omega}_a$ 沿轴线 OC；$\varepsilon_a=27.68\pi^2\text{rad/s}^2$，矢量 $\boldsymbol{\varepsilon}_a$ 方向平行于轴线 x。

2-42 略

2-43 $\omega_{EDF}=10\sqrt{3}\text{rad/s}$，$\varepsilon_{EDF}=50\sqrt{3}\text{rad/s}^2$，$v_F=3\text{m/s}$，$a_F=10\sqrt{2}\text{m/s}^2$

2-44 略

2-45 $a_D=50\sqrt{2-\sqrt{2}}=38.27\text{cm/s}^2$

第 3 章

3-1 略

3-2 略

3-3 略

3-4 略

3-5 略

3-6 $\omega=\dfrac{\sqrt{2gh}}{r}$

3-7 略

3-8 略

3-9 略

3-10 略

3-11 $(l+r\theta)\ddot{\theta}+r\dot{\theta}^2+g\sin\theta=0$

3-12 $2\ddot{x}+(l-x)\dot{\varphi}^2+g\cos\varphi=0$，$(l-x)\ddot{\varphi}-2\dot{x}\dot{\varphi}+g\sin\varphi=0$。

3-13 $a_{M1}=\dfrac{F(P_2+P_3)-P_2P_3}{(P_1+P_3)P_2+(P_1+P_2+P_3)P_3}g$

3-14 $a_1=\dfrac{gF}{P_1+P_2}\left(1+\dfrac{P_2}{P_1}\cos\omega t\right)$，$a_M=\dfrac{gF}{P_1+P_2}(1-\cos\omega t)$，其中 $\omega=\sqrt{\dfrac{P_1+P_2}{P_1P_2}kg}$。

第 4 章

4-1 略

4-2 (a) $P_1=\frac{P_2}{2}$；(b) $P_1=\frac{P_2}{8}$；(c) $P_1=\frac{P_2}{6}$；(d) $P_1=\frac{P_2}{5}$；

4-3 $Q=\frac{1}{2}P\tan\alpha$

4-4 $Q=\frac{b}{a}P$

4-5 $Q=\frac{pa\pi D^2}{8b}\tan\alpha$

4-6 $P=Q\cot2\theta$

4-7 $F_D=4F_A$

4-8 $\tan\varphi=\frac{m}{2(m+M)}\cot\alpha$

4-9 $\frac{\cos2\theta}{\cos\theta}=\frac{l}{2R}$

4-10 $\alpha=\arctan\frac{l(Q-P)}{(P+Q)\sqrt{r^2-l^2}}$

4-11 $T=3P$

4-12 (a) $m=\frac{4kl}{5g}(2\sin\theta-1)$；(b) $m=\frac{4kl}{5g}(\sqrt{3}\tan\theta-2\sin\theta)$

4-13 $T=\frac{\sqrt{3}}{\sqrt{3}-1}P$

4-14 $S_1=\frac{b}{a}P, S_2=\frac{\sqrt{a^2+b^2}}{a}P$

4-15 $R_A=\frac{P}{4}, R_B=\frac{5P}{4}$

4-16 $R_C=-30\text{kN}; X_D=-15\text{kN}, Y_D=15\text{kN}$

4-17 $y_D=\frac{P}{3k}, \varphi=\frac{Pa}{2kl^2}$

4-18 $P_1=\frac{W}{2\sin\alpha}, P_2=\frac{W}{2\sin\beta}$

4-19 $M_B=\frac{M}{2}, M_A=\frac{M}{2\sin\theta}$

4-20 $R_{Ax}=F\sin\alpha$

4-21 $Y_A=P_1-P_2h/l$

4-22 $\theta=\dfrac{mgR}{kr^2}$,平衡是稳定的。

4-23 $\theta=0°$时,$\dfrac{d^2U}{d\theta^2}=-11375<0$,是不稳定平衡;$\theta=102°$时,$\dfrac{d^2U}{d\theta^2}=65594.6>0$,是稳定平衡。

4-24 (a) 不稳定 (b) 稳定。

第5章

5-1 图(a),力偶只能用力偶平衡。B 处的约束反力方向已知,由于 $\boldsymbol{F}_A$ 必与 $\boldsymbol{F}_B$ 组成力偶,故 $\boldsymbol{F}_A$ 方向可知。图(b)研究整体,由 $\sum M_A=0$ 知 $\boldsymbol{F}_B$ 必沿 A、B 连线,而 $\boldsymbol{F}_A$ 必与 $\boldsymbol{F}_B$ 等值、反向、共线。

5-2 (a) 不能;(b) 能。

5-3 (1) 在 A 点可以;(2) 不能。

5-4 不能

5-5 有影响

5-6 能

5-7 A. 能;B. 不能;C. 能。

5-8 (a) C;(b) A;(c) B;(d) A;(e) A;(f) C。

5-9 (a) A;(b) B;(c) D;(d) C;(e) A;(f) A。

5-10 $M_{Ax}=-151.55\text{N}\cdot\text{m}$, $M_{Ay}=-173.21\text{N}\cdot\text{m}$, $M_{Az}=8.84\text{N}\cdot\text{m}$。

5-11 $m_{OC}(F)=\dfrac{Fab}{\sqrt{a^2+b^2+c^2}}$

5-12 $m_y(F)=-78.63\text{N}\cdot\text{m}$,$m_{CD}(F)=-55.60\text{N}\cdot\text{m}$。

5-13 $\boldsymbol{M}=-4Pa\boldsymbol{k}$。

5-14 $\boldsymbol{F}=P\boldsymbol{k}$, $\boldsymbol{M}_A=Pb(\boldsymbol{i}+2\boldsymbol{j}+\boldsymbol{k})$; 右力螺旋, $\boldsymbol{F}=P\boldsymbol{k}$, $\boldsymbol{M}_A=Pb\,\boldsymbol{k}$,中心轴通过 A'点,$\overrightarrow{AA'}=b(-2\boldsymbol{i}+\boldsymbol{j})$。

5-15 (a) 平衡;(b) 力偶, $\boldsymbol{M}=2Pa\boldsymbol{j}$;(c) 合力,$\boldsymbol{F}=P\boldsymbol{j}$,作用线通过 A'点,$\overrightarrow{AA'}=-a\boldsymbol{i}$

5-16 左力螺旋,$\boldsymbol{F}=P(\boldsymbol{i}+\boldsymbol{j}+\boldsymbol{k})$,$\boldsymbol{M}=-\dfrac{4}{3}Pa(\boldsymbol{i}+\boldsymbol{j}+\boldsymbol{k})$,中心轴通过 A'点,$\overrightarrow{AA'}=-\dfrac{1}{3}a(3\boldsymbol{i}-2\boldsymbol{j}+\boldsymbol{k})$。

5-17 (a) 合力 $\boldsymbol{F}=-605\boldsymbol{j}(\text{N})$,作用线通过 A'点,$\overrightarrow{AA'}=1.42\boldsymbol{i}(\text{m})$。

(b) 右力螺旋,$\boldsymbol{F}=500\boldsymbol{i}-1200\boldsymbol{j}(\text{N})$,$\boldsymbol{M}=0.069(500\boldsymbol{i}-1200\boldsymbol{j})(\text{N}\cdot\text{m})$,中心

轴通过 A' 点，$\overrightarrow{AA'}=1.51\boldsymbol{i}+0.63\boldsymbol{j}+0.17\boldsymbol{k}$(m)。

5-18 不能

5-19 略

5-20 $R_A=\frac{\sqrt{2}}{4}P$(沿 AC 向右上)；

$R_B=\frac{\sqrt{10}}{4}P$(向左上)。

5-21 (1) $m_2=10\text{N}\cdot\text{m}$；(2) $m_2=20\text{N}\cdot\text{m}$。

5-22 (a) $M=\frac{\sqrt{3}}{2}Pa$(垂直纸面向外)，(b) $R=2P(\leftarrow)$，作用线在 AB 上方，相距 $\frac{\sqrt{3}}{4}a$。

5-23 $\boldsymbol{R}=-345\boldsymbol{i}+250\boldsymbol{j}+10.6\boldsymbol{k}$(N)

$\boldsymbol{M}_O=-5179\boldsymbol{i}-3664\boldsymbol{j}+10359\boldsymbol{k}(\text{N}\cdot\text{m})$

5-24 $\boldsymbol{R}=2000(-\boldsymbol{i}+\boldsymbol{j}+\boldsymbol{k})$(N)

$\boldsymbol{M}_O=40(-\boldsymbol{j}+\boldsymbol{k})(\text{N}\cdot\text{m})$

5-25 $S_1=-P$， $S_2=0$， $S_3=P$， $S_4=0$， $S_5=-P$， $S_6=0$

5-26 略

5-27 $N_A=\frac{W-P}{3}$， $N_B=N_C=\frac{W+2P}{3}$； $P>W$ 时，圆桌将翻倒。

5-28 $\theta=\arctan\left(\frac{1}{3}\right)$

5-29 $R_{Bx}=0$， $R_{By}=1.5\text{kN}$， $R_C=1\text{kN}$。

5-30 $P=7928\text{kN}$，$M=-37138\text{kN}\cdot\text{m}$。

5-31 (a) $R_{Ax}=0$， $R_{Ay}=-P+\frac{M}{a}+\frac{1}{2}aq$，$R_B=2P-\frac{2M}{a}+\frac{5}{2}aq$，$R_D=\frac{M}{a}+\frac{1}{2}aq$。

(b) $R_{Ax}=0$，$R_{Ay}=\frac{7}{6}qa$，$M_A=2qa^2$，$R_C=\frac{5}{6}qa$。

5-32 $R_{Ax}=12\text{kN}$， $R_{Ay}=1.5\text{kN}$， $S_{BC}=-15.0\text{kN}$。

5-33 $R_{Ax}=112.5\text{kN}$， $R_{Ay}=112.5\text{kN}$， $R_{Bx}=-37.5\text{kN}$， $R_{By}=112.5\text{kN}$，

$R_{Cx}=75\text{kN}$，$R_{Cy}=0$。

5-34 $R_{Ex}=P$，$R_{Ey}=-\frac{P}{3}$

5-35 $T=4\sqrt{2}W$

5-36 $S_1=-15\text{kN}$， $S_2=-2.3\text{kN}$， $S_3=2.3\text{kN}$， $S_4=15\text{kN}$。

5-37 $M=\frac{Wa^2}{\sqrt{l^2-2a^2}}$

5-38 $S_1=-\frac{M}{a}$， $S_2=\frac{\sqrt{2}M}{a}$， $S_3=0$， $S_4=0$， $S_5=\frac{\sqrt{2}M}{a}$，$S_6=-\frac{M}{a}$。

5-39 $S_1=\frac{\sqrt{2}}{2}(Q+2P)$， $S_2=-\left(P+Q+\frac{W}{2}\right)$， $S_3=\frac{\sqrt{5}}{2}Q$， $S_4=\frac{Q}{2}$，

$S_5=-\frac{\sqrt{2}Q}{2}$， $S_6=-\frac{W}{2}$。

5-40 $S_1=-5.33P$， $S_2=2P$， $S_3=-1.67P$。

5-41 $X_A=0$， $Y_A=-\frac{3}{2}qa$， $N_B=\frac{5}{2}qa$， $T_{BC}=\frac{\sqrt{2}}{2}qa$（拉），$X_D=\frac{1}{2}qa$，

$Y_D=-\frac{3}{2}qa$。（对 AD 件）

5-42 (a) $X_A=-\frac{M}{a}-2qa$，$Y_A=4qa+p$， $M_A=4qa^2+2pa-m$（逆时针）

$T_1=-\frac{M}{a}-2qa$（压）， $T_2=\frac{M}{a}+2qa$（拉）， $T_3=-\sqrt{2}\left(\frac{M}{a}+2qa\right)$（压）。

(b) $X_A=-\frac{M}{2a}-qa$， $Y_A=4qa+p$， $M_A=6qa^2+2pa$（逆时针）

$T_1=-\frac{M}{2a}-qa$（压）， $T_2=\frac{M}{a}+2pa$（拉），$T_3=-\sqrt{5}\left(\frac{M}{2a}+qa\right)$（压）。

5-43 (1) (a)不能，(b)能；(2) 都不能；(3) 都是静不定问题。

5-44 (1) 皆不唯一；(2) 皆为静不定；(3) (a)不可能，(b)可能；(4) (a)可能，(b)不可能；(5) 能；(6) 静定。

5-45 $0.70l$

5-46 $W_{A\min}=1.37\text{kN}$

5-47 $0.83\text{kN}\leqslant F\leqslant 1.25\text{kN}$

5-48 0.99cm

5-49 (1) $P=\frac{\sin\alpha-\mu\cos\alpha}{\sin\alpha+\mu\cos\alpha}Q$，(2) $P=\frac{\sin\alpha+\mu\cos\alpha}{\sin\alpha-\mu\cos\alpha}Q$

5-50 (1) $\mu\geqslant\frac{\delta}{2R}$， (2) $P_{\min}=Q\left(\sin\alpha-\frac{\delta\cos\alpha}{R}\right)$，$P_{\max}=Q\left(\sin\alpha+\frac{\delta\cos\alpha}{R}\right)$

5-51 (1) $P=14.83\text{N}$， (2) $\theta=33°34'$

5-52 $P=\frac{\mu b}{2(a+b)}W$。

5-53 $\varphi=\arctan\left(2+\frac{1}{\mu}\right)$。

5-54 $b=2.83r$。

5-55 $\mu_{A\min}=\mu_{C\min}=0.268$； $\mu_{B\min}=\mu_{E\min}=0.089$。

5-56 $49.6\text{N}\cdot\text{m}\leqslant M_C\leqslant 70.4\text{N}\cdot\text{m}$。

5-57 (1) $P=\frac{W\delta}{r}$；(2) $\theta=\arctan\frac{\delta}{r}$，$P_{\min}=W\sin\theta$。

5-58 $F_{NA}=\frac{bg-ha}{b+c}m$，$F_{NB}=\frac{cg+ha}{b+c}m$，　$a=\frac{b-c}{2h}g$

5-59 $F_{Ax}=-\frac{m_2\omega v}{2}$，$F_{Ay}=\frac{\sqrt{3}m_2(gr+3v^2+5r^2\omega^2)}{4r}$

$F_{Bx}=-\frac{3}{2}m_2\omega v$，$F_{By}=-\frac{\sqrt{3}m_2(gr+v^2+3r^2\omega^2)}{4r}$

$F_{Az}=m_2\left(3g-\frac{v^2}{2r}\right)$

5-60 (1) $\omega^2=\frac{2[mgl\sin\alpha+k(l_1\sin\alpha-l_0)l_1\cos\alpha]}{ml^2\sin2\alpha}$；

(2) $\omega^2=\frac{3[(M+2m)gl\sin\alpha+2k(l_1\sin\alpha-l_0)l_1\sin\alpha]}{(M+3m)l^2\sin2\alpha}$。

5-61 $N_B=22.4\text{N}$；$X_A=30.6\text{N}$，$Y_A=16.3\text{N}$。

5-62 $X_A=0$，$Y_A=g(m_B+m_C)+\frac{2m_C(M-m_CRg)}{(m_B+2m_C)R}$，

$M_A=\left[\frac{2m_C(M-m_CRg)}{(m_B+2m_C)R}+m_Bg+m_Cg\right]l$。

5-63 $X_A=-3r^2\rho\omega^2$，$Y_A=r\rho g$；$X_B=\frac{1}{2}r^2\rho\omega^2$，$Y_B=r\rho g$。

5-64 $a_{\max}=0.8g$

第 6 章

6-1 $4x^2+y^2=l^2$，即端点的轨迹为椭圆。

6-2 $\ddot{x}+\frac{k}{m+m_1}x=\frac{m_1l\omega^2}{m+m_1}\sin\varphi$

6-3 $\mu_1\geqslant\frac{m\mu}{M+m}$

6-4 $x_1=\frac{F}{4k}\left(1-\cos\sqrt{\frac{2k}{m}}t\right)+\frac{F}{4m}t^2$，

$x_2=\frac{F}{4m}t^2-\frac{F}{4k}\left(1-\cos\sqrt{\frac{2k}{m}}t\right)$。

6-5 $\Delta s=\frac{Quv_0\sin\alpha}{g(P+Q)}$

6-6 滑动，$s=0.8\text{m}$，$t=1.23\text{s}$。

6-7 略

6-8 （1）AB 绳先断；（2）CD 绳先断。

6-9 （1）质心 x_C 坐标不变，仅 y_C 上、下运动；（2）x_C、y_C 都改变。

6-10 （1）$3mR^2\omega$；（2）$4mR^2\omega$。

6-11 $T=\frac{2}{5}mg=157\text{N}$。

6-12 半径为$\frac{mR}{M+m}$的圆。

6-13 $a_O=\frac{6}{25}g$。

6-14 $(2M+m)\ddot{x}+mR\cos\theta\,\ddot{\theta}-mR\sin\theta\,\dot{\theta}^2=0$,

$R\ddot{\theta}+\ddot{x}\cos\theta+g\sin\theta=0$。

6-15 $2\ddot{x}+r\ddot{\theta}\left(1-\frac{3}{8}\cos\theta\right)+\frac{3}{8}r\dot{\theta}^2\sin\theta=0$,

$\ddot{x}\left(1-\frac{3}{8}\cos\theta\right)+r\ddot{\theta}\left(\frac{7}{5}-\frac{3}{4}\cos\theta\right)+\frac{3}{8}r\dot{\theta}^2\sin\theta+\frac{3}{8}g\sin\theta=0$。

6-16 初瞬时 $\varepsilon_0=3.77\text{rad/s}^2$；任一瞬时$\ddot{\theta}=\frac{g\cos\theta-1.2\dot{\theta}^2\sin\theta\cos\theta}{0.4(1+3\sin^2\theta)}$,

其中 θ 为杆与水平面之间的夹角。

6-17 $a=\frac{4}{7}g\sin\alpha$，　$N=-\frac{1}{7}W\sin\alpha$。

6-18 $a_C=3.48\text{m/s}^2$

6-19 $a_C=\frac{4}{5}g$，　$T=\frac{P}{5}$。

6-20 （1）$e=0.67$；　（2）$\mu=0.22$。

6-21 $\tan\alpha=\sqrt{e}$，　$v_2=\sqrt{e}v_1$。

6-22 （1）$S_{Ox}=\frac{1}{2}mv_0$，　$S_{Oy}=0$；　（2）$\Omega=\frac{v_0}{2r}$；

（3）$\theta=\arccos\left(1-\frac{v_0^2}{4gr}\right)$；　（4）$v_0=\sqrt{8gr}$。

6-23 $\omega_{\text{I}}=\omega_{\text{II}}=\frac{1+e}{2}\,\frac{v}{l}$。

6-24 $e=1/3$

6-25 当 $v_0^2\leqslant 2gl$ 时，$H=v_0^2/2g$；

当 $v_0^2\geqslant 2gl$ 时，$H=l\left[1-\left(\frac{W_0}{W_0+W_1}\right)^2\right]+\frac{v_0^2}{2g}\left(\frac{W_0}{W_0+W_1}\right)^3$。

6-26 $\sin\frac{\varphi}{2}=\frac{\sqrt{3}S}{2m\sqrt{10gl}}$

6-27 $\tan\beta=\frac{1}{5e}\left(3\tan\alpha-\frac{2r\omega_0}{v\cos\alpha}\right)$

6-28 $v_A=\sqrt{\frac{13}{25}}v_0=0.721v_0$,向右偏上 $16°8'$;

$v_B=\frac{2\sqrt{3}}{5}v_0=0.693v_0$,水平向左。

6-29 $h=\frac{5}{4}r$

第 7 章

7-1 $\frac{k}{2}\left[\left(\frac{F_0}{k}+0.828l\right)^2-\left(\frac{F_0}{k}\right)^2\right]$

7-2 略

7-3 小球在以后的运动中动能不变;对圆柱中心轴的动量矩不守恒;小球的速度总是与细绳垂直。

7-4 对质点是正确的,对质点系则不正确。因为动量守恒仅说明质心速度不变,但各质点相对于质心的速度却可以变化,因此动能未必守恒。

7-5 略

7-6 (1) 均质杆;(2) 相同;(3) 球;(4) 均质杆;(5) 均质杆。

7-7 A 错;B 错;C 错;D 对。

7-8 同时到达。

7-9 2.625m/s

7-10 $(l-h)\sqrt{6g(l+h)/(4l^2-3h^2)}$

7-11 $3W_1g/(4W_1+9W_2)$

7-12 $\dot{\varphi}^2=\frac{2ga(\cos\varphi-\cos\varphi_0)}{\rho^2+a^2+r^2-2ar\cos\varphi}$

7-13 $P=178.2\text{N}$

7-14 $v_B=0.707\text{cm/s}$

7-15 $v=\sqrt{\frac{2(4+\pi^2)PgR}{\pi(W+2P)}}$

7-16 0.57m/s

7-17 $t=\sqrt{2s/\mu g}$, $\omega=2\sqrt{2\mu gs}/R$, $A=3\mu mgs$。

7-18 $a=\frac{2(M+m)r^2g}{M(R^2+2r^2)+3mr^2}$, $T=\frac{(M+m)(MR^2+mr^2)g}{2[M(R^2+2r^2)+3mr^2]}$。

7-19 略

7-20 相对速度 $v_r=2\sqrt{\dfrac{(M+m)gl}{4M+m}}$

7-21 $H>\dfrac{(m_1+m_2)(m_2+m_3)(m_1+m_2+2m_3)g}{2m_3^2k}$

7-22 $v_B=\sqrt{gl\dfrac{6m+3M}{3m+M}}$；$X_A=0$，$Y_A=(M+m)g+\dfrac{3(2m+M)^2}{2(3m+M)}g$。

7-23 $T=\dfrac{37S^2}{40m}$。

7-24 图(a)中，方板角速度为 $\omega=\sqrt{\dfrac{3(\sqrt{2}-1)}{2}\dfrac{g}{a}}$ rad/s；

图(b)中，方板角速度为 $\omega=\sqrt{\dfrac{12(\sqrt{2}-1)}{5}\dfrac{g}{a}}$ rad/s。

第 8 章

8-1 (1) $\ddot{x}=g\sin\varphi$；(2) $\ddot{y}=-g$；(3) $\ddot{y}=g$。

8-2 略

8-3 (1) $L=\dfrac{1}{2}m\dot{x}^2-\dfrac{1}{2}kx^2$；

(2) $\dfrac{\mathrm{d}}{\mathrm{d}t}\left(\dfrac{\partial L}{\partial\dot{x}}\right)-\dfrac{\partial L}{\partial x}=0$

(3) 改变广义坐标原点，不改变最终结果。

8-4 有相对滑动时，不计各杆重力。

$$\begin{cases}\dfrac{\mathrm{d}}{\mathrm{d}t}\left(\dfrac{\partial T}{\partial\dot{\theta}}\right)-\dfrac{\partial T}{\partial\theta}=M-mgr\cos\theta\\ \dfrac{\mathrm{d}}{\mathrm{d}t}\left(\dfrac{\partial T}{\partial\dot{x}}\right)-\dfrac{\partial T}{\partial x}=-\mu(mg-m\omega^2r\sin\theta)\end{cases}$$

8-5 (1) 自由度数为 2。可选块 A 的水平位置坐标 x_1 和块 B 相对于块 A 的位置坐标 x_2 为广义坐标。坐标 x_1 的原点可任选，坐标 x_2 的原点在可选块 B 在块 A 上相对静止平衡位置处；

(2) 可以；

(3) 相同，相当于 B 块相对运动作了坐标平移，但不会改变运动微分方程。

8-6 $l\ddot{\theta}+\dfrac{m}{M+m}\ddot{x}\cos\theta+g\sin\theta=0$；

$\dot{x}+\dfrac{5}{7}l\dot{\theta}\cos\theta=$常数。

8-7 $ml^2\ddot{\varphi}_1=-mgl\varphi_1+kh^2(\varphi_2-\varphi_1)$;

$ml^2\ddot{\varphi}_2=-mgl\varphi_2-kh^2(\varphi_2-\varphi_1)$。

8-8 运动微分方程为 $l\ddot{\theta}+A\omega^2\sin\omega t\sin\theta-g\sin\theta=0$。

8-9 $\varepsilon_A=\dfrac{3m_1g}{2(3m_1+m_2)R}$, $\varepsilon_B=\dfrac{m_2g}{(3m_1+m_2)R}$,

$a_A=\dfrac{3m_1+2m_2}{2(3m_1+m_2)}g$, $a_B=\dfrac{m_2g}{3m_1+m_2}$,

$\mu\geqslant\dfrac{m_2}{2(3m_1+m_2)}$。

8-10 $\dfrac{3}{2}mR\left(\dfrac{\ddot{s}}{R}-\ddot{\theta}\right)-ms\dot{\theta}^2-mg\cos\theta=0$,

$ms^2\ddot{\theta}+2ms\dot{s}\dot{\theta}-\dfrac{3}{2}mR^2\left(\dfrac{\ddot{s}}{R}-\ddot{\theta}\right)+mg(s\sin\theta+R\cos\theta)=0$。

8-11 $x=-\dfrac{P_2}{3k}(1-\cos\omega t)\sin2\alpha$,其中 $\omega=\sqrt{\dfrac{3kg}{3P_1+P_2(1+2\sin^2\alpha)}}$。

8-12 $x_1=\dfrac{1}{3}gt^2\sin\alpha+\dfrac{1}{2}\delta_0(1-\cos\omega t)$

$x_2=\dfrac{1}{3}gt^2\sin\alpha+\dfrac{1}{2}\delta_0(1+\cos\omega t)+l$,其中 $\omega=\sqrt{\dfrac{4k}{3m}}$。

8-13 $\dfrac{1}{3}m_1l^2\ddot{\theta}+m_2r^2\ddot{\theta}+2m_2r\dot{r}\dot{\theta}-m_1g\dfrac{l}{2}\cos\theta-m_2gr\cos\theta=0$,

$\ddot{r}+r\dot{\theta}^2-g\sin\theta=0$。

8-14 $T=2\pi\sqrt{\dfrac{3Mr^2+2m(l-r)^2}{2mgl}}$。

8-15 $\begin{cases}m\ddot{x}+2kx-\dfrac{kl}{2}\theta=0\\ m\ddot{\theta}-6k\dfrac{x}{l}-3k\theta=0\end{cases}$

8-16 $(2M+m)R^2\ddot{\varphi}-mR\sqrt{R^2-l^2}\cos(\varphi+\psi)\ddot{\psi}+mR\sqrt{R^2-l^2}\sin(\varphi+\psi)\dot{\varphi}^2+(M+m)gR\sin\varphi=L$,

$m\left(R^2-\dfrac{2}{3}l^2\right)\ddot{\psi}-mR\sqrt{R^2-l^2}\cos(\varphi+\psi)\ddot{\varphi}+mR\sqrt{R^2-l^2}\sin(\varphi+\psi)\dot{\varphi}^2+mg\sqrt{R^2-l^2}\sin\psi=0$。

8-17 $\left(\dfrac{1}{2}M+m\right)R^2\ddot{\varphi}+mRl\cos(\varphi-\psi)\ddot{\psi}+mRl\sin(\varphi-\psi)\dot{\psi}^2+mgR\sin\varphi=0$,

$l^2\ddot{\psi}+Rl\cos(\varphi-\psi)\ddot{\varphi}-Rl\sin(\varphi-\psi)\dot{\varphi}^2+gl\sin\psi=0$;

$\dfrac{1}{4}MR^2\dot{\varphi}^2+\dfrac{1}{2}m[R^2\dot{\varphi}^2+l^2\dot{\psi}^2+2Rl\dot{\varphi}\dot{\psi}\cos(\varphi-\psi)]-mg(R\cos\varphi+l\cos\psi)=C$。

8-18 $T=2\pi\sqrt{\frac{\rho^2+(r-d)^2}{gd}}$

8-19 $9\ddot{\theta}+\ddot{\varphi}+6g\theta=0$；$3\ddot{\theta}+8\ddot{\varphi}+2g\varphi=0$。

8-20 $m_2\ddot{x}-m_2x\dot{\theta}^2+k(x-l_0)-m_2g\cos\theta=0$；

$(m_1l^2+m_2x^2)\ddot{\theta}+2m_2x\dot{x}\dot{\theta}+(m_1l+m_2x)g\sin\theta=0$。

第 9 章

9-1 $m\ddot{x}+(k-m\omega^2)x=0$

9-2 $m\ddot{x}+(k-m\omega^2/4)x=0$

9-3 $\ddot{\theta}+\omega^2\sin\theta=0$

9-4 略。

9-5 $\theta(t)=\frac{a\omega^2}{g-l\omega^2}\left(\sin\omega t-\omega\sqrt{\frac{l}{g}}\cdot\sin\sqrt{\frac{g}{l}}t\right)$。

9-6 $\omega>\sqrt{\frac{g}{R}}\sqrt[4]{1+\frac{1}{\mu^2}}$

9-7 $x=2.66\sin(9.876t+0.703)+0.128(\mathrm{m})$，$S=0.11\mathrm{N}$。

9-8 $\ddot{\theta}+\frac{3g}{2l}\sin\theta-\frac{3b}{2l}\omega^2\cos\theta-\omega^2\cos\theta\sin\theta=0$，

$2l\dot{\theta}^2-6b\omega^2\sin\theta+l\omega^2\cos2\theta-6g\cos\theta=\mathrm{const}$

9-9 略

9-10 略

第 10 章

10-1 $R_x=138.56\mathrm{N}$，$R_y=0$。

10-2 $R_x=\rho Q(v_1+v_2\cos\alpha)$

10-3 $R_x=2.216\mathrm{kN}$

10-4 $v=\frac{cv_r}{f}\left[1-\left(\frac{m_0-ct}{m_0}\right)^{\frac{f}{c}}\right]$

10-5 $\tau=\ln2\frac{v_r}{a+g}$

10-6 $z_1=2.72$，$z_2=3.17$。

10-7 $x=\dfrac{gt^2}{6}$

10-8 $h=\dfrac{W}{q}\left(\sqrt[3]{1+\dfrac{3qv_0^2}{2Wg}}-1\right)$。

10-9 $v_0=6.76\text{m/s}$。

第 11 章

11-1 $T=2\pi\sqrt{\dfrac{ml}{2kl-mg}}$

11-2 $\ddot{\varphi}+\dfrac{k}{M+m}\varphi=0$， $T=2\pi\sqrt{\dfrac{M+m}{k}}$。

11-3 $T=2\pi\sqrt{\dfrac{6R^2-l^2}{3g\sqrt{4R^2-l^2}}}$

11-4 $a^2>\dfrac{mgl}{2k}$， $T=\dfrac{2\pi}{\sqrt{\dfrac{2ka^2}{ml^2}-\dfrac{g}{l}}}$

11-5 $T=2\pi\dfrac{\sqrt{6}}{\sqrt[4]{17}}\sqrt{\dfrac{l}{g}}=7.53\sqrt{\dfrac{l}{g}}$

11-6 $\varphi_1=\alpha\cos\dfrac{c_1+c_2}{2}t\cos\dfrac{c_2-c_1}{2}t, \varphi_2=\alpha\sin\dfrac{c_1+c_2}{2}t\sin\dfrac{c_2-c_1}{2}t$，

式中 φ_1 和 φ_2 分别是两摆对铅垂线的偏角，而 $c_1=\sqrt{\dfrac{g}{l}}, c_2=\sqrt{\dfrac{g}{l}+\dfrac{2kh^2}{ml_2}}$。

11-7 $T=2\pi\sqrt{\dfrac{l}{g}}$

11-8 $T=2\pi\sqrt{\dfrac{ml}{F_0}}$

11-9 略

11-10 $T=2\pi\sqrt{\dfrac{(2M+m)\delta_{st}}{(m-M\sin a)g}}$

11-11 $\ddot{\varphi}+\dfrac{c}{m}\dot{\varphi}+\dfrac{kb^2}{ma^2}\varphi=0$， $\omega_d=\sqrt{\left(\dfrac{b}{a}\right)^2\dfrac{k}{m}-\left(\dfrac{c}{2m}\right)^2}$， $c_c=2\dfrac{b}{a}\sqrt{mk}$。

11-12 (1) $x=-0.00307\sin 60t$ m， $\beta=0.383$；

(2) $x=0.0029\sin(60t+0.284)$ m， $\beta=0.37$。

11-13 $k=323\text{kN/m}$。

第 12 章

12-1 $J_z=\frac{1}{2}mR^2+2m_0R^2, J_{xy}=J_{yz}=0$， $J_{zx}=m_0Rb$。

12-2 $\frac{m(a^2b^2+b^2c^2+c^2a^2)}{6(a^2+b^2+c^2)}$

12-3 $T=\frac{Wl^2(\omega_1^2+\omega_2^2\sin\theta^2)}{6g}, \boldsymbol{L}_A=\frac{1}{3}\frac{W}{g}l^2(\omega_1\boldsymbol{i}+\omega_2\sin\theta\cos\theta\boldsymbol{j}+\omega_2\sin^2\theta\boldsymbol{k})$

($\boldsymbol{i}$ 垂直于纸面，$\boldsymbol{j}$ 水平向右)。

12-4 $T=\frac{19}{40}mv^2, \boldsymbol{L}_O=\frac{\sqrt{3}}{20}mrv(13\boldsymbol{j}+2\sqrt{3}\boldsymbol{k})$。

12-5 $J_{xy}=J_{yz}=0$， $J_{xz}=(J_{z1}-J_{x1})\frac{\sin2\alpha}{2}=\frac{Mr^2}{8}\sin2\alpha$

12-6 $\boldsymbol{L}_O=\frac{1}{6}\frac{mr\omega}{\sqrt{h^2+4r^2}}[(3r^2+h^2)\boldsymbol{i}+hr\boldsymbol{k}], L_{AB}=\frac{mr^2}{6}\frac{5h^2+6r^2}{(h^2+4r^2)}\omega$，

$T=\frac{1}{2}\frac{mr^2}{6}\frac{5h^2+6r^2}{(h^2+4r^2)}\omega^2$。

12-7 $\ddot{\varphi}-\omega^2\sin\varphi\cos\varphi-\frac{3g}{4l}\sin\varphi=0$

12-8 略

12-9 $N=\frac{1}{2l}mr^2\omega_1\omega_2$

12-10 (1) $N_C=N_D=483.4\text{N}$；(2) $N_A=91.7\text{N}, N_B=391.6\text{N}$；(3) $\omega=117\text{rad/s}$。

12-11 $\Omega=\frac{lg}{\rho^2\omega}$

12-12 345.7rad/s

12-13 略

12-14 (1) $\boldsymbol{R}_B=-\boldsymbol{R}_A=(J\Omega\omega/l)\boldsymbol{j}_2$；

(2) $\boldsymbol{R}_B=-\boldsymbol{R}_A=(J_1A\omega_n^2\sin\omega_n t/l)\boldsymbol{j}_2+(JA\Omega\omega_n\cos\omega_n t/l)\boldsymbol{k}_2$

12-15 略